Wolf-Andreas Liebert

Wissenstransformationen

Studia Linguistica Germanica

Herausgegeben
von
Stefan Sonderegger
und
Oskar Reichmann

63

Walter de Gruyter · Berlin · New York
2002

Wolf-Andreas Liebert

Wissenstransformationen

Handlungssemantische Analysen von Wissenschafts- und Vermittlungstexten

Walter de Gruyter · Berlin · New York
2002

Als Habilitationsschrift auf Empfehlung des Fachbereichs II:
Sprach- und Literaturwissenschaften der Universität Trier
gedruckt mit Unterstützung der Deutschen Forschungsgemeinschaft

∞ Gedruckt auf säurefreiem Papier,
das die US-ANSI-Norm über Haltbarkeit erfüllt.

Die Deutsche Bibliothek – CIP-Einheitsaufnahme

Liebert, Wolf-Andreas:
Wissenstransformationen : handlungssemantische Analysen von Wissenschafts- und Vermittlungstexten / Wolf-Andreas Liebert. – Berlin ; New York : de Gruyter, 2002
(Studia linguistica Germanica ; 63)
Zugl.: Trier, Univ., Habil.-Schr., 2000
ISBN 3-11-017276-3

Printed in Germany
Einbandgestaltung: Christopher Schneider, Berlin

Dem Andenken meiner Mutter,
Gudrun Liebert,
gewidmet

Vorwort

Das Abschließen einer Arbeit bedeutet auch immer, neue Forschungsarbeiten, die sich mit dem Erscheinen des Buches überschneiden, auszuschließen. So konnten insbesondere der neue HSK-Band zur Text- und Gesprächslinguistik (Brinker, Antos, Heinemann und Sager, 2000) und die hochinteressante Studie über den havarierten Holzfrachter „Pallas" (vgl. Latsch und Thielke, 2000) nicht mehr angemessen berücksichtigt werden. Auch lag der Band zur Göttinger Tagung über Transferwissenschaft, ein Begriff, den Gerd Antos (1999) für die interdisziplinäre Erforschung der Wissensvermittlung in der Experten-Laien-Kommunikation geprägt hat, zum Zeitpunkt der Manuskriptabgabe noch nicht vor.

Obwohl im vorliegenden Buch nur ein kleiner Ausschnitt des gesamten Spektrums der Wissenschaftsvermittlung erörtert wird, bin ich doch davon überzeugt, im Rahmen dieses Ausschnitts eine schlüssige Erklärung gefunden zu haben, wie das Handeln nach bestimmten Handlungsmustern oder eben das Unterlassen dieser Handlungen dazu führt, dass mediale Vermittlungstexte, auch in seriösen Zeitschriften, Wissen nicht transferieren, sondern verzerrend transformieren, was sich in der Folge zu Glaubwürdigkeitskrisen „der" Wissenschaft entwickeln kann.

In diesem Sinne ist das vorliegende Buch ein Diskussionsbeitrag, der mit der Sprachanalyse und Sprachkritik die Hoffnung verbindet, dass die bestehenden Formen der Wissenschaftsvermittlung um nachhaltige, wirkungsvollere Formen ergänzt werden.

Danksagung

Auch wenn Bücher wie dieses letztlich „in Einsamkeit und Freiheit" geschrieben werden, ist der Autor doch immer Teil eines lebendigen Umfelds. Im glücklichsten Fall handelt es sich um ein anregendes, unterstützendes Umfeld der Kritik, der Diskussion und der gegenseitigen Hilfe. Dieses Glück wurde mir in den letzten sechs Jahren in der Germanistischen Linguistik an der Universität Trier zu Teil. Mein Dank gilt deshalb der Trierer Linguistik, aber auch den anderen Fachteilen und dem Fachbereich II für das gute Arbeitsklima, in dem ich in den letzten sechs Jahren arbeiten konnte.

Mein größter Dank gilt Rainer Wimmer, der für ein Klima der Selbstbestimmtheit und Freiheit gesorgt hat und die Arbeit durch viele Diskussionen und Kritiken gefördert und unterstützt hat.

Mein Dank gilt aber auch den anderen Trierer Kolleginnen und Kollegen, insbesondere Uli Püschel, Peter Kühn, Hans Jürgen Bucher, Professor

Peter von Polenz, Professor Hans Peter Althaus, Professor Hermann Gelhaus, W. Günther Rohr, Almut Vierhufe, Irmgard Honnef-Becker, Ruth Müller, Alexandra Max, Kerstin Dell, Elsbeth Schirra und Andrea Roy.

Danken möchte ich auch Friedemann Leibfritz und Angelika Storrer für das kritische Gegenlesen von Kapitel 1 bzw. Kapitel 3. Asmus Harder danke ich für die klimatologische Prüfung des Kapitels „Klimatologie für Linguisten", Olli Friedel dafür, dass er mich überredete, die Arbeit mit LyX zu schreiben; Dr. Ingrid Guentherodt und Prof. Dr. Wolfgang Settekorn danke ich für wertvolle Literaturhinweise. Die utopischen Kunstprojekte von Samuel J. Fleiner haben mich ermutigt, am Ende eine Utopie der Wissenschaftsvermittlung zu formulieren.

Meine Familie hat mich in allen Phasen der Arbeit gestützt. Besonderen Dank schulde ich meinen Eltern Gudrun (†) und Wolfgang Liebert, meinen Schwiegereltern Edith und Walter Rettig, meiner Frau Heike und meinen beiden Kindern Luise und Moritz.

Inhaltsverzeichnis

1 **Die Abgründe der Wissensgesellschaft – zur Einleitung** 1

I Theorie der Wissenschaftsvermittlung 19

2 **Handlungstheorie** 21
2.1 Kommunikation, Handlung, Handlungsmuster 21
2.2 Lebensform, Sprachspiel und soziale Regel 23
2.3 Darstellung von Handlungsmustern 24
2.4 Handlungsmuster-Relationen 25
2.4.1 Pfeilrelation 27
2.4.2 Sequenzmuster 28
2.4.3 Offenes Sequenzmuster 29
2.5 Interaktion 29
2.6 Rollen 31
2.7 Mehrfachadressierung und Laienadressat 34
2.8 Können, Wissen und Fühlen 35
2.8.1 Zum Unterschied von Können und Wissen 35
2.8.2 Können: Handlungs- und Sprachkompetenz 35
2.8.3 Wissen 38
2.8.4 Fühlen 43
2.9 Aufgaben in der Kommunikation 44
2.10 Zusammenfassung 47

3 **Referenzsemantik** 49
3.1 Sachverhaltskonstitution und Gegenstandskonstitution . 49
3.2 Strawsons Gegenstandstheorie 51
3.2.1 Identifikation von Individuen 51
3.2.2 Bezugsrahmen 54
3.2.3 Materielle Körper und Personen als grundlegende Kategorien von Individuen 59
3.2.4 Zusammenfassung 60
3.3 Gegenstandskonstitution in Wissenschaft und Alltag .. 60
3.3.1 Individuen, die von den Naturwissenschaften erforscht werden, und Individuen des Alltags 61

3.3.2 Der Bezugsrahmen in den Naturwissenschaften und im Alltag ... 65
3.3.3 Situiertheit naturwissenschaftlicher Diskurse ... 69
3.3.4 Situiertheit von Vermittlungsdiskursen ... 78
3.4 Die Einführung von Termini ... 85

4 Modell der Vermittlungskommunikation ... 93

II Exemplarische Analysen der Wissenschaftsvermittlung in der Ozonlochdebatte ... 99

5 Ziele und Methoden ... 101
5.1 Ziele der Analyse ... 101
5.2 Methoden der Fachtextanalyse ... 102
5.3 Zur Problematik des Begriffs „Transfer" ... 103
5.4 Zur Problematik des Begriffs „populärwissenschaftlicher Text" ... 104
5.5 Zur Problematik des Mythosbegriffs ... 106
5.5.1 Banalität der Mythenanalyse ... 106
5.5.2 Mythenanalyse als Ersatz für Textanalyse ... 108
5.6 Wissensaneignung und -vermittlung in linguistischen Fachtextanalysen ... 110
5.7 Vorgehensweise der folgenden Analyse ... 113

6 Klimatologie für Linguisten ... 117

7 Der Initialtext „Das Ozon-Drama" ... 127
7.1 Historischer Kontext ... 127
7.2 Textdesign und Lesewege durch den Text ... 128
7.3 Handlungssemantische Analyse der Gegenstandskonstitution ... 136
7.3.1 Gefahr andeuten ... 138
7.3.2 Gefahr explizieren ... 141
7.3.3 Handlungskonstitution im Haupttext ... 150
7.3.4 Gegenstandskonstitution im ausgelagerten Informationsmodul ... 159
7.3.5 Horrorszenario als Leseanreiz ... 165
7.3.6 Das Mandeville-Dilemma ... 168
7.3.7 Einführung des Ozonlochbegriffs ... 175
7.3.8 Inszenierung oder Vermittlung? ... 179
7.3.9 Unverträgliche Argumentationslinien ... 180
7.4 Die fachlichen Bezugstexte ... 184

7.4.1 Probleme der Analyse von Bezugstexten 185
7.4.2 Theoretische Konstrukte zur Fachtextanalyse 189
7.4.3 „Große Ozonverluste über der Antarktis" – die Entdeckung des Ozonlochs durch Farman et al. (1985) 190
7.4.4 Ozone data – die erste Bestätigung durch Satellitendaten von Stolarski et al. (1985) 206
7.4.5 Messungen des antarktischen Ozonabfalls durch den Satelliten Nimbus 7: die ausführliche Beschreibung von Stolarski et al. (1986) 208
7.5 Ergebnisse 223
7.5.1 Transformationen des Fachterminus „Ozonloch" 223
7.5.2 Transformation fachlicher Argumentationslinien 225
7.5.3 Transformation fachlicher Quellen 228
7.5.4 Transformation der Gegenstandskonstitution 228
7.5.5 Transformation des Geltungsanspruchs von Wissen 231
7.6 Zusammenfassung 231

8 Transformationen, Deformationen, Zusammenbrüche .. 233
8.1 *Bild der Wissenschaft* (1986 – 1998) 234
8.1.1 Artikelübergreifende Inkohärenz 234
8.1.2 Die Vermittlung anderer fachlicher Diskurspositionen .. 236
8.1.3 Widersprüchliche Gegenstandskonstitution 253
8.1.4 Metaphern und Emotionen als Mittel der Situationseinschätzung 255
8.1.5 Probleme durch die konsensuale Darstellung naturwissenschaftlicher Argumentationsprozesse 258
8.1.6 Zusammenfassung 262
8.2 *DIE ZEIT* (1985 – 1988) 265
8.2.1 „Zerreißen wir unseren schützenden Schirm?" – eleganter Unsinn fürs Volk 266
8.2.2 Vulkanausbrüche – die erste Glaubwürdigkeitskrise ... 280
8.2.3 Atmosphärenturbulenzen – die zweite Glaubwürdigkeitskrise 283
8.2.4 Die Endzeit findet doch statt – wie das Ozonloch zu einer Ikone des Schreckens wird 287
8.2.5 Der Neubeginn 288
8.2.6 Chronischer Glaubwürdigkeitsverlust – ein Ausblick ... 301

9 Gegendiskurse 303
9.1 Was sind Gegendiskurse? 303
9.2 Analyse des Gegendiskurses „Naturwunder Ozonloch" .. 313
9.2.1 Fragestellung und Materialbasis 313
9.2.2 Exkurs: Wissenschaftskritik in Irrtumslexika 314

9.2.3 Wissenschaft als lächerliches Medienspektakel – Handlungsmuster der Situationskonstitution 317
9.2.4 Diskreditieren von Vertretern des Leitdiskurses als zentrales Muster der Beziehungskonstitution 319
9.2.5 Gegenstandskonstitution und Schlussmuster 325
9.2.6 Die Ausnutzung des Entscheidungsdilemmas 337
9.3 Angriffspunkte des Gegendiskurses 340

III Schlussfolgerungen 345

10 Strukturelle Gründe für das Scheitern der Wissenschaftsvermittlung 347
10.1 Stereotype Hypothesen über Wissenschaftler und Laien 349
10.1.1 Analyse von Partnerhypothesen 349
10.1.2 Stereotype Hypothesen über Wissenschaftler 350
10.1.3 Stereotype Hypothesen über Laien 354
10.1.4 Tradierte journalistische Textmuster 357
10.1.5 Stereotype Hypothesen als Grundlage für Wissenstransformationen 359
10.2 Die Dynamik des Mediensystems 364
10.3 Wissenschaftsvermittlung jenseits des Journalismus 368

11 Eine Utopie der Wissenschaftsinformation 371
11.1 Das utopische Szenario 371
11.2 Die Enzyklopädie der Wissenschaften 375
11.3 Veränderung der Kommunikationsstruktur 378

Literaturverzeichnis 381

Anhang 407

Artikel zum Ozonloch in *Bild der Wissenschaft* (1986-1998) 409

KWIC-Konkordanz zum Thema „Ozonloch" (1985-1998) ... 413

Artikelausschnitte aus der *ZEIT* (1985-1988) 419

Klimatologische Argumentation gegen „Ozonmythen" 441

Interviews mit Wissenschaftsjournalisten 443

Analyseeinheiten der Interviews 473

Abbildungsverzeichnis

1.1 Sprachliche Unbestimmtheit in der populärwissenschaftlichen Darstellung 4

2.1 Eine Person P1 in der Rolle als Wissenschaftler und in der Rolle als Vermittler 33
2.2 Bildschemata am Beispiel des Bildschemas WEG und des Bildschemas BLOCKADE 42

7.1 Storyboard des Textverbunds „Das Ozon-Drama" 131
7.2 Storyboard des Textverbunds „Das Ozon-Drama" (Schematische Darstellung) 132
7.3 Analyse modular aufgebauter Texte entlang eines Leseweges durch den Textverbund „Das Ozon-Drama" 135
7.4 Konstitution des Individuums Ozonloch im Artikel „Das Ozon-Drama" 137
7.5 Kausalmodell der Ozonzerstörung 157
7.6 Wissenschaftstransfer am Beispiel des *Bild der Wissenschaft*-Artikels „Das Ozon-Drama" 188
7.7 Messreihen als Konstitution von Zustandsänderungen (nach Farman et al., 1985) 199
7.8 Das chimärische Metaphernmodell „Die Umschichtung der Atmosphäre ist die Aufführung eines Dramas im atmosphärischen Theater" 203
7.9 Gegenstandskonstitution des Ozonlochs im Fachartikel als 12-Tages-Abfolge (Stolarski et al., 1986) 213
7.10 Gegenstandskonstitution des Ozonlochs im Fachartikel als 6-Jahres-Abfolge (Stolarski et al., 1986) 217

8.1 Das Metaphernmodell „Die Ozonschicht ist ein Schutzschirm" . 267
8.2 Rekonstruktion der bildschematischen Modelle der Funktion der Ozonschicht in *Bild der Wissenschaft* und in der *ZEIT* . . . 272

9.1 PROTAGONISTEN DES LEITDISKURSES ABWERTEN am Beispiel einer Anzeige gegen die offizielle Rechtschreibung 308
9.2 EIGENE PROTAGONISTEN AUFWERTEN 310
9.3 Diskursbeziehungen 342

9.4 Angriffspunkte des Gegendiskurses 343

10.1 Die Vermittlung von Wissenschaft zur unterhaltsamen Bedienung von Klischees 357
10.2 Abdruck der dpa-Meldung von der angeblich geschmolzenen Nordpolkappe 367

11.1 Konzeption einer Enzyklopädie der Wissenschaften 377
11.2 Veränderung von Kommunikationsstrukturen zwischen Wissenschaft und Gesellschaft 379

Tabellenverzeichnis

2.1 Notation und Charakterisierung der Relationen zwischen Handlungen und Handlungsmustern ... 26

3.1 Adressatenorientierte Ziele der Vermittlungskommunikation ... 84

7.1 Varianten der Entdeckungsgeschichte des Ozonlochs im Artikel „Das Ozon-Drama" ... 178
7.2 Bezugnahme auf Fachtexte im Artikel „Das Ozon-Drama" ... 187
7.3 Fachliche Darstellung der Zustandsänderung des Individuums Ozonschicht durch tabellarisch aufgeführte Messwertreihen ... 215

8.1 Gegenüberstellung der Diskurspositionen „Ozonverlust durch FCKW" und „Ozonverlust durch Atmosphärendynamik" ... 238
8.2 Widersprüchliche Gegenstandskonstitution ... 255
8.3 Überschriften in *Bild der Wissenschaft* im Verlauf der Berichterstattung über das Ozonloch ... 256
8.4 Die Hypostasierungstransformation ... 276

9.1 Positionen des Leitdiskurses und des Gegendiskurses ... 326

10.1 Die Zwei-Kulturen-These ... 351
10.2 Umdeutung der Zwei-Kulturen-These ... 355
10.3 Zeitungsartikel als Alltagserzählungen ... 358

Anhang: Maschinell erfasste Ausgaben des *Mannheimer Morgen* ... 413

Verzeichnis der Handlungsmusterschemata

3.1 SACHVERHALT KONSTITUIEREN 50
3.2 REFERIEREN und PRÄDIZIEREN 50
3.3 IDENTITÄT VON X BESTIMMEN (1) 51
3.4 IDENTITÄT VON X BESTIMMEN (2) 53
3.5 IDENTITÄT VON X BESTIMMEN (3) 55
3.6 IDENTITÄT VON X BESTIMMEN (4) 57
3.7 GEGENSTAND X CHARAKTERISIEREN 58
3.8 PRÄDIZIEREN 59
3.9 IDENTITÄT VON X BESTIMMEN (5) 63
3.10 BEOBACHTUNGSMETHODE ERLÄUTERN 64
3.11 AUF X ZEIGEN (X ist ein nicht direkt beobachtbares Individuum; naturwissenschaftliche Fachkommunikation) 64
3.12 IDENTITÄT VON X BESTIMMEN (6) 65
3.13 BEZUG ZUM LAIENALLTAG HERSTELLEN 66
3.14 BEZUGSRAHMEN EXPLIZIEREN (Vermittlungskommunikation) 67
3.15 BEZUGSRAHMEN ERWEITERN (Vermittlungskommunikation) 68
3.16 ARGUMENT IN DEN FACHDISKURS EINBRINGEN 71
3.17 Erwiderungsalternativen zum Handlungsmuster X-WEISE$_1$ ERKLÄREN 71
3.18 AN FACHDISKURS ANKNÜPFEN 73
3.19 ÜBERPRÜFUNG EINES URSACHE-WIRKUNGSMODELLS 74
3.20 FACHARGUMENTATION REKONSTRUIEREN (Vermittlungskommunikation) 76
3.21 WARNEN(P_i , P_j , G_k) 82
3.22 REFERENZ FIXIEREN (Fachkommunikation) 85
3.23 REFERIEREN 85
3.24 TERMINUS EINFÜHREN (Fachkommunikation) 86
3.25 TERMINUS EINFÜHREN (Vermittlungskommunikation) ... 86
3.26 AUTOREN IDENTIFIZIERBAR MACHEN (naturwissenschaftliche Fachkommunikation) 88
3.27 EINFÜHRUNGSSITUATION REKONSTRUIEREN (1) 88
3.28 EINFÜHRUNGSSITUATION REKONSTRUIEREN (2) 92
4.1 Wissensvermittlung und initiale Handlungsmuster 94
4.2 D_i -WISSEN VERMITTELN 95

4.3 Handlungskompetenz eines Vermittlers V_i ... 97
6.1 HYPOTHESE ÜBERPRÜFEN ... 125
7.1 GEGENSTAND ANDEUTEN ... 139
7.2 Präsuppositionen im Titeltext ... 139
7.3 GEFAHR ANDEUTEN ... 140
7.4 ZUM LESEN REIZEN ... 141
7.5 GEFAHR EXPLIZIEREN ... 141
7.6 Gebrauchsregel für das Äußern des Ausdrucks „Loch" ... 142
7.7 NEUGIER WECKEN ... 142
7.8 GEFAHR G1 BEWERTEN ... 142
7.9 GEFAHR UNTERSCHEIDEN ... 143
7.10 ALARM SCHLAGEN ... 144
7.11 ALARM SCHLAGEN als Interaktion ... 144
7.12 ALARM SCHLAGEN_m ... 144
7.13 ALARM SCHLAGEN ⊓ AN OZONDISKURS ANKNÜPFEN . 145
7.14 EINFÜHREN(Diskursposition pos_1) ... 146
7.15 DISKURSPOSITION ANGREIFEN ⊓ BEGRÜNDEN ... 146
7.16 Konstitution des Handlungsmusters ALARM SCHLAGEN_m im Artikel „Das Ozon-Drama" ... 148
7.17 ARGUMENTIEREN ... 150
7.18 OZONLOCH IDENTIFIZIEREN ... 152
7.19 REFERENZ FIXIEREN(*Ozon-Loch*) ... 154
7.20 GEFAHR DER SCHUTZLOSIGKEIT ANDEUTEN ... 158
7.21 BEWEISEN indem VERWEISEN (Untermuster) ... 163
7.22 BEWEISEN indem VERWEISEN ... 163
7.23 HORRORSZENARIO AUFBAUEN ... 166
7.24 ZUM LESEN REIZEN ⊓ BEZUG ZUM LAIENALLTAG HERSTELLEN ... 166
7.25 Widersprüchliche Bestimmung des Sicherheitsgrads der Behauptung ... 170
7.26 Handlungsmuster, die das Mandeville-Dilemma verstärken ... 175
7.27 CHARAKTERISIEREN (GEFAHR) ... 176
7.28 ZUM HANDELN DRÄNGEN ... 180
7.29 NACHDRUCK VERLEIHEN (POLITISCHER FORDERUNG) 181
7.30 FÜR EUROPICA WERBEN (erwartetes Muster) ... 181
7.31 FÜR EUROPICA WERBEN (konstituiertes Muster) ... 182
7.32 RHETORISCHER WUNSCH ... 183
7.33 Handlungsmuster im Titel eines Fachaufsatzes ... 192
7.34 EINFÜHREN(Diskursposition „stabile Ozonschicht") ... 193
7.35 WIEDERGEBEN($pos_{\text{stabile Ozonschicht}}$) ... 194
7.36 ZUSTANDSÄNDERUNG BEOBACHTEN ... 197
7.37 URSACHE-WIRKUNGSMODELLE DISKUTIEREN ... 208

7.38 URSACHE-WIRKUNGSMODELLE DISKUTIEREN (2) 220
8.1 HARMONISIEREN 241
8.2 DISKURSPOSITION EINFÜHREN 243
8.3 HEIMLICH DIE SEITEN WECHSELN 244
8.4 Die Unterlassung, den Widerspruch aufzulösen, als Kette von Erzeugungen von Unterlassungen 250
8.5 BEWEISEN (ad auctoritatem) 250
8.6 ERKLÄREN(OZONVERLUST) 251
8.7 FACHDISKURS NATIONALISIEREN 251
8.8 ARGUMENTIEREN (ad auctoritatem) 252
8.9 VEREINFACHEN (1) 254
8.10 GEFAHRENSITUATION EINSCHÄTZEN 256
8.11 SITUATION ALS GEFÄHRLICH BEWERTEN 258
8.12 DRÄUENDEN WISSENSCHAFTLER ZITIEREN 258
8.13 DRÄUEN 258
8.14 ZERREISSEN als Untermuster von ZERSTÖREN 266
8.15 SITUATION EINSCHÄTZEN 267
8.16 EINEN BOGEN SCHLAGEN 269
8.17 EINEN BOGEN SCHLAGEN (PSEUDOREPORTAGE) 271
8.18 VEREINFACHEN (2) 274
8.19 VEREINFACHEN (3) 274
8.20 ÜBERTREIBEN 274
8.21 HEIMLICH KORRIGIEREN 290
8.22 QUANTITÄT DER OZONVERLUSTE VERDEUTLICHEN . 293
8.23 UNGENAU ZITIEREN 294
9.1 ARGUMENTIEREN im Gegendiskurs 313
9.2 SITUATION KONSTITUIEREN im Gegendiskurs 319
10.1 KONSONANZ HERSTELLEN 356
10.2 UNTERHALTEN $\sqcap$ KLISCHEE BEDIENEN 356
10.3 STORY KONSTRUIEREN 357
10.4 VORLÄUFIGE ERGEBNISSE VERMITTELN 362
10.5 UNEINDEUTIGE ERGEBNISSE VERMITTELN 363
10.6 WAHRSCHEINLICHKEITEN VERMITTELN 363

1 Die Abgründe der Wissensgesellschaft – zur Einleitung

Es ist häufig die Rede von der so genannten „Wissensgesellschaft“. Dabei ist eine Forderung, dass wissenschaftliches Wissen, insbesondere naturwissenschaftliches Wissen, an die Öffentlichkeit vermittelt werden müsse, damit die Öffentlichkeit in gesellschaftlichen Entscheidungssituationen, etwa bei der Durchsetzung von Ozongrenzwerten oder dem Verbot von Treibhausgasen, mitdiskutieren und entscheiden könne. In einer neueren Untersuchung des National Science Board (2000) wird der Kenntnisstand der US-amerikanischen Bevölkerung[1] allerdings als gering eingeschätzt, so dass bereits von einem „wissenschaftlichen Analphabetentum“ (National Science Board, 2000, Kap. 8) gesprochen wird. Deshalb appelliert das National Science Board:

> „A technological society, one that is increasingly dependent on the intellectual capacity of its citizens, cannot afford to ignore ignorance.“ (National Science Board, 2000, S. 8-3)

Dieser Appell hat zur Voraussetzung, dass die Öffentlichkeit über die bestehenden Systeme der Wissenschaftsvermittlung überhaupt informiert werden *kann*.

Diese Voraussetzung soll in der vorliegenden Arbeit hinterfragt werden. Folgende Fragen sind dabei leitend:

Welche Veränderungen erfährt naturwissenschaftliches Wissen, wenn es über die Medien an die Öffentlichkeit vermittelt wird? Wie unterscheiden sich Handlungsmuster und Gegenstandskonstitution in Fachtexten und in journalistischen Vermittlungstexten? Sind die Unterschiede so stark, dass noch davon gesprochen werden kann, dass von den gleichen Gegenständen die Rede ist? Welche Veränderungen erfährt naturwissenschaftliches Wissen in einer Kette von Vermittlungen, wenn sich also der Autor eines Vermittlungstexts auf einen anderen Vermittlungstext bezieht? Kann es in diesem Fall auch zu Aussagen kommen, denen kein Wahrheitswert mehr zugeordnet werden kann? Entsteht durch die Vermittlung naturwissenschaftlichen Wissens durch die Massenmedien nicht einfach „eleganter Unsinn fürs Volk“?[2] Ist das, was wir als Nichtnaturwis-

[1] Eine vergleichbar umfangreiche Untersuchung für die deutsche Bevölkerung ist mir nicht bekannt.

[2] Diese Bezeichnung ist eine Abwandlung des Titels „Eleganter Unsinn“ von Sokal und Bricmont (1999), die sich mit ihrem Buchtitel auf die Fehladaption naturwissenschaftlicher Theorien durch postmoderne Autoren beziehen.

senschaftler als unser Wissen über Naturwissenschaften verstehen, was wir für wahr halten, woraus wir einen beträchtlichen Teil unserer Repräsentation der Welt aufbauen und unser Handeln ableiten, letztlich eine unkontrolliert entstehende Amalgamierung aus Halbwissen, Wissen und freier Fantasie?

Die Frage nach der Vermittelbarkeit ist schon verschiedentlich in mehr oder weniger starker Form gestellt worden. In der schwächeren Form werden die starken Unterschiede der wissenschaftlichen Lebensform zu anderen, nichtwissenschaftlichen Lebensformen thematisiert. Ein Vertreter dieser schwächeren Fassung des Vermittlungsproblems ist Rainer Wimmer. Als Beispiel nennt Wimmer (1979, S. 50) den Satz „Elementarteilchen befinden sich manchmal an zwei Orten gleichzeitig" und kommentiert dazu:

> „Hier müßten komplizierte Zusammenhänge erläutert werden, um zu einem möglichen Verständnis zu kommen. Noch schwieriger wird es, wenn sich Kommunikationspartner aufgrund unterschiedlicher Sozialisationserfahrungen oder kultureller Erfahrungen nicht verstehen. Hier treffen verschiedene Lebensformen aufeinander." (Wimmer, 1979, S. 51/52)

Ähnlich ist die Haltung von Wilfried Göpfert. Göpfert (1997) spricht dabei nicht von Lebensformen, sondern von zwei „Kulturen". Dabei expliziert er seine Auffassung durch ein Eigenschaftprofil der jeweiligen „Kultur".[3]

In der Linguistik werden in erster Linie Textanalysen durchgeführt. Dazu zählen die Analyse fachlicher oder populärwissenschaftlicher Korpora,[4] wissenschaftlich-populärwissenschaftlich vergleichende Arbeiten[5], historische Darstellungen oder die Untersuchung einzelner Merkmale und Strategien.[6] Neuere Arbeiten behandeln auch komplexe gesellschaftliche Diskurse[7] oder verbale Interaktionen.[8] Auch die emotionalen Aspekte der Experten-Laien-Kommunikation wurden betrachtet (Jäger, 1994; Kals et al., 2000).

Die Frage nach der Vermittelbarkeit wird in diesen Arbeiten ebenfalls als ein zwar schwieriges, aber lösbares Problem betrachtet. Auch die neueren Arbeiten zur Akkuratheit von Vermittlungstexten (Haller, 1987; Bell, 1991, 1993) sowie zum „public understanding of science" (Bell, 1991, 1993; National Science Board, 2000) haben nicht zu einem grundsätzlichen Infragestellen der Wissenschaftsvermittlung durch die Medien geführt.

---

[3] Der Ansatz Göpferts wird in Kapitel 10 auf den Seiten 347ff. noch genauer vorgestellt und diskutiert werden.

[4] Vgl. Gledhill (1995).

[5] Vgl. etwa Cherubim (1982).

[6] Als Überblick vgl. Niederhauser (1999b, S. 71ff.).

[7] Vgl. Jung (1994, 1995).

[8] Vgl. Nothdurft (1996); Liebert (1997); Biere und Liebert (1997b); Brünner und Gülich (1997).

Die Frage nach der prinzipiellen Vermittelbarkeit wissenschaftlicher Inhalte an ein Laienpublikum ist etwa von Liebert (1996a, S. 795), Biere (1998b) oder Niederhauser (1999b, S. 87ff. und S. 226) gestellt, meiner Meinung nach aber nicht beantwortet worden.

Für Uwe Pörksen (1986), der bei der Analyse der historischen Überlieferung und Modifikation der Darwin'schen Terminologie sogar von einem „Wahnsystem" (Pörksen, 1986, S. 137) spricht, präsentiert sich die gegenwärtige Situation der Wissenschaftsvermittlung demgegenüber als sprachliches Idyll (vgl. Pörksen, 1986, S. 182ff.). So schwärmt er davon, der Sachbuchautor Hoimar von Ditfurth habe seinen Stoff

> „in einen geschichtlichen Prozeß eingeschmolzen, indem er ihn zu einem Roman des Alls aufarbeitet." (Pörksen, 1986, S. 193)

Für ein „sehr viel breiteres Publikum" gilt dann:

> „[D]ie Sache und ihre gedankliche Erarbeitung treten weiter zurück hinter die Reize des Ausdrucks, des Appells und der Poesie." (Pörksen, 1986, S. 199)

Dass dadurch ebenfalls „Wahnwelten" erzeugt werden könnten, wird nicht diskutiert.[9]

Eine Arbeit, in der die Frage nach der prinzipiellen Vermittelbarkeit gestellt wird, ist die Arbeit von Jürg Niederhauser. In seiner Studie über die wissenschaftliche und populärwissenschaftliche Darstellung des Themas „Supraleitfähigkeit" zeigt er, dass alle grundlegenden Komponenten des Wissenschaftsprozesses (z.B. die Darstellung der Forscher, des Erkenntnisgegenstands oder der Methoden) in den populärwissenschaftlichen Texten nicht klar bestimmt sind (vgl. Abbildung 1.1 auf der nächsten Seite).

Daraus zieht der Autor allerdings nicht die Konsequenz, dass nun überprüft werden müsse, ob es populärwissenschaftlichen Texten *überhaupt gelingen kann*, die Erkenntnisobjekte naturwissenschaftlicher Forschung klar zu bestimmen. Vielmehr beschließt Niederhauser seine Überlegungen mit dem Urteil, es gebe

> „bei aller notwendigen Sprachskepsis auch gute Gründe dafür, (...) die prinzipielle Möglichkeit der Popularisierung von Wissenschaft zu bejahen." (Niederhauser, 1999b, S. 226)

Diese „gute[n] Gründe" werden im weiteren Verlauf seiner Studie allerdings nicht ausgeführt, so dass die Frage nach wie vor offen bleibt. Ein Grund, *warum* Niederhauser diese Frage nicht weiter verfolgt, liegt möglicherweise darin, dass sein Ansatz primär auf eine *deskriptive* Analyse von Textstrukturen angelegt ist. So beschreibt er zwar „Techniken" und „Strategien" von Wissenschaftsjournalisten, übernimmt einzelne Kategori-

---

[9] Auch nicht in Pörksen (1994).

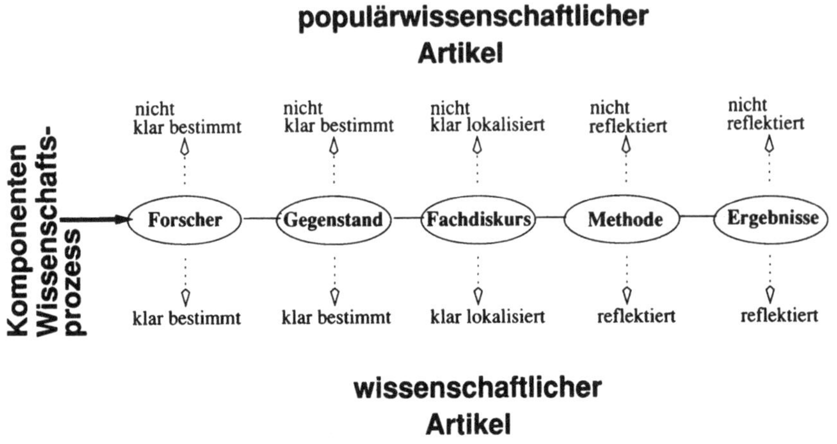

Abbildung 1.1: Sprachliche Unbestimmtheit in der populärwissenschaftlichen Darstellung (nach Niederhauser, 1999b, S. 120-128)

en sogar direkt aus der journalistischen Praxis[10], bringt dies aber nicht in Zusammenhang mit den grundsätzlichen Defiziten, die er selbst analysiert hat. Dadurch bleiben die beschriebenen Strategien unhinterfragte Kategorien. Fragen, die sich meiner Ansicht nach aus seiner Analyse ergeben, lauten: Wie erfolgreich sind diese Strategien eigentlich? Sind sie geeignet, fachliche Inhalte zu vermitteln? Wie können die einzelnen Strategien (z.B. Personalisierung) aus linguistischer Sicht eingeschätzt und bewertet werden?

Diese Einschränkung trifft auch auf die Darstellung von Baumann (1998) zu. Baumann (1998) betrachtet zwar populärwissenschaftliche Texte als

> „Ergebnis eines komplexen Transformationsprozesses fachsprachlich (vor)formulierter Inhalte." (Baumann, 1998, S. 730/731)

Es wird aber an keiner Stelle gefragt, ob denn die Veränderung der Inhalte nicht bestimmte Probleme, etwa referenzsemantischer Art, aufwirft.[11] Meiner Ansicht nach müssen hierbei die folgenden Fragen gestellt werden: Bis zu welchem Ausmaß können „fachsprachlich (vor)formulierte Inhalte" transformiert werden, dass noch sinnvollerweise von „Vermittlung" gesprochen werden kann? Wie kann Transformation von Deformation abgegrenzt werden? Welche Sicherheit hat der Linguist oder der relative

[10] So übernimmt Niederhauser (vgl. 1999b, S. 198/199) etwa die Kategorie „Personalisierung" von Zell (1986, S. 115).

[11] Der Ansatz von Czada (1997) ist deshalb den gleichen Einschränkungen unterworfen; vgl. dazu auch Busch (2000, S. 15).

Laie, der einen populärwissenschaftlichen Text liest, dass die Inhalte in einer angemessenen Weise transformiert wurden? Was könnten Kriterien dafür sein?

Eine solche Hinterfragung dieser deskriptiv vorgehenden Ansätze darf nicht als pauschale Kritik an deskriptiver Textanalyse[12] missverstanden werden. Jede wie auch immer geartete linguistische Kritik muss auf der deskriptiven Analyse von Texten oder Gesprächen aufbauen. Sie muss aber auch darüber hinaus gehen und das Funktionieren oder auch Nichtfunktionieren einer gesellschaftlichen Praxis untersuchen und bewerten, ja sogar aus linguistischer Sicht Vorschläge zur Veränderung dieser Praxis vortragen, wenn sich dies aus der deskriptiven und kritischen Analyse ergibt.

Dazu erscheint mir insbesondere das Instrumentarium der Textanalyse, wie es in der Tradition der interpretativen Handlungssemantik[13] entwickelt wurde, angemessen zu sein. Dazu zähle ich die praktische Semantik (Heringer, 1974; Heringer et al., 1977), die handlungstheoretisch orientierten Arbeiten von Holly et al.[14], die Referenzsemantik (Wimmer, 1979), die Diskurssemantik (Busse, 1992; Busse und Teubert, 1994; Stötzel und Wengeler, 1995), die hermeneutisch begründete Textinterpretation (Biere, 1989; Busse, 1992), die kognitive Semantik (Liebert, 1995a, 1996b, 1997)[15] und schließlich die deutsche Satzsemantik nach Peter von Polenz, die ja zugleich einen „Ansatz zu einer systematischen Inhaltsgrammatik der deutschen Sprache“ wie auch sprachkritisches „Zwischen-den-Zeilen-Lesen“ (von Polenz, 1985, S. 342) darstellt.[16]

Ein anderes Manko der bisherigen Ansätze liegt darin, dass sie keinen theoretisch fundierten Vermittlungsbegriff zu Grunde legen. Häufig wird allgemein von „Wissenstransfer“ gesprochen, ohne dass die Problematik der diesem Begriff innewohnenden Behältermetaphorik reflektiert würde.

Im ersten Teil „Theorie der Wissenschaftsvermittlung“ wird es deshalb ausschließlich darum gehen, eine *Theorie der Vermittlung naturwissen-*

---

[12] Damit sind in erster Linie Ansätze gemeint, die etwa Textfunktionen und Textstrukturen analysieren, ohne nach ihrer Angemessenheit in spezifischen Kontexten zu fragen (vgl. etwa Brinker (1992) oder Linke, Nussbaumer und Portmann (1992, S. 211-256)). Damit ist nicht gesagt, dass die Einbeziehung von Handlungskategorien wie beispielsweise Illokutionen weiter führt, wenn diese lediglich deskriptiv aufsummierend analysiert werden (zur Kritik an dieser Form der sprechakttheoretischen Textanalyse vgl. Holly, Kühn und Püschel (1984)).

[13] Dieser Ausdruck stammt von Ulrich Püschel (mündliche Mitteilung).

[14] Vgl. etwa Holly, Kühn und Püschel (1984, 1986); Püschel (1995).

[15] Mit dem Ausdruck „kognitive Semantik“ soll an dieser Stelle lediglich der Versuch gemeint sein, Ansätze der kognitiven Linguistik mit der Handlungssemantik zu verbinden; zu einer weiter gefassten Definition dieses Ausdrucks vgl. Liebert (1992); Schwarz (1992).

[16] Diese Aufzählung ist nicht im Sinne einer erschöpfenden Liste zu verstehen, sonst müssten hier noch weitaus mehr Autorinnen und Autoren genannt werden.

schaftlichen Wissens an die Öffentlichkeit Stück für Stück zu entwerfen. Aus diesem Modell sollen schließlich auch Bedingungen für eine erfolgreiche Vermittlung abgeleitet werden.

Dazu soll zunächst die Handlungstheorie herangezogen werden, wie sie von Hans Jürgen Heringer (1974) aus den Ansätzen von Goldmann (1970) und Wittgenstein (1969b) entwickelt und von verschiedenen Autoren zu einer interpretativen Sprachhandlungstheorie fortgeführt wurde (Kapitel 2, S. 21 – 47).

Mit der interpretativen Handlungstheorie und einem referenzsemantischen Ansatz im Anschluss an Peter F. Strawson (1972) und Rainer Wimmer (1979) können dann grundlegende Unterschiede der Sprachspiele der Alltagswelt und der Naturwissenschaft formuliert werden (Kapitel 3, S. 49 – 92).

Damit kann etwa der Unterschied zwischen naturwissenschaftlichem Fachtext und Vermittlungstext herausgearbeitet werden, um anschließend verschiedene Möglichkeiten der Vermittlung zu diskutieren. Der Kontrast zwischen Fachtext und Vermittlungstext wird als Unterschied im kommunikativen Ziel der Vermittlungskommunikation erfasst: Das kommunikative Ziel von Autoren naturwissenschaftlicher Aufsätze kann als Etablierung eines allgemeingültigen Kausalmodells über einen bestimmten Wirklichkeitsausschnitt im Rahmen eines von kompetitiven und kooperativen Zügen geprägten argumentativen Diskurses angesetzt werden. Autoren von Vermittlungstexten haben andere, vielfältige Ziele, die im Einzelnen diskutiert werden sollen. Einige dieser am Laienadressaten orientierten Ziele der Vermittlungskommunikation werden beschrieben. Die diesen Vermittlungszielen zugeordneten primären Handlungsmuster werden als initiale Handlungsmuster bezeichnet. Typische Vertreter dieser initialen Handlungsmuster werden aufgeführt und diskutiert.

Ein spezifisches Problem der Vermittlung stellt die Behandlung wissenschaftlicher Termini dar. Die Theorie der Referenzfixierung (Wimmer, 1979) dient hier als Ausgangspunkt einer Theorie der Vermittlung von Termini: Denn durch die Rekonstruktion der Einführungssituation von Termini bietet sich eine Möglichkeit der Vermittlung an. Diese Theorie der Vermittlung von Termini wird von der in Vermittlungstexten gängigen Strategie „Entdeckungsgeschichte“ und „Personalisierung“ abgegrenzt, da die Entdeckungsgeschichte in der Regel eben nicht die Ersteinführung im Fachtext behandelt, sondern eine reportageähnliche Schilderung der Wissenschaftler und ihrer persönlichen Befindlichkeiten darstellt, die hinsichtlich ihres Modus (fiktional – real) in der Schwebe bleibt.

Aus diesen Überlegungen kann dann ein eigenes Vermittlungsmodell gewonnen werden. Von einer Vermittlung naturwissenschaftlichen Wissens kann danach nur gesprochen werden, wenn der nichtwissenschaftliche Leser (oder Hörer) zumindest an einigen wissenschaftlichen Sprachspielen teilnehmen kann, wenn er beispielsweise nicht direkt beobachtbare Gegenstände ebenfalls identifizieren kann.

Mit dieser Festlegung sind aber nach der eingeführten Spezifik naturwissenschaftlicher Erkenntnisobjekte automatisch weitere Bedingungen verbunden.

So müssen die besonderen Elaborierungen des Bezugsrahmens in Form von Karten oder Koordinatensystemen ebenfalls vermittelt werden.

Weiterhin muss ein Teil der Organisation des Fachdiskurses vermittelt werden: Der Fachdiskurs wird nicht monolithisch von einer einzelnen einheitlichen Wissenschaftlergruppe gestaltet. In der Regel bestehen vielmehr unterschiedliche Positionen im Fachdiskurs, die sich auf die Gegenstandskonstitution der jeweils anderen Position(en) argumentierend beziehen. Auch kann ein Fortschritt oder eine bedeutende Neuerung („Innovation") nur in Bezug auf die bisherigen Fragestellungen und Wissensbestände verstanden werden.

Schließlich muss auch die Art und Weise, wie es einer Wissenschaft gelingt, nicht direkt beobachtbare Gegenstände wahrzunehmen, vermittelt werden („Kunst des Sehens"). Werden diese Wahrnehmungsformen nicht vermittelt, besteht die Gefahr, dass der Laie seine alltäglichen Wahrnehmungsmuster zur Anwendung bringt, wie die Untersuchungen von Lutz (1989) zeigen.

In diesem Vermittlungsbegriff ist also ein Gelingensbegriff verankert: So kann beispielsweise nur dann von einer erfolgreichen Vermittlung gesprochen werden, wenn der nichtwissenschaftliche Leser (oder Hörer) dieselben Gegenstände identifiziert wie der wissenschaftliche Autor (oder Sprecher). Ist diese Bedingung nicht erfüllt, so scheitert die Vermittlung. Dabei besteht zunächst der einfache Fall, dass der Leser (oder Hörer) oder der Autor (oder Sprecher) bemerkt, dass die Vermittlung scheitert. Dann kann nach neuen Wegen gesucht werden, wie vermittelt werden kann.

Daneben besteht allerdings auch der etwas kompliziertere Fall, dass weder Leser (Hörer) noch Autor (Sprecher) bemerken, dass die Vermittlung gescheitert ist und der Leser (Hörer) nun Wissen aufbaut, dem von der Seite des vermittelnden Wissenschaftlers kein Wahrheitswert mehr zugeordnet werden könnte, wenn der Leser (Hörer) dem Wissenschaftler gegenüber Aussagen über den vermittelten Gegenstandsbegriff machen würde.

Dass dieser Fall überhaupt eintreten kann, hängt mit der Spezifik der Erkenntnisobjekte in den Naturwissenschaften zusammen. Denn Wissenschaften, die Gegenstände untersuchen, die nicht direkt beobachtbar sind, haben eine Besonderheit: Die Überprüfung, ob eine bestimmte Aussage wahr ist oder ob das korrekte Objekt identifiziert wurde, kann nämlich nur in den wissenschaftlichen Sprachspielen selbst (d.h. mit deren Begrifflichkeit und Methoden) erfolgen, denn ohne die spezifisch entwickelten

Beobachtungsinstrumente wie Spektrometer oder Radioteleskop und die sprachspielspezifische Grammatik der Deskription und Interpretation der Beobachtung wäre die Konstitution der fraglichen Gegenstände nicht möglich.

Obwohl es sich hier um Erkenntnisobjekte handelt, die nur für die an den wissenschaftlichen Sprachspielen teilnehmenden Wissenschaftler mit ihren Wahrnehmungsinstrumenten beobachtbar sind, wird eine Geltung der Existenz der Erkenntnisobjekte sowie ihrer Charakteristik auch außerhalb des wissenschaftlichen Bereichs beansprucht (Elementarteilchen sollen ja nicht nur im Teilchenbeschleuniger existieren, die Ozonschicht soll ja tatsächlich existieren).

Dadurch entsteht die Gefahr, dass der nichtwissenschaftliche Leser (Hörer) glaubt, einen bestimmten Gegenstand identifizieren zu können, obwohl der Begriff des Gegenstands, den er aufbaut, durch keine Beschreibung des in der Wissenschaft konstituierten Gegenstands gedeckt ist.

Dann träte genau der Fall ein, dass der vermittelnde Wissenschaftler einer solchen Beschreibung seinen wissenschaftlichen Sprachspielen gemäß keinen Wahrheitswert mehr zuordnen könnte oder er sagen müsste: „Das, wovon du redest, ist offensichtlich ein ganz anderer Gegenstand.“ Und wenn der Laie ihm sagen würde: „Nein, ich meine damit genau den Gegenstand, den du erforschst“, müsste der Wissenschaftler sagen: „Dann ist das, was du redest, nichts als Unsinn.“ In diesem Fall hätte also zunächst scheinbar eine Vermittlung von Wissen im Sinne einer Teilnahme am wissenschaftlichen Sprachspiel stattgefunden, das aufgebaute Wissen hätte sich jedoch im Verlauf der Vermittlungskommunikation als illusionär erwiesen.

Ein Grundcharakteristikum einer Illusion ist, dass eine Diskrepanz besteht zwischen einem Beobachter, der behauptet, die Illusion als Illusion zu erkennen und dem „Wähnenden“, der die betreffenden Vorstellungen für wahr hält. Wird auch nur ein Teil der Illusionen offensichtlich, so kann es zu Krisen, Störungen oder gar Zusammenbrüchen der Vermittlungskommunikation kommen.

Das hier entwickelte Vermittlungsmodell gestattet es also, bestimmte Arten von Zusammenbrüchen aus der Art der Abweichung von den Handlungsmustern des Vermittlungsmodells abzuleiten. Diese Zusammenhänge von Abweichung und Zusammenbruch der Vermittlungskommunikation und den daraus resultierenden Glaubwürdigkeitskrisen sollen im zweiten Teil der Arbeit untersucht werden.

Nachdem im theoretischen Teil ein Modell der Vermittlung naturwissenschaftlichen Wissens an die Öffentlichkeit entwickelt wurde, wird im zweiten Teil am Beispiel der Ozonlochdebatte gefragt, wie dieses Vermittlungsmodell für die Analyse und Beurteilung tatsächlicher Vermittlung naturwissenschaftlichen Wissens an die Öffentlichkeit fruchtbar gemacht werden kann.

Dazu wird in Kapitel 5 (S. 101 – 116) aus den bestehenden Methoden der kontrastiven Fachtextanalyse die Methode der fachlichen Bezugstextanalyse entwickelt. Diese besagt, dass ein „Wissenstransfer" nur dann untersucht werden kann, wenn man die in den Vermittlungstexten *explizit* genannten fachlichen Bezugstexte heranzieht und anhand dieser Texte dann analysiert, welche Transformationen vom Vermittlungsautor vorgenommen wurden. Dabei werden eine Reihe von methodischen Problemen der linguistischen Fachtextanalyse behandelt, unter anderem das Problem, dass eine linguistische Fachtextanalyse immer auch vor einem Vermittlungsproblem steht, denn wenn sich die Publikation einer Fachtextanalyse an ein linguistisches Publikum richtet, so richtet es sich an Personen, die in Bezug auf das analysierte Fach Laien sind. Nach diesen Vorklärungen kann dann die eigentliche Analyse beginnen.

Schwerpunkt der Analysen soll ein Ausschnitt aus der fachlichen und öffentlichen Diskussion um das Ozonloch sein. Diese Diskussion ist u.a. deshalb gut für die Fragestellung geeignet, weil das Ozonloch einen nicht direkt beobachtbaren Gegenstand darstellt, und weil es sich um eine gesellschaftlich relevante Diskussion handelt, die von vielen unterschiedlichen Vermittlungsbemühungen gekennzeichnet ist.

Viele Studien stellen ein Korpus von Vermittlungstexten zusammen, die hinsichtlich ihrer Qualität „gemischt" sind, d.h. es finden sich Artikel aus *Bild* genauso darunter wie Beiträge aus *Spektrum der Wissenschaft* (Haller, 1987; Bell, 1991, 1993; Niederhauser, 1999b). Den Aussagen, die auf solchen Korpusmischungen beruhen, kann immer vorgehalten werden, es liege am Zeitdruck oder an der mangelnden Kompetenz der Redakteure, warum diese oder jene Verzerrung und Verfälschung zustande gekommen sei. Diese Faktoren sollten aber möglichst ausgeschlossen werden. Wenn es um die Analyse der Wissenschaftsvermittlung geht, ist es deshalb sinnvoll, möglichst hochwertige und qualitativ gleichwertige Texte zu analysieren.[17] Das Korpus ist deshalb aus Zeitungen und Zeitschriften hoher wissenschaftsjournalistischer Qualität zusammengesetzt.

Ausgewählt wurden Texte zum Thema Ozonloch aus:

- *Bild der Wissenschaft* (1986 – 1998)
- *DIE ZEIT* (1985 – 1988)

[17] Eine der wenigen Studien dieser Art ist die Arbeit von Kiese (1997) über die Berichterstattung über das Ozonloch in der *Frankfurter Allgemeinen Zeitung*. Allerdings handelt es sich hierbei um eine kommunikationswissenschaftliche Untersuchung, in der keine Analyse der Sprachstrukturen und Handlungsmuster durchgeführt wird. Auf die Arbeit von Kiese (1997) wird an den geeigneten Stellen noch weiter einzugehen sein.

Weiterhin werden noch verschiedene Kontrollkorpora (z.B. *Mannheimer Morgen* (1985 – 1998)) und ein kleines Korpus mit Gegendiskursen herangezogen.

Im methodischen Teil wurde begründet, warum der Autor einer linguistischen Fachtextanalyse selbst zum Wissenschaftsvermittler werden muss, wenn er seine Analyseergebnisse der linguistischen Fachöffentlichkeit präsentiert. Diese Vermittlungsleistung wird in Kapitel 6 (S. 117 – 126) erbracht.

In Kapitel 7 (S. 127 – 232) wird zunächst ein Vermittlungstext und seine fachlichen Bezugstexte vergleichend analysiert. Es handelt sich um den Artikel, der die öffentliche Diskussion um das Ozonloch in Deutschland eröffnet hat: „Das Ozon-Drama". Dieser Text wurde vom damaligen Ressortleiter bei *Bild der Wissenschaft*, dem Chemiker Thorwald Ewe (1986) unter Mitarbeit des Atmosphärenchemikers und späteren Nobelpreisträgers Professor Paul J. Crutzen (Max-Planck-Institut für Chemie, Mainz) geschrieben.

Fokussiert auf die Konstitution des Gegenstands Ozonloch wird dann zunächst die Textanalyse des Artikels „Das Ozon-Drama" durchgeführt. Da es sich bei dem Artikel um einen *Clustertext* handelt, kann dieser nicht sequenziell analysiert werden. Aufbauend auf dem Prinzip des Textdesigns wird das *Verfahren der wahrscheinlichen Lesewege* entwickelt. Dies besagt, dass man bei einem Clustertext verschiedene Lesewege annehmen muss und für die Textanalyse einen wahrscheinlichen Leseweg festlegt. Nachdem ein Leseweg festgelegt wurde, wird der Text anhand dieses Lesewegs satzsemantisch in der oben explizierten Fassung analysiert, um zunächst die Konstitution des Gegenstands Ozonloch im Vermittlungstext zu charakterisieren. Die satzsemantische Analyse bringt bereits vor dem eigentlichen Vergleich mit den Bezugstexten einige Einzelergebnisse:

- Die fachliche Referenzfixierung des Terminus „Ozonloch" wird nicht nachvollzogen. Stattdessen werden mehrere inhaltlich und zeitlich inkompatible Entdeckungsgeschichten des Ozonlochs mit Pseudoreportage-Elementen beschrieben.
- So genannte „öffentliche Experten" spielen eine zentrale Rolle. Diese öffentlichen Experten sind Wissenschaftler, von denen einzelne teils emotionale, teils sachliche Äußerungen wiedergegeben werden, von denen aber auch einzelne Berechnungen zur Entwicklung der stratosphärischen Ozonverluste präsentiert werden, die aber keine Stützung durch eine Publikation im Fachdiskurs haben.
- Die spezifische Art der wissenschaftlich konstruierten Wahrnehmung wird nicht beschrieben.

- Es werden keine alternativen Diskurspositionen genannt, es wird von der *einen* Wissenschaft ausgegangen.

  Es muss dem Laien deshalb so erscheinen, als gebe es *eine* einheitliche wissenschaftliche Haltung, die das Ozonloch einzig und allein mit einem bestimmten Kausalmodell („Ozonverlust durch FCKW") erklärt. Dadurch kommt es zu einem verzerrten, weil nichtdiskursiven Bild der Wissenschaft, die als homogene Einheit Tatsachen herausfindet und erklärt.

Der nächste Schritt besteht darin, diejenigen Fachtexte zu rekonstruieren, auf die der Artikel „Das Ozon-Drama" explizit Bezug nimmt. Die Durchführung dieses Schrittes erweist sich dabei als problematisch, da viele der im Artikel „Das Ozon-Drama" genannten Quellen nicht oder nur schlecht rekonstruiert werden können, d.h. er erfüllt die notwendigen Bedingungen für die Identifizierung der Wissenschaftler bzw. Wissenschaftlergruppen und der Fachtexte nicht. Die ungenaue oder fehlende Nennung von Quellen ist in der Vermittlung von Wissenschaft durchaus üblich (vgl. Niederhauser, 1999b). Drei fachliche Bezugstexte können rekonstruiert werden. Der Artikel von Farman et al. (1985), der die fachliche Diskussion um das Ozonloch in der Wissenschaftszeitschrift *Nature* eröffnet und die Artikel von Stolarski et al. (1985, 1986), die die Messungen von Farman et al. (1985) bestätigen und als erste den Ausdruck „Antarctic ozone hole" bzw. „hole" in den schriftlichen Fachdiskurs einführen. Nachdem diese Texte als fachliche Bezugstexte des Vermittlungstexts „Das Ozon-Drama" identifiziert werden konnten, werden sie in wesentlichen Ausschnitten einer satzsemantischen Analyse hinsichtlich der Konstitution des Gegenstands Ozonloch unterzogen, um nun vergleichend die Unterschiede zur Gegenstandskonstitution im Vermittlungstext herauszuarbeiten.

Die Analysen der Fachtexte, auf die im Artikel „Das Ozon-Drama" Bezug genommen wird, zeigen, dass das Nichterfüllen von Bedingungen des eingeführten Vermittlungsmodells nicht folgenlos bleibt. Es kommt zu einer deutlichen Veränderung verschiedener Inhalte, so dass von „Transformationen des Wissens" gesprochen werden muss, statt von „Wissenstransfer". Folgende Transformationen lassen sich feststellen:

Transformationen des Fachterminus „Ozonloch"

Der Ausdruck „Ozonloch" ist ein Fachterminus und wird durch die Vermittlung metaphorisiert und emotionalisiert („Schutzmantel" oder „Schutzschild", der „Löcher" aufweist). Ein Nachvollzug der Referenzfixierung wird nicht versucht.

Konstitution nichtfachlicher Gegensätze

Im fachlichen Aufsatz-Diskurs der hier analysierten Bezugstexte werden ausschließlich fachliche Diskurspositionen herangezogen, etwa die Diskursposition „stabile Ozonschicht". Im Artikel „Das Ozon-Drama" werden dagegen auch nichtfachliche Positionen konstruiert, die eigentlich fachliche darstellen, und dann gegen andere fachliche Diskurspositionen gesetzt. Insbesondere die Diskursposition „stabile Ozonschicht" wird nicht als *fachliche*, sondern – nichtidentifizierbar, mit abwertenden Andeutungen versehen – als *politisch-wirtschaftliche*, von industriellen Profitinteressen gesteuerte Diskursposition ausgewiesen. Dadurch erhält die Ozondiskussion einen Gegensatz zwischen politisch-wirtschaftlichen und wissenschaftlich-ökologischen Interessen, der in den fachlichen Bezugstexten keine Rolle spielt.

Suggestive Argumentation

Im Gegensatz zu den fachlichen Bezugstexten finden sich im populärwissenschaftlichen Text von Ewe (1986) suggestive Argumentationsformen, etwa der Einsatz rhetorischer Fragen (vgl. Abschnitt 7.3.6). Diese dienen dazu, fehlendes fachliches Wissen bzw. fehlende wissenschaftliche Experimente zu überspielen und die als einzige dargestellte Diskursposition (Ozonverlust durch FCKW) plausibel zu machen.

Transformationen der Gegenstandskonstitution

Transformation der raumzeitlichen Konstitution des Ozonlochs

Im Fachdiskurs wird zwischen Ozonminima, Ozonmaxima und Mittelwerten unterschieden, im populärwissenschaftlichen Text von Ewe (1986) nicht. Während das Ozonloch im *Bild der Wissenschaft*-Artikel als eine undifferenzierte Größe konzeptualisiert wird, die kontinuierlich größer wird, wird im Fachdiskurs eine kontinuierliche Vergrößerung lediglich für das Minimum festgestellt; 1982 wurden im Vergleich zu 1980 für das Maximum und die Mittelwerte höhere Werte gemessen. Eine elaborierte Sichtweise des Ozonlochs, wie sie im Fachdiskurs herrscht, die etwa die Messergebnisse unterschiedlicher Antarktisstationen oder Tag-für-Tag-Messungen einschließt, wird nicht gegeben.

Transformation von Messwertreihen

Eng mit der vereinfachenden Darstellung der Transformation der raumzeitlichen Konstitution des Ozonlochs hängt der reduzierte Transfer der Messwertreihen, insbesondere der Messwertreihen von Farman et al. (1985) zusammen. Während sich bei Farman et al. (1985) Messwertreihen von 1957 – 1984 finden, werden im Artikel „Das Ozon-Drama" von Ewe (1986) lediglich die visuellen Messwertprojektionen der Jahre 1979 – 1985 abgebildet. Wären die Messwertreihen von Farman vermittelt worden, wäre es unmöglich gewesen, von einem sich ständig ausweitenden Ozonloch zu sprechen. Man wäre dann zu einer differenzierten Darstellung gezwungen gewesen, die gezeigt hätte, dass sich das Ozonloch zwar vergrößert, aber eben diskontinuierlich und nicht kontinuierlich Jahr für Jahr. Da dies nicht getan wird, wird ein Angriffspunkt für den später einsetzenden Gegendiskurs geschaffen, in dem nun bei jeder Diskontinuität behauptet werden kann, „die" Wissenschaft habe sich „geirrt".

Transformation der Entdeckungschronologie

Ein beliebtes Verfahren der Vermittlung ist die Mitteilung der Chronologie einer Entdeckung als personalisierte Entdeckungsgeschichte (vgl. Zell, 1986; Bader und Göpfert, 1996). Innerhalb des einen populärwissenschaftlichen Artikels „Das Ozon-Drama" wurden verschiedene, miteinander inkompatible Abfolgen desselben Ereignisses (Entdeckung des Ozonlochs) mitgeteilt. Dabei werden auch unterschiedliche Daten der Entdeckung des Ozonlochs angegeben. Allen präsentierten Entdeckungsgeschichten ist gemeinsam, dass sie genauso wie die Daten der Entdeckung nicht mit den fachlichen Bezugstexten übereinstimmen, also chronologisch falsch sind. In der weiteren Analyse zeigt sich, dass weitere, andere Entdeckungsgeschichten, etwa die von Weiner (1995) oder die von Luhmann (1999), in Umlauf sind, zu denen bereits Gegendarstellungen existieren (vgl. Sparling, 1999). Die personalisierte Entdeckungsgeschichte wird deshalb als hinderlich für die Vermittlung betrachtet, da hier die Maxime der Relevanz über die Modalmaxime der korrekten Reihenfolge gestellt wird. Insofern kann von der größeren Unterhaltsamkeit und der auch für Laien leichteren Lesbarkeit des populärwissenschaftlichen Artikels nicht auf eine referenzsemantisch definierte, bessere Vermittlung geschlossen werden. Denn durch die leichtere Lesbarkeit wird auch ein unkritisches Aufnehmen von Fehlinformationen gefördert, da das Erlebnis, etwas verstanden zu haben, zumeist mit einem Fürwahrhalten des Verstandenen einher geht. Hohe Einschaltquoten oder eine hohe Auflage von Vermittlungstexten können also auch als Indikatoren für einen hohen Grad an (unbeabsichtigter) Desinformation betrachtet werden. Durch das zunehmende „Verständnis" kann im Vertrauen auf die Glaubwürdigkeit des Vermittlungstexts ein wahnartiges Gebilde aufgebaut werden, das aus der Sicht des Laien für wahr gehalten und deshalb für seine Handlungen als entscheidungsrelevant eingestuft wird. Dieses „Wissen" ist allerdings äußerst anfällig für Gegenargumente und Widersprüche. Das Erkennen, dass durch einen Text wie „Das Ozon-Drama" Widersprüche und Fehlinformationen aufgebaut werden, kann die Glaubwürdigkeit von Wissenschaftlern und Vermittlern in grundsätzlicher Weise erschüttern und in eine generelle Haltung der Skepsis und des Misstrauens münden. Dies spielt insbesondere bei der Etablierung von Gegendiskursen eine Rolle, da Wissenschaftlern und Vermittlern nun eigennützige oder politische Motive unterstellt werden können (vgl. Kapitel 9).

Transformation visueller Messwertprojektionen und Hypostasierung

Im fachlichen Bezugstext von Stolarski et al. (1986) ist über die Bezeichnungen „satellite measurements" sowie „south-polar projection" klar, dass es sich bei den Visualisierungen des Ozonlochs um eine Visualisierung eines nicht direkt beobachtbaren und vor allem nichtsichtbaren Individuums handelt: Blickt man vom Weltraum im antarktischen Frühling auf die Südhemisphäre, so sieht man kein Ozonloch. Die Messgeräte an Bord des Satelliten Nimbus 7 messen Ozonkonzentrationen an bestimmten Raumkoordinaten zu bestimmten Zeitpunkten. Die so entstandenen Messwerte werden von Wissenschaftlern auf eine einfache Karte der südlichen Hemisphäre projiziert. Diese schematischen Visualisierungen („fachliche Technobilder" im Sinne Flussers (1998)) werden in *Bild der Wissenschaft* und später in der *ZEIT* als „Satellitenbilder vom Ozonloch" bzw. „Fotos vom Ozonloch" hypostasiert.

Im Artikel „Das Ozon-Drama" von Ewe (1986) kann die Bezeichnung „Satellitenbilder" dazu verleiten, diese Visualisierungen als eine Art Fotografie, die von einem Satelliten gemacht wurde, fehlzuinterpretieren.

Transformation des Geltungsanspruchs von Wissen

In den Fachaufsätzen finden sich viele Passagen, in denen sorgfältig abgewogen wird, ob beispielsweise Fehler im Messinstrument die Ursache von Störungen sein können, von welchem sicheren Wissen ausgegangen werden kann, was Vermutungen und Vorschläge sind oder als wie wahrscheinlich bestimmte Interpretationen angesehen werden können. So können den Abtönungen, die im Vermittlungstext vor allem mit Modalausdrücken vorgenommen werden, häufig keine Entsprechungen in den fachlichen Bezugstexten zugeordnet werden. Sie scheinen eher eine Vorsichtsmaßnahme denn eine Vermittlung des wissenschaftlich diskutierten Geltungsanspruchs darzustellen. So erfährt der Leser beispielsweise nicht, dass das Ozonloch zum Zeitpunkt der Publikation des ersten Vermittlungstextes als raumzeitliches Individuum absolut unstrittig, die Ursache-Wirkungsmodelle dagegen von Beginn an umstritten waren.

Diese Analyse kann jedoch nur ein Urteil hinsichtlich der *Adäquatheit* in Bezug auf das aufgestellte Vermittlungsmodell leisten. Aus diesen Abweichungen vom Vermittlungsmodell können aber bestimmte Formen kommunikativer Konflikte und Zusammenbrüche prognostiziert werden:

Es wird zu Kommunikationskrisen kommen, wenn

- die vermittelten Widersprüche evident werden
- im Fachdiskurs eine der alternativen Diskurspositionen an Plausibilität gewinnt.

In Kapitel 8 (S. 233 - 301) wird dies anhand des weiteren Verlaufs der Vermittlungskommunikation in *Bild der Wissenschaft* und in der *ZEIT* überprüft werden.

Dabei sind Kommunikationskrisen und Widersprüche im selben Publikationsorgan (also etwa in *Bild der Wissenschaft*) besonders interessant, da hier rückblickend die eigenen Artikel metakommunikativ kommentierend korrigiert werden könnten. Solche Reparaturmaßnahmen würden eine Art artikelübergreifende Kohärenz sicherstellen, die es einem Leser, der die gesamte Abfolge der Artikel zu einem Thema rezipiert, gestatten, Widersprüche und unangemessene Vereinfachungen zu erkennen und sein Wissen entsprechend zu modifizieren. Diese Art der Kohärenz soll mit dem Begriff der „diachronen Kohärenz" gefasst werden. Der Begriff der diachronen Kohärenz kann definiert werden als Kohärenz, die sich aus der Sicht eines fiktiven Lesers einstellt, der alle Artikel eines Publikationsorgans zu einem bestimmten Thema über einen längeren Zeitraum rezipiert und versucht, aus den einzelnen Artikeln ein einheitliches, widerspruchsfreies Wissen aufzubauen.

Für die Berichterstattung über das Ozonloch in *Bild der Wissenschaft* (1986 - 1998) soll deshalb die Prognose erstellt werden, dass sich Kommunikations- und Glaubwürdigkeitskrisen und diachrone Inkohärenzen ergeben werden.

Die Analyse zeigt, dass die weitere Berichterstattung tatsächlich diachron inkohärent ist, verschiedene Kommunikations- und Glaubwürdigkeitskrisen entstehen sowie widersprüchliches Wissen aufgebaut wird.

Um das Ergebnis zu stützen, wird zusätzlich die Berichterstattung der Wochenzeitung *DIE ZEIT* (1985 - 1988) herangezogen. *DIE ZEIT* kann als seriöse Wochenzeitschrift charakterisiert werden, die über gut ausgebildete Wissenschaftsredakteure verfügt und wissenschaftliche Themen auch in ausführlichen Artikeln darbietet. Dabei werden weitere Transformationen deutlich, die die ursprüngliche Fachinformation immer unbestimmter und bedrohlicher werden lassen. Im weiteren Verlauf der Berichterstattung zeigt sich auch hier, dass ganz ähnliche Glaubwürdigkeitskrisen auftreten, die auf Defiziten der Vermittlung beruhen, aber als von der Wissenschaft verursacht dargestellt werden.

Schließlich wird in Kapitel 9 (S. 303 - 341) ein zur wissenschaftlichen Sicht der Ozonlochentstehung konträrer Gegendiskurs analysiert. Dabei kann postuliert werden, dass dieser Gegendiskurs an die analysierten Abweichungen anknüpft, indem genau die Sachverhalte und Prognosen in Frage gestellt werden, die in der Vermittlung in Bezug auf das Vermittlungsmodell inadäquat waren. Der Gegendiskurs bietet ein Erklärungsmodell ad hominem an, das die Entstehung der wissenschaftlichen Theorien mit einem verdorbenen Charakter und niederen Strebungen der beteiligten Wissenschaftler erklärt. Dabei muss der Gegendiskurs aber eigene Theorien aufstellen und steht damit ebenfalls vor einem Vermittlungsproblem. Die Analyse des Gegendiskurses „Naturwunder Ozonloch“ zeigt, dass es die massenmedialen Wissenstransformationen sind, in die sich der Gegendiskurs „einklinkt“ und nun dabei die Art der Argumentation deutlich verändert. Sind viele wissenschaftsjournalistische Verfahren wie die Personalisierung bereits eine Argumentation ad hominem, so wird dies im Gegendiskurs „Naturwunder Ozonloch“ drastisch zugespitzt. Ins Zentrum werden einzelne, namentlich genannte Wissenschaftler gerückt, denen Machtversessenheit, Geldgier und Eitelkeit als Motive für „Fälschungen“ oder „Lügen“ unterstellt werden. Diese Angriffe werden so heftig vorgetragen, dass dies sogar zu einer Gegendarstellung in einem renommierten Lehrbuch der Atmosphärenchemie (Graedel und Crutzen, 1994) geführt hat. Diese Argumentation verfängt natürlich nur, wenn man insgesamt von einem Denkmodell ausgeht, das dem Wissenschaftler als einer einzelnen Person eine so große Machtfülle zugesteht, dass er ganze Fachdiskurse auf Grund seiner Eitelkeit so dominieren kann, dass über Jahre hinweg eine ganze Wissenschaft, offensichtlich in konsensuell homogener Weise, Artefakte produziert. Die eigentliche „Wahrheit“ wird dann im Gegendiskurs „verkündet“. Meist sind dabei Wissenschaftler beteiligt, die im naturwissenschaftlichen Aufsatzdiskurs nicht (mehr) vertreten sind.

Folgendes Fazit lässt sich aus den Analysen ziehen: Nicht nur der Initialartikel „Das Ozon-Drama“ weist bestimmte Abweichungen vom Vermittlungsmodell auf, sondern die gesamte Berichterstattung in *Bild der Wissenschaft* über Jahre hinweg. Aber auch andere wichtige Publikationsorgane wie *DIE ZEIT* müssen ebenso eingestuft werden.

Das aufgestellte Vermittlungsmodell zeigt eine gewisse Relevanz, da aus ihm eine Reihe von Kommunikationskonflikten prognostiziert und im Diskurs auch nachgewiesen werden konnten.

Aus den hier durchgeführten Text- und Diskursanalysen lassen sich damit auch Schlüsse für die Rezeption ziehen. Zwar ist der Rezipient der Wissenschaftsberichterstattung in den Medien relativ frei in seiner Aneignung (Holly und Püschel, 1993; Hepp, 1998); wenn jedoch wesentliche Inhalte in der beschriebenen Weise unmerklich transformiert werden, könnte eine Aneignung dies nur dann ausgleichen, wenn sich der Rezipient vom Sekundärvermittler weg bewegt und damit beginnt, die Quellen zu studieren, d.h. einen eigenständigen Prozess der Wissensorganisation initiiert. Wo er dies nicht tut, ist er darauf angewiesen, mit seinem eigenen vorgängigen Sinnsystem das transformierte Wissen in sein bisheriges Wissensnetz einzupassen.[18] Dabei käme eine „spontane Reparatur“ des transformierten Wissens einem Wunder gleich; viel wahrscheinlicher

[18] Dies geschieht nach dem Prinzip der „Sinnkonstanz“ (Hörmann, 1994, S. 179ff.).

ist, dass der transformierte Input über Aneignungstransformationen der Rezipienten zu noch unbestimmterem Wissen führt, das keinen Zugang zu den naturwissenschaftlichen Sprachspielen im Fachtextdiskurs öffnet. Diese Vermutung wird auch durch die Untersuchung von Bell (1991) gestützt, in der gezeigt wurde, dass eine zweifache Transformation stattfand: Dem bereits transformierten Input durch die Medien folgte eine weitere Transformation durch die Rezipienten, die teilweise nicht mehr mit den Wissenstransformationen der Medien allein erklärbar war. Dies heißt natürlich nicht, dass diese „Wissens"-Gebilde nicht zur Grundlage von Handlungen oder politischen Entscheidungen gemacht werden könnten. Auch wenn die Realitätsdefinitionen fiktiv sein mögen, sind doch die Ergebnisse der Handlungen, die nach diesen Definitionen ausgerichtet werden, real (vgl. Thomas und Thomas, 1928/1970, S. 572).

Im letzten Teil „Schlussfolgerungen" soll deshalb den Fragen nachgegangen werden, ob die Wissenschaftsvermittlung in den Massenmedien scheitern *muss* und welche Konsequenzen eine solche Annahme hätte.

Um die erste Frage zu beantworten, werden in Kapitel 10 (S. 347 – 370) die Vermittler selbst ins Zentrum der Analyse gerückt werden, d.h. Wissenschaftsjournalisten und Journalisten, die Wissenschaft vermitteln. Es wird überprüft, welche Partnerhypothesen sie einerseits über Wissenschaftler, andererseits über „die Öffentlichkeit" besitzen und mit welchen Vermittlungsstrategien sie zu Werke gehen. Dazu werden Interviews und schriftliche Dokumente von Wissenschaftsjournalisten herangezogen. Es werden eine Reihe von stereotypen Vorstellungen über Wissenschaftler und Öffentlichkeit herausgearbeitet und gezeigt, wie sich daraus viele der Transformationen, die vorher analysiert wurden, erklären lassen.

Damit wird eine Art systembedingter Mechanismus deutlich, der zeigt, dass Journalisten gar nicht anders können, als in der dargestellten Art wissenschaftliches Wissen zu transformieren.

Stellt man die Aussagen von Wissenschaftsjournalisten über die Veränderungen des gegenwärtigen Mediensystems in Rechnung, so ist dieses gekennzeichnet durch eine zunehmende ökonomische Abhängigkeit von privatwirtschaftlichen Einnahmen und dem damit verbundenen Druck durch Einschalt- oder Abdruckquoten. Dies hat auch in der Wissenschaftsvermittlung zur Folge, dass das Sensationelle, Abnorme oder Skurrile immer stärker in den Vordergrund rückt – auch in seriösen Medien und Nachrichtenagenturen.

Dadurch werden die strukturellen Eigenschaften des Mediensystems in eine Richtung verstärkt, die die diagnostizierten Mechanismen, die die Wissenstransformationern hervorrufen, noch verstärken.

Wenn das gegenwärtige Mediensystem nicht in der Lage ist und auch nicht in der Lage sein wird, wissenschaftliches Wissen an die Öffentlichkeit zu vermitteln – wie kann die Öffentlichkeit dann über gesellschaftlich relevante Forschungsrichtungen und ihre Ergebnisse informiert werden bzw. sich informieren?

Dafür bieten sich zwei Wege an: Entweder die Laienakteure machen sich unabhängig von der massenmedialen Information und eignen sich wissenschaftliches Wissen direkt an oder die wissenschaftlichen Akteure leisten dies institutionell und/oder personell in direkter Kommunikation mit den Laienakteuren. Dazu muss aber eine Vermittlungsform gefunden werden, die auf Anfragen von Laienakteuren kontinuierlich Texte (oder multimediale Dokumente) entstehen lässt, die von wissenschaftlichen Akteuren als Input in die Öffentlichkeit (d.h. auch in das Mediensystem) evaluiert wurden. Diese Vermittlungskommunikation müsste innerhalb nichtkommerzieller Rahmenbedingungen stattfinden. Da eine solche Form der Vermittlung sehr weit von den gegenwärtigen Möglichkeiten entfernt zu sein scheint, wird schließlich in Kapitel 11 (S. 371 – 380) das utopische Projekt „Enzyklopädie der Wissenschaften" vorgeschlagen, in dem beschrieben wird, wie eine neue Kommunikationsstruktur zwischen Wissenschaft und Gesellschaft aussehen könnte.

Teil I

Theorie der Wissenschaftsvermittlung

2 Handlungstheorie

> Ich jedenfalls finde es schwer, unsre Handlungen miteinander in Zusammenhang zu bringen – und nicht nur dies, sondern auch jede einzelne durch eine wesentliche Eigenschaft treffend zu kennzeichnen, derart doppelbödig, buntscheckig und je nach Beleuchtung wechselnd erscheinen sie mir.
> Michel de Montaigne Essais, *Über die Erfahrung*, S. 543

2.1 Kommunikation, Handlung, Handlungsmuster

Das Gespräch von Angesicht zu Angesicht, bei dem zwei oder mehr menschliche Individuen wechselseitig Informationen, Meinungen, Wertungen und Gefühle austauschen, stellt die prototypische Form der Kommunikation dar (vgl. etwa Geißner, 1981). Häufig verfolgen die Kommunikationspartner dabei bestimmte Absichten, doch nicht zwangsläufig; manchmal wird im Gespräch auch keine bestimmte Absicht verfolgt oder die Kommunikationspartner haben nur eine verschwommene Vorstellung über ihre Absichten, so dass sich eine bewusste Absicht erst im Verlauf des Gesprächs manifestiert.

Kommunikation findet immer in bestimmten historischen und politischen Konstellationen statt. Innerhalb solcher geschichtlichen Studien kommunizieren Sprachteilnehmer in sozialen Situationen, die den Kontext für die sprachlichen Äußerungen bilden. Dabei kann der Kontext nicht als vorgegeben angenommen werden, denn die Gesprächsteilnehmer stellen über bestimmte Bezugspunkte diesen Kontext erst her und definieren damit die Situation. Weiterhin treten die Kommunikationsteilnehmer nicht voraussetzungslos, sondern mit ihrer jeweiligen Sozialisation, Vorgeschichte und ihrer aktuellen Disposition in eine Kommunikationssituation ein. Sie sprechen und verstehen die Sprache, die sie im Verlauf ihrer Sozialisation gelernt haben, bringen Vorwissen und Erwartungen, aber auch Werte und Einstellungen ihrer Kultur mit. Auch wenn jemand einen ersten Kontakt mit einem Gesprächspartner oder einem Text hat, entsteht eine zu seinem Vorwissen, seiner Vorgeschichte und seinen Stereotypen mehr oder weniger kompatible Hypothese, wer der andere ist und was er vorhat. Je nachdem, wie diese Hypothese ausfällt und wie dies mit den eigenen Bedürfnissen und Zielen harmoniert, wird sich das Gesprächsverhalten entsprechend ausrichten. Doch nicht nur die Hypothese über den Partner beeinflusst die Kommunikation, sondern auch Hypothesen zweiter Ordnung, also etwa Mutmaßungen darüber, was der Gesprächspartner von einem selbst denkt.[1] Die in den unterschiedlichen Kommunikationssitua-

[1] Diese Hypothesenstaffelung kann noch weitergeführt werden, wenn ich etwa spekulie-

tionen entstehenden, routinisierten Sprechhandlungsabläufe können mit den Begriffen des *Handlungsmusters* und des *Sprachpiels* erfasst werden.

Ein Handlungsmuster ist Teil einer Lebensform,[2] das in der es sich zur Bewältigung bestimmter wiederkehrender kommunikativer Aufgaben als regelbasiertes, routiniertes Sprachhandeln etabliert hat. Das heißt allerdings nicht, dass immer Einigkeit darüber bestünde, welchem Handlungsmuster eine bestimmte Handlung zugewiesen werden kann, denn Handlungen sind Interpretationskonstrukte von Beobachtern, so dass Handlungen von den Ausführenden der Handlung und von den Beobachtern verschieden interpretiert werden können.[3]

Es gibt in der gegenwärtigen Linguistik zwei Richtungen, die den Begriff „Handlungsmuster" in elaborierter Weise benutzen: zum einen die Handlungssemantik[4], die sich vor allem auf die Handlungstheorie von Hans Jürgen Heringer (1974) stützt, zum anderen die so genannte „funktionale Pragmatik"[5], in der der Begriff „sprachliches Handlungsmuster" verwendet wird. So definiert Hoffmann (1997) diesen Begriff wie folgt:

> „Wir verstehen unter einem SPRACHLICHEN HANDLUNGSMUSTER eine spezifische Zweck-Mittel-Konfiguration, an der sich Sprecher orientieren können, um eine bestehende Wissens- und Situationskonstellation über kooperative Handlungsschritte in gewünschter Weise zu transformieren. Zu den Mitteln gehört das Gesagte (Diktum) mit den Formeigenschaften der Äußerung und ihrem propositionalen Gehalt, nonverbale Mittel können hinzukommen. Die Zwecke sind interaktionsgeschichtlich standardisiert, ohne daß dieser Vorgang abgeschlossen oder abschließbar wäre; einige sind universal in Handlungsmuster umgesetzt." (Hoffmann, 1997, S. 101, Herv. i. Orig.)

Praktisch-semantische Handlungstheorie und funktionale Pragmatik weisen zwar einige Unterschiede auf, sind aber in großen Teilen kompatibel und können deshalb an den geeigneten Stellen gleichermaßen herangezogen werden. Aus meiner Sicht hat die praktisch-semantische Handlungstheorie aber gegenüber der funktionalen Pragmatik einige Vorteile, die ich hoffe, in den folgenden Ausführungen zeigen zu können.

Beide Richtungen haben sich in den letzten dreißig Jahren vor allem von der Sprechakttheorie abgegrenzt. Diese über die letzten Jahrzehnte

re, was der andere wohl denkt, das ich über ihn denke usw. ad infinitum. Grundlagen für eine Behandlung solcher Fragen bietet die epistemistische Linguistik (Mudersbach, 1984).

[2] Vgl. Wittgenstein (1969b).

[3] Vgl. Heringer (1974); Wimmer (1979); Holly et al. (1984).

[4] Vgl. den Hinweis auf S. 5.

[5] Vgl. Ehlich und Rehbein (1979); Rehbein (1977, 1988); Ehlich (1983, 1984, 1991, 1992); die Handlungstheorie Heringers ist in vielfältiger Weise rezipiert und weiter geführt worden, ohne dass es allerdings zu einer etikettierten Schulenbildung gekommen wäre. Viele der weiter führenden Arbeiten, die auf die Handlungstheorie Heringers Bezug nehmen, werden im Folgenden zitiert und diskutiert werden.

geführte Abgrenzungsdiskussion soll aber nicht wiedergegeben werden, es sei hier lediglich auf die Literatur verwiesen[6].

Theoretischer Ausgangspunkt der folgenden Überlegungen ist die interpretative Handlungssemantik, wie sie aus der Handlungstheorie Heringers (1974) entwickelt wurde.

2.2 Lebensform, Sprachspiel und soziale Regel

Der Begriff „Handlungsmuster“ stützt sich wesentlich auf die Gebrauchstheorie Wittgensteins (1969b).

Sprecher können ganz unterschiedliche Annahmen über die Welt machen, indem sie etwa auf unterschiedliche Gegenstände referieren, „oder überhaupt anders referieren“ (Heringer, 1974, S. 19). Dabei wird von einer physisch existierenden wirklichen Welt ausgegangen; diese muss allerdings nicht als etabliert vorausgesetzt werden: „Eine vorgegebene Welt muß hier nicht angenommen werden“ (Heringer, 1974, S. 19). Damit werden vor allem die konstruktiven Züge der sozialen Welt erfasst, d.h. aufgrund welcher Handlungsweisen und Einführung in Handlungsweisen Gruppen oder Individuen diese oder jene Annahmen über die Welt machen. Durch unterschiedliche Annahmen über die Welt haben „verschiedene soziale Gruppen verschiedene Welten“ (Heringer, 1974, S. 20). Dabei wird auf die Begriffe „Lebensform“ und „Sprachspiel“ (vgl. Wittgenstein, 1969b, vor allem § 19, § 23, § 24 und § 199) zurückgegriffen und Handlungsmuster werden als Bestandteile von Sprachspielen eingeführt:

> „Die Sprache bestimmt die Lebensform und ist Produkt der Lebensform. (...) Ein Sprachspiel existiert nicht nur in dem Moment, wo es gespielt wird. Es wird definiert durch die Muster, nach denen es gespielt werden kann. Diese Muster wollen wir Regel nennen.“ (Heringer, 1974, S. 20)

Kommunikationspartner können in der Interaktion unterschiedliche Ausschnitte aus der Wirklichkeit definieren und diese als absichtsvolles Verhalten interpretieren. Der Sprecher hat somit letztlich keine Kontrolle über die Interpretation seiner eigenen Äußerung – der Hörer „macht“ die Botschaft. Dies heißt aber nicht, dass Regeln beliebig wären; Regeln sind konventionell, d.h. private Regeln sind nur begrenzt möglich,[7]

> „denn die Gemeinsamkeit der Regeln ist Voraussetzung des sozialen Lebens. Die Gemeinsamkeit der Regeln definiert soziale Gruppen. Daß Regeln konventionell sind, heißt auch, daß sie nicht angeboren sind, sondern erlernt werden. Die Erlernbarkeit von Regeln kann man sich dadurch gewährleistet denken,

---

[6] Vgl. Heringer (1974); Wimmer (1979); Holly, Kühn und Püschel (1984); von Polenz (1985); Püschel (1995).

[7] Vgl. die Einführung und Begründung des Konventionsbegriffs bei Kanngießer (1978, S. 96), der sich ebenfalls explizit auf § 199 der Philosophischen Untersuchungen Ludwig Wittgemsteins (1969b) bezieht.

> daß den Menschen die Fähigkeit angeboren ist, hinter Handlungen Regelmäßigkeiten zu vermuten. So lernt ein Kind Regeln, indem es sich Hypothesen macht über die Regelmäßigkeit der Handlungen seiner Partner. Diese Hypothesen verändert es durch neue Handlungen, durch eigene Handlungen und die Reaktionen seiner Partner darauf. Die Regel wird erworben durch gemeinsame Praxis." (Heringer, 1974, S. 22)

Dabei muss die Regel nicht *erklärt* werden:

> „Für die Hypothesen über die Regeln genügen Beispiele, Vormachen und Nachmachen, paradigmatische Handlungen." (Heringer, 1974, S. 22)

Selten folgt man der Regel bewusst, meistens unbewusst, d.h. ohne Wahl oder Auswahl.[8] Dabei besteht die Gefahr, dass man nicht mehr merkt, dass man einer Regel folgt, sondern beginnt, diese Handlungsmuster als „die allein richtigen an[zu]sehen, als objektiv gegeben" (Heringer, 1974, S. 22), d.h. zu vergessen, dass man es mit historisch gewachsenen, auf die jeweilige Lebensform zugeschnittenen Handlungsmustern zu tun hat, die aber letztlich willkürlich sind.

Im Normalfall wirkt sich diese Problematik nicht aus, denn Handlungsmuster dienen ja dazu, eine reflexionsarme, „reibungslose" Kommunikation zu gewährleisten, d.h. Bedingungen zu schaffen, unter denen nicht alles immer neu vereinbart und erlernt werden muss. Zudem verleiht das reibungslose Ablaufen der Kommunikation ein Gefühl von Sicherheit.

Dies ist ganz anders in Konflikten: Man muss sich die Regeln als Regeln bewusst machen, d.h. sich bewusst machen: Es könnte auch anders sein. Dazu ist Sprachreflexion nötig:

> „Im Konfliktfall müssen aber die Regeln danach beurteilt werden, welche sinnvoller ist, und das setzt Reflexion voraus." (Heringer, 1974, S. 22)

Diese Grundauffassung wurde später auch für die linguistisch begründete Sprachkritik maßgeblich.[9]

2.3 Darstellung von Handlungsmustern

Heringer (1974) hat seine Handlungstheorie im Anschluss an Goldmann (1970) formal begründet. Die formale Darstellung von Handlungen und Handlungsmustern erlaubt es, Handlungen mit einem klar definierten Beschreibungsinstrumentarium zu erfassen. Diese Schreibweise soll hier nur insoweit eingeführt werden, als es für die weiteren Analysen notwendig erscheint. Man kann also nur von einer halbformalen Darstellung sprechen. An einzelnen Stellen werden kleinere Modifizierungen oder Zusätze vorgenommen.

---

[8] D.h. man folgt der Regel „blind", wie Wittgenstein (1969b) in § 219 der Philosophischen Untersuchungen sagt.

[9] Vgl. beispielsweise Wimmer (1985).

Es hat in der Handlungssemantik verschiedene Versuche gegeben, Handlungsmuster zu kennzeichnen. Was alle Darstellungsformen verbindet, ist die typografische Auszeichnung von Handlungsmustern mit Großbuchstaben. Neben der formalen Darstellung, wie sie bei Heringer zu finden ist, gibt es aber auch Darstellungen, bei denen die Handlungsmuster in die Textinterpretation eingearbeitet werden, um die Analysen lesbarer zu machen (vgl. etwa Faber, 1994). Dadurch entstehen aber eine Reihe von Nachteilen: Häufig ist so nicht mehr nachvollziehbar, was als das eigentliche Handlungsmuster gelten soll und wie komplexe Handlungsmuster aufgebaut sind. Ich werde deshalb die halbformale Darstellung in Anlehnung an Heringer (1974) vorziehen. Diese Art der Darstellung macht außerdem unmissverständlich klar, dass es sich bei den Handlungsmustern um Interpretationskonstrukte handelt.

2.4 Relationen zwischen Handlungen und Handlungsmustern

Nun sollen einige grundsätzliche Relationen, die zwischen Handlungen und Handlungsmustern bestehen können, erläutert werden. Es sollen die folgenden Relationen angesetzt werden (vgl. Heringer, 1974, S. 40ff.):

1. α-Relation
2. Pfeilrelation
3. Zerlegung
4. $\sqcup$-Verknüpfung
5. $\sqcap$-Verknüpfung
6. Untermusterrelation
7. Ergebnisrelation
8. Sequenzmuster
9. Offenes Sequenzmuster (hier neu eingeführt)

Diese Relationen sollen nun nicht alle einzeln eingeführt werden. Ich will vielmehr eine zentrale Relation, die Pfeil- oder Indem-Relation und einige notwendige Modifikationen der Handlungstheorie Heringers herausstellen. Alle Relationen werden in Tabelle 2.1 auf der nächsten Seite dargestellt und kurz charakterisiert.[10]

[10] Aus Platzgründen werden in dieser Tabelle alternative Schreibungen und Differenzierungen (lineare Schreibweise für die Gleichzeitigkeitsrelation HB $\sqcap$ HC und die Oder-Relation HB $\sqcup$ HC sowie Bedingungen und Spezifikationen) nicht berücksichtigt.

Formale Schreibweise	**Name der Relation**	**Charakteristik**	**Name der Relation bei Heringer (1974) (Seitenzahl in Klammern)**
$x \, \alpha \, HA$	Zugehörig-keitsrelation	x ist nach HA.	α-Relation (S. 40-43)
$HA \rightarrow HB$	Indem-Relation	HA wird ausgeführt, indem HB ausgeführt wird.	Pfeilrelation (S. 43-47)
$\left\{ \begin{matrix} HB \\ HC \end{matrix} \right\}$	Zerlegung	Entweder wird nach HB oder nach HC gehandelt.	Zerlegung (S. 47-50)
$\left[\begin{matrix} HB \\ HC \end{matrix} \right]$	Gleichzeitig-keitsrelation	Zwei Handlungen werden gleichzeitig ausgeführt, eine nach HB, die andere nach HC.	$\sqcap$-Verknüpfung (S. 51-52)
$\left(\begin{matrix} HB \\ HC \end{matrix} \right)$	Oder-Relation	Es kann nach HB oder nach HC oder nach HB und HC gehandelt werden.	$\sqcup$-Verknüpfung (S. 52)
$HA \sqsubset HB$	Untermuster-relation	HB ist ein Untermuster von HA	Untermuster und Spezifizierungen (S. 53-59)
$HA \succ E1$	Er-geb-nis-re-la-tion	Wenn nach HA gehandelt wird, entsteht als Ergebnis E1.	$\succ$ (S. 64)
$\downarrow \begin{matrix} HB \\ HC \\ HD \end{matrix} \Downarrow$	Sequenzmuster	Es wird nacheinander nach den Handlungsmustern HB, HC, HD gehandelt, und zwar genau in dieser und keiner anderen Reihenfolge	Sequenzmuster (S. 59-65)
$\left\vert \begin{matrix} HB \\ HC \\ HD \end{matrix} \right\Vert$	Offenes Sequenzmuster	Es wird nach den Handlungsmustern HB, HC, HD gehandelt, die Reihenfolge ist beliebig.	nicht definiert
$-HA$	Unterlassung	Es wird unterlassen, nach dem Handlungsmuster HA zu handeln.	Unterlassung / Abweichung (S. 65.ff.)

Tabelle 2.1: Notation und Charakterisierung der Relationen zwischen Handlungen und Handlungsmustern

2.4.1 Pfeilrelation

Das Verhältnis von Sprechhandlung und Satz wird in der Linguistik seit einiger Zeit diskutiert.[11] So schreibt Frank Liedtke:

> „Wie gezeigt wurde, ist der Satz, den jemand äußert, kein Mittel, um einen speziellen Sprechakt zu vollziehen, sondern Satz und Sprechakt stehen in einer noch zu definierenden Indem-Relation." (Liedtke, 1998, S. 155)

Heringer beschreibt mit seiner Pfeilrelation genau die benötigte Indem-Relation. Sie reicht aber über die von Liedtke fokussierte Problemstellung hinaus. Zunächst soll deshalb die Pfeilrelation allgemein eingeführt werden, bevor ihre Anwendung auf das Verhältnis von Sprechhandlung und Satzäußerung beschrieben wird.

Die Pfeilrelation definiert, dass eine Handlung x_i ausgeführt wird, indem eine Handlung x_j ausgeführt wird, bzw. dass nach einem Handlungsmuster gehandelt werden kann, indem nach einem anderen Handlungsmuster gehandelt wird. Die Pfeilrelation wird deshalb häufig als „Indem-Relation" bezeichnet. So kann man das Licht ausmachen, indem man den Lichtschalter drückt. Dieses Beispiel zeigt, dass die Indem-Relation gerade nicht bedeutet, dass nacheinander oder gleichzeitig zwei verschiedene Handlungen ausgeführt werden. Es handelt sich um *eine Handlung*, die nach *zwei Handlungsmustern* gemacht wird:

$$\mathrm{x}\,\alpha\,\mathrm{HA} \wedge \mathrm{x}\,\alpha\,\mathrm{HB} \qquad (1)$$

Für diesen Fall, dass man x nach HA macht, indem man es nach HB macht, wird eine spezielle Schreibung, der Pfeil, eingeführt:

$$\mathrm{x}\,\alpha\,(\mathrm{HA} \rightarrow \mathrm{HB}) \qquad (2)$$

Das Verhältnis zwischen den Handlungsmustern wird beschrieben als:

$$\mathrm{HA} \rightarrow \mathrm{HB} \qquad (3)$$

(3) wird gelesen als HA erzeugt HB. (3) wird auch eine Erzeugung genannt.

Im Deutschen wird nicht nur die Konjunktion „indem" verwendet, sondern auch „dadurch, dass":

$$\text{A macht x}\,\alpha\,\text{HA dadurch, dass er x}\,\alpha\,\text{HB macht} \qquad (4)$$

Die Indem-Relation ist antisymmetrisch, transitiv und reflexiv.[12] Erzeugte Handlungsmuster können selbst wieder andere Handlungsmuster erzeugen:

[11] Als neuere Publikationen vgl. etwa Hoffmann (1997) oder Liedtke (1998).
[12] Vgl. Heringer (1974, S. 45).

$$\begin{aligned} \mathrm{HA} &\rightarrow \mathrm{HB} \\ \mathrm{HB} &\rightarrow \mathrm{HC} \\ \mathrm{HC} &\rightarrow \mathrm{HD} \end{aligned} \tag{5}$$

Durch die Transitivität der Indem-Relation ist auch folgende Schreibweise möglich:

$$\mathrm{HA} \rightarrow \mathrm{HB} \rightarrow \mathrm{HC} \rightarrow \mathrm{HD} \tag{6}$$

Sprachliches Handeln ist dadurch definiert, dass als erzeugte Handlung eine Äußerungshandlung (ÄUS)[13] steht:

$$\text{GRÜSSEN(P2)} \rightarrow \text{ÄUS}(\textit{hallo}) \tag{7}$$

Der Begriff der Äußerung ist dabei relativ weit angelegt und umfasst auch schriftliche Formen, die in einem kommunikativen Zusammenhang produziert werden, etwa das Publizieren eines Textes.

Handlungen, deren Handlungsmuster keine weiteren Handlungsmuster mehr erzeugen können, werden Basishandlungen genannt (meist einfache physische Handlungen).

2.4.2 Sequenzmuster

Ein striktes Sequenzmuster definiert, dass nach einem Handlungsmuster gehandelt werden kann, indem nach einem Sequenzmuster gehandelt wird. Die Befolgung eines Sequenzmusters heißt deshalb Handlungssequenz.[14] Eine Handlungssequenz wird als geordnete Folge von Handlungen betrachtet. Als Sequenzmuster wird die Untermenge der Produktmenge der Handlungsmuster verstanden. Deshalb heißt diese Relation bei Heringer auch „Kreuzverknüpfung“. Sequenzmuster werden durch nach unten gerichtete Pfeile notiert. Dabei besitzt der linke Pfeil eine einfache, der rechte Pfeil eine doppelte Linie:[15]

$$\mathrm{HA} \rightarrow \left\downarrow \begin{array}{c} \mathrm{HB} \\ \mathrm{HC} \\ \mathrm{HD} \end{array} \right\Downarrow \tag{8}$$

[13] Die Äußerungshandlung soll in den folgenden Handlungsmusteranalysen stets mit ÄUS abgekürzt werden.

[14] Dabei werden die Befolgung Schritt für Schritt (bei Heringer, 1974, mit „HVOR“ abgekürzt) und die verschliffene, automatisierte Befolgung unterschieden (bei Heringer, 1974, mit „HAUT“ abgekürzt).

[15] Heringer (1974) verwendet Spitzklammern als Begrenzer. In seiner Notation sähe dieser Ausdruck folgendermaßen aus: $\mathrm{HA} \rightarrow \left\langle \begin{array}{c} \mathrm{HB} \\ \mathrm{HC} \\ \mathrm{HD} \end{array} \right\rangle$.

So kann ein Parkticket gezogen werden, indem man Geld einwirft, den Parkschein anfordert und schließlich den Parkschein herausnimmt. Dieses Beispiel zeigt, dass auch Muster innerhalb einer Handlungssequenz wiederum andere Muster erzeugen können. So kann man den Parkschein anfordern, indem man die Anforderungstaste drückt.

2.4.3 Offenes Sequenzmuster

Zusätzlich zu den von Heringer definierten Relationen soll eine Relation „offenes Sequenzmuster" eingeführt werden. Die Relation „offenes Sequenzmuster" definiert, dass ein Handlungsmuster ausgeführt werden kann, indem zwei oder mehrere Handlungmuster nacheinander, aber in beliebiger Reihenfolge ausgeführt werden. So kann man sich die Zähne putzen, indem man mit der Zahnbürste das Zahnfleisch von innen und außen massiert und die Kauflächen bürstet, wobei die Reihenfolge (im Gegensatz zum Sequenzmuster ZIEHEN DES PARKTICKETS) beliebig ist.

Die offene Sequenz kann verstanden werden als eine Variante der „Zugleichrelation", die durch den $\wedge$-Operator und die Gleichzeitigkeitsbedingung der beteiligten Handlungsmuster gekennzeichnet ist (vgl. Heringer, 1974, S. 51 - 52). Lässt man die Gleichzeitigkeitsbedingung weg, so erhält man die offene Sequenz:

$$\mathrm{x}\,\alpha \left| \begin{matrix} \mathrm{HB} \\ \mathrm{HC} \end{matrix} \right\| \text{genau dann, wenn } \mathrm{x} = \{\mathrm{x}_1, \mathrm{x}_2\} \quad \text{für alle } \mathrm{x}_1\,\alpha\,\mathrm{HB},\ \mathrm{x}_2\,\alpha\,\mathrm{HC} \tag{9}$$

Die Relation des „offenen Sequenzmusters" hat als linken Begrenzer eine einfache Linie und als rechten Begrenzer eine Doppellinie:

$$\mathrm{HA} \rightarrow \left| \begin{matrix} \mathrm{HB} \\ \mathrm{HC} \\ \mathrm{HD} \\ \vdots \end{matrix} \right\| \tag{10}$$

2.5 Interaktion

Aufbauend auf den Begriff des Handlungsmusters kann der Begriff „Interaktion" eingeführt werden.

Als Interaktion wird das Produktmuster $\mathrm{HA} \times \mathrm{HB} \times \ldots \times \mathrm{HN}$ mit mindestens zwei Komponenten verstanden, so dass mindestens zwei Kommunikationspartner P1 und P2 beteiligt sind, jeder der Partner nach einer der Komponenten handelt „und die Handlung(en) des nicht eröffnenden Partners als Reaktion auf eine Handlung des eröffnenden Partners aufzufassen sind" (Heringer, 1974, S. 68). Welcher Partner nach welchem Handlungsmuster handelt, wird durch Referenzindizes angegeben, $\mathrm{HA_i}$ bedeutet also, dass Pi nach HA handelt. Eine Interaktion $I_{1,2}$ der Partner P1, P2 kann dann definiert werden als:

$$I_{1,2} = HA_1 \times \ldots \times HB_2 \times \ldots \times HN_i \qquad \text{mit}\, i = 1\, \text{oder}\, 2 \tag{11}$$

Dabei werden eröffnende Handlungen von Handlungen unterschieden, die sich in der Folge darauf beziehen. Jede Interaktion besteht somit aus mindestens einem Paar einer initiativen Handlung des einen und einer reaktiven Handlung des anderen Gesprächspartners.[16]

Dabei sind die Handlungsmuster, denen die aufeinander folgenden Handlungen zugeordnet werden können,

> „weder natürlich noch kausal, sondern gelernt und sozial bedingt. Denn Reaktionen sind nicht Konsequenzen, sondern selbständige Handlungen eines Partners. Grundlegend für eine Interaktion ist, daß beide Partner diesen Zusammenhang (...) kennen und erwarten“ (Heringer, 1974, S. 68)

Dabei haben die Kommunikationspartner große Freiheiten in der Interpretation der Regeln, ohne dass die Kommunikation deshalb gefährdet wäre, vielmehr wird eine gewisse Robustheit der Kommunikation vorausgesetzt, selbst wenn der Gesprächspartner das Handlungsmuster seines Gegenübers nicht in dessen Sinne interpretiert.

Eine Interaktion kann auch in Baumform geschrieben werden:

$$\begin{array}{rc} \text{P1} & \text{HA} \\ & | \\ \text{P2} & \text{HB} \\ & | \\ \text{P1} & \text{HC} \\ & \vdots \\ \text{P1 oder P2} & \text{HN} \end{array} \tag{12}$$

Da bei jedem Wechsel der Handelnden eine tiefere Stufe des Interaktionsbaums beginnt, kann die Indizierung in eindeutigen Fällen auch weggelassen werden. Bei mehr als zwei Handelnden kann auch von der Möglichkeit Gebrauch gemacht werden, dass die Handlungsmuster direkt indiziert werden können. Für die Handelnden Pi, Pj, Pk ... Pn sieht dann der Baum folgendermaßen aus:

[16] Dies ist heute eine üblich gewordene Unterscheidung in der Gesprächsanalyse (vgl. etwa Henne und Rehbock, 1995; Sommer, Rettig, Kiefer und Frankenhauser, 1995). In Heringers Unterscheidung fehlt allerdings die Kategorie der gesprächsabschließenden Handlungen (zur Verbindung von Handlungstheorie und Gesprächsanalyse vgl. Faber, 1994).

$$\begin{array}{c} HA_i \\ | \\ HB_j \\ | \\ HC_k \\ \vdots \\ HN_n \end{array} \tag{13}$$

Ein Handelnder kann jedoch als Reaktion auf eine Handlung meist nicht nur nach einem Handlungsmuster handeln. In den meisten Fällen gibt es Alternativen. Entweder-oder-Alternativen sind aber Zerlegungen, die ebenfalls im Interaktionsbaum dargestellt werden können. Heringer (1974) spricht hier auch von einem „Strategiebaum", da P1 etwa versuchen kann, durch sein Handeln bestimmte Bedingungen für Handlungen bei P2 zu blockieren, beispielsweise B1, so dass P2 *gezwungen* wäre, nach HS zu handeln. Dafür ist es aber Voraussetzung, dass P1 die Handlungsmöglichkeiten von P2 kennt.

Interaktionsbäume dieser Art können leicht unübersichtlich werden, wenn viele Handlungsalternativen und viele Erzeugungen bestehen. Man kann dann die erzeugten Handlungsmuster in separaten Listen beschreiben.

In der Handlungssemantik wurden in den letzten Jahren insbesondere die Ergebnisse der Gesprächsanalyse rezipiert (vgl. Faber, 1994, S. 37 - 44), was insbesondere Einfluss auf den Interaktionsbegriff, aber auch auf den Rezeptionsbegriff ausübte (vgl. etwa Holly und Püschel, 1993). Da es im Folgenden vornehmlich um schriftliche Texte gehen soll, wird diese Entwicklung, die gegenwärtig besonders von der „Chemnitzer Linguistik" um Werner Holly vorangetrieben wird, allerdings nicht ausführlich dargestellt werden.

2.6 Rollen

Innerhalb einer Interaktion handelt jeder Gesprächspartner in mindestens einer bestimmten Rolle. Eine Rolle wird dabei verstanden als ein Set von Handlungsmustern:[17]

> „Die Rolle R_i des Partners Pi in I ist die geordnete Menge der Muster, nach denen Pi in I handeln kann. Allerdings nicht nach Belieben, sondern so, wie I ihn festlegt, z.B. sind die Handlungen seines Partners Bedingungen für die

---

[17] Rollenbegriffe werden auch in der Soziologie, in der Psychologie und in der Wirtschaftswissenschaft ausgearbeitet. Diese sollen an dieser Stelle nicht vergleichend diskutiert werden, da es hier um die Einführung des Rollenbegriffs im Rahmen der formalen Handlungstheorie geht.

eigenen Handlungen. Die Rolle R_i in I ist eine Projektion von I auf die Komponenten, nach denen Pi handelt." (Heringer, 1974, S. 69)

Wenn ein Gesprächsteilnehmer eine Rolle übernimmt, muss er bestimmten Bedingungen genügen. Er muss nicht nur die Rolle „spielen" können, sondern er muss auch über die mit der Rolle verbundenen Ressourcen wie Macht, Status, Autorität etc. verfügen.[18]

„Da derartige Bedingungen sich überlappen oder unabhängig voneinander sein können, kann ein Agent natürlich verschiedene Rollen spielen. Er kann als Arzt handeln, als Vater usw. Das zeigt, daß die Möglichkeiten der Übernahme einer Rolle auch bedingt sind durch die Handlungskompetenz eines Agenten, weil nicht jeder nach seiner Kompetenz jede beliebige Rolle spielen kann. Es kann ihm fehlen an der Beherrschung bestimmter Basismuster oder an der Beherrschung bestimmter Erzeugungen, was natürlich nicht heißt, daß dies angeboren und unabänderlich sein müsse. Denn die Handlungsmuster jedes Agenten sind ständig in Veränderung. (...) Rollen sind als Teile von Interaktionen selbst auch veränderbar. Sie fixieren nicht in einem unabhängigen System die Handlungsmöglichkeiten von Agenten, sondern können auch kreativ sein." (Heringer, 1974, S. 71/72)[19]

Davon ausgehend können die *symmetrische* und die *komplementäre Interaktion* definiert werden.[20]

Eine *symmetrische Interaktion* besteht genau dann, wenn die Rollen der Kommunikationspartner gleich sind oder „P1 und P2 eine beliebige der beiden Rollen übernehmen könnten" (Heringer, 1974, S. 71).

Eine *komplementäre Interaktion* besteht genau dann, wenn die Rollen von P1 und P2 so verschieden sind, dass sie kein einziges gemeinsames Handlungsmuster enthalten. Eine schwächere Definition der komplementären Interaktion besagt, dass es mindestens ein Handlungsmuster geben muss, das zwar Teil der Rolle eines Gesprächspartners, nicht jedoch der Rolle des anderen ist.

Insbesondere die Definition von Rollen wird später für die Vermittlungskommunikation wichtig werden (vgl. dazu Abschnitt 7.4.3 (S. 202)). Denn es ist häufig der Fall, dass eine Person P1, die im Fachdiskurs als Wissenschaftler in einer symmetrischen Interaktionsbeziehung steht, sich nun „als Experte" in einem öffentlichen Organ, beispielsweise in einer Radiosendung oder einem populärwissenschaftlichen Magazin, äußert. Die Identität des Agenten P1 im Fachdiskurs und im öffentlichen Diskurs suggeriert, es gebe keinen Rollenunterschied zwischen Fachwissenschaftler und öffentlichem Experten, mit dem Effekt, dass die Äußerungen des

[18] So kann das Spielen einer Taufe von einer tatsächlichen Taufe dadurch unterschieden werden, ob für die Rolle des Taufenden die sozial anerkannte Autorität des Pfarrers eine konstitutive Bedingung darstellt.

[19] Vgl. dazu auch Spranz-Fogasy (1992).

[20] Vgl. die entsprechende Unterscheidung bei Watzlawick et al. (1980).

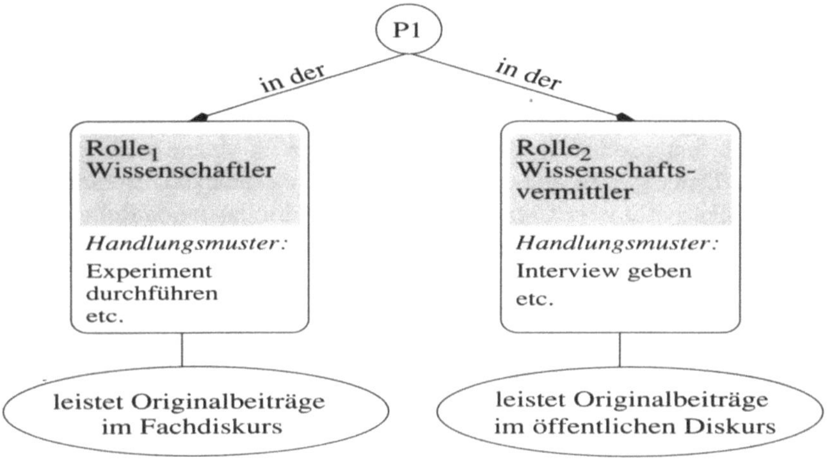

Abbildung 2.1: Eine Person P1 in der Rolle als Wissenschaftler und in der Rolle als Vermittler

Wissenschaftlers in der Öffentlichkeit aus der Sicht der Laien „fachlichen Status" besitzen. Dies ist jedoch nicht der Fall. Denn die öffentlich gemachten Äußerungen eines Wissenschaftlers stellen keinen Teil des Fachdiskurses dar, sondern stehen außerhalb desselben, da sie nicht den fachlichen, sondern den medialen Kontroll- und Sanktionierungsmechanismen unterliegen.

Durch Heringers Rollenbegriff kann diese Situation adäquat unterschieden werden, indem man annimmt, dass ein Agent zwei Rollen übernimmt: Im symmetrischen Fachdiskurs spricht er als Wissenschaftler, im öffentlichen Diskurs, einer komplementären Interaktionssituation, als öffentlicher Experte (vgl. Abbildung 2.1).

In der symmetrischen Fachkommunikation werden die Handlungen des Wissenschaftlers durch die Handlungen der anderen Fachdiskursteilnehmer beschränkt, im öffentlichen Diskurs werden sie durch die Handlungen einer großen Anzahl Handelnder beschränkt: nämlich durch die Handlungen der Vertreter des Vermittlungsmediums und die Handlungen der meist heterogenen Adressatenschar des Vermittlungsmediums. Die Rollen bilden zwar einen Überlappungsbereich, sind aber in großen Bereichen disjunkt: Ist P1 in der Fachdiskussion gleichberechtigter Teilnehmer des laufenden wissenschaftlichen Interaktionsprozesses, so wird er in der Öffentlichkeit meist als deren Repräsentant betrachtet. Er wird dann wie eine Art Sprecher des *gesamten* laufenden wissenschaftlichen Diskussionsprozesses behandelt. Der Experte steht dann pars pro toto für die gesamte Wissenschaft: In der Öffentlichkeit *ist* er die Wissenschaft, die er vertritt.

Da es in den meisten Fällen keine Verfahren gibt, wie Experten aus der Fachdiskussion zu solchen „Sprechern“ gewählt werden, bleiben die Kriterien, wer öffentlicher Experte wird, meist im Dunkeln. Häufig können fachliche Erwägungen keine Rolle spielen, da Vermittlungsautoren nicht immer die entsprechende fachliche Kompetenz zu einem solchen Urteil besitzen. Dann spielen andere Kriterien wie Erreichbarkeit, Bekanntheit, Kommunikativität oder Unterhaltungswert die dominierende Rolle und es können Personen auftreten, die in der betreffenden Wissenschaft nur eine marginale Rolle spielen. Dadurch ist auch die Bezeichnung „Experte“ unscharf. Der Ausdruck „Experte“ ist häufig nur ein Synonym für „jemand, von dem ich glaube, dass er sich mit dem zu diskutierenden Thema beschäftigt hat.“ Die Rolle von Wissenschaftlern in den Medien wird gegen Ende der Untersuchung noch ausführlich diskutiert, insbesondere in Kapitel 11 (S. 371ff.).

2.7 Mehrfachadressierung und Laienadressat

Eine Weiterentwicklung des Handlungsbegriffs stellt das Konzept der Mehrfachadressierung von Peter Kühn (1992, 1995) dar.

Kühn übt fundamentale Kritik an Kommunikationsmodellen, die von einer Eins-zu-eins-Beziehung von Textproduzent und Textrezipient ausgehen.

Dagegen stellt er das Konzept der Nichtidentität von Handlungen, d.h. hinsichtlich verschiedener Adressaten können unterschiedliche Handlungsmuster zugleich konstituiert werden.

In seinen Analysen der politischen Medienkommunikation zeigt er, dass dabei nicht nur die explizit anvisierten Adressaten betrachtet werden müssen, sondern alle, die in irgendeiner Weise von der Textäußerung des Sprechers/Autors betroffen sind und die sich daraufhin zu Wort melden oder es eben gerade unterlassen, darauf öffentlich zu reagieren.

Mit diesem Konzept kann Peter Kühn so genannte „Adressatenkarusselle“ analysieren. Ein „Adressatenkarussell“ entsteht, wenn ein Akteur mit seinem mehrfach adressierten Text unterschiedliche Adressaten anspricht bzw. wenn unterschiedliche Adressaten in ihren Interessen tangiert werden. Wenn dann die Betroffenen reagieren, tangieren sie wiederum andere Adressaten in ihren Interessen, die sich dann wiederum zu Wort melden und wieder andere Adressaten auf den Plan rufen können und so weiter.

Die Analyse von Mehrfachadressierungen wird dann relevant, wenn Wissenschaftler die Rolle als öffentlicher Experte einnehmen und ihre Äußerungen zum einen an Laienadressaten, aber zugleich auch an politische Entscheidungsträger und/oder die eigenen Fachkollegen gerichtet sind oder wenn Themen wie die Ozonlochdiskussion politisiert werden und zunehmend gesellschaftlich-politische Akteure angesprochen werden (vgl. etwa Kapitel 9 (S. 303ff.)).

Dabei ist der Begriff des Laien bzw. des Laienadressaten zu konkretisieren. Ein Kunsthistoriker ist in Bezug auf die Molekularbiologie ebenso Laie, wie dies ein Molekularbiologe in Bezug auf die Kunstgeschichte ist. Der Begriff des Laien ist also nicht primär an ein bestimmtes Bildungsniveau geknüpft. Man ist immer in Bezug auf bestimmte Disziplinen Laie. Deshalb wurde auch der Begriff des „relativen Laien" eingeführt (vgl. Liebert, 1996a; Biere und Liebert, 1997a).

2.8 Können, Wissen und Fühlen

2.8.1 Zum Unterschied von Können und Wissen

Handlungskompetenz und Wissen werden häufig auch als prozedurales bzw. deklaratives Wissen bezeichnet.[21]

Dabei besteht für Schnotz (1994, S. 36) zwischen deklarativem und prozeduralem Wissen derselbe kategoriale Unterschied: Unter deklarativem Wissen sollen sowohl „Was-Wissen" als auch „Wie-Wissen" fallen, während die Kategorie des prozeduralen Wissens ausschließlich für das Können eines Handelnden reserviert bleibt.

Antos (1996, S. 163ff.) trifft eine ähnliche Unterscheidung und wendet sie auf „Sprachwissen" an. Dabei entsteht für den Wissenstyp Sachwissen eine Unterteilung in semiotisches, grammatisches, lexikalisches, pragmatisches und soziales Wissen und für den Wissenstyp Verfahrenswissen eine Unterteilung in Planung, Formulierung und Rezeption (vgl. Antos, 1996, S. 163ff.). Die Verteilung dieser Kategorien zeigt, dass hier und auch in anderen Ansätzen nicht trennscharf zwischen Wissen und Können unterschieden wird. Dies liegt vielleicht auch daran, dass der zwanghafte Versuch gemacht wird, Wissen und Können als Unterkategorien einer einzigen Kategorie, der Kategorie des Wissens, zu verstehen. Es besteht allerdings keinerlei Grund, sich auf diese Weise taxonomisch festzulegen. Die handlungssemantische Auffassung ist hier klarer, denn sie hält die Kategorien Können und Wissen von Beginn an getrennt. Dies heißt natürlich nicht, dass es zwischen diesen beiden Kategorien keine Beziehungen gibt. Die referenzsemantischen Ausführungen in Kapitel 3 (S. 49ff.) werden zeigen, wie vielfältig Wissen und Handeln miteinander in Beziehung stehen.

2.8.2 Können: Handlungs- und Sprachkompetenz

Sprachkompetenz („Was A sagen kann.") wird als Teil der Handlungskompetenz betrachtet. Dies hat den Vorteil, dass sprachliches Handeln in eine

[21] Andere Autoren treffen ähnliche Unterscheidungen, etwa „Sachwissen" und „Verfahrenswissen", „knowing what" und „knowing how", „Was-Wissen" und „Wie-Wissen" (vgl. etwa Antos, 1996, S. 163ff.). Differenziertere Einteilungen nehmen etwa Heinemann und Viehweger (1991, S. 93 - 113) oder Busse (1992, S. 131 - 166) vor. Diese Differenzierungen werden allerdings bei meinen weiteren Überlegungen nicht relevant werden. Deshalb werden Wissenstaxonomien dieser Art auch nicht ausführlicher vorgestellt und diskutiert.

allgemeine Handlungstheorie eingebettet werden kann und so keinen kategorial separierten Teil von ihr darstellt. Das Handlungsmuster in (14) zeigt, dass sprachliche und nichtsprachliche Handlungsmuster „zwanglos" innerhalb derselben Zerlegung vorkommen können und deshalb nicht zunächst eine eigene Theorie der nonverbalen Kommunikation aufgebaut werden muss.

$$\text{NACH UHRZEIT FRAGEN} \rightarrow \left\{ \begin{array}{c} \text{ÄUS}(\textit{Wie spät ist es?}) \\ \text{AUF DAS HANDGELENK TIPPEN} \\ \vdots \end{array} \right\} \tag{14}$$

Wenn im Folgenden also allgemein die Handlungskompetenz beschrieben werden soll, so wird damit auch zugleich die Möglichkeit der Beschreibung der Sprachkompetenz geschaffen.

Als Handlungskompetenz K_i^* einer Person Pi wird zunächst die „geordnete Menge der Handlungsmuster, nach denen Pi handeln kann" verstanden. Diese Handlungskompetenz wird in der Sozialkommunikation erworben:

> „Die Handlungskompetenz K_i^* eines Agenten Pi ist gegeben durch die geordnete Menge der Handlungsmuster, nach denen Pi handeln kann. Da diese Handlungsmuster sozial bestimmt sind, beherrscht ein Agent immer eine Untermenge der Handlungsmuster, die in der oder den sozialen Gruppen, denen er angehört, existieren. Der Umfang dieser Untermenge wird bestimmt durch das Leben, die Sozialisation und die Anlagen von Pi." (Heringer, 1974, S. 72)

Die Handlungskompetenz K_i^* einer Person Pi kann nach Heringer verstanden werden als eine Zerlegung des obersten Handlungsmusters, das Pi beherrscht:

> „Wir gehen dabei aus von dem obersten Muster H_i^*, nach dem Pi immer auch handelt, wenn er handelt. Die Struktur von K_i^* ist nun weitgehend nichts andres als die Zerlegungsstruktur von H_i^*. Denn H_i^* muß ja alle andern Muster erzeugen. Die Zerlegung von H_i^* wird auch die Zusammenhänge der Handlungsmuster enthalten, die allgemein in der sozialen Gruppe gelten, in der die entsprechenden Handlungsmuster existieren." (Heringer, 1974, S. 75)

(15) zeigt eine Zerlegung von H:[22]

---

[22] Heringer stellt diese Zerlegung als einen waagerechten, von links nach rechts gerichteten Baum dar. Hier soll aber die für die Zerlegung übliche Schreibweise, also etwa $\text{HA} \rightarrow \left\{ \begin{array}{c} \text{HB} \\ \text{HC} \\ \vdots \end{array} \right\}$, verwendet werden.

$$\text{H}_i^* \rightarrow \left\{ \begin{array}{l} \text{HINN}_i \rightarrow \text{DENK}_i \rightarrow \left\{ \begin{array}{l} \text{PLAN}_i \\ \text{RECHN}_i \rightarrow \left\{ \begin{array}{l} \text{ADDIER}_i \\ \text{MULTIPLIZIER}_i \\ \vdots \end{array} \right\} \\ \text{NACHDENK}_i \\ \vdots \end{array} \right\} \\ \text{HÄUSS}_i \rightarrow \left\{ \begin{array}{l} \text{HALLEIN}_i \\ \text{INTERAG}_i(\text{mit P1}) \rightarrow \left\{ \begin{array}{l} \text{KOMP}_i(\text{mit P1}) \rightarrow \left\{ \begin{array}{l} \text{KOMMUNIZIER}_i(\text{mit P1}) \\ \vdots \end{array} \right\} \\ \text{KOOP}_i(\text{mit P1}) \rightarrow \left\{ \begin{array}{l} \text{KOMMUNIZIER}_i(\text{mit P1}) \\ \vdots \end{array} \right\} \end{array} \right\} \end{array} \right\} \end{array} \right\} \qquad (15)$$

Nach dieser Zerlegung besteht die Handlungskompetenz K_i^* von Pi aus einem obersten Handlungsmuster H_i^*, das zunächst in zwei Handlungsmuster zerlegt wird: die inneren Handlungen (HINN) wie Denken, Planen etc. und die äußeren Handlungen (HÄUSS) wie Anweisen etc.

Denken wird hier also ebenfalls als Handlung betrachtet und besitzt zunächst keinen kategorialen Unterschied zu den äußeren Handlungen.[23] Dies hat insbesondere für die kognitiv orientierten Wissenschaften interessante Implikationen, die an dieser Stelle aber nicht weiter erörtert werden sollen.[24] Vielmehr soll das zweite Handlungsmuster, die äußeren Handlungen, erläutert werden. Das Handlungsmuster HÄUSS wird zerlegt in Handlungsmuster, nach denen Pi allein handeln kann, und in Handlungsmuster, nach denen er in der Interaktion mit anderen, hier mit P1, handelt (INTERAG). Rollen, die ja als Set von Handlungsmustern verstanden werden, nach denen Pi handeln kann, werden in der INTERAG-Zerlegung erzeugt.

Da es sich hier nicht um eine taxonomische Aufstellung, sondern um eine Zerlegung handelt, kann auch das Handlungsmuster KOMMUNIZIER sowohl bei der kompetitiven Interaktion (KOMP) als auch bei der kooperativen Interaktion (KOOP) auftreten:

> „Hier wird eine wichtige Eigenschaft von K_i^* sichtbar (...), daß nämlich gleiche Muster in verschiedenen Zweigen vorkommen können. K_i^* besteht also nicht aus den Handlungsmustern, sondern aus Okkurrenzen von Handlungsmustern. Gerade darin unterscheidet es sich auch von einer bloßen Klassifizierung der Handlungsmuster unter $\rightarrow$ und $\sqsupset$." (Heringer, 1974, S. 79)

[23] Das heißt natürlich nicht, dass es keine Unterschiede gibt. Denken ist etwa keine direkt sichtbare Handlung etc.

[24] So kann man den berechtigten Einwand vortragen, dass das bei vielen Menschen ständig ablaufende „Begleitdenken" keine Handlung darstellt. Dem kann man erwidern, dass es sich bei dem Begleitdenken um eine nicht bewusst kontrollierbare Zwangshandlung darstellt, also ein dem Kratzzwang vergleichbarer Denkzwang. Wie man aus dem Kratzzwang nicht schließen kann, dass Kratzen keine Handlung darstelle, so lässt sich auch aus dem Denkzwang nicht schließen, dass Denken keine Handlung darstelle.

Zentral für die folgende Untersuchung ist, dass die Handlungskompetenz von Personen als Zerlegung von Handlungsmustern dargestellt werden kann. Am Ende des Kapitels 4 werden wir die Kompetenz eines Vermittlers, der naturwissenschaftliches Wissen an Laien vermittelt, auf diese Weise darstellen.

2.8.3 Wissen

Strukturen interner Wissensrepräsentation und die Präsentation von Wissensstrukturen in der Äußerungssituation

Wissen ist in bestimmten Strukturen organisiert. Ich habe dafür den sehr allgemeinen Begriff „Strukturfolie" eingeführt (Liebert, 1992). Dieser Begriff kann als Oberbegriff für die unterschiedlichen Vorschläge dienen, die vor allem von der kognitiven Linguistik[25] als Organisationsprinzipien von Wissensstrukturen vorgetragen wurden. Zu diesen Vorschlägen zählen: Frames, Skripts, Bildschemata, kognitive oder mentale Modelle[26], semantische und konzeptuelle Netze.[27] Metaphernmodelle können als Projektion von Strukturfolien aufeinander verstanden werden (vgl. Liebert, 1992).

In der Psychologie wird vor allem die Frage gestellt, wie Wissensstrukturen intern beim Sprecher oder Hörer repräsentiert sind. In der Linguistik steht dagegen die Präsentation von Wissensstrukturen in der Kommunikation im Vordergrund.[28] Bei unseren Analysen werden wir selten in die Verlegenheit kommen, Behauptungen über interne Zustände machen zu müssen, da wir uns ausschließlich auf die Textanalyse konzentrieren. Was der Leser mit den Texten „im Kopf" macht, welche internen Vorgänge dort ablaufen, ist hier nicht von Interesse. Es ist vielmehr von Interesse, was der (Vermittlungs-)Autor *tut.* und wie der Hörer/Leser daraufhin handeln.[29]

Auch im Falle des Autors ist es für uns zweitrangig, welche internen Repräsentationen genau vorliegen müssen, damit er das tun kann, was er tut. Sprecher oder Autoren entwerfen Pläne, präsentieren Zukunftsvisionen, stellen ihre Denkmodelle der Öffentlichkeit vor. Wenn wir im Alltag oder auch in der linguistischen Analyse solche Handlungen interpretieren, so sagen wir etwa: *Er hat den Arbeitsplan für die nächsten 5 Jahre*

---

[25] Unter diesem Etikett verbergen sich relativ heterogene Ansätze. Hier soll die Traditionslinie von Fillmore (1985), Lakoff und Johnson (1980) etc. verstanden werden (vgl. dazu genauer Liebert (1992) und Schwarz (1992)).

[26] Lakoff (1987) verwendet seit 1987 den Ausdruck „Idealized Cognitive Model" (ICM).

[27] Ausführlicher vgl. Lakoff und Johnson (1980); Lakoff (1987); Johnson (1987); Liebert (1992, 1995a); Jäkel (1997); Klein und Meißner (1999); Liebert (2000b).

[28] Interdisziplinäre, Psychologie und Linguistik integrierende Ansätze untersuchen auch die Zusammenhänge zwischen intern repräsentierten Wissensstrukturen und der Darstellung von Wissen in Sprechprozessen (vgl. etwa von Stutterheim, 1997).

[29] Diese Rezipientenhandlungen können nach der der linguistischen Aneignungstheorie (vgl. Holly und Püschel, 1993) oder der linguistischen Diskursanalyse untersucht werden.

vorgestellt oder *Er hat ein Modell der Ozonzerstörung vorgestellt.* Wenn wir diese Denkmodelle oder Pläne, Prognosen etc. in Texten analysieren, müssen wir uns also nicht darum kümmern, ob der Sprecher die von uns interpretierten Pläne, Denkmodelle, Zukunftsvisionen etc. genau so im Kopf hat. Er äußert sie – und das interessiert uns.

Wir hoffen natürlich, dass den geäußerten Denkmodellen der (Vermittlungs-)Autoren auch intern repräsentierte Denkmodelle entsprechen – aber sicher sein kann man nicht: Im Gegensatz zu den intern repäsentierten Denkmodellen können die geäußerten Denkmodelle beliebig kopiert werden, man kann Denkmodelle nachplappern, ablesen usw.

Es ist natürlich nicht uninteressant zu erfahren, was im Gehirn vor sich geht. Wir müssen aber nicht erst Untersuchungen anstellen und herausfinden, was im Kopf des Sprechers/Autors oder Hörers/Lesers vorgegangen ist, denn für die Textanalyse ist es nur von allgemeinem Interesse und keine Voraussetzung der Analyse.

Propositionen

Wissen wird traditionell als Liste von Propositionen, die untereinander in vielfältigen Beziehungen stehen können, verstanden. Propositionen können in Satz- oder Listenform, aber auch als konzeptuelles Netzwerk (vgl. Ballstaedt, 1997, S. 27) dargestellt werden. Auch bei Heringer (1974) und in der Deutschen Satzsemantik bei von Polenz (1985) wird Wissen als Proposition verstanden.[30]

Wissen und Handeln hängen eng zusammen. Nehmen wir an, ein Sprecher führt die Handlung x nach dem Muster BEHAUPTEN aus:

$$\mathrm{x}\,\alpha\,\mathrm{BEHAUPTEN(dass\,p)} \tag{16}$$

In diesem Fall besteht die Voraussetzung, dass der Sprecher p für wahr hält. Ansonsten hätte der Sprecher gelogen, indem er p behauptete. Wenn ein Hörer nun die Behauptung ebenfalls für wahr hält, so wird man davon sprechen, dass „p" zu seinem Wissensbestand gehört.

Wissen ist bei von Polenz (1985) sogar der Ausgangspunkt der linguistischen Analyse. Dabei wird klar, dass Wissen in einem allgemeineren Sinn, nämlich als kognitive und kulturelle Erfahrungsstrukturen, verstanden wird:

> „[Man geht] am besten nicht von den explizit ausgedrückten Ergänzungen und Angaben in einem Satz aus, sondern wählt (...) den umgekehrten Weg: vom Inhalt zum Ausdruck, und zwar nicht nur von den abstrakt entwickelten Satzinhalts-Komponenten (...) her, sondern von den kognitiven und kulturellen Voraussetzungen, die jedem kommunikativen Handeln vorausliegen. Wir gehen von außersprachlichen Wissensbeständen aus und fragen dann danach,

[30] In der Deutschen Satzsemantik ist die Beschreibungssprache die Prädikatenlogik.

> in welchen verschiedenen Stufen Teile eines Wissensbestandes in konkreten sprachlichen Äußerungen überhaupt realisiert werden." (von Polenz, 1985, S. 131)

Der Bedeutung, die dem Wissen eingeräumt wird, steht allerdings ein relativ geringes Beschreibungsinventar gegenüber, insbesondere für komplexe Wissensstrukturen. Solche Beschreibungen für Wissensstrukturen können von einigen kognitionswissenschaftlichen Ansätzen, gerade auch von der kognitiven Linguistik bezogen werden. Einige sollen in den folgenden Abschnitten angesprochen werden.

Kognition, gemeinsames Wissen und Partnerhypothesen

In der kognitiven Linguistik[31] werden u.a. die folgenden Strukturbeschreibungen von Wissen herangezogen: kognitive Modelle, Szenario-Modelle, Metaphernmodelle, Wissensrahmen („Frames").[32]

Dabei wird die Annahme gemeinsamer, kognitiv verarbeiteter Erfahrungsstrukturen als Bedingung der Interaktion betrachtet. So schreibt Lenz (1989) in seiner Auseinandersetzung mit kognitionswissenschaftlichen Ansätzen und der Konversationsanalyse:

> „Durch die wechselseitige Unterstellung praktischer Gleichheit von Erfahrungsmustern, die (...) im Sinne von Frames aufgefaßt werden, wird Interaktion erst möglich." (Lenz, 1989, S.102)

Es gibt mittlerweile eine Reihe unterschiedlicher Ansätze, kognitive Konzepte und Interaktionsanalyse zu verbinden.[33] Ausgangspunkt all dieser Ansätze ist, dass wir in der Kommunikation gemeinsames Wissen unterstellen müssen.

Gemeinsames Wissen kann nicht simplifizierend als Durchschnitt des Wissens der Kommunikationspartner verstanden werden:

> „Das gemeinsame Wissen von A und B besteht nicht einfach in dem Durchschnitt des Wissens von A(W_A) und des Wissens von B(W_B). (...) Wesentliches Kriterium für das gemeinsame Wissen ist vielmehr, daß A und B auch voneinander wissen, daß sie das Wissen haben und auch, daß sie dies wissen." (Heringer et al., 1977, S. 100)

Partnerhypothesen wurden verschiedentlich untersucht und als zentrales Merkmal der Steuerung der Äußerungsstruktur ausgemacht.[34] So stellt Christiane von Stutterheim fest:

---

[31] Vgl. Abschnitt 2.8.3 auf Seite 38.

[32] Vgl. Abschnitt 2.8.3 auf Seite 38ff.

[33] Vgl. dazu Sommer et al. (1995), insbesondere aber von Stutterheim (1997), die für die „Wissensfortschreitung" das Konzept der referenziellen Bewegung einführt; vgl. auch Liebert (1997), der versucht, die kognitive und interaktive Dimension von Gesprächen in einem einheitlichen Konzept zu erfassen.

[34] Vgl. etwa Wintermantel (1990); Thimm und Kruse (1993); Sommer et al. (1995); von Stutterheim (1997).

„Variationen dieser Einflußgröße im Experiment haben ergeben, daß das Hörermodell als globaler Faktor in die Textplanung eingeht; eine Korrektur dieser Annahmen im Verlauf der Textproduktion ist nicht leicht möglich. Wirksam wird dieser Faktor sowohl auf globaler Ebene, beispielsweise bei der Wahl der Perspektive oder des Granularitätsniveaus, aber auch auf lokaler Ebene, wenn der Sprecher die für die Versprachlichung vorgesehenen Elemente auswählt.“ (von Stutterheim, 1997, S. 259/260)

Über die einfache Partnerhypothese hinaus sind auch höherstufige Hypothesen relevant, Hypothesen darüber also, was der Andere denkt, was ich denke, was er denkt, ...[35] Eine formale Beschreibung, die die Darstellung beliebiger Hypothesenstufungen erlaubt, hat Mudersbach (1984) ausgearbeitet.

Für die Vermittlungskommunikation lassen sich daraus Fragen ableiten, welche Hypothesen Laien, Wissenschaftler und Vermittler voneinander haben. Es lassen sich aber auch gestufte Hypothesen formulieren:

- Welche Hypothese hat der Vermittler über die Hypothese des Laienadressaten vom Wissenschaftler?
- Welche Hypothese hat der Laie über die Hypothese des Vermittlers vom Wissenschaftler?

Falls der Vermittler kein Wissenschaftler ist, ist auch die folgende Frage relevant:

- Welche Hypothese hat der Vermittler über die Hypothese des Wissenschaftlers vom Vermittler?

Partnerhypothesen werden in Kapitel 10 (S. 347ff.) eine wichtige Rolle bei der Erklärung bestimmter Defizite der Vermittlungskommunikation spielen.

Wissen und Lebensform

Neben der Partnerbezogenheit ist die historische Dimension des gemeinsamen Wissens zu beachten:

„Wir müssen bedenken, dass Wissen historisch aufgebaut wird und daß gemeinsames Wissen kommunikationsgeschichtlich aufgebaut wird. Ich kann nur wissen, was mein Partner weiß, wenn ich mit ihm zusammengelebt habe. Sonst kann ich nur generelles gemeinsames Wissen aufbauen, nämlich jenes, was der ganzen Gemeinschaft zugeschrieben wird.“ (Heringer et al., 1977, S. 104)

Die historische Dimension des gemeinsamen Wissens zeigt, dass die Vermittlung von Wissenschaft immer auch einen Teil der wissenschaftlichen Lebensform vermitteln muss. Kann ich Wissenschaftlern beim Handeln

[35] Vgl. Heringer et al. (1977, S.100ff.).

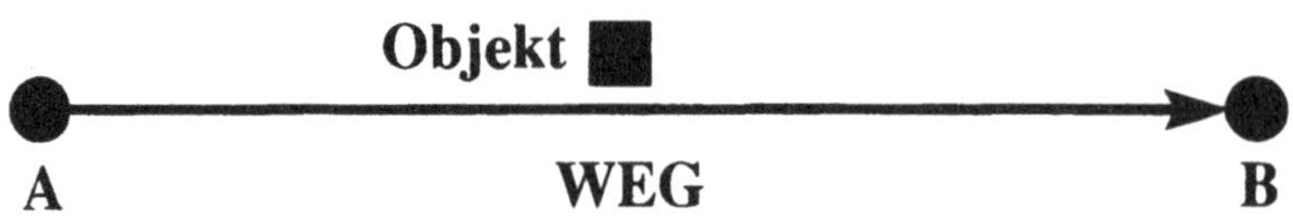

(a) WEG-Schema

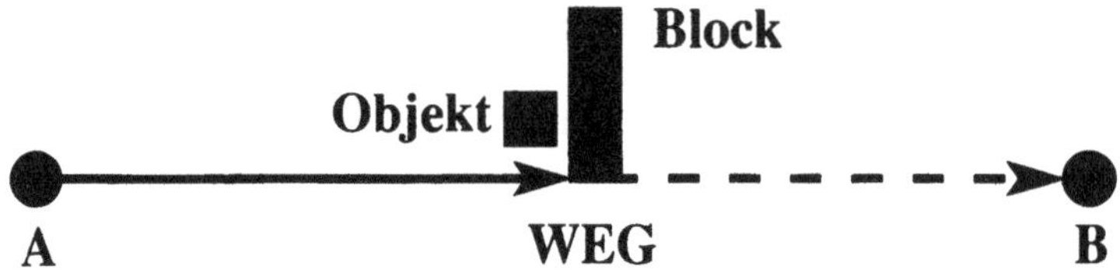

(b) BLOCKADE-Schema

Abbildung 2.2: Bildschemata am Beispiel des Bildschemas WEG (a) und des Bildschemas BLOCKADE (b).
Das Bildschema BLOCKADE ist eine Elaborierung des WEG-Schemas (nach Johnson, 1987).

„zusehen“? Die folgenden Ausführungen werden zeigen, dass gerade die Möglichkeiten des Zuschauens begrenzt sind, denn häufig werden ja gerade Gegenstände untersucht, die nicht direkt wahrnehmbar sind. Wenn man sich dann in der Vermittlung damit begnügt, das Sichtbare abzubilden (etwa ein Labor oder einen Messballon), so ist damit natürlich gar nichts gewonnen. Wir werden später in den Abschnitten zur Gegenstandskonstitution sehen, dass der Vermittler den Laien „Die Kunst des Sehens“ lehren muss, d.h. ein Nachvollziehen, mit welchen Mitteln Wissenschaftler nicht direkt wahrnehmbare Gegenstände beobachten können.

Nichtpropositionale Wissensstrukturen

In der Psychologie gibt es seit einiger Zeit eine Diskussion, ob Bilder und Propositionen gleichberechtigte Wissensformen sind. Damit ist die Frage verknüpft, ob es überhaupt nichtpropositionale Wissensformen gibt. In der kognitiven Linguistik wird im Anschluss an die nonpropositionale Position der Begriff des „Bildschemas“ („image schema“ (Johnson, 1987)) eingeführt. Der Ansatz der Bildschemata geht davon aus, dass wir viele Objekte anhand einfacher Schemata identifizieren. Dazu gehören einfache Schemata wie das Kreis- oder das Wegschema. Abbildung 2.2 zeigt die Schemata WEG und BLOCKADE:

Dem Schema BLOCKADE werden wir später noch begegnen, wenn untersucht wird, wie Vermittler Modelle von der Ozonschicht und ihrer Funktion, die für das Leben auf der Erde schädlichen UV-B-Strahlen zu absorbieren, aufbauen (vgl. etwa Abbildung 8.2 auf Seite 272).

Im Folgenden sollen als Wissensstrukturen nicht nur propositionale, sondern auch nichtpropositionale Strukturen zugelassen sowie Bildschemata (Johnson, 1987) und Bilder (im weitesten Sinne) miteinbezogen werden.

Ich habe diese Formen an anderem Ort (vgl. etwa Liebert, 1992, 1995a) bereits ausführlich diskutiert. In der Einführung der referenzsemantischen Theorie und in den Analysen wird inbesondere der bildschematische Ansatz an den entsprechenden Stellen erneut aufgegriffen und weitergeführt werden.

2.8.4 Fühlen

Bisher wurde ein Modell eines Handelnden entwickelt, der Wissen besitzt und in sozialen Situationen kreativ handeln kann. Neben dem Können und Wissen fehlt aber ein Bereich, der in Handlungstheorien häufig unterschlagen wird, obwohl er für jegliche Kommunikation essenziell ist, der Bereich der Emotion. Dabei interessieren uns Gefühle in erster Linie, insofern sie mit Handlungen zu tun haben. Gefühle und Handlungen hängen eng zusammen. Sie haben u.a. die folgenden Funktionen:[36]

- Orientierung: Synchronisierung von Körper und Denken auf ein Ziel hin
- Bewertung: automatische Abschätzung der Relevanz
- Monitoring: Begleitgefühl, fortlaufende Bewertung
- Weichenstellung: je nach Stimmungslage Detail- oder Überblickssicht
- Handlungsinitiierung: Übergang zum Tun
- Handlungskontrolle: Stopp-Signale.

Ein Gefühl ist selbstverständlich keine Handlung. Mit dem Fühlen sind aber wichtige Handlungen verbunden. Dazu zählen sowohl innere Handlungen wie das Erkennen oder Interpretieren von Gefühlen, aber auch äußere Handlungen wie das Ausdrücken von Gefühlen.

Betrachtet man allein die eben genannten Funktionen, die Gefühle haben können, so können die folgenden Handlungen vollzogen werden, indem man ein Gefühl oder verschiedene Gefühle ausdrückt:[37]

[36] Vgl. Fiehler (1990, S. 31ff.), Kals et al. (2000) und darin Liebert (2000a).

[37] Das Handlungsmuster GEFÜHL AUSDRÜCKEN erzeugt weitere Handlungsmuster. So kann man ein Gefühl durch Gestik, Mimik, aber auch durch Sprache ausdrücken.

$$\left\{\begin{array}{l}\text{BEWERTEN}\\ \text{X ZUM HANDLUNGSSTOPP BEWEGEN}\\ \text{SITUATION EINSCHÄTZEN}\\ \text{ÜBERBLICK GEBEN}\\ \text{RELEVANZ ABSCHÄTZEN}\\ \text{ORIENTIERUNG GEBEN}\\ \text{KÖRPER UND DENKEN SYNCHRONISIEREN}\\ \vdots\end{array}\right\} \rightarrow \text{GEFÜHL AUSDRÜCKEN} \tag{17}$$

(18) zeigt, dass das Ausdrücken spezifischer Gefühle wie Zuneigung, Wut etc. jeweils Untermuster dazu darstellen:

$$\begin{array}{lcl}\text{ZUNEIGUNG AUSDRÜCKEN} & \sqsubset & \text{GEFÜHL AUSDRÜCKEN}\\ \text{WUT AUSDRÜCKEN} & \sqsubset & \text{GEFÜHL AUSDRÜCKEN}\\ \ldots & \sqsubset & \text{GEFÜHL AUSDRÜCKEN}\end{array} \tag{18}$$

In der Vermittlungskommunikation spielt das Ausdrücken von Gefühlen eine wichtige Rolle, insbesondere wenn es um die Einschätzung einer Gefahr geht. Die emotionale Ebene der Kommunikation wird deshalb in den Analysen häufig eine Rolle spielen.

2.9 Aufgaben in der Kommunikation

Wenn wir etwas äußern, handeln wir häufig nach mehreren Handlungsmustern zugleich. Holly, Kühn und Püschel (1986, S. 43) beschreiben diese Situation mit Blick auf die mündliche Kommunikation, speziell Fernsehdiskussionen:

> „Man muß nämlich im allgemeinen verschiedene Aufgaben zugleich lösen; z.B. ERÖFFNEN, EINE GUTE BEZIEHUNG HERSTELLEN und ein THEMA EINFÜHREN; all das kann man mit einer Äußerung leisten wie: *Ich begrüße Sie herzlich zu unserer Diskussion über die Nachrüstung.* D.h. einer sprachlichen Äußerung sind in der Regel ganze Netze von Handlungsmustern zuzuordnen, da beim sprachlichen Kommunizieren eine Reihe von Aufgaben mehr oder weniger gleichzeitig bewältigt werden müssen, und man sehr häufig mit einer Äußerung zugleich verschiedene solcher Aufgaben löst, indem verschiedenste Handlungsmuster zugleich realisiert werden.“ (Holly et al., 1986, S. 43)

Holly et al. (1986) unterscheiden dann drei solcher Aufgaben, die in der mündlichen Kommunikation bewältigt werden müssen. Diese Aufgaben sind:

- Kontakt und Beziehung
- Organisation
- Realisierung textsortenkonstitutiver Muster

Dabei verstehen sie unter „Kontakt und Beziehung" alle Handlungen der Selbst- und Partnerdarstellung, der Thematisierung und Behandlung der Beziehung und der „Imagearbeit" in der Interaktion.[38] Die Aufgabe der Gesprächsorganisation besteht aus der Regelung des Sprecherwechsels, der Verständnissicherung und der Themabehandlung. Mit dem Ausdruck „textsortenkonstitutive Muster" wird nicht ausschließlich auf literale Strukturen referiert, es liegt hier ein weiter Textbegriff vor, der auch „Diskussion" als Textsorte versteht:[39]

> „Wir wollen fragen, was die Beteiligten in Fernsehdiskussionen ‚eigentlich' oder ‚im wesentlichen' sprachlich tun, und sprechen dabei von ‚textsortenkonstitutiven' Mustern." (Holly et al., 1986, S. 94)

(19) stellt diesen Zusammenhang als Zerlegung des Handlungsmusters MÜNDLICH KOMMUNIZIEREN(mit P1) dar:

$$\left(\begin{array}{l} \text{BEZIEHUNG KONSTITUIEREN} \\ \text{GESPRÄCH ORGANISIEREN} \rightarrow \left(\begin{array}{l}\text{SPRECHERWECHSEL REGELN}\\ \text{VERSTÄNDNIS SICHERN}\\ \text{THEMA ORGANISIEREN}\end{array}\right) \\ \text{TEXTSORTENKONSTITUTIVE MUSTER REALISIEREN}\end{array}\right) \qquad (19)$$

Eine differenziertere Einteilung nimmt Kallmeyer (1985) vor. Er unterscheidet die folgenden Ebenen:

- Gesprächsorganisation
- Sachverhaltskonstitution
- Handlungskonstitution
- Beziehungskonstitution
- Modalität
- Reziprozität

Der Vorschlag Kallmeyers unterscheidet sich in vier Kategorien (Handlungskonstitution, Sachverhaltskonstitution, Modalität und Reziprozität) von dem Modell, das Holly et al. (1986) vorschlagen. Auf die Kategorien Handlungskonstitution, Sachverhaltskonstitution und Modalität möchte ich kurz eingehen, zunächst auf die Sachverhaltskonstitution. Dass in der Kommunikation eine der zentralen Aufgaben darin besteht, Gegenstände und Sachverhalte zu konstituieren, scheint mir evident und unstrittig zu

---

[38] Vgl. Holly (1979); von Polenz (1985); Holly (1990), vgl. auch Fiehler (1990, S. 30ff.).

[39] An anderer Stelle wird Textsorte explizit mit Kommunikationssorte gleichgesetzt (Holly et al., 1986, S. 94).

sein; man müsste also das Aufgabenmodell von Holly et al. (1986) um diese Komponente erweitern.[40] Auch die Idee, die Modalität als eigene Konstitutionsebene einzuführen, ist beachtenswert.[41] Die Konstitution eines Modalitätswerts wie Faktizität, Kontrafaktizität oder Fiktionalität ist entscheidend für den Status einer Äußerung. Deshalb ist es sinnvoll, diese Ebene in ein Modell kommunikativer Aufgaben mit aufzunehmen.

Betrachten wir abschließend das Modell von Fiehler (1990, S. 90ff.). Während die Modelle von Holly et al. (1986) und Kallmeyer (1985) stark auf Gespräche bezogen sind, ist das Modell von Fiehler (1990) allgemein auf Interaktion bezogen. Danach sind die folgenden Aufgaben für die Interaktion wesentlich:

- soziale Beziehung konstituieren
- soziale Identität konstituieren
- soziale Situation konstituieren
- Handlungszusammenhänge konstituieren

Hier soll auf die Kategorien der sozialen Situation und der Handlungszusammenhänge eingangen werden.[42]

Die Konstitution der Situation wird von den beiden anderen Modellen nicht erfasst. In welcher Situation wir uns befinden, scheint uns häufig selbstverständlich zu sein. Gerade die Arbeiten zur Kontextualisierung[43] haben aber gezeigt, dass wir den situativen Kontext nicht einfach unterstellen dürfen, er wird vielmehr von den Beteiligten hergestellt, aufrecht erhalten, umdefiniert etc. Auch aus unserer normalen Alltagserfahrung kennen wir „kipplige Situationen", die, je nach Interpretation und Definition durch die Beteiligten, in die eine oder die andere Richtung umkippen können. Deshalb ist es sinnvoll, diese Ebene auch mit aufzunehmen.

Der Begriff der „Konstitution des Handlungszusammenhangs" scheint mir hinreichend allgemein zu sein, so dass keine vorschnelle Festlegung auf spezifische Text- oder Kommunikationssorten erfolgen muss. Damit Handelnde ihre Ziele und Zwecke erreichen,

[40] In der neueren Arbeit von Püschel (2000) wird dies geleistet, die Sachverhaltskonstitution wird hier allerdings als Erzeugung aus Organisationsmustern eingeführt, nicht als Erzeugung aus KOMMUNIZIEREN.

[41] Die Kategorie Modus ist auch im Quaestioansatz eine konstitutive Kategorie (vgl. von Stutterheim, 1997, S. 59).

[42] Die Konstitution der Identität kann man als Teil der Beziehungsgestaltung betrachten.

[43] Einen guten Überblick über den Forschungsstand zur Kontextualisierung und die Beziehung zur Konversationsanalyse gibt Schmitt (1993); vgl. dazu auch von Polenz (1985, S. 132), der das gleiche Phänomen mit satzsemantischer Begrifflichkeit erfasst.

„konstituieren und prozessieren sie *Handlungszusammenhänge*, seien dies nun praktische Tätigkeitszusammenhänge oder Gespräche, in deren Rahmen sie wechselseitig ihre Aktivitäten als spezifische Handlungen deuten.“ (Fiehler, 1990, S. 90)

Diese Definition Fiehlers aufgreifend soll nun die „Konstitution der textsortenkonstitutiven Muster“ eine Erzeugung der Konstitution des Handlungszusammenhangs sein, und zwar genau dann, wenn innerhalb einer Sprechergruppe diese Text- und Kommunikationssorten ausgearbeitet wurden und sie sich damit als soziale Regel etabliert haben.

Wenn wir die Gesprächs- bzw. Textorganisation, die vorher als eigene Kategorie auftauchte, als Teil der Konstitution des Handlungszusammenhangs betrachten, dann kommen wir zu fünf verschiedenen Ebenen:

- Konstitution des Handlungszusammenhangs
- Sachverhaltskonstitution
- Beziehungskonstitution
- Situationskonstitution
- Modalitätskonstitution

Dies können wir darstellen als (20):

$$\text{KOMMUNIZIEREN}_i(\text{mit P1}) \rightarrow \left(\begin{array}{l}\text{HANDLUNGSZUSAMMENHANG KONSTITUIEREN}\\ \text{SACHVERHALT KONSTITUIEREN}\\ \text{BEZIEHUNG KONSTITUIEREN}\\ \text{SITUATION KONSTITUIEREN}\\ \text{MODALITÄT KONSTITUIEREN}\end{array}\right) \tag{20}$$

(20) kann als erste Erzeugung aus dem Handlungsmuster KOMMUNIZIEREN betrachtet werden, das bei der Darstellung der Handlungskompetenz in (15) auf Seite 37 eingeführt wurde.

Für die Vermittlungskommunikation spielt die theoretische Einbeziehung der unterschiedlichen Ebenen eine wichtige Rolle, denn es wird häufiger der Fall eintreten, dass ein Handelnder in der Vermittlungsrolle die Modalität wechselt, indem er etwa eine fiktive Entdeckungsgeschichte erzählt. Ebenfalls spielt die persönlich-emotionale Darstellung von Forschern für viele Vermittler eine große Rolle. Die Relevanz dieser Ebenen wird sich aber erst in den Analysen in Teil 2 ergeben.

2.10 Zusammenfassung

Wir haben grundlegende Konzepte einer Handlungstheorie erörtert, sowohl hinsichtlich ihrer notwendigen Komponenten als auch hinsichtlich der Darstellung dieser Komponenten.

Unter Zuhilfenahme eines referenzsemantischen Ansatzes soll damit nun die Spezifik der naturwissenschaftlichen und alltäglichen Sprachspiele herausgearbeitet werden, um ein handlungssemantisches Modell der Wissenschaftsvermittlung zu entwickeln.

Dieses Modell soll dann die Grundlage für die Analyse der deutschen Ozonlochdiskussion bilden.

3 Referenzsemantik

Daß die Sonne morgen aufgehen wird, ist eine Hypothese; und das heißt: wir *wissen* nicht, ob sie aufgehen wird.
Ludwig Wittgenstein, Tractatus, 6.36311

3.1 Sachverhaltskonstitution und Gegenstandskonstitution

Der zweite Ausgangspunkt der folgenden Überlegungen ist das Konzept der Referenzsemantik, das vor allem in der Sprachphilosophie ausgearbeitet wurde und in der Linguistik von Rainer Wimmer (1979) eingeführt wurde. In diesem Ansatz werden grundsätzliche Fragen gestellt, wie durch sprachliche Handlungen der Bezug zu außersprachlichen Gegenständen hergestellt werden kann (z.B. durch Referenzakte und Referenzfixierungsakte) und wie Gegenstände durch unterschiedliche sprachliche Ausdrücke auch unterschiedlich konstituiert werden. Dabei geht die Referenzsemantik von einem weiten Gegenstandsbegriff aus, unter den konkrete Individuen ebenso wie abstrakte Ideen fallen.

Ausgangspunkt ist ein handlungstheoretischer Ansatz, der sich an die praktische Semantik anlehnt und auch Bezug auf die Sprechakttheorie nimmt:

> „Sprachliches Kommunizieren ist eine spezielle Form des sozialen Handelns, in dem die geltenden Handlungsmuster weitgehend an die phonematischen und syntaktischen Ausdrucksformen des Sprachsystems geknüpft erscheinen. Die sprachlichen Handlungsmuster sind weitgehend beschreibbar als Verwendungsweisen bestimmter sprachlicher Ausdrücke, d.h. als deren Gebrauchsregeln oder Bedeutungen." (Wimmer, 1979, S. 51)

Die Sachverhaltskonstitution wird in der Referenzsemantik wie in vielen anderen Ansätzen[1] als Identifizieren eines Gegenstandes und der Charakterisierung dieses Gegenstandes dargestellt[2] (vgl. Handlungsmusterschema 3.1 auf der nächsten Seite):[3]

Dabei erzeugen die Handlungmuster GEGENSTAND IDENTIFIZIEREN und GEGENSTAND CHARAKTERISIEREN weitere Handlungs-

---

[1] Vgl. Searle (1969, S.26 - 33), Strawson (1972, S. 175ff.) oder von Polenz (1985).

[2] Man könnte hier diskutieren, ob die erzeugten Muster in der Gleichzeitigkeitsrelation stehen. Alternativ wäre auch die offene Sequenz denkbar.

[3] Im vorangegangenen Kapitel wurden Handlungsmuster formelhaft dargestellt. In den folgenden Handlungsmusterdarstellungen wird es sich um relativ komplexe Gebilde handeln. Auf viele dieser Darstellungen wird an unterschiedlichen Stellen Bezug genommen werden. Deshalb sollen diese Darstellungen „Handlungsmusterschema" genannt und durch die fortlaufende Zählung eindeutig identifizierbar gemacht werden.

$$\text{SACHVERHALT KONSTITUIEREN} \rightarrow \begin{bmatrix} \text{GEGENSTAND X IDENTIFIZIEREN} \\ \text{GEGENSTAND X CHARAKTERISIEREN} \end{bmatrix}$$

Handlungsmusterschema 3.1: SACHVERHALT KONSTITUIEREN

muster, unter anderem das bekannte Paar von Bezugnahme und Prädikation (vgl. Handlungsmusterschema 3.2; „A“ und „P“ sollen dabei geeignete sprachliche Ausdrücke sein):

$$\text{SACHVERHALT KONSTITUIEREN} \rightarrow$$

$$\begin{bmatrix} \text{GEGENSTAND X IDENTIFIZIEREN} \rightarrow \begin{Bmatrix} \text{MIT A AUF X REFERIEREN} \\ \text{MIT D. FINGER AUF X ZEIGEN} \\ \vdots \end{Bmatrix} \\ \text{GEGENSTAND X CHARAKTERISIEREN} \rightarrow \begin{Bmatrix} \text{P ÜBER X PRÄDIZIEREN} \\ \text{X ZU Y RELATIONIEREN} \\ \vdots \end{Bmatrix} \end{bmatrix}$$

Handlungsmusterschema 3.2: REFERIEREN und PRÄDIZIEREN als erzeugte Muster aus dem Handlungsmuster SACHVERHALT KONSTITUIEREN

Die Punkte in der Zerlegung des Handlungsmusterschemas 3.2 deuten an, dass es noch weitere Möglichkeiten der Identifizierung und der Charakterisierung gibt: Wenn beispielsweise aus bestimmten Gründen lautlos kommuniziert werden soll, bereitet es meist keine Probleme, Gegenstände durch Zeigen zu identifizieren. Auch können Gegenstände nonverbal charakterisiert werden: Sprechen zwei Kommunikationspartner verschiedene Sprachen, können sie Gegenstände auch durch Schall- oder Verhaltensnachahmung charakterisieren.

In den folgenden Ausführungen soll insbesondere die Gegenstandstheorie von Peter F. Strawson (1972) thematisiert werden. In dieser Konzeption nehmen materielle Einzeldinge im unmittelbaren Wahrnehmungsraum eine privilegierte Stellung unter den Einzeldingen ein, ebenso wie Einzeldinge eine besondere Kategorie unter den Gegenständen allgemein darstellen.

Die Herausarbeitung der materiellen Körper als besondere Kategorie unter den Einzelgegenständen und der Einzelgegenstände unter den Gegenständen wird uns die Möglichkeit geben, bestimmte Gegenstandstypen in der Naturwissenschaft und im Alltag zu diskutieren und ihre Besonderheiten für die Vermittlung herauszustellen, insbesondere, wenn Wissen über nicht direkt beobachtbare, im Alltag überhaupt nicht wahrnehmbare Gegenstände wie die Ozonschicht vermittelt werden soll. Die referenzsemantischen Überlegungen werden handlungstheoretisch rekonstruiert, so dass am Ende ein Modell der Vermittlung von Naturwissenschaft vorgestellt werden kann.

3.2 Strawsons Gegenstandstheorie

3.2.1 Identifikation von Individuen

In seinem Buch „Individuals" baut Strawson (1972) eine Gegenstandstheorie[4] auf, die von Individuen[5] ausgeht. Innerhalb der Klasse der Individuen sind die materiellen Körper grundlegend für die Kategorie der Gegenstände überhaupt.

Dabei geht es um konkrete, individuelle Gegenstände, die im Universum nur einmal existieren, deshalb steht hier der Begriff „Individuum".[6] Individuen sind dabei nicht statisch zu verstehen, sie haben eine Geschichte bzw. Phasen der Entwicklung usw. (Strawson, 1972, S. 72).

Eine zentrale Frage nach der Bestimmtheit von Individuen ist die Frage: „Welcher Gegenstand ist es?" (Wimmer, 1979, S. 105 - 107). Die einfachste Form, die Identität von Individuen zu bestimmen, ist, in der unmittelbaren Sprechsituation auf sie zu zeigen.[7]

IDENTITÄT VON X BESTIMMEN → ZEIGEN AUF X

Handlungsmusterschema 3.3: IDENTITÄT VON X BESTIMMEN (im gemeinsamen Wahrnehmungsraum)

---

[4] Der Ausdruck „Gegenstand" ist in der philosophischen Denkweise ein relativ weiter Begriff, von dem auch Strawson Gebrauch macht. Dieser Gegenstandsbegriff umfasst neben den „Dingen" im eigentlichen Sinn auch Personen sowie Geräusche, Ereignisse und Prozesse. Diese Auffassung wird im Folgenden noch deutlicher werden. Materielle Körper sind deshalb nur eine Teilmenge der Gegenstände.

[5] Die deutsche Übersetzung „Einzelding", wie sie in der Reclam-Ausgabe (Strawson, 1972) vorgeschlagen wird, scheint mir zu ungenau zu sein, denn im Englischen gibt es keine Bedeutung „Einzelding", wenn man von „individual" spricht. Der Ausdruck „individual" meint in allen Bedeutungsnuancen zunächst „Einzel*wesen*" (z.B. *the freedom of the individual*), das von allen anderen unterschieden und damit „eigen" ist (z.B. in *I treat the girls as individuals.*) Bei der Übersetzung „Einzelding" wird zu sehr der dinghafte Charakter betont. Ich werde mich im weiteren Verlauf deshalb an die englische Bedeutung anlehnen und von „Individuen" reden und den Begriff „Einzelding" in den Zitaten jedoch belassen, um in die Übersetzung nicht einzugreifen.

[6] Vgl. vorhergehende Fußnote.

[7] Hier wird die Nähe zum Origo-Konzept von Bühler (1934/1982) und der Weiterentwicklung durch Konrad Ehlich deutlich, vor allem zu seinem Begriff der „ostensiven Definition" (Ehlich, 1994). Das Handlungsmuster IDENTITÄT VON X BESTIMMEN → ZEIGEN AUF X wird auch von anderen beschrieben (zum Beispiel von Heringer, 1974, S. 78). Es geht mir in diesem Abschnitt jedoch in erster Linie um die Charakterisierung der Erkenntnisgegenstände der Naturwissenschaft und ihrer Vermittlung. Da Bühler und Ehlich im Gegensatz zu Strawson keine explizite Gegenstandstheorie entwickelt haben, soll hier auch auf eine vergleichende Gegenüberstellung verzichtet werden.

Strawson bezeichnet dies als „demonstrative Identifikation“ (Strawson, 1972, S. 22).[8] Obwohl hierbei viele Probleme auftreten können (beispielsweise Verwechslungen u.a.), steht für Strawson bei der demonstrativen Identifikation eines fest, nämlich

> „die Identität des Bereichs von Einzeldingen, des Ausschnitts aus dem Universum, innerhalb dessen die Identifikation vorzunehmen ist. Es ist der gesamte Schauplatz, der gesamte Bereich der gegenwärtig wahrnehmbaren Einzeldinge.“ (Strawson, 1972, S. 23)[9]

---

[8] Strawson führt noch weitere Arten der Identifizierung auf, insbesondere die schwächere kontextbezogene Identifizierung, die Ähnlichkeiten zum Begriff der Implikatur aufweist. Strawson führt dazu folgendes Beispiel an: „*An einem Brunnen stand ein Mann mit einem Jungen. Der Mann trank.* Sollen wir nun sagen, der Hörer wisse, welches Individuum mit dem Subjekt des zweiten Satzes gemeint ist?“ (Strawson, 1972, S. 21).

[9] Strawson lässt hierzu die Anmerkung folgen: „Man könnte einwenden, daß sich die *Grenzen* dieser Bereiche für Sprecher und Hörer unterscheiden können. Ich überlasse es dem Leser, etwa hieraus sich ergebende Probleme selbst zu lösen.“ (Strawson, 1972, S. 23). Insbesondere angesichts der neueren postmodernen und radikalkonstruktivistischen Diskussionen (vgl. etwa Schmidt, 1987; Fischer, 1998; Fischer und Schmidt, 2000) birgt dieser Satz natürlich ein gewisses provokatives Potenzial. Der Radikale Konstruktivismus wirft aber seinerseits einige Probleme auf, insbesondere im Bereich der Selbstbezüglichkeit der konstruktivistischen Theorie (ein radikalkonstruktivistischer Theoretiker kann keine Aussagen über eine beobachterunabhängige Wirklichkeit machen, also auch nicht darüber, dass sie konstruiert ist) und darin, kollektive Wissensbestände und soziale Systeme *in ihrer Sozialität* zu erklären. Meist wird Sozialität als eine Parallelisierung individueller Strukturen erklärt, etwa als Gleichschaltung von „Operatoren“ (von Foerster, 1999) oder als Parallelisierung „kognitiver Subsysteme“ (Hejl, 1987). Wie und warum sich aber die individuellen Systeme parallelisieren sollten und wer eigentlich feststellen kann, *dass* sie sich parallelisiert haben, wird dabei nicht gefragt. In fundamentaler Weise werden die Probleme, die der Radikale Konstruktivismus aufwirft, von Nüse et al. (1991) besprochen. Von Individuen auszugehen (die von Kommunikationspartnern durchaus verschieden wahrgenommen werden können) ist nach den bisherigen Diskussionen durchaus kein unvernünftiger Ausgangspunkt. Dies schließt die Annahme eines internen kognitiven Systems, das über (geeignet gewählte) Operatoren bestimmte Eigenwerte errechnet (vgl. von Foerster, 1999, S. 82ff. und S. 214ff.), keineswegs aus, denn die Annahme beobachterunabhängiger physischer Gegenstände schließt eben nicht ein, dass Beobachter als triviale Maschinen konstruiert werden müssen, wie dies in konstruktivistischen Arbeiten häufig suggeriert wird.
Zudem können Argumente gegen die Annahme diskreter, von allen wahrnehmbarer Objekte, *soweit sie sich auf naturwissenschaftliche Theorien beziehen*, beispielsweise auf die Heisenberg'sche Unschärferelation, durch die Arbeit von Sokal und Bricmont (1999) als widerlegt gelten. Wenn etwa (der von mir sehr geschätzte) Heinz von Foerster (1999, S. 81) schreibt, „Beobachtungen beeinflussen das Beobachtete und machen so jede Hoffnung des Beobachters zunichte, Voraussagen treffen zu können (d.h. seine Unsicherheit ist absolut: Heisenberg)“, so hat dieser Satz im Sprachspiel der Physik den gleichen Status wie die Herbeizitierung der Quantenphysik in astrologischen Schriften als „Beweis“ für das Übersinnliche, denn beide Sätze lassen sich in keiner Weise aus der Unschärferelation oder der Quantenphysik *ableiten.* Damit soll der konstruktivistische Gedanke, der ja schon länger in vielen Spielarten, etwa im symbolischen Interaktionismus oder auch in der hier vertretenen Handlungstheorie, existiert, keinesfalls verworfen werden, es soll aber durchaus im Sinne von Sokal und Bricmont (1999) gesagt werden, dass sich die konstruierten Züge, vor allem der sozialen Wirklichkeit, *nicht mit naturwissenschaftlichen Theorien begründen lassen.*

Dieses zeigende Verfahren ist dann nicht möglich, wenn der Gegenstand in der Sprechsituation nicht präsent ist oder keine gemeinsame raumzeitliche Sprechsituation für die Kommunikationspartner besteht (z.B. beim Telefonieren).[10] Für die Kompensation des mangelnden gemeinsamen Wahrnehmungsraums stehen im Alltag verschiedene Verfahren zur Verfügung. Es sind dies vor allem Namen, Bezeichnungen und Beschreibungen, deren Verwendung dafür sorgen kann, dass der Kommunikationspartner weiß, über wen oder was der Sprecher redet. Allerdings ist die Nennung eines Namens oder einer Bezeichnung nur dann hinreichend, wenn der Hörer auch die Gebrauchsregeln dafür kennt.

Dadurch ist man allerdings nicht ausschließlich auf die Beschreibung in allgemeinen Begriffen angewiesen, wenn man nichtanwesende Individuen identifizieren will, denn auch wenn ein Individuum nicht demonstrativ identifiziert werden kann,

> „ist es unter Umständen doch durch eine Beschreibung zu identifizieren, die es eindeutig mit einem anderen und seinerseits demonstrativ identifizierbaren Einzelding verknüpft. Die Frage, welchem Ausschnitt des Universums es angehört, läßt sich auch in der Weise beantworten, daß man diesen Ausschnitt eindeutig zu demjenigen in Beziehung setzt, den Sprecher und Hörer selbst gerade einnehmen. (...) Denn nicht-demonstrative Identifikation kann völlig gesichert auf demonstrative Identifikation aufbauen. Jede identifizierende Beschreibung von Individuen kann letztlich ein demonstratives Element in sich schließen.“ (Strawson, 1972, S. 25/26)

In Handlungsmusterschema 3.4 wird dieses Handlungsmuster IDENTITÄT VON X BESTIMMEN dargestellt.

IDENTITÄT V. X BESTIMMEN →

(BEZEICHNUNG FÜR X NENNEN wenn Gebrauchsregel bekannt
[X MIT IDENTIFIZIERTEM Y VERKNÜPFEN → { X BESCHREIBEN ; ⋮ }
X – UNIVERSUM IN BEZIEHUNG ZUR AKTUALSITUATION SETZEN])

Legende:
X-Universum$_{def}$ Ausschnitt des Universums, dem X angehört

Handlungsmusterschema 3.4: IDENTITÄT VON X BESTIMMEN (ohne Bestehen eines gemeinsamen Wahrnehmungsraums)

„Meine“ Lösung der von Strawson aufgeworfenen Probleme steht in der Auseinandersetzung mit konstruktivistischen und kognitivistischen Denkansätzen und wurde an anderer Stelle dargelegt (vgl. Liebert, 1992, S. 77 - 82).

[10] Ehlich (1983, 1989) hat hierfür den Begriff der „zerdehnten Sprechsituation“ eingeführt.

3.2.2 Bezugsrahmen

Für Individuen muss es Beschreibungen geben, die sie in eine eindeutige Beziehung zu den Teilnehmern oder der Umgebung des Gesprächs setzen. Dieses Sinnsystem muss alle direkt lokalisierbaren Individuen umfassen und ihnen einen Platz darin zuweisen. Dieses System räumlicher und zeitlicher Beziehungen nennt Strawson (1972, S. 29) „Bezugsrahmen" oder „System unserer Kenntnisse von der Welt und ihrer Geschichte".[11] Im Gespräch legen wir durch die demonstrative Identifikation „einen gemeinsamen Bezugspunkt und gemeinsame räumliche Achsen" fest (Strawson, 1972, S. 27). Sind diese „Achsen" aufgebaut, so können die Kommunikationspartner durch das System der Raumzeit alle Individuen in der Sprechsituation lokalisieren:

> „Wenn uns diese [d.h. Bezugspunkt und Achsen, W.-A.L.] zur Verfügung stehen, ist es theoretisch möglich, jedes andere Einzelding in Raum und Zeit eindeutig in Relation zu diesem Bezugspunkt zu beschreiben. Vielleicht befinden sich nicht alle Einzeldinge in Zeit *und* Raum. Aber es ist zumindest einleuchtend anzunehmen, daß jedes Einzelding, für das dies nicht zutrifft, in irgendeiner anderen eindeutigen Beziehung zu einem anderen Einzelding steht, wofür dies gilt." (Strawson, 1972, S. 27, Herv. i. Orig.)

Dabei werden die Dinge, von denen wir sprechen, nicht oder doch nur selten explizit zu uns selbst oder zu anderen Einzelheiten der jeweils gegenwärtigen Situation in Beziehung gesetzt. Dies spiegelt für Strawson aber nur die Tatsache wider, dass wir die Verbundenheit der Individuen mit uns und unserer Situation stillschweigend voraussetzen.

Wenn diese Voraussetzung allerdings nicht gegeben ist, dann muss es explizite Formen des In-Beziehung-Setzens geben. Gerade bei der Kommunikation von Kommunikationspartnern, die verschiedenen Lebensformen angehören, besteht die Notwendigkeit, vieles von dem explizit zu machen, was von Gesprächsteilnehmern innerhalb einer Lebensform als selbstverständlich unterstellt werden kann. So gilt für die Experten-Laien-Kommunikation, dass Experte und Laie lediglich den Bezugsrahmen der Alltagswelt teilen, nicht aber den im Fachdiskurs aufgebauten, elaborierten Bezugsrahmen.

Will der Experte nun für den Laien die Identität eines im Fachdiskurs konstituierten, individuellen Gegenstands X bestimmen, so muss er dies zwangsläufig tun, indem er X mit Individuen verknüpft, die für den Laien bereits bestimmt sind. Wenn das Laienpublikum kein spezifisches Vorwissensprofil aufweist, können dies nur Individuen der Alltagswelt sein (vgl. Handlungsmusterschema 3.5 auf der nächsten Seite).

---

[11] Damit wird auch deutlich, dass der Begriff des Bezugsrahmens über das Origo-Konzept von Bühler (1934/1982) hinausgeht.

$$\text{IDENTITÄT VON X BESTIMMEN} \rightarrow$$
$$\left\{ \begin{array}{l} \left[\begin{array}{l} \text{X MIT IDENTIFIZIERTEM ALLTAGS – Y VERKNÜPFEN} \\ \text{X – UNIVERSUM IN BEZIEHUNG ZUR AKTUALSITUATION SETZEN} \end{array} \right] \\ \vdots \end{array} \right\}$$

Legende:
X-Universum$_{def}$ Ausschnitt des Universums, dem X angehört

Handlungsmusterschema 3.5: IDENTITÄT VON X BESTIMMEN (Vermittlungskommunikation)

Diese Zerlegung kann als typisch für die Vermittlungskommunikation zwischen Experten und Laien betrachtet werden: Die Identität von X wird dadurch bestimmt, dass X mit im Laienalltag identifizierten Y-Individuen verknüpft wird und zugleich der Ausschnitt des Universums, dem X angehört, in Beziehung zur Aktualsituation, d.h. zur gegenwärtigen Situation des Laienalltags gesetzt wird. Dieses Handlungsmuster soll als Vermittlungsmuster BEZUG ZUM LAIENALLTAG HERSTELLEN definiert werden.

Handlungs- und Referenztheorie werden in den folgenden Abschnitten noch weiter auf die Experten-Laien-Konstellation angewendet. Zunächst soll jedoch die Gegenstandstheorie Strawsons weiter entwickelt werden. Dabei ist weiter zu klären, was mit dem Begriff des Bezugsrahmens gemeint ist.

Obwohl nicht davon auszugehen ist, dass jedes identifizierte Individuum sofort in den Bezugsrahmen eingeordnet wird, muss man davon ausgehen,

> „dass jeder von uns in jedem Augenblick einen solchen Rahmen besitzt – einen geschlossenen Rahmen der Kenntnis von Einzeldingen, in dem wir selbst und gewöhnlich auch die uns unmittelbar umgebenden Dinge ihren Platz haben und in dem jedes Element zu jedem anderen in einer eindeutigen Beziehung steht, insbesondere zu uns selbst und unserer Umgebung. Dieser Rahmen unseres Wissens stellt unbestreitbar ein einzigartiges wirksames Mittel dar, neu identifizierte Einzeldinge in den bereits vorhandenen Bestand einzufügen. Wir benutzen ihn nicht nur gelegentlich und zufällig, sondern ständig und wesentlich zu diesem Zweck. Es ist eine notwendige Wahrheit, daß jedes Einzelding, das wir kennenlernen, irgendwie identifizierend mit dem Rahmen verknüpft ist, und sei es nur durch Anlaß und Methode dieses Kennenlernens. (...) Im Verlauf der Fortentwicklung systematisieren wir den Rahmen mit Hilfe von Kalendern, Karten, Koordinatensystemen; aber der Gebrauch solcher Systeme hängt entscheidend davon ab, daß wir unseren eigenen Platz in ihnen kennen; obwohl natürlich jemand seinen Platz vergessen oder verlieren kann, so daß man ihn wieder darauf hinweisen muß." (Strawson, 1972, S. 29/30)

Der Bezugsrahmen kann also als ein System raumzeitlicher Beziehungen verstanden werden, durch den ein Individuum in seiner räumlichen und zeitlichen Dimension in Relation zu allen anderen bereits identifizierten Individuen und in Bezug auf die Aktualsituation bestimmt wird.[12] An dieser Stelle könnte eventuell das Missverständnis entstehen, mit dem Bezugsrahmen sei ein mathematisch gedachtes Koordinatensystem gemeint. Ein mathematisch gedachtes Koordinatensystem kann aber für die alltägliche Sprechsituation nicht zur Identifizierung von Gegenständen unterstellt werden, wie Rainer Wimmer bemerkt:

> „Die Vorstellung von einer durch die Anwendung des raumzeitlichen Koordinatensystems in der alltäglichen Kommunikation bei der referentiellen Bestimmung von Gegenständen zu erzielenden Präzision ist eine Fiktion, die auf einer zu weitgehenden Verallgemeinerung naturwissenschaftlicher, besser: makrophysikalischer Meßverfahren beruht. In alltäglicher Kommunikation bleibt der Sprachteilhaber bei der Beantwortung der Frage nach dem Ort eines Gegenstands normalerweise darauf angewiesen, indirekte Bestimmungen, beispielsweise auf dem Wege über Angaben zu leichter identifizierbaren oder bereits identifizierten Gegenständen in der Nachbarschaft oder über Eigenschaften des betreffenden Gegenstands vorzunehmen, eben weil ihm Raum-Zeit-Punkte eines Koordinatensystems nicht direkt zugänglich sind, sondern meistens nur über die Gegenstände mit raum-zeitlicher Ausdehnung, die er identifizieren soll. Das raum-zeitliche Koordinatensystem kann ihm dabei nur als allgemeiner Orientierungsrahmen dienen, nicht aber als untrügliches Hilfsmittel zur Sicherung der kommunikativen Bestimmtheit eines Gegenstands.“ (Wimmer, 1979, S. 104)

Der Bezugsrahmen ist also keinesfalls mit einem Koordinatensystem gleichzusetzen. Koordinatensysteme, wie sie etwa in den Naturwissenschaften entwickelt werden, sind vielmehr als Elaborierungen des Bezugsrahmens zu verstehen. Dabei definiert der eigene räumliche Standpunkt die raumzeitliche Relationierung der Individuen und damit auch die Perspektive der Kommunikationsteilnehmer.[13] Deshalb müssen wir in der alltäglichen

---

[12] Dabei werden mystische Erfahrungen außerhalb der Raumzeit von Strawson explizit nicht ausgeschlossen: Als Beispiel führt er eine Person an, die von Ereignissen erzählt, von denen sie sagt, „daß sie überhaupt nicht zu unserem raum-zeitlichen System gehören, daß sie nicht in einer bestimmten Entfernung von hier oder in einem bestimmten Zeitabstand vom jetzigen Zeitpunkt geschehen seien. Eine solche Äußerung würden wir in dem Sinne verstehen, als seien die fraglichen Ereignisse nicht *wirklich* geschehen“ (Strawson, 1972, S. 36); eine ähnliche Auffassung vertritt Ludwig Wittgenstein im Tractatus, wenn er schreibt: „Gott offenbart sich nicht *in* der Welt.“ (Wittgenstein, 1969a, 6.432, Herv. im Orig.).

[13] Das bedeutet nicht, man könne keine Individuen identifizieren, wenn man sie nicht raumzeitlich relationieren kann, denn

> „jede Tatsache, die das Ding eindeutig zu anderen identifizierten Elementen des Rahmens eindeutig in Beziehung setzt, kann als individuierende Tatsache dienen. Vor einer Beschreibung, die in sich keinerlei lokalisierenden Aspekt enthält, kann

Kommunikation auch nicht ständig die Bestimmtheit von Gegenständen explizit herstellen. Es ist aber wichtig zu wissen, in welcher Weise Individuen in ihrer Identität bestimmt sind, denn gerade in der Experten-Laien-Kommunikation ist es die Ausgangsbedingung der Kommunikation, dass in der Wissenschaft des Experten ein Gegenstand eindeutig bestimmt ist, während der Laie keinen fachlichen Bezugsrahmen aufgebaut hat, um den Gegenstand einordnen zu können. Wimmer (1979, S. 91ff.) hat versucht, die „Dimensionen“, in denen ein Gegenstand bestimmt sein muss, mit den folgenden vier Fragen zu erfassen:

1. Wieviele Gegenstände sind es?
2. Welcher Art ist der Gegenstand?
3. Wo ist der Gegenstand?
4. Welcher Gegenstand ist es?

Wie diese Fragen im Einzelnen begründet werden, soll hier nicht nachgezeichnet werden, vielmehr soll gezeigt werden, wie diese Fragen mit den bisherigen Ausführungen über die Identifizierung von Individuen zusammenhängen.

Beginnen wir mit der letzten Frage. Sie nimmt eine Sonderstellung ein, da sie die Frage stellt, wie die Identität des Gegenstands X bestimmt werden kann. Im Handlungsmusterschema 3.6 ist es deshalb als das zentrale Handlungsmuster wiedergegeben, das weiter zerlegt werden kann.[14]

IDENTITÄT VON X BESTIMMEN →

AUF X ZEIGEN — wenn im gleichen Wahrnehmungsraum
BEZEICHNUNG FÜR X NENNEN — wenn Gebrauchsregel bekannt
X MIT IDENTIFIZIERTEM Y VERKNÜPFEN → { X BESCHREIBEN ⋮ }
X – UNIVERSUM IN BEZIEHUNG ZUR AKTUALSITUATION SETZEN

Handlungsmusterschema 3.6: IDENTITÄT VON X BESTIMMEN als Teil der Gegenstandsbestimmung

Die erzeugten Handlungsmuster

- AUF X ZEIGEN

bekannt sein, daß sie *innerhalb* eines ausgedehnten raum-zeitlichen Bereichs von Einzeldingen individuiert; in einem solchen Fall ist dann nur erforderlich, daß dieser Bereich seinerseits im Gesamtsystem lokalisiert ist.“ (Strawson, 1972, S. 30)

[14] Vgl. dazu auch Handlungsmusterschema 3.3 auf Seite 51, Handlungsmusterschema 3.4 auf Seite 53 und Handlungsmusterschema 3.5 auf Seite 55.

- BEZEICHNUNG FÜR X NENNEN
- [X MIT IDENTIFIZIERTEM Y VERKNÜPFEN → { X BESCHREIBEN
⋮ }
X – UNIVERSUM IN BEZIEHUNG ZUR AKTUALSITUATION SETZEN]

können dabei als „Antworten“ auf die Frage „Welcher Gegenstand ist es?“ verstanden werden.

Die Beantwortung der Fragen 1 – 3 liefern nach Wimmer (1979, S. 91) „Teilaspekte einer möglichen kommunikativen Bestimmung eines Gegenstands.“

Sie finden sich im Handlungsmusterschema 3.7 wieder als

- ANZAHL BESTIMMEN
- ART UND WEISE VON X BESTIMMEN
- X RÄUMLICH ZUM BEZUGSRAHMEN POSITIONIEREN

Das Handlungsmuster X RÄUMLICH ZUM BEZUGSRAHMEN POSITIONIEREN nimmt dabei das bisher Gesagte auf, die Frage „Wo ist der Gegenstand?“ wird beantwortet, indem angegeben wird, wie der Gegenstand innerhalb des raumzeitlichen Bezugsrahmens relational eingebettet ist. Auf der Äußerungsebene kann dies mit präpositionalen Ausdrücken wie „vor dir“, „hinter dir“ oder mit Sätzen wie „Geh drei Straßen weiter und wenn du dich dann umdrehst, siehst du den Laden“ realisiert werden. Die einfache Nennung eines Ortes („Wir treffen uns im Luisenpark.“) ist hier nur eine mögliche Erzeugung.

Deshalb müsste m.E. auch die Frage nach der temporalen Identifikation in den referenzsemantischen Fragenkatalog aufgenommen werden. Im Handlungsmusterschema 3.7 wird dies durch die Aufnahme des Handlungsmusters X TEMPORAL ZUM BEZUGSRAHMEN POSITIONIEREN geleistet.

GEGENSTAND X CHARAKTERISIEREN →

(X ZU Y RELATIONIEREN
ANZAHL BESTIMMEN
ART UND WEISE VON X BESTIMMEN
X RÄUMLICH ZUM BEZUGSRAHMEN RELATIONIEREN
X TEMPORAL ZUM BEZUGSRAHMEN RELATIONIEREN
⋮)

Handlungsmusterschema 3.7: GEGENSTAND X CHARAKTERISIEREN

Damit können wir nun die Prädikation als weitere Erzeugung aus Charakterisierungshandlungen darstellen (vgl. Handlungsmusterschema 3.7):

GEGENSTAND X CHARAKTERISIEREN →

(X ZU Y RELATIONIEREN
ANZAHL BESTIMMEN
ART UND WEISE VON X BESTIMMEN
X RÄUMLICH ZUM BEZUGSRAHMEN RELATIONIEREN
X TEMPORAL ZUM BEZUGSRAHMEN RELATIONIEREN
⋮) → P PRÄDIZIEREN

Handlungsmusterschema 3.8: PRÄDIZIEREN

3.2.3 Materielle Körper und Personen als grundlegende Kategorien von Individuen

Materielle Körper und Personen erfüllen als einzige Teilklassen der Individuen folgende Eigenschaften: Sie sind dreidimensionale, öffentlich beobachtbare Individuen von hinreichender Reichhaltigkeit, Unterschiedlichkeit, Stabilität und Dauer und tragen wesentlich zum Aufbau des Bezugsrahmens bei:

> „Sie bestimmen unsere physikalische Geographie, liefern die Merkmale, die wir in unsere Karten eintragen, im wörtlichen wie im übertragenen Sinne, auf kurze wie auf lange Sicht, im großen wie im kleinen." (Strawson, 1972, S. 67/68)

Sind sie direkt in der Sprechsituation gegeben, können sie direkt lokalisiert werden. Sonst werden sie identifiziert, indem sie zu Individuen in Beziehung gesetzt werden, die in der Sprechsituation direkt lokalisiert werden können. Den grundlegenden Bezugsrahmen bildet die Raumzeit, in die neue Individuen eingeordnet werden. Dabei werden diese Beziehungen im Gespräch nicht immer expliziert, sondern durch bestimmte Elemente der Sprache gekennzeichnet:

> „Die Stelle des expliziten Beziehungsgerüsts wird z.T. durch (...) Eigennamen [eingenommen]. Wenn wir von Einzeldingen sprechen, sind es – abgesehen von demonstrativen und quasi-demonstrativen Ausdrücken – die Eigennamen, die darauf abzielen, feste Bezugspunkte zu setzen, die Punkte, um welche sich die deskriptiven Ausdrücke drehen." (Strawson, 1972, S. 74)

Die Klasse der theoretischen Konstruktionen, z.B. Elementarteilchen, stellt dabei eine besondere Klasse von Dingen dar, denn sie sind nicht direkt beobachtbare Objekte. Sie müssen letztlich durch Bezugnahme auf gröbere, beobachtbare materielle Körper identifiziert werden.[15]

Die Gegenstandstheorie Strawsons konnte hier natürlich nur sehr grob und ausschnittsweise dargestellt werden. Sie wurde auch nur so weit entwickelt, wie sie für die folgenden referenzsemantischen Überlegungen be-

[15] Vgl. dazu Strawson (1972, S. 55).

nötigt wird und wie sie im engeren linguistischen Kontext nicht als allgemein bekannt vorausgesetzt werden kann.

3.2.4 Zusammenfassung

Der bisher entwickelte referenzsemantische Standpunkt kann folgendermaßen zusammengefasst werden:

Ausgangspunkt ist die Sprechsituation von Angesicht zu Angesicht. Beide Kommunikationspartner teilen denselben Wahrnehmungsraum. In der Kommunikation identifizieren sie die Individuen, über die sie sprechen, in der unmittelbaren Sprechsituation. Materielle Körper und Personen stellen eine besondere Klasse von Individuen dar. Sie sind öffentlich, den unmittelbaren Sinnen zugänglich, dreidimensional und von hinreichender zeitlicher Dauer. Aus der Identifizierung materieller Körper bilden Sprecher einen Bezugsrahmen, in den neu identifizierte Individuen eingepasst werden. Individuen, die in der Sprechsituation nicht präsent sind, können über bereits identifizierte anwesende oder nichtanwesende Individuen identifiziert werden. Sollen nicht direkt beobachtbare Individuen identifiziert werden, so müssen sie zu direkt beobachtbaren Individuen in Beziehung gesetzt werden.

Im nächsten Abschnitt sollen nun einige Überlegungen angestellt werden, inwiefern die Gegenstandstheorie Strawsons für die Analyse naturwissenschaftlicher Vermittlungskommunikation relevant sein kann.

3.3 Gegenstandskonstitution in Wissenschaft und Alltag

Strawsons Überlegungen sind relativ allgemeiner Art und gehen von dem aus, was man im weitesten Sinne „Alltagssprache" nennen könnte.[16] Bevor nun die Vermittlungskommunikation zwischen Wissenschaftlern und Nichtwissenschaftlern betrachtet werden kann, ist deshalb zunächst zu fragen, ob sich die fachliche Kommunikation, speziell die naturwissenschaftliche Kommunikation unter referenzsemantischen Gesichtspunkten von der Alltagskommunikation unterscheidet.

Es ist ein Gemeinplatz, dass sich Wissenschafts- und Alltagskommunikation in vielerlei Hinsicht drastisch unterscheiden. Fragt man allerdings nach der *Gegenstandskonstitution*, etwa ob für die Wissenschaft eine von der Alltagswelt völlig verschiedene Ontologie zu errichten wäre, verlieren sich die Hinweise in der Literatur. Dieser Frage soll nun nachgegangen werden, in der Hoffnung, Unterschiede herausstellen zu können, die sich für die Vermittlungskommunikation als relevant erweisen.

[16] Der Begriff „Alltagssprache" soll hier nicht hinterfragt werden (zu einer differenzierten Diskussion dieses Begriffs vgl. Steger, 1991).

Wurden eben die Kommunikation von Angesicht zu Angesicht, Individuen, materielle Körper als besondere Klasse von Individuen und der Bezugsrahmen als Kategorien entwickelt, so ist nun also zu fragen, wie diese Kategorien im naturwissenschaftlichen Fachdiskurs, speziell im Aufsatzdiskurs, greifen können.

Deshalb sollen nun die folgenden Fragen im Mittelpunkt stehen:

- Welcher Art sind die Individuen, die in den Naturwissenschaften erforscht werden? Wie unterscheiden sie sich von den Individuen des Alltags?
- Unterscheidet sich der Bezugsrahmen im naturwissenschaftlichen Diskurs vom alltagssprachlichen Diskurs? Und wenn ja, wie?
- Wie unterscheidet sich die Sprechsituation im naturwissenschaftlichen Diskurs von der alltäglichen Sprechsituation?

3.3.1 Individuen, die von den Naturwissenschaften erforscht werden, und Individuen des Alltags

Betrachtet man die Art der Individuen, die in der Naturwissenschaft behandelt werden, so spielen materielle Körper zwar eine wichtige Rolle, für viele Wissenschaften sind sie aber lediglich der Ausgangspunkt, Individuen zu untersuchen, die mit den Sinneswahrnehmungen nicht direkt beobachtbar sind (z.B. Moleküle oder Atome).

In vielen Fällen wurden deshalb Messinstrumente wie Mikroskope, Spektrometer oder Blasenkammern entwickelt, die eine indirekte Beobachtung dieser Individuen ermöglichen, wobei die Entwicklung eines Messinstruments meist zu einer Identifizierung vieler weiterer Objekte geführt hat, die vorher der Beobachtung nicht zugänglich waren.

Es wäre nun allerdings ein Missverständnis anzunehmen, die Welt „im Labor" sei dadurch gekennzeichnet, dass hier nichtbeobachtbare Individuen über Messinstrumente beobachtet würden, während wir es im Alltag ausschließlich mit der Identifizierung direkt beobachtbarer Individuen zu tun hätten. Ultraschallgeräte, Selbstdiagnose von Blutzuckerwerten oder einer Schwangerschaft sind zu einem Bestandteil unseres Alltags geworden. Es fallen einem leicht weitere Beispiele ein, bei denen wir nicht nur Entscheidungsfragen, sondern auch Ergänzungsfragen mit Messinstrumenten beantworten. Stellen wir etwa die Frage, wieviel Fieber Person P_i hat, so nutzen wir die Eigenschaft des Quecksilbers, sich bei zunehmender Wärme in entsprechenden Schritten auszudehnen.

Fragen wir danach, wie spät es ist, so beantworten wir die Ergänzungsfrage, indem wir das „Messinstrument Uhr"[17] hinzuziehen, dessen

[17] Zur Problematik, eine Uhr als Instrument zum Messen der Zeit zu betrachten, vgl. Liebert (1992, S. 129).

Mechanik so gestaltet ist, dass die zweimalige räumliche Bewegung eines „Zeigers“ über eine Kreisbahn relativ genau einer Drehung der Erde um sich selbst entspricht.

Gernot Böhme hat deshalb verschiedentlich von der „Technisierung der Wahrnehmung“ gesprochen.[18]

Der wesentliche Unterschied, wie in Wissenschaft und Alltag mit nicht direkt beobachtbaren Individuen umgegangen wird, liegt im Grad der Reflexion über die Methode, wie die nicht direkt beobachtbaren Individuen der unmittelbaren Wahrnehmung zugänglich gemacht werden. So finden sich in naturwissenschaftlichen Fachartikeln immer auch Reflexionen über die Messmethode, das Messinstrument und mögliche Datenartefakte, die in Fehlern im Messinstrument selbst begründet liegen können.

Aus der Sicht der Referenzsemantik besteht der Unterschied zwischen Naturwissenschaft und Alltag also nicht darin, *dass* im naturwissenschaftlichen Bereich Messinstrumente zur Prüfung von Hypothesen oder zur Beantwortung von Fragen eingesetzt werden, oder dass Individuen identifiziert werden, die aufgrund ihrer Kleinheit oder Unzugänglichkeit nicht direkt beobachtbar sind, sondern

- in der viel weiteren Differenzierung des Bezugsrahmens[19], in den neue, nicht direkt beobachtbare Individuen eingeordnet werden können[20]
- in der Identifizierung einer relativ großen Zahl nicht direkt beobachtbarer Individuen
- in der systematischen Reflexion darüber, wie die nicht direkt beobachtbaren Individuen der Beobachtung zugänglich gemacht werden können, d.h. in welchem Zusammenhang sie zu direkt identifizierbaren, materiellen Individuen stehen.

Gerade der letzte Punkt ist zentral für die Beobachtung nicht direkt beobachtbarer Individuen: Wenn man zum Beispiel atomare bzw. subatomare Teilchen anhand von Veränderungen in der Blasenkammer eines Teilchenbeschleunigers studiert, müssen die Beziehungen zwischen materiellen Körpern (Blasenkammer) und den nicht direkt beobachtbaren Individuen (atomare und subatomare Teilchen) geklärt sein. Die Methode, mit welchen Mitteln oder Instrumenten nicht direkt beobachtbare Individuen dennoch der Beobachtung in der Aktualsituation zugänglich gemacht

[18] Vgl. etwa Böhme (1999, S. 33ff.).

[19] Bzw. im höheren Auflösungsgrad des Wissens, wie man im Anschluss an von Stutterheim (1997) auch sagen könnte.

[20] Vgl. die Ausführungen zum Bezugsrahmen im folgenden Abschnitt.

werden können, ist deshalb ein essenzieller Bestandteil jedes naturwissenschaftlichen Diskurses. Falls es sich bei dem zu identifizierenden Individuum X also um ein nicht direkt beobachtbares Individuum handelt, dann ist das Handlungsmuster BEOBACHTUNGSMETHODE ERLÄUTERN ein notwendiger Bestandteil der Zerlegung des Handlungsmusters IDENTITÄT VON X BESTIMMEN (vgl. Handlungsmusterschema 3.9).

IDENTITÄT VON X BESTIMMEN →

BEOBACHTUNGSMETHODE ERLÄUTERN
AUF X ZEIGEN — wenn im gleichen Wahrnehmungsraum
BEZEICHNUNG FÜR X NENNEN — wenn Gebrauchsregel bekannt
[X MIT IDENTIFIZIERTEM Y VERKNÜPFEN → { X BESCHREIBEN / ⋮ }
X – UNIVERSUM IN BEZIEHUNG ZUR AKTUALSITUATION SETZEN]

Handlungsmusterschema 3.9: IDENTITÄT VON X BESTIMMEN (X ist ein nicht direkt beobachtbares Individuum; naturwissenschaftliche Fachkommunikation)

Das Handlungsmuster BEOBACHTUNGSMETHODE ERLÄUTERN ist eher die Vermittlung eines Wahrnehmenkönnens als die Vermittlung von Wissen. Wir sollten hier also besser von einer „Kunst des Sehens" sprechen. So könnte man die Beobachtungsmethode für Jupitermonde erläutern, indem man jemandem ein Fernglas gibt und ihn auffordert hindurchzusehen. Der Blick durch das Fernglas muss aber nicht zwangsläufig zur Identifizierung von X führen.

So bemerkt Paul Feyerabend in seiner Galileistudie, dass der Blick durch das Fernglas allein nicht ausreichte, um die Jupitermonde zu identifizieren:

> „*Das* war die Situation zur Zeit Galileis, *nicht* die angebliche Weigerung der Gelehrten, durch sein Fernrohr zu schauen. Die guten Gelehrten haben sich nie geweigert, durch Galileis Fernrohr zu schauen, ganz im Gegenteil, es gab öffentlich bekannte Zusammenkünfte, bei denen Galilei sein Fernrohr demonstrierte. Die Gelehrten, vor allem der berühmte Magini, sahen sich die Sache an, aber sie sahen nicht, was Galiliei zu sehen vorgab, und ‚so verließ er traurig die Stadt' (...): seine Beobachtungsergebnisse waren nicht objektiv verifizierbar." (Feyerabend, 1991, S. 216, Herv. i. Orig.)

Für die Vermittlung der „Kunst des Sehens" genügt es also nicht, jemanden den Gegenstand durch das Beobachtungsinstrument wahrnehmen zu lassen; man muss das Beobachtete auch in geeigneter Weise interpretieren (vgl. Handlungsmusterschema 3.10 auf der nächsten Seite).

Das Handlungsmuster AUF X ZEIGEN kann auch für die nicht direkt beobachtbaren Individuen beibehalten werden, es muss hier allerdings zerlegt werden (vgl. Handlungsmusterschema 3.11 auf der nächsten Seite).

BEOBACHTUNGSMETHODE ERLÄUTERN →

↓ AUFFORDERN(P_i, X durch I_i beobachten) ≻ Wahrnehmung W_i ⇓
INTERPRETIEREN(W_i als X)

Handlungsmusterschema 3.10: BEOBACHTUNGSMETHODE ERLÄUTERN

AUF X ZEIGEN → {
AUF SPUR VON X ZEIGEN
↓ X – ABBILD INSTRUMENTELL VERÄNDERN ⇓
AUF VERÄNDERTES X – ABBILD ZEIGEN
⋮
}

Handlungsmusterschema 3.11: AUF X ZEIGEN (X ist ein nicht direkt beobachtbares Individuum; naturwissenschaftliche Fachkommunikation)

Ein einfacher Fall ist das Handlungsmuster AUF SPUR VON X ZEIGEN. Ein Beispiel ist das eben besprochene; man zeigt auf Spuren, die X in materiellen Körpern (etwa der Blasenkammer eines Teilchenbeschleunigers) hinterlassen hat. Eine solche Zeigehandlung kann natürlich nur dann funktionieren, wenn eine gut bekannte Relation zwischen Beobachtungsinstrument und nicht direkt beobachtbarem Individuum besteht.

Das zweite Handlungsmuster betrifft etwa den Fall, in dem X, beispielsweise ein Bakterium, über ein Mikroskop vergrößert und über einen Videobeamer auf eine Wand projiziert wird und dann direkt auf das an die Wand projizierte Abbild von X gezeigt wird.

Diese von den Naturwissenschaften identifizierten Individuen und die Methoden, wie sie dem unmittelbaren Wahrnehmungsraum zugänglich gemacht werden, sind außerhalb des wissenschaftlichen Handlungsraums unbekannt und müssen deshalb notwendigerweise vermittelt werden, wenn diese Individuen auch von Laien identifiziert werden sollen. Dabei trägt es nicht zum Verständnis des Laien bei, wenn man ihm beispielsweise eine *Fotografie* einer Blasenkammer zeigt, denn für eine Identifikation eines Individums X wurde ja vorher gefordert, X mit einem bereits identifizierten Individuum Y *aus der Alltagswelt des Laien* zu verknüpfen (vgl. Abschnitt 3.2.1 auf Seite 51). In vielen Forschungsfeldern werden die Beziehungen der nicht direkt beobachtbaren Individuen zur Alltagswelt allerdings nicht beschrieben, da sie für den fachlichen Kontext irrelevant sind. Diese Beziehungen werden in Fachartikeln nur dann beschrieben, wenn sie ein explizites Ziel der Untersuchung waren, etwa bei Medikamententests. Diese für das Handlungsmuster notwendigen Bedingungen sind im Handlungsmusterschema 3.12 auf der nächsten Seite dargestellt.[21]

---

[21] Das Handlungsmuster BEZUG ZUM LAIENALLTAG HERSTELLEN wird in Abschnitt 3.2.2 auf Seite 55 und in Handlungsmusterschema 3.13 auf Seite 66 genauer beschrieben.

IDENTITÄT VON X BESTIMMEN →
(BEOBACHTUNGSMETHODE ERLÄUTERN
ZEIGEN AUF X wenn im gleichen Wahrnehmungsraum
BEZUG ZUM LAIENALLTAG HERSTELLEN → ···)

Handlungsmusterschema 3.12: IDENTITÄT VON X BESTIMMEN (X ist ein nicht direkt beobachtbares Individuum; Vermittlungskommunikation)

Da Fachdiskurse hinsichtlich der Beziehung zur Alltagswelt systembedingt häufig unbestimmt bleiben, wird der Laie hier gezielt nachfragen, bzw. ein Vermittlungsautor wird genau an diesem Punkt mit der Recherche beginnen. Wenn der Fachdiskurs im Punkt Bezug zur Alltagswelt unbestimmt bleibt, können die entsprechenden Informationen natürlich nicht aus dem Fachdiskurs gewonnen werden. Eine Person, die etwa Experte für Klimaforschung ist, ist damit noch kein Experte für die Auswirkungen des Ozonlochs auf biologische Lebensformen. Die Informationen, mit denen eine Beziehung zur Alltagswelt hergestellt werden kann, müssen meist aus anderen Quellen zusammengetragen werden. Dabei entsteht eine Informationsform, die von ihrem Status her kein Fachwissen, auch kein vermitteltes Fachwissen darstellt, sondern letztlich eine aus unterschiedlichen Quellen amalgamierte Hypothese eines Vermittlungsautors. Diese Hypothese wird bestenfalls in ihrem Unbestimmtheitsstatus dargestellt, häufiger wird diese Informationsform allerdings als fachlich abgesichertes „Wissen" ausgegeben. Man kann in diesem Fall also auch von „Pseudowissen"[22] sprechen. Dieser Handlungsmusterzusammenhang mit den Optionen, das in der Vermittlung synthetisierte Wissen entweder in seiner Unbestimmtheit dazustellen oder als Fachwissen auszugeben, wird in Handlungsmusterschema 3.13 auf der nächsten Seite formuliert.

3.3.2 Der Bezugsrahmen in den Naturwissenschaften und im Alltag

Nachdem die Unterschiede der Individuen im naturwissenschaftlichen und im Alltagsdiskurs diskutiert wurden, soll nun die Kategorie des Bezugsrahmens auf grundsätzliche Unterschiede hin untersucht werden.

Betrachtet man die Besonderheiten des Bezugsrahmens der Naturwissenschaften, so ist zunächst festzuhalten, dass, folgt man der Gegenstandstheorie Strawsons, kein *wesentlicher* Unterschied zum Bezugsrahmen des

[22] Der Ausdruck „Pseudowissen" wurde in Analogie zu dem von Werner Holly (1990, S. 183 - 187) eingeführten Terminus „Pseudoinformation" gebildet, der sich auf das informelle Sprachhandeln von Politikern bezieht, die zwar Organisationsmuster der Information konstituieren, die Informationen selbst sind aber zum großen Teil einfach falsch. Deshalb spricht Werner Holly hier auch von „inszenierter Information", der ein anderers erzeugendes Handlungsmuster zu Grunde liegt, in diesem Fall BESCHWICHTIGEN.

BEZUG. Z. LAIENALLTAG HERSTELLEN →

[X MIT IDENTIFIZIERTEM ALLTAGS – Y VERKNÜPFEN
X – UNIVERSUM IN BEZG. Z. AKTUALSITUATION SETZEN] →

(HYPOTHESE ÜBER AUSWIRKUNG AUFSTELLEN
⋮) →

↓ HETEROGENES WISSEN SYNTHETISIEREN
{ UNBESTIMMTHEIT DARSTELLEN
ALS FACHWISSEN DARSTELLEN } ⇓

Handlungsmusterschema 3.13: BEZUG ZUM LAIENALLTAG HERSTELLEN

Alltags bestehen kann. Der Bezugsrahmen einer beliebigen Naturwissenschaft zeichnet sich vor allem dadurch aus, dass er differenzierter als der Alltagsrahmen ist, beispielsweise durch eine immer weiter fortschreitende

- Unterteilung von Räumen

  Die Unterteilung von Räumen spielt in der Naturwissenschaft eine große Rolle: So wird die Atmosphäre nach bestimmten Temperaturumkehrpunkten in „Sphären" wie „Troposphäre" oder „Stratosphäre" unterteilt, eine Raumunterteilung, die im nichtwissenschaftlichen Alltag der normalen Wahrnehmung nicht zugänglich ist.

- Konstruktion von Karten und Schemata

  Nach Strawson wird der Bezugsrahmen aus den lokalisierten materiellen Körpern gebildet, und im Verlauf der weiteren Entwicklung mit Hilfe von Kalendern, Karten oder Koordinatensystemen systematisiert. Dies spielt in der Naturwissenschaft im Vergleich zum Alltag eine viel wichtigere Rolle, man kann dabei etwa an die Kartografie des Weltraums denken oder auch an die Verortung nicht direkt wahrnehmbarer Objekte im All wie Pulsare. Aber auch die Darstellung von Individuentypen durch zwei- und dreidimensionale Schemata spielt eine bedeutende Rolle, etwa im Bereich der Molekularbiologie (beispielsweise zwei- oder dreidimensionale Schemata von Viren, Bakterien oder Zellen)

- Definition neuer Maßeinheiten auf der Basis bereits identifizierter Objekte

  In der Naturwissenschaft werden viele Maßeinheiten definiert, die im Alltag keine Rolle spielen, und daher im Falle der Vermittlung erst eingeführt werden müssen.

- Bereitstellung von Einordnungsmöglichkeiten für sehr kleine oder der Beobachtung kaum zugängliche Individuen

Die Naturwissenschaft stellt beispielsweise Theorien bereit, die bestimmte physische Ereignisse als die Existenz eines nicht direkt beobachtbaren, theoretisch postulierten Individuums deuten lassen, etwa das Hervorrufen bestimmter Muster auf einer Fotoplatte nach einem Vorgang in einem Teilchenbeschleuniger als Nachweis („Spur") eines Elementarteilchens.

- Aufstellung gesetzesartiger Verknüpfungen temporaler und/oder kausaler Art, die Individuen oder Individuentypen betreffen

  Die Entdeckung von Naturgesetzen, die an jedem Punkt des Universums gültig sind, ist ein zentrales Anliegen der Naturwissenschaft.

Eine Aufgabe der Vermittlung muss also darin bestehen, den im Fachdiskurs vorausgesetzten, erweiterten Bezugsrahmen zu explizieren (vgl. Handlungsmusterschema 3.14).[23]

BEZUGSRAHMEN EXPLIZIEREN →	RAUMEINTEILUNG ERKLÄREN KARTEN UND SCHEMATA ERLÄUTERN EINHEITEN EINFÜHREN NATURGESETZE ERKLÄREN

Handlungsmusterschema 3.14: BEZUGSRAHMEN EXPLIZIEREN (Vermittlungskommunikation)

Diese Differenzierungen tragen dazu bei, dass der Bezugsrahmen ein immer feiner untergliedertes Netz zur Einordnung der für die jeweilige Wissenschaft typischen Individuen bietet. Dieses differenzierte Bezugsnetz wird in der normalen Fachkommunikation im Vertrauen darauf, dass es als gegeben vorausgesetzt werden kann, nicht expliziert. Allerdings ist es im Gegensatz zur Alltagskommunikation vollständig kodifiziert und wird etwa in Form von Lehrbüchern übermittelt.

Ein Beispiel: Trägt ein Virologe auf einem Kongress Forschungsergebnisse darüber vor, wie das HI-Virus ein bestimmtes Eiweiß für seine Hülle aus der menschlichen Zelle zusammenbaut, so setzt dies einen komplexen Bezugsrahmen voraus, in dem u.a. der räumliche und funktionale Aufbau der menschlichen Zelle und des HI-Virus vorausgesetzt werden. Diese Voraussetzungen werden im Fachvortrag nicht expliziert, denn diese Explizierungen würden ein Misstrauen gegenüber den Fachkollegen bedeuten: Der Sprecher würde dadurch die fachliche Kompetenz der Hörer in Frage

[23] Wenn sich im Gespräch zweier Personen herausstellt oder durch deren Berufsbezeichnungen klar ist, dass beider Bezugsrahmen bereits eine Menge von Gemeinsamkeiten aufweist, z.B. bei Vertretern der Fächer Zellbiologie und Molekularbiologie, muss natürlich entsprechend weniger bzw. anders expliziert werden.

stellen. Expliziert wird der Bezugsrahmen auch im Fachdiskurs zumindest in Teilen, wenn er verändert wird, etwa durch die Definition neuer Einheiten oder die Entdeckung neuer Individuen.

Beginnen dagegen Wissenschaftler und Nichtwissenschaftler ein Gespräch über ein Thema des Wissenschaftlers, beispielsweise über Möglichkeiten, die Reproduktion von HIV in der menschlichen Zelle zu verhindern, so ist es offensichtlich, dass die Ausführungen des Wissenschaftlers so lange unverständlich oder missverständlich bleiben müssen, bis es gelungen ist, seinen Bezugsrahmen zumindest in den für das Kommunikationsziel relevanten Zügen zu explizieren. Denn dem fein ausdifferenzierten Bezugsrahmen des Wissenschaftlers steht ein relativ grobmaschiges Netz des Nichtwissenschaftlers gegenüber (vgl. dazu etwa die Arbeit von Noordman et al., 2000, insbes. S. 252/253). Deshalb muss der Wissenschaftler in der Vermittlungssituation nun auch für ihn selbstverständliche Objekte wie Zelle und HIV, aber auch Maßeinheiten und Messmethoden erläutern. Dabei muss er sich, wie oben ausgeführt, auf Objekte beziehen, die beide Gesprächspartner in der aktualen Gesprächssituation direkt lokalisieren können oder zumindest auf Objekte, von denen der Wissenschaftler weiß, dass sein Gesprächspartner sie bereits identifiziert hat. Dazu muss er wissen, über welche eigenen Differenzierungen des Bezugsrahmens sein Gesprächspartner verfügt. Er muss also im Nichtwissen des Gesprächspartners regelrecht recherchieren, nach Anknüpfungsobjekten suchen, vielleicht auch selbst erst verstehen, wie der Bezugsrahmen des Gegenübers strukturiert ist.

Das Handlungsmusterschema 3.15 zeigt dieses komplexere Handlungsmuster.

BEZUGSRAHMEN ERWEITERN →

BEZUGSRAHMEN DES LAIEN ERKUNDEN
AN BEZUGSRAHMEN ANKNÜPFEN
BEZUGSRAHMEN EXPLIZIEREN → | RAUMEINTEILUNG ERKLÄREN
KARTEN UND SCHEMATA ERLÄUTERN
EINHEITEN EINFÜHREN
NATURGESETZE ERKLÄREN ‖ ⇓
↓

Handlungsmusterschema 3.15: BEZUGSRAHMEN ERWEITERN (Vermittlungskommunikation)

Dabei wird der Vermittlungsagent das Wissen nicht in seinem maximalen Differenzierungsgrad einführen, sondern genau denjenigen Grad wählen, der für das Erreichen des Kommunikationsziels notwendig ist. Deshalb wird er die in der Fachkommunikation vorausgesetzten Selbstverständlichkeiten ausführlicher, die feinen Differenzierungen dagegen weniger ausführlich als in der Fachkommunikation ausführen.

3.3.3 Situiertheit naturwissenschaftlicher Diskurse

Strawson geht in seinen Ausführungen von einer Sprechsituation aus, die dadurch gekennzeichnet ist, dass die Gesprächspartner in der Sprechsituation vollständig kopräsent sind. Diese Sprechsituation, die Kommunikation von Angesicht zu Angesicht, existiert in der Fachkommunikation etwa in persönlichen Gesprächen und Diskussionen auf Tagungen, Kongressen, Workshops und Arbeitsbesprechungen. Ein wesentlicher Teil der Fachkommunikation findet jedoch als Textkommunikation statt.[24] Die folgenden Überlegungen und Analysen sollen sich auf den Fachdiskurs im Rahmen von Zeitschriftenaufsätzen beschränken; daher soll der schriftliche Fachdiskurs in den Naturwissenschaften unter referenzsemantischen Gesichtspunkten etwas genauer betrachtet werden. Dabei sollen zunächst einige Bemerkungen zur allgemeinen Diskursorganisation und zur Zeitschriftenlandschaft gemacht werden. Dann sollen die Eckpunkte der Kommunikationssituation Autor – Text – Leser aus handlungssemantischer Sicht diskutiert werden.

Grundcharakteristik und Organisation naturwissenschaftlicher Diskurse

Wissenschaft hat nach Pierre Bourdieu zwei Seiten, die des Eigennutzes und die der Uneigennützigkeit:

> „So sind die Strategien der Akteure in gewisser Weise immer doppelgesichtig, interessengeleitet und interessenlos, beseelt von einer Art Eigennutz der Uneigennützigkeit, der völlig gegensätzliche, aber gleichermaßen falsche, weil einseitige Beschreibungen zuläßt, die eine hagiographisch und idealisierend, die andere zynisch und reduktionistisch.“ (Bourdieu, 1998b, S. 27)

Wissenschaftler sind in ein Spannungsfeld von politischen, wirtschaftlichen und medialen Akteuren eingebunden (vgl. Kreibich, 1986). Wenn sie etwa als Gutachter bestellt werden, müssen sie auch auf ihre Interessen hin befragt werden. Aber auch innerhalb der Wissenschaft selbst sind sie Bestandteil einer sozialen Organisation (vgl. Felt et al., 1995) und unterscheiden sich deshalb nicht grundsätzlich von anderen Berufsgruppen. Ein idealisierendes Bild der Wissenschaft, in dem etwa Forschern nur selbstlose Motive unterstellt werden, wird deshalb

> „durch alles Lügen gestraft (...), was man von der Wirklichkeit der Forschung kennt: geistigen Diebstahl, Kämpfe um Erstentdeckungen, alles Praktiken, die so alt sind, wie die Wissenschaft selbst. Gelehrte haben Interessen, sie wollen die Ersten sein, die Besten, die Außergewöhnlichsten.“ (Bourdieu, 1998b, S. 28)

---

[24] Damit unterliegt sie den Bedingungen, die von Konrad Ehlich als „zerdehnte Sprechsituation“ beschrieben werden (vgl. etwa Ehlich, 1983, 1989).

Im Diskurs, speziell im naturwissenschaftlichen Aufsatzdiskurs, sind die wissenschaftlichen Akteure jedoch auf bestimmte Handlungsmuster beschränkt:

> „Paradoxerweise bringen aber wissenschaftliche Felder gleichzeitig jene mörderischen Antriebe und eine Kontrolle dieser Antriebe hervor. Wenn Sie einen Mathematiker ausstechen wollen, muß es mathematisch gemacht werden, durch einen Beweis oder eine Widerlegung. Natürlich gibt es immer auch die Möglichkeit, daß ein römischer Soldat einen Mathematiker köpft, aber da ist ein ‚Kategorienfehler', wie die Philosophen sagen. (...) Soziale Zwänge nehmen hier immer mehr die Form logischer Zwänge an und umgekehrt: Um sich Geltung zu verschaffen, muß man Gründe geltend machen, um den Sieg davonzutragen, müssen Beweise und Gegenbeweise triumphieren." (Bourdieu, 1998b, S. 28)

Wenn im Folgenden der schriftliche naturwissenschaftliche Fachdiskurs, wie er sich etwa in *Nature* oder *Science* manifestiert, charakterisiert wird, so muss diese Darstellung zwangsläufig als idealisierend erscheinen, denn wir können damit nur den rationalen bzw. rationalisierten Teil des Gesamtdiskurses erfassen. Dies erscheint allerdings deshalb legitim, da der naturwissenschaftliche Aufsatzdiskurs von der Naturwissenschaft selbst als die verbindlichste Form des Diskussionsstands der verschiedenen Disziplinen betrachtet wird.

Beachtet man diese Einschränkungen und Bedingungen, so kann der schriftliche naturwissenschaftliche Fachdiskurs als Argumentationsprozess beschrieben werden. Die Art der Argumentation kann als symmetrisch[25] und kompetitiv[26] charakterisiert werden.

Als grundlegendes Handlungsmuster wurde für Argumentationen immer wieder das Aufstellen von begründeten Behauptungen eines Proponenten und begründeten Erwiderungen eines Opponenten genannt. Dabei bezieht man sich gerade in der praktischen Semantik häufig auf den Ansatz von Toulmin (1958)[27], wobei die Interaktivität der Argumentation mit einer Handlungsmusteranalyse nach Heringer (1974) analysiert wird.[28]

Das Muster NATURWISSENSCHAFTLICHES ARGUMENT EINBRINGEN kann erfasst werden als eine Handlungsmustersequenz, bei der zunächst der Erkenntnisgegenstand X in seiner Existenz behauptet, dann

---

[25] Zum Begriff der symmetrischen Kommunikation als Interaktion von Kommunikationspartnern mit vergleichbaren (Macht-)Ressourcen vgl. Watzlawick et al. (1980).

[26] Vgl. dazu Heringer (1974); später wird deutlich werden, dass sich der Wettbewerb zwischen unterschiedlichen Diskurspositionen abspielt; die Kommunikation innerhalb von Diskurspositionen kann als kooperativ betrachtet werden (nach Fiehler, 1980).

[27] Der Ansatz Toulmins soll hier nicht ausführlicher vorgestellt werden, es sei hier auf Heringer et al. (1977, S. 251-274) verwiesen (vgl. auch Holly et al. (1986, S. 96ff.), die sich auf Schopenhauer beziehen).

[28] Vgl. etwa Heringer et al. (1977, S. 146 - 166 und S. 275 - 295)

die spezifische Weise$_1$ von X beschrieben und schließlich erklärt wird (vgl. Handlungsmusterschema 3.16).[29]

ARGUMENT IN DEN FACHDISKURS EINBRINGEN →

X – EXISTENZ BEHAUPTEN
X – WEISE$_1$ BESCHREIBEN → (DATEN VON X BESCHREIBEN ⋮)
X – WEISE$_1$ ERKLÄREN → (DATEN VON X INTERPRETIEREN ⋮)

Handlungsmusterschema 3.16: ARGUMENT IN DEN FACHDISKURS EINBRINGEN

Je nachdem, was zum Zeitpunkt einer aktuellen fachlichen Diskussion als Konsens gilt, können einzelne Handlungsmuster von anderen Fachdiskursteilnehmern bestätigt oder bestritten werden. Gilt etwa die Existenz von X als sicher, so wird seine Existenz auch nicht mehr bestritten. Ebenso kann man sich über die Charakteristik von X einig sein, während man über seine Erklärung noch debattiert. Der Opponent kann je nachdem an der Existenzbehauptung, an der Beschreibung von X oder an der Erklärung[30] ansetzen. Die Erwiderungsmöglichkeiten sollen am Beispiel der Erwiderung eines Opponenten auf eine Erklärung, warum X gerade so und nicht anders ist, d.h. auf das Handlungsmuster X$_1$-WEISE ERKLÄREN, dargestellt werden (vgl. Handlungsmusterschema 3.17).

Proponent — X-WEISE$_1$ ERKLÄREN

Opponent — ÜBERPRÜFEN
{ BESTÄTIGEN
ZURÜCKWEISEN
| ZURÜCKWEISEN
| X – WEISE$_2$ BESCHREIBEN
| X – WEISE$_2$ ERKLÄREN }

Handlungsmusterschema 3.17: Erwiderungsalternativen zum Handlungsmuster X-WEISE$_1$ ERKLÄREN

Wenn ein Proponent eine Erklärung für die Art und Weise von X vorgelegt hat (etwa indem er ein Ursache-Wirkungsmodell aufgestellt hat), wird ein Opponent diese Erlärung zunächst überprüfen. Je nachdem, wie

[29] Unter X soll hier ein Individuum oder eine Klasse von Individuen verstanden werden.
[30] Zur Begründung der Argumentation als Antwort auf eine Quaestio (hier: Warum-Frage) vgl. Dietrich und Peter (1996).

die Überprüfung ausfällt, wird er die Erklärung danach entweder bestätigen oder zurückweisen oder er wird die Erklärung zurückweisen, zeigen, dass sich X auf andere Weise verhält (X-WEISE$_2$ BESCHREIBEN) und eine alternative Erklärung vorschlagen (X-WEISE$_2$ ERKLÄREN). Diese Alternativen sind grundsätzlicher Natur, zweifellos sind aber noch mehr Formen der Erwiderung denkbar, einige davon werden im Verlauf der Textanalysen vorgestellt werden.

Wurde vorher der Fachdiskurs als kompetitiv gekennzeichnet, so muss dies auf die direkte Bezugnahme von Proponenten und Opponenten eingeschränkt werden, denn der Fachdiskurs ist im Unterschied zu vielen anderen Argumentationen durch ein gemeinsames Ziel gekennzeichnet. Das gemeinsame Ziel der naturwissenschaftlichen Argumentation besteht darin, zu Erklärungen zu gelangen, deren Gültigkeit nicht nur auf den engen Fachdiskurs begrenzt ist, sondern die Allgemeingültigkeit beanspruchen können.

Man findet hier also gleichzeitig, aber auf verschiedenen Ebenen, kooperative und kompetitive Züge: kooperativ in Bezug auf das gemeinsame Ziel Allgemeingültigkeit, kompetitiv in Bezug darauf, welche Person oder Forschergruppe als erste diese Allgemeingültigkeit entdeckt oder den Weg dazu weist. Es herrscht also eine

> „Einigkeit der Konkurrenten über die Grundsätze der Bewahrheitung von ‚Realität', über gemeinsame Methoden der Bestätigung von Thesen und Hypothesen, kurz: über den stillschweigenden, untrennbar politischen und kognitiven Vertrag, der die *Arbeit der Objektivierung* begründet und beherrscht." (Bourdieu, 1998b, S. 28, Herv. i. Orig.)

Wenn ein Fachdiskurs als Argumentationssequenz verstanden wird, so muss er auch einen Anfang und ein Ende haben. Der Beginn kann in der Regel genau lokalisiert werden, da meist ein individueller Text ausgemacht werden kann, der die Existenz eines Individuums, eines Sachverhalts oder einer Gesetzmäßigkeit zum ersten Mal behauptet und dadurch eine mehr oder weniger lang andauernde Diskussion eröffnet. Einen solchen Text will ich „Initialtext" nennen. Ein Beispiel für einen solchen „Initialtext" ist der Artikel von Molina und Rowland (1974) in der Zeitschrift *Nature*, der die bis heute andauernde wissenschaftliche und öffentliche Diskussion um den Abbau der Ozonschicht und das Ozonloch ausgelöst hat. In diesem Artikel wird zum ersten Mal ein Zusammenhang zwischen FCKWs und der Ozonschicht beschrieben und als Erklärung ein Ursache-Wirkungsmodell vorgeschlagen, nach dem FCKWs einen Abbau der Ozonschicht bewirken.

Der Initialtext thematisiert in der Regel auch die grundsätzliche Relevanz der Erforschung von X. Diese Relevanz muss bei den Folgeartikeln nicht mehr explizit bestätigt werden, denn dies geschieht stillschweigend einfach dadurch, dass an den Diskurs angeknüpft wird.[31] Das Anknüpfen an den Initialtext oder die Folgetexte geschieht meist explizit, indem auf einige oder alle Artikel verwiesen wird, die bereits im Fachdiskurs zu dieser Frage publiziert wurden und damit Teil der fachlichen Argumentationssequenz sind. Es finden sich aber auch Zusammenfassungen der bisherigen Argumentationssequenz des Fachdiskurses, die auch die Darstellung einzelner Diskurspositionen einschließen kann. In einem naturwissenschaftlichen Artikel findet sich dieses Handlungsmuster am Beginn eines Artikels, aber auch, wenn die Handlungsmustersequenz des Handlungsmusters ARGUMENTIEREN (vgl. Handlungsmusterschema 3.16 auf Seite 71) abgearbeitet wird, also auch bei den Schritten X-WEISE$_1$ BESCHREIBEN und X-WEISE$_1$ ERKLÄREN.

$$\text{AN FACHDISKURS ANKNÜPFEN} \rightarrow \begin{pmatrix} \text{FACHLITERATUR ZITIEREN} \\ \text{DISKURS ZUSAMMENFASSEN} \end{pmatrix}$$

Handlungsmusterschema 3.18: AN FACHDISKURS ANKNÜPFEN

Im Handlungsmusterschema 3.16 auf Seite 71 ist zu sehen, dass die Handlungsmuster X-WEISE$_1$ BESCHREIBEN und X-WEISE$_1$ ERKLÄREN weiter zerlegt werden können. Die beiden Zerlegungen, die hier angegeben werden, die Handlungsmuster X-WEISE$_1$ BESCHREIBEN → DATEN VON X BESCHREIBEN und X-WEISE$_1$ ERKLÄREN → DATEN VON X INTERPRETIEREN, bilden die zentralen Bestandteile eines naturwissenschaftlichen Artikels.

Naturwissenschaftliche Artikel besitzen in der Regel einen Teil, in dem Daten, die von oder über X gewonnen wurden, dargestellt und beschrieben werden, bevor sie in einem separaten Teil interpretiert werden. Diese Handlungsmuster können noch in weitere Handlungsmuster zerlegt werden, die hier lediglich aufzählend und unsystematisiert genannt werden sollen.[32]

Das Handlungsmuster X-WEISE$_1$ BESCHREIBEN → DATEN VON X BESCHREIBEN kann weiter zerlegt werden in: Individuen in Raum und Zeit identifizieren, sie in ihren Interaktionen charakterisieren, Identifizierungsinstrumente benennen und erläutern, Messmethode erläutern, mögliche Probleme diskutieren, Datenerhebung erläutern, Messwerte in Tabellen darstellen, Messreihen analysieren.

Das Handlungsmuster X-WEISE$_1$ ERKLÄREN → DATEN VON X INTERPRETIEREN kann weiter zerlegt werden in: Ursache-Wirkungsmodelle aufstellen, Fakten folgern, Voraussagen machen.

---

[31] Die Relevanz der Erforschung von X kann dagegen natürlich explizit in Frage gestellt werden.

[32] Deshalb werden sie auch nicht in Großbuchstaben gesetzt.

Eine wichtige Handlung ist die Überprüfung von Aussagen über X, speziell von Ursache-Wirkungsmodellen. Die Überprüfung ist nicht Bestandteil eines Aufsatzes; im Aufsatz wird über eine erfolgte Überprüfung lediglich berichtet.

Eine mögliche Zerlegung des Handlungsmusters ÜBERPRÜFUNG EINES URSACHE-WIRKUNGSMODELLS ist im Handlungsmusterschema 3.19 beschrieben.

ÜBERPRÜFEN EINES URSACHE – WIRKUNGSMODELLS →

↓ FAKTEN AUS URSACHE – WIRKUNGSMODELL FOLGERN
GEFOLGERTE FAKTEN BEOBACHTEN
ERGEBNISSE BERICHTEN ⇓

Handlungsmusterschema 3.19: ÜBERPRÜFUNG EINES URSACHE-WIRKUNGSMODELLS

Dieses Verfahren der Überprüfung soll nun etwas genauer charakterisiert werden.

Eine Person oder Personengruppe, die mit Diskursposition pos_i bezeichnet werden soll, beschreibt einen Phänomenzusammenhang der physikalischen Realität und präsentiert ein System von Annahmen, d.h. ein (idealisierendes) Modell, das den beschriebenen Phänomenzusammenhang kausal erklären soll. Aus dem erklärenden Modell lassen sich nun über die Erklärung des vorfindlichen Phänomenzusammenhangs hinaus bestimmte Fakten ableiten, die ebenfalls *bestehen müssen*, wenn das Erklärungsmodell stimmen soll.

Nun werden von pos_i oder einer anderen Gruppe Versuche unternommen, um zu zeigen, dass diese Fakten, die dem Modell entsprechend zwangsläufig bestehen müssen, tatsächlich auch bestehen.[33]

Wenn die Existenz dieser Fakten nachgewiesen wird, ist dies ein Argument für das Erklärungsmodell, das durch den Nachweis abgesichert und erweitert wird.

Wenn die Existenz dieser Fakten nicht nachgewiesen wird, dann ist dies ein Argument gegen das Modell. In diesem Fall ist die Person oder Personengruppe berechtigt, das Annahmensystem zu modifizieren oder

[33] Natürlich kann man auch auf solche Fakten stoßen, ohne direkt danach gesucht zu haben, etwa im Zuge von Langzeitmessungen. Gerade die Entdeckung des Ozonlochs ist von dieser Art (vgl. Farman et al., 1985, und die folgende Analyse). Mit den hier angestellten Überlegungen sollen keine Vermutungen aufgestellt werden, wie der Entdeckungsprozess oder der Prozess der Durchsetzung wissenschaftlicher Positionen vonstatten geht, denn die Formen, in denen die Entdeckung von Phänomenen, das Aufstellen von Theorien und die Durchsetzung wissenschaftlicher Positionen tatsächlich vor sich geht, sind so vielfältig, dass man nur den Grundsatz aufstellen kann: „Anything goes!“ (Feyerabend, 1991). Es geht mir hier lediglich darum, den *argumentativen* Charakter der Fachkommunikation aufzuzeigen.

ein neues Modell aufzustellen, so dass es den bisher beschriebenen Phänomenzusammenhang erklärt, ohne dass daraus die Existenz von Fakten abgeleitet werden kann, die in der Realität nicht nachgewiesen werden können. Wird nun tatsächlich ein zu pos_i entgegengesetztes Modell vorgetragen, so entsteht eine alternative Diskursposition pos_j. Die Diskurspositionen pos_i und pos_j können nun in Konkurrenz treten, denn aus dem neuen Erklärungsmodell von pos_j kann nun seinerseits die Existenz bestimmter (anderer) Fakten abgeleitet werden, die *bestehen müssen*, wenn das Modell stimmen soll. Ob diese Fakten tatsächlich bestehen, kann nun wieder von einer der beiden Diskurspositionen oder einer anderen Gruppe oder Person geprüft werden. Die Diskurspositionen können nun insbesondere auch überprüfen, ob bestimmte Schlüsse in einem der Modelle falsch sind, ob vielleicht Messfehler vorliegen oder bestimmte Modellrechnungen falsch oder nicht plausibel sind.

Innerhalb dieser Argumentationen, die sich meist über einen längeren Zeitraum erstrecken, aber in der Regel zu einem Abschluss kommen,[34] entstehen unterschiedliche Aussagetypen.

Eben wurden zwei zentrale Handlungsmuster der Argumentation in der naturwissenschaftlichen Fachkommunikation formuliert: eine, die auf die Deskription von Daten abzielt und eine zweite, die sich auf eine Interpretation der beschriebenen Daten bezieht (vgl. Handlungsmusterschema 3.16 auf Seite 71).

Die *Datendeskription* betrifft die unmittelbare Gegenstandskonstitution: Hier finden sich Handlungen, in denen die zu erforschenden Gegenstände raumzeitlich lokalisiert und in das Bezugssystem eingeordnet werden. Weiterhin werden die Messmethoden genannt, sowie eventuell auftretende Probleme oder Unsicherheiten der Messung. Hier finden sich auch Diagramme von Messwerten.

Die *Dateninterpretation* betrifft die Aufstellung von Ursache-Wirkungsgefügen und auch Prognoseverfahren, die erklären, warum die Erkenntnisobjekte sich so und so verhalten oder diese oder jene Charakteristika aufweisen müssen.

Die Aussagen, die im Zuge der Datendeskription oder der Dateninterpretation getroffen werden, können hinsichtlich ihres Status unterteilt werden in abschließend überprüfte, in der Überprüfung befindliche und nicht überprüfte Aussagen.

Abschließend überprüfte Aussagen sind solche, deren Wahrheit oder Falschheit bei allen Diskurspositionen des Fachdiskurses als bewiesen gilt.

Bei in der Überprüfung befindlichen und nicht überprüften Aussagen steht der Wahrheitsgehalt noch nicht fest, die Aussagen erscheinen aber mehr oder weniger plausibel.

[34] Es gibt natürlich auch wichtige Ausnahmen, wo die Argumentation nicht abgeschlossen ist, z.B. bei der Erforschung der Ursachen von Krebs.

Unterschiedliche Diskurspositionen können einzelnen Aussagen auch einen unterschiedlichen Status zukommen lassen: Während pos_i die Wahrheit einer Aussage für erwiesen hält, führt pos_j gerade ein Experiment durch, um diese Aussage erst zu überprüfen. Dadurch ergibt sich der Status einer im Fachdiskurs *umstrittenen Aussage*, der meist dem Aussagetyp *Dateninterpretation* zukommt, wenn es also darum geht, die Plausibilität von (Kausal-)Modellen zu belegen.

Während abschließend überprüfte Aussagen also als nicht mehr hinterfragte Basis der Argumentation dienen, bilden die nicht überprüften Aussagen, speziell die umstrittenen Aussagen, den Inhalt wissenschaftlicher Kontroversen.

Dabei kann von den Teilnehmern am Fachdiskurs nicht nur jederzeit eingeschätzt werden, welcher Status einzelnen Aussagen zukommt, sondern im Falle von umstrittenen Aussagen auch, welchen Diskurspositionen sie zuzuordnen sind.

Die Gegenstandskonstitution verläuft im naturwissenschaftlichen Diskurs also nicht einheitlich, in dem Sinne, dass hier ein System „Wahrheit produziert", die dann unumstößlich ist, sondern indem diskursiv gehandelt, häufig auch im fachlichen Dissens[35] argumentiert wird. Für die Vermittlungskommunikation bedeutet dies, dass die Gegenstandskonstitution nicht erfasst werden kann, wenn dieser diskursive Charakter nicht erfasst wird. Um die Gegenstandskonstitution im fachlichen Diskurs zu vermitteln, ist es also notwendig, den fachlichen Argumentationsgang zu rekonstruieren. Die bisher diskutierten Handlungsmuster, die dazu notwendig sind, sind im Handlungsmusterschema 3.20 dargestellt.

FACHARGUMENTATION REKONSTRUIEREN →

| FACHDISKURSPOSITIONEN DARSTELLEN
| STAND DER ARGUMENATION DARSTELLEN
| ARGUMENTATIONSMUSTER ERLÄUTERN
| SICHERHEITSGRAD DER AUSSAGEN ÜBER X WIEDERGEBEN ||

Handlungsmusterschema 3.20: FACHARGUMENTATION REKONSTRUIEREN (Vermittlungskommunikation)

Es sei noch einmal betont, dass auf Grund dieser Konzeption über eine Reihe von Eigenschaften des naturwissenschaftlichen Diskurses keine Aussagen getroffen werden können, etwa darüber, wie Erkenntnisprozesse in der Wissenschaft funktionieren; auch nicht darüber, welche politisch-gesellschaftlichen Konstellationen bestimmte Forschungsfelder fördern oder absterben lassen. Diese Darstellung hat lediglich zum Ziel, die „Bewegung"

[35] Gabriele Graefen (1997, S. 89) gebraucht dafür den Begriff „pluralistische Wissenschaft".

des naturwissenschaftlichen Diskurses zu charakterisieren, wie er sich in den schriftlichen Fachaufsatzzeitschriften manifestiert.

Die Relevanz dieser Darstellung wird später deutlich werden, wenn für die mediale Vermittlung gezeigt werden kann, dass wesentliche Eigenschaften des naturwissenschaftlichen Argumentationsprozesses, insbesodere die prozessualen und diskursiven Aspekte, nahezu völlig ausgeblendet werden und Wissenschaft statt dessen als eine einheitliche Größe dargestellt wird („die“ Wissenschaft).

Die Identifizierung der kommunikativen Grundgrößen im naturwissenschaftlichen Zeitschriftendiskurs

Im Gegensatz zu den Geistes- und Kulturwissenschaften ist der Diskurs in den Naturwissenschaften so angelegt, dass es zwei multidisziplinäre Zeitschriften gibt, die Dreh- und Angelpunkt des schriftlichen Diskurses für die meisten naturwissenschaftlichen Fächer bilden. Es handelt sich um die Zeitschriften *Science* und *Nature*. Hier wurden viele bahnbrechende Artikel publiziert[36], die weitere Diskussionen in diesen Zeitschriften und anderen eröffneten. Diese beiden Zeitschriften sind so allgegenwärtig und relevant für die naturwissenschaftlichen Disziplinen, dass man den naturwissenschaftlichen Zeitschriftendiskurs auf *Science* und *Nature* sowie einige wenige für das jeweilige Fach einschlägige Spezialzeitschriften[37], beschränken kann.

Betrachtet man den naturwissenschaftlichen Aufsatz am Beispiel der Zeitschriften *Nature* und *Science* näher[38], so findet man hinsichtlich der Identifizierung der Autoren und des Textes selbst einige Besonderheiten:

So werden nicht nur die Namen der Autoren genannt, sondern auch die Namen der Institutionen, an denen sie arbeiten sowie die Adresse der Institutionen. Durch die Kategorien Autor, Institution, Ortsangabe sind die Personen eindeutig bestimmt. Jeder kann mit ihnen direkt Kontakt aufnehmen, zugleich sind sie durch die Angabe der Institution als dort arbeitende Wissenschaftler ausgewiesen.[39]

Dem Text selbst kann sowohl ein Ort (die Zeitschrift bzw. der Verlagsort der Zeitschrift) und ein Zeitpunkt (Erscheinungsdatum der Zeitschrift) zugeordnet werden. Dabei ist der Artikel nicht nur durch das Erscheinungsdatum der Zeitschrift, sondern durch die Angabe des Einsendedatums und des Annahmedatums in seiner Entstehungschronologie eindeutig

---

[36] Beipielsweise die Entdeckung der Struktur der menschlichen DNS und die Entdeckung des Ozonlochs.

[37] Beispielsweise das *Journal of Virology* in der Virologie oder das *Journal of Geophysical Research* in der Geophysik.

[38] Vgl. dazu Weinrich (1994), Gledhill (1995) sowie Niederhauser (1999b, S. 104ff.); allgemein zum wissenschaftlichen Artikel vgl. Graefen (1997) sowie Weingarten (1994).

[39] Man könnte sogar sagen, dass die Zugehörigkeit zu einer wissenschaftlichen Institution zu einem Kriterium für Wissenschaftlichkeit geworden ist.

bestimmbar, denn in beiden Zeitschriften werden die eingesandten Beiträge von mindestens zwei Gutachtern geprüft, die dann meist Änderungen vorschlagen, bevor der überarbeitete Artikel angenommen wird.[40]

Als Adressaten naturwissenschaftlicher Aufsätze werden Personen des gleichen oder doch verwandten Faches angesprochen, von denen also angenommen werden kann, dass sie über einen gleich weit differenzierten Bezugsrahmen verfügen.

3.3.4 Situiertheit von Vermittlungsdiskursen

Will man nun Inhalte wissenschaftlicher Diskurse in Bereiche außerhalb dieser Diskurse, etwa an relative Laien, vermitteln, so sind, wie eben diskutiert, die Größen Individuen, Bezugsrahmen und Sprechsituation deutlich anders zu charakterisieren. In einer konkreten Vermittlungskommunikation muss von Folgendem ausgegangen werden:

Individuen

- Unkenntnis der meisten in der Wissenschaft erforschten Einzelobjekte
- Unkenntnis der meisten Messinstrumente
- Möglichkeit eigener Primärwahrnehmung des Erkenntnisgegenstands und damit eigenständiger Gegenstandskonstitution auf der Ebene materieller Körper
- Gegenstandskonstitution nicht kontrolliert oder sanktioniert durch den eigenen oder den wissenschaftlichen Diskurs

Bezugsrahmen

- Unkenntnis des in der Wissenschaft aufgebauten Bezugsrahmens
- Unkenntnis der im Rahmen der Wissenschaft gültigen und umstrittenen Aussagen
- Unkenntnis der im Rahmen der Wissenschaft anerkannten und umstrittenen Prognoseverfahren

Sprechsituation
Diskursorganisation

- kein kontinuierlicher und kohärenter Diskurs, ungeregelte Zusammenfassungen über gültige und umstrittene Aussagen, unübersichtliche Publikationslandschaft unterschiedlichster Medien wie Zeitschriften, Fernsehen oder Radio, die in der Regel nicht aufeinander Bezug nehmen.

[40] Ein Artikel kann natürlich auch abgelehnt werden; vgl. dazu auch Kretzenbacher und Thurmair (1994).

Voraussetzungen bei den Adressaten

- Interesse für Erkenntnisgegenstände abhängig von aktuellen, gesellschaftlichen oder persönlichen Relevanzen
- Unkenntnis der innerhalb der Wissenschaft gültigen Erkenntnisverfahren
- Ausgearbeitete stereotype Vorstellungen über Wissenschaft, Wissenschaftler und Laien

Kommunikative Ziele

Um die verschiedenen Typen kommunikativer Ziele im Vermittlungsdiskurs zu bestimmen, soll zunächst die Frage gestellt werden, warum überhaupt naturwissenschaftliches Wissen an eine größere Gruppe von Menschen vermittelt werden soll.

Nach Ehlich und Rehbein (1979) ist ein Wissensvermittlungsprozess generell als asymmetrisch zu charakterisieren, da die Initiative zur Vermittlung sowohl vom Experten als auch vom Laien ausgehen kann. Deshalb soll zunächst besprochen werden, welche Ziele ein Experte und welche Ziele ein (relativer) Laie haben kann, damit er eine Vermittlungskommunikation initiiert. Dabei handelt es sich um adressatenbezogene Ziele, d.h. um etwas, was für den Laien durch die Vermittlungskommunikation erreicht werden soll.

Betrachten wir zunächst die Seite des Experten, so kommen dafür u.a. folgende kommunikative Ziele in Frage:

- Der Laie soll das Wissen nutzbringend anwenden.
- Es besteht eine Gefahr und der Laie muss gewarnt werden.
- Der Laie soll seinen Erkenntnishorizont erweitern.
- Der Laie soll die Finanzierung bestimmter Forschungen gut heißen.
- Der Laie soll ein Einzelding kontrollieren können.
- Der Laie soll ein ästhetisches Erlebnis mit dem Experten teilen.
- Der Laie soll unterhalten werden.
- Der Laie soll eine politische Entscheidung treffen.
- Der Laie soll Neues erfahren.

Auch aus der Sicht des Laien kommen diese kommunikativen Ziele für seine Initiative der Wissensvermittlung in Betracht. Der Laie will:

- mit dem Wissen einen Nutzen erzielen
- sich über Gefahren informieren
- seinen Erkenntnishorizont erweitern
- die Finanzierung bestimmter Forschungen hinterfragen
- Dinge kontrollieren
- ästhetische Erlebnisse genießen
- unterhalten werden
- eine politische Entscheidung treffen
- Neugier befriedigen.

Aus den (vermuteten) Zielen des Laien lassen sich die Ziele von professionellen Vermittlern ableiten, denn durch die Vermittlungstexte sollen ja eines oder mehrere dieser Ziele erreicht werden, so dass eine größere Gruppe von Laien diese Arbeit nicht mehr tun muss und bereit ist, solche Vermittlungstexte als Dienstleistung zu bewerten und zu bezahlen.

Diese Ziele können weiter differenziert werden. So kann man zum Ziel *Neugier befriedigS. 28en* eine Unterkategorie *Morbide Neugier befriedigen* einführen, da dieses Ziel in den letzten Jahren in den Medien zunehmende Bedeutung erlangt hat. Morbide Neugier ist eine Form der Neugier, die befriedigt wird, wenn Tod, Verletzungen, Gewalt, Verstümmelungen oder schwer kranke Personen aus sicherer Distanz wahrgenommen werden können. So entsteht eine Mischung aus Neugier, Grauen, Faszination und Entsetzen, von der man sich erschreckt abwenden kann oder die man als Faszinosum in der aktuellen oder späteren Konversation thematisieren kann. Die Gemengelage, die bei der morbiden Neugier vorliegt, ist in der Medienproduktion wohl bekannt und wird deshalb gezielt genutzt:

> „Morbide Neugier veranlasst uns, das Abnorme, das Grausige, das Verbotene zu suchen.“ (Armer, 1997, S. 67)

Nicht in jedem Fall wird mit der Präsentation von Grauenvollem eine morbide Neugier befriedigt. So gibt es etwa in der Arzt-Patienten-Kommunikation bei schweren Krankheiten den Fall, dass der Arzt dem Patienten mit der Darlegung der Diagnose und der Prognose Grauen einflößt. Doch liegt dies (normalerweise) gerade nicht in der Intention des Arztes, sondern ist ein Nebeneffekt der Aufklärung. Ein anderer Fall ist das Einjagen von Angst, etwa durch die Präsentation von Bildern einer durch Lungenkrebs zerstörten Lunge mit dem Ziel, der Patient möge die ihm drohende Gefahr durch das Rauchen erkennen und sein Verhalten ändern. In beiden Fällen ist das Ziel des präsentierten Grauens jedoch nicht die Befriedigung der morbiden Neugier des Patienten.

Morbide Neugier wird von professionellen Vermittlern durch eine Ästhetisierung des Grauens „bedient". Im Bereich der Wissenschaftsvermittlung finden sich hier etwa Darstellungen von schweren Krankheiten oder Missbildungen an Tieren und Menschen als Aufhänger für eine „wissenschaftliche" Aufarbeitung.[41] Das Konzept einer Zeitung kann auch ein eigenes Ziel „Suche Abnormes und Grauenvolles, das von der Wissenschaft untersucht wird!" definieren. Dieses Ziel kann dann so mächtig werden, dass die Fakten entsprechend dieses Ziels „zurechterfunden" werden. Über den letzten Fall dieser Art wurde im *SPIEGEL* berichtet (Klussmann, 2000): Es handelte sich um einen Artikel in *Bild* „Gen-Defekt. Russen wachsen Hörner". In diesem Artikel wurde der „medizinische Fall" eines missgestalteten Mannes aus Russland dargestellt, der zwei Hörner auf dem Kopf haben sollte. Dieser Fall wurde als Teil eines alarmierenden Anstiegs von Missbildungen in Russland präsentiert. Nachrecherchen in dem zitierten russischen Krankenhaus haben jedoch nicht nur ergeben, dass solch ein Mann dort nie aufgetaucht ist und auch die Zahl der Missbildungen nicht zugenommen hat, sondern dass fast alle geschilderten Einzelheiten (Raum, Zeit, örtliche Gegebenheiten) falsch bzw. erfunden waren.

Die Annahme bestimmter Ziele bei den Laienadressaten hat also einen großen Einfluss auf die Textproduktion.[42]

Insgesamt hat die durch die Überlegungen von Ehlich und Rehbein (1979) ausgelöste getrennte Untersuchung der Ziele von Experten und Laien eine weitgehende Parallelität der kommunikativen Ziele erbracht, auch wenn in einzelnen kommunikativen Situationen jeweils gefragt werden muss, welche *spezifischen* Ziele der Laie (bzw. die Laien) und der Experte (bzw. die Experten) verfolgen.

Die so gewonnenen adressatenbezogenen, kommunikativen Ziele, die einer Vermittlungs- oder Aneignungskommunikation zu Grunde liegen können, sollen mit folgenden Stichworten benannt werden:

- Nutzen
- Gefahr
- Erkenntnis

---

[41] Dass die Darstellung von Missbildungen an Tieren nicht an die Motivation der morbiden Neugier gekoppelt sein muss, zeigt der Band von Hesse-Honegger (1998).

[42] Dabei muss insbesondere die Vermutung von professionellen Vermittlern über die Laienakteure kritisch hinterfragt werden. Vgl. dazu die Diskussion in Kapitel 10, S. 347ff.

- Legitimation
- Schönheit
- Kontrolle
- Unterhaltung
- Politikentscheidung
- Neugier

Diese Überlegungen zeigen, dass der Begriff „Wissensvermittlung" nicht nur als Selbstzweck gefasst werden kann, wie dies etwa Hoffmann (1997) tut. Sicherlich *kann* Wissensvermittlung auch Selbstzweck sein, wenn etwa Wissen vermittelt wird, um den Erkenntnishorizont zu erweitern, es gibt aber eben noch weitere Zwecke, denen die Wissensvermittlung als Zweck untergeordnet ist.

Die adressatenbezogenen Ziele legen bestimmte Handlungsmuster nahe, mit denen das kommunikative Ziel erreicht werden kann. Diese Handlungsmuster bilden den Anfangspunkt für weitere Zerlegungen mit der Indem-Relation. Sie sollen deshalb „initiale Handlungsmuster" genannt werden.

Dabei ist die Initialität nicht wesensmäßig mit diesen Handlungsmustern verbunden, denn sie können in anderen Zusammenhängen durchaus Teil einer Zerlegung aus einem anderen Handlungsmuster sein.

Geht es in der Vermittlungskommunikation etwa darum, eine in der Wissenschaft geortete Gefahr an die Öffentlichkeit weiterzugeben, so ist damit eine Grundstruktur durch das Handlungsmuster WARNEN bereits vorgegeben.

Der Zweck des alltäglichen Handlungsmusters des Warnens wird bei Hoffmann (1997) folgendermaßen definiert:

> „Zweck ist es, den Adressaten darauf aufmerksam zu machen, daß seine aktuelle Handlungsplanung in Handlungen einmündet, die zu nicht-präferierten Folgen (in der Regel aufgrund von Folgehandlungen Dritter) führen." (Hoffmann, 1997, S. 137)

Neben den Spezifikatoren „warnende Person P1", „gewarnte Person P2" und der „Gefahr G1" gibt es also einen minimalen Ablauf, indem P1 die Gefahr für P2 entdecken muss und sie P2 mitteilt.

WARNEN(warnende Person P_i gewarnte Person P_j Gefahr G_k)

$$\mathrm{WARNEN}(P_I, P_J, G_K) \rightarrow \downarrow \begin{array}{l} \mathrm{ENTDECKEN}(P_I, G_K) \\ \mathrm{MITTEILEN}(P_I, P_J, G_K) \end{array} \Downarrow$$

Handlungsmusterschema 3.21: WARNEN(P_i, P_j, G_k)

Wenn die Warnung weitergegeben wird, dann ist die Person, die die Gefahr zuerst erkannt hat, nicht mehr identisch mit der Person, die die Warnung kommuniziert. In der öffentlichen Gefahrenkommunikation gewinnt dieser Fall an Relevanz, wenn Behörden und Medien als Vermittler eingeschaltet sind.

Da initiale Handlungsmuster unabhängig von der Kommunikationssorte angenommen werden, also auch unabhängig davon, ob es sich nun um ein Gespräch von Angesicht zu Angesicht handelt oder um eine wie auch immer medial vermittelte Kommunikation, sind sie nicht mit textsortenkonstitutiven Mustern (Holly et al., 1986, S. 94ff.) gleichzusetzen.[43] Initialen Handlungsmustern können typischerweise unterschiedliche Textsorten zugeordnet werden. Einige dieser Textsorten sind in Tabelle 3.1 aufgeführt.

Bisher wurde lediglich von adressatenbezogenen Zielen gesprochen. Von diesen sind die sprecherbezogenen Ziele zu unterscheiden. Die sprecherbezogenen Ziele sind sehr reichhaltig und können in Texten oder Gesprächen nicht immer einfach identifiziert werden, zumal auch offen geäußerte Sprecherziele nicht mit den tatsächlichen Sprecherzielen übereinstimmen müssen. In der Alltagskommunikation sind Sprecherziele häufig altruistisch oder zumindest prosozial motiviert, d.h. das adressatenbezogene Ziel steht bei der Kommunikation im Vordergrund.[44] So wird jemand, der von einer herannahenden Giftgaswolke im Radio gehört hat und seinen Nachbarn warnt, nicht hinterher bei seinem Nachbarn „geldwerte Vorteile" einklagen.

Es ist aber nicht unüblich, dass Sprecher kommerzielle Ziele in der Kommunikation verfolgen. Dies ist etwa typisch für Autoren von Sachbüchern oder Herausgeber von populärwissenschaftlichen Magazinen. In Kapitel 10 (S. 347ff.) werden wir die kommerzielle Zielsetzung der Vermittlung von Wissenschaft thematisieren und ihren Einfluss auf die Vermittlungskommunikation bewerten. Sprecher können mit ihrer Vermittlungskommunikation aber auch politische Ziele verfolgen. Diese Zielsetzung soll in Kapitel 9 über so genannte „Gegendiskurse" (S. 303ff.) behandelt werden.

---

43 Die den kommunikativen Zielen entsprechenden initialen Handlungsmuster sind eher als Pendant zur Quaestio zu betrachten (vgl. von Stutterheim (1997, S. 255), die die Beziehung zwischen Quaestio und kommunikativen Zielen explizit herstellt).

44 Diese Auffassung steht natürlich im Widerspruch zu Kellers Eigennutztheorie der Kommunikation (Keller, 1987). Ich möchte diesen Widerspruch hier nicht ausdiskutieren, sondern lediglich auf Kals (1999) verweisen, die die Beschränktheit der Eigennutztheorien aufzeigt.

Adressaten-bezogenes Ziel Der Adressat soll ...	**Initiales Hand-lungsmuster**	**Beispiele für Formen der Vermittlungs-kommunikation**	**Beispiele für Vermittlungs-textsorten**
einen Nutzen haben	NUTZEN DARSTELLEN	Präsentation wissenschaftlicher Ergebnisse bei privatwirtschaftlichen Kooperationspartnern	Ratgeber, Verbrauchermagazine
eine Gefahr erkennen und sich davor schützen	WARNEN	Warnung im Radio und Fernsehen vor technisch verursachten Gefahren	Artikel über Gefahren, Glatteismeldungen, Ozonwarnungen
seinen Horizont erweitern	HORIZONT ERWEITERN	kunsthistorische Führung	Sachbücher, populärwissenschaftliche Zeitschriften
Schönheit erleben	SACHVERHALTE ÄSTHETISCH DARSTELLEN	Vorführungen im Planetarium	Bildbände
Legitimation geben	FÜR UNTERSTÜTZUNG WERBEN	Tag der offenen Tür, Wissenschaftsfestivals, Anhörungen in Genehmigungsverfahren	Jahresberichte, Rechenschaftsberichte
Kontrolle besitzen	ANLEITEN	Schulung zum Umgang mit einer neuen Maschine	Gebrauchsanweisungen, Packungsaufdrucke, Hinweise an Automaten
unterhalten werden	UNTERHALTEN	Wissenschaftsshows	Kurzberichte über Skurriles, Kurioses oder Sensationelles, personenorientierte Nachrichten (Klatsch)
politische Entscheidungen treffen	ARGUMENTIEREN	Anhörungen, Mediationen bei großtechnischen Projekten	Positionspapiere, Gutachten
Neugier befriedigen	NEUIGKEITEN ERZÄHLEN	Wissenschaftsnachrichten im Fernsehen	Meldungen über Wissenschaft in Tageszeitungen

Tabelle 3.1: Adressatenorientierte Ziele der Vermittlungskommunikation. Diesen Zielen sind prototypische initiale Handlungsmuster sowie Beispiele für Kommunikations- und Textsorten zugeordnet.

3.4 Die Einführung von Termini und die Problematik wissenschaftsjournalistischer Vermittlungsverfahren

Eine direkte Anwendung der Referenzsemantik für die Einführung von Termini im Vermittlungsdiskurs bietet die Betrachtung der Referenzfixierung durch die so genannten „Referenzfixierungsakte“ (vgl. Wimmer, 1979, S. 109ff.).

Ausgangspunkt ist die gebrauchstheoretische Annahme, ein Wort habe keine Referenz an sich, vielmehr seien es immer Sprecher, die mit Wörtern auf Gegenstände referierten. Unter einem Referenzfixierungsakt wird dabei diejenige Handlung verstanden, mit der Sprecher den Bezug von Wörtern auf Gegenstände fixieren. Es handelt sich dabei also um eine explizite Festlegung der Referenz von sprachlichen Ausdrücken (vgl. Handlungsmusterschema 3.22).[45]

REFERENZ FIXIEREN →	URHEBER IDENTIFIZIERBAR MACHEN AUSDRUCK A_j NENNEN GEBRAUCHSREGELN FESTLEGEN GELTUNGSBEREICH ANGEBEN

Handlungsmusterschema 3.22: REFERENZ FIXIEREN (Fachkommunikation)

Ist der Zusammenhang einmal etabliert, so stehen diese Ausdrücke in einem bestimmten Geltungsbereich „zur Verfügung“. Werden sie wiederholt gebraucht, entstehen Referenzmuster, wie sie im Handlungsmusterschema 3.23 dargestellt sind.

AUF I_i REFERIEREN → ÄUS($AUSDRUCK\ A_j$)

Handlungsmusterschema 3.23: REFERIEREN

Dabei ist die Geltung dieses Musters auf einen bestimmten Handlungsraum einer Sprechergruppe beschränkt. Welcher Art diese Beschränkung im Einzelfall ist, ergibt sich meist aus dem Kontext der Festlegungssituation. Häufig werden diese Beschränkungen von den Sprechern nicht reflektiert. Dies kann zu Konflikten führen, wenn die Sprecher die für ihren Handlungsraum gültigen Handlungsmuster außerhalb ihres Handlungsraums in anderen Sprechergruppen oder Situationen verwenden.

Die Einführung von Termini ist nun ein Spezialfall einer Referenzfixierung (vgl. Handlungsmusterschema 3.24 auf der nächsten Seite).

Termini werden im Rahmen von Theorien eingeführt. Bei der Vermittlung von Termini in der Experten-Laien-Kommunikation entsteht deshalb

[45] Es handelt sich hier um eine vereinfachende Darstellung; für eine detaillierte Darstellung vgl. Wimmer (1979, S. 110 - 149).

TERMINUS EINFÜHREN → REFERENZ FIXIEREN →

URHEBER IDENTIFIZIERBAR MACHEN	
AUSDRUCK A_j NENNEN	
GEBRAUCHSREGELN FESTLEGEN	
GELTUNGSBEREICH ANGEBEN	

Handlungsmusterschema 3.24: TERMINUS EINFÜHREN (Fachkommunikation)

das Problem, dass die Laien nicht über die spezifischen Theorien verfügen, innerhalb derer die wissenschaftlichen Termini eingeführt wurden. Man könnte dieses Problem natürlich lösen, indem man bei der Einführung eines wissenschaftlichen Terminus auch zugleich die gesamte, damit verbundene Theorie einführen würde. Eine andere Lösung dieses Problems schlägt Wimmer vor:

> „Die optimale Vermittlung wäre erreicht, wenn es gelänge, für den Rezipientenkreis die Einführungssituation (Ersteinführung) mit ihren Bedingungen möglichst vollständig zu rekonstruieren." (vgl. Wimmer, 1979, S. 168)

Die Grundidee liegt also darin, nicht die gesamte mit den Termini verbundene Theorie einzuführen, sondern die Situation der Referenzfixierung innerhalb einer Sprechergruppe zu rekonstruieren (vgl. Handlungsmusterschema 3.25).

TERMINUS EINFÜHREN → EINFÜHRUNGSSITUATION REKONSTRUIEREN

Handlungsmusterschema 3.25: TERMINUS EINFÜHREN (Vermittlungskommunikation)

Nun ist zu fragen, ob sich nicht bereits Handlungsmuster in der Vermittlungskommunikation etabliert haben, die genau dies leisten. In der Tat lassen sich dafür einige Kandidaten im Bereich des Wissenschaftsjournalismus finden. Es handelt sich hier um die „Strategien"[46] „Personalisierung" und „Entdeckungsgeschichte beschreiben", die in Vermittlungstexten wie populärwissenschaftlichen Sachbüchern oder wissenschaftsjournalistischen Artikeln immer wieder verwendet werden.[47] Der Begriff „Strategie" wird dabei nicht näher bestimmt. Nach Heringer muss der Begriff der

[46] Explizit genannt werden die Verfahren „Personalisierung" und „Entdeckungsgeschichte beschreiben" bei Zell (1986) und bei Niederhauser (1999b, S. 197ff.). Diese und weitere „Strategien" finden sich auch in Laszlo (1993, S. 41ff.), Biere und Liebert (1996), Liebert (1997), Bader und Göpfert (1996), Göpfert (1996).

[47] Daneben gibt es noch einige andere Möglichkeiten, Termini einzuführen, etwa durch Attributsätze oder Appositionen, also sozusagen „en passant". Diese Verfahren sind allerdings nicht zur Erklärung zentraler Termini und Theoriekonzepte geeignet. Zur Terminuseinführung nach diesem Verfahren und dem dabei entstehenden Problem der „Doppelterminologie" vgl. Thurmair (1994) und Niederhauser (1999b, S. 133).

Strategie im Rahmen einer kompetitiven Interaktion bestimmt werden:

> „Eine Festlegung auf die Wahl bestimmter Alternativen für jeden Zug eines Spielers heißt eine Strategie." (Heringer, 1974, S. 188)

Durch diese Definition wird klar, dass eine Strategie die Wahl einer Folge von Handlungsmustern aus einer bestimmten Anzahl von Handlungsalternativen voraussetzt, für die sich ein Handelnder im Rahmen der Kompetition entscheiden kann. Diese Voraussetzungen sind für die Personalisierung und ähnliche Verfahren aber nicht gegeben. Das Personalisieren ist in diesem Sinne keine Strategie, sondern ein Schreibverfahren (und damit ein komplexes Handlungsmuster). Ich werde deshalb im Folgenden auch von Verfahren oder Handlungsmustern sprechen.

Die Verfahren der Personalisierung und der Beschreibung der Entdeckungsgeschichte sollen nun näher charakterisiert werden, um zu klären, ob damit geeignete Handlungsmuster zur Einlösung von Wimmers Verständlichkeitspostulat zur Verfügung stehen.

Die Personalisierung ist eine Möglichkeit, den bzw. die Wissenschaftler, über deren Forschung berichtet wird, in den Vermittlungsdiskurs einzuführen:

> „Personalisieren lautet daher ein wichtiges Prinzip der wissenschaftlichen Übersetzung. Nicht nur das Ergebnis ist von Interesse. Wer sind die Wissenschaftler, die sich mit einem Thema beschäftigt haben? Welche Motivation haben sie für ihre Arbeit? War ihre Arbeit ein glücklicher Zufallsfund oder steckte generalstabsmäßig geplante Forschungsarbeit dahinter? Gerade die Antworten auf solche Fragen bringen oftmals mehr Transparenz in den Wissenschaftsbetrieb als die detailreiche Schilderung eines Ergebnisses." (Zell, 1986, S. 115, i. Orig. m. Herv.)

Das Zitat zeigt, dass hier eine Verbindung zum Verfahren „Entdeckungsgeschichte beschreiben" besteht, wenn etwa die Frage nach der Entstehung (Zufallsfund vs. geplante Forschungsarbeit) gestellt wird. Ist es also möglich, den Wissenschaftler „als Mensch" zu beschreiben und den Referenzfixierungsakt im Zuge der Geschichte der Entdeckung zu beschreiben?

Das Zitat macht auch deutlich, dass Personalisieren über die Beantwortung einer Wer-Frage[48] hinaus geht.

Im Handlungsraum eines naturwissenschaftlichen Diskurses hat die Beantwortung der Wer-Frage eine klare Funktion: Sie soll die Autoren identifizierbar machen. Dafür steht ein bestimmtes Handlungsmuster zur Verfügung (vgl. Handlungsmusterschema 3.26 auf der nächsten Seite).

Dabei ist es je nach Publikationsorgan genauer geregelt, wie der Name genannt werden muss; beispielsweise wird in den Artikeln der Zeitschrift *Nature* der Vorname abgekürzt und der Nachname ausgeschrieben. Dieses Handlungsmuster ist zwar einfach aufgebaut, erfüllt aber dennoch sei-

[48] Zu den so genannten „Sieben Ws" vgl. von LaRoche (1995, S. 81ff.).

AUTOREN IDENTIFIZIERBAR MACHEN → | AUTORENNAMEN NENNEN
INSTITUTION NENNEN

Handlungsmusterschema 3.26: AUTOREN IDENTIFIZIERBAR MACHEN (naturwissenschaftliche Fachkommunikation)

nen Zweck. Die meisten Universitäten und Institute sind in der Fachwelt bekannt, man kann überprüfen, ob der betreffende Wissenschaftler tatsächlich dort existiert, man kann ihn direkt ansprechen, sich bei Kollegen über ihn erkundigen oder man kann seine sonstigen Veröffentlichungen nachlesen. Hinzu kommt, dass viele Wissenschaftler sich auch persönlich im Rahmen von Kongressen und Symposien kennen gelernt haben. Damit genügen die Angaben des Namens und der Institutsadresse völlig, um die betreffende Person zu identifizieren.

Diese Voraussetzungen gelten beim Laien einer Disziplin nicht. Meist sagen ihm Institutsnamen oder Orte von Universitäten wenig. Fachpublikationen des betreffenden Wissenschaftlers könnte er vielleicht sogar noch recherchieren, aber meist nicht nachvollziehen. Auch kennt er die Wissenschaftler der betreffenden Disziplin in der Regel nicht persönlich.

Das Verfahren, Wissenschaftler als Person zu beschreiben oder Fotos von ihnen zu präsentieren, kann also der Sicherung der Bestimmtheit der Gegenstände, in diesem Fall also der Wissenschaftler, von denen eine Entdeckung berichtet wird, dienen. Es handelt sich dann nicht nur darum, die „kalte Wissenschaft“ dem Laien nahe zu bringen, also um eine emotive Aufmerksamkeitsbindung, sondern um ein Problem der Referenz. Das Handlungsmusterschema 3.28 auf Seite 92 zeigt, wie das Handlungsmuster EINFÜHRUNGSSITUATION REKONSTRUIEREN zerlegt werden könnte.

EINFÜHRUNGSSITUATION.REKONSTRUIEREN →

FORSCHER IDENTIFIZIERBAR MACHEN →	NAMEN NENNEN INSTITUTION NENNEN FOTO ABBILDEN
PERSONALISIEREN →	PERSÖNLICHKEIT DARSTELLEN MOTIVATION DARSTELLEN REPORTAGEÄHNLICH SCHILDERN EMOTIVE ÄUSSERUNGEN ZITIEREN ⋮

Handlungsmusterschema 3.27: EINFÜHRUNGSSITUATION REKONSTRUIEREN (1) (Vermittlungskommunikation)

Eine Schwierigkeit bei der Anwendung des Verfahrens der Personalisierung liegt darin, mit den stereotypen Vorstellungen von der Wissenschaft, wie sie bei vielen Adressaten angenommen werden können, umzugehen. Viele Laien haben von Wissenschaftlern ein stark von Stereotypen geprägtes Bild.[49] Wenn der Vermittlungsagent sich bemüht, die Wissenschaftler realistisch darzustellen, kann er diesen Stereotypen entgegenwirken, aber es liegt natürlich auch an ihm, diese Stereotypen erst recht zu bedienen. Im journalistischen Bereich liegt dies allerdings nicht unbedingt im persönlichen Ermessensbereich des Vermittlers, sondern wird bestimmt vom Auftrag gebenden Medium, das eine bestimmte Zielgruppe bedienen will und dafür spezifische Inszenierungsformen vorschreiben kann. Diese strukturellen Einschränkungen werden in Kapitel 10 (S. 347ff.) ausführlicher diskutiert werden.

Das Verfahren „Entdeckungsgeschichte beschreiben" hängt eng mit dem Verfahren der Personalisierung zusammen:

> „Es ist in ausführlichen Artikeln durchaus üblich, die Forschungsgeschichte eines behandelten wissenschaftlichen Phänomens durch Nennung des Entdeckers sowie Zeitpunkt und allenfalls Ort der Entdeckung kurz zu erwähnen. (...) Die Forschungsgeschichte (...) kann die Berichterstattung auch stärker bestimmen bis hin zu Fällen, bei denen die Forschungsgeschichte sogar das wesentliche Gerüst eines Artikels bildet (...) Dadurch läßt sich ein Phänomen entlang wesentlicher Stationen seiner Forschungsgeschichte darstellen." (Niederhauser, 1999b, S. 204)

Es sieht also zunächst so aus, als könne mit dem Verfahren „Entdeckungsgeschichte beschreiben" der Vorschlag Wimmers optimal umgesetzt werden: Indem man die Entdeckungsgeschichte beschriebe, rekonstruierte man zugleich die Ersteinführung der zu erklärenden Termini.

Dieses Verfahren ist allerdings mit einer Reihe von grundsätzlichen Problemen behaftet. Es kommt dabei nämlich häufig zu historischen „Verbiegungen", wenn dem Vermittlungsautor zur Erklärung eine andere Reihenfolge besser geeignet erscheint, als sie sich historisch tatsächlich ereignet hat. Es handelt sich dann um eine *pseudochronologische Darstellung*. Die Vermittlung von historisch-chronologisch Falschem wird dabei also aus didaktischen Gründen in Kauf genommen. Für den Leser besteht dabei kaum die Möglichkeit, diese Darstellung als pseudochronologisch zu durchschauen. Denn er wird nach der Modalitäts-Maxime[50] „Be orderly!" bei der Lektüre davon ausgehen, dass die erzählte Reihenfolge auch die Reihenfolge darstellt, in der sich die Ereignisse tatsächlich abgespielt haben. Welche Konsequenzen solche Verdrehungen haben können, wird gleich anhand eines Beispieltextes aufgezeigt werden.

Beide Verfahren, Personalisierung und Beschreibung der Entdeckungsgeschichte, können kombiniert werden, indem aus auktorialer oder perso-

---

49 Zu Stereotypen über Wissenschaftler (z.B. Held, Zerstörer, Genie, zerstreuter Professor) vgl. Niederhauser (1999a).

50 Zur Diskussion der Grice'schen Konversationsmaximen vgl. Liedtke (1995).

naler Erzählperspektive die Entdeckungsgeschichte erzählt wird und dabei die zu vermittelnden Termini eingeführt werden.

An dieser Stelle sollen nun weitere grundsätzliche Einwände gegen narrative Verfahren in der Vermittlung von Wissenschaft berücksichtigt werden. Bedenken gegen die narrativen Verfahren der Gegenstandskonstitution hat Hans-Magnus Enzensberger bereits 1960 formuliert. Am Beispiel eines populärwissenschaftlichen Texts[51], der die eben charakterisierte Kombination der Verfahren „Personalisierung" und „Entdeckungsgeschichte beschreiben" anwendet, meint er:

> „Die Spannung, die da mit den Mitteln eines Abenteuerromans geweckt wird, hat mit derjenigen, die der wissenschaftlichen Arbeit innewohnt, nicht das geringste zu tun. Der nächtliche Reiter, der da geschildert wird, könnte ebenso gut hinter einem vergrabenen Goldschatz oder hinter Liane, dem Mädchen aus dem Urwald, her sein. Das Interesse an dem romanhaften Aspekt, der hier hervorgekehrt wird, lenkt den Leser vom Kern der Sache ab." (Enzensberger, 1973, S. 89)

Wissenschaftlicher und populärwissenschaftlicher Text sind laut Enzensberger nach völlig unterschiedlichen Prinzipien organisiert:

> „Die Wissenschaft organisiert ihr Material methodisch, unser Text [d.h. der populärwissenschaftliche Beispieltext, W.-A.L.] organisiert es nach dem Prinzip des Abenteuerromans. Diese beiden Arten, den Stoff zu organisieren, schließen sich aber letzten Endes aus. Seine Elemente lassen sich entweder in einer Kette von Zweifel und Beweis, von Voraussetzung und Folgerung, oder in einer Abfolge romanhafter Episoden anordnen. Beides zugleich ist nicht möglich. Es liegt nicht etwa an einem Versagen der einzelnen Autoren, sondern in der Natur dieser Gattung des ‚Tatsachen-Romans', daß in ihr zwar wissenschaftliche Einzeltatsachen bekanntgemacht werden, daß aber ihr Leser gerade von dem, *was die jeweilige Wissenschaft zu einer Wissenschaft macht*, von ihrer Methode und ihren Grundbegriffen, so gut wie nichts erfährt. Als ein Verdienst darf man diesen Büchern anrechnen, daß sie das Interesse der Öffentlichkeit für eine bestimmte Disziplin wecken können – wecken, aber nicht befriedigen." (Enzensberger, 1973, S. 89, Herv. i. Orig.)

Dies soll nun an einem Beispiel verdeutlicht werden. Die folgende Passage stellt eine personalisierte Entdeckungsgeschichte dar:

> „Jeden Morgen, wenn Sherwood Rowland den Rasierschaum aus der Spraydose in seine linke Hand spritzen ließ, kam dem kalifornischen Chemieprofessor der gleiche Gedanke in den Sinn: Man müsse einmal abschätzen, wieviel von dem Gas, das seinen wohlriechenden Schaum und tausend andere Substanzen aus Metallgefäßen treibt, jeden Tag in die Atmosphäre versprüht wird. Rowland war überzeugt, daß es mehr als tausend Tonnen Treibgas täglich sein

---

[51] Es handelt sich hierbei um den damaligen Bestseller „Götter, Gräber und Gelehrte" von C.W. Ceram aus dem Jahr 1949 (zur Erfolgsgeschichte dieses Buches und genauen bibliografischen Angaben vgl. Hickethier, 1986).

> müßten, weshalb die Frage, was mit diesen Chlorfluorkohlenwasserstoffen geschieht, nachdem sie ihre Schuldigkeit getan haben, durchaus erforschenswert wäre. Doch der Gelehrte hatte genug mit seinen wissenschaftlichen Aufgaben an der Universität von Kalifornien in Irving [recte: Irvine] zu tun; so blieb es nur bei der allmorgendlichen Meditation beim Rasieren – bis Sherwood Rowland im Winter des Jahres 1972 eher beiläufig von einer Entdeckung am oberen Rand der Troposphäre – der vom Erdboden bis in etwa zwölf Kilometer Höhe reichenden Atmosphärenschicht – erfuhr.“ (von Randow, 1987, S. 41)

Wir nehmen natürlich an, dass diese Entdeckungsgeschichte in irgendeiner Form konstruiert ist. Aber ist daran *alles* erfunden? War dem Autor vielleicht biografisches Material zugänglich? Kennt er jemanden, der ihm diese Geschichte als authentische erzählt hat? Kennt er vielleicht sogar Rowland selbst, der ihm seine Einfälle während des Rasierens mitgeteilt hat?

Da diese Fragen nicht beantwortet werden, kann sich weder eine fiktionale noch eine faktivische Modalität eindeutig einstellen. Es handelt sich nicht einfach um eine faktivische Darstellung, es handelt sich aber auch nicht um eine rein fiktionale Textpassage, denn es sollen ja durchaus bestimmte Elemente als Realfakten interpretiert und in den Wissensbestand eingegliedert werden. Doch welche genau? Und wie erkennt man sie?

Dieses eigenartige Schillern zwischen faktivischer und fiktionaler Modalität wird uns bei den personalisierenden Darstellungen häufiger begegnen, deshalb soll dafür in Anlehnung an die US-amerikanische Tradition der Factionprosa der Terminus *faktionale Modalität* eingeführt werden. Dieser Terminus soll nun näher bestimmt werden.

Die faktionale Modalität besteht aus einer Mischung aus Fiktion und Fakten. Der unsichere Status (Faktivität/Fiktionalität) entsteht dadurch, dass Informationen vermittelt werden, die der Autor zwar haben *könnte*, es aber sehr unwahrscheinlich ist, dass er sie hat – etwa, dass Rowland die beschriebenen Gedanken beim Rasieren tatsächlich gehabt hat. Dabei werden keine expliziten Hinweise auf die Fiktionalität, etwa durch einen kontrafaktischen Verbmodus oder Modalpartikeln, gegeben. Wer die faktionale Modalität wählt, beansprucht, Fakten zu vermitteln, indem er sie mit Fiktionalem mischt, und ohne dass er erkennbar macht, was Faktum ist und was Fiktion. Wenn die faktionale Modalität in eine ansonsten faktivische Modalität eingebettet ist, wie dies bei der Berichterstattung über die Wissenschaft normalerweise der Fall ist, dann dürften bei den Lesern kognitive Dissonanzen entstehen, wie die Passagen einzuordnen sind, etwa Fragen wie „Was kann ich als Wissen übernehmen?“ oder „Was ist rein narrative Garnitur und muss als Fiktion verbucht werden?“

Ist das Muster REKONSTRUKTION DER EINFÜHRUNGSSITUATION also für eine Vermittlung von Termini ungeeignet? Dies ist meiner

Ansicht nach nicht der Fall. Die Einwände Enzensbergers decken vielmehr eine Unbestimmtheit des Begriffs „Einführungssituation“ auf. Es ist nämlich offen, ob mit „Einführungssituation“ die Entdeckung und Benennung unter Einbeziehung der handelnden Personen, ihren Überlegungen und Gefühlen gemeint ist oder etwas anderes. Meiner Meinung nach ist mit „Rekonstruktion der Einführungssituation“ *nicht* gemeint, dass man nun die Befindlichkeit und die Gedankengänge eines Forschers, die er bei einer Entdeckung gehabt haben mag oder auch nicht, in narrativer Weise darstellt, sondern dass man die *theoretische und methodische Argumentation* (vgl. Abschnitt 3.3.3 auf Seite 69) des entsprechenden Fachdiskurses bis zur Einführung des Terminus nachzeichnet.

Das Handlungsmusterschema 3.28 zeigt, wie das Handlungsmuster EINFÜHRUNGSSITUATION REKONSTRUIEREN zerlegt werden könnte.

EINFÜHRUNGSSITUATION REKONSTRUIEREN →

FORSCHER IDENTIFIZIERBAR MACHEN →	NAMEN NENNEN INSTITUTION NENNEN FOTO ABBILDEN
FACHARGUMENTATION NACHZEICHNEN →	ARGUMENTATIONSMUSTER EXPLIZIEREN FACHZITATE AUSLEGEN ⋮

Handlungsmusterschema 3.28: EINFÜHRUNGSSITUATION REKONSTRUIEREN (2) (Vermittlungskommunikation)

Beide Vorgehensweisen müssen klar auseinander gehalten werden. Ist es im Falle der Einführungssituation von Termini geboten, Argumentationsmuster zu explizieren, Fachtextstellen zu zitieren und auszulegen, werden beim Verfahren „Entdeckungsgeschichte beschreiben“ die persönlichen Befindlichkeiten, die bei der Entdeckung eine Rolle gespielt haben könnten, dargestellt.[52] Die Kritik, die Enzensberger (1973) an letzterem Verfahren geübt hat, wird im Folgenden durch verschiedene Analysen gestützt werden.

[52] In den meisten Fällen sind diese Entdeckungsgeschichten nicht recherchiert, sondern erfunden oder ungeprüft von anderen übernommen. Die folgenden Analysen werden einige Beipiele dafür vorführen.

4 Ein handlungssemantisches Modell der Vermittlungskommunikation

In den vorangehenden Abschnitten wurden grundlegende Kategorien wie Individuen, Bezugsrahmen, Organisation des fachlichen Diskurses oder Ziele der Fach- und Vermittlungskommunikation entwickelt, um die Gegenstandskonstitution im Fach- und Vermittlungsdiskurs zu analysieren. An verschiedenen Stellen wurden bereits Handlungsmuster für die Vermittlungskommunikation abgeleitet. Davon ausgehend soll nun ein Begriff der Vermittlungskommunikation gewonnen werden, der auf den eingeführten Kategorien und Handlungsmustern aufbaut und damit fundierter als der zu Beginn eingeführte Begriff ist.

Vermittlungskommunikation kann nun folgendermaßen bestimmt werden:

1. Als Vermittler V_i soll die Rolle einer Person P_i bezeichnet werden. Der Vermittler V_i besitzt Wissen über eine oder mehrere wissenschaftliche Disziplinen D_i. Das D_i-Wissen kann er dadurch erworben haben, dass er Angehöriger der Fachdiskurse D_i ist, deren Wissen vermittelt werden soll. Er verfügt dann zugleich über bestimmte Rollen, die nur er auf Grund bestimmter institutioneller Machtverhältnisse ausüben darf (z.B. D_i-Prüfungen abhalten). Ein Vermittler *muss* aber kein Angehöriger der Fachdiskurse D_i sein. Falls ein Vermittler kein Angehöriger der Fachdiskurse D_i ist, muss er das Wissen aus angebbaren Quellen des Fachdiskurses erworben haben. Falls diese Quellen nicht explizit dargelegt werden, ist der Laie allein auf den Glauben angwiesen, dass der Vermittler über D_i-Wissen verfügt.

2. Als Laie L_j soll die Rolle einer Person P_j bezeichnet werden, die über weniger Handlungsmuster als V_i verfügt. Damit wird die Rolle des Laien immer jeweils in Bezug auf eine wissenschaftliche Disziplin D_i festgelegt („relativer Laie"). Laien können so schnell aus der Laienrolle „herausfallen" und selbst zum Vermittler werden. Laien können sich beträchtliches Wissen und Handlungskompetenz in Bezug auf D_i aneignen. Sie werden aber dadurch nicht zu Angehörigen von D_i, da sie nicht über die institutionell verankerte Autorität zur Ausübung spezifischer Rollen (wie D_i-Prüfungen abhalten) verfügen.

3. Die Vermittlungskommunikation wird vom Vermittler oder vom Laien aufgrund eigener Ziele sowie der Hypothesen über Ziele und Vorwissen des jeweils anderen initiiert.

4. Vermittler und/oder Laien verfolgen (u.U. konfligierende) Kommunikationsziele. Dazu zählen die Ziele, der Laie möge einen Nutzen haben, eine Gefahr erkennen und sich davor schützen, seinen Erkenntnishorizont erweitern, Schönheit erleben, Legitimation geben, Kontrolle besitzen, unterhalten werden, eine politische Entscheidung treffen, Neues erfahren, Grauen spüren. Um diese Ziele zu realisieren, können entsprechend etablierte Handlungsmuster herangezogen und modifiziert oder auch neue Handlungsmuster erfunden werden. Diese Handlungsmuster sollen initiale Handlungsmuster genannt werden. Prototypische initiale Handlungsmuster zur Realisierung dieser Ziele sind NUTZEN DARSTELLEN, WARNEN, HORIZONT ERWEITERN, ÄSTHETISCH DARSTELLEN, FÜR UNTERSTÜTZUNG WERBEN, ANLEITEN, UNTERHALTEN, ARGUMENTIEREN, NEUGIER BEFRIEDIGEN. Diese initialen Handlungsmuster werden realisiert, indem an spezifischen Stellen ihrer weiteren Zerlegung das für das (bzw. die) initiale(n) Handlungsmuster relevante wissenschaftliche Wissen aus einer oder mehreren wissenschaftlichen Disziplinen D_i vermittelt wird. Mit den Punkten in der ersten Erzeugung soll ausgedrückt werden, dass nicht ausschließlich D_i-Wissen vermittelt wird, sondern auch Handlungsmuster erzeugt werden, die kein D_i-Wissen vermitteln. So wird eine Warnung vor einer Giftgaswolke zwar D_i-Wissen vermitteln müssen, um etwa den Gefährdungsgrad einschätzbar zu machen; die Koordinaten der Giftgaswolke bzw. die Orte, die von ihr betroffen sein können, stellen jedoch *kein D_i-Wissen* dar. Dennoch ist die Vermittlung des Ortes und der Bewegungsrichtung der Giftgaswolke eine entscheidende Voraussetzung für Schutzmaßnahmen. Handlungsmusterschema 4.1 stellt diesen Zusammenhang dar.

(NUTZEN DARSTELLEN
WARNEN
HORIZONT ERWEITERN
ÄSTHETISCH DARSTELLEN
FÜR UNTERSTÜTZUNG WERBEN
ANLEITEN
UNTERHALTEN
ARGUMENTIEREN
NEUIGKEITEN MITTEILEN) →

(D_i – WISSEN VERMITTELN → | [IDENTITÄT VON X FESTSTELLEN / X CHARAKTERISIEREN] → BEZUGSRAHMEN EXPLIZIEREN → FACHARGUMENTATION REKONSTRUIEREN ‖
⋮)

Handlungsmusterschema 4.1: Wissensvermittlung und initiale Handlungsmuster

5. Wissen aus den Disziplinen D_i wird vermittelt, indem die zu vermittelnden Gegenstände identifiziert und charakterisiert werden, der Bezugsrahmen des Laienalltags erweitert und die Fachargumentation rekonstruiert wird. Wenn diese drei komplexen Handlungen ausgeführt werden, kann aus referenzsemantischer Sicht davon gesprochen werden, dass die Gegenstände in einer naturwissenschaftlichen Disziplin D_i und in einem entsprechenden Vermittlungsdiskurs auf gleiche Weise konstituiert werden (nicht auf dieselbe). Die Komplexität dieser Zerlegung wurde in verschiedenen Handlungsmusterschemata dargestellt und kommentiert.[1] Das Handlungsmusterschema 4.2 fasst die bisher besprochenen Handlungsmuster der Vermittlung naturwissenschaftlichen Wissens zusammen.

D_i – WISSEN VERMITTELN →

IDENTI →
- BEOBACHTUNGSMETHODE ERLÄUTERN
- AUF X ZEIGEN wenn im gleichen Wahrnehmungsraum
- BEZEICHNUNG FR X EINFÜHREN
- BEZUG ZUM LAIENALLTAG HERSTELLEN

CHAR →
- X ZU Y RELATIONIEREN
- ANZAHL BESTIMMEN
- ART UND WEISE VON X BESTIMMEN
- X RÄUMLICH ZUM BEZUGSRAHMEN RELATIONIEREN
- X TEMPORAL ZUM BEZUGSRAHMEN RELATIONIEREN
- ⋮

BEZUGSR →
- BEZUGSRAHMEN DES LAIEN ERKUNDEN
- AN BEZUGSRAHMEN ANKNÜPFEN
- BEZUGSR. EXPLIZ. →
  - RAUMEINT. ERKLÄREN
  - KARTEN/SCHEMATA ERLÄUTERN
  - EINHEITEN EINFHREN
  - NATURGESETZE ERKLÄREN

FACHARG →
- FACHDISKURSPOSITIONEN DARSTELLEN
- STAND DER ARGUMENTATION DARSTELLEN
- ARGUMENTATIONSMUSTER ERLÄUTERN
- SICHERHEITSGRAD DER AUSSAGEN ÜBER X WIEDERGEBEN

Legende:
IDENTI_{def} IDENTITÄT VON X FESTSTELLEN
CHAR_{def} X CHARAKTERISIEREN
BEZUGSR_{def} BEZUGSRAHMEN ERWEITERN
FACHARG_{def} FACHARGUMENTATION REKONSTRUIEREN

Handlungsmusterschema 4.2: D_i-WISSEN VERMITTELN

[1] Vgl. für IDENTITÄT VON X FESTSTELLEN und X CHARAKTERISIEREN die Handlungsmusterschemata 3.1 auf Seite 50, 3.3 auf Seite 51, 3.4 auf Seite 53, 3.6 auf Seite 57, 3.7 auf Seite 58, 3.8 auf Seite 59 und 3.9 auf Seite 63, für BEZUGSRAHMEN ERWEITERN die Handlungsmusterschemata 3.14 auf Seite 67 und 3.15 auf Seite 68 und für FACHARGUMENTATION REKONSTRUIEREN das Handlungsmusterschema 3.28 auf Seite 92.

6. Das komplexe Handlungsmuster der Vermittlungskommunikation ist im Handlungsmusterschema 4.3 auf der nächsten Seite dargestellt.

Adäquatheit und Erfolg von Wissenschaftsvermittlung

Das hier vorgestellte Modell repräsentiert ein komplexes Handlungsmuster der Vermittlung naturwissenschaftlichen Wissens zur Erreichung bestimmter Vermittlungsziele. Es stellt die Handlungskompetenz eines Vermittlers V_i dar.

Wird das gesamte Handlungsmuster abgearbeitet, dann ist die Vermittlungskommunikation nicht nur hinsichtlich der Gegenstandskonstitution, sondern auch hinsichtlich ihrer kommunikativen Funktion adäquat.

Die Adäquatheit kann durch Handlungsmusteranalysen in Form von Produktanalysen (oral, literal oder medial) gezeigt werden. Eine Adäquatheitsanalyse kann sagen, ob die Voraussetzungen für eine erfolgreiche Vermittlung vorliegen. Werden bestimmte Handlungsmuster nicht abgearbeitet, z.B. Identität des Individuums feststellen, so wird das entsprechende Wissen beim Adressaten vorausgesetzt. Wenn die Voraussetzung beim Adressaten tatsächlich vorliegt, wären Handlungen zur Identifizierung aus Relevanzgesichtspunkten natürlich überflüssig. Dies ist im Einzelfall dann jeweils zu überprüfen.

Wenn sich aus einer Adäquatheitsanalyse bestimmte Defizite ableiten lassen, heißt dies natürlich nicht, dass diese Defizite auch real eintreten, denn:

> „Einen Zwang, nach dem Eines geschehen müßte, weil etwas anderes geschehen ist, gibt es nicht. Es gibt nur eine *logische* Notwendigkeit." (Wittgenstein, 1969a, 6.37)

Aus einer Adäquatheitsanalyse können daher lediglich Thesen über den Erfolg oder den Misserfolg einer Vermittlungskommunikation im Sinne einer *logischen Notwendigkeit* abgeleitet werden. Dabei muss man allerdings berücksichtigen, dass die hier angesetzten initialen Handlungsmuster wie NUTZEN DARSTELLEN, WARNEN etc. prototypischer Natur sind und hier auch Varianten (z.B. ALARMIEREN statt WARNEN), Modifikationen oder Innovationen möglich sind.

Um Aussagen zu treffen, wann eine Vermittlungskommunikation voraussichtlich erfolgreich sein wird, muss man zunächst zwei Ebenen unterscheiden, auf denen die Vermittlungskommunikation erfolgreich sein kann: die Ebene der Gegenstandskonstitution und die Ebene der Kommunikationsziele.

Auf der Ebene der Gegenstandskonstitution ist sie dann erfolgreich, wenn der Laie Zugang zu den Sprachspielen des Fachdiskurses erhält, also selbst nach den besprochenen Handlungsmustern (Gegenstände identifizieren, fachliche Argumentationsmuster wiedergeben etc.) handeln kann.

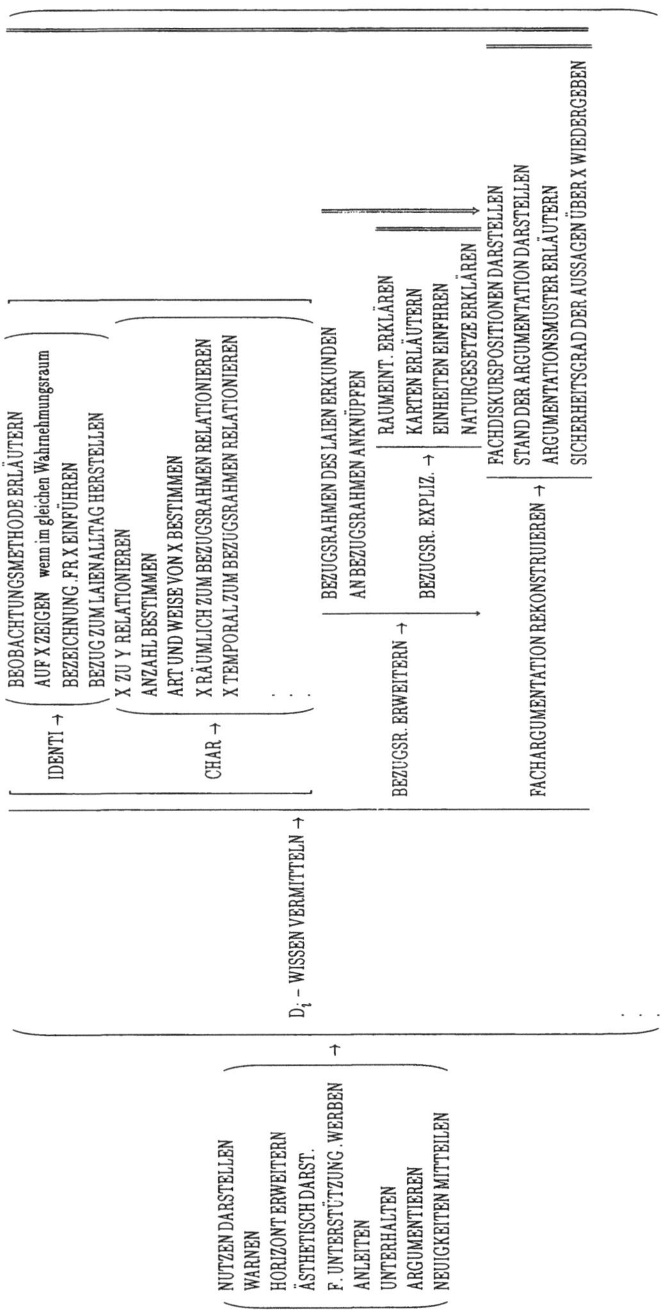

Handlungsmusterschema 4.3: Handlungskompetenz eines Vermittlers V_i

Auf der Ebene der Kommunikationsziele ist sie dann erfolgreich, wenn der Laie das angestrebte Ziel erreicht, d.h. die Gefahr erkennt und sich vor ihr schützt, unterhalten wird etc. Bei einigen Handlungsmustern wird man auch die Bedingung hinzusetzen, dass der Laie auch selbst vermittelnd handeln kann, z.B. einen anderen Laien warnen.

Ob eine Vermittlungskommunikation letztlich erfolgreich war, kann nicht mehr nur durch Produktanalysen allein gezeigt werden, sondern durch ergänzende Rezeptionsstudien oder diskurssemantische Untersuchungen. Rezeptionsstudien sind vor allem bei der Produktevaluation sinnvoll, diskurssemantische Untersuchungen sind bei textübergreifenden Vermittlungsdiskursen besser geeignet, denn meist werden Erfolg oder Misserfolg explizit im Diskurs thematisiert.

Ansätze zur „Verständlichkeit von Texten" (als Überblick vgl. Christmann und Groeben, 1996; Schendera, 2000) bleiben deshalb so lange defizitär, bis sie Vermittlungstexte daraufhin befragen, ob mit ihnen die kommunikativen Ziele des Warnens, der Kontrolle etc. erreicht werden. Zu fragen wäre: Kann der Laie die Gefahr erkennen und sich schützen? Besitzt er nach einer Anleitung die Kontrolle (etwa über ein medizinisch-technisches Produkt)? Das hier vorgeschlagene handlungs- und referenzsemantisch orientierte Modell unterstützt auch die früh vorgetragene linguistische Kritik an nicht-handlungsorientierten Methoden wie Behaltens- oder Lückentests (vgl. Heringer, 1984).[2] Aus handlungsemantischer Sicht wäre zu fragen: Was ist das dem initialen Handlungsmuster dienliche Wissen? Kann der Laie nach einer Vermittlungskommunikation bestimmte nicht direkt beobachtbare Gegenstände identifizieren? Kann er die zentralen Positionen im Fachdiskurs benennen? Kann er den Verlauf der fachlichen Argumentation wiedergeben? Kann er Aussagen daraufhin bewerten, ob sie im Fachdiskurs als sicher, in Prüfung oder als umstritten gelten?

Am Beispiel der Ozonlochproblematik sollen nun einige Analysen aktueller Vermittlungskommunikation durchgeführt werden. Die folgenden Analysen sind zum einen Produktanalysen, mit denen die Adäquatheit von Vermittlungskommunikation gezeigt und einige Hypothesen über Erfolg oder Misserfolg dieser Vermittlungsbemühungen aufgestellt werden können. Zum anderen werden aber auch einzelne Diskursstränge der Wissenschaftsvermittlung zum Thema Ozonloch analysiert, in denen öffentlich über den (Miss-)Erfolg der laufenden Vermittlungskommunikation geurteilt wird, so dass einige der aufgestellten Hypothesen auch überprüft werden können.

[2] Vgl. auch Heringer (1979, 1983, 1990).

Teil II

Exemplarische Analysen der Wissenschaftsvermittlung in der Ozonlochdebatte

5 Ziele und Methoden

5.1 Ziele der Analyse

In den vorangegangenen Abschnitten wurden aus dem theoretischen Rahmen der Handlungs- und Referenzsemantik die Fragestellung weiter entwickelt und eine Reihe von theoretischen Konstrukten für die Analyse von Fach- und Vermittlungskommunikation zugänglich gemacht.

Es ist deutlich geworden, dass die Vermittlung von Wissenschaft nicht einfach Selbstzweck sein kann, auch wenn *ein* Zweck der Vermittlung in einem spezifischen oder unspezifischen Erkenntnisgewinn[1] besteht. Vielmehr wird Vermittlungskommunikation von unterschiedlichen Zielen bestimmt (vgl. Tabelle 3.1 auf Seite 84).

Im Folgenden soll nun ein wesentlicher Teil der Vermittlungskommunikation, die Kommunikation über Gefahren, in einer exemplarischen Analyse aus dem Bereich der Ökologie untersucht werden. Es handelt sich um die Analyse der Debatte um das so genannte „Ozonloch", die im Fachdiskurs 1985 und in der öffentlichen Diskussion 1986 eingesetzt hat. Die Gefahr, die durch den Verlust des stratosphärischen Ozons entsteht, steht dabei im Kontext einer Reihe anderer Gefahren größeren Ausmaßes, etwa eines Atomkraft-GAUs, wie er 1986 in Tschernobyl stattgefunden hat, eines Fortschreitens des Waldsterbens, das seit 1979 diskutiert wird, oder einer drohenden Klimakatastrophe durch einen anthropogen verstärkten Treibhauseffekt.

Allen Phänomenen und Gefahren ist gemeinsam, dass es sich um komplexe Techniken bzw. ökologisch-technische Zusammenhänge handelt. Gerade beim Phänomenbereich „Klima" oder der „Atmosphäre" handelt es sich um indeterministische, wissenschaftlich nicht exakt vorausbestimmbare Systeme, die besondere Anforderungen an die Vermittlung stellen. Dabei ist ein umfassenderes wissenschaftliches Verständnis von Systemen wie der Atmosphäre oder dem Klima in den letzten 30-40 Jahren überhaupt erst entstanden.

Der Diskurs um das Ozonloch hat eine Vorgeschichte: Er beginnt mit einigen wissenschaftlichen Überlegungen und Laborexperimenten, aus denen die These vom Abbau der Ozonschicht abgeleitet wird (Molina und

---

[1] Wenn also im C-Teil der „Grammatik der deutschen Sprache" (Hoffmann, 1997) bestimmte Handlungsmuster dem Zweckbereich „Transfer von Wissen" zugeordnet werden, so darf man daraus keinesfalls schließen, dass sich Wissensvermittlung immer im Zweck des Erkenntniszuwaches erschöpft.

Rowland, 1974). Dieser Fachdiskussion folgt eine längere öffentliche Debatte, die nach neueren Messreihen wieder einschläft. Als schließlich die Ozon-Messreihe einer Forschungsstation in der Antarktis (Farman et al., 1985) zeigt, dass dort seit einigen Jahren eine große Menge Ozon abgebaut wird, beginnt die fachliche und öffentliche Diskussion erneut. Dieser starke Ozonabbau über der Antarktis wird im Fachdiskurs „Das antarktische Ozonloch“ genannt, im öffentlichen Diskurs einfach „Das Ozonloch“.

Das Ozonloch kann nicht mit den Sinnen wahrgenommen werden. Es kann nur indirekt beobachtet werden, wenn man über mehrere Jahre Ozon-Messungen in der Ozonschicht durchführt und dann feststellt, dass die Ozonmenge in einem bestimmten Zeitraum im Jahr stark reduziert ist. Die Debatte um das Ozonloch scheint deshalb eine sinnvolle Wahl für die Analyse zu sein.

Als Ziele der Analyse kann die Beantwortung der in den vorangehenden Abschnitten gestellten Fragen über die Vermittelbarkeit fachlicher Inhalte in außerfachliche Diskurse angenommen werden, aber auch die Überprüfung der im theoretischen Teil gewonnenen Kriterien der Vermittlung. Entsprechend den im theoretischen Teil vorgelegten Ausführungen wird es zunächst darum gehen, die *Gegenstandskonstitution* in den Vermittlungstexten, aber auch den Fachtexten zu untersuchen und später auch darum, einzelne Diskursstränge der Ozondebatte auf den Erfolg bzw. Misserfolg der öffentlichen Vermittlungsbemühungen zu befragen.

5.2 Methoden der Fachtextanalyse

Die Fachtextanalyse spielt in der neueren Fachsprachenforschung eine bedeutende Rolle (als Überblick vgl. Kalverkämper und Baumann, 1996; Roelcke, 1999), in zunehmendem Maße wird dabei auch die fachexterne Kommunikation untersucht. Der Bereich der Wissenschaftsvermittlung wird deshalb meist anhand populärwissenschaftlicher oder anderer wissenschaftsvermittelnder Texte analysiert. In neuerer Zeit liegen aber auch Arbeiten vor, die Gespräche zwischen Wissenschaftlern und Laien untersuchen (Dobrovol'skij, 1997; Liebert, 1997).[2] Dabei kann man verschiedene methodische Zugänge ausmachen. Rosemarie Gläser (1990, S. 179) geht davon aus, dass die Analyse populärwissenschaftlicher Texte in der Regel komparativ zu einem Thema vorgenommen wird.

Verglichen werden danach insbesondere

- populärwissenschaftliche Texte untereinander

[2] Eine Untersuchung zur Wissenschaftsvermittlung im Fernsehen legen Augst, Simon und Wegner bereits 1985 vor. Im Bereich der Arzt-Patienten-Kommunikation ist zumeist das Gespräch Ausgangspunkt der Diskussion (vgl. Löning und Rehbein, 1993). Brünner und Gülich (1997) untersuchen Gespräche und Fernsehsendungen, Busch (1999) bezieht sowohl Texte als auch Gespräche in die Analyse ein.

- fachinterne und fachexterne Texte desselben Autors
- fachinterne und fachexterne Texte unterschiedlicher Autoren

Seit Beginn der neunziger Jahre gibt es weitere Ansätze. Diese bestehen einmal in der Einbeziehung größerer Textkorpora, aber auch in einer anderen Bewertung des Verhältnisses Fachsprache – Gemeinsprache. So findet sich verstärkt die Analyse öffentlichen Sprachgebrauchs, der auf fachliche bzw. wissenschaftliche Themen Bezug nimmt (Brodde, 1992; Jung, 1994, 1995; Holzberger, 1995; Bock, 1997).

Auch werden so genannte „Akkuratheitstests“ durchgeführt, bei denen Vermittlungstexte Wissenschaftlern (Haller, 1987) bzw. den Wissenschaftlern, die in den Vermittlungstexten zitiert wurden, zur Prüfung vorgelegt werden (Bell, 1993). Die Akkuratheitsanalysen sind insofern problematisch, als sie den wissenschaftlichen Prüfern bereits bestimmte Fehlerkategorien vorgeben. Da meist keine Theorie der Wissenschaftsvermittlung zu Grunde gelegt wird, kommen viele der Probleme, die in den folgenden Analysen aufgezeigt werden, aus dem Blickfeld.

Auch die Übergänge von fachlichem und öffentlichem Diskurs werden in den neunziger Jahren thematisiert (Liebert, 1994, 1995b, 1996a; Liebert und Kallmeyer, 1996; Knudsen, 1996; Biere und Liebert, 1997a; Dobrovol'skij, 1997; Niederhauser, 1999b). Jürg Niederhauser (1999b, S. 77) hat dafür den Ausdruck „Längsschnitt“ geprägt und dabei auf die in der Fachsprachenforschung üblich gewordene Vertikalitätsmetaphorik Bezug genommen.[3] Längsschnittanalysen werfen meines Erachtens allerdings auch eine Reihe von Problemen auf, die zum einen mit dem Begriff des Transfers, zum anderen mit dem Begriff des populärwissenschaftlichen Textes zusammenhängen. Diese Probleme sollen nun in den nächsten beiden Abschnitten behandelt werden.

5.3 Zur Problematik des Begriffs „Transfer“

Inwiefern kann von Vermittlung „entlang verschiedenster fachinterner und fachexterner Stationen“ (Niederhauser, 1999b, S. 76) gesprochen werden? Betrachtet man die hier zu Grunde liegende Metaphorik, so setzt die Metapher von den „Stationen“ eine Metaphorisierung des Begriffs „Transfer“ bzw. „Wissenstransfer“ voraus. Dabei suggeriert der Begriff Transfer bereits ein isoliert beschreibbares Wissen, das transferierbar sein soll. Diese Auffassung wirft also ähnliche Probleme auf, wie die noch in den achtziger Jahren verbreitete Vorstellung, Fachwörter würden von der Fachsprache in die Gemeinsprache „eindringen“. Diese strukturell-lexikalische Sichtweise

[3] Das Konzept der Vertikalität wurde vor allem von Sigurd Wichter ausgearbeitet (vgl. etwa Wichter, 1991, 1994). Neuere Untersuchungen legen Wichter (1999) und Busch (1999) vor.

wurde zu Beginn der neunziger Jahre von einer pragmatisch und textorientierten Sichtweise abgelöst, die Kommunikationssituationen und Texte der Vermittlung in den Mittelpunkt der Analyse stellte.[4] Nun gehen die neueren Arbeiten in diesem Sinne textlinguistisch vor, jedoch ist der Ausgangspunkt Text allein nicht ausreichend, um das angesprochene Problem zu bewältigen. Ein Problem, das bei diesen „Längsschnittanalysen"[5] besteht, ist, dass Fachtexten und Vermittlungstexten allein dadurch, dass sie das gleiche Thema behandeln (etwa ein wissenschaftlicher Artikel in *Nature* zum Thema Supraleitung und ein Artikel in *Bild* zum selben Thema), automatisch eine Transfer-Beziehung unterstellt wird. Deshalb lässt sich fragen, was hier eigentlich mit was verglichen wird. Es ist also weniger eine Frage der Vergleichskriterien, die durchaus explizit vorliegen können, sondern eine Frage nach der Vergleichbarkeit der Vergleichsobjekte, da diesen unhinterfragt ein isolierbares, von einem Vergleichsobjekt zum anderen transferierbares Wissen unterstellt wird. Als Folge dieser Vorannahme entsteht die Vorstellung, man könne nun sozusagen beobachten, wie dieses Wissen verschiedene Stationen der Vermittlung „durchläuft". Es stellen sich allerdings die folgenden Fragen: Woher weiß man, dass die einzelnen Autoren von Vermittlungstexten tatsächlich ganz bestimmte Fachartikel gelesen haben? Und wenn ja, was hat der einzelne Vermittlungsautor vom ersten, was vom zweiten und was vom dritten Fachtext übernommen und was nicht? Können einzelne Bezugnahmen nachgewiesen oder müssen sie vermutet werden? Können diese Vermutungen plausibel gemacht werden? In den folgenden Abschnitten sollen diese Fragen beantwortet werden, um zu einem sinnvollen Begriff von Wissens- bzw. Wissenschaftstransfer zu kommen.

5.4 Zur Problematik des Begriffs „populärwissenschaftlicher Text"

Legt man den eben als problematisch dargestellten Transferbegriff der Definition von Vermittlungstexten zu Grunde, so entsteht damit der nicht weniger problematische Begriff des „populärwissenschaftlichen Texts", der einen Text darstellen soll, mit dem das Fachwissen in die Öffentlichkeit transferiert wird. Der aus dem problematischen Transferbegriff entstehende Textbegriff kann unter dem Gesichtspunkt der kommunikativen Ziele hinterfragt werden. Denn in dieser Sichtweise liegt der Unterschied zwischen Fachtext und populärwissenschaftlichem Text darin, dass andere kommunikative Ziele verfolgt werden und deshalb nach anderen Handlungsmustern gehandelt wird: Will ein Autor eines Vermittlungstexts eine Gefahr wie den Abbau der Ozonschicht vermitteln, so wird der Text und

[4] Vgl. dazu Kalverkämper (1990) und die kritische Aufarbeitung in Liebert (1996a).
[5] Dies gilt auch für die Analyse von Niederhauser (1999b).

seine Informationsrecherche anders aufgebaut sein, als wenn es dem Autor darum geht, bestimmte ästhetische Erlebnisse, etwa die Schönheit von Fraktalen, zu vermitteln. Ansätze der Fachtextklassifikation, die pro Textsorte genau ein Ziel unterstellen (z.B. Goepferich, 1995), greifen deshalb zu kurz. Betrachtet man die Vielfalt der kommunikativen Ziele im Bereich der Vermittlung von Wissenschaft (vgl. Tabelle 3.1 auf Seite 84), so ist offensichtlich, dass die Texte so unterschiedlich sind, dass sie gar nicht ohne weiteres verglichen werden können. Damit ist aber zu fragen, ob man überhaupt von einer homogenen Textsorte „populärwissenschaftlicher Text“ sprechen kann.[6] Obwohl diese Texte aufgrund ihrer unterschiedlichen kommunikativen Ziele verschieden aufgebaut sein werden, könnten sie doch nebeneinander in einer populärwissenschaftlichen Zeitschrift, z.B. *Bild der Wissenschaft*, stehen. Dies stellt damit diejenige Gemeinsamkeit dar, für die man den Ausdruck „populärwissenschaftlicher Text“ reservieren kann. Der Ausdruck „populärwissenschaftlicher Text“ besagt dann lediglich, dass der damit bezeichnete Text in einer *explizit* populärwissenschaftlichen Publikation gefunden wurde. Dabei soll ausdrücklich eingeräumt werden, dass sich die so auffindbaren Texte hinsichtlich ihrer Zielsetzung und der Struktur ihrer Handlungsmuster drastisch unterscheiden können.

Nun könnte man sagen, es bestehe doch eine andere Gemeinsamkeit, die Texte wollten doch alle Wissen popularisieren, also könnte man auch die Wissensvermittlungskomponente als Definiens für das Definiendum „populärwissenschaftlicher Text“ belassen.

Dies hätte eine Reihe unangenehmer Folgen, denn man müsste nun alle Zeitungsberichte über Umwelt- oder gesellschaftliche Technikprobleme, die etwa im Wirtschafts- oder Politikressort erscheinen, als populärwissenschaftliche Texte einstufen. Dies wäre eine theoretisch zwar mögliche, aber kontraintuitive Kategorisierung. Dennoch müsste man doch erfassen können, dass sowohl im Politikressort als auch im Wissenschaftsressort Wissenschaft vermittelt wird.

Mit dem zielorientierten handlungstheoretischen Ansatz ist dies natürlich problemlos möglich. Ein ähnlicher Ansatz findet sich in der soziologisch orientierten Kommunikationswissenschaft. Hier werden zwei Zielsetzungen unterschieden, nämlich „Popularisierung“ und „Politisierung“ (Kiese, 1997, S. 16). In dieser Auffassung werden Wissenschaftsinformationen im Wissenschaftsressort popularisiert, im Politikressort politisiert.

Diese Unterscheidung ermöglicht es, die Berichterstattung über Wissenschaft unabhängig davon zu analysieren, ob sie in einem politischen oder einem wissenschaftsjournalistischen Ressort veröffentlicht wird. Für

[6] Zur Einheit und Heterogenität von Textsorten im Vermittlungsdiskurs vgl. auch Liebert (1996a).

die auf Nachrichten in einer Zeitung eingeschränkte Fragestellung ist dies eine durchaus sinnvolle Unterteilung, für den weiteren Blickwinkel linguistischer Untersuchungen greift sie allerdings zu kurz, denn die Grenzen sind oft nicht so trennscharf wie die Ressorts einer Zeitung, vor allem, wenn man auch Texte wie Sachbücher mit einbezieht oder wenn auch Gegendiskurse untersucht werden sollen, die mit der Wissenschaftsvermittlung politische Ziele verfolgen (vgl. Abschnitt 9, S. 303ff.). Hinzu kommt, dass die Redeweise, man könne Wissenschaftsinformationen entweder popularisieren oder politisieren, eine scheinbar objektive Tatsachensammlung von Wissenschaftsinformationen suggeriert, die auf die eine oder andere Weise ausgedrückt werden kann. Damit wäre hier der oben problematisierte Transferbegriff versteckt.

Deshalb soll im Folgenden allgemein von „Vermittlungstexten" gesprochen werden, was gelesen werden kann als *Text, mit dem Wissenschaft hinsichtlich eines bestimmten Ziels vermittelt wird.* Dieser Textbegriff schließt einerseits Berichte über das Ozonloch in den politischen Ressorts der Zeitungen ein, ermöglicht es aber auch, Nachrichten in Ressorts wie „Verbraucher" oder „Wirtschaft" oder auch Textsorten und Kommunikationsformen, die außerhalb der Tages- oder Wochenzeitung liegen, mit einzubeziehen.

5.5 Zur Problematik des Mythosbegriffs als Analysekategorie für Wissenschaftstexte

In jüngster Zeit wurde verstärkt der Mythosbegriff zur Analyse von Wissenschaftstexten, speziell zur Analyse naturwissenschaftlicher Texte, herangezogen. Die Kategorie des Mythos ist insbesondere dann problematisch, wenn sie so allgemein angesetzt wird, dass die Analyse lediglich banale Ergebnisse liefert oder wenn die Analyse von Mythen eine genaue Textanalyse ersetzt. An zwei Beispielen sollen methodische Probleme solcher Art ausgeführt werden. Es handelt sich um die Arbeit „Metadiscourse in Popular and Professional Science" von Crismore und Farnsworth (1990) bzw. um die Arbeiten „Der Golem der Forschung" und „Der Golem der Technologie" von Collins und Pinch (1999, 2000).

5.5.1 Banalität der Mythenanalyse

Zunächst sollen Ziele und Vorgehen von Crismore und Farnsworth (1990) näher betrachtet werden. Die Autoren gehen von der folgenden Annahme aus:

> „It is a very dangerous myth that sees professional scientific writing as the impersonal statement of facts that all add up to the truth." (Crismore und Farnsworth, 1990, S. 118)

Danach unterscheiden die Autoren Diskurs von Metadiskurs und fassen unter Metadiskurs alles, was nicht im engeren Sinne zur Proposition gehört.[7] Zu diesem weiten Begriff von Metadiskurs zählen danach nicht nur im engeren Sinne alle Mittel zum Textaufbau, sondern auch alle grammatischen Morpheme wie etwa die Konjunktionen! Dann wird der eingangs genannte „gefährliche Mythos“ auf die Annahme reduziert, alles wissenschaftliche Schreiben sei rein propositional und enthalte keinen Metadiskurs (d.h. verzichte beispielsweise auf Konjunktionen und jegliche Elemente des Textaufbaus). Durch den Vergleich eines wissenschaftlichen Artikels[8] mit einem populärwissenschaftlichen Artikel stellen sie fest, dass auch der wissenschaftliche Artikel sprachliche Mittel zum Textaufbau (d.h. „Metadiskurs“) enthält. Damit betrachten sie den „gefährlichen Mythos“, es gehe in naturwissenschaftlichen Fachtexten um das „Addieren von Tatsachen zur Wahrheit“, als „entlarvt“.

Die Autoren klären an keiner Stelle, wer diesen „Mythos“ vertritt. Sicherlich wird man in verschiedenen Sprechergruppen Haltungen finden können, etwa der Art, dass Naturwissenschaft der Wahrheit verpflichtet sei, dass sie objektive Erkenntnisse hervorbringe etc. Niemand wird allerdings behaupten, naturwissenschaftliches Schreiben bestehe aus einer Aneinanderreihung von Fakten, die so die Wahrheit ergäben. Korpusanalysen zeigen, dass gerade naturwissenschaftliche Texte in standardisierter Form organisiert sind und dabei auf ein spezifisches Inventar sprachlicher Textorganisationsmittel zurückgreifen (Gledhill, 1995). Bedenkt man, dass unter funktionaler Sicht Definitionen als prototypisches Beispiel der metasprachlichen Funktion gelten (vgl. Jakobson, 1960/1993), so müsste man sogar sagen, dass der „Metadiskurs“ eine der hervorragendsten Eigenschaften wissenschaftlicher Texte darstellt. Tatsächlich scheint es sich bei *diesem* Mythos also um eine Fiktion der Autoren zu handeln.

Die methodische Schwäche dieser Arbeit liegt in der Hypothesenbildung und der Entwicklung der Analysekriterien. Man ersieht daraus, dass die Problematik dieser Arbeit nicht etwa an der zu geringen *Anzahl* der untersuchten Texte liegt, also ein Defizit vorliegt, das etwa durch die Einbeziehung eines größeren Korpus behoben werden könnte. Die Analyse eines größeren Korpus würde in diesem Fall lediglich dazu beitragen, die bereits erzielten (banalen) Ergebnisse mit statistischer Signifikanz zu untermauern.

---

7 Diese letztlich auf (die von den Autoren nicht genannten) Watzlawick, Beavin und Jackson (1980) zurückgehende Unterscheidung von „Kommunikation“ und „Metakommunikation“ ist äußerst problematisch und wurde insbesondere von Keller (1977) und Geißner (1981) kritisiert.

8 Der Artikel stammt aus dem „Bulletin of the Museum of Comparative Zoology“. Es sei hier dahingestellt, inwiefern es sich dabei überhaupt um einen Fachartikel handelt.

5.5.2 Mythenanalyse als Ersatz für Textanalyse

In den beiden Bänden „Der Golem der Forschung“ und „Der Golem der Technologie“ wollen Collins und Pinch (1999, 2000) bestimmte Meinungen über die Naturwissenschaft widerlegen. Wie im eben analysierten Beispiel zeigen die Autoren allerdings nicht (etwa an Texten), wo diese Meinungen zu verorten wären. Sie werden vielmehr als gegeben unterstellt. Dabei werden diese Vorstellungen der Wissenschaft als „wütender Unhold“ bzw. als „tapferer Ritter“ extrem überzeichnet, bevor sie „widerlegt“ werden (vgl. Collins und Pinch, 1999, S. 9). Diesen überzeichneten Vorstellungen setzten sie einen Mythos entgegen, den Golem:

> „Beide Vorstellungen von der Wissenschaft sind falsch und gefährlich. Die Wissenschaft gleicht weder dem tapferen Ritter noch dem wütenden Unhold. Sie ist ein Golem.“ (Collins und Pinch, 1999, S. 9)

Wissenschaft wird in der Golemkonzeption folgendermaßen konzeptualisiert:

> „Die Absicht dieses Buches ist es, den Golem ‚Naturwissenschaft‘ zu erklären. Wir möchten zeigen, daß er nicht bösartig ist, aber recht schwer von Begriff.“ (Collins und Pinch, 1999, S. 10)

Dieser Golem-Ansatz gründet also in einer stark personifizierenden Konzeption der Naturwissenschaft. Diese Grundauffasssung birgt bereits eine gewisse Problematik, da Objekte wie Fachdiskurse eher als überindividuelle Emergenzphänomene, d.h. als Phänome der dritten Art aufzufassen sind (Keller, 1990).

Blickt man auf die Methode, so liegt hier offensichtlich ein naiver Glaube an die „Dinge, wie sie sind“ zu Grunde:

> „Unser Buch geht ganz einfach und direkt vor. Um zu zeigen, was der Golem Naturwissenschaft ist, tun wir etwas geradezu Unerhörtes: Wir führen die Wissenschaft vor, wie sie ist, und reflektieren dabei die wissenschaftliche Methode so wenig wie möglich. Vielmehr beschreiben wir einfach einzelne Episoden aus der Wissenschaft, bekannte und weniger bekannte, und erzählen, was da geschah. Wo doch reflektiert wird, wie zum Beispiel in der Geschichte der kalten Kernfusion, sind es Reflexionen über menschliche Dinge, nicht über methodologische Fragen.“ (Collins und Pinch, 1999, S. 10/11)

Der Glaube an die Wahrheit der erzählten Geschichten ist offenbar so stark, dass sich die Autoren bei vielen Kapiteln ausschließlich auf Fallstudien anderer Autoren stützen und diese als gegeben unterstellen. So stützt sich das Kapitel „Das Strahlen der Lämmer“ (Collins und Pinch, 2000, S. 153-168) ausschließlich auf die Fallstudie von Wynne (1989, 1996), das Kapitel „ACT UP“ (Collins und Pinch, 2000, S. 169-201) ausschließlich auf die Fallstudie von Epstein (1996), ohne dass hier distanzierende Bemerkungen erkennbar wären.

Im Folgenden soll die Problematik dieses Ansatzes am Beipiel der von den Autoren im oben genannten Zitat selbst angeführten Analyse der so genannten „kalten Kernfusion“ weiter erläutert werden.

Auch im Kapitel „Retortensonne: Die Geschichte der kalten Kernfusion“ (Collins und Pinch, 1999, S. 73-99) beziehen die Autoren ihre Informationen aus einer einzigen Fallstudie, der Monografie von Mallove (1991). Es handelt sich also nicht um eine selbst durchgeführte Analyse anhand von Originalmaterial, sondern um die Nacherzählung einer Fallstudie.

Die Kurzfassung der Geschichte der kalten Kernfusion lautet nach Collins und Pinch folgendermaßen: Zwei Chemiker, Pons und Fleischmann, waren davon überzeugt, dass sie eine Kernfusion unter relativ einfachen Bedingungen erzeugen könnten und damit relativ hohe Energiemengen mit geringem Aufwand und geringem Risiko. Bevor sie diese These im Fachdiskurs (etwa durch eine Veröffentlichung in *Nature* oder *Science*) präsentierten, gaben sie diese These auf einer Pressekonferenz bekannt. Dadurch wurde, bevor eine Fachdiskussion stattgefunden hatte, eine öffentliche Diskussion ausgelöst. Während es bei den Chemikern einige Anhänger gab, meldeten Vertreter der Kernphysik frühzeitig starke Bedenken an. Pons und Fleischmann zogen einen eingereichten Beitrag bei *Nature* wieder zurück. Damit wurde die These der kalten Kernfusion nicht Teil des schriftlichen Fachdiskurses, sondern verblieb in der Öffentlichkeit. Collins und Pinch (1999) brauchen sich deshalb auch nicht zu wundern, dass man von den Wissenschaftlern, die sich zur kalten Kernfusion geäußert haben, in erster Linie Statements und Verlautbarungen findet und keine Fachartikel in Fachzeitschriften, denn da der Initialartikel von Pons und Fleischmann zurückgezogen wurde, wurde der Diskurs dort ja niemals eröffnet.

An diese Geschichte anknüpfend, wollen die Autoren die besondere Leistung ihrer Methode des Geschichtenerzählens demonstrieren:

> „Wie wir jedoch sehen werden, ist auch zu dieser Episode, wie zu den meisten dieses Buches, noch mehr zu sagen.
> Viel mehr.“ (Collins und Pinch, 1999, S. 77)

Dies „Viel mehr“ besteht dann aus einer Art Verschwörungstheorie: Danach haben Pons und Fleischmann ihre Glaubwürdigkeit nicht durch ihre unlautere Publikationsstrategie beschädigt; verantwortlich seien dafür vielmehr Territorialkämpfe zwischen naturwissenschaftlichen Fächern (*die* Physiker gegen *die* Chemiker). Daraus folgt eine extrem personalisierte Sichtweise. Die sich daraus ergebende Erklärung, warum Kernphysiker die kalte Kernfusion letztlich widerlegten, lautet:

> „Es war vielmehr einfach so, daß kein Wissenschaftler hoffen durfte, eine so mächtige und fest im Sattel sitzende Gruppe wie die Physiker herausfordern zu können, ohne seine eigene Glaubwürdigkeit aufs Spiel zu setzen. Und wie

> zu erwarten hat man die Glaubwürdigkeit von Pons und Fleischmann am heftigsten auf dem Gebiet in Frage gestellt, auf dem die Physiker am sichersten sind: dem der Neutronenmessung.“ (Collins und Pinch, 1999, S. 95)

In dieser Auffassung nimmt also eine monolithische Gruppe, nämlich *die* Physiker[9], strategisch berechnend eine kollektive Haltung gegen eine andere monolithische Gruppe, *die* Chemiker, ein. *Warum* wir dies glauben sollten, wird aus der Analyse nicht ersichtlich. Es wird nicht einmal versucht, diese Behauptung zu belegen. Die wahrscheinliche Variante, dass Kernphysiker einfach eine große Expertise in Sachen Kernfusion besitzen und sie eben deshalb als erste die These der kalten Kernfusion kritisiert haben, wird dabei nicht in Erwägung gezogen. Die Schwäche dieser Art „Geschichte“ liegt darin, dass sie letztlich ahistorisch ist. Dies wird deutlich, wenn man etwa die wissenschaftshistorische Arbeit von Feyerabend (1991) daneben hält, in der akribisch die Entdeckung der Erdbewegung um die Sonne durch Galilei aufgearbeitet wird, indem Originalquellen herangezogen und die sie kommentierende Literatur einbezogen wird.

Da es also Collins und Pinch (1999, 2000) offensichtlich nicht um eine genaue historische Rekonstruktion von Wissenschaftsgeschichte geht, trifft hier die gleiche Kritik zu, die schon an der *populärwissenschaftlichen* Strategie „Entdeckungsgeschichte beschreiben“ bzw. an der Kombination „Entdeckungsgeschichte beschreiben und Personalisierung“ geübt wurde.[10] Ob damit also einer „der größten Trugschlüsse der Gegenwart“ (Collins und Pinch, 1999, S. 177) entlarvt wurde, mag bezweifelt werden.

5.6 Wissensaneignung und -vermittlung in linguistischen Fachtextanalysen

Eine Aufgabe der Analyse von Fachtexten besteht darin, dass sich der Analysierende mit dem fachlichen Material der wissenschaftlichen Disziplin D_i vertraut machen muss. Er erreicht damit einen gewissen Wissensstand, wird aber selbst nicht zum Teil von D_i. Dazu fehlt die Eingebundenheit in den Fachdiskurs, die institutionelle Verankerung und der entsprechende Auflösungsgrad des erlangten Wissens.

Bei der Aneignung des D_i-Wissens ist der Fachtexte analysierende Linguist mit einem grundsätzlichen Problem des Verstehens konfrontiert, das man kurz als „ethnomechanische Illusion“ bezeichnen könnte. „Ethnomechanik“ ist ein Ausdruck von Mabeck und Olesen (1997), die Interviews zwischen Arzt und Patienten ausgewertet haben. Dabei stellte sich heraus, dass die scheinbar vermittlungswirksamen Metaphern (wie *Das Herz ist eine Pumpe*) lediglich ein unklares Verständnis schufen. Dieses Ver-

---

[9] Gegen eine monolithische Vorstellung von der Wissenschaft setzen sich die Autoren zwar ab, sie findet sich aber an vielen Stellen, nicht nur hier, wieder.

[10] Vgl. Abschnitt 3.4, S. 86ff.

ständnis war in der Meinung der medizinischen Experten dermaßen weit entfernt von der Vorstellung, die sie vermitteln wollten, dass Mabeck und Olesen den Ausdruck Ethnomechanik für die lediglich aus der Sicht der Patienten stimmigen Herz-Kreislauf-Modelle vorschlugen. Geht man noch einen Schritt weiter, so kann man vermuten, dass die Patienten ihre Vorstellung über Herz-Kreislauf-Systeme selbst nicht als Ethnomechanik, sondern als medizinisches Wissen, das sie verstanden haben, bezeichnen würden. Dies soll mit dem Ausdruck *ethnomechanische Illusion* bezeichnet werden.

Das Problem bei der ethnomechanischen Illusion liegt darin, dass sich beim Laien alle Anzeichen des Verstehens zeigen (Aha-Effekt mit Strukturbildung), dass das Verstehen bzw. das Sich-Einstellen eines Verständnisses aber nicht bedeutet, dass der tatsächlich bestehende Sachverhalt oder Erklärungsmechanismus, so wie er im Fachdiskurs verstanden wird, erfasst wurde. Die Wissensaquisition wird also zwangsläufig mit einer Reihe von Fehlern verbunden sein, die zunächst unbemerkt bleiben müssen, da das Verstehen von Sachverhalten zugleich ein Für-Wahr-Halten bedeutet.[11] Der Aha-Effekt „*So* ist es also!" heißt auch „Ich halte es für wahr."[12]

Um nicht der ethnomechanischen Illusion aufzusitzen, ist es deshalb notwendig, bestimmte Teile der Analyse von einem Experten der behandelten Disziplin gegenlesen zu lassen.

Soweit besteht für Linguisten kein grundsätzlicher Unterschied hinsichtlich der Probleme, mit denen sich Wissenschaftsjournalisten oder allgemeiner Laien konfrontiert sehen. Dabei wird das Problem nur in kleinem Maß geringer, wenn ein Wissenschaftsjournalist über eine entsprechende naturwissenschaftliche Vorbildung verfügt[13], denn der Wissenschaftsjournalist hat meist nur *eine* fachliche Ausbildung (z.B. in Molekularbiologie). Er kann sich nun aber nicht darauf beschränken, sondern muss auch über alle möglichen anderen Disziplinen wie Nanotechnologie oder Mathematik berichten, Gebiete, in denen er relativer Laie ist.

Darüber hinaus muss der Wissenschaftsjournalist von zwei weiteren, gewichtigen Einschränkungen ausgehen, dem Auftrag gebenden Medium

---

[11] Dieser Auffassung liegt der so genannte „passive" Verstehensbegriff zu Grunde, der im Anschluss an Ludwig Wittgenstein vor allem von Heringer (1974), Wimmer (1979), später auch Busse (1992) und Püschel (1995) etabliert wurde. Danach ist Verstehen keine Handlung, sondern ein Geschehen, das sich (unter Umständen nach lang dauernden Verstehensbemühungen) von selbst einstellt.

[12] Daraus kann man für die Sprachkritik ableiten, dass das Verstehen, bzw. jemand anders etwas verstehen lassen, eine besonders tückische manipulative Technik darstellt.

[13] Erwin Chargaff hat diese Illusion mit der (abwertenden) Äußerung entkräftet, Wissenschaftsjournalisten könnten nicht „aus der Tatsache, daß sie einmal in Thermodynamik durchgefallen sind, die Berechtigung ableiten, die neuesten Exzesse der Naturwissenschaften zu beklatschen" (zit. in Niederhauser, 1999b, S. 227/228).

und dem Publikum.[14] Durch diese beiden Einflussfaktoren wird ihm zum einen ein in der Regel geringes Zeitbudget auferlegt, zum anderen eine Menge von Plots (z.B. „wissenschaftlicher Durchbruch“ oder „Katastrophe“), die für ihn eine kaum hintergehbare Vorselektion bilden.[15]

In sprachwissenschaftlichen Textanalysen ist man diesen Beschränkungen nicht in solchem Ausmaß unterworfen. Man ist weder an Aktualität der Fachtexte gebunden, noch einem zahlenden Auftragsmedium bzw. den kaum definierbaren Relevanzen und Vorlieben eines mehr oder weniger amorphen Publikums ausgeliefert und hat relativ zu den Arbeitsverhältnissen von Wissenschaftsjournalisten ein reichhaltiges Zeitbudget. Häufig arbeiten Wissenschaftler der Disziplin, die in der linguistischen Fachtextanalyse behandelt wird, im selben Gebäude. Um der ethnomechanischen Illusion zu entgehen, muss man also häufig nur ein Stockwerk tiefer anklopfen und nachfragen, kommt darüber ins Gespräch, revidiert seine bisherigen Auffassungen. Teile werden veröffentlicht, von Kollegen kritisiert, verändert, bis die gesamte Fachtextanalyse publiziert wird. Dadurch kann sich der Detaillierungsgrad des Wissens nach und nach erhöhen; dabei bliebt der linguistische Interpretationsprozess auch für grundlegende Revisionen des Wissens offen. Es ist dieser Prozess des Verstehens von Fachtexten, der eine interpretative Methode[16] besonders für die Feinanalyse sinnvoll macht.

Soll nun die Textanalyse fachlicher Texte wiederum etwa einem linguistischen Publikum präsentiert werden, so besteht genau das Problem, dass die linguistischen Leser über diesen Bezugsrahmen eben nicht verfügen. Diese Situation ist insofern von der Präsentation in einem populärwissenschaftlichen Text für die Öffentlichkeit verschieden, als sie sich im linguistischen Fachdiskurs abspielt. Dort wird zu Recht erwartet, dass die Ergebnisse in dem in der Linguistik ausgearbeiteten Bezugsrahmen präsentiert werden. Damit entsteht nun das Problem, dass im linguistischen

[14] Vgl. dazu Kapitel 10, S. 347.

[15] Kiese (1997) hat Wissenschaftsjournalisten der FAZ befragt. Danach haben die FAZ-Journalisten ein hohes Selbstbild, lassen sich viel Zeit, um das Thema „gären“ zu lassen, reden nicht mit Wissenschaftlern, sondern lesen direkt die wissenschaftlichen Originalartikel. Dieses Verhalten scheint jedoch eher die Ausnahme zu sein. Die Interviews, die wir mit Wissenschaftsjournalisten durchgeführt haben, die für Wissenschaftsmagazine im Radio oder Fernsehen arbeiten, berichten von einem strikten Zeitbudget und einer klaren Planung der Story, *bevor* die Originalquellen gesammelt werden. Diese Interviews mit Wissenschaftsjournalisten zeigen, dass die optimale Strategie für sie darin besteht, mit einer (aus der Sicht des Publikums interessanten) Geschichte zum Wissenschaftler hinzugehen und die Informationen des Wissenschaftlers als Baumaterial für die vorher ausgedachte Geschichte zu nutzen (vgl. Kapitel 10, S. 347ff.).

[16] Zur interpretativen Textanalyse, die sich an die hermeneutische Tradition anlehnt und mit modernen Handlungstheorien verknüpft, aber über die Analyse einzelner Texte hinaus auch auf größere Textkorpora angewendet werden kann, vgl. Holly et al. (1984); von Polenz (1985); Biere (1989); Busse (1992); Püschel (1995).

Bezugsrahmen der fachliche Bezugsrahmen einer anderen Wissenschaft aufgebaut werden muss, damit die Ergebnisse der Fachtextanalyse verstanden werden können. Bevor mit der eigentlichen Analyse von Fach- und Vermittlungstexten begonnen werden kann, muss deshalb einleitend etwas zum Bezugsrahmen der Gegenstände des Fachdiskurses gesagt werden.[17] Dies wird im Kapitel 6 „Klimatologie für Linguisten“ direkt vor der Textanalyse geleistet werden.

5.7 Vorgehensweise der folgenden Analyse

Im folgenden Abschnitt soll ein methodischer Zugang entwickelt werden, der geeignet ist, Antworten auf die Frage nach der Gegenstandskonstitution in Fach- und Vermittlungstexten zu finden, ohne sich in die eben diskutierten methodischen Probleme zu verstricken.

Deshalb soll als Ausgangspunkt ein Vermittlungsbegriff gewählt werden, in dem Fachwissen als eigenständig und von Vermittlungsdiskursen relativ unabhängig eingestuft wird. Es wird also zunächst kein „wanderndes Wissen“ vom Fachtext zum Vermittlungstext unterstellt. Vermittlungsdiskurse haben eigene, sehr unterschiedliche Textformen, die teilweise auf Fachtexte Bezug nehmen. Ein Vergleich von Fachtexten und Vermittlungstexten, die lediglich das gleiche Thema teilen, ist deshalb nicht ausreichend, um Wissenstransfer-Beziehungen festzustellen und zu analysieren.

Aus dieser Sicht muss der Vermittlungstext und nicht der Fachtext als Ausgangspunkt der Analyse von Vermittlungskommunikation gewählt werden. Dieser Vermittlungstext kann mehr oder weniger explizite Verweise *auf verschiedene Fachtexte*[18] enthalten. Zieht man dann ausschließlich diese Fachtexte zum Vergleich heran, dann kann man tatsächlich zeigen, in welcher Weise ein Autor Wissen *aus den Fachtexten, auf die er Bezug nimmt*, transformiert. So kann man im Mikrobereich untersuchen, welche Übergänge vom Fachdiskurs in den öffentlichen Diskurs *von den Vermittlern* hergestellt werden.[19] Dies zeigt auch, dass es sich bei diesem Vorgehen nicht um einen „Rückfall“ in die Analyse populärwissenschaftlicher Texte handelt, in denen der Bezug zur zu Grunde liegenden Fachkommunikation keine Rolle spielte.

Für die hier entwickelte Fragestellung, die Gegenstandskonstitution in Fach- und Vermittlungstexten am Beispiel des so genannten „Ozonlochs“, soll dementsprechend folgendermaßen vorgegangen werden:

---

[17] Auf dieses Problem sind auch andere Linguisten (vgl. etwa Spranz-Fogasy, 1992) gestoßen und haben den eigentlichen Analysen sachliche Erklärungen und Erläuterungen vorgeschaltet. Der Status, den solche Erläuterungen haben, wurde allerdings nicht reflektiert.

[18] Der Verweis auf einen einzigen Fachtext stellt eher die Ausnahme als die Regel dar.

[19] Die Arbeit von Dubois (1986) kann man als einen ersten Schritt in diese Richtung betrachten.

1. Analyse des Vermittlungstexts „Das Ozon-Drama“ (Ewe, 1986)
    a) Clusteranalyse des gesamten Texts
    b) Handlungssemantische Analyse
    c) Analyse der Bezüge zu Fachtexten
    d) Analyse der fachlichen Bezugstexte (Farman et al., 1985; Stolarski et al., 1985, 1986)
    e) Analyse der Transferbeziehungen zwischen Vermittlungstext und fachlichen Bezugstexten
    f) Beurteilung der Gegenstandskonstitution im Vermittlungstext und den fachlichen Bezugstexten
    g) Urteil über die Adäquatheit des Vermittlungstexts
    h) Prognose von Konflikten im nachfolgenden Diskurs
2. Analyse größerer Diskursausschnitte
    a) Artikel zum Ozonloch in *Bild der Wissenschaft* (1986-1998)
    b) Artikel zum Ozonloch in *DIE ZEIT* (1985-1988)
    c) Analyse von Gegendiskursen
3. Urteil über Erfolge und Misserfolge der Vermittlungskommunikation über das Ozonloch

Durch die Arbeit von Kiese (1997) kann zur Kontrolle auch die KWIC-Konkordanz des Korpus mit Artikeln zum Ozonloch in der *Frankfurter Allgemeinen Zeitung* des Zeitraums 1974-1994 herangezogen werden. Außerdem wurde ein Vergleichskorpus mit Artikeln zum Ozonloch im *Mannheimer Morgen* (1985-1998) zusammengestellt, das aber nicht systematisch ausgewertet wurde, sondern ebenfalls nur der Kontrolle diente, zum Beispiel der stichprobenartigen Überprüfung, ob in diesem Korpus noch ganz andere Handlungsmuster als die in den anderen Korpora analysierten sichtbar würden.

Im ersten Analyseschritt kann durch die Anwendung des vorher gewonnenen Handlungsmusters der Wissenschaftsvermittlung zunächst ein Urteil über die Adäquatheit dieses Vermittlungstextes getroffen werden. Dieses Adäquatheitsurteil beinhaltet eine Hypothese über den Erfolg bzw. Misserfolg dieses Textes im nachfolgenden Diskurs.

Diese Hypothese kann dann durch die Analyse einzelner Diskursstränge überprüft werden. Zum anderen können aber auch Handlungsmuster, die sich in der Textanalyse als defizitär oder problematisch herausstellen sollten, in ihrer weiteren Bezugnahme und Bearbeitung im öffentlichen Diskurs beobachtet werden.

Die Kriterien, anhand derer die Texte analysiert werden sollen, können aus dem in Kapitel 4 auf Seite 93 gewonnenen Handlungsmuster abgeleitet werden. Folgende Fragen können so entsprechend den in Kapitel 2 (S. 44ff.) definierten *Aufgaben in der Kommunikation* für die Analyse formuliert werden:

Handlungskonstitution

- Welche initialen Vermittlungsmuster werden konstituiert?

Sachverhaltskonstitution

- Wie werden Individuen wie das Ozonloch identifiziert?
  - Werden die Individuen eindeutig hinsichtlich Zeit, Raum, Anzahl sowie Art und Weise bestimmt?
  - Wie wird die Beobachtungsmethode erläutert?
  - Wie werden Bezeichnungen wie „Ozonloch" eingeführt?
  - Wie wird der Bezug zum Laienalltag hergestellt?
  - Welche bereits identifizierten Individuen des Laienalltags werden zur Identifizierung der Individuen herangezogen?
- Wie wird der Bezugsrahmen erweitert?
  - Wie wird der Bezugsrahmen des Laien erkundet?
  - Wie wird an den Bezugsrahmen angeknüpft?
  - Wie wird der Bezugsrahmen expliziert, d.h. die Raumeinteilung erklärt, Karten und Schemata erläutert, Einheiten eingeführt, Naturgesetze erläutert?
- Wie wird die Fachargumentation rekonstruiert?
  - Wie werden die Positionen im Fachdiskurs dargestellt? Sind die wissenschaftlichen Autoren und Texte des Fachdiskurses identifizierbar?
  - Wie wird der Stand der Argumentation dargestellt?
  - Wie werden die Argumentationsmuster erläutert? Wie wird der Sicherheitsgrad der Aussagen über die Individuen, speziell das Ozonloch, wiedergegeben (sichere Aussagen vs. umstrittene Aussagen)?

Beziehungskonstitution

- Welche Hypothesen macht der Autor über Ziele und Vorwissen der Adressaten?
- Welches Image wird von den Handlungsbeteiligten aufgebaut?

Situationskonstitution

- Welche Situation baut der Autor auf? Mit welchen sprachlichen Mitteln? Wie wird die Situation bewertet und eingeschätzt? Entspricht die Situationseinschätzung der Einschätzung im Fachdiskurs?

Modalitätskonstitution

- Welche Modalitäten werden gewählt? An welchen Stellen wird die Modalität gewechselt? Mit welchen Konsequenzen?

6 Klimatologie für Linguisten

In Abschnitt 5.6 (S. 110ff.) wurde gezeigt, dass es notwendig ist, einen minimalen Bezugsrahmen zu dem fachlichen Diskurs aufzubauen, der anschließend analysiert werden soll. Der folgende Abschnitt soll dies leisten. Ich beziehe mich dabei auf die in den Quellen genannte Fachliteratur, vor allem aber auf Spektrum der Wissenschaft (1990); Lemmerich (1990); Sonnemann (1992); Graedel und Crutzen (1994); Leser (1997); Hauchler et al. (1999); Jung (1999); Luhmann (1999).

Das Individuum „Erdatmosphäre"

Mit der Verortung der Erdatmosphäre in den Bezugsrahmen sind unterschiedliche Wissenschaften befasst. Die wichtigste Rolle spielen dabei die Geografie, die Geophysik, die Meteorologie und die Chemie, speziell die Atmosphärenchemie. Diese Wissenschaften haben den Bezugsrahmen in großem Ausmaß elaboriert. So enthält er eine Einteilung der Atmosphäre in verschiedene, räumlich lokalisierte „Schichten".

Diese Einteilungen müssen nun kurz eingeführt werden, um die anderen Objekte (Ozonschicht, Ozonloch) identifizierbar zu machen. Dabei bestehen eine Reihe von Anknüpfungspunkten des fachlichen Bezugsrahmens zum Bezugsrahmen des nichtfachlichen Alltags, zu dem heute tägliche Wettervoraussagen, Wetterkarten oder Gesamtansichten der Erde aus der Weltallperspektive gehören, da diese heute in regelmäßigen Abständen in den Medien gesendet werden. Geophysikalische Einteilungen der Atmosphäre können zumindest dem „Konversationswissen" zugerechnet werden, also dem Wissen, dass sich ein Alltagsleser von einer Enzyklopädie erwartet. So findet sich schon 1972 im vierbändigen Knaur Deutscher Bücherbund (1972) ein relativ detaillierter Artikel über die Einteilung der Atmosphäre, also zwei Jahre bevor Molina und Rowland (1974) den fachlichen und öffentlichen Diskurs um die Ozonzerstörung durch FCKWs eröffnen und dadurch in unterschiedlichen Formen Wissen über die Atmosphäre in die Öffentlichkeit vermittelt wird. Für die folgende Analyse ist es ein notwendiger Bestandteil, zumindest dieses Konversationswissen voraussetzen zu können, da sonst einige Analysen, insbesondere die der Fachartikel, nicht nachvollzogen werden können.

Zunächst ist also der Begriff „Atmosphäre" zu klären, um dann die Objekte Ozonschicht und Ozonloch identifizieren zu können. Als Atmosphäre wird allgemein die Gashülle eines Planeten verstanden; bei der Erde wird diese auch als „Lufthülle" bezeichnet, wobei der Begriff von Lufthülle irreführend sein kann, denn „Luft" im alltäglichen Sinne von „Atemluft" existiert in der Atmosphäre nur bis zu einer Höhe von ca. 30 km über dem Meeresspiegel. Zur Atmosphäre wird aber der Bereich bis 2000 km Höhe gezählt, denn unter „Atmosphäre" wird der gesamte Raum zwischen der Erdoberfläche und dem Weltraum verstanden, in dem chemische Stoffe (in der Regel Gase) messbar sind.

Die Atmosphäre der Erde wird in verschiedene Schichten bzw. Sphären eingeteilt. Diese Einteilung ist nicht beliebig, sondern richtet sich nach natürlichen Temperaturzonen: Misst man die Temperaturen der Atmosphäre vom Erdboden bis zum Weltraum, so stellt man fest, dass die Temperatur zwischen der Erdoberfläche und dem Weltall dreimal im Wechsel abfällt und ansteigt. Diese insgesamt drei Umkehrpunkte von Erwärmung zu Abkühlung werden mit dem Suffix „-pause", die Bereiche zwischen diesen Temperatur-Wechselpunkten mit den Suffix „Sphäre" bezeichnet.[1]

Bis ca. 10 km Höhe kühlt sich die Lufthülle auf -50°C ab.[2] Dieser Bereich wird Troposphäre genannt. Innerhalb der Troposphäre spielt sich das Wettergeschehen (Regenwolken, Gewitter) ab.[3] Misst man die Temperatur über 10 km Höhe, findet man das Ergebnis, dass die Temperatur nicht weiter ab-, sondern bis zu einer Höhe von ca. 50 km auf etwa +10°C zunimmt. Dies wird damit erklärt, dass sich zwischen 30 und 50 km Höhe eine größere Menge des Gases Ozon konzentriert, die Ozonschicht, die einen Teil der UV-Strahlung der Sonne, die so genannte UVB-Strahlung, absorbiert und sich dadurch erwärmt. Dieser Teil der Lufthülle wird Stratosphäre genannt. Der Umkehrpunkt von Abkühlung auf Erwärmung bei ca. 10 km Höhe zwischen Troposphäre und Stratosphäre wird Tropopause[4] genannt. Misst man nun die Temperaturen oberhalb von 50 km, so findet man einen weiteren Umkehrpunkt: Die Temperaturen nehmen hier nun plötzlich wieder bis zu einer Höhe von ca. 80 km auf -110°C ab. Dieser Teil der Lufthülle wird Mesosphäre genannt. Der Umkehrpunkt der Temperatur zwischen Stratosphäre und Mesosphäre heißt Stratopause. In 80 km Höhe gibt es einen weiteren Temperatur-Umkehrpunkt, die Mesopause: Misst man die Temperaturen über 80 km Höhe, so steigen diese immer weiter auf bis zu +1000°C in einer Höhe von 800 km an.[5] Dieser Bereich

---

[1] Abweichend davon ist der neuere Begriff Peplopause.

[2] Diese Werte erhält man, wenn man über den Polen und mittleren Breiten misst; über dem Äquator sinkt die Temperatur bis zu einer Höhe von ca. 17 km auf -80°C.

[3] Flugzeuge fliegen deshalb in einer Höhe über 10 km, da sie sich dadurch größtenteils über dem Wettergeschehen befinden.

[4] Entsprechend der unterschiedlichen Höhe des ersten Abkühlungspunkts spricht man auch von polarer und tropischer Tropopause.

[5] +1000°C in der Thermosphäre sind nicht vergleichbar mit +1000°C auf der Erdoberfläche. Dieser Wert ist instrumentell bedingt, da die Temperatur durch die Messung der Bewegungsenergie der Moleküle gemessen wird und die Dichte der Atmosphäre um Größenordnungen kleiner ist als in erdnahen Schichten.

wird Thermosphäre oder auch Ionosphäre genannt, die in die Exosphäre übergeht, die den Kontaktbereich zum Weltraum bildet.

Das Individuum „Ozonschicht"

Die Ozonschicht ist das Ensemble der Ozonmoleküle[6], das sich relativ stabil in der Atmosphäre rund um den Planeten Erde in einer Höhe zwischen 25 und 50 km befindet und damit den oberen Teil der Stratosphäre bildet. Der Begriff „Schicht" kann im außerfachlichen Kontext allerdings in die Irre führen, da es sich nicht um eine klar abgegrenzte Schicht im Sinne einer „Gesteinsschicht" handelt, sondern um einen ständigen Auf- und Abbau von Ozonmolekülen, die insgesamt keine völlig festen Konturen aufweisen. Der Schichtbegriff stammt aus dem fachlichen Kontext.[7] Die Breite der Schicht suggeriert eine relativ große Menge an Ozonmolekülen. Tatsächlich ist die Menge aber gering: Presste man alle Ozonmoleküle zu einer Schicht zusammen, so hätte diese lediglich eine Dicke von 3 mm (Luhmann, 1999).

Beobachtung der Ozonschicht

Hierzu wurden mehrere Verfahren entwickelt. Im Prinzip bestehen diese Verfahren darin, ein Ozon-Messgerät in die Atmosphäre zu befördern, die Konzentration des Ozons in regelmäßigen Abständen zu messen und aus den räumlichen und zeitlichen Abständen der Messungen auf Umfang, Ausdehnung oder auch Veränderung der Ozonschicht zu schließen.

Dabei werden hauptsächlich zwei Messgeräte benutzt:[8]

- Wetterballons, die mit einem Messgerät ausgerüstet in die Ozonschicht steigen.
- Spezielle Mess-Satelliten der NASA (Nimbus 4, später Nimbus 7), die regelmäßig die Erde umkreisen und dabei u.a. den Ozongehalt der Ozonschicht messen.

---

[6] Ein Ozonmolekül besteht aus drei Sauerstoffatomen. Da ein Sauerstoffatom in der chemischen Formelsprache mit „O" bezeichnet wird, wird das Ozonmolekül mit O_3 beschrieben.

[7] Der Schichtbegriff wird schon seit der Entdeckung der Ozonschicht verwendet (vgl. Erich-Regner-Zitat in Lemmerich, 1990, S. 104). In den meist englischen Fachpublikationen wird der Ausdruck „layer" verwendet (vgl. etwa Molina und Rowland, 1974), was ziemlich genau dem deutschen Ausdruck „Schicht" entspricht. Es wird aber nicht immer der Ausdruck „Ozonschicht" verwendet. So spricht Crutzen (1972) auch von „Ozonschild" („SST's – a threat to the earth's ozone shield"), Farman et al. (1985) gebrauchen weder den Schild- noch den Schichtbegriff, sondern verwenden lediglich den Substanznamen „Stratosphärisches Ozon".

[8] Später unternahm man auch Flüge direkt in die Ozonschicht, um dort Messungen vorzunehmen. Zu den frühen Methoden der Messung der Ozonschicht vgl. Lemmerich (1990).

Funktion der Ozonschicht für das Leben auf der Erde

Die Ozonschicht absorbiert einen Teil der Sonnenstrahlen, die UVB-Strahlen, und erwärmt sich deshalb. Sie wirkt von einem Blickpunkt der Erdoberfläche wie ein Abfangsystem für diese Strahlen.[9] Die Entstehung der Ozonschicht war eine evolutionäre Voraussetzung für das Leben auf der Erde, denn die Wellenlänge der UVB-Strahlen entspricht genau der Wellenlänge, auf die das Erbgut der Lebewesen, die DNS, am empfindlichsten reagiert. Ohne Ozonschicht würde die DNS diese Strahlung absorbieren und dadurch geschädigt werden. Durch eine Schädigung der DNS entsteht immer eine erhöhte Krebsgefahr. Die Ozonschicht stellt deshalb eine Vorbedingung und einen Schutz für das Leben auf der Erde dar.

Zustände der Ozonschicht und ihre möglichen Veränderungen

Vorher wurde gesagt, bei der Ozonschicht handle es sich um ein relativ stabiles, zwar nicht direkt beobachtbares, doch über die geophysikalische Elaborierung des Bezugsrahmens und die chemischen Nachweisverfahren gut lokalisierbares Individuum in der Atmosphäre. Nun soll es darum gehen, wie der Zustand der Ozonschicht beschrieben werden kann und, davon abgeleitet, wie Zustandsänderungen beschrieben werden können.

Will man zunächst einen natürlichen Zustand für die Ozonschicht definieren, so lassen sich insbesondere angeben: ihre räumliche Ausdehnung innerhalb bestimmter Raumkoordinaten (20-50 km rund um die Erde), ihre Temperatur, die Menge der Ozonmoleküle, die sie bilden, und schließlich ihre zeitliche Stabilität.

Zustandsänderungen können danach so definiert werden, dass sich der Zustand der Ozonschicht genau dann ändert, wenn sich mindestens eine der Eigenschaften der Ozonschicht (Temperatur, Menge der Ozonmoleküle, Ausdehnung, Raumkoordinaten, zeitliche Stabilität) ändert.

FCKW

FCKW ist die Abkürzung von <u>F</u>luor<u>c</u>hlor<u>k</u>ohlen<u>w</u>asserstoff, ein industriell hergestellter Stoff, der 1930[10] in den Labors von General Motors erfunden wurde (vgl. Weiner, 1995). Alle FCKW-Moleküle besitzen bestimmte Eigenschaften: Sie reagieren beispielsweise mit praktisch keinem anderen Stoff. Außerdem sind sie weder gesundheits- noch feuergefährlich.

[9] Mit den Ausdrücken (Schutz-)Schild, Schirm oder Mantel wird genau dieser Aspekt hervorgehoben, mit dem Ausdruck „Schicht“ wird die räumliche Lage und die Ausdehnung fokussiert.

[10] Es gibt auch andere Zahlen. So nennt von Randow (1987) das Jahr 1928. Hier müsste also noch genauer recherchiert werden.

Seit FCKWs erfunden wurden, werden sie zunehmend in Klimaanlagen, Kühlschränken und Treibgassprays eingesetzt.

Wissenschaftliche Hypothesen über die Interaktion von FCKW und der Ozonschicht

Die naturwissenschaftliche Kommunikation wurde als Argumentation gekennzeichnet, um kompetitive und kooperative Zielsetzungen zu erreichen. Vorhin wurden drei zentrale Handlungsmuster der Wissensvermittlung herausgestellt, das Identifizieren von Individuen, das Erweitern des Bezugsrahmens des Laienalltags und eine Rekonstruktion der Fachargumentation.

Während die Identität von Individuen wie Ozonschicht oder FCKW festgestellt wurde und der Bezugsrahmen durch die Einführung der Unterteilung der Atmosphäre erweitert wurde, steht nun die Rekonstruktion der Fachargumentation noch aus.

Im Folgenden soll deshalb nun die fachliche Argumentation rekonstruiert werden, soweit sie die Konstitution der Gegenstände Ozonschicht, FCKW, Zustandsänderung der Ozonschicht, Ozonloch betrifft.

Die These vom Abbau der Ozonschicht durch FCKWs

Es ist bekannt, welche Firmen FCKWs in welchen Mengen industriell herstellen. Durch lassen sich Individuen bzw. Ansammlungen von Individuen von FCKWs identifizieren. Einerseits kann man so berechnen, wieviel FCKWs bis zu einem bestimmten Zeitpunkt produziert wurden, andererseits kann man messen, wieviel FCKWs sich in der Atmosphäre befinden. Diese Berechnungen wurde Anfang der siebziger Jahre mit dem Ergebnis durchgeführt, dass die Menge der bis damals produzierten FCKWs und die Menge der damals in der Atmosphäre befindlichen FCKWs praktisch identisch waren (vgl. dazu Luhmann, 1999).

Die Chemiker Molina und Rowland fanden 1974 heraus, dass FCKWs eine lange Lebensdauer besitzen (40 – 150 Jahre) und unter starker Sonneneinstrahlung, wie sie oberhalb der Ozonschicht herrscht, in ihre Bestandteile zerfallen. Dazu gehört auch freies Chlor, das nun in einem katalytischen[11] Prozess Ozon zersetzt.

Nimmt man diese Fakten zusammen, so ergibt sich daraus eine Kette von Schlussfolgerungen:[12]

---

[11] „Katalytisch" heißt, dass das Chlor Ozon zersetzt und am Ende des Prozesses wieder freies Chlor entsteht, so dass ein einzelnes Chloratom viele tausend Ozonmoleküle zerstören kann, bevor es mit einem anderen Molekül reagiert.

[12] Man müsste die folgenden Schlussmuster genauer formulieren, d.h. vor allem die Teilschlüsse und die jeweiligen Schlussregeln angeben. Dies wird hier aus Gründen der Übersichtlichkeit unterlassen. In den Textanalysen werden bei Schlussmustern die jeweiligen Schlussregeln immer angegeben (vgl. Kapitel 7.3, S. 136ff.).

Schlussmuster 1 FCKW-Moleküle gelangen in die Ozonschicht und verbleiben dort.

1. Wenn genau so viele FCKW-Moleküle in der Atmosphäre sind, wie vordem produziert wurden, so haben sie mit keinem anderen Stoff in der Atmosphäre reagiert.
2. FCKW-Moleküle steigen immer weiter „nach oben".[13]
3. Wenn FCKW-Moleküle extremer Sonnenstrahlung ausgesetzt sind, zerfallen sie.
4. Wenn FCKW-Moleküle immer weiter nach oben steigen, passieren sie die Ozonschicht.
5. Wenn FCKW-Moleküle die Ozonschicht passieren, sind sie extremer kurzwelliger Sonnenstrahlung, der UVB-Strahlung, ausgesetzt.
6. Wenn FCKW-Moleküle dieser extremen Sonnenstrahlung ausgesetzt sind, zerfallen sie in ihre Bestandteile, unter diesen Bestandteilen befindet sich atomares Chlor.

Schlussfolgerung Die Ozonschicht bildet die natürliche Endverbleibsstelle („Senke") für FCKW-Moleküle.

Schlussmuster 2 Die Bestandteile der in der Ozonschicht zerfallenen FCKW-Moleküle bauen die Ozonschicht ab.

1. Chlor reagiert katalytisch mit Ozon, baut also in besonders starkem Maße Ozon ab.
2. Wenn immer mehr FCKW-Moleküle produziert werden, werden immer mehr freie Chlor-Atome in der Nähe der Ozonschicht produziert.
3. Wenn immer mehr Chlor-Atome entstehen, werden immer mehr Ozon-Moleküle abgebaut.

Schlussfolgerung: Die Ozonschicht muss teilweise bereits abgebaut sein, bei immer steigender Produktion von FCKW-Molekülen ist das Individuum „Ozonschicht" als Ganzes gefährdet.

Dies war auch genau die These, die Molina und Rowland (1974) in ihrem Aufsatz in der Zeitschrift *Nature* aufstellten (alle Hervorhebungen und Fußnoten sind von mir, W.-A.L.)

---

[13] Der Ausdruck „nach oben" soll hier bedeuten „entgegengesetzt zur Richtung zum Erdmittelpunkt".

„It seems quite clear that **the atmosphere has only a finite capacity for absorbing Cl**[14] **atoms** produced in the stratosphere, and that **important consequences may result. This capacity is probably not sufficient in steady state even for the present rate of introduction of chlorofluoromethanes.**[15] More accurate estimates of this absorptive capacity need to be made in the immediate future in order to ascertain the levels of **possible onset of environmental problems**.
(...) One important corollary of these calculations is that the full impact of the photodissociation[16] of CF_2Cl_2 and $CFCl_3$[17] is not immediately felt after their introduction at ground level because of the delay required for upward diffusion up to and above 25 km.[18] If any Cl atom effect in atmospheric O_3[19] concentration were to be observed from this source, **the effect could be expected to intensify for some time thereafter. A lengthy period** (the order of calculated atmospheric lifetimes) **may thus be required for natural moderation, even if the amount of Cl introduced into the stratosphere is reduced in the future**." (Molina und Rowland, 1974, S. 812)

Der letzte Satz stellt eine Schlussfolgerung dar, die aus dem Wissen um die Lebensdauer der FCKWs gezogen wird: Da FCKWs zwischen 40 und 150 Jahren in der Atmosphäre verweilen, muss die natürliche Erholung der Ozonschicht mindestens so lange wie die Lebensspanne der FCKW-Moleküle dauern, selbst wenn die FCKW-Produktion sofort eingestellt würde. Diese Position im Fachdiskurs soll mit „FCKW-Ozonverlust" bezeichnet werden.

Wenn man nun das Wissen um die schädliche Wirkung der UVB-Strahlen (vgl. den Abschnitt über die Funktion der Ozonschicht auf Seite 120) hinzunimmt, so ist die hiervon ausgehende Gefahr unmittelbar verständlich.[20]

Folgende Ausgangsthese hatten wir gewonnen:

Ausgangsthese Je mehr die Ozonschicht durch FCKW-Moleküle abgebaut wird, desto weniger UVB-Strahlen werden von der Ozonschicht absorbiert.

---

[14] „Cl" ist die chemische Bezeichnung für atomares Chlor (W.-A. L.).

[15] Dies ist der englische Fachausdruck für FCKW (W.-A. L.).

[16] „Photodissoziation" bedeutet den Zerfall von Stoffen („Dissoziation") durch Einwirkung von Licht („Photo-"). Es handelt sich hierbei um den vorher beschriebenen Zerfall von FCKWs, wenn sie die Ozonschicht passieren und dem dort herrschenden, kurzwelligen Sonnenlicht ausgesetzt sind (W.-A. L.).

[17] CF_2Cl_2 und $CFCl_3$ sind die chemischen Formeln für zwei Typen von FCKWs (W.-A. L.).

[18] D.h. bis zur Ozonschicht und darüber (W.-A. L.).

[19] Wie vorhin erläutert, ist O_3 die chemische Bezeichnung für Ozon (W.-A. L.).

[20] Die folgenden Schlussmuster sind nicht im Aufsatz von Molina und Rowland (1974) enthalten, sondern wurden in der späteren Diskussion aufgeführt (vgl. dazu Graedel und Crutzen, 1994, S. 281ff.).

Mit Schlussmuster 3 kann dann eine unmittelbare Lebensbedrohung, nämlich eine größere Hautkrebsgefahr, abgeleitet werden:

Schlussmuster 3 Der Abbau der Ozonschicht durch FCKW-Moleküle bedroht das Leben auf der Erde.

1. Je weniger UVB-Strahlen von der Ozonschicht absorbiert werden, desto mehr UVB-Strahlen treffen auf die Hautoberfläche von Lebewesen der Erde.

2. Die Wellenlänge der UVB-Strahlen entspricht der Strahlungsempfindlichkeit der DNS.

3. Die Absorption von UVB-Strahlen durch die DNS führt zu deren Beschädigung.

4. Eine beschädigte DNS produziert fehlerhafte Zellen (Krebszellen).

Schlussfolgerung Ein Abbau der Ozonschicht führt zu mehr Hautkrebs.

Damit wird nun aber nicht nur eine ernsthafte Gefahr für das Leben auf der Erde formuliert (der Verlust der Ozonschicht bedeutet zwangsläufig das Ende des DNS-haltigen Lebens auf der Erde), sondern auch eine eindeutige Ursache: die industriell produzierten FCKW-Moleküle.[21]

Die Widerlegung der Hypothese: Es gibt keine messbaren Ozonverluste in der Stratosphäre

Der Artikel von Molina und Rowland (1974) löste eine große wissenschaftliche und öffentliche Diskussion aus (vgl. Lemmerich, 1990; Weiner, 1995; Kiese, 1997). Während die öffentliche Diskussion von der Frage geprägt war, ob man FCKW-Moleküle als Industrieprodukt ersetzen könne und wie stark die Hautkrebsgefahr sei, ging es in der wissenschaftlichen Diskussion um die Überprüfung der von Molina und Rowland (1974) vorgebrachten Hypothese. Es handelte sich ja „nur“ um eine Hypothese, denn die Aussage basierte auf Schlussfolgerungen, es gab bis dahin keine kontrollierten Messreihen über die Ozonwerte. Diese Hypothese kann man folgendermaßen formulieren:

---

[21] Heute kennt man neben den FCKWs weitere Stoffe, die die Ozonschicht zerstören (vgl. Luhmann, 1999). Insgesamt ist bei dieser Argumentation zu bedenken, dass nicht jede Menge an UVB-Strahlung auf jeder Zelle zu Krebs führt, die Wahrscheinlichkeit ist durch die Übereinstimmung der Wellenlänge des Sonnenlichts und der Wellenlänge der Strahlungsempfindlichkeit relativ hoch. (Vgl. dazu Graedel und Crutzen (1994, S. 281ff.); dort werden auch die Auswirkungen auf marine Systeme diskutiert).

Hypothese Die Ozonschicht muss teilweise bereits abgebaut sein, bei immer steigender Produktion von FCKW-Molekülen ist das Individuum „Ozonschicht" als Ganzes gefährdet.

In Analogie zum Handlungsmuster ÜBERPRÜFEN EINES URSACHE-WIRKUNGSMODELLS (vgl. Handlungsmusterschema 3.19 auf Seite 74) kann man nun das Handlungsmuster HYPOTHESE ÜBERPRÜFEN einführen (vgl. Handlungsmusterschema 6.1).

HYPOTHESE ÜBERPRÜFEN →	FAKTEN AUS HYPOTHESE FOLGERN GEFOLGERTE FAKTEN BEOBACHTEN ERGEBNISSE BERICHTEN

Handlungsmusterschema 6.1: HYPOTHESE ÜBERPRÜFEN

Die Fakten, die aus der o.g. Hypothese gefolgert werden könnten, lauten:

These Wenn die Ozonschicht zunehmend durch FCKWs abgebaut wird und die FCKW-Produktion weiter ansteigt, müssen bei aufeinander folgenden Messungen des Ozons in der Ozonschicht abnehmende Ozonwerte nachweisbar sein.

Nun ging es darum, diese aus der Hypothese gefolgerten Fakten durch Beobachtung nachzuweisen. Deshalb wurden noch in den siebziger Jahren die Ozonwerte der Ozonschicht mit Mess-Satelliten regelmäßig gemessen.

Alle durchgeführten Messungen ergaben, dass die Gesamtmenge an Ozon sich nicht geändert hatte, einige Studien sprechen sogar von einer möglichen Zunahme der Ozonwerte. Diese Position im Fachdiskurs soll als „stabile Ozonschicht" bezeichnet werden. Die aus der Hypothese gefolgerten Fakten konnten nicht beobachtet werden.

Die Hypothese von Molina und Rowland konnte also nicht plausibel gemacht werden. Dadurch ebbte auch der öffentliche Diskurs ab, es wurde „Entwarnung" gegeben (Luhmann, 1999). Kiese (1997) zeigt in der Berichterstattung der *Frankfurter Allgemeinen Zeitung* über die Ozonproblematik, dass es nach den Meldungen über Messungen, wonach keine Ozonverluste ausgemacht werden konnten, eine Zäsur in der Berichterstattung gibt. So erscheint 1985 kein einziger Artikel über Ozon, obwohl im Mai 1985 die Entdeckung starker Ozonverluste in der Stratosphäre über der Antarktis bekannt gegeben wurde (Farman et al., 1985).

Die Widerlegung der Widerlegung: Die Entdeckung großer Ozonverluste in der Stratosphäre über der Antarktis – das Ozonloch als Individuum

Der 1985 in der Zeitschrift *Nature* veröffentlichte Artikel „Large losses of total ozone in Antarctica reveal seasonal ClO_x/NO_x interaction" von

Farman et al. ist der Initialartikel der bis in die Gegenwart andauernden wissenschaftlichen und öffentlichen Diskussion um die Gefahr für die Ozonschicht.

Farman et al. (1985) haben im Verlauf regelmäßiger Ozonmessungen in der Stratosphäre sehr starke, saisonale, aber jedes Jahr größer werdende Verluste über der Antarktis festgestellt. Damit hat die These von Molina und Rowland (1974) wieder an Plausibilität gewonnen und es kam zu einer lang andauernden fachlichen Auseinandersetzung über die Ursachen der starken Ozonverluste. Damit sind wir beim letzten einzuführenden Individuum, dem Ozonloch.

Das Ozonloch ist demnach der genau identifizierbare Raum innerhalb der Ozonschicht und die genau identifizierbare Zeitspanne, innerhalb derer in der Ozonschicht deutlich weniger Ozonmoleküle nachgewiesen werden können als zu anderen Messzeitpunkten.

Die von diesen Hypothesen und Entdeckungen ausgehende Ozonloch-Diskussion begleitet uns bis heute. Sie bildet den Hintergrund der nun folgenden Analyse. Entsprechend der Fragestellung und der vorhin eingeführten methodischen Überlegungen geht es im Folgenden darum, die Gegenstandskonstitution in einem wissenschaftsjournalistischen Artikel zu analysieren, seine fachlichen Bezugstexte herauszufiltern, um diese dann ebenfalls hinsichtlich der Gegenstandskonstitution zu untersuchen. Damit ist gewährleistet, dass ein echter Vergleich möglich ist, indem auch Aussagen möglich sind, ob im Vermittlungstext und den fachlichen Bezugstexten von denselben Gegenständen die Rede ist und dies als eine Art Transfer verstanden werden kann.

7 Der Initialtext „Das Ozon-Drama" und seine fachlichen Bezugstexte

7.1 Historischer Kontext

Der Artikel „Das Ozon-Drama" wurde von Thorwald Ewe unter Mitarbeit des späteren Nobelpreisträgers Paul J. Crutzen verfasst und erschien am 24. Mai 1986 in der Juni-Ausgabe von *Bild der Wissenschaft*.[1] Es handelt sich dabei um einen Text, der in vielerlei Hinsicht bemerkenswert ist.

- Der Artikel „Das Ozon-Drama" hat in Deutschland eine große Diskussion um den starken Abbau der Ozonschicht eröffnet. Er kann deshalb als „Initialtext" bezeichnet werden.

  So bezieht sich etwa der erste *ZEIT*-Artikel zum Ozonloch (Klingholz, 1986) explizit auf Ewes Artikel in *Bild der Wissenschaft* und auch die *Frankfurter Allgemeine Zeitung* berichtet erst über das Ozonloch, nachdem der Artikel Ewes in *Bild der Wissenschaft* erschienen war (Kiese, 1997, S. 114). Der Artikel „Das Ozon-Drama" wird ziemlich genau ein Jahr nach dem Fachartikel in *Nature* von Farman et al. (1985), in dem die Entdeckung des Ozonlochs zuerst publiziert wurde, veröffentlicht, enthält aber bereits Visualisierungen von Satellitenmessdaten, die *erst zwei Monate später* von Stolarski et al. (1986) in einem Fachartikel in *Nature* veröffentlicht werden, in dem das Phänomen „Ozonloch" aufgrund einer Auswertung von Langzeit-Satellitenmessungen bestätigt und raumzeitlich genau beschrieben wurde.[2]

- Die Ozondebatte beginnt mit einem nur von Experten wahrnehmbaren Phänomen.

  Es besteht hier also die Besonderheit, das Phänomen selbst überhaupt erst wahrnehmbar zu machen. Bei einem nur von Experten mit spezifischen Instrumenten wahrnehmbaren Phänomen stellt sich die Aufgabe, die Bestimmtheit der Gegenstände herzustellen, in besonderer Weise.

[1] Es handelt sich um das Juni-Heft, das ab 24.5.1986 im Handel war (vgl. die Vorankündigung in *Bild der Wissenschaft* 5/1986).

[2] Die erste Bestätigung wurde als kurze Notiz (ohne Messdaten) bereits von Stolarski, Krueger, Alpert, Heat und Chandra (1985) publiziert.

- Die Diskussion um den Abbau der Ozonschicht findet im Kontext anderer globaler Gefahren statt.

  Hierzu zählen die Debatten um das Waldsterben (verstärkt ab 1984) und um den GAU von Tschernobyl (1986). Dass diese Diskussionen noch in vollem Gange waren, erkennt man etwa daran, dass auf dem Titelbild des *Bild der Wissenschaft*-Artikels ein Querstreifen gedruckt war: „Die Katastrophe von Tschernobyl. Wie gefährdet sind wir wirklich?".

- Der Artikel „Das Ozon-Drama" schlägt wegen einer globalen Gefahr, der Gefahr des Todes allen Lebens auf der Erde, Alarm.

  Wissenschaftsvermittlung findet hier also nicht statt, um den Bildungsstand zu verbessern oder weil etwas Nützliches oder Schönes entdeckt oder erforscht wurde, sondern dient dazu, eine Gefahr mitzuteilen, zu verstehen, was da an Gefährlichem entdeckt wurde, warum es gefährlich ist und welche Möglichkeiten bestehen, der Gefahr zu entrinnen.

Der Artikel „Das Ozon-Drama" hat also eine Reihe von Eigenschaften, die es rechtfertigen, eine ausführlichere Analyse gerade dieses Textes vorzunehmen.

7.2 Textdesign und Lesewege durch den Text

Bevor die Analyse in einer bestimmten Reihenfolge durchgeführt werden kann, muss man sich vergewissern, ob eine lineare Textverlaufsanalyse (von Polenz, 1985, S. 328ff.) überhaupt möglich ist. Bei einem Text, wie er mit dem Artikel „Das Ozon-Drama" vorliegt, muss man dies sicherlich in Frage stellen. Er weist nämlich drei Charakteristika auf, die in der traditionellen Textanalyse kaum Berücksichtigung finden.

Er gehört damit zu einer Klasse von Texten,

- die selbstständig sind, aber intertextuell in einer Abhängigkeitsbeziehung stehen
- die intern stark segmentiert sind (modular aufgebaute Texte)
- die systematisch mehrfach adressiert sind.

Textverbünde

Betrachtet man nicht nur den eigentlichen Artikel „Das Ozon-Drama", sondern alle Texte, die Informationen zu diesem Thema im selben Heft von *Bild der Wissenschaft* geben, so findet man neben dem eigentlichen Haupttext eine Reihe von Beitexten:

- die Titelseite (mit Titelbild und Titeltext)
- das Inhaltsverzeichnis (mit Kommentaren)
- die Zusammenfassung am Ende des Heftes.

Dabei ist klar, dass diese Texte in einem logischen Abhängigkeitsverhältnis zum Haupttext stehen, denn ohne den Haupttext würden die Beitexte ihre Existenzberechtigung verlieren. Damit ist nicht gemeint, dass sie nicht ohne den Haupttext rezipierbar wären – das ist ja genau eine Funktion von Zusammenfassungen –, sondern dass sie *per definitionem* eine Langform voraussetzen.

Andererseits ist der Haupttext zwar nicht im logischen Sinn abhängig von den Beitexten, die Beitexte werden aber dadurch nicht überflüssig, denn sie geben dem Leser zwei wichtige Orientierungen: Zum einen zeigen sie die Relevanz des Haupttextes (Titelseite) und zum anderen bieten sie eine Suchhilfe innerhalb der gesamten Textorganisation. Damit sind sie „Orientierungstextsorten“ (Bucher, 1998, S. 77).[3]

Dabei ist noch kaum in den Blick gekommen, dass die Textanalyse nun nicht mehr einen Text und seine Beitexte analysiert, sondern eine komplexere Größe, die ich „Textverbund“ nennen will.

Der Blick auf Haupt- und Beitexte als Gesamtphänomen hat eine Reihe von Vorteilen. Aus dem Textdesign[4] ist bekannt, dass auch „normale“ gedruckt-publizierte Texte als Hypertexte[5] betrachtet werden können.

Insbesondere die unterschiedlichen Segmentierungsformen in modernen Zeitungen haben eine ganze Reihe neuer Orientierungstextsorten hervorgebracht. Allerdings existiert auch im Textdesign kein Ausdruck für das Gesamtphänomen für Haupttexte und Beitexte, so dass der Begriff „Textverbund“ seine Berechtigung behält. Darüber hinaus macht es dieser

---

[3] Der Vorschlag von Goepferich (1995, S. 119ff.), dieses Textverhältnis mit dem Begriffspaar „Primärtextsorte – Sekundärtextsorte“ zu erfassen, hat den Nachteil, dass die Beitexte nichtfunktional als Kondensat zum Haupttext definiert werden (zur Kritik vgl. Roelcke, 1999, S. 47 - 49). Deshalb soll hier die Unterscheidung „Haupttext – Beitext“ als Komponenten eines Textverbunds beibehalten werden; die einzelnen Beitexte können dann je nach ihrer spezifischen Funktion kategorisiert werden.

[4] Unter Textdesign wird eine Analyseform komplexer Texte verstanden (vgl. etwa die Artikelserie von Blum und Bucher, 1994-1996), der Begriff wird aber auch als „eine Gestaltungslehre für nicht-lineare Medien charakterisiert. Ihre Prinzipien umfassen sowohl die inhaltlich-journalistische Ebene als auch die Aufmachungsform mit den operationalen Orientierungshilfen.“ (Bucher, 1998, S. 77)

[5] Unter „Hypertext“ verstehe ich einen Text mit einer nichtlinearen Knoten-Kanten-Struktur (vgl. genauer Liebert, 1996b), der im Computermedium publiziert wird. Da das Merkmal der „Realisierung im Computermedium“ nicht vorhanden ist, wird in der weiteren Als-ob-Betrachtung also keine Identität von modularem Zeitungstext und Hypertext behauptet.

Begriff möglich, bestimmte Formen von Hypertexten, etwa Hilfetexte, Orientierungstexte und Inhaltstexte innerhalb einer Web-Site, ebenfalls unter diesen Begriff zu fassen. Man kann eine Site also als „Hypertextverbund" bezeichnen.

Modular aufgebaute Texte

Der vorliegende Artikel „Das Ozon-Drama" stellt nicht nur die Komponente eines größeren Textverbunds dar, er weist auch intern einen hohen Segmentierungsgrad auf. So finden sich im Haupttext neben dem Fließtext Formen wie Satellitendaten, ausgelagerte Informationsblöcke, Computersimulationen, Modellrechnungen oder Balkendiagramme. Diese Struktur ist typisch für einen modular aufgebauten Text:[6]

> „Aus dem Langtext wird ein modulares Cluster aus verschiedenen visuellen und textlichen Darstellungsformen, die als Informationsmodule relativ selbstständig sein können und gleichzeitig eine Clusterkohärenz aufweisen, also systematisch aufeinander abgestimmt sind." (Bucher, 1998, S.66, im Orig. mit Herv.)

Für die Analyse intertextueller Verbünde können nun einige Mittel, wie sie zur Aufbereitung und Analyse von Hypertexten verwendet werden, auch für die Analyse von Printtexten herangezogen werden.

Entsprechend der Analyse von Hypertexten, kann nun auch für Textverbünde bzw. modular aufgebaute Texte im Printbereich die Analyse über ein *Storyboard* angesetzt werden. Ein Storyboard ist ein Ausdruck aus dem Bereich des Films bzw. des Zeichentrickfilms und meint dort eine visuelle Repräsentation der wichtigsten Einstellungssequenzen. Dieses Verfahren hat sich leicht verändert für die Gestaltung von Hypertexten durchgesetzt[7] und ist heute ein gängiges Handwerksmittel für Multimediaentwicklungen (vgl. etwa Khazaeli, 1998, S. 104 - 115).

In Abbildung 7.1 auf der nächsten Seite ist das „Storyboard" des Textverbunds „Das Ozon-Drama" dargestellt.

Für die weitere Analyse soll eine schematische Zeichnung davon verwendet werden, die in Abbildung 7.2 auf Seite 132 dargestellt ist.

Lesewege durch modulare Texte

Betrachtet man nun nicht mehr den Einzeltext „Das Ozon-Drama", sondern das Storyboard des Textverbunds, die darin sichtbaren Segmentierungsformen und die damit zusammenhängenden Selektionsmöglichkeiten, so ist evident, dass man hier nicht unreflektiert mit einer sequenziellen Textanalyse beginnen kann. Zu verschiedenartig sind die Lesewege, die der Text möglich macht.

---

[6] Püschel (1997) verwendet dafür den Ausdruck „Puzzletexte".
[7] Vgl. K.-H. Liebert (1993) und Liebert (1996b).

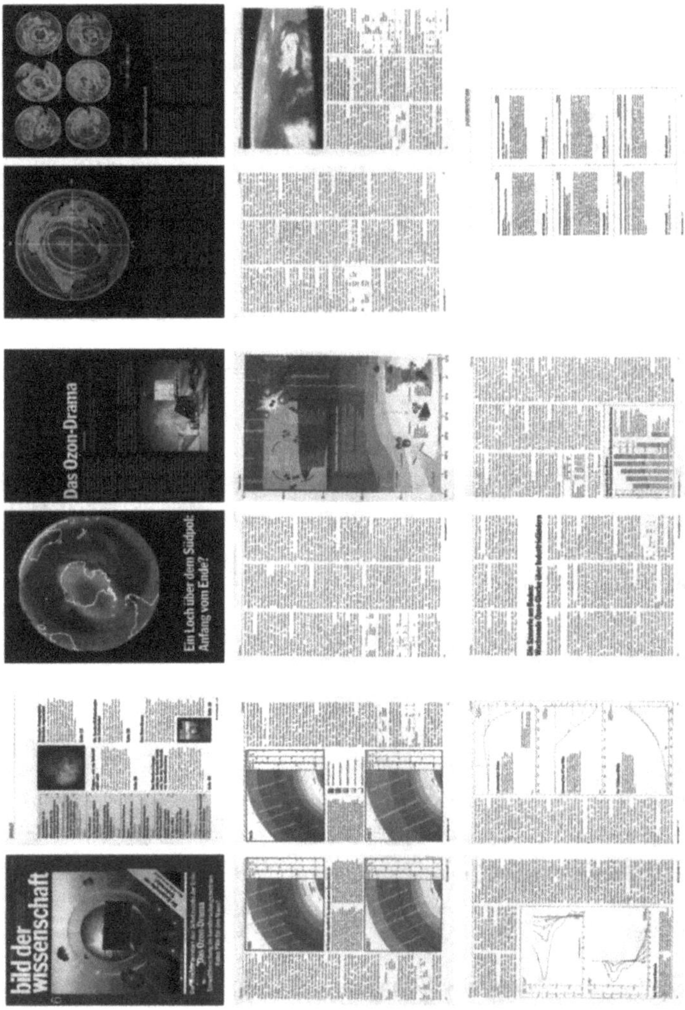

Abbildung 7.1: Storyboard des Textverbunds „Das Ozon-Drama“. (Das Titelbild ist durch einen Aufkleber leicht beschädigt, die Farben entsprechen nicht ganz dem Original.)

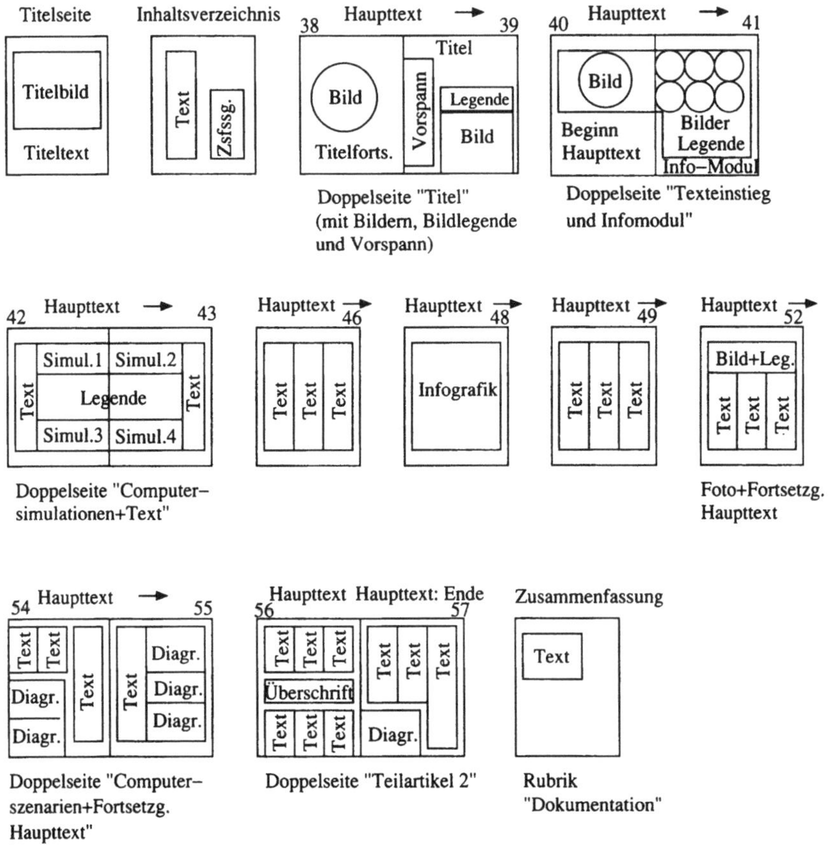

Abbildung 7.2: Storyboard des Textverbunds „Das Ozon-Drama“ (Schematische Darstellung)

Wo soll man mit der Analyse beginnen? Soll man zunächst nur den Fließtext analysieren und danach die Abbildungen, Diagramme etc.? Oder sollen Abbildungen vor dem Text oder parallel zu bestimmten Textstellen analysiert werden?

Diese Fragen werden im Textdesign selten gestellt, denn betrachtet man konkrete Text- und Medienanalysen, so folgen diese meist einem Lesepfad, der vor der Analyse nicht expliziert wird.[8]

Dabei ergibt sich aus dieser Textstruktur notwendigerweise, dass ein Text nicht mehr per se analysiert und beurteilt werden kann, sondern nur noch einzelne Lesewege durch ihn.

Der Autor hat ganz gezielt bestimmte Lesewege angelegt, d.h. Möglichkeiten unterschiedlicher Sequenzen der Textrezeption geschaffen. In diesem Fall bietet der Autor den Lesern u.a. an:

- den Haupttext von Anfang bis Ende zu lesen
- nur die Zusammenfassung zu lesen
- nur die Abbildungen und Abbildungslegenden zu betrachten.

Wie soll ein modular aufgebauter Textverbund also analysiert werden?

Eine Möglichkeit bestünde darin, den Autor bzw. die Autoren zu befragen, welche Lesewege sie reflektiert angelegt haben.

Eine andere Möglichkeit bestünde darin, empirische Untersuchungen mit der Zielgruppe des Textes durchzuführen. Über eine Analyse der Augenbewegungen oder eines anderen Trackingsystems[9] könnte man herausfinden, welcher Lesepfad am häufigsten eingeschlagen wird; dieser könnte dann zur Grundlage einer oder mehrerer Textanalysen herangezogen werden.

Eine weitere Möglichkeit bestünde darin, *alle* denkbaren Lesewege aufzulisten und für jeden Leseweg eine Textanalyse durchzuführen. Dies kann in manchen Fällen durchaus sinnvoll sein, beispielsweise wenn man verschiedene Lesertypen etwa mit unterschiedlichem Wissensniveau gezielt durch einen modularen Text führen will, so dass beispielsweise ein Leser mit niedrigerem Wissensniveau einfach an erläuternde Hintergrundinformation gelangt und einen konsistenten Wiedereinstieg in den Fließtext findet, während der Leser mit höherem Wissensniveau diesen Verweisen gerade nicht nachgehen soll.

In vielen Fällen muss man allerdings weder empirische Untersuchungen durchführen noch alle denkbaren Lesepfade einzeln analysieren. In

---

[8] Vgl. dazu auch die Fallstudie von Bucher (1998, S. 88 - 94).

[9] So gibt es im Bereich des Softwaredesigns die Möglichkeit, Tastenbewegungen oder Bildschirmabfolgen aufzuzeichnen.

den meisten Texten wird es nämlich „natürliche“ Lesepfade geben, deren Wahrscheinlichkeit nachzuweisen trivial wäre. Dazu zählt beispielsweise das empirisch belegte Sequenzmuster, nach dem die Überschrift eines Textes vor dem Fließtext gelesen wird. Es handelt sich hier um eingespielte Leseroutinen, die vom Autor und Leser in der Regel gleichermaßen befolgt werden. Auf der Basis solcher Routinen kann dann eine Entscheidung getroffen werden, in welcher Reihenfolge die Informationsmodule analysiert werden sollen. Das Ziel der folgenden Textanalyse ist dabei nicht, den wahrscheinlichsten Leseweg zu analysieren, sondern *einen wahrscheinlichen* Weg. Um einen solchen wahrscheinlichen Weg herauszufinden, soll auf Ergebnisse der empirischen Medienforschung zurückgegriffen werden, die bestimmte Sequenzmuster der Produktion bzw. Rezeption von Texten festgestellt haben. Es handelt sich dabei um folgende Prioritäten:

- Großbild (mind. eine halbe Seite) vor Überschrift
- Überschrift vor Text
- Überschrift vor Kleinbild
- Vorspann vor Fließtext
- Bild vor Text
- Bildlegende vor Fließtext.

Wenn wir nun also unterstellen, dass Autoren beim Schreiben und Leser beim Lesen sich an diesen Prioritäten orientieren[10], so ergibt sich auf der Basis dieser Präferenzen folgende Lesesequenz:

1. Titelseite (Titelbild, Titeltext)
2. Inhaltsverzeichnis linke Spalte, rechte Spalte
3. Haupttext

Für den Haupttext ergibt sich eine Sequenz, die als Leseweg in das Storyboard eingetragen wurde[11] (vgl. Abbildung 7.3 auf der nächsten Seite).

Vielleicht mögen dem ein oder anderen diese Reflexionen als überflüssig erscheinen, da sich der hier vorgeschlagene Lesepfad nicht wesentlich von einer linearen Abfolge unterscheidet. Der Sinn besteht für mich

---

[10] Das Anlegen genau solcher Lesewege, die die Leser als brauchbar und sinnvoll empfinden, ist natürlich eine Kunst, die nicht nur durch die Rezeptionsforschung, sondern vor allem durch die eigene Praxis erlernt werden muss.

[11] Der Fließtext enthält eine kleine Tabelle, die hier der Einfachheit halber als Teil des Fließtextes betrachtet wird.

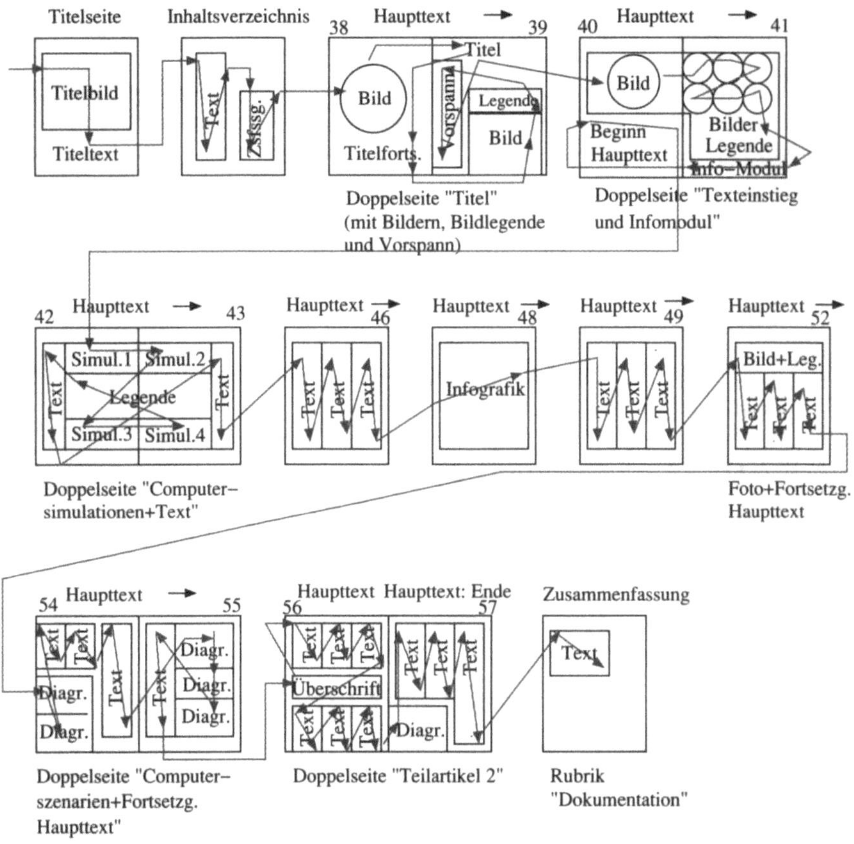

Abbildung 7.3: Analyse modular aufgebauter Texte entlang eines Leseweges durch den Textverbund „Das Ozon-Drama“

darin, dass wir unsere Entscheidungen, die wir als Texte analysierende Linguistinnen und Linguisten meist unbewusst treffen, explizit machen. Ob man beispielsweise zunächst einen Text und dann das Bild oder umgekehrt analysiert, kann durchaus einen Unterschied machen, denn die zweite Komponente der Sequenz hat die erste Komponente als Kontext und setzt das durch die erste Komponente vermittelte Wissen voraus. Bei einfacher aufgebauten Texten, die kaum segmentiert sind und in keinem Textverbund stehen, muss die Reflexion über Lesewege natürlich nicht mit diesem Aufwand betrieben werden.

Entlang dieser Sequenz soll nun eine satzsemantische Textverlaufsanalyse durchgeführt werden. Dabei stehen diesem wahrscheinlichen Leseweg andere, ebenfalls wahrscheinliche Lesewege, gegenüber, die sich aus Abbildung 7.3 auf der vorherigen Seite leicht ableiten lassen, beispielsweise das Überspringen größerer Informationsmodule. Einige dieser alternativen Lesewege werden im Verlauf der Analyse vorgestellt und diskutiert werden.

In den folgenden Abschnitten soll nun eine handlungssemantische Analyse durchgeführt werden, die insbesondere auf die Konstitution des Individuums „Ozonloch“ in den entsprechenden Textpassagen und Informationsmodulen abzielt.

7.3 Handlungssemantische Analyse der Gegenstandskonstitution des Ozonlochs

Vorbemerkung

Betrachten wir zunächst, an welchen Stellen im Text überhaupt vom Ozonloch die Rede ist, so können wir bestimmte Passagen ausfindig machen. Es handelt sich dabei um

- das Titelblatt (mit Titelbild und Titeltext)
- das Inhaltsverzeichnis
- die ersten vier Seiten des Artikels (S. 38 – 41)
- eine Spalte im Verlauf des Artikels auf S. 49.

In Abbildung 7.4 auf der nächsten Seite sind diese Stellen in das Storyboard eingezeichnet.

Diese Passagen sollen nun entsprechend der Lesepfadpräferenzen genauer analysiert werden. Dabei werden die einzelnen Analyseschritte mit Elementen aus dem Storyboard glossiert, um eine Zuordnung zum Gesamttext und zum Leseweg zu ermöglichen.

Der übrige Text soll lediglich schwerpunktmäßig analysiert werden. Die Schwerpunkte sollen im Verlauf der Analyse bestimmt und legitimiert werden.

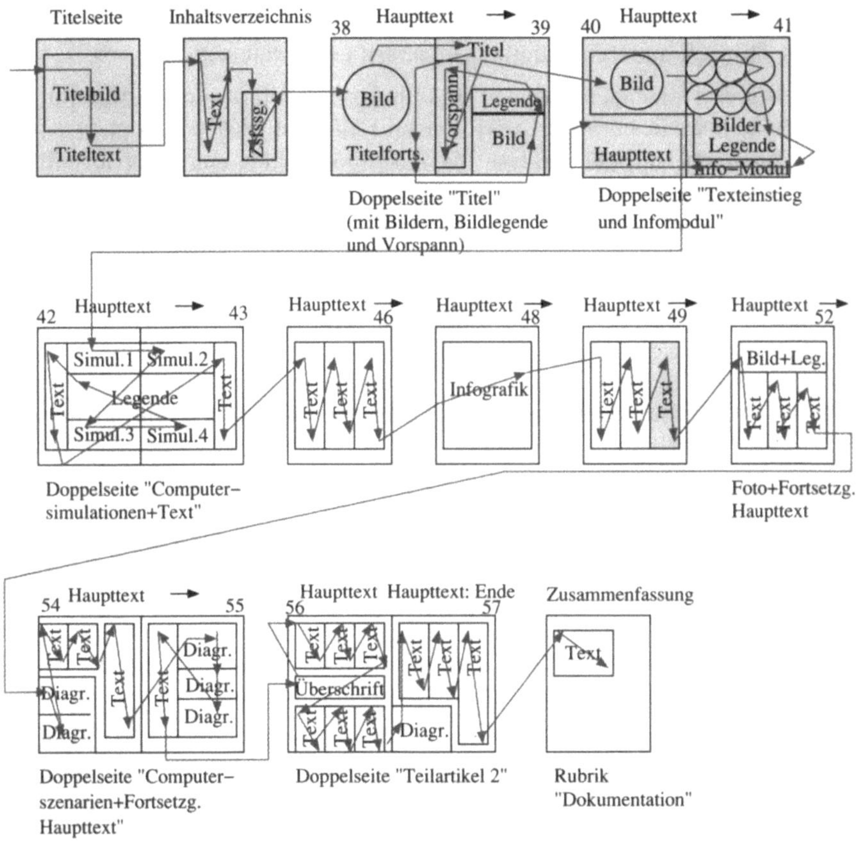

Abbildung 7.4: Konstitution des Individuums Ozonloch im Artikel „Das Ozon-Drama".
Textstellen, an denen das Individuum „Ozonloch" konstituiert wird, wurden grau hinterlegt.

Wenn wir die in Tabelle 3.1 auf Seite 84 definierten initialen Handlungsmuster betrachten, so liegt zunächst ein Ziel nahe: Die Leser sollen vor einer Gefahr gewarnt werden. Ob dieses Ziel und eventuell weitere Ziele gewählt werden, soll im Verlauf der Analyse gezeigt werden. Dabei werden wir bei der Handlungsanalyse immer wieder auf das Vermittlungsmodell (vgl. Handlungsmusterschema 4.3 auf Seite 97) zurückkommen und prüfen, ob bestimmte Handlungsmuster realisiert oder modifiziert wurden oder ob nach anderen Handlungsmustern gehandelt wurde.

Jede der folgenden verbalen Handlungsanalysen ist auch in Handlungsmusterschemata überführbar. In vielen Fällen ist dies jedoch nicht nötig, da durch die verbale Analyse die Zusammenhänge eindeutig formuliert werden können. Es ist dabei auch nicht nötig, im Fließtext Handlungsmuster in Großbuchstaben zu schreiben. In vielen Fällen wird jedoch eine verbale Handlungsmusteranalyse durch ein Handlungsmusterschema ergänzt werden. Dies ist immer dann sinnvoll, wenn die Handlungszusammenhänge etwas verwickelter sind oder wenn Teilanalysen zusammengefasst werden sollen.

7.3.1 Gefahr andeuten – Handlungen, die durch die Titelseite konstituiert werden

Titelbild

Das Titelbild (vgl. Abbildung 7.1 auf Seite 131) zeigt in einem dunkelblau-hellblauen Farbverlauf eine Art Bullauge, durch das die Sonne scheint. Man sieht rote Bälle in Dreiergruppen umherfliegen. Betrachtet man zunächst das Bild allein, so trägt die Bildinformation nichts zur Gegenstandskonstitution bei, denn auf was sich das Bild bezieht, ist offen.

Nur wenn man bereits weiß, dass Ozon eine Verbindung dreier Sauerstoffatome ist (O_3), kann man die Ball-Dreiergruppen als je ein Ozonmolekül identifizieren. Den blauen Farbverlauf kann man als Himmel oder Atmosphäre interpretieren oder aber als Farbe des Ozons, das Gelbe als Sonne. Eindeutig ist das Bild in dieser Hinsicht allerdings in keiner Weise, auch mit einigem Vorwissen kann die Gegenstandskonstituion hier nicht eindeutig gelingen.

Auch die Handlungskonstitution ist nicht eindeutig. Wenn kein Gegenstand konstituiert wird, welche Handlung wird durch den Abdruck des Bildes konstituiert? Wird hier etwas illustriert, soll eine Stimmung erzeugt werden?

Die Vielfalt der offenen Fragen zeigt, dass die Handlungskonstitution nicht eindeutig ist. Alles, was wir sagen können, ist, dass hier Gegenstände angedeutet werden, indem ein schwammiges Bild präsentiert wird (vgl. Handlungsmusterschema 7.1).

GEGENSTAND ANDEUTEN → BILD PRÄSENTIEREN

Handlungsmusterschema 7.1: GEGENSTAND ANDEUTEN

Titeltext

Der darunter platzierte Titeltext lautet:

(1) „Der Mensch zerstört den Schutzschild der Erde: Das Ozon-Drama."

Bereits mit dem Satz

(2) „Der Mensch zerstört den Schutzschild der Erde."

wird sowohl ein Kausalzusammenhang (Mensch als Ursache für die Zerstörung des Ozonschilds) als auch eine Gefahr ausgedrückt, da mit dem Wort „Schutzschild" immer die Abwehr einer wie auch immer gearteten Gefahr verbunden ist. Dies kann mit folgender Schlussregel formuliert werden:

Schlussregel: Wenn der Schutzschild der Erde zerstört ist, besteht Gefahr.

Zugleich werden im Titel verschiedene Sachverhalte etabliert, die von einer Reihe von Präsuppositionen ausgehen.

$$\begin{bmatrix} \text{BEH(dass p)} \\ \text{PRÄS}_1\text{(Es gibt einen Schutzschild der Erde.)} \\ \text{PRÄS}_2\text{(Der Mensch kann den Schutzschild der Erde zerstören.)} \\ \text{PRÄS}_3\text{(Es gibt Ozon.)} \end{bmatrix}$$

Legende:
$p:_{def}$ Es passiert ein Ozon-Drama: Der Mensch zerstört den Schutzschild der Erde.

Handlungsmusterschema 7.2: Präsuppositionen im Titeltext

Dass diese Präsuppositionen Informationen voraussetzen, über die der Adressatenkreis kaum verfügen kann, zeigen die folgenden Fragen:

Präsupposition$_1$:	Es gibt einen Schutzschild der Erde.
Aufgeworfene Fragen:	Vor was schützt er die Erde? Wie?
Präsupposition$_2$:	Der Mensch kann den Schutzschild der Erde zerstören.
Aufgeworfene Frage:	Wie kann er ihn zerstören?
Präsupposition$_3$:	Es gibt Ozon.
Aufgeworfene Frage:	Was ist Ozon?

Die Gegenstandskonstitution wird dadurch nur ansatzweise geleistet. Es ist nicht klar, um was es im Einzelnen geht, alle Kriterien, die wir im Vermittlungsmodell in Kapitel 4 für die Identifizierung von Individuen und anderen Gegenständen als Merkmale der Bestimmtheit herausstellten, z.B. welche raumzeitlichen Koordinaten das Phänomen hat, ob es überhaupt einen fachlichen Bezugsdiskurs gibt u.a., sind hier nicht erfüllt.

Die wenigen Informationen werden aber mit einer starken Bewertungskomponente versehen. Einmal, indem Globalkategorien wie „der Mensch“ oder „die Erde“ eingeführt werden, womit das globale Ausmaß dargestellt wird, dann auch durch die Benennung und Definition der damaligen Aktualsituation als „Ozon-Drama“.

Nimmt man nur die Informationen, die dem Leser mit dem Titeltext zur Verfügung stehen, so wird ein Kausalmodell aufgebaut und als „Ozon-Drama“ definiert, ohne dass die im Kausalmodell involvierten Gegenstände identifizierbar sind. Dennoch bekommt der Leser einen allgemeinen Eindruck vermittelt, nämlich dass „der Mensch“ verantwortlich für eine im Moment nicht identifizierbare Zerstörung globalen Ausmaßes ist.

Wie sich im Text später zeigen wird, ist mit diesem Kausalmodell gemeint, dass FCKWs als Ursache für das Ozonloch angenommen werden. Damit wird für den fachlichen Leser offenbar, dass hier eines von vielen in der Fachwelt diskutierten Kausalmodellen als einziges dargestellt wird. Damit legen sich Autor und bis zu einem gewissen Maß auch die Zeitschrift auf eine Diskursposition nicht nur innerhalb der öffentlichen Debatte, sondern auch innerhalb des Fachdiskurses fest.

GEFAHR ANDEUTEN →

GEGENSTAND ANDEUTEN → SCHWAMMIGES BILD PRÄSENTIEREN
[KAUSALITÄT BEHAUPTEN → ÄUS(Der Mensch zerstört den Schutzschild der Erde.)
AUSMASS ZEIGEN → GLOBALKATEGORIEN(Mensch, Erde) VERWENDEN
PRÄS(Es gibt einen Schutzschirm für die Erde.)
PRÄS(Der Mensch kann ihn zerstören.)
PRÄS(Es gibt Ozon.)]
[GEFAHRENSITUATION BENENNEN → ÄUS(Das Ozon – Drama)
SITUATION DEFINIEREN → DRAMAMETAPHER EINFÜHREN]

Handlungsmusterschema 7.3: GEFAHR ANDEUTEN

Das Handlungsmuster GEFAHR ANDEUTEN mit seinen vielen nicht nachvollziehbaren Präsuppositionen, unvollständigen Informationen und unbestimmten Referenzausdrücken kann hier als Schaffung eines Leseanreizes gedeutet werden. Man kann das Handlungsmuster ZUM LESEN REIZEN als Organisationsmuster[12] für den Textteil ‚Titelbild‘ betrachten. Insofern ist es auch kein Mangel, dass an dieser Stelle Informationslücken und offene Bezüge bestehen, denn diese erfüllen die Funktion, die

[12] Vgl. Püschel (2000) und Abschnitt 2.9, S. 44ff.

eine Titelseite üblicherweise hat, nämlich den Leser zunächst zum Kaufen und dann zum Weiterlesen anzuregen (vgl. Handlungsmusterschema 7.4).

ZUM LESEN REIZEN → GEFAHR ANDEUTEN

Handlungsmusterschema 7.4: ZUM LESEN REIZEN

7.3.2 Gefahr explizieren – Handlungen, die durch das Inhaltsverzeichnis konstituiert werden

Aufbau

Ein Blick auf das Inhaltsverzeichnis (Abbildung 7.1 auf Seite 131) zeigt, dass dieses aus einer äußeren Überblicksspalte mit den Artikelüberschriften besteht und einer breiteren inneren Spalte, in der die einzelnen Artikel kurz beschrieben werden.

Wie im Lesepfad festgelegt, soll zunächst nachvollzogen werden, welche Handlungen im äußeren, und dann, welche Handlungen im inneren Inhaltsverzeichnis konstituiert werden.

Äußeres Inhaltsverzeichnis: GEFAHR DIFFERENZIEREN

Wir wollen hier die Konstitution der Organisationsmuster (Verweis auf den Artikel durch Angabe der Seitenzahlen) unberücksichtigt lassen und die weitere Konstitution des Handlungszusammenhangs und der Gegenstandskonstitution betrachten.

In der linken Überblicksspalte findet sich der Titel wieder: „Das Ozon-Drama". Darunter findet man die Überschriften zweier Artikel:

(3) „Ein Loch über dem Südpol: der Anfang von Ende?"

und

(4) „Die Szenerie am Boden: wachsende Ozonglocke über Industrieländern."

Indem (3) und (4) geäußert werden, wird die Gefahr, die mit dem Ausdruck „Ozon-Drama" benannt wurde, in zwei Gefahren differenziert: das „Loch über dem Südpol" (G1) und die „wachsende Ozonglocke über den Industrieländern" (G2) (vgl. Handlungsmuster 7.5):

GEFAHR EXPLIZIEREN → UNTERSCHEIDEN(G1, G2)

Handlungsmusterschema 7.5: GEFAHR EXPLIZIEREN

Mit (3) wird auf ein Individuum referiert, das durch die räumliche Angabe „über der Antarktis" näher bestimmt wird. Insgesamt bleibt dieses Individuum noch unbestimmt. Betrachtet man die Semantik von „Loch",

AUF OFFENE STELLE IN FESTER SUBSTANZ REFERIEREN → ÄUS(*Loch*)

Handlungsmusterschema 7.6: Gebrauchsregel für das Äußern des Ausdrucks „Loch“

so ergibt sich an dieser Stelle sogar eine Unverträglichkeit. Die Gebrauchsregel für das Äußern des Ausdrucks „Loch“ kann als Handlungsmuster 7.6 formuliert werden:

Bei der Interpretation des Ausdrucks „Loch“ wird der Leser also versuchen, eine feste Substanz zu identifizieren, die über dem Südpol situiert ist.

Wir unterstellen, dass der folgende Satz zum gemeinsamen Wissen gehört:

Über dem Südpol gibt es keine feste Substanz.

Damit ergibt sich in der Nominalphrase „ein Loch über dem Südpol“ ein Widerspruch. Nach den Grice'schen Maximen wird der Leser diesen Widerspruch auflösen, indem er unterstellt, der Autor verwende den Ausdruck „Loch“ nicht falsch, sondern in noch ungeklärter Weise. Damit kann die Neugier geweckt werden, welcher Art dieses Loch wohl sein werde (vgl. Handlungsmusterschema 7.7).

NEUGIER WECKEN →
UNVERTRÄGLICHKEIT ERZEUGEN → ÄUS(*Ein Loch über dem Südpol*)

Handlungsmusterschema 7.7: NEUGIER WECKEN

Mit dem klischeehaften Ausdruck

(5) „Der Anfang vom Ende?“

wird eine starke Bewertung vorgenommen, denn dadurch wird eine große Angst ausgedrückt, die Angst vor dem Ende der Menschheit:

G1 BEWERTEN → ANGST AUSDRÜCKEN → FRAGEN(ob p1) → ÄUS(*Anfang vom Ende?*)

Legende:
$p1{:}_{def}$ Das Ende der Menschheit ist gekommen.

Handlungsmusterschema 7.8: GEFAHR G1 BEWERTEN

Betrachten wir die zweite Artikelüberschrift:

(6) „Die Szenerie am Boden: Wachsende Ozonglocke über Industrieländern.“

Der Autor macht hier durch das Attribut „am Boden“ deutlich, dass es einen zweiten Schauplatz des „Dramas“ gibt, der sich nun nicht fern von den Lesern über der Antarktis, sondern in seiner Nähe – „über den Industrieländern" – abspielt.

Die Metapher „Ozonglocke" macht von sich aus noch nicht klar, um was es sich im Einzelnen handelt. Zunächst wird einmal als Präsupposition unterstellt, es gebe so etwas wie eine Ozonglocke, die „wächst." Lediglich eine vage Vorstellung einer Umschlossenheit durch Ozon, die sich in irgendeiner Form verstärkt, kann der nicht vorinformierte Leser hier vermuten.

Das Handlungsmusterschema 7.9 GEFAHR UNTERSCHEIDEN zeigt den gesamten Zusammenhang.

```
UNTERSCHEIDEN(G1, G2 ) →
| | [ G1 BENENNEN → BEZEICHNUNG EINFÜHREN                 ]                          ‖ ‖
| | [ NEUGIER WECKEN → UNVERTRÄGLICHKEIT ERZEUGEN         ] → ÄUS(Ein Loch(...))     ‖ ‖
| | [ G1 LOKALISIEREN                                     ]                          ‖ ‖
| ↓ G1 BEWERTEN → ANGST AUSDRÜCKEN → FRAGEN(ob p1) → ÄUS(Amfang vom Ende?)           ⇓ ‖
| [ G2 BENENNEN → BEZEICHNUNG EINFÜHREN ]                                              ‖
↓ [ G2 LOKALISIEREN                     ] → ÄUS(Wachsende Ozonglocke(...))             ⇓
```

Legende
G1:$_{def}$ Gefahr durch Ozonschichtverminderung
G2:$_{def}$ Gefahr durch Zunahme des Bodenozons
p1:$_{def}$ Das Ende der Menschheit ist gekommen.

Handlungsmusterschema 7.9: GEFAHR UNTERSCHEIDEN

Bislang haben wir in erster Linie Handlungen analysiert, die nach Handlungsmustern gemacht sind, die Gegenstände andeuten (z.B. GEFAHR ANDEUTEN), d.h. die Gegenstände nicht klar bestimmt machen. Gleichzeitig werden aber auch starke Bewertungen vorgenommen, in denen die Gefahr als die Menschheit bedrohend dargestellt wird (z.B. durch das Handlungsmuster FRAGEN (ob das Ende der Menschheit gekommen sei)). Nun kann gefragt werden, ob im folgenden Text die Vagheiten aufgelöst und die Gefahren präzisiert werden.

Inneres Inhaltsverzeichnis

Die erste Auflösung dieser Vagheiten und Widersprüche findet sich in der Erläuterungsspalte im Inhaltsverzeichnis.

Mit der Kurzformel

(7) „Alarm statt Entwarnung"

wird das initiale Handlungsmuster konstituiert: ALARM SCHLAGEN.[13]

Wir können das Handlungsmuster ALARM SCHLAGEN als eine Möglichkeit betrachten, jemanden vor einer akuten Gefahr zu warnen. Im einfachsten Fall hat eine Person P_1 eine akute Gefahr AG_1 für eine zweite

[13] Das initiale Handlungsmuster ALARM SCHLAGEN ist in diesem Fall auch das textsortenkonstitutive Muster.

Person P_2 entdeckt, teilt sie ihr mit, indem sie sie aufrüttelt und zum Handeln drängt (vgl. Handlungsmusterschema 7.10).

ALARM SCHLAGEN →

ENTDECKEN(P_1, P_2, AG_1)
MITTEILEN(P_1, P_2, akute Gefahr$_1$) → | GEFAHR CHARAKTERISIEREN
| AUFRÜTTELN(P_1, P_2)
| ZUM HANDELN DRÄNGEN(P_1, P_2) ⇓
↓

Handlungsmusterschema 7.10: ALARM SCHLAGEN

Aus dem Entdecken der akuten Gefahr und der darauf folgenden Mitteilung an P_2 kann eine Interaktion beginnen, bei der Alarm weiter kommuniziert wird (vgl. Handlungsmusterschema 7.11).[14]

ENTDECKEN(P_1, P_2, AG_1)
MITTEILEN(P_1, P_2, AG_1) ↓ ⇓
|
ALARM SCHLAGEN(P_2, P_3, AG_1)

Handlungsmusterschema 7.11: ALARM SCHLAGEN als Interaktion

Damit besitzen wir ein zweites Muster ALARM SCHLAGEN$_m$, nach dem gehandelt wird, wenn P_2 von P_1 von der akuten Gefahr AG_1 lediglich berichtet wurde und P_2 sie jetzt an P_3 weitergibt.

ALARM SCHLAGEN$_m$ →

MITTEILEN(P_1, P_2, AG_1) → | GEFAHR CHARAKTERISIEREN
| AUFRÜTTELN(P_1, P_2)
| ZUM HANDELN DRÄNGEN(P_1, P_2)
↓ PRÄS : P_1 hat AG_1 entdeckt und P_2 mitgeteilt. ⇓

Handlungsmusterschema 7.12: ALARM SCHLAGEN$_m$

Diese Interaktionen können eine Kette der Weitergabe des Alarms ergeben, wobei bereits mit der ersten Interaktion auch Informationen verloren gehen, verändert oder hinzugefügt werden können. Mit zunehmender Anzahl der Interaktionen erhöht sich deshalb die Wahrscheinlichkeit, dass mehr oder weniger große Veränderungen an den ursprünglichen Informationen vollzogen wurden.

Wir wollen später die vom Muster ALARM SCHLAGEN erzeugten Handlungsmuster näher betrachten.

---

[14] Man kann hieraus auch das Handlungsmuster GEFAHR VERHEIMLICHEN ableiten, nach dem gehandelt wird, indem eine Gefahr für P_2 entdeckt, ihr aber nicht mitgeteilt wird: GEFAHR VERHEIMLICHEN → ↓ ENTDECKEN(P_1, P_2, AG_1) −MITTEILEN(P_1, P_2, AG_1) ⇓. Dabei gibt es natürlich noch weitere Varianten, in denen P_2 ein anderer Sachverhalt vorgespielt wird etc.

ALARM SCHLAGEN ist aber nicht das einzige Handlungsmuster, das mit diesem Ausruf konstituiert wird:

Zugleich wird an einen Diskurs angeknüpft, indem die Entwarnung widerrufen wird. Dabei wird präsupponiert, es habe bereits einmal eine Warnung mit anschließender Entwarnung gegeben:

[ALARM SCHLAGEN
AN OZONDISKURS ANKNÜPFEN → ENTWARNUNG WIDERRUFEN
PRÄS$_1$(Jemand sprach eine Warnung W$_1$ aus.)
PRÄS$_2$(Jemand gab Entwarnung in Bezug auf W$_1$.)] →

AUSRUFEN(p1) → ÄUS(7)

Handlungsmusterschema 7.13: ALARM SCHLAGEN $\sqcap$ AN OZONDISKURS ANKNÜPFEN

Mit dem folgenden Satz werden die Gegenstände weiter konstituiert. Dies wird im folgenden Satz ausgeführt:

(8) „Die beruhigenden Sprüche aus den siebziger Jahren verfangen nicht mehr – die Ozonschicht in unserer Atmosphäre wird ganz massiv abgebaut."

Mit Satz (8) wird der eben nur indirekt angesprochene Ozondiskurs explizit eingeführt, allerdings nicht näher ausgeführt. Denn nicht nur die zeitliche Angabe „aus den siebziger Jahren" bleibt vage, auch die referenziell gebrauchte Nominalphrase „die beruhigenden Sprüche" ist von sich aus nicht verständlich, sondern wirft durch die Desagentivierung Fragen auf: Wer sind die Personen, die diese „Sprüche" gemacht haben? In welchem Kontext haben sie diese Sprüche gemacht? Handelt es sich dabei um eine fachliche oder eine öffentliche Diskussion?

Da an dieser Stelle nicht das Wort „Argumente" oder „Behauptungen," sondern das umgangssprachliche Wort „Sprüche" in seiner abwertenden Bedeutung, ‚große tönende Worte, hinter denen nichts steckt', verwendet wird, wird deutlich gemacht, dass die Teilhaber dieser Diskursposition, die hier pos$_1$ genannt werden soll, jemand beruhigen wollten, um damit unliebsame Wahrheiten, nämlich den Ozon-Abbau, zu verbergen. Mit dem Subjekt „Die beruhigenden Sprüche aus den siebziger Jahren" wird die Diskursposition pos$_1$ so eingeführt, dass sie nicht identifiziert werden kann und daher unbestimmt bleibt und zugleich sehr negativ bewertet wird (vgl. Handlungsmusterschema 7.14 auf der nächsten Seite).

Der Satz nach dem als Kausalkonjunktor fungierenden Gedankenstrich[15] steht in einem Begründungsverhältnis zum vorangegangenen Satz:

[15] Die Funktion dieses Gedankenstriches ist damit aber noch nicht genau bestimmt. Er könnte eine Kausalkonjunktion bzw. ein kausales Konjunktionaladverb wie „denn" ersetzen. Er könnte aber auch als eine Art interaktive Schreibform gedeutet werden:

EINFÜHREN(pos_1) →

$$\left[\begin{array}{l}\text{–IDENTITÄT VON } pos_1 \text{ BESTIMMEN}\\ \text{ABWERTEN}(pos_1) \rightarrow \text{ABWERTENDES LEXEM } \textit{Sprüche} \text{ VERWENDEN}\\ \text{BEHAUPTEN}(pos_1 \text{ will beruhigen.})\\ \text{ZEITRAUM ANGEBEN(70er Jahre)}\end{array}\right] \rightarrow$$

BENENNEN(pos_1) → ÄUS(np_1)

Legende:
$pos_1 :_{def}$ Diskursposition pos_1
$np_1 :_{def}$ Die beruhigenden Sprüche aus den siebziger Jahren

Handlungsmusterschema 7.14: EINFÜHREN(Diskursposition pos_1)

Die beruhigenden Sprüche aus den siebziger Jahren verfangen nicht mehr, *d e n n* die Ozonschicht in unserer Atmosphäre wird ganz massiv abgebaut.

Dabei wird präsupponiert, dass in pos_1 behauptet wird, die Ozonschicht bleibe konstant (vgl. Schema 7.15).

$$\left[\begin{array}{l}\downarrow \text{DISKURSPOSITION ANGREIFEN} \rightarrow \text{BEHAUPTEN(dass p)} \Downarrow\\ \text{BEGRÜNDEN(warum p)} \rightarrow \text{BEHAUPTEN(dass q)}\\ \text{PRÄS}(pos_1 \text{ behauptet, die Ozonschicht bleibe konstant.})\end{array}\right] \rightarrow \text{ÄUS(8)}$$

Legende:
$p :_{def}$ Die These von pos_1 stimmt nicht mehr.
$q :_{def}$ Die Ozonschicht wird abgebaut.

Handlungsmusterschema 7.15: DISKURSPOSITION ANGREIFEN ⊓ BEGRÜNDEN

Durch diesen Satz wird auch zum ersten Mal expliziert, um welche Gefahr es sich handelt: den Abbau der Ozonschicht in der Atmosphäre. Dadurch können nun rückwirkend auch das Titelbild und der bisherige Text neu interpretiert werden, denn die blaue Farbe kann nun mit der Atmosphäre in Zusammenhang gebracht werden. Ebenfalls kann nun das „Loch über der Antarktis“ als „starker Ozon-Abbau in der Atmosphäre“ interpretiert werden.

Mir dem nächsten, durch „und“ eingeleiteten Satz wird die Metapher „Schutzschild“ aus dem Titel wieder aufgegriffen und damit Ozon als lebensrettendes Element charakterisiert:

(9) „Und: Ozon ist unser Schutzschild gegen die lebensbedrohenden Teile der Sonnenstrahlung“

Durch die Metapher „Schutzschild“ wird die Funktion des Ozons erläutert, indem sie in Beziehung zur Funktion eines Gegenstands aus der

P1: BEHAUPTEN(Die beruhigenden Sprüche aus den siebziger Jahren verfangen nicht mehr.) P2: Warum? P1: BEGRÜNDEN(Die Ozonschicht in unserer Atmosphäre wird ganz massiv abgebaut.).

Alltagswelt gesetzt wird[16], ohne dass hier allerdings ausgeführt wird, wie Ozon schützen kann, d.h. wie es die Sonnenstrahlen „abhält“ etc.

Hier wird nun klar, dass Ozon die Funktion eines „Schutzschilds“ hat, das einen Teil der Sonnenstrahlung abhält, die ohne diesen Schutzschild unser Leben bedrohwn würde.

Wenn wir resümieren, welche Gegenstände allein durch das innere Inhaltsverzeichnis eingeführt und charakterisiert wurden, so wird trotz der Unbestimmtheit der Information ein Schlussmuster aufgebaut, das ein Kausalmodell der Gefahr konstituiert und auch die Handlung nach dem Muster ALARM SCHLAGEN rechtfertigt:

Schlussmuster Durch die Zerstörung der Ozonschicht ist das Leben der Menschheit bedroht.

1. Die Sonne sendet Sonnenstrahlen zur Erde.
2. Ein Teil der Sonnenstrahlen ist lebensbedrohend.
3. Es gibt eine Ozonschicht.
4. Die Ozonschicht ist in der Atmosphäre.
5. Die Ozonschicht wirkt wie ein Schutzschild vor den lebensbedrohenden Strahlen der Sonne.
6. Der Mensch zerstört die Ozonschicht.

Schlussregel: Wenn ein Schutz vor X zerstört wird, ist man vor X nicht geschützt.

Schlussfolgerung Das Leben auf der Erde ist ungeschützt den lebensbedrohenden Strahlen der Sonne ausgesetzt.

Diese Schlussfolgerung kann wiederum als Ausgangsproposition dienen, um mit folgender Schlussregel eine weitere Schlussfolgerung ziehen zu können:

Schlussregel: Wenn jemand ungeschützt lebensbedrohender Strahlung ausgesetzt ist, stirbt er.

Schlussfolgerung Das Leben der Menschheit ist bedroht.

Aus dieser Schlussfolgerung lässt sich nun ein weiteres Schlussmuster gewinnen, aus dem eine Handlungsaufforderung abgeleitet werden kann. Die Schlussregel besteht in diesem Fall aus einem Gebot:

---

[16] Es handelt sich hier also um eine Identifikation, wie sie im Handlungsmusterschema 3.5 auf Seite 55 beschrieben wurde.

Schlussmuster Handlungsaufforderung

1. Die Autoren des *Bild der Wissenschaft*-Artikels erkennen, dass das Leben der Menschheit bedroht ist.

Gebot: Wenn man erkennt, dass das Leben der Menschheit bedroht ist, muss man Alarm schlagen.

Schlussfolgerung Die Autoren des *Bild der Wissenschaft*-Artikels müssen Alarm schlagen.

Indem also einige Elemente eines Kausalmodells der Gefahr durch den Abbau der Ozonschicht in Beziehung gesetzt werden, wird die Gefahr charakterisiert und dadurch das Handlungsmuster ALARM SCHLAGEN weiter konstituiert (vgl. Handlungsmusterschema 7.16).[17]

ALARM SCHLAGEN_m →

MITTEILEN(BdW – A, BdW – L, G1) →	CHARAKTERISIEREN(G1) AUFRÜTTELN(BdW – A, BdW – L) ZUM HANDELN DRÄNGEN(BdW – A, P_2)
PRÄSUPPOSITION : *p*1	

Legende:
BdW-A:$_{def}$ *Bild der Wissenschaft*-Autor
BdW-L:$_{def}$ *Bild der Wissenschaft*-Leser
G1:$_{def}$ Gefahr durch Abbau der Ozonschicht
p1:$_{def}$ Jemand hat den Abbau der Ozonschicht entdeckt und den Autoren mitgeteilt.

Handlungsmusterschema 7.16: Konstitution des Handlungsmusters ALARM SCHLAGEN_m im Artikel „Das Ozon-Drama“

Betrachten wir den nächsten Satz:

(10) „Der Gesamtgehalt an Ozon ist zwar seit Einführung der Spraydosen gleichgeblieben, jedoch nimmt er in den unteren Schichten ständig zu, aber in den oberen Schichten wird der Mantel immer dünner.“

Hier wird nun die Argumentation der Diskursposition pos_1 rekonstruiert, wobei die Identität dieser Diskursposition nach wie vor unklar bleibt.

Dabei wird zunächst an die Diskursposition pos_1 mit der Partikel „zwar“ angeknüpft. Durch die Partikel „zwar“ wird angezeigt, dass ein Argument aus der eben etablierten Diskursposition pos_1 aufgegriffen und in ihrem Wahrheitsstatus auch nicht bestritten wird. Obwohl es hier noch nicht explizit gesagt wird, kann man bereits die stille Folgerung ziehen,

[17] Offen bleibt bis zu dieser Stelle, wer hier zu welchem Handeln gedrängt werden soll.

dass es sich um die gleiche Position handelt, die vorher mit dem Ausdruck „Die beruhigenden Sprüche aus den siebziger Jahren“ eingeführt wurde.

Diese Diskursposition pos_1 hat aus der Sicht der *Bild der Wissenschaft*-Autoren folgendes Argument vorgebracht:

Schlussmuster Stabile Ozonschicht[18]

1. Ein Großteil der FCKWs kommt durch Spraydosen in die Atmosphäre.
2. Messungen haben ergeben, dass der Gesamtgehalt an Ozon seit Einführung der Spraydosen gleich geblieben ist.

Schlussregel: Wenn Ozon durch FCKW zerstört wird, muss eine Abnahme der Ozonwerte seit Einführung der FCKWs messbar sein.

Schlussfolgerung Da kein Ozonverlust messbar ist, ist auch die Hypothese von der Ozonzerstörung durch menschliche Einflüsse wie der FCKW-Produktion widerlegt.

Dieser Schluss wird aus der Sicht des Verfassers entkräftet mit dem folgenden Schlussmuster:

Schlussmuster Asymmetrische Ozonverteilung

1. Es stimmt, dass sich der Ozongehalt quantitativ nicht verändert hat. (Dies ist das durch „zwar“ angezeigte Zugeständnis.)
2. Es gibt in der Atmosphäre immer weniger, in Bodennähe immer mehr Ozon.

Schlussregel: Falls sich die Ozonkonzentration asymmetrisch verändert, erscheint sie bei der Durchschnittsbildung als konstant.

Schlussfolgerung Der Ozongehalt in der Atmosphäre hat drastisch abgenommen, obwohl der Durchschnittswert für Ozon konstant geblieben ist.

Mit diesem Schlussmuster kann Satz 1, der Ozongehalt habe sich insgesamt nicht verändert, wahr sein, und dennoch ein Ozonverlust bestehen. Dadurch ist die falsche Menge Ozon am falschen Ort und es entstehen eine Reihe von zu beschreibenden Gefahren.

Dieser Zusammenhang wird in Handlungsmusterschema 7.17 dargestellt.

---

[18] Es handelt sich hier um eine auch fachlich etablierte Diskursposition. Dies kann allerdings nur mit dem entsprechenden Hintergrundwissen verstanden werden (vgl. Kapitel 6, S. 117ff.).

REKONSTR(pos_1) → A – MUSTER ERLÄUTERN → [ANKNÜPFEN(an pos_1) / FESTSTELLEN(p_1)]
WIDERLEGEN(pos_1) → X – WEISE$_2$ ERKLÄREN → [ZUGEBEN(p_1) / RELATIONIEREN(p_1, p_2)]

Legende:
REKONSTR:$_{def}$ REKONSTRUIEREN
pos_1:$_{def}$ Diskursposition$_1$ „Stabile Ozonschicht"
A-MUSTER:$_{def}$ ARGUMENTATIONSMUSTER
p_1:$_{def}$ Der Ozongehalt hat sich quantitativ nicht verändert.
p_2:$_{def}$ Die Verteilung des Ozons ist asymmetrisch.

Handlungsmusterschema 7.17: ARGUMENTIEREN

Zusammenfassung

Das Handlungsmuster ALARM SCHLAGEN wird konstituiert, indem Elemente fachlichen Wissens vermittelt werden, insbesondere wird ein einfaches Ursache-Wirkungsmodell aufgebaut. Dabei wird die Gefahr differenziert und expliziert.

Im Zuge der Sachverhaltskonstitution werden zwar Gegenstände eingeführt und charakterisiert, es kann aber nicht davon gesprochen werden, dass diese Gegenstände (z.B. „Ozonschicht", „beruhigende Sprüche") eindeutig bestimmt sind. Die räumlichen und zeitlichen Charakterisierungen bleiben vage („in der Atmosphäre", „in den siebziger Jahren").

Im Vordergrund der Handlungskonstitution stehen das Andeuten großer Gefahr, das Ausdrücken von Emotionen wie Katastrophenangst sowie Bewertungshandlungen, die insbesondere die alternative Diskursposition zugleich mit ihrer Einführung abwerten.[19]

Dadurch wird die Situation als Bedrohung der Erde definiert, während die Gegenstände und Zusammenhänge, die die Gefahr auslösen, unbestimmt bleiben.

7.3.3 Handlungskonstitution im Haupttext

Während wir die für Titel und Inhaltsverzeichnis analysierte Kombination von Handlungsmustern als Leseanreiz verstehen können, ist nun für den Haupttext zu fragen, ob die bisher offen gelassenen Bezüge und die unbestimmten Gegenstände nun genauer bestimmt werden.

[19] Einzelne dieser Abwertungshandlungen können auch als Erzeugung aus dem Handlungsmuster ALARM SCHLAGEN betrachtet werden, nämlich als Erzeugung aus dem Handlungsmuster AUFRÜTTELN:

ALARM SCHLAGEN → AUFRÜTTELN → (ABWERTEN(Entwarner) / ⋮)
⋮

Durch den angenommenen Lesepfad[20] ist die weitere Abfolge der Analyse festgelegt.[21]

Zunächst wird der Artikelanfang auf der Doppelseite S. 38/39 analysiert (große Abbildung, Titel, kleine Abbildung, Vorspann), dann folgt das ausgelagerte Informationsmodul, der Beginn des Fließtexts (S. 40/41) und eine weitere Stelle im Fließtext, an dem das Ozonloch konstituiert wird (S. 49).

Abbilden einer Computerbildmontage

Auf der linken Seite ist eine große Abbildung, die als Erdball erkennbar ist, auf dem die Umrisse der Kontinente eingezeichnet sind. Man sieht in der Region der Antarktis eine deutliche Verfärbung. Die Gegenstandskonstitution ist aber erst durch die Legende möglich (vgl. Abschnitt 7.3.3 „Text-Bild-Beziehung").

Überschrift

Die Überschrift ist über zwei Seiten verteilt, ihr Wortlaut ist fast identisch mit dem Text im Inhaltsverzeichnis.[22] Auf der rechten Seite steht die Teilüberschrift „Das Ozon-Drama" (S. 39), auf der linken Seite (S. 38) unter der Abbildung steht die Teilüberschrift: „Ein Loch über dem Südpol: Anfang vom Ende?" Für die Handlungskonstitution gilt das bei der Analyse des Inhaltsverzeichnisses Gesagte.

Text-Bild-Beziehung

Wenn man die Umrisse auf der Weltkugel als die Antarktis identifizieren kann, wird nun durch dieses Bild die Bestimmtheit des Individuums, auf den mit den Ausdrücken „Loch über dem Südpol", „dünner gewordener Mantel", „zerstörter Schutzschild", Bezug genommen wird, zum ersten Mal gesichert. Die Verfärbung über dem Umriss der Antarktis ist dieses „Loch". Der Leser kann das Phänomen nun geografisch und räumlich identifizieren.[23]

Freilich könnte an dieser Stelle der Irrtum entstehen, es handle sich hierbei um Satelliten*bilder*. Es sind aber Satelliten*daten*, die in einer Computermontage grafisch aufbereitet wurden. Es finden sich jedenfalls keine Hinweise darauf, wie diese Abbildung entstanden ist. Wenn wir dies als Unterlassungshandlung darstellen, ergibt sich das Handlungsmusterschema 7.18 auf der nächsten Seite.

---

[20] Vgl. Abschnitt 7.2, S. 128ff.

[21] Vgl. die Abbildungen 7.3 auf Seite 135 und 7.4 auf Seite 137.

[22] Lediglich der Artikel fehlt: „(Der) Anfang vom Ende"

[23] Und damit kann nun dieses „Loch" als das „Ozon-Drama" in der Hauptüberschrift (S.39) identifiziert werden.

OZONLOCH IDENTIFIZIEREN →

↓ [GEOGRAFISCHE LAGE BESTIMMEN wenn : B1
GRÖSSE BESTIMMEN] → [BILDMONTAGE ABBILDEN
–ALS BILDMONTAGE KENNZEICHNEN] ⇓

KENNZEICHNUNG WIEDERHOLEN → ÄUS(*Ein Loch über dem Südpol*)

Legende: B1:$_{def}$ Antarktisumriss ist bekannt.

Handlungsmusterschema 7.18: OZONLOCH IDENTIFIZIEREN

Abbilden einer Fotografie: STIMMUNG VERMITTELN

Rechts unten findet sich ein Foto einer Forschungsstation in der Antarktis. Das Bild vermittelt ohne die Textinformation lediglich eine Stimmung: unwirtliche Gegend, Eis, ein Forscherteam, Kälte.

Text-Bild-Beziehung: Legende zu den Abbildungen

Die Abbildungslegende besteht aus einem Satz, der sich auf das Foto rechts bezieht, einem Satz, der die Legende zur Erddarstellung links darstellt, sowie einem Gelenksatz, der von der einen zur anderen Bildbeschreibung überleitet.

Im ersten Satz

(11) „South Pole Station, im Zentrum der Antarktis (unten): Wissenschaftler der University of Wyoming starten bei – 40°C einen Wetterballon mit Ozon-Meßgeräten.“

wird mit der Ellipse „South Pole Station, im Zentrum der Antarktis“ zunächst durch den Eigennamen „South Pole Station“ ein Gegenstand eingeführt, der durch die Ortsangabe „im Zentrum der Antarktis“ näher bestimmt wird. Dabei ist diese Ortsreferenz angesichts der Größe der Antarktis keineswegs eindeutig.

Des Weiteren werden die Personen („Wissenschaftler der University of Wyoming“) und die Handlungen auf dem Bild bestimmt: Es handelt sich um Wissenschaftler, die mit einem Ballon eine Ozonmessung durchführen. Dabei wird im Verlauf der weiteren Lektüre deutlich werden, dass hier offensichtlich *nicht* die Wissenschaftler abgebildet wurden, die das Ozonloch entdeckt haben und um die es in dem Artikel eigentlich geht. Diese Abbildung gehört damit zum Typ „Irgendwelche Wissenschaftler bei der Arbeit“: Es werden Wissenschaftler im Labor abgebildet, die zwar eine thematische Nähe zum Artikel haben, aber letztlich „nur als Statisten zur Verlebendigung des Bildes dienen und nicht im Artikel erwähnt werden“ (Niederhauser, 1999b, S. 185).

Es wird damit aber immerhin der Bezugsrahmen insofern erweitert, als dadurch einige Grundlinien der Methode dargestellt werden: dass ein Ballon in die Atmosphäre geschickt wird und dass Messgeräte im Ballon sind. Dadurch werden weiter gehende Schlüsse nahe gelegt, etwa, dass die Wissenschaftler diese Messdaten nach einem wissenschaftlich abgesicherten Verfahren auswerten, dass sie Schlüsse hinsichtlich des Ozongehalts über der Antarktis ziehen werden, dass die Ergebnisse so ausgefallen sind, wie es im vorhergehenden Text angekündigt wurde.

Die Methode bleibt hier allerdings noch sehr im Allgemeinen. Wie vorhin diskutiert, ist es wenig hilfreich, die sichtbaren Dinge abzubilden, um die nicht direkt wahrnehmbaren Dinge zu zeigen, wenn man nicht gleichzeitig angibt, wie sie miteinander in Verbindung stehen. Wie sehen die Ozonmessgeräte aus und was machen sie? Sind sie zuverlässig? Sind auf dem Satelliten auch Ozonmessgeräte angebracht? Sind es die gleichen? Wie messen diese Geräte eigentlich die Ozonkonzentration? Die Beantwortung dieser Fragen würde die Zusammenhänge zwischen den materiellen Körpern (wie den Wetterballons und den Ozonmessgeräten) und den nicht direkt wahrnehmbaren Individuen (wie den Ozonmolekülen) explizieren.

Durch den Satz

(12) „Solche Wetterballon-Flüge bestätigen, was auch im Satellitenbild der Südpolar-Region zu sehen ist (linke Seite).“

wird nun ein Stück Fachargumentation rekonstruiert. Dabei erscheinen die Wetterballon-Flüge als Bestätigung der „Satellitenaufnahmen“.

Aus den Ausführungen im Kapitel 6 „Klimatologie für Linguisten“ (S. 117ff.) wissen wir bereits, dass diese Rekonstruktion der Fachargumentation irreführend und falsch ist:

- Irreführend ist, dass hier von „Satellitenbild“ geredet wird; es handelt sich vielmehr um Satellitendaten, die als Bildmontage aufbereitet wurden. Wenn also gerade davon gesprochen wurde, dass es die Autoren unterlassen haben, die Abbildung als Bildmontage zu kennzeichnen, so wird hier durch den Ausdruck „Satellitenbild der Südpolar-Region“ direkt nahe gelegt, es handle sich um das von einem Satelliten gewonnene Abbild.

- Falsch ist, dass die Ballonflüge als Bestätigung für die Satellitendaten dienten. Zuerst waren die Daten aus den Ballonflügen vorhanden, dann wurden sie von den Satellitendaten bestätigt.

Den falschen, widersprüchlichen und irreführenden Sachverhalten, die mit diesem Text konstituiert werden, soll später noch im Detail nachgegangen werden. Hier soll zunächst die weitere Handlungs- und Gegenstandskonstitution analysiert werden.

(13) „Mit Computerhilfe sind die unterschiedlichen Ozon-Konzentrationen in Farben umgesetzt, in der Mitte – gelblich – die niedrigste: das Ozon-Loch.“

Eine zentrale Leistung von (13) ist, dass durch ihn nun auch die Farbverläufe des „Satellitenbilds“ interpretiert werden: Die verschiedenen Farben entsprechen Konzentrationen des Ozons, die niedrigste Konzentration (gelblich) über dem Südpol wird als „Ozon-Loch“ definiert. Es handelt sich hier um die Erstnennung des Ausdrucks „Ozon-Loch“ in diesem Artikel und vermutlich auch in der geschriebenen deutschen Sprache insgesamt.[24] Damit scheint die Referenz des Ausdrucks „Ozon-Loch“ gesichert: Indem man auf einen Ausschnitt der Farbverläufe einer Computerbildmontage zeigt[25], wird die Referenz des Ausdrucks „Ozonloch“ fixiert. Man kann das Ozonloch deshalb definieren als den Bereich der niedrigsten Konzentration an Ozon über dem Südpol, die mit Satellitenaufnahmen und Ballonmessungen ausgemacht werden kann (vgl. Handlungsmusterschema 7.19).

REFERENZ FIXIEREN(*Ozon – Loch*) →

| FARBVERLAUF INTERPRETIEREN → ÄUS(*Mit ... in Farben umgesetzt,*)
| BILDBEREICH LOKALISIEREN → ÄUS(*in der Mitte – gelblich–*)
| BILDBEREICH INTERPRETIEREN → ÄUS(*die niedrigste*)
| DEFINIEREN → ÄUS(:)
↓ BILDBEREICH BENENNEN → ÄUS(*das Ozon – Loch*) ⇓

Handlungsmusterschema 7.19: REFERENZ FIXIEREN(*Ozon-Loch*)

Auch durch die Angabe „Mit Computerhilfe“ wird die vorhin angesprochene Möglichkeit der Fehlinterpretation nicht beseitigt, sondern noch verstärkt: Es erscheint nämlich hier so, als gebe es Satellitenbilder im Sinne von Fotografien, und auf diesen Fotografien seien dann die entsprechenden Stellen „mit Computerhilfe“ farbig unterlegt worden. Tatsächlich wurden mit dem Satelliten aber nur Ozonkonzentrationen gemessen, deren metrische Werte dann auf ein Modell der Erde projiziert wurden. Man kann dieses „Satellitenbild“ also nicht „sehen“, ebensowenig, wie man das Ozonloch oder die Ozonschicht sehen kann. Auch wird die Konstitution der Bereichsstufen nicht erklärt, ab welcher Konzentration also eine andere Farbe gewählt wird.

Vorspann

Durch die Äußerung des ersten Satzes des Vorspanns

(14) „Ein dramatischer Umbau läuft in der Atmosphäre unseres Planeten ab.“

wird zunächst die Situation als bedrohlich konstituiert. Auf der Ebene der Gegenstandskonstitution wird mit (14) ein Prozess („Umbau“) einge-

[24] Mit einer Abfrage der Mannheimer Korpora (vgl. Anhang, S. 413ff.) erhält man jedenfalls keinen früheren Beleg. Der Ausdruck ist heute als „Ozonloch“ lexikalisiert.

[25] „Zeigen“ können wir hier als „semiotisches Zeigen“ im Sinne von Konrad Ehlich (1994, S. 126) interpretieren.

führt, wobei offen bleibt, was auf welche Weise umgebaut wird. Im folgenden Satz

(15) „Im Zentrum des Geschehens steht das Gas Ozon. Obwohl mit dem lebenspendenden Sauerstoff verwandt, ist es ausgesprochen giftig."

steht die Gegenstandskonstitution im Vordergrund: Die Art und Weise von Ozon wird bestimmt, indem es zum Sauerstoff in Beziehung gesetzt wird, indem ein Gegensatz („obwohl...") zwischen der chemischen Verwandtschaft und der entgegengesetzten Wirkung auf den Menschen aufgemacht wird („lebenspendend" – „giftig"). Mit dem In-Beziehung-Setzen des Ozons zum (bekannten) Sauerstoff wird zugleich ein Bezug zum Laienalltag hergestellt. Beide Handlungsmuster finden wir auch im handlungssemantischen Vermittlungsmodell wieder (vgl. die Handlungsmusterschemata 3.5 auf Seite 55 und 4.3 auf Seite 97):

Durch die Äußerung des Satzes

(16) „So ist es beunruhigend, daß sich der Ozongehalt der Luft in Bodennähe – also in unserer Atemluft – seit vorindustrieller Zeit mindestens verdoppelt hat."

wird zugleich die Situation bewertet, indem das Gefühl der Beunruhigung geäußert wird und der Anlass für die Beunruhigung mitgeteilt wird. Dabei wird mit (16) gleichzeitig ein Bezug zum Laienalltag hergestellt, indem der Ort des giftigen Ozons zur Alltagswelt in Beziehung gesetzt wird („der Ozongehalt der Luft in Bodennähe – also in unserer Atemluft –"). Die Bestimmung der Quantität wird mit *pseudometrischen Angaben* („in Bodennähe", „seit vorindustrieller Zeit", „mindestens verdoppelt") geleistet. Dadurch ist unklar, welcher Ausgangswert zu Grunde gelegt wurde, welche Dosis für den Menschen schädlich ist und wann der Zeitpunkt „seit vorindustrieller Zeit" angesetzt wird. Die Quantität bleibt also unbestimmt.

Auch wenn bis zu dieser Stelle keine Informationen vermittelt wurden, wie die Quantitätszunahme des Ozons in ihrer Gesundheitsgefährdung abzuschätzen ist, so wird bis zu dieser Stelle das Szenario einer immer stärker werdenden Vergiftung der Atemluft aufgebaut. Wir haben auch hier wieder das Missverhältnis vorliegen, bestehend aus einer Betonung der Bedrohung auf der Ebene der Situationskonstitution und einer Unbestimmtheit auf der Ebene der Gegenstandskonstitution.

Betrachten wir folgenden Satz:

(17) „Eine Ozonglocke wölbt sich heute über den Industrieländern der nördlichen Hemisphäre."

Die Metapher „Ozonglocke“ aus dem Inhaltsverzeichnis wird wieder aufgenommen. Die Bedeutung dieses Metaphernlexems hat sich durch die mittlerweile etablierten Informationen über das Ozon („giftig“, „in unserer Atemluft“) konkretisiert. Man kann die Bedeutung von „Ozonglocke“ an dieser Stelle des Textes umschreiben als „die Atemluft umschließender Raum über den Industriestaaten, der mit dem Gift Ozon angefüllt ist.“ Zugleich wird durch die Raumangabe der Gegenstand in der Lebenswelt der Leserschaft verortet.

Durch die Metapher („Ozonglocke“) und ihre Expansion („wölbt sich über“) wird ein Metaphernmodell aufgebaut, in dem alle Einwohner der Lebenswelt der Leser unentrinnbar unter einer Giftgasglocke leben. Damit wird zugleich eine extrem bedrohliche Situation konstituiert.

Der nächste elliptische Satz

(18) „Immer mehr Ozon also am Grund des Luft-Ozeans – doch immer weniger in der Stratosphäre, 20 bis 50 km hoch über unseren Köpfen.“

fasst in der ersten Teil-Ellipse („Immer mehr Ozon also am Grund des Luft-Ozeans“) das Gesagte zusammen. Indem dabei die neue Metapher „Luft-Ozean“ bzw. „Grund des Luft-Ozeans“ eingeführt wird, wird bildhaft der Zusammenhang von Bodenszenario und atmosphärischem Szenario hergestellt.

Mit der zweiten Teil-Ellipse („doch immer weniger in der Stratosphäre, 20 bis 50 km hoch über unseren Köpfen“) wird zum zweiten Szenario übergeleitet. Dabei werden mit dem metrischen Attribut „20 bis 50 km hoch über unseren Köpfen“ zwei Handlungen konstituiert: Zum einen wird der Ausdruck „Stratosphäre“ zwar nicht eindeutig bestimmt, aber immerhin doch lokalisierbar gemacht, zum anderen wird mit dem Zusatz „über unseren Köpfen“ der Bezug zum Laienalltag hergestellt im Sinne von „Das Drama spielt sich direkt über Ihnen, den Lesern, ab.“

Auf die Stratosphäre kann nun pronominal verwiesen werden, so dass mit „dort oben“ das folgende atmosphärische Szenario eingeleitet werden kann:

(19) „Dort oben zehren industrielle Treibgase, die Chlorfluorkohlenwasserstoffe, allmählich die Ozonschicht auf, die uns – noch – vor dem „harten“ Strahlungsanteil im Sonnenlicht schützt.“

Mit (19) wird das vorher eingeführte, einfache Ursache-Wirkungsmodell („Der Mensch zerstört den Schutzschild der Erde“) elaboriert: Die Ozonschicht wird zerstört, indem „industrielle Treibgase“ produziert werden. Dabei wird durch das Attribut „industrielle“ ein neuer Handlungsbeteiligter eingeführt: die Industrie, die diese Treibgase herstellt. Dabei

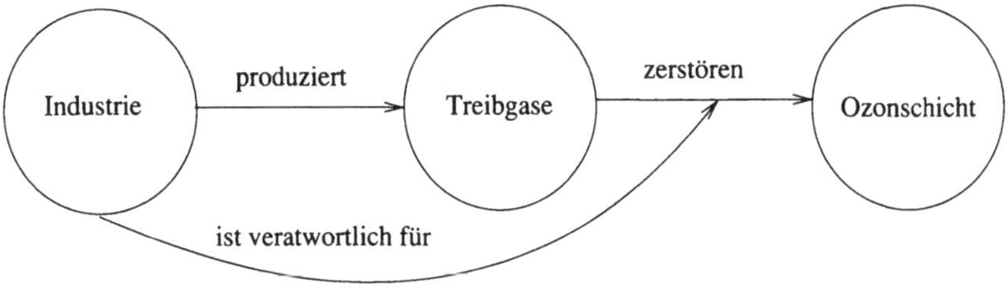

Abbildung 7.5: Kausalmodell der Ozonzerstörung im Artikel „Das Ozon-Drama“, dargestellt als konzeptuelles Netzwerk
Die Proposition „Die Industrie ist verantwortlich für die Zerstörung der Ozonschicht.“ ergibt sich aus der Schlussregel *Wer Produkte herstellt, die einen Schaden verursachen, ist für den Schaden verantwortlich.*

wird über eine Apposition der Terminus „Chlorfluorkohlenwasserstoffe“[26] eingeführt. Was Treibgase nun sind, wird dadurch allerdings nicht klarer. Wir besitzen nun ein neues Ursache-Wirkungsmodell, das durch folgende Propositionen beschrieben werden kann:

1. Die Industrie produziert Treibgase.
2. Diese Treibgase haben den Namen Chlorfluorkohlenwasserstoffe.
3. Chlorfluorkohlenwasserstoffe zehren allmählich die Ozonschicht auf.

Mit der Schlussregel:

Schlussregel: Wer Produkte herstellt, die einen Schaden verursachen, ist für den Schaden verantwortlich.

ergibt sich folgende Schlussfolgerung:

Schlussfolgerung: Die Industrie ist verantwortlich für die Zerstörung der Ozonschicht.

Dieses Kausalmodell ist als konzeptuelles Netzwerk in Abbildung 7.5 dargestellt.

Durch den Attributsatz („die uns...“) wird die Ozonschicht in ihrer Schutzfunktion charakterisiert.

Es wird jedoch zugleich angedeutet, dass die Gefahr der Schutzlosigkeit besteht, indem die Partikel „noch“ im Sinne von „vielleicht bald nicht mehr“ eingeschoben wird. Handlungsmusterschema 7.20 auf der nächsten Seite verdeutlicht diesen Zusammenhang.

---

[26] Wie vorhin ausgeführt, entspricht der Terminus „Chlorfluorkohlenwasserstoffe“ dem Terminus „Fluorchlorkohlenwasserstoffe“ (FCKW).

GEFAHR DER SCHUTZLOSIGKEIT ANDEUTEN → ÄUS(*–noch–*)
Handlungsmusterschema 7.20: GEFAHR DER SCHUTZLOSIGKEIT ANDEUTEN

Mit der Äußerung des nächsten Satzes wird scheinbar lediglich eine wissenschaftliche Methode genannt, mittels derer die Gefahr erkannt wurde:

(20) „Computer-Szenarien zeichnen für die kommenden Jahre ein alarmierendes Bild.“

Welcher Art die Verfahren sind, wird hier noch nicht deutlich, auch nicht, wie sie mit den bisher im Text eingeführten Beobachtungsmethoden wie Wetterballonmessungen und Satellitenmessungen zusammenhängen. Durch den Subjektschub an dieser Stelle[27] wird der Eindruck eines objektiven Verfahrens erweckt. Auch der Ausdruck „alarmierendes Bild“ ist unbestimmt, da nicht geklärt wird, was der Inhalt der Computer-Szenarien ist, der Anlass zum Alarm gibt.

Mit den letzten beiden Sätzen wird zum Ozonloch übergeleitet:

(21) „Vielleicht ein Indiz für den Anfang vom Ende unseres stratosphärischen Schutzmantels: Über dem antarktischen Kontinent klafft jedes Jahr ein immer tieferes Loch in der Ozonschicht.“

Hier wird das Klischee „Anfang vom Ende“ wieder aufgegriffen und durch das Genitivattribut „unseres stratosphärischen Schutzmantels“ zum ersten Mal spezifiziert.

Geleistet wird mit diesem Satz auch die Identifizierung des Ozonlochs über den Bezug zu Zuständen der Ozonschicht: Die Ozonschicht wird wiederum mit der emotiven Lexemmetapher „Schutzmantel“ bezeichnet, der durch das Ozonloch in einen anderen, nämlich beschädigten, Zustand transformiert wurde. Als „Anfang vom Ende“ kann nun interpretiert werden, dass der „Schutzmantel“, d.h. die Ozonschicht, auch an weiteren Stellen derartige Löcher aufweisen wird, bis sie ganz zerstört ist.

Zugleich mit dieser Konkretisierung werden aber eine Reihe von Abschwächungen unternommen. So ist das Ozonloch nicht definitiv der „Anfang von Ende“, sondern lediglich ein Indiz dafür, aber auch als Indiz

[27] Ohne Subjektschub hieße der Satz: „Wissenschaftler zeichnen mittels Computerszenarien für die kommenden Jahre ein alarmierendes Bild.“ Dieser Satz ist immer noch sehr unbestimmt. Im Verlauf des weiteren Textes wird sich herausstellen, dass damit gemeint ist: Ein bestimmter Wissenschaftler, Christoph Brühl, hat für *Bild der Wissenschaft* einige Computerhochrechnungen angestellt, die die Autoren für alarmierend halten. Der deagentivierte Stil, der hier gewählt wird, ist an sich typisch für fachliche Texte (vgl. von Polenz, 1985, S. 186ff.).

wird es nicht behauptet, sondern lediglich als Möglichkeit („vielleicht") in Aussicht gestellt.

7.3.4 Gegenstandskonstitution im ausgelagerten Informationsmodul

Auf Seite 40 finden sich eine undatierte und auf Seite 41 sechs von 1979 bis 1984 jahrdatierte geografische Darstellungen von Satellitendaten, darunter die Buchstabenfolge „TOMS OCT 5" und eine mit „150", „350", und „550" bezifferte, farbige Bande mit der Überschrift „DOBSON UNITS".

Der fett gesetzte Text „Satellitenbilder vom Ozon-Loch", der zwischen den Abbildungen und dem Text platziert wurde, kann zweifach gelesen werden: einmal als Unterschrift unter den Abbildungen und dann als Überschrift über dem Text (vgl. Abbildung 7.1 auf Seite 131).

„Satellitenbilder"

Betrachtet man zunächst nur die „Satellitenbilder", so sind sie nach dem vorhergehenden Text und der vorhergehenden Abbildung leicht als „Bilder" der Ozonschicht über der Antarktis zu identifizieren, die Jahreszahlen stellen, wie der Text später auch explizit sagen wird, das Jahr der Aufnahmen dar.[28]

Die Bezeichnung „Satellitenbilder" unterstützt wiederum die vorher angesprochene Fehlinterpretation, als handle es sich um Aufnahmen im Sinne einer Fotografie, denn das Kompositum „Satellitenbilder" kann etwa aufgelöst werden als *Bilder, die von einem Satelliten aus aufgenommen wurden.*

Würde der Leser diese Interpretation vollziehen, dann würde er hier tatsächlich einen anderen Gegenstand als in den fachlichen Texten[29] konstituieren, denn in den fachlichen Texten geht es immer um die Darstellung von Satellitendaten der Ozonkonzentration auf einem räumlichen Modell der Erde und nicht um die Auswertung von „Fotos". Der Leser müsste das Kompositum „Satellitenbilder" also auflösen in *Bilder, die hergestellt wurden, indem Ozonkonzentrationen der Stratosphäre, die von einem Messgerät an Bord eines Satelliten nachgewiesen wurden, auf eine Karte der Südhalbkugel projiziert wurden, wobei die Ozonkonzentrationen in größere Bereiche aufgeteilt wurden und diese Bereiche farbig unterlegt wurden.* Diese Bedeutungsparaphrase des Kompositums „Satellitenbilder" ist zwar möglich, aber relativ unwahrscheinlich, da wesentliche Informationen darüber, wie die „Satellitenbilder" hergestellt wurden, fehlen.

---

[28] Die anderen Abbildungen sind ohne Text nicht genauer einzuordnen, obwohl der Leser nach dem Prinzip des „Gestaltgesetzes der räumlichen Nähe" (zur Gestaltlinguistik vgl. Liebert, 1992, S. 14 - 28) einen Zusammenhang mit der Bestimmung der Veränderung der Ozonverteilung vermuten wird.

[29] Vgl. Abschnitt 7.4 auf Seite 184.

Der folgende Abschnitt unter der Überschrift „Satellitenbilder vom Ozon-Loch“ ist zusammen mit den Abbildungen ein in sich geschlossener, separat lesbarer Text, der aus einer Abfolge mehrerer Komponenten besteht:

1. Pseudochronologische Darstellung der Wissenschaftsgeschichte der Entdeckung des Ozonlochs
2. Interpretationshilfe zu den Abbildungen, speziell, wie aus der Farbverteilung die Ozonverteilung abgelesen werden kann
3. Einführung der in der Ozonforschung verwendeten Maßeinheit „Dobson unit“
4. Legende der Abbildungen, auch der Abbildung auf der gegenüberliegenden Seite
5. Argumentation und Beweisführung der Zunahme des Ozonlochs, dass also Gefahr besteht und sie zunimmt
6. Brückenschlag zur zuerst eingeführten Wissenschaftsgeschichte
7. Entwicklung eines Ursache-Wirkungsgefüges
8. Andeutung der erschreckenden Konsequenzen.

Ad 1) Pseudo-chronologische Darstellung der Wissenschaftsgeschichte des Ozonlochs

In den ersten sechs Sätzen gibt der Autor eine personalisierte, pseudochronologische Darstellung[30] der Entdeckung des Ozonlochs:

(22) „Die Meteorologen des British Antarctic Survey waren am Ende ihres Lateins.“

(23) „Alle Jahre wieder im antarktischen Frühling, im September und Oktober, signalisierten ihre Instrumente eine Art Fenster, das sich in der stratosphärischen Ozonschicht über der Südpolregion öffnete.“

(24) „Etwa einen Monat lang blieb das Phänomen und verschwand dann wieder, 1968 war dieses merkwürdige „Ozon-Loch“ erstmals erkennbar gewesen.“

(25) „Im Januar 1982 wechselten die irritierten Briten in den Beobachtungsstationen Halley Bay und Argentine Islands das Spektralphotometer, ihr Ozon-Meßinstrument, gegen ein neu geeichtes aus.“

---

[30] Der Begriff „pseudo-chronologische Darstellung“ wurde in Abschnitt 3.4 auf Seite 89 eingeführt.

(26) „Der September kam – und mit ihm das Loch in der Ozonschicht, dito 1983, 1984 und 1985."

Der Autor benutzt hier also die in Abschnitt 3.4 auf Seite 85 diskutierte Kombination aus den Verfahren „Personalisierung" und „Entdeckungsgeschichte beschreiben". In diesem Fall wird die (fiktive) Einführungssituation aus auktorialer Erzählperspektive geschildert. Dabei wird mit der Gegenstandskonstitution (der Entdeckung der antarktischen Ozonverluste) der Terminus „Ozonloch" eingeführt. Dabei beginnt er die Entdeckungsgeschichte durch die Äußerung von (22) in einer relativ fortgeschrittenen Phase des Forschungsprozesses, nämlich an dem Punkt, an dem eine Gruppe von Meteorologen vor einem Rätsel steht. (23) führt dann aus, welcher Art dieses Rätsel ist. Dabei wird die Metapher „eine Art Fenster" eingeführt und mit „öffnete" expandiert. Damit wird der sich dem zunächst noch nicht begrifflich gefassten Phänomen nähernde, eher vage Sprachgebrauch der Forscher-im-Entdeckungsprozess imitiert. Mit (24) führt der Autor den Terminus „Ozonloch" ein, allerdings hat diese Einführung nichts von einer wissenschaftlichen Definition: Durch das Adjektivattribut „merkwürdig" und die distanzierenden Anführungszeichen, imitiert der Autor wieder die Gedankengänge der (ungläubigen) Forscher.

Damit wird der Terminus „Ozonloch" mit der Entdeckungsgeschichte eingeführt. Diese Situation repräsentiert aber in keiner Weise die fachliche Ersteinführung. Es handelt sich hier um eine reine Fiktion. Die Modalität hat also in den Bereich des Fiktionalen gewechselt, ohne dass dies angezeigt worden wäre. Dieser Modalitätswechsel ist nur erkennbar, wenn man bereits über Fachwissen verfügt oder wenn man die Widersprüche erkennt, die zu den anderen Varianten der Entdeckungsgeschichte bestehen, die im selben Artikel aufgeführt werden. Diese Widersprüche sollen später noch eigens thematisiert werden.

Mit (25) werden die Maßnahmen beschrieben, die die Forscher zur Überprüfung ihrer Hypothese einleiteten. Mit (26) beschreibt der Autor das Testen der Hypothese „Der September kam", wobei er mit dem Gedankenstrich die Spannung erhöht, indem er die Mitteilung des Messergebnisses verzögert. Dann wird nicht nur das Ergebnis des Hypothesentests mitgeteilt („und mit ihm das Ozonloch") sondern auch die Bestätigung für alle folgenden Jahre („dito 1983, 1984, 1985").

Mit Satz

(27) „Heute liegen Satellitenbild-Auswertungen des amerikanischen Wissenschaftlers Richard Stolarski vor, vom Godard Space Flight Center der NASA in Greenbelt, Maryland."

wird die (pseudo-)chronologische Darstellung abgeschlossen, indem zunächst durch den deiktischen Ausdruck „heute" der Sprechzeitpunkt markiert wird (Mai 1986). Mit (27) wird gleichzeitig der „Stand der Wissenschaft“ dargestellt und die Bestätigung des Ozonlochs beschrieben. Dabei wird der mit dem Genitivattribut „des amerikanischen Wissenschaftlers Richard Stolarski vom Goddard Space Flight Center der NASA in Greenbelt, Maryland“ involvierte Wissenschaftler nur scheinbar eindeutig identifiziert, denn tatsächlich handelt es sich bei den Autoren, die diese Darstellungen in *Nature* veröffentlichten, um eine Gruppe von Wissenschaftlern: Stolarski, Krueger, Schoeberl, McPeters, Newman und Alpert.[31]

Ad 2) Interpretationshilfe zu den Abbildungen, Einführung von Maßeinheiten

Betrachten wir die Äußerung des folgenden Satzes:

(28) „Per Computerhilfe ist in diesen Aufnahmen die Gesamtdicke der atmosphärischen Ozonschicht durch Falschfarbentechnik in unterschiedlichen Farbtönen ablesbar, in der Einheit ‚Dobson-Units‘.“

Hier wird eine Interpretationshilfe zu den Abbildungen gegeben, speziell dazu, wie aus der Farbverteilung die Ozonverteilung abgelesen werden kann. Es werden die Methoden genannt („per Computertechnik“, „durch Falschfarbentechnik“) und die Korrelation, die zwischen Farbton und Ozonschichtdicke besteht. Zugleich wird durch das Lexem „Aufnahmen“ wiederum nahe gelegt, es handele sich um fotografische Aufnahmen.

Im gleichen Satz wird mit der nachgestellten Präpositionalergänzung „in der Einheit ‚Dobson-Units‘“ die in der Ozonforschung verwendete Maßeinheit eingeführt. Bei der Festlegung solcher Einheiten spielen meist komplexe fachliche Überlegungen und Zusammenhänge eine Rolle, die nur sehr umständlich erklärt werden können. Häufig verzichten Autoren darauf und begnügen sich in einer Argumentation „ad auctoritatem“ damit, den Normalbereich und die Endpunkte einer Skala zu beschreiben. Dies wird mit dem nächsten Satz gemacht:

(29) „300 bis 400 Dobson Units entsprechen der normalen Schichtdicke, und je weiter man nach links auf der Dobson-Skala rutscht, desto weniger Ozon ist vorhanden.“

Hier ist der Text allerdings ohne die Abbildung der Skala (vgl. Abbildung 7.1 auf Seite 131) praktisch nicht interpretierbar. Zunächst wird mit dem Ausdruck „300 bis 400 Dobson Units entsprechen der normalen Schichtdicke“ der Normalbereich festgelegt, dann wird der Minimalbereich bestimmt („je weiter man nach links auf der Dobson-Skala rutscht...“). Minimal- und Maximalbereich werden *nicht quantifiziert.* Dennoch werden die Werte durch die Abbildung der Skala interpretierbar: So kann

---

[31] Vgl. das Kapitel „Klimatologie für Linguisten“, S. 117.

man sich jetzt erschließen, dass der Normalwert 350 Dobson (Mitte der Skala), der Maximalwert 550 Dobson (rechte Seite der Skala) und der Minimalwert 150 Dobson (linke Seite der Skala) sein müssen. Dabei wird eine Erläuterung unterlassen, was eine Dobson-Einheit ist bzw. wie man sie festgelegt hat.

Ad 3) Legende der Abbildungen und Beweisführung

(30) „Das große Bild (linke Seite) zeigt die Situation von 1985: Deutlich ist ein ‚Trichter' absteigender Ozon-Schicht-Dicke über der Polregion zu sehen, mit nur noch 150 Dobson Units (orange) im Zentrum."

Mit (30) werden nun die Abbildungen interpretiert. Die große Abbildung auf der linken Seite wird mit (30) genau bestimmt und ausgewertet:[32] Die Bewertung „nur noch 150 Dobson Units" ist auf dem Hintergrund des eingeführten Wissens, dass dies den Endpunkt, d.h. den Minimalwert der Skala, darstellt, interpretierbar.

Die Legende zu den in Jahresschritten aufgenommenen Satellitenbildern auf der rechten Seite wird nun zugleich als Beweis für das wachsende Ozonloch genommen:

(31) „Die Aufnahmen oben auf dieser Seite – jeweils am 5. Oktober gemacht – beweisen, daß das Ozon-Loch von Jahr zu Jahr tiefer und größer wird."

Das Handlungsmuster, nach dem hier gehandelt wird, ist in Handlungsmusterschema 7.21 dargestellt.

BEWEISEN(Das Ozonloch wächst jedes Jahr weiter.) →

VERWEISEN(AUF VISUELLE DARSTELLUNG VON OZONVERLUSTEN 1979 – 1984)

Handlungsmusterschema 7.21: Ein Untermuster des Musters BEWEISEN indem VERWEISEN

Es handelt sich dabei um ein Untermuster des Musters BEWEISEN indem VERWEISEN (vgl. Handlungsmusterschema 7.22).

BEWEISEN(X) → VERWEISEN(AUF ABBILDUNG VON X)

Handlungsmusterschema 7.22: BEWEISEN indem VERWEISEN

[32] Die Metapher „Ozonloch" wird hier mit einer neu eingeführten Genitivmetapher „‚Trichter' absteigender Ozon-Schicht-Dicke" erläutert, die allerdings unglücklich gewählt ist, da hier der Eindruck entstehen könnte, die Ozonschicht weise eine ähnliche räumliche Konfiguration auf wie ein Trichter. In der Ozonschicht zeigt sich aber in einer relativ konstanten Höhe eine Fläche mit geringer Konzentration. Der Ausdruck „Loch" ist deshalb ein treffenderer Begriff.

Wenn man nach einem Handlungsmuster BEWEISEN indem VERWEISEN handelt, hat man natürlich nach wissenschaftlichen oder logischen Kriterien keinerlei Beweis erbracht; es handelt sich um eine Argumentation „ad oculos“, bei der dem Gegenüber suggeriert wird, das zu beweisende X per Augenschein zu akzeptieren. Denn erst, wenn wir in den visuellen Darstellungen erkennen, dass der innere Bereich der niedrigen Ozonkonzentrationen von Jahr zu Jahr umfangreicher wird und wenn wir folgende (ungestützte) Schlussregel akzeptieren:

Schlussregel: Wenn die Ozonverluste von 1979-1984 immer mehr wurden, dann werden sie auch in den folgenden Jahren immer mehr werden.

können wir (31) als Beweis anerkennen.

Ad 4) Brückenschlag zur Wissenschaftsgeschichte, Entwicklung eines Ursache-Wirkungsgefüges

(32) „Die Meteorologen Farmann, Gardiner und Shanklin vom British Antarctic Survey glauben mittlerweile ihren Meßdaten und führen diesen rapiden Ozon-Abbau auf die seit Beginn der sechziger Jahre ansteigenden Emissionen von Chlorfluorkohlenwasserstoffen, beispielsweise aus Spraydosen, zurück, deren Auswirkungen sich über der Antarktis wegen der dort herrschenden luftchemischen Verhältnisse am ehesten bemerkbar machen.“

Mit (32) wird nun der Bogen[33] zum Beginn der „Wissenschaftsgeschichte“ geschlagen, die mit einem Rätsel der Ozonforscher in der Antarktis begonnen hatte. Das Rätsel wird aufgelöst und das Ergebnis ist nun „wissenschaftlich überprüft“: Es gibt ein Ozonloch und es wird von Jahr zu Jahr größer. Es gibt bisher nur eine Ursachenbeschreibung: FCKWs sind die Ursache.

Narrativ ist der Bogen abgeschlossen, allerdings mussten dafür einige Brüche in der Linearisierung in Kauf genommen werden: Die Entdeckungsgeschichte suggeriert, wie schon in der Bildlegende der Einstiegsseite, Farman et al. hätten das Ozonloch entdeckt, den Daten aber misstraut, danach haben Stolarski et al. die Satellitenbilder veröffentlicht und danach wiederum hätten Farman et al. ihren Daten geglaubt und als Ursache die FCKWs angenommen.

Hier zeigt sich, dass die Kritik von Enzensberger (1973) durchaus berechtigt ist: Der narrative Bogen, der um der Anschaulichkeit willen geschlagen wurde, verletzt die Linearisierung und macht es durch die zwischen Faktizität und Fiktionalität schillernde faktionale Modalität[34] unmöglich, Fakten und Fiktion auseinander zu halten.

---

[33] Das Handlungsmuster EINEN BOGEN SCHLAGEN wird in Abschnitt 8.2.1 ab Seite 269 behandelt; vgl. auch Handlungsmuster 8.16 auf Seite 269 und Handlungsmuster 8.17 auf Seite 271.

[34] Zum Begriff der faktionalen Modalität vgl. Abschnitt 3.4 auf Seite 91.

Ad 5) Andeutung der erschreckenden Konsequenzen

Betrachten wir die Äußerung des letzten Satzes:

(33) „Ein Vorgeschmack davon, was unserer Atmosphäre weltweit in einigen Jahrzehnten blüht?"

Hier wird wiederum nach dem Muster ZUM LESEN REIZEN → GEFAHR ANDEUTEN gehandelt, in diesem Fall, dass der Leser durch die elliptisch formulierte Frage (33) zum Weiterlesen animiert werden soll, indem eine Gefahr angedeutet wird.

7.3.5 Horrorszenario als Leseanreiz – Handlungskonstitution im Anfangsteil des Fließtextes

Der Fließtext beginnt auf Seite 40 mit dem Satz:

(34) „Wir merken noch nichts davon."

Das Pronomen „davon" im ersten Satz wird normalerweise anaphorisch verwendet, man bezieht sich auf Sachverhalte, die in einem vorhergehenden Satz geäußert wurden. Da es sich bei (34) aber um den ersten Satz handelt, bleibt der Bezug von „davon" unbestimmt. Deshalb wird der Leser über die konversationelle Implikatur die in den Vortexten aufgebauten Gefahrenszenarien nach einer möglichen Referenz für „davon" abtasten, so dass ihm die Gefahren wie Vergiftung der Atemluft und schutzloses Ausgeliefertsein gegen lebensbedrohende Sonnenstrahlung auf einen Schlag präsent werden. Dieser Satz hat deshalb etwas Unheimliches, das durch die Äußerung der folgenden Sätze verstärkt wird:

(35) „Der morgendliche Blick nach oben „Wie wird das Wetter heute?" zeigt stets nur Altbekanntes: Mal jagen graue Regenwolken einander über die Hausdächer, mal blinzelt die Sonne durch den Morgendunst, mal dehnt sich unendliche Bläue."

Diese Beschreibung des Alltäglichsten des Alltags, die Gedanken um das Tageswetter, wird im Kontext der heraufbeschworenen und wissenschaftlich dingfest gemachten, tödlichen Gefahr gelesen. Damit wird der ganz normale Alltag des Lesers, das scheinbar Verlässlichste, das Tag für Tag wiederkehrt, in Frage gestellt und verliert dadurch seine Selbstverständlichkeit. Dies ist das Stilmittel vieler Horrorfilme, in dem zunächst ein fast idyllischer Kontext aufgebaut wird, der aber nicht beruhigend, sondern im Gegenteil beunruhigend wirkt, da bereits durch die Ankündigung des Genres „Horrorfilm" klar ist, dass die Idylle gebrochen wird und einem über das Normale hinausgehenden Grauen und Entsetzen weichen muss.

HORRORSZENARIO AUFBAUEN →

[IDYLLISCHEN ALLTAG SCHILDERN
ANDEUTEN(GRAUSAME ZERSTÖRUNG DER IDYLLE)]

Handlungsmusterschema 7.23: HORRORSZENARIO AUFBAUEN

Dabei steht das Handlungsmuster HORRORSZENARIO AUFBAUEN im Dienst anderer Zwecke. Einmal wird wiederum der Leser zum Weiterlesen gereizt, darüber hinaus wird hier aber auch der im Vermittlungsmodell angesetzte Bezug zum Laienalltag hergestellt. Der Bezug zum Laienalltag wurde aus referenzsemantischer Sicht als notwendig erachtet, um die dem Laien unbekannten, im Fachdiskurs konstituierten Individuen zu identifizieren, indem sie mit vom Laien identifizierten Individuen aus dessen Alltagswelt verknüpft werden (vgl. Handlungsmusterschema 7.24):

[ZUM LESEN REIZEN
BEZUG ZUM LAIENALLTAG HERSTELLEN] → HORRORSZENARIO AUFBAUEN

Handlungsmusterschema 7.24: ZUM LESEN REIZEN ⊓ BEZUG ZUM LAIENALLTAG HERSTELLEN

Der folgende Satz beinhaltet diesen Bruch:

(36) „Und doch ist es qualitativ nicht mehr derselbe Himmel, den wir als Kinder sahen.“

Mit der Äußerung dieses Satzes wird der Himmel differenziert in einen alten, den wir seit unseren „Kindertagen“ kennen und den Himmel, wie er sich jetzt darstellt, gefährlich, todbringend. Die Wahl der visuellen Lexik wie „Blick nach oben“, die Beschreibung des Gesehenen wie Sonne, Wolken, blauer Himmel, das Wachrufen der Erinnerung an den Kinderblick in den Himmel, macht dem Leser den optischen Wahrnehmungsmodus gewahr, der nun in Frage gestellt ist. Bis zu dieser Stelle wird also auch die alltägliche Wahrnehmung des Lesers geschockt, indem er dazu gebracht wird, dem Offensichtlichen, Sichtbaren nicht mehr zu trauen.

Bis hierhin hat der Leser also im Fließtext selbst keine Hinweise hinsichtlich der Gegenstandskonstitution erhalten, dafür wurde versucht, Gruselgefühle zu erzeugen und eine unheimliche, angsterfüllte Stimmung zu schaffen.

Das Genre des „Ozon-Dramas“ ist nun klar: das Horrorgenre.

Betrachten wir nun die Äußerung des nächsten Satzes:

(37) „In dem Dutzende von Kilometer hohen Luft-Ozean, den wir Atmosphäre nennen, ist ein gewaltiger Umbruch im Gang – ein unbeabsichtigtes, globales Groß-Experiment mit völlig ungewissem Ausgang.“

Hier wird benannt, was wir statt unseres alltäglichen, vertrauten Himmels wahrnehmen müssen: ein beunruhigendes „unbeabsichtigtes, globales Groß-Experiment mit völlig ungewissem Ausgang". Mit diesem Ausdruck wird zum einen der Kontrollverlust über eine vom Menschen initiierte Zerstörung der Atmosphäre angesprochen, für den vorinformierten Leser bedeutet diese Formulierung aber auch eine Anspielung auf den zu dieser Zeit gerade erfolgten GAU des Atomkraftwerks in Tschernobyl, der durch ein außer Kontrolle geratenes Experiment der Ingenieure verursacht wurde, so dass damit auch die Schwere der Konsequenzen dieses Kontrollverlusts deutlich gemacht wird.[35] Schließlich werden die mit „Anfang vom Ende?" und „vielleicht" gemachten Geltungseinschränkungen mit dem Ausdruck „mit völlig ungewissem Ausgang" weiter eingeschränkt.

Im folgenden Satz

(38) „Zu vereinzelt sind noch die Indizien, um ein zweifelsfreies Gesamtbild abzugeben."

wird sogar offen das Nicht-Wissen thematisiert, das lediglich aus einzelnen Indizien besteht.

Da sich der Leser fragen könnte, warum aus einzelnen Indizien eine solch groß angelegte Warnung vor einer globalen Bedrohung abgeleitet werden kann, wird diese Frage mit dem nächsten Satz „beantwortet":

(39) „Doch was sich aus Computer-Simulationen der atmosphärischen Prozesse, aus Flugzeug-Meßprogrammen, aus Wetterballon- und Satellitendaten abzeichnet, ist aufrüttelnd genug."

Im Prinzip wird in diesem Abschnitt der Geltungsbereich sehr detailliert beschrieben. Es handelt sich um eine Warnung in einem sehr frühen Stadium, in dem noch wenige Fakten vorliegen.

Im nächsten Absatz wird ausgeführt, dass diese Ergebnisse Auslöser für die Initiative für ein groß angelegtes Forschungsprogramm der Atmosphärenchemie war. Der nächste Absatz nennt dann die deutschen

[35] Dabei wird die vorher eingeführte Metapher „Luft-Ozean" wieder aufgegriffen und expandiert, sie dient nun nicht mehr nur dazu (wie noch bei der ersten Nennung), eine Vertikal-Strukturierung des Raumes zu etablieren, sondern den normalerweise als bis auf Wolken und Wind statisch wahrgenommenen Himmel mit den vielen unsichtbaren Bestandteilen insgesamt als dynamisches Gebilde zu betrachten. Der Leser kann so folgenden Analogieschluss ziehen: Wie im Ozean Wassermassen und Strömungen hin- und herfließen, so ist auch die Atmosphäre als Ganzes, auch unser Himmel, ständig in Bewegung. Wenn Ickler also meint, die Metapher „Luft-Ozean" sei „keine die Erkenntnis irgendwie erweiternde Hypothese" (Ickler, 1993, S. 106), so ist dies jedenfalls im Kontext der Experten-Laien-Kommunikation anders zu bewerten. Es ist verallgemeinernd zu fragen, inwiefern nicht Metaphern, die im fachlichen Zusammenhang lediglich Metaphern „after-the-fact" (vgl. dazu Liebert, 1999) darstellen, im Vermittlungskontext gerade zur Erkenntniserweiterung eingesetzt werden können.

Partner. Die Nennung der großen Anzahl renommierter Forschungseinrichtungen kann als Element einer „Rhetorik der Wichtigkeit" (Niederhauser, 1999b, S. 209ff.) betrachtet werden: Es handelt sich nicht um ein gewöhnliches Forschungsprojekt, vielmehr werden die Wissenschaftler entsandt, um eine große Aufgabe zu erfüllen, nämlich herauszufinden, wie die Veränderungen des Ozongehalts in der oberen und unteren Atmosphäre gestoppt werden können. Diese „Rhetorik der Wichtigkeit" wird im nächsten Abschnitt verstärkt, wenn das offensichtlich im Beantragungsstadium befindliche Forschungsprojekt als „Mission" bezeichnet wird:

(40) „Im Zentrum dieser wissenschaftlichen Mission steht das Ozon."

Mit (40) wird zum einen das Forschungsvorhaben durch den Ausdruck „Mission" aufgewertet und zum anderen in einen eigenen Abschnitt übergeleitet, der den Gegenstandstyp „Ozon" einführt. Wie anfangs geschildert, steht zu vermuten, dass viele Leser von *Bild der Wissenschaft* mit Form und Funktion des Moleküls Ozon wenig oder gar nicht vertraut sind, so dass dem Autor die Aufgabe zufällt, an irgendeiner Stelle die Bestimmtheit des Gegenstands sicherzustellen. Dies leistet er erst, nachdem durch viele emotive und appellativ dominierende Passagen die Aufmerksamkeit des Lesers an den Text gebunden wurde, indem der Autor emotional aufrüttelnd die Gefahren beschrieben hat, die dem Leser aufgrund der Veränderung des Ozongehalts drohen, und indem er geschildert hat, welch große Anzahl von Forschungsinstitutionen dadurch bewogen wurde zu handeln.

Damit erfährt der Leser im nächsten Satz und auch in den folgenden Sätzen, die von der Ozonchemie handeln, nun nicht einfach etwas über die Molekülstruktur des Ozons. Der Leser wird eher auf den Wissensstand gebracht, um an der „Mission" der genannten wissenschaftlichen Institutionen teilhaben zu können.

7.3.6 Das Mandeville-Dilemma – Handlungskonstitution bis zur Einführung des Ozonlochs

Im Verlauf des weiteren Textes wird nun Wissen der Atmosphärenchemie aufgebaut. Dabei werden eingeführt:

- der Sachverhalt, dass der quantitative Anteil des Ozons an der Atmosphäre relativ gering ist, dass seine Funktion aber so zentral ist, dass auch eine geringe Änderung des Ozonanteils gravierende Folgen nach sich zieht
- die räumliche Aufteilung der Atmosphäre mittels der Metapher des Stockwerks, die mit der Metapher des Dramas überblendet wird: Die Stockwerke werden zur Bühne des „Dramas", oben Stratosphäre, unten Troposphäre. (S. 42)

- das Individuum „Ozonschicht“: Welche chemischen Reaktionen lassen die Ozonschicht entstehen? (chemische Abbau- und Aufbaureaktionen) (S. 42/43)

- die Rolle der UVB-Strahlung (S. 43)

- neue Gegenstandstypen: Spurengase, Lachgas, Rolle von Spurengasen, die aus der Troposphäre in die Stratosphäre steigen (S. 43/46)

- neuer Gegenstandstyp: FCKW, Rolle des FCKW, These von Molina und Rowland (1974): Interaktion der Gegenstände FCKW – Ozonschicht: FCKW zerstört Ozonschicht; Basis: Beschreibung der FCKW-Menge, Nachweis der katalytischen Reaktion mit Ozon (S. 46).

Ab S. 46 wird explizit auf die öffentliche Diskussion um FCKWs und das „schnelle Ende“ dieser Debatte eingegangen. Als Gegenposition erscheint nun der mit „beruhigende Sprüche“ und „industrielle Treibgase“ bereits angedeutete Diskurs-Akteur „Spraydosen-Fabrikanten“, der die These vertreten haben soll, der Ozongehalt der Atmosphäre sei weltweit konstant geblieben (trotz steigender FCKW-Produktion), wobei die Öffentlichkeit (und auch die Fachwelt?) auf diese Position eingeschwenkt sei. Nicht geschildert wird hier, dass die öffentliche Diskussion einer fachlichen Diskussion folgte, da die These von Molina und Rowland (1974) durch Ozonmessungen lange nicht bestätigt werden konnte (vgl. Kapitel 6 „Klimatologie für Linguisten“).

Der Diskursposition „Spraydosen-Fabrikanten“ wird nun der Beweis der abnehmenden Ozonschicht entgegengehalten.

Die abnehmende Ozonschicht wird bewiesen, indem eine Reihe von Computersimulationen präsentiert werden, die im Fachdiskurs zu diesem Zeitpunkt allerdings in keinster Weise (etwa durch eine Publikation in einer Fachzeitschrift) abgesichert sind. Es handelt sich hier vielmehr um öffentliche Originalbeiträge von Wissenschaftlern (hier von Brühl) in der *Vermittlerrolle*[36], die erst Jahre später unter den Bedingungen des Fachdiskurses in anderer Form publiziert werden (vgl. etwa Brühl und Crutzen, 1988).[37]

Diese Passagen fallen dadurch auf, dass auf der Ebene der Modalität unverträgliche Handlungsmuster gleichzeitig konstituiert werden, zum Beispiel in dem Satz

[36] Vgl. die Einführung des Rollenbegriffs in Kapitel 2.6 (S. 31ff.) sowie die Definition der Vermittlerrolle in Kapitel 4 (S. 93ff.).

[37] In der Zusammenfassung wird der Hybris-Topos angeführt: „Die Menschheit baut ihre Atmosphäre um.“ (S. 46).

(41) „Seit Beginn der Industrialisierung, dies besagen Christoph Brühls Modellrechnungen, dürfte der Ozongehalt in den bodennahen Luftschichten sogar möglicherweise um 100% zugenommen haben.“ (S. 46, Sp. 2)

In Handlungsmusterschema 7.25 wird die widersprüchliche Bestimmung des Sicherheitsgrads der Behauptung ausgedrückt.

BEH(dass p)
ALS SICHER BEWERTEN(BEH(dass p)) → [FAKTITIVE MODALITÄT VERWENDEN / ALS ERGEBNIS VON MODELLRECH. DARST]
ALS SICHER BEWERTEN(BEH(dass q)) → METRISCHE ANGABEN MACHEN
ALS UNSICHER BEWERTEN(BEH(dass q)) → MÖGLICHMOD → [MV VERWENDEN / MAV VERWENDEN]

Legende:
p:$_{def}$ Christoph Brühls Modellrechnungen besagen, dass q.
q:$_{def}$ Seit Beginn der Industrialisierung dürfte der Ozongehalt in den bodennahen Luftschichten sogar möglicherweise um 100% zugenommen haben.
BEH:$_{def}$ BEHAUPTEN
MÖGLICHMOD:$_{def}$ MÖGLICHKEITSMODALITÄT VERWENDEN
DARST:$_{def}$ DARSTELLEN
MODELLRECH:$_{def}$ MODELLRECHNUNG
MV:$_{def}$ MODALVERB
MAV:$_{def}$ MODALADVERB

Handlungsmusterschema 7.25: Widersprüchliche Bestimmung des Sicherheitsgrads der Behauptung

Dabei können folgende Zuordnungen zur Äußerung angesetzt werden:

1. FAKTITIVE MODALITÄT VERWENDEN → ÄUS*(besagen)*
2. ALS ERGEBNIS VON MODELLRECHNUNGEN DARSTELLEN → ÄUS*(Brühls Modellrechnungen)*
3. METRISCHE ANGABEN MACHEN → ÄUS*(100%)*
4. MODALVERB VERWENDEN → ÄUS*(dürfte)*
5. MODALADVERB VERWENDEN → ÄUS*(möglicherweise)*

Die beiden Modalisierungen „dürfte“ und „möglicherweise“ werden nicht aufgelöst, indem etwa gefragt wird, wie entschieden werden kann, welche Zunahme tatsächlich vorliegt oder unter welchen Bedingungen die Modellrechnung unterstellt werden kann.

Auf dem weiteren Leseweg wird nun eine einseitige Infografik präsentiert (S. 48), die beide Problemfälle, den Abbau der Ozonschicht und die Zunahme des Bodenozons, in einen Zusammenhang bringt. Dabei stehen die beiden Problemfälle (Verluste des stratosphärischen Ozons bzw. Zunahme des Bodenozons) in keinem chemischen oder sonstigen Kausalzusammenhang. Der Leser wird aber auf Grund der „Zusammenlegung“

der beiden Problemfälle in einer Grafik versuchen, genau diesen (nicht vorhandenen) Zusammenhang herzustellen. Fand sich die Annahme einer „asymmetrischen Ozonverteilung" bisher als Schlussmuster bzw. Schlussregel (vgl. Abschnitt 7.3.2 auf Seite 149), so etabliert sie sich nun immer mehr als eigene *Diskursposition.* Diese Position stellt also nicht die Vermittlung einer fachlichen Diskursposition dar, sondern muss als eigene, hier erst konstruierte Position verstanden werden, die einen Zusammenhang zwischen der größeren Menge an Bodenozon und dem stratosphärischen Ozonverlust behauptet.

Durch die Infografik werden noch weitere Widersprüche zur bisherigen Gegenstandskonstitution des Ozonlochs aufgemacht: Obwohl das Ozonloch im ganzen Text zuvor (und danach) über dem *Südpol* lokalisiert wurde, wird hier die *Nordhalbkugel* dargestellt, ablesbar an der Etikettierung „nördliche Hemisphäre" und der Gradeinteilung am unteren Bildrand.

Folgt man den Pfeilen der FCKW-Wanderung, so sieht es so aus, als würden diese in der Troposphäre, also bodennah, zum Äquator wandern, von da aus in die Stratosphäre steigen und dort oben wieder nach Norden wandern und dort die Ozonschicht zerstören. Diese „Wanderbewegung" hat keine Abdeckung im Fachdiskurs und wird auch im Text nicht erwähnt.

Zwar wird durch die Präsentation der Infografik eine Handlung nach dem Handlungmuster BEZUGSRAHMEN EXPLIZIEREN → KARTEN UND SCHEMATA ERLÄUTERN (vgl. Handlungsmusterschema 3.14 auf Seite 67) vollzogen, die Karten und Schemata sind jedoch irreführend und falsch.

Wir stoßen hier auf ein Grundproblem bei der Vermittlung. Der Leser wird zwar erkennen, dass Handlungen nach Handlungsmustern wie KARTEN UND SCHEMATA ERLÄUTERN usw. gemacht werden, er kann aber nicht beurteilen, ob die Karte richtig gezeichnet wurde oder das erläuterte Schema durch Beschreibungen im Fachdiskurs gedeckt ist. Er befindet sich also in einer ähnlichen Situation wie ein Leser des Mittelalters, der „authentische" Reisebeschreibungen las, die darin beschriebenen Ereignisse aber nicht nachprüfen konnte.[38] Die Autoren dieser Reiseliteratur haben die dort beschriebenen Ereignisse teils selbst erlebt, teils erfunden, teils recherchiert und meist im besten Glauben publiziert. Auch bei Vermittlungstexten kann ein Laie nicht beurteilen, ob die präsentier-

[38] Winfried Göpfert (1996, S. 107) hat für den Vermittlungsautor die Metapher „Auslandskorrespondent" kreiert. Dies ist eine subtile Metapher, da sie unterstellt, dass der Auslandskorrespondent in dem Land, aus dem er berichtet, lebt, ohne dass er zugleich ein Einwohner dieses Landes sein muss. Wissenschaftsjournalisten, die seit Jahren eine bestimmte Wissenschaft verfolgen, können in diesem Sinne Auslandskorrespondenten werden. Die Mehrzahl der Wissenschaftsjournalisten sind allerdings Auslandskorrespondenten, die nie oder vielleicht nur einmal in dem Land waren, über das sie berichten.

ten Karten und Schemata falsch oder richtig sind. Das Verstehen von Vermittlungstexten allein ist dabei kein Kriterium für die Wahrheit oder Falschheit der Sachverhalte, denn die (unwahren) Sachverhalte, die etwa diese Infografik vermittelt, können vom Laien durchaus verstanden und für wahr gehalten werden. Dieses Dilemma, Handlungen als nach bestimmten sachverhaltskonstituierenden Handlungsmustern gemacht zu erkennen, nicht aber die Sachverhalte hinsichtlich Wahrheit oder Falschheit beurteilen zu können, soll in Anlehnung an einen der großen Reiseschriftsteller des Mittelalters das *Mandeville-Dilemma*[39] genannt werden.

Am Beispiel der hier besprochenen Infografik kann man verschiedene Aneignungsstrategien unterscheiden, die ein Laie im Umgang mit dem Mandeville-Dilemma wählen kann:

Strategie 1 Der kritische Laie wird einige Fehler erkennen und daraufhin selbstständig recherchieren und erkennen, welche Fehlinformationen gegeben wurden und welches die eigentlichen Informationen sind.

Strategie 2 Der unkritische Laie wird versuchen, die Fehlinformationen zu integrieren. Auf diese Weise baut der Leser ein teilweise falsches, teilweise widersprüchliches Modell auf, das weit vom Bezugsrahmen und der Gegenstandskonstitution der Klimatologie entfernt ist.

Strategie 3 Der pragmatische Laie wird bei seinen Interpretationsversuchen der Infografik erkennen, dass „etwas nicht in Ordnung" ist, sich aber nach einigen vergeblichen Verstehensbemühungen dazu entschließen, diese Grafik zu überspringen und nicht in den Aufbau seines kognitiven Modells mit einzubeziehen.

Auch wenn wir annehmen, dass die meisten Leser nach der Strategie 3 des pragmatischen Laien handeln, dass er also die Infografik überspringt und

---

[39] Johann von Mandeville verfasste im 14. Jahrhundert den erfolgreichsten spätmittelalterlichen Reisebericht Europas, ohne selbst gereist zu sein. Dennoch gab er in seiner Einleitung selbstbewusst an:

„Ich, der unwürdige Ritter Johann von Mandeville, gebürtig aus der Stadt St. Albans in England, begab mich am Tag des heiligen Michael im Jahre des Herrn 1322 auf diese Fahrt über das Meer. Lange Zeit bin ich jenseits des Meeres gewesen und habe viele Länder, Königreiche und Inseln gesehen. Ich bin gefahren durch die Türkei, durch Groß- und Kleinarmenien, durch die Tatarei und Persien, Syrien und Arabien, durch Ober- und Unterägypten, durch Libyen und den größten Teil Äthiopiens, durch Chaldäa und Amazonien, durch das Kleine, Große und das Mittlere Indien. Ich habe dabei viele Völker gesehen, die sich in Gesetzen, Bräuchen und Glauben unterschieden und verschiedenerlei Aussehen und Gestalt hatten." (Zitiert nach der neuen Übersetzung von W. Günther Rohr, die demnächst erscheinen soll.)

Auch einige Wissenschaftsjournalisten kann man damit als Mandevilles bezeichnen. Zur Forschungslage über Mandeville vgl. Rohr (1998).

nicht als Information auswertet, bleibt doch die Tatsache bestehen, dass mit dieser Infografik irreführende, falsche und widersprüchliche Sachverhalte konstituiert werden.[40] Auf eine Möglichkeit, wie es Vermittlungsautoren dem Laien ermöglichen können, nach Strategie 1 zu handeln und ihn damit in die Lage zu versetzen, das Mandeville-Dilemma aufzulösen, werden wir gleich zu sprechen kommen.

Im weiteren Verlauf des Artikels „Das Ozon-Drama“ (S. 46/49) werden in drastischer, ausführlicher Weise die Konsequenzen aufgeführt, die sich durch den errechneten Abbau der Ozonschicht ergäben, falls die in den Modellrechnungen festgelegten Parameter gleichblieben (bzw. sich in der erwarteten Weise veränderten).

Als zentral wird dabei der Wert von 4% jährlicher Zunahme der FCKWs herausgestellt. Da sich durch den Zerfall von FCKW unter UV-Strahlung freie Chlor-Atome bilden, wird die Katastrophe auch als „Chlor-Katastrophe“ bezeichnet.

Wie schon bei den Modellrechnungen zum Ozonverlust[41] handelt es sich hier um Modellrechnungen, die nicht dem fachlichen Diskurs entstammen, sondern öffentliche Originalbeiträge sind. D.h. die genannten Wissenschaftler werden hier nicht in der Rolle als Fachwissenschaftler, sondern in der Rolle als öffentliche Experten zitiert. Die hier genannten öffentlichen Experten Christoph Brühl und Paul Crutzen veröffentlichen solche Modellrechnungen (mit anderen Werten) erst Jahre später im Fachdiskurs (vgl. Brühl und Crutzen (1988) oder Graedel und Crutzen (1994)). Da im Fachdiskurs keine Entscheidung über die Plausibilität einer der präsentierten Modellrechnungen gefallen ist, ja nicht einmal fallen kann, da sie zu diesem Zeitpunkt kein Bestandteil des Fachdiskurses waren, ersetzt nun die suggestive Argumentation die nicht vorhandene fachliche Diskussion.

Durch den Satz

(42) „Mehr Hautkrebs, weniger Luftsauerstoff, klimatische Änderungen – so sehen die zu befürchtenden Konsequenzen der „Chlor-Katastrophe“ aus, die uns und unseren Kindern und Enkeln im Gefolge einer vierprozentigen Jahres-Wachstumsrate der Chlorfluorkohlenwasserstoffe ins Haus stehen.“ (S. 49, Sp. 2)

werden die Konsequenzen zusammengefasst und die Tragweite der Konsequenzen verdeutlicht, indem dem Laien vor Augen geführt wird,

---

[40] Es gibt noch eine Reihe weiterer problematischer Handlungen, etwa, dass neue Differenzierungen eingeführt werden (polare/tropische Tropopause), diese Termini aber weder hier noch im Text erläutert werden, oder es werden grafische Elemente (verschiedene Typen von Pfeilen) verwendet, aber nicht etikettiert oder erklärt. Damit erhält der Leser einen weiten Interpretationsspielraum, was aber nicht im Interesse der Autoren gelegen haben dürfte.

[41] Vgl. Abschnitt 7.3.6 auf Seite 169.

dass sich die Konsequenzen der Katastrophe nicht nur auf ihn, sondern auch auf seine Kinder und Enkel auswirken.[42]

Durch den folgenden Satz

(43) „4% Zuwachsrate jährlich – ist das eine unrealistische Annahme, ist das Panikmache?“ (S. 49, Sp. 2)

wird eine komplexe Handlung nach dem Muster BEGRÜNDEN (4% jährlicher FCKW-Zuwachs ist eine realistische Schätzung) konstituiert, indem nach dem Muster RHETORISCHE FRAGE STELLEN gehandelt wird.

In der folgenden Begründungspassage werden dann Schätzungen von als Wissenschaftler ausgewiesenen Personen vorgebracht. Hier bestünde die eben angekündigte Möglichkeit, den Laien in die Lage zu versetzen, das Mandeville-Dilemma auflösen zu können, darin, die verwendete Fachliteratur so anzugeben, dass der Laie die Angaben überprüfen kann. Dadurch würde er dabei unterstützt, die Rolle des kritischen Laien einzunehmen, in der er nach der Strategie 1 handeln kann.

Wie wir später sehen werden, ist in dieser Passage und im gesamten Text „Das Ozon-Drama“ allerdings *keine einzige Nennung* einer Fachpublikation so formuliert, dass man die Fachpublikation unmittelbar identifizieren kann (vgl. Tabelle 7.2 auf Seite 187). Man kann von dem Artikel insgesamt also sagen, dass er es dem Laien außerordentlich schwer macht, den Text kritisch zu lesen.

Die Handlungsmuster, die durch die eben erwähnte Passage konstituiert werden, Einschätzungen des 4%-Szenarios von Wissenschaftlern, ohne die genannten Quellen identifizierbar zu machen, werden durch das Handlungsmusterschema 7.26 auf der nächsten Seite beschrieben.[43]

Die Handlungen, die nach diesem Handlungsmuster im Artikel „Das Ozon-Drama“ gemacht werden, werden später gesammelt behandelt (vgl. Tabelle 7.2 auf Seite 187).

Nachdem die rhetorische Frage wie angelegt beantwortet und das 4%-Szenario als realistisch dargestellt wurde, wird als weitere Stützung der Diskursposition „Ozonverlust durch FCKW“ das Ozonloch angeführt, d.h.

---

[42] Es handelt sich hier um den „Kinder-Topos“. Der Kinder-Topos ist ein damals aufkommender Topos, wonach „die Menschen“ handeln (insbesondere wirtschaften), ohne die Konsequenzen zu bedenken. Das Vor-Augen-Führen, dass die nachfolgende(n) Generation(en) die eigenen Kinder bzw. Enkel sind, soll „die Menschen“ zum Umdenken und damit zu einem die Folgen abschätzenden Handeln bewegen. Der bekannteste Spruch, der diesen Topos auf vielen Aufklebern und Buttons transportiert hat, lautet: „Wir haben die Erde von unseren Kindern nur geliehen.“

[43] Es handelt sich um die Erzeugung des Handlungsmusters D_i-WISSEN VERMITTELN aus dem Handlungsmuster ALARM SCHLAGEN (vgl. dazu auch Handlungsmusterschema 4.3 auf Seite 97).

CHARAKTERISIEREN(GEFAHR DURCH VERMINDERUNG DER OZONSCHICHT) →

```
(  :
   BEG(dass p) → FACHARG → UNGENAU ZIT → [ EINSCHÄTZEN(ZITAT)
                                          ( -TITEL NENNEN
                                            -ORT NENNEN
                                            -JAHR NENNEN
                                            :            ) ]
   :                                                       )
```

Legende:
BEG:$_{def}$ BEGRÜNDEN
p:$_{def}$ Die Produktion von FCKWs steigt weltweit um 4% jährlich.
ZIT:$_{def}$ ZITIEREN
FACHARG:$_{def}$ FACHARGUMENTATION REKONSTRUIEREN

Handlungsmusterschema 7.26: Handlungsmuster, die das Mandeville-Dilemma verstärken

das Ozonloch dient hier als Argument für den proponierten, beginnenden globalen Abbau der Ozonschicht:

(44) „Ein merkwürdiges Phänomen über der südlichen Polarregion unseres Planeten könnte ein Indiz dafür sein, daß der katastrophale Ozon-Abbau dort bereits eingesetzt hat.“

Wir können also das Handlungsmuster 7.26, in dem die akute Gefahr durch die Verminderung der Ozonschicht charakterisiert wird, nun durch Handlungsmusterschema 7.27 auf der nächsten Seite differenzierter darstellen.

7.3.7 Die Einführung des Ozonlochbegriffs im Fließtext

Nachdem die Einbettung in die argumentativen Handlungszusammenhänge geleistet wurde, wird nun das Individuum Ozonloch konstituiert.[44]

Dabei leistet der eben bereits unter dem Aspekt der Konstitution des Handlungszusammenhangs analysierte Satz

(45) „Ein merkwürdiges Phänomen über der südlichen Polarregion unseres Planeten könnte ein Indiz dafür sein, daß der katastrophale Ozon-Abbau dort bereits eingesetzt hat.“

auch einen Beitrag zur Gegenstandskonstitution, denn das Ozonloch wird eingeführt, indem es umschrieben („Ein merkwürdiges Phänomen“) und lokal eingegrenzt („über der südlichen Polarregion“) wird.

[44] Betrachtet man lediglich den Haupttext ohne Bilder, Bildlegenden oder eingeschobene Informationsmodule, so wird das Individuum Ozonloch ausschließlich hier konstituiert.

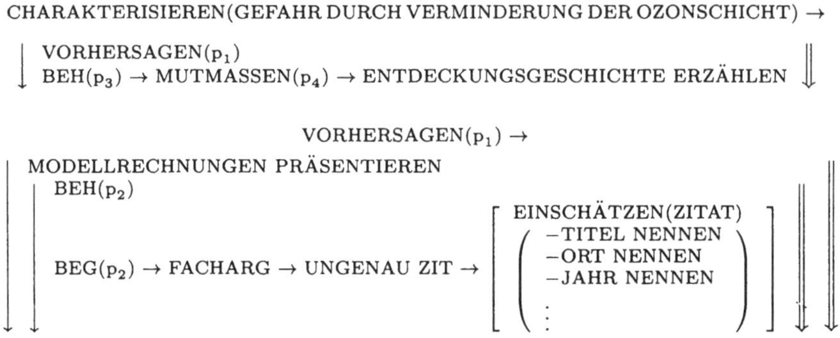

Legende:
$p_1 :_{def}$ Wenn die FCKW-Produktion um 4% jährlich steigt, nimmt die Ozonschicht so stark ab, dass die Hautkrebsraten steigen und sich eine Klimakatastrophe einstellt.
$p_2 :_{def}$ Die Produktion von FCKWs steigt weltweit um 4% jährlich.
$p_3 :_{def}$ Der weltweite Abbau der Ozonschicht hat bereits begonnen.
$p_4 :_{def}$ Das Ozonloch ist der Beginn des weltweiten Abbaus der Ozonschicht.
ZIT:$_{def}$ ZITIEREN
FACHARG:$_{def}$ FACHARGUMENTATION REKONSTRUIEREN
BEG:$_{def}$ BEGRÜNDEN

Handlungsmusterschema 7.27: CHARAKTERISIEREN (GEFAHR DURCH VERMINDERUNG DER OZONSCHICHT)

Das Ozonloch wird dann charakterisiert, indem seine Entdeckungsgeschichte (vgl. dazu Abschnitt 3.4 auf Seite 85) erzählt wird:

(46) „Seit 1966 beobachten dort Meteorologen des British Antarctic Survey von den Stationen Argentine Islands und Halley Bay aus ein immer größer werdendes Loch im stratosphärischen Ozon-Schirm. Es öffnet sich für ungefähr einen Monat jeweils im September/Oktober, während des antarktischen Frühlings. Bis heute hat dort das Ozon insgesamt um über 40% abgenommen. Nachdem die britischen Wissenschaftler lange Zeit ihren eigenen Daten nicht getraut und einen unentdeckten Meßfehler vermutet hatten, veröffentlichten sie schließlich im Mai 1985 ihre Ergebnisse und begründeten dort den Verdacht, daß das beobachtete Ozon-Loch über der Antarktis durch die ansteigenden Konzentrationen an Chlorfluorkohlenwasserstoffen in der Troposphäre hervorgerufen werden. Daß dieser Effekt sich gerade über der Antarktis und stets zu einer bestimmten Jahreszeit zeige, sei auf die besonderen meteorologischen und luftchemischen Verhältnisse der Südpolarregion zurückzuführen. Das stratosphärische Ozon-Loch öffnet sich jedes Jahr aufs neue. Und es wird jedes Jahr um etwa 4% tiefer und in der Fläche größer.“ (Ewe, 1986, S. 49)

Es handelt sich hier um die dritte (pseudo-)chronologische Beschreibung im Verlauf des bisher analysierten Textes. Betrachtet man, wie die

Konstitution des Individuums Ozonloch im Zuge der Einführung anderer Gegenstände verläuft, so ergibt sich folgende Reihenfolge:

1. Es existiert über der südlichen Polarregion ein Individuum, das den Beginn eines weltweiten Abbaus der Ozonschicht darstellen könnte.

2. Meteorologen des British Antarctic Survey haben dieses Individuum von den Stationen Argentine Islands und Halley Bay aus beobachtet.

3. Das Individuum „Ozon-Loch" stellt einen spezifischen Zustand des Individuums „Ozonschicht" dar, der sich vorhersehbar verändert („ein immer größer werdendes Loch im stratosphärischen Ozon-Schirm").

4. Das Individuum ist zeitlich genau zu identifizieren („einen Monat jeweils im September/Oktober").

5. Man kann die Zustandsänderung von 1966-1984 quantitativ bestimmen („Bis heute hat dort das Ozon insgesamt um über 40% abgenommen").

6. Diese Meteorologen des British Antarctic Survey haben 18 Jahre ihren eigenen Daten nicht getraut, weil sie einen unentdeckten Messfehler vermuteten.

7. Im Mai 1985 veröffentlichen diese Meteorologen die Existenz des Ozonlochs. Als Ursache nehmen sie FCKWs an. Dass die Ozonschicht gerade dort abgebaut wird, liegt an den geografisch-klimatischen Bedingungen der Antarktis.

8. Das Individuum ist *zeitlich stabil* („öffnet sich jedes Jahr aufs neue") und verändert seinen Zustand vorhersehbar („es wird jedes Jahr um etwa 4 % tiefer und in der Fläche größer").

Wir wollen einmal von dem in der Forschung unüblichen Zeitraum von 18 Jahren absehen, die die „Meteorologen des British Antarctic Survey" nach dieser Darstellung über ihren Ergebnissen gegrübelt haben müssten, bevor sie sich an die Fachöffentlichkeit wagten, und wollen uns auf die Sequenzialität der Ereignisse im Vergleich zu den anderen beiden Entdeckungsgeschichten konzentrieren.

Nimmt man an, ein Leser würde lediglich den Haupttext lesen, dann wäre die eben genannte Passage die einzige Stelle, an der der Gegenstand Ozonloch konstituiert wird. Ein Leser, der diesen Leseweg eingeschlagen hätte, würde sicherlich den Gegenstand Ozonloch anders in Zeit und Raum konstituieren als der Leser des in der Analyse angesetzten Leseweges (der ja bereits mit der Titelseite beginnt). Unter dem Gesichtspunkt

erste Variante Bildlegende (S. 39)	1. Durch Satellitenaufnahmen wird das Ozonloch entdeckt. 2. Messungen mit Wetterballons bestätigen die Existenz des Ozonlochs.
zweite Variante Infoblock (S. 41)	1. Farman et al. entdecken durch Messungen mit Wetterballons 1968 das Ozonloch, glauben aber den Messwerten nicht. 2. Satellitenbilder 1979-1984 von Stolarski beweisen: Es gibt das Ozonloch. 3. Farman et al. glauben nun ihren Messwerten und an die Existenz des Ozonlochs; Ursachenhypothese: FCKWs.
dritte Variante Fließtext (S. 49)	1. Farman et al. entdecken durch Messungen mit Wetterballons 1966 das Ozonloch, glauben aber den Messwerten nicht 2. Farman et al. veröffentlichen die Daten, die die Existenz des Ozonlochs beweisen, deshalb erst 19 Jahre nach der Entdeckung. 3. Als Ursachen des Ozonlochs nehmen sie FCKWs an. 4. [In dieser Variante fehlt die Bestätigung durch Satellitendaten von Stolarski et al.]

Tabelle 7.1: Varianten der Entdeckungsgeschichte des Ozonlochs im Artikel „Das Ozon-Drama“

der Linearisierung ergeben sich nun drei Varianten der Chronologie, die in Tabelle 7.1 dargestellt sind.

Die Darbietung unterschiedlicher Varianten einer chronologischen Sequenz, noch dazu mit sich widersprechenden Entdeckungsdaten, macht eine eindeutige Einordnung in den Bezugsrahmen unmöglich. Mit diesen drei verschiedenen Varianten der Chronologie wird der Laie aber auch mit einer unterschiedlichen Gegenstandskonstitution konfrontiert. Die folgende Überlegung soll dies verdeutlichen: Nehmen wir an, es gebe zusätzlich zu dem hier angenommenen Lesepfad drei weitere Lesewege l_1, l_2 und l_3 sowie drei verschiedene Laien L_1, L_2 und L_3, wobei L_1 l_1 einschlägt, L_2 l_2 und L_3 l_3. Nehmen wir weiter an,

- l_1 bestehe ausschließlich aus einer Lesesequenz, wie sie für die erste Seite des Haupttexts beschrieben wurde,
- l_2 bestehe ausschließlich aus dem Infomodul,
- l_3 bestehe ausschließlich aus dem eben zitierten Teil des Fließtextes,

dann haben die Laien L_1, L_2 und L_3 aus dem gleichen Artikel miteinander inkompatible Sachverhalte zur Entdeckung des Ozonlochs konstituiert.

Wenn ein Laie den Text vom Titelblatt bis zum Ende in der eingangs besprochenen Reihenfolge liest, wird er nach einer der drei besprochenen Strategien als kritischer, unkritischer oder pragmatischer Leser handeln müssen.

Laien, die diese Widersprüche bemerken, werden vermutlich nach der Glaubwürdigkeit der Autoren des Artikels „Das Ozon-Drama" fragen.[45] Wir werden in den weiteren Analysen auf immer mehr Varianten der Entdeckungsgeschichte des Ozonlochs stoßen, so dass wir dann von „populärwissenschaftlicher Legendenbildung" reden können.[46]

7.3.8 Inszenierung oder Vermittlung? Handlungskonstitution bis zum Ende des Artikels

Im weiteren Verlauf werden nun zunächst die natürlichen Vorgänge in der Atmosphäre beschrieben, die als intakt und störungsfrei dargestellt werden, „bis der Mensch mit seinen Aktivitäten großräumig in die Biosphäre einzugreifen begann." (Ewe, 1986, S. 54, Sp. 2).[47] Diese Eingriffe „des Menschen" haben dann u.a. den Abbau der Ozonschicht zur Folge. Es werden fünf weitere Diagramme präsentiert und im Text kommentiert, die einen „lawinenartigen Abbau des Ozons" vorhersagen (S. 54/55). Dabei nimmt das vorher beschriebene „4%-Szenario" die dominante Rolle ein, zwei Diagramme sind allein ihm gewidmet (S. 54). Alle Diagramme stammen erneut nicht aus dem Fachdiskurs, sondern sind wiederum öffentliche Originalbeiträge von Wissenschaftlern, die *erst zwei Jahre später* Eingang in den Fachdiskurs finden (vgl. Brühl und Crutzen, 1988).

Es ist dies das dritte Mal, dass *nicht* Sachverhalte, die sich in einem Fachdiskurs wie der Meteorologie, der Geografie oder der Atmosphärenchemie etabliert haben, vermittelt werden, sondern dass Fachdiskurswissen *inszeniert* wird. Inszenieren können wir auf dem Hintergrund des Vermittlungsmodells (vgl. Kapitel 4, S. 93ff.) als Handlungsmuster verstehen, bei dem die Äußerungsformen des Fachdiskurses wie Formeln, Tabellen oder Diagramme übernommen werden, ohne dass diese sich auf Fachpublikationen beziehen.

Damit ist klar, dass die Darstellung von Formeln oder Diagrammen in Vermittlungstexten nicht in jedem Fall eine Inszenierung darstellt. So ist eine Darstellung von Formeln, um Lehrbuchwissen zu vermitteln, ebenso wenig eine Inszenierung von Wissenschaftlichkeit wie das Abbilden und Kommentieren oder Zusammenfassen von im Fachdiskurs publizierten Tabellen oder Diagrammen. Wenn etwa im „Fischer Weltalmanach" die offiziellen Diagramme und Tabellen der World Meteorological Society zur

---

[45] Zur Darstellung der tatsächlichen Abfolge vgl. Kapitel 6 „Klimatologie für Linguisten" S. 117ff.).

[46] Vgl. dazu Abschnitt 8.2.5, S. 295ff.

[47] Es handelt sich hierbei um den Topos menschlicher Hybris.

Entwicklung des stratosphärischen Ozons reproduziert und kommentiert werden (vgl. Jung, 1999, Sp. 1269 und 1271), so handelt es sich nicht um eine Inszenierung, sondern um die Vermittlung von Wissenschaft. In Einzelfällen können natürlich auch Lehrbuch-Formeln oder im Fachdiskurs publizierte Tabellen zur Inszenierung von Wissenschaftlichkeit eingesetzt werden.

Auch ist das Zitieren von Gefühls- und Bewertungsäußerungen von Wissenschaftlern keine Inszenierung von Wissenschaftlichkeit, sondern die Inszenierung von Menschlichkeit bei Wissenschaftlern.

7.3.9 Unverträgliche Argumentationslinien – Handlungskonstitution im Schlussteil

Der bisherige Argumentationsweg begann mit der Diagnose, industriell produzierte FCKWs seien als Ursache für den drastischen Ozonabbau anzusehen. Daraus wurde dann die drohende „Chlor-Katastrophe" abgeleitet und schließlich ein Ende der Menschheit in relativ kurzer Zeit prognostiziert. Diese Argumentation legitimierte das Handlungsmuster ALARM SCHLAGEN$_{m}$ (vgl. Handlungsmusterschema 7.16 auf Seite 148), das das Muster ZUM HANDELN DRÄNGEN erzeugte. Die eindeutige Diagnose und bedrohliche Prognose lässt nun erwarten, dass im folgenden Text Politiker dazu aufgerufen werden, FCKWs zu verbieten, Bürger zum Boykott von FCKW-haltigen Produkten angehalten werden oder Firmen dazu aufgefordert werden, ihre FCKW-Produktion einzustellen (vgl. Handlungsmusterschema 7.28).

ZUM HANDELN DRÄNGEN →

(
POLITIKER DAZU AUFRUFEN(FCKWs zu verbieten)
BÜRGER DAZU AUFRUFEN(Produkte mit FCKW zu boykottieren)
FIRMEN AUFFORDERN(FCKW – Produktion zu stoppen)
⋮
)

Handlungsmusterschema 7.28: ZUM HANDELN DRÄNGEN

Dem Aufbau dieser Katastrophenszenarien durch Computersimulationen u.a. folgt nun aber nicht ein Handeln nach dem Handlungsmuster ZUM HANDELN DRÄNGEN, sondern die Legitimation des vom Co-Autor und anderen Atmosphärenchemikern beantragten EUROPICA-Programms:

(47) „Daß es unverzichtbar für die Zukunft der Menschheit ist, rasch mehr darüber herauszufinden, das liegt auf der Hand. Daher das EUROPICA-Programm der europäischen Atmosphärenchemiker.
Nur die genauere Kenntnis der Verhältnisse kann allen politischen Forderungen, zum Beispiel die NO_x-Emissionen aus Verkehr, Haushalten,

> Industrie und Energiewirtschaft zu drosseln, den nötigen Nachdruck verleihen.“ (Ewe, 1986, S. 55, Sp. 1)

Damit nimmt die Handlungskonstitution gegen Ende des Artikels eine seltsame Wendung.

Es scheint auf einmal eine ganz andere Argumentationslinie vorzuherrschen, in der die Ursachen für das Ozonloch und den Ozonabbau überhaupt nicht geklärt sind, sondern erforscht werden müssen. Außerdem sollen die Ergebnisse der Stützung bereits bestehender politischer Forderungen dienen (vgl. Handlungsmusterschema 7.29).[48]

NACHDRUCK VERLEIHEN(POLIT. FORDER. NACH DROSSELN(NO_x – Emissionen)) → URSACHE FÜR OZONSCHWUND ERFORSCHEN

Legende: POLIT. FORDER.:$_{def}$ POLITISCHER FORDERUNG

Handlungsmusterschema 7.29: NACHDRUCK VERLEIHEN (POLITISCHER FORDERUNG)

Was an dieser Erzeugung seltsam anmutet, ist, dass damit präsupponiert wird, dass die Forschung in jedem Fall eine Stützung der Forderung nach Begrenzung der NO_x-Emissionen erbringen wird und nicht – vielleicht – ein ganz anderes Ergebnis (wie immer dieses auch ausfallen mag).

Es konstituiert sich hier ein ganz anderes kommunikatives Ziel, nämlich *Forschung legitimieren* (vgl. Tabelle 3.1 auf Seite 84), wobei das Handlungsmuster ALARM SCHLAGEN auf einmal im Dienste der Einwerbung von Forschungsgeldern zu stehen scheint, denn man kann wohl FÜR UNTERSTÜTZUNG FÜR EIN FORSCHUNGSPROJEKT WERBEN (hier als Untermuster FÜR EUROPICA WERBEN realisiert), indem man nach dem Muster ALARM SCHLAGEN handelt, vor allem wenn man zeigt, wie das Projekt die im Alarm beschriebene Gefahr beseitigt oder zumindest kontrollierbar macht (vgl. Handlungsmusterschema 7.30).

FÜR EUROPICA WERBEN →
[ALARM SCHLAGEN(WEGEN BEDROHUNG DER MENSCHHEIT)
FORSCHUNGSPROGRAMM EUROPICA ALS LÖSUNGSWEG DARSTELLEN
ANBIETEN(NACHDRUCK VERLEIHEN(POLIT. FORDER. NACH DROSSELN(NO_x – Emissionen))]

Handlungsmusterschema 7.30: FÜR EUROPICA WERBEN (erwartetes Muster)

Auch durch das Äußern der Schlusssätze wird für das Projekt EUROPICA geworben. Dies geschieht, indem der Co-Autor des Artikels „Das

[48] *Wer* diese politische Forderung stellt bzw. gestellt hat, bleibt dabei offen.

Ozon-Drama" als „Mensch-wie-du-und-ich" und zugleich als bedeutender Wissenschaftler, der weit über dem Laien steht, inszeniert wird, der durch seine Gefühle und Hoffnungen die Situation einschätzt:

(48) „Daß bald der Startschuß für EUROPICA fallen möge, wünscht sich Prof. Paul Crutzen, Direktor der Abteilung Luftchemie am Max-Planck-Institut für Chemie in Mainz, unter dessen Anleitung Christoph Brühl seine Computer-Szenarien erstellt hat. Obwohl er sich wenig Hoffnung macht, daß nach Abschluß dieses Forschungsprogramms erneut Entwarnung gegeben werden kann:

‚Ozon-Abbau in der oberen Stratosphäre, Ozon-Zunahme darunter, globale Klimaänderungen in den nächsten 50 Jahren – da wünsche ich mir manchmal, die Messungen und Modellrechnungen meiner Kollegen und meiner eigenen Arbeitsgruppe möchten falsch sein. Leider', seufzt Paul Crutzen, ‚sehe ich einstweilen nichts, was für einen erlösenden Irrtum spräche.'" (Ewe, 1986, S. 56)

Die Inszenierung des Wissenschaftlers als „Mensch-wie-du-und-ich" wird erreicht, indem keine Forschungsergebnisse oder Argumente mehr vorgebracht werden, sondern Gefühlsäußerungen von Crutzen wiedergegeben werden: Crutzen „wünscht sich", dass EUROPICA beginnt, er macht „sich wenig Hoffnung", er „seufzt" und wünscht sich „einen erlösenden Irrtum". Zugleich wird Crutzen in seiner Wichtigkeit hervorgehoben, indem seine wissenschaftlichen Rollen konstituiert werden: *EUROPICA-Beantrager*, *Professor* „Prof. Paul Crutzen", *Direktor eines Max-Planck-Instituts* „Direktor der Abteilung Luftchemie am Max-Planck-Institut für Chemie in Mainz", *Lehrer/Anleiter* „unter dessen Anleitung Christoph Brühl seine Computer-Szenarien erstellt hat", *Sprecher der Wissenschaft* und *Leiter einer Arbeitsgruppe* „Messungen und Modellrechnungen meiner Kollegen und meiner eigenen Arbeitsgruppe").

Handlungsmusterschema 7.31 gibt diesen Zusammenhang wieder.

FÜR EUROPICA WERBEN →
[EMOTION. BEWERTUNG C.S WIEDERGEBEN → | WIEDERGEBEN(WUNSCH) ↓ DARSTELLEN(HOFFNUNG) ↓ ZITIEREN(RHETORISCHEN WUNSCH) ⇓
C ALS WISSENSCHAFTLER AUFWERTEN → (WISSENSCHAFTLICHE TITEL NENNEN, WISSENSCHAFTLICHE FUNKTIONEN NENNEN, ALS IDEENGEBER DARSTELLEN, ALS SPRECHER DER WISS. DARSTELLEN)]

Legende:
EMOTION:$_{def}$ EMOTIONALE
C.:$_{def}$ CRUTZEN
WISS:$_{def}$ WISSENSCHAFT

Handlungsmusterschema 7.31: FÜR EUROPICA WERBEN (konstituiertes Muster)

Die Bezeichnung RHETORISCHER WUNSCH soll dabei abkürzend für RHETORISCHES WÜNSCHEN gebraucht werden. Das Handlungsmuster RHETORISCHES WÜNSCHEN kann mit Handlungsmusterschema 7.32 beschrieben werden.

RHETORISCHES WÜNSCHEN →

↓	WÜNSCHEN(dass X) wenn : Es ist unmöglich, dass X. BEDAUERN(dass Nicht – X)	⇓

Handlungsmusterschema 7.32: RHETORISCHER WUNSCH

Ich habe die Bezeichnung RHETORISCHER WUNSCH eingeführt, weil es sich bei dem damit bezeichneten Handlungsmuster um ein ähnliches Phänomen wie beim Handlungsmuster RHETORISCHE FRAGE handelt. So schreibt Ludger Hoffmann:[49]

> „Rhetorische Fragen bilden einen Grenzfall: zum einen partizipieren sie in ihrer Form und Funktionsweise am Muster der Frage, zum anderen entsprechen sie in ihrer Zweckbestimmung der Assertion." (Hoffmann, 1997, S. 121)

Analog dazu ist beim rhetorischen Wunsch die Kundgabe des Wunsches lediglich ein emotionaler Aufladevorgang für den Ausdruck des Bedauerns, dass der Wunsch sich nicht erfüllen kann. Wenn Crutzen also wünscht, dass er und seine Kollegen sich geirrt haben, so glaubt er bei der Formulierung dieses Wunsches, dass sich dieser Wunsch nicht erfüllen kann. Ohne die Formulierung des aus seiner Sicht unerfüllbaren Wunsches hätte er aber sein Bedauern in dieser Form nicht ausdrücken können: Sein Bedauern drückt er aus, indem er „seufzt"[50] und den Satz, der den Gegenstand des Bedauerns enthält, mit der Modalpartikel „leider" einleitet.

Diese Analyse hat deutlich gemacht, dass in diesem Teil keine Sachverhaltskonstitution mehr stattfindet, sondern dass Situations- und Beziehungskonstitution im Vordergrund stehen.[51]

---

[49] Vgl. auch Zifonun (1997).

[50] Genauer gesagt, indem seine Sprechhandlung vom Autor Thorwald Ewe als Seufzen bezeichnet wird („seufzt Paul Crutzen").

[51] Die Schlusssätze des zweiten Teilartikels markieren zugleich den Abschluss des Gesamtartikels:

> „Eine optimistische Grundhaltung nach dem Motto ‚Es wird schon gut gehen' hält Crutzen, einer der Initiatoren des geplanten EUROPICA-Luftforschungsprogramms, zwar für verständlich, denn die Menschheit habe immer schon am Rande ihrer Möglichkeiten gelebt. Vielleicht, sinniert er, gehöre es gerade zum typisch Menschlichen, daß man trotz miserabler Aussichten stets auf einen guten Ausgang hofft. Klug sei diese Haltung indes nicht. ‚Denn', so Paul Crutzen, ‚wenn wir im selben Ausmaß Spurengase wie Chlorfluorkohlenwasserstoffe und Stickoxide in unsere Atmosphäre entlassen wie bisher – das dürfte auf Dauer nicht gutgehen.'" (S. 57, Sp. 3)

Hier finden sich ebenfalls keine Beiträge zur Sachverhaltskonstitution, es geht um das WERBEN UM UNTERSTÜTZUNG für das Forschungsprogramm EUROPICA,

Betrachtet man den Artikel vom Ende aus, so zeigen sich zwei Argumentationslinien: In der einen wird davon ausgegangen, dass eine Gefahr (Ozonloch, Abbau der Ozonschicht, Krebsgefahr) und die Ursache (FCKW) erkannt wurde. Da die Ursache prinzipiell beseitigt werden kann, folgt daraus, dass am Ende auch dazu aufgefordert wird, diese Ursache zu beseitigen (Verbot/Ersatz der FCKWs).

Tatsächlich werden als Schlusspunkt der Argumentation als lösungsbezogenes Handeln aber keine politischen Maßnahmen wie Verbote etc. vorgeschlagen, sondern langfristige Forschungsprojekte wie EUROPICA. Hier erscheint das Individuum Ozonloch im Gegensatz zum vorhergehenden Text als erforschungsbedürftig, die Ursachen scheinen unklar.

Daraus kann rückwirkend auf eine andere Argumentationslinie geschlossen werden, die zum Ziel hat, bestimmte Forschungsprojekte zu begründen und um Unterstützung zu werben. Es ist natürlich überhaupt nicht verwerflich, für Forschungsprojekte um Unterstützung zu werben, im Gegenteil, es sollte im demokratischen Selbstverständnis jedes Forschers liegen, seine Projekte in der Öffentlichkeit zu legitimieren. Allerdings findet im Artikel „Das Ozon-Drama“ eine Verquickung von drastischer Gefahren- und Konsequenzenbeschreibung statt, die Ursachen und Konsequenzen mitteilt, die doch eigentlich erst erforscht werden müssten. Durch diese Verquickung kann der Eindruck entstehen, dass hier Alarm geschlagen wird, um Forschungsgelder einzuwerben. Die Analyse hat deutlich gemacht, dass die Handlungskonstitution gerade dieses Verständnis nahe legt. Dadurch ist aber ein Glaubwürdigkeitsverlust angelegt, der dann eintritt, wenn die drastischen Konsequenzen und die hohen Ozonverluste, die von den ad hoc für den populärwissenschaftlichen Artikel produzierten Modellrechnungen vorhergesagt werden, nicht in dem Maß eintreffen. In den späteren Analysen werden wir sehen, dass insbesondere Gegendiskurse genau hier ansetzen.[52]

7.4 Die fachlichen Bezugstexte

Unsere Überlegungen begannen mit der Kritik eines naiven Transferbegriffs. Um den Wissenschaftstransfer zu analysieren, sollten genau diejenigen Fachtexte zur weiteren Analyse herangezogen werden, auf die sich der Autor eines Vermittlungstexts tatsächlich bezieht. Zuerst muss deshalb rekonstruiert werden, auf welche Fachtexte der Artikel „Das Ozon-Drama“ Bezug nimmt. Wir werden die so gefundenen Fachtexte auf diejenigen

indem der Wissenschaftler Crutzen als Philosoph über den menschlichen Charakter (hier mit dem Lemminge-Topos) inszeniert wird.

[52] Vgl. Kapitel 9, (S. 303ff.); der zweite Teilartikel „Die Szenerie am Boden: Wachsende Ozon-Glocke über Industrieländern“ (S. 56 - 57) soll hier nicht analysiert werden, da das Ozonloch dabei keine Rolle spielt.

einschränken, die von der Entdeckung des Ozonlochs handeln. Dann sollen diese fachlichen Bezugstexte analysiert werden, um abschließend einen Vergleich der Texte hinsichtlich der Gegenstandskonstitution vornehmen zu können.

7.4.1 Probleme der Analyse von Bezugstexten

Bibliografische Angaben werden nicht zweckfrei gemacht, sie sind immer mit einem bestimmten Sinn verbunden. Zentral ist dabei die Bedeutung für den Leser, denn er kann durch die Lektüre des referenzierten Artikels beipielsweise:

- sachliche Angaben oder die Korrektheit von Zitaten überprüfen
- Gedankengänge nachvollziehen
- sein Verständnis des Sachverhalts vertiefen
- sich Hintergrundwissen verfügbar machen
- den größeren Diskurszusammenhang begreifen.

Um diese oder andere Zwecke zu erfüllen, müssen die referenzierten Texte aber in materieller oder virtueller Form vorliegen. Die bibliografische Angabe muss einen Text also eindeutig lokalisierbar machen. Dazu gehört als Minimalangabe die Nennung des Autors, des Publikationsortes und des Publikationszeitpunkts.

In Fachzeitschriften sind diese Minimalbedingungen immer erfüllt, denn Verstöße werden sanktioniert.

Anders sieht dies in Vermittlungstexten aus. Viele Vermittler scheinen nicht davon auszugehen, dass der Laie den Sachverhalten in den Fachartikeln weiter nachgehen will oder bestimmte Angaben überprüfen möchte, um sich ein eigenes Bild zu machen. In den meisten Zeitschriften werden so ungenaue Angaben gemacht, dass sich die Bezugstexte zum Teil nicht mehr rekonstruieren lassen. Dies führt dazu, dass der Leser häufig nicht unterscheiden kann, ob der Bezugstext einer gesicherten Quelle entstammt oder lediglich einer partiellen Meinung, die nicht weiter im Diskurs verhandelt wird.

Der Text „Das Ozon-Drama“ bildet hier keine Ausnahme. Es findet sich kein einziger direkt identifizierbarer Bezugstext.

Typische Beispiele für schwer identifizierbare Bezugstexte sind:

- „Computer-Szenarien zeichnen für die kommenden Jahre ein alarmierendes Bild.“ (S. 39)
- „Mit Computerhilfe“ (S. 39)

- „Doch was sich aus Computer-Simulationen der atmosphärischen Prozesse, aus Flugzeug-Meßprogrammen, aus Wetterballon- und Satellitendaten abzeichnet, ist aufrüttelnd genug.“ (S. 40)
- „wie Prof. Paul Crutzen, heute am Max-Planck-Institut für Chemie in Mainz, 1970 als erster postulierte“ (S. 43)
- „weil belegt werden konnte, daß“ (S. 46)
- „fand 1984 eine Arbeitsgruppe um Walter W. Heck vom US-Landwirtschaftsministerium“ (S. 57)

In einigen Fällen, wie beispielsweise in der Passage

> „Vor diesem Effekt warnte 1982 R.C. Worrest von der US-Umweltbehörde EPA während eines Workshops der Gesellschaft für Strahlen- und Umweltforschung in Neuherberg.“ (S. 49)

ist keine Entscheidung darüber möglich, ob es sich dabei um Fachinformationen handelt oder nicht.

Die Bezugstexte, die für die Gegenstandskonstitution des Ozonlochs relevant sind, müssen also zuerst rekonstruiert werden, da sie nicht ohne weiteres identifizierbar sind. In Tabelle 7.2 auf der nächsten Seite sind die in Frage kommenden Zitate aufgelistet. Weiterhin werden die Textstellen hinsichtlich ihrer Rekonstruierbarkeit kommentiert. Zur besseren Einordnung in das Textganze wurden die entsprechenden Stellen des Storyboards angegeben.

Aus dieser Rekonstruktion ergibt sich nun, dass es im Wesentlichen drei Fachtexte sind, die als Bezugstexte gelten können. Es handelt sich um die Arbeiten von:

1. Farman, Gardiner und Shanklin (1985)
2. Stolarski, Krueger, Alpert, Heat und Chandra (1985)
3. Stolarski, Krueger, Schoeberl, McPeters, Newman und Alpert (1986)

Betrachtet man zunächst die rein zeitliche Abfolge der Veröffentlichungsdaten, so fällt auf, dass ein Bezugstext, der zentral für den Vermittlungstext „Das Ozon-Drama“ ist, nämlich die Veröffentlichung der Ozonmesswerte, die durch Messgeräte an Bord des Satelliten Nimbus 7 gewonnen wurden, erst *nach* dem Vermittlungstext publiziert wurde (vgl. Abbildung 7.6 auf Seite 188).

Da Ewe (1986) aber Daten aus der Fachpublikation übernimmt, muss ihm ein Vorabdruck zur Verfügung gestanden haben. Die Frage, die sich hierbei stellt, ist: Kann man hier noch von Transfer sprechen, d.h. ist es

Storyboard	Seite	Zitat	Rekonstruktion des Bezugstextes
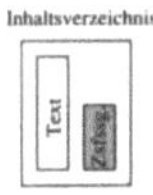	o.S.	„Die beruhigenden Sprüche aus den siebziger Jahren verfangen nicht mehr.“	unspezifische Texte, von 1970-1979, in denen die Gefahr eines Ozonabbaus bestritten wird.
	39	„Wissenschaftler der University of Wyoming (...)“	Diese Wissenschaftler spielen im gesamten Text keine Rolle und wurden offensichtlich nur als Colorit eingesetzt.
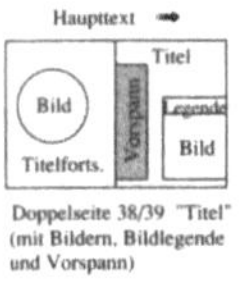	39	„Computer-Szenarien zeichnen für die kommenden Jahre ein alarmierendes Bild.“	keine weiteren Angaben
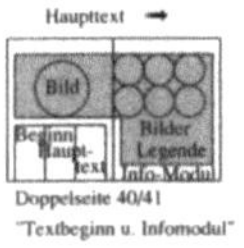	41	„Die Meteorologen des British Antarctic Survey“ (...) „Die Meteorologen Farman, Gardiner und Shanklin vom British Antarctic Survey (...)“	Literaturangabe durch Nennung der Namen rekonstruierbar als Farman et al. (1985)
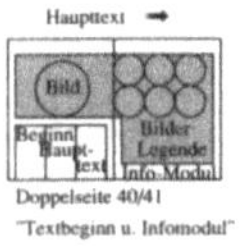	41	„des amerikanischen Wissenschaftlers Richard Stolarski (...) vom Godard Space Flight Center der NASA in Greenbelt, Maryland“	Literaturangabe durch Nennung des Namens rekonstruierbar als Stolarski et al. (1985, 1986)
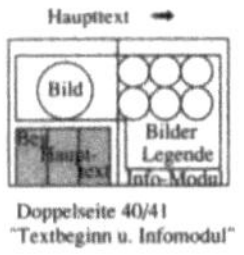	41	„Luftchemiker aus 17 (...) Europica European Programm in Chemistry of the Atmosphere“	nicht rekonstruierbar, da keine Fachpublikation, sondern Antrag
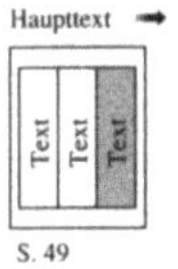	49	„Meteorologen des British Antarctic Survey (...) veröffentlichten sie schließlich im Mai 1985 ihre Ergebnisse (...)“	Literaturangabe durch Nennung von Namen, Monat und Jahr re-kons-tru-ier-bar als Farman et al. (1985)

Tabelle 7.2: Bezugnahme auf Fachtexte im Artikel „Das Ozon-Drama“

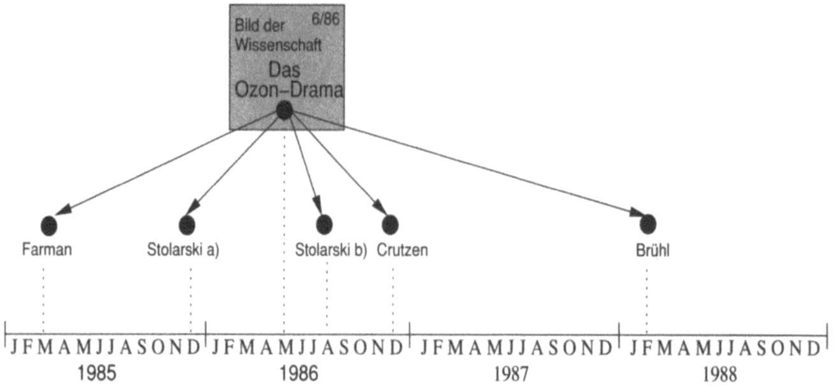

Abbildung 7.6: Wissenschaftstransfer am Beispiel des *Bild der Wissenschaft*-Artikels „Das Ozon-Drama“ von Ewe (1986).
Die chronologische Darstellung zeigt, dass der populärwissenschaftliche Artikel nicht nur Informationen aus bereits publizierten Fachtexten bezieht, sondern auch Informationen beinhaltet, die erst *später* in Fachartikeln veröffentlicht werden. Die Vorstellung des Wissenschaftstransfers „vom wissenschaftlichen Fachartikel zum populärwissenschaftlichen Artikel“ kann somit nicht aufrecht erhalten werden.
Legende zu den Fachtexten: Farman = Farman et al. (1985), Stolarski a) = Stolarski et al. (1985), Stolarski b) = Stolarski et al. (1986), Crutzen = Crutzen und Arnold (1986), Brühl = Brühl und Crutzen (1988).

noch möglich zu fordern, „von den fachinternen Texten auszugehen, denn schließlich werden diese ja popularisiert“ (Niederhauser, 1999b, S. 77)?

Der umgekehrte Ausgangspunkt scheint mir angemessener zu sein: Nicht Fachtexte werden popularisiert, vielmehr wird von einem Autor ein Vermittlungstext gemäß einer oder mehrerer Zielsetzungen unter der Zuhilfenahme von Fachtexten geschrieben, es findet ein Aneignungs- und Transformationsprozess der Fachtexte statt, aber kein abstrakter „Transfer von Wissen“, zumal wenn der Fachtext zum Zeitpunkt des auf ihn Bezug nehmenden Vermittlungstextes noch gar nicht publiziert war.

Auch wenn nun drei fachliche Bezugstexte identifiziert werden konnten, ist damit natürlich noch nicht gesagt, dass der Autor diese Texte auch tatsächlich gelesen hat. Gerade der Text von Stolarski et al. (1986), dessen Erscheinungsdatum kurz nach dem Artikel „Das Ozon-Drama“ liegt[53], zeigt, dass dem Autor nur die bei *Nature* am 8.4.1986 eingereichte Fas-

[53] Der Artikel „Das Ozon-Drama“ erschien 24. Mai 1986 in der Juni-Ausgabe von *Bild der Wissenschaft*.

sung zur Verfügung gestanden haben kann.[54] Diese *muss* ihm aber auch zur Verfügung gestanden haben, denn die Darstellungen des Ozonlochs im *Bild der Wissenschaft*-Artikel von Ewe (1986) wurden in Stolarski et al. (1986) zum ersten Mal im Fachdiskurs publiziert.

Die hier als fachliche Bezugstexte bezeichneten Fachartikel stellen diejenigen Texte dar, auf die sich der Vermittlungstext bei der Konstitution des Individuums Ozonloch rekonstruierbar stützt, und für deren Gehalt der Autor des Vermittlungstextes somit einstehen muss.

7.4.2 Theoretische Konstrukte zur Fachtextanalyse

In Abschnitt 3.3.3 auf Seite 69 wurden einige grundlegende Unterscheidungen getroffen, die für die folgende Fachtextanalyse relevant sind. Es handelt sich dabei um die Unterscheidung zwischen Datendeskription und Dateninterpretation.[55]

Wie in Abschnitt 3.3.3 ausgeführt, geht es bei der Datendeskription um die Gegenstandskonstitution im engeren Sinne, d.h. um die Beantwortung von Fragen wie:

- Wie können Dinge und/oder ihre Zustände identifiziert und in ihren Interaktionen charakterisiert werden?
- Müssen bestimmte Identifizierungsinstrumente herangezogen werden?
- Inwiefern kann man mit diesen Instrumenten die Objekte identifizieren und welche Probleme können dabei entstehen?

Deshalb finden sich hier Textteile, in denen die Gegenstände raumzeitlich lokalisiert und in das Bezugssystem eingeordnet werden. Weiterhin werden die Messmethoden genannt, sowie eventuell auftretende Probleme oder Unsicherheiten der Messung.

Bei der Dateninterpretation sind folgende Fragen maßgeblich:

- Warum sind die Dinge genau so und nicht anders, warum verhalten sie sich so?
- Welche Argumente gibt es für andere Erklärungen?
- Welche Gegenargumente?
- Welche Voraussagen kann ich über das weitere Verhalten der Objekte machen?

[54] Der Artikel von Stolarski et al. (1986) wurde von *Nature* am 1.7.1986 zur Publikation angenommen.

[55] Vgl. Handlungsmusterschema 3.16 auf Seite 71 und die Ausführungen in Abschnitt 3.3.3 auf Seite 75.

- Kann ich die Objekte in Bezug auf eine Zielvorstellung beeinflussen, d.h. kann ich sie kontrollieren?

Hier finden sich also Darstellungen von Ursache-Wirkungsgefügen, aber auch Prognoseverfahren, die erklären, warum die Erkenntnisobjekte sich so und so verhalten oder diese oder jene Charakteristika aufweisen müssen.

In den folgenden Analysen soll nun die Gegenstandskonstitution des Ozonlochs im engeren Sinne, also die Datendeskription, im Vordergrund stehen. Auf die Dateninterpretationen hinsichtlich des Ozonlochs soll vor allem im Hinblick auf die vorhin eingeführten Unterscheidungen in abschließend überprüfte und nicht überprüfte Aussagen bzw. in sicheres, unsicheres und umstrittenes Wissen (vgl. Abschnitte 3.3.3 auf Seite 69 und Kapitel 4 auf Seite 93) bei den Artikeln von Stolarski et al. (1985) und Stolarski et al. (1986) eingegangen werden.

Bei den nun zu analysierenden Fachtexten handelt es sich nicht um modular, sondern um linear aufgebaute Texte mit einzelnen Verweisen auf Abbildungen, Diagramme und Literaturnachweise. Die sequenzielle Abarbeitung mit einem Verfolgen der Verweise und einem Wiedereinstieg in den Text an den Verweisstellen stellt einen wahrscheinlichen Leseweg dar, von dem in der folgenden Analyse ausgegangen werden soll. Aufgrund des linearen Textaufbaus erübrigt sich eine Storyboard-Darstellung.

7.4.3 „Große Ozonverluste über der Antarktis“ – die Entdeckung des Ozonlochs durch Farman et al. (1985)

In Abschnitt 3.3.3 (S. 69ff.)[56] wurde für den Fachdiskurs ein argumentatives Handlungsmuster angenommen. Dies zeigt auch der erste fachliche Bezugstext von Farman et al. (1985). Dieser Artikel stellt eine Wiederaufnahme der scheinbar abgeschlossenen Diskussion dar, ob durch eine Zunahme der FCKW-Produktion die Ozonschicht in der Stratosphäre abgebaut wird. Diese Position im Fachdiskurs wurde auch als „FCKW-Ozonverlust“ bezeichnet. Wie im Kapitel 6 „Klimatologie für Linguisten“ (S. 117ff.) ausgeführt, waren bei verschiedenen Ozonmessungen gleichbleibende oder tendenziell steigende Werte herausgekommen, so dass die These des Ozonabbaus durch FCKWs von Molina und Rowland (1974) angezweifelt wurde. Diese Position im Fachdiskurs wurde als „stabile Ozonschicht“ bezeichnet. Durch die Entdeckung von Farman et al. (1985) erhält nun die Position „FCKW-Ozonverlust“ wieder große Plausibilität, während die Position „stabile Ozonschicht“ in ihrer einfachen Form nicht mehr aufrecht erhalten werden kann und in der Folge auch stark modifiziert wird.

Im Folgenden sollen nun die wichtigsten Textteile, die die Gegenstandskonstitution des Ozonlochs betreffen, analysiert werden. Es handelt

[56] Vgl. auch die Handlungsmusterschemata 3.16 auf Seite 71 und 3.17 auf Seite 71.

sich dabei um den Titel, die Zusammenfassung (Abstract) und den Teil Datendeskription im Haupttext mit den dazu gehörenden Abbildungen.

Titel

Betrachtet man zunächst den Titel des Aufsatzes von Farman et al. (1985):

(49) „Large losses of total ozone in Antarctica reveal seasonal ClO_x/NO_x interaction“

so enthält bereits diese aus einem Satz bestehende Überschrift in stark komprimierter Form die Gesamtaussage des Textes. In der Überschrift sind die beiden Kernaussagen des Textes enthalten:

1. Es wurde eine starke Abnahme der Ozonwerte über der Antarktis festgestellt.

2. Die Ozonverluste rühren von der Reaktion mit Chloroxid- und Stickstoffoxidverbindungen her.

Dabei wird durch die Nominalphrase „Large losses of total ozone in Antarctica“ bereits die Gegenstandskonstitution im engeren Sinne geleistet, dass also starke Ozonverluste über der Antarktis bestehen, während die Verbalphrase „reveal seasonal ClO_x/NO_x interaction“ die zu Grunde liegenden Ursachen nennt: chemische Prozesse durch Chlor- und Stickoxide.

Die Relevanz dieser Aussage ist für einen Leser, der über kein Wissen über die Argumentationslinien des laufenden Fachdiskurses verfügt, nicht gegeben. Denn ohne diese Kenntnis mag es als harmlos oder doch als eines von vielen Phänomenen erscheinen, dass irgendwo über der Antarktis Ozonverluste gemessen wurden und dass dies bedeutet, dass Chlor- und Stickoxide daran beteiligt sind.

Anders sieht dies für einen Teilnehmer am Fachdiskurs aus, denn er besitzt das Wissen über im Fachdiskurs vorgängige Positionen und die damit verbundenen Gegenstände. So kennt er das in Kapitel 6 auf Seite 122 beschriebene Schlussmuster 2 der Diskursposition „FCKW-Ozonverlust“ mit der Schlussfolgerung:

Schlussfolgerung Die Ozonschicht muss teilweise bereits abgebaut sein, bei stetig steigender Produktion von FCKW-Molekülen ist das Individuum „Ozonschicht“ als Ganzes gefährdet.

Er weiß auch, dass diese Schlussfolgerung zugleich eine Hypothese darstellt, da der Abbau der Ozonschicht noch nicht nachgewiesen worden war. Weiterhin weiß er, dass sich die überprüfbare These ableiten ließ:

These Wenn die Ozonschicht zunehmend durch FCKWs abgebaut wird und die FCKW-Produktion weiter ansteigt, müssen bei aufeinander folgenden Messungen des Ozons in der Ozonschicht abnehmende Ozonwerte nachweisbar sein.

Schließlich weiß er, dass, da die bisherigen Ozonmessungen keinen Abbau der Ozonschicht feststellen konnten, Schlussmuster 2 nicht mehr plausibel zu sein schien und dass die Diskursposition „stabile Ozonschicht“ die besseren Argumente besitzt bzw. besaß.

Für einen fachlich gebildeten Leser, der über diesen Diskurshintergrund verfügt[57], ist die Relevanz der Aussage, man habe größere Ozonverluste messen können, also unmittelbar gegeben, denn dass es *überhaupt* zu diesen Verlusten kommt, ist nach den bisherigen Annahmen bereits die große Überraschung und macht Schlussmuster 2 wieder plausibel. Die Debatte um den Abbau der Ozonschicht durch FCKWs wurde dadurch neu eröffnet. In diesem Sinne stellt der Artikel von Farman et al. (1985) einen Initialtext dar.

| X – $WEISE_2$ BESCHREIBEN → ÄUS(*Large losses of total ozone in Antartica*) ⇓
AN DISKURS ANKNÜPFEN → ÄUS(*reveal*)
↓ X – $WEISE_2$ ERKLÄREN → ÄUS(*seasonal ClO_x/NO_x interaction*)

Handlungsmusterschema 7.33: Handlungsmuster, die durch den Titel eines Fachaufsatzes konstituiert werden

Zusammenfassung (Abstract)

Im ersten Satz der Zusammenfassung wird die bislang geltende Diskursposition „stabile Ozonschicht“ und die damit verbundene Argumentation explizit formuliert:

(50) „Recent attempts[1,2] to consolidate assessments of the effect of human activities on stratospheric ozone (O_3) using onedimensional models for 30° N have suggested that perturbations of total O_3 will remain small for at least the next decade. Results from such models are often accepted by default as global estimates[3].“

Betrachtet man diese Passage genauer, so stellt man fest, dass in den beiden Sätzen eine Reihe von Aussagen komprimiert sind. Es soll nun zunächst ein Blick auf das Subjekt des ersten Satzes geworfen werden, die komplexe Nominalgruppe:

[57] Dieser Diskurshintergrund stellt keine Diskursgeschichte dar, da die Geschichtlichkeit der Annahmen oder aber der beteiligten Forscher hier keine Rolle spielt, sondern einzig und allein das Verfolgen der argumentativen Linie.

> Recent attempts[1,2] to consolidate assessments of the effect of human activities on stratospheric ozone (O_3) using onedimensional models for 30° N

Den Kern dieser komplexen Nominalgruppe bildet die Nominalphrase „Recent attempts[1,2]". Die attributiv verwendeten hochgestellten Fußnotenzeichen verweisen auf zwei in den Anmerkungen angegebene, eindeutig identifizierbare Titel, die der bisherigen Diskursposition „stabile Ozonschicht" zuzuordnen sind. Wären diese Fußnotenzeichen und die bibliografischen Angaben nicht vorhanden, so hätten wir einen relativ vagen Ausdruck wie „Die jüngsten Versuche ..." vorliegen, der es unmöglich machen würde, die Diskursposition durch konkrete Texte konkreter Forscher oder Forschergruppen zu identifizieren. Dadurch erhielte man genau die gleichen Probleme, die für Vermittlungstexte wie „Das Ozon-Drama" eben herausgestellt wurden (vgl. Abschnitt 7.4.1 auf Seite 185 und Tabelle 7.2 auf Seite 187).

EINFÜHREN(pos_{sO}) →

VERWEISEN(AUF PUBL.)
⋮
PUBL. IDENTIFIZIEREN → {
AUTORENNAMEN NENNEN
ZEITSCHRIFTENNAMEN NENNEN
HEFTNUMMER NENNEN
SEITENZAHLEN ANGEBEN
ERSCHEINUNGSJAHR NENNEN
⋮ }

Legende:
pos_{sO}:$_{def}$ Diskursposition „stabile Ozonschicht"
PUBL:$_{def}$ PUBLIKATIONEN

Handlungsmusterschema 7.34: EINFÜHREN(Diskursposition „stabile Ozonschicht") (in einem Fachzeitschriftenaufsatz)

Betrachtet man als nächstes die attributive Infinitivkonstruktion

> „to consolidate assessments of the effect of human activities on stratospheric ozone (O_3) using onedimensional models for 30° N",

so werden dort Ziel und methodischer Ansatz der bisherigen Diskursposition genannt. Die zentrale These dieser Diskursposition wird im E4-Objektsatz wiedergegeben:

> „that perturbations of total O_3 will remain small for at least the next decade."

Die Handlung, die hier für $pos_{\text{stabile Ozonschicht}}$ konstituiert wird, ist ANNEHMEN bzw. WIEDERGEBEN, was im Rahmen der anderen Diskursposition angenommen wird (vgl. Handlungsmusterschema 7.35).

WIEDERGEBEN(pos_{sO}(ANNEHMEN(p)))

Legende:
p:$_{def}$ Schwankungen des Gesamtozons werden in den nächsten zehn Jahren gering sein.

Handlungsmusterschema 7.35: WIEDERGEBEN($pos_{stabile\ Ozonschicht}$)

Dabei stellt diese These, dass das Gesamtozon innerhalb der nächsten zehn Jahre keinen großen Schwankungen unterworfen sein wird, wiederum eine (innerhalb der nächsten zehn Jahre) überprüfbare Hypothese dar.

Da von Farman et al. (1985) größere Ozonwerte gemessen wurden, ist diese These widerlegt, die Diskursposition „stabile Ozonschicht“ deutlich geschwächt:

(51) „The inadequacy of this approach is here made evident by observations that the spring values of total O_3 in Antarctica have now fallen considerably.“

Mit der Behauptung der Inadäquatheit der Annahmen der fachlichen Diskursposition $pos_{stabile\ Ozonschicht}$ ist im Abstract auch die Gegenstandskonstitution abgeschlossen: Es wurde eine Zustandsänderung der Ozonschicht festgestellt, Zeit und Ort dieser Zustandsänderung konnten genau lokalisiert werden. Der so konstituierte Gegenstand „stratosphärischer Ozonverlust über der Antarktis“ widerlegte zugleich die These der bisherigen Diskursposition „stabile Ozonschicht“, nach der es in den nächsten zehn Jahren keinen solchen Ozonverlust hätte geben dürfen.

Vergleicht man bis hierher die Bestimmtheit der Proponenten-Diskursposition bei Farman et al. (1985) mit der im Artikel „Das Ozon-Drama“ eingeführten Diskursposition „Die beruhigenden Sprüche der siebziger Jahre“, so kann man kaum von einem Wissenstransfer sprechen, zu unbestimmt erscheint die Konstitution der Diskursposition bei Ewe (1986). Allein durch die ersten Sätze des Artikels von Farman et al. (1985) werden genauere Informationen vermittelt als im gesamten *Bild der Wissenschaft*-Artikel. Zwar wird man in einem Vermittlungstext die Information nicht so komprimiert vermitteln, sondern etwas lockerer verteilen, es gibt jedoch keinen Grund, etwa die Information zu unterschlagen, dass die Position „stabile Ozonschicht“ eine *fachliche Diskursposition* darstellt, die bis in die achtziger Jahre *die besseren Argumente* hatte.

Direkt im Anschluss wird ein Gegenargument der Diskursposition „stabile Ozonschicht“ diskutiert, das die gemessenen Ozonverluste durch eine verstärkte Windzirkulation erklären könnte, die ozonarme Luft in verstärktem Maß zur Antarktis transportiert haben könnte, was dann ebenfalls zu den berichteten Messergebnissen geführt hätte. Dies kann jedoch ausgeschlossen werden, deshalb müssen chemische Reaktionen die Ursache sein:

(52) „The circulation in the lower stratosphere is apparently unchanged, and possible chemical causes must be considered.“

Dieser Satz stellt zugleich den Übergang von der Datendeskription zur Dateninterpretation dar, d.h. welche Ursachen für die gemessenen Ozonverluste angenommen werden können. Mit der Bezeichnung „chemical causes“ wird dabei bereits die Diskursposition „FCKW-Ozonverlust“ markiert, die im nächsten Satz elaboriert wird:

(53) „We suggest that the very low temperatures which prevail from midwinter until several weeks after the spring equinox make the Antarctic stratosphere uniquely sensitive to growth of inorganic chlorine, ClX, primarly by the effect of this growth on the NO_2/NO ratio. This with the height distribution of UV irradiation peculiar to the polar stratosphere, could account for the O_3 losses observed.“

Als Erklärungen werden also die besonders niedrigen Temperaturen im antarktischen Frühling angegeben, die das stratosphärische Ozon über der Antarktis besonders anfällig für die wachsende Menge an FCKWs, auf die hier mit „growth of inorganic chlorine, ClX“ Bezug genommen wird, machten.

Betrachtet man diese Zusammenfassung unter dem Gesichtspunkt, wie sich Datendeskription und Realitätsinterpretation hinsichtlich der Modalität verhalten, so kann man deutlich erkennen, dass die Datendeskription ohne modalisierende Ausdrücke auskommt, während die folgenden Beispiele zeigen, dass die Dateninterpretation modalisierende Ausdrücke unterschiedlicher Art enthält:

„(...) and possible chemical causes **must be considered**.“
„**We suggest that** the very low temperatures (...).“
„This (...) **could account for** the O_3 losses observed.“

Der Interpretationsstatus wird also angezeigt, indem Modalwortkonstruktionen benutzt und/oder Handlungen des Vorschlagens, Annehmens etc. konstituiert werden.

Diese Verschiedenheit ist auch plausibel, denn die Datendokumentation besteht ja genau darin, Daten und Fakten bekannt zu geben, bevor sie in der Realitätsinterpretation diskutiert werden. Im Gegensatz dazu sind Dateninterpretationen zunächst Vorschläge, die im weiteren Fachdiskurs ausdiskutiert werden müssen, bevor sie den Status eines allgemein gültigen Ursache-Wirkungsmodells erhalten können.

Haupttext

Bevor nun im Einzelnen auf die Handlungskonstitution im Haupttext eingegangen wird, müssen noch einige Bemerkungen zur Konstitution von

Zustandsänderungen gemacht werden. Die Beobachtung einer Zustandsänderung setzt voraus, dass sowohl das Individuum, dem der Zustand zugeordnet wird, als auch der Zustand zum Beginn der Messreihe eindeutig identifiziert sind. Dann ist es wichtig, wo bzw. von wo aus das Individuum beobachtet wird, denn verschiedene Beobachtungspunkte definieren u.U. verschiedene räumliche Perspektiven, die zu anders gearteten Ergebnissen führen können.[58]

Auch der Beginn der Beobachtung und die Wahl der Zeitintervalle müssen klar sein. Falls das Individuum nicht direkt beobachtbar ist, muss darüber hinaus das Messinstrument angegeben und – falls dies noch nicht etabliert ist – auch legitimiert werden.

Die Mitteilung über die Beobachtung von Zustandsänderungen muss also folgende Fragen beantworten:

1. Welches identifizierte Individuum bzw. welcher Zustand soll kontinuierlich über die Zeit beobachtet werden?

2. Wo wird das Individuum beobachtet?

3. Ab wann und in welchen Zeitabständen?

4. Falls es nicht direkt beobachtbar ist, mit welchen Messinstrumenten wird es beobachtet? Können durch die Messinstrumente Messfehler auftreten?

Damit müssen Handlungen nach dem Handlungsmuster ZUSTANDSÄNDERUNG BEOBACHTEN ausgeführt werden (vgl. Handlungsmusterschema 7.36 auf der nächsten Seite).[59]

Das Handlungsmuster ZUSTANDSÄNDERUNG BEOBACHTEN besagt nicht, dass diese Bestimmungen auch immer mitgeteilt werden müssen, da verschiedene Bestimmungen durch den Kontext oder die Vorgeschichte klar sein können. Sie müssen aber einmal bestimmt worden sein, da man sonst nicht von der Beobachtung einer Zustandsänderung, jedenfalls im naturwissenschaftlichen Diskurs, reden kann.

In der Vermittlungskommunikation müssen diese Bestimmungen ebenfalls vorgenommen werden, sonst können Ergebnisse von solchen Beobachtungen kaum richtig eingeschätzt werden. Wenn man beispielsweise nicht weiß, von wann bis wann Ozon mit welchen Verfahren gemessen wurde, lassen sich Aussagen wie „Die Ozonschicht hat um 40% abgenommen“ nur schlecht oder gar nicht einschätzen.

[58] Beispielsweise führten die Satellitenmessungen von Stolarski et al. (1986) zu viel umfassenderen Ergebnissen als die Messungen von Farman et al. (1985).

[59] Die Auslassungspunkte bedeuten, dass dieses Handlungsmuster viel komplexer ist, als es hier dargestellt wurde, da der eigentliche Beobachtungsvorgang hier nicht aufgeführt ist, sondern lediglich seine Voraussetzungen.

ZUSTANDSÄNDERUNG VON I_i BEOBACHTEN →

BESTIMMEN(BEOBACHTUNGSOBJEKT I_i) BESTIMMEN(BEOBACHTERSTANDORT) BESTIMMEN(ZEITPUNKTE und ZEITINTERVALLE)	
BESTIMMEN(BEOBACHTUNGSINSTRUMENT B_i) ERWÄGEN(FEHLER DURCH B_i)	wenn : I_i ist nicht direkt beaboachtbar
⋮	

Legende:
$I_i :_{def}$ Individuum I_i (In diesem Fall handelt es sich bei Individuum I_i um die Ozonschicht.)

Handlungsmusterschema 7.36: ZUSTANDSÄNDERUNG BEOBACHTEN

Das Individuum I_i, um dessen Zustandsänderung es geht, ist die Ozonschicht, d.h. das Ensemble der Ozonmoleküle in der Stratosphäre. Dies ist durch die Überschrift und die ersten Sätze im Abstract bereits festgelegt worden.

Beobachterstandort, Zeitpunkt, Zeitintervalle und Methode der Beobachtungen werden durch die ersten Sätze des Haupttextes bestimmt. Danach wird die Ozonschicht seit 1957 von zwei Forschungsstationen in der Antarktis aus gemessen. Dies wird mit eindeutigen, präzisen Raum- und Zeitbestimmungen geleistet:

(54) „Total O_3 has been measured at the British Antarctic Survey stations, Argentine Islands 65°S 64°W and Halley Bay 76°S 27°W, since 1957." (S. 207, Sp. 2)

Unterlassen wird hier mitzuteilen, welches Beobachtungsinstrument bzw. welche Messmethode hier zur Anwendung kommt. Es wird also nicht mitgeteilt, dass in regelmäßigen Abständen Wetterballons mit Ozonmessgeräten in die Atmosphäre geschickt werden, um so die Menge des stratosphärischen Ozons zu messen.[60]

[60] Bei dem Messgerät handelt es sich um einen so genannten „Spektrographen" (auch „Spektrophotometer" oder „Spektrometer" genannt). Um zu verstehen, wie ein Spektrograph funktioniert, muss man die folgenden Naturgesetze kennen: 1) Wird Licht durch ein Prisma gelenkt, wird das Licht in unterschiedliche Farben geteilt und man sieht das Spektrum des Lichts (Regenbogeneffekt). 2) Hält man nun einen Gegenstand, der nur aus einer Atom- oder Molekülart besteht, z.B. reines Natrium, in eine Lichtquelle und lenkt das Licht über Linsen und/oder Spiegel in ein Prisma, und vom Prisma auf eine Fotoplatte, so sieht man, dass dadurch nicht nur das Spektrum erzeugt wird, sondern auch ein Muster kleiner schwarzer Linien. Dieses Linienmuster entsteht dadurch, dass das Natrium bestimmte Teile des Lichts in sich aufnimmt („absorbiert"), die dadurch die Fotoplatte nicht erreichen können. Das zu Grunde liegende Naturgesetz lautet, dass jeder Stoff *verschiedene* Teile des Lichts absorbiert und deshalb ein eigenes charakteristisches Linienmuster auf der Fotoplatte erzeugt.

Dies liegt – wie oben bereits angedeutet – nicht daran, dass die Messmethode nicht bestimmt ist, sondern dass sie im Fachdiskurs so bekannt ist, dass sie nicht mehr erläutert werden muss.

In der Vermittlungskommunikation muss die Messmethode bestimmt werden. Das dazu nötige Wissen steckt aber nicht im Fachtext, sondern muss aus Lehrbüchern oder von Informanten abgefragt und aufbereitet werden.

Dies zeigt wiederum, dass es sich bei der Vermittlung nicht einfach um einen Transfer „vom Fachtext zum Vermittlungstext" handeln kann, sondern dass komplexes Hintergrundwissen recherchiert und aufbereitet werden muss.

Im Artikel „Das Ozon-Drama" wurden zwar die Vehikel, mit denen das Messinstrument in die Atmosphäre befördert wird (Wetterballons und Satellit), genannt und auch abgebildet – das eigentliche Messinstrument, das Spektrometer, wurde jedoch noch nicht einmal erwähnt.

Kehren wir nun zurück zum Initialartikel von Farman et al. (1985). Der nächste Satz leitet zur Gegenstandskonstitution über, d.h. es wird beschrieben, wie sich der Zustand des stratosphärischen Ozons verändert hat. Dies hatten wir als Handlungsmuster X-WEISE$_1$ BESCHREIBEN → DATEN VON X BESCHREIBEN dargestellt:

(55) „Figure 1*a* shows data from Halley Bay. The mean and extreme daily values from October 1957 to March 1973 and the supporting calibrations have been discussed elsewhere[4,5]. The mean daily value for the four latest complete observing seasons (October 1980-March 1984) and the individual daily values for the current observing season are detailed in Fig. 1. The more recent data are provisional values." (S. 207, Sp. 2)

Wir wollen entsprechend der eingangs gemachten Festlegung vorgehen und deshalb zunächst die Abbildungen und dann wieder den Fließtext analysieren.

Betrachtet man die zitierte „Figure 1*a*" (vgl. Abbildung 7.7 auf der nächsten Seite), so sieht man die mittleren Ozon-Tageswerte für den Zeitraum 1957-1973 (dünne Linien) und 1980-1984 (dicke Linien).[61] Abbildung 1*a* zeigt die Werte, die über Halley Bay, Abbildung 1*b* zeigt die Werte, die über der Station Argentine Islands gemessen wurden.

Deshalb kann man, wenn man einmal die Linienmuster aller Stoffe kennt, auch umgekehrt von einem Linienmuster darauf schließen, dass ein bestimmter Stoff vorliegt, etwa wenn man einen Spektrographen in einen Wetterballon einbaut und in die Stratosphäre steigen lässt, um Ozon zu messen (ausführlicher vgl. Lemmerich, 1990, S. 51ff.).

[61] Die obere dicke bzw. dünne Linie stellt die Extremwerte, die untere dicke bzw. dünne Linie die Durchschnittswerte dar.

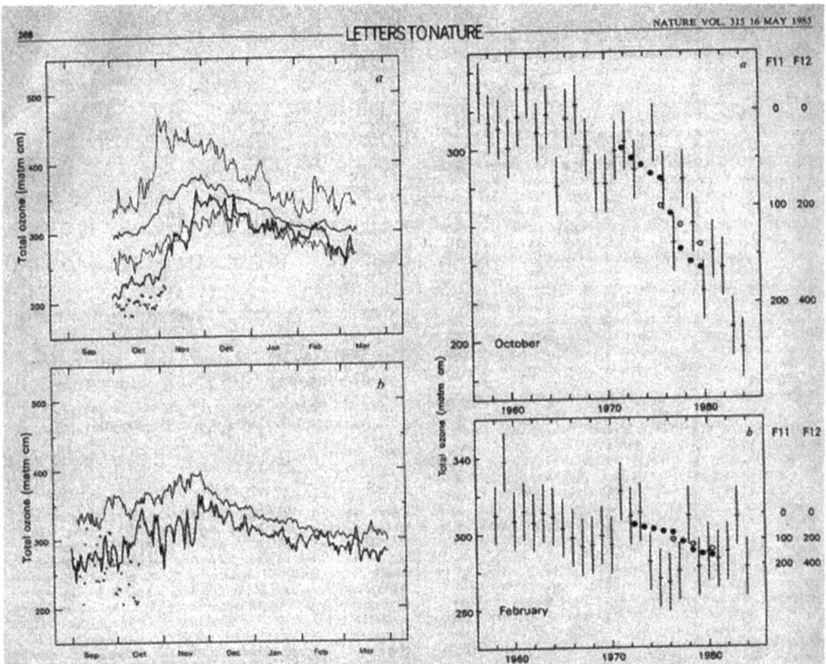

Fig. 1 Daily values of total O_3. *a*, Halley Bay: thin lines, mean and extreme values for 16 seasons, 1957–73; thick line, mean values for four seasons, 1980–84; +, values for October 1984. Observing season: 1 October to 13 March. *b*, Argentine Islands: as for Halley Bay, but extreme values for 1957–73 omitted. Observing season: 1 September to 31 March.

Fig. 2 Monthly means of total O_3 at Halley Bay, and Southern Hemisphere measurements of F-11 (●, p.p.t.v. (parts per thousand by volume) $CFCl_3$) and F-12 (○, p.p.t.v. CF_2Cl_2). *a*, October, 1957–84. *b*, February, 1958–84. Note that F-11 and F-12 amounts increase down the figure.

Abbildung 7.7: Messreihen als Konstitution von Zustandsänderungen (nach Farman et al., 1985)

Diese beiden Kurven konstituieren das Individuum Ozonschicht bzw. seine Zustandsänderung durch den Vergleich zweier recht unterschiedlicher Messperioden, einer 16-jährigen Messperiode von 1957-1973 und einer vierjährigen Messperiode von 1980-1984.

Wurden bisher keine Angaben zu den verwendeten Messinstrumenten gemacht, so wird jetzt erwogen, welche Messfehler prinzipiell durch die Art der Beobachtung möglich sind und mit welchen Gründen man sie ausschließen kann. In den folgenden Sätzen wird deshalb die Messgenauigkeit angegeben; außerdem wird berichtet, dass die Spektrometer 1982 gegen neu geeichte ausgetauscht wurden:

(56) „Very generous bounds for possible correction would be ±30 matm cm. There was a changeover of spectrophotometers at the station in January 1982; the replacement instrument had been calibrated against UK Meteorological Office standard in June 1981. Thus, two spectrophotometers have shown October values of total O_3 to be much lower than March values, a feature entirely lacking in the 1957-73 data set. To interpret this difference as a seasonal instrumental effect would be inconsistent with the results of routine checks using standard lamps. Instrument temperatures (recorded for each observation) show that the March and October operating conditions were practically identical.“ (S. 207, Sp. 2)

Diese Auseinandersetzung mit der Messmethode und möglichen Messfehlern stellt einen wichtigen Bestandteil der Gegenstandskonstitution dar, da nicht direkt beobachtbare Gegenstände nur durch die Messung mittels Messgeräten konstituierbar sind. Ein Messfehler oder die falsche Bewertung eines Messergebnisses hätte somit unmittelbare Folgen für die Gegenstandskonstitution, im Extremfall könnte ein falsches Messergebnis bzw. ein fehlerhaftes Messinstrument dazu führen, ein Individuum als existent anzunehmen, das tatsächlich gar nicht existiert. Dieser Satz schließt diesen ersten Teil der Gegenstandskonstitution mit einer resümierenden Aussage ab:

(57) „Whatever the absolute error of the recent values may be, within the bounds quoted, the annual variation of total O_3 at Halley Bay has undergone a dramatic change.“ (S. 207, Sp. 2)

Mit dem Hauptsatz „the annual variation of total O_3 at Halley Bay has undergone a dramatic change“ wird dabei keine Quantitätsbestimmung, sondern eine Bewertungshandlung ausgeführt, mit der eine zufällige Variation der Ozonwerte ausgeschlossen und die Konstitution eines neuen Zustands der Ozonschicht über der Antarktis als sicher angenommen wird: eine drastische Änderung des Zustands des stratosphärischen Ozons. Diese Gegenstandskonstitution würde, wie bereits im Abstract festgestellt, die bisherige Diskursposition *stabile Ozonschicht* eindeutig widerlegen.

Die Bewertung wird insbesondere durch das Adjektiv „dramatic“ bzw. durch die Nominalphrase „dramatic change“ geleistet.

Da für den Artikel „Das Ozon-Drama“ die Ausdrücke „dramatisch“ und „Drama“ Schlüsselwörter darstellen, sollen das Adjektiv „dramatic“ bzw. das verwandt klingende Wort „dramatisch“ nun etwas näher betrachtet werden. Im Artikel „Das Ozon-Drama“ taucht das Adjektiv „dramatisch“ sowie seine Elaborierung im Rahmen der Drama-Metapher an folgenden Stellen auf:

1. „Das Ozon-Drama“ (Titelseite, Inhaltsverzeichnis, Überschrift des Haupttextes)
2. „Ein dramatischer Umbau läuft in der Atmosphäre unseres Planeten ab.“ (Vorspann, S. 39)
3. „Die Bühne, auf der das Drama spielt, ist zweigeschossig:
   Zuunterst liegt die Troposphäre. Dieses Erdgeschoß unserer Atmosphäre reicht vom Erdboden (...)
   Oberhalb der Troposphäre erhebt sich (...) die Stratosphäre. (...) Bleiben wir zunächst im oberen Stock. Die Stratosphäre (...).“ (Haupttext, S. 42)
4. „Doch es läuft eine Umschichtung ab, die das Adjektiv ‚dramatisch‘ gewiß verdient. (...) Im unteren Stockwerk Ozon-Zunahme, im oberen Stockwerk ein Abbau der Ozon-Schicht. Die Menschheit baut ihre Atmosphäre um.“ (Haupttext, S. 46)
5. „Verlassen wir die Bühne des Geschehens und steigen wir in die unteren 11 km Luftschicht hinab, in die Troposphäre.“ (Haupttext, S. 52)

Dabei kann Zitat 4 so verstanden werden, dass hier ein Bezug zu der genannten Passage bei Farman et al. (1985, S. 207) hergestellt wird. Das englische Adjektiv „dramatic“ wird verwendet, wenn sich eine Veränderung plötzlich und ausgesprochen überraschend ereignet. Dabei besitzt das Adjektiv „dramatic“ im Gegensatz zum Deutschen einen neutralen „Gefühlswert“ (vgl. dazu Liebert, 2000a), denn es können positive oder negative Veränderungen sein, die sich in dieser Weise ereignen (z.B. *I expect to see dramatic improvements*). Demgegenüber kann man dem deutschen Adjektiv „dramatisch“ durchaus einen Gefühswert zuweisen, der einerseits durch das Merkmal „spannungsreich“ (ungewisser Ausgang), aber auch Merkmale wie „erschütternd“ und „beängstigend“ gekennzeichnet ist (vgl. die Verwendung in Kontexten wie *der dramatische Ausgang des Geiseldramas, das dramatische Robbensterben*).[62]

---

[62] Ungewöhnlich wäre: *Seine Schulnoten haben sich dramatisch verbessert.*

Farman et al. (1985) sprechen hier nicht von einer Katastrophe, von einem „Ozon-Drama“, sondern relativ neutral von einer „drastischen Änderung der jährlichen Ozonvariationen über Halley Bay“.

In Abschnitt 7.3.6 auf Seite 168 wurde bereits festgestellt, dass Ewe (1986) eine Remotivierung des Dramabegriffs vornimmt: „Drama“ wird hier als Theaterstück interpretiert und damit metaphorisiert. Diese Drama-Metapher wird mit der alten Stockwerksmetapher der Atmosphäre[63] überblendet, so dass ein chimärisches Metaphernmodell[64] entsteht: die Atmosphäre mit ihren Stockwerken als Theaterhaus, in dem auf einer doppelstöckigen Bühne, Troposphäre und Stratosphäre, das Drama „Zerstörung der Ozon-Schicht“ aufgeführt wird. In der Folge finden sich eine Reihe von Versatzstücken dieses chimärischen Konzepts wie „Bühne“ oder „spielen“. Abbildung 7.8 auf der nächsten Seite verdeutlicht diese Zusammenhänge.

Dabei hat dieses Metaphernkonglomerat verschiedene Funktionen. In Abschnitt 7.3.6 auf Seite 168 wurde bereits dessen textorganisatorische Funktion herausgestellt. Darüber hinaus besitzt die Metapher, die man als „Die Umschichtung der Atmosphäre ist die Aufführung eines Dramas im atmosphärischen Theater“ bezeichnen könnte, weitere Funktionen. Die Ebene der bewertenden Handlungen wurde bereits in der Analyse des Artikels „Das Ozon-Drama“ herausgestellt. Es ist aber auch die Ebene der Sachverhaltskonstitution zu nennen: Die Zitate 2 und 4 zeigen, dass die Eigenschaft „dramatisch“ nicht nur für das Individuum Ozonloch angesetzt wird, sondern auch für das Individuum „Umbau“ bzw. „Umschichtung“. Wie man sieht, wird das mit „dramatisch“ ungenau übersetzte Adjektiv „dramatic“ aber im Gegensatz zum Artikel von Farman et al. (1985) auf ein ganz anderes Individuum bezogen: nicht auf die Ozonverluste in der Antarktis, sondern auf einen vermeintlichen *Umbau* der Atmosphäre, der im Fachdiskurs überhaupt nicht konstituiert, ja nicht einmal thematisiert wird.

Deshalb findet sich im gesamten Text auch kein Verweis auf einen fachlichen Bezugstext, der diesen „Umbau“ zum Inhalt hat. Lediglich den Beitrag des Co-Autors Crutzen könnte man als Stützung heranziehen. Doch auch dieser Beitrag ist kein Fachbeitrag, denn Crutzen spricht hier in der Rolle[65] des Vermittlers, nicht als „Fachwissenschaftler“, und selbst in dieser Rolle spricht er nicht von „Umschichtung“, sondern stellt strato-

---

[63] Diese Stockwerksmetapher findet sich bereits in allgemeinen Lexika vor dem Beginn der Fachdiskussion (vgl. Deutscher Bücherbund, 1972).

[64] In der US-amerikanischen Linguistik wird bei diesem Phänomen von „blending“ bzw. „blend“ gesprochen, je nachdem, ob man den Prozess oder das Produkt betonen will (vgl. Turner und Fauconnier, 1995). Insbesondere der Terminus „blend“ lässt sich schlecht ins Deutsche übersetzen. Ich verwende daher den Begriff *chimärisches Konzept* oder *Modell* (vgl. dazu auch Huelzer, 1987).

[65] Zum Begriff der Rolle vgl. Abschnitt 2.6 auf Seite 31.

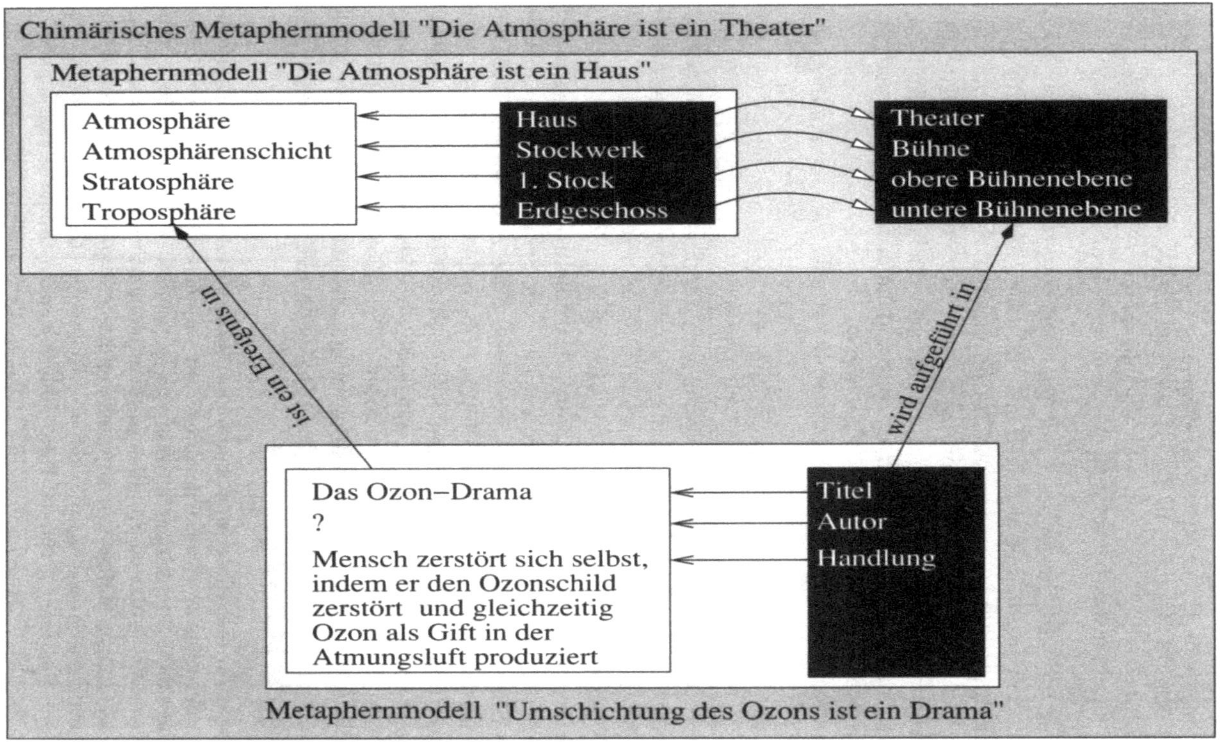

Abbildung 7.8: Das chimärische Metaphernmodell „Die Umschichtung der Atmosphäre ist die Aufführung eines Dramas im atmosphärischen Theater“.
Es handelt sich hier um eine Metaphorisierung und Expansion der Schlüsselwörter „dramatisch“ und „Drama“. Eingebettet ist ein weiteres, chimärisches Metaphernmodell „Die Atmosphäre ist ein Theater“. Modelle in Zielbereichen wurden schwarz-weiß, Modelle in Herkunftsbereichen invers gesetzt. Durch die Pfeile wird die semantische Determination ausgedrückt.

sphärischen Ozonabbau und troposphärische Ozonzunahme in eine Reihe mit globalen Klimaänderungen:

(58) „Ozon-Abbau in der oberen Stratosphäre, Ozon-Zunahme darunter, globale Klimaänderungen in den nächsten 50 Jahren – da wünsche ich mir manchmal, die Messungen und Modellrechnungen meiner Kollegen und meiner eigenen Arbeitsgruppe möchten falsch sein.“ (S. 56, Sp. 1-2)

Es kann nun also – ausgehend von den fachlichen Bezugstexten – sicher ausgesagt werden, dass es sich hier um eine originäre Konstitution eines Gegenstands „Umbau der Atmosphäre“ im populärwissenschaftlichen Artikel handelt, der auf Schlussfolgerungen des Autors des Artikels Ewe und des Co-Autors Crutzen in seiner Rolle als öffentlicher Experte aufbaut, und nicht um den Versuch einen Gegenstand identifizierbar zu machen, der im Fachdiskurs bereits identifiziert wurde.

Nach diesem eingeschobenen Textvergleich soll mit der Analyse des fachlichen Bezugstextes (Farman et al., 1985) fortgefahren werden.[66]

Farman et al. (1985, S. 208ff.) erwägen eine Reihe von möglichen Erklärungen der Ozonverluste, die nicht für die Diskursposition „Ozonverlust durch FCKW“ sprechen würden: Wenn nämlich durch eine atmosphärische Störung eine Luftmasse mit wenig Ozon über die Antarktis getrieben worden wäre, dann hätte man zwar abfallende Ozonwerte gemessen, man könnte allerdings nicht davon sprechen, dass sich der Zustand des Objekts Ozonschicht tatsächlich verändert hätte, denn dann wäre die Ursache im „dynamischen Zustand“ der Ozonschicht bzw. der Stratosphäre zu suchen.

Diese Sichtweise hat sich kurz darauf zu einer alternativen Diskursposition etabliert, die „Ozonverlust durch Atmosphärendynamik“ genannt werden soll (vgl. Abschnitt 7.4.5 auf Seite 220 sowie Tung et al. (1986)). Zu diesem Zeitpunkt war dies allerdings noch kein Gegenstand der Diskussion. Dennoch führen Farman et al. (1985) Gegenargumente an und verstärken die Plausibilität der Diskursposition „Ozonverlust durch FCKW“ durch die Angabe, dass der einzige Unterschied der Umweltbedingungen im Anstieg der FCKWs lag:

(59) „Upper air and winds are available for these stations from 1956. There are no indications of recent departures from established mean values sufficient to attribute the changes in total O_3 to changes in the circulation. The present-day atmosphere differs most prominently from that of previous decades in the higher concentrations of halocarbons. Figure 2*a* shows the monthly mean total O_3 in October at Halley Bay, for 1957-84, and Fig. 2*b* that in February, 1958-84. Tropospheric concentrations of the halocarbons F-11 ($CFCl_3$) and F-12 (CF_2Cl_2) in the Southern Hemisphere[3] are

[66] Es werden dabei drei Sätze ausgelassen, die die Lage über der zweiten Forschungsstation betreffen.

also shown, plotted to give greatest emphasis to a possible relationship. Their growth, from which increase of stratospheric ClX is inferred, is not evidently dependent on season.“ (Farman et al., 1985, S. 208)

Zu den Messreihen werden zwei Diagramme gezeigt, die hier als Kopie wiedergegeben werden.[67]

Abbildung 2 zeigt die monatlichen Durchschnittswerte der Menge des stratosphärischen Ozons über Halley Bay (lange Striche) im Oktober (Abbildung 2a) und im Februar für die Jahre 1958-1984 (Abbildung 2b).

Die gefüllten und ungefüllten Kreise sind Messwerte für FCKWs. Die Werte wurden invers eingetragen, d.h. ein weiter unten stehender Kreis bedeutet *mehr* FCKW. Wie man sieht, steigen die FCKWs fast parallel mit der Ozonabnahme an.

Schließlich stellt der Satz

(60) „The contrast between spring and autumn O_3 losses and the striking enhancement of spring loss at Halley Bay need to be explained.“ (S. 208)

die Überleitung vom Teil der Datendeskription zur Dateninterpretation dar. Hier folgt nun eine detaillierte Beschreibung der chemischen Reaktionen, die zu den beobachteten Ozonverlusten führen können. Es wird also, wie bereits mehrfach beschrieben, nach dem Handlungsmuster X-WEISE ERKLÄREN → DATEN INTERPRETIEREN → URSACHE-WIRKUNGSMODELL AUFSTELLEN gehandelt.

Da hier die Gegenstandskonstitution, insbesondere das Handlungsmuster X-WEISE$_1$ BESCHREIBEN → DATEN BESCHREIBEN im Vordergrund der Analyse steht, sollen diese Passagen hier nicht weiter analysiert werden.

Zusammenfassung

Wie bereits besprochen, enthält der Text von Farman et al. (1985) räumlich und zeitlich klare Bestimmungen des Erkenntnisgegenstands sowie der temporalen Entwicklung seiner Zustände. Dadurch kann der Ozonabfall über der Antarktis eindeutig in Raum und Zeit in Abhängigkeit von der Beobachterposition und den Messgeräten identifiziert werden. Der Text von Ewe (1986) zeichnet sich im Vergleich dazu durch eine große Unbestimmtheit aus.

Bei Ewe (1986) wurde ein ständig größer werdendes Ozonloch über der Antarktis behauptet:

(21) „Vielleicht ein Indiz für den Anfang vom Ende unseres stratosphärischen Schutzmantels: Über dem antarktischen Kontinent klafft jedes

[67] Vgl. Abbildung 7.7 auf Seite 199.

Jahr ein immer tieferes Loch in der Ozonschicht.“ (Ewe (1986, S. 39); analysiert auf Seite 158)

(31) „Die Aufnahmen oben auf dieser Seite – jeweils am 5. Oktober gemacht – beweisen, daß das Ozon-Loch von Jahr zu Jahr tiefer und größer wird.“ (Ewe (1986, S. 41); analysiert auf Seite 163)

(46) „Das stratosphärische Ozon-Loch öffnet sich jedes Jahr aufs neue. Und es wird jedes Jahr um etwa 4% tiefer und in der Fläche größer.“ (Ewe (1986, S. 49); analysiert auf Seite 176)

Dagegen zeigt die Abbildung 2a bei Farman et al. (1985, S. 208) ein ganz anderes Bild. Die Ozonverluste bilden keinesfalls eine linear absteigende Linie, sondern steigen und fallen von Jahr zu Jahr; was gesagt werden kann, ist, dass sie *in der Tendenz* fallen.

Bei Farman et al. (1985, S. 208) wird die Eindeutigkeit hergestellt, indem das Diagramm publiziert wird. Bei Ewe (1986) wird diese genaue raumzeitliche Beschreibung des Ozonlochs unterlassen. Wie wir sehen werden, wird dies später zu verschiedenen Problemen im öffentlichen Diskurs über das Ozonloch führen.

Auch die proponierende Diskursposition „Stabile Ozonschicht“, die hier angegriffen und deren Argumente widerlegt werden, wird nicht wie bei Ewe (1986) in irgendeiner Form abgewertet, sondern als gleichwertige fachliche Position eingeführt und behandelt.

7.4.4 Ozone data – die erste Bestätigung durch Satellitendaten von Stolarski et al. (1985)

Der Text von Stolarski et al. (1985) ist kein Fachaufsatz, sondern eine 33 Zeilen lange Fachnachricht im NASA-Organ EOS (Earth Observing System). Deshalb soll hier keine satzsemantische Analyse durchgeführt werden, es sollen vielmehr einige zentrale Passagen der Datendeskription und der Dateninterpretation etwas genauer betrachtet werden.

Der Teil der Datendeskription besteht bei Stolarski et al. (1985) aus einer kurzen Bestätigung der Ozonverluste über der Antarktis durch Daten von Satellitenmessgeräten, die eigentlichen Messwertreihen werden aber nicht präsentiert, sondern lediglich angekündigt. Es wird hier aber bereits vom „so-called Antarctic ozone hole“ gesprochen. Dies ist damit der erste publizierte Nachweis dieses Ausdrucks im Fachdiskurs, also ca. ein Jahr, bevor er im öffentlichen Diskurs in Deutschland in der Übersetzung verwendet wurde.

Nachdem im Text keine Datendeskription publiziert, sondern lediglich angekündigt wird, werden einige Realitätsinterpretationen genannt. Es handelt sich um die folgenden, im Fachdiskurs diskutierten Ursachen:

- FCKWs („chlorine effect from fluorocarbons“)

- Vulkanausbruch des El Chichon[68]
- Transport ozonarmer/-reicher Luft durch so genannte „planetare Wellen“.

Schließlich werden Hypothesen aufgestellt, welche Messungen der Ozonwerte welche Ursache-Wirkungsmodelle bzw. Diskurspositionen plausibel machen würden:

(61) „If the effect is really due to fluorocarbons, it would be expected to continue to intensify and this would be apparent in the Spring 1985 data starting in October. If the effect is either related to El Chichon or a manifestation of interannual variability then there should be a tendency back toward a more normal situation.“ (Stolarski et al., 1985, S. 838)

Dies lässt sich mit den folgenden Argumentationsschemata darstellen:

Diskursposition „Ozonverlust durch FCKW“

1. FCKWs verursachen das Ozonloch.
2. Es werden immer mehr FCKWs produziert.

Schlussregel: Je mehr FCKWs produziert werden, desto mehr stratosphärisches Ozon wird zerstört.

Schlussfolgerung/Hypothese Wenn die Ursache des Ozonlochs FCKWs sein sollten, so müsste sich das Ozonloch in den nächsten Jahren vergrößern.

Diskursposition „Ozonverlust durch Naturereignisse (Vulkanausbruch oder planetare Wellen)“

1. Vulkanausbrüche oder planetare Wellen bringen einmalig mehr Chlor in die Stratosphäre über der Antarktis.
2. Nach einem Abbau dieses Chlors ist wieder weniger Chlor in der Stratosphäre.

Schussregel: Je weniger Chlor in der Stratosphäre ist, desto weniger stratosphärisches Ozon wird zerstört.

Schlussfolgerung/Hypothese Wenn die Ursache ein Naturereignis war (Vulkanausbruch El Chichon oder planetare Wellen), dann müsste das Ozonloch wieder kleiner werden.

[68] Der Vulkan El Chichon brach am 4.4.1982 aus.

Wichtig ist es hier festzuhalten, dass bereits in den ersten Reaktionen auf den Fachartikel von Farman et al. (1985) *unterschiedliche* Diskurspositionen thematisiert wurden (vgl. Handlungsmusterschema 7.37), während der Artikel von Ewe (1986) in *Bild der Wissenschaft* lediglich *eine* Diskursposition wiedergibt, „Ozonverlust durch FCKW“.

URSACHE – WIRKUNGSMODELLE DISKUTIEREN →

| FCKW – MODELL DISKUTIEREN
| MODELL PLANETARISCHE WELLEN DISKUTIEREN
| VULKAN – MODELL DISKUTIEREN
| MODELL ATMOSPHÄRENDYNAMIK DISKUTIEREN ||

Handlungsmusterschema 7.37: URSACHE-WIRKUNGSMODELLE DISKUTIEREN

7.4.5 Messungen des antarktischen Ozonabfalls durch den Satelliten Nimbus 7: die ausführliche Beschreibung von Stolarski et al. (1986)

Zum Forschungskontext

Der *Nature*-Artikel „Nimbus 7 satellite measurements of the springtime Antarctic ozone decrease“ von Stolarski et al. (1986) stellt einen wichtigen Beitrag für die fachliche Diskussion um das Ozonloch dar. Zwar wurden seit dem Erscheinen des Artikels von Farman et al. (1985) einige Fachaufsätze mit Interpretationen des Phänomens publiziert,[69] eine Bestätigung des Phänomens und vor allem eine Beantwortung der Frage, ob es sich um ein regionales oder ein globales Phänomen handelte, standen noch aus. Diese Fragen werden nun im Aufsatz von Stolarski et al. (1986) beantwortet. Dort werden nicht nur Messwertreihen über Halley Bay, sondern auch über einem größeren Teil des Südpols präsentiert, die (wie bereits in Stolarski et al. (1985) angekündigt) das Phänomen der Ozonverluste bestätigen und es als regionales Phänomen ausweisen, d.h. die Ozonschicht hat eine Zustandsveränderung *an einer bestimmten Stelle*, nämlich über der Antarktis, erfahren.

In diesem Zusammenhang wird zum ersten Mal im fachlichen Aufsatzdiskurs vom inneren Bereich der minimalen Ozonwerte als von einem „Loch“ („hole“) gesprochen. Diese Redeweise wird im weiteren Fachdiskurs aufgegriffen und fortgeführt.[70] Auch wenn der Begriff Ozonloch etwa

[69] Vgl. dazu die Literaturangaben in Stolarski et al. (1986).

[70] Vgl. etwa den *Nature*-Aufsatz „Nitric acid cloud formation in the cold Antarctic stratosphere: a major cause for the springtime ‘ozone hole’“ von Crutzen und Arnold (1986). Auf Seite 651 sprechen die Autoren auch ohne distanzierende Rahmung vom Ozonloch: „We propose here a chemical mechanism for the formation of the ozone hole.“

von Farman et al. (1988) kritisch hinterfragt wurde, hat er sich sowohl als Fachterminus als auch als Schlüsselwort in der öffentlichen Diskussion durchgesetzt.

Handlungskonstitution

Insgesamt argumentiert der Artikel von Stolarski et al. (1986) äußerst vorsichtig, vor allem, was die Ursachen des Ozonlochs angeht, insbesondere die Diskursposition „Ozonverlust durch FCKW“ wird sehr kritisch und als ein Konkurrenzmodell unter vielen betrachtet. Obwohl die Daten von Farman et al. (1985) nun bestätigt werden, gilt es trotz der eindeutigen Messwertreihen über Halley Bay nicht als ausgemacht, ob auf eine *dauerhafte* Veränderung der Ozonschicht geschlossen werden kann, d.h. ob tatsächlich eine dauerhafte Zustandsänderung des Objekts Ozonschicht stattgefunden hat. Es wird empfohlen, weitere Messungen abzuwarten. Es wird weder Alarm geschlagen noch sonst eine Form der Katastrophe angekündigt.

Überschrift

Wie vorher ausgeführt, enthielt die Überschrift des Artikels von Farman et al. (1985) die gesamte These des Artikels und markierte bereits in der Überschrift den Wechsel von der bisher gültigen Diskursposition „stabile Ozonschicht“ zur schon abgelegt geglaubten Diskursposition „Ozonverlust durch FCKW“. In der Überschrift des Artikels von Stolarski et al. (1986) wird dagegen allgemein von Satelliten-Messungen des antarktischen Ozonabfalls gesprochen, ohne einen Bezug auf bestimmte Diskurspositionen zu nehmen oder eine These damit zu verknüpfen.

Innerhalb der laufenden Fachdebatte besitzt allerdings auch diese allgemein formulierte Überschrift genügend Relevanz, ja sogar Brisanz, denn es war in der Fachwelt bekannt, dass Nimbus 7 die Ozonwerte global kontrolliert und bisher keine nennenswerten Ozonverluste gemeldet hatte.[71]

Die Nachricht von Stolarski et al. (1985) hatte nur das Ergebnis verkündet, jedoch keine Datendeskription geleistet. Die Fachöffentlichkeit war also vorinformiert und hatte diesen Artikel bereits erwartet.

Die Überschrift entspricht auch dem weiteren Duktus des Textes, der als sehr zurückhaltend gekennzeichnet werden kann, d.h. die von Farman et al. (1985) gemessenen Ozonverluste werden bestätigt, im Interpretationsteil des Textes herrscht aber eine sehr große Vorsicht hinsichtlich der Benennung der Ursachen vor, insbesondere wird die Diskursposition „Ozonverlust durch FCKW“ nicht eindeutig favorisiert, sondern Rahmenbedingungen für ein dieser Position zugeordnetes Ursache-Wirkungsmodell formuliert.

---

[71] Dies trägt später zur populärwissenschaftlichen Legendenbildung um die Entdeckung des Ozonlochs bei (vgl. Abschnitt 8.2.5, S. 295ff.).

Zusammenfassung (Abstract)

Die Zusammenfassung beginnt mit einer Handlung nach dem Muster AN FACHDISKURS ANKNÜPFEN, indem die Diskursposition „Ozonverlust durch FCKW“ in der Fassung von Farman et al. (1985) wiedergegeben wird. Dabei wird klar unterschieden zwischen der Datendeskription und der Dateninterpretation. Zunächst wird die Datendeskription von Farman et al. (1985) aus der Sicht von Stolarski et al. (1986) wiedergegeben:

(62) „Farman et al.[1] have reported a rapid decrease, since their measurements started in 1957, of total column amount of ozone in late winter and early spring over Halley Bay station in Antarctica (76° S, 27° W). The decrease was most pronounced in October, early spring in the Southern Hemisphere.“ (S. 808, Sp. 1)

Dann folgt die Wiedergabe der Dateninterpretation von Farman et al. (1985) aus der Sicht von Stolarski et al. (1986):

(63) „They attributed the decrease to the increase in stratospheric chlorine due to chlorofluorocarbon release, and proposed that the unique conditions of extreme cold and low sunlight in the Antarctic winter and spring enhanced the effect.“ (S. 808, Sp. 1)

Dann folgt ein Abschnitt über die Beobachtungsinstrumente, die den vorliegenden Messungen zu Grunde liegen, zwei Messgeräte an Bord des Satelliten Nimbus 7, mit denen täglich global die Ozonkonzentrationen gemessen werden können. Diese Informationen sind als komplexes, mehrfach verzweigtes Präpositionalattribut angebunden an den explizit performativen Sprechakt der Ankündigung des Berichtens („We report measurements.“).[72]

(64) „We report measurements from the Solar Backscatter Ultraviolet (SBUV) instrument and the Total Ozone Mapping Spectrometer (TOMS) aboard the Nimbus 7 satellite, a Sun-synchronous polar-orbiting satellite which passes any given point on the dayside near local noon.“ (S. 808, Sp. 1)

Schließlich wird das von Farman et al. (1985) konstituierte Individuum „Starke Ozonverluste über der Antarktis“ mit der Datendeskription von Stolarski et al. (1986) verglichen und bestätigt. Diese Bestätigung ist mit einer Identifizierung als regionales Phänomen verbunden:

---

[72] Das performative Verb „report“ bezieht sich auf den Bericht im Abschnitt Realitätsdokumentation; dieser und die folgenden Sätze des Abstracts sind selbst *kein Bericht*, sondern die Ankündigung des Berichts, indem eine kurze Zusammenfassung des Berichts gegeben wird. Der Sprechakt des Berichtens ist auch nicht für den gesamten Text, sondern lediglich für den Teil Realitätsdokumentation konstitutiv.

(65) „These provide global measurements of ozone from November 1978 to the present which confirm the reported decline of total ozone and show the phenomenon to be regional in extent.“ (S. 808, Sp. 1)

Die Regionalität wird durch genaue Zeit- und Raumangaben spezifiziert, so dass das Phänomen, insbesondere auch die Quantität des Verlustes, eindeutig identifiziert werden kann:

(66) „The decrease occurs during September as the Sun rises, reaching a minimum in mid-October. Seven years (1979-1985) of October monthly means show a 40% decrease in the ozone minimum and a 20% decrease in the surrounding ozone maximum.“ (S. 808, Sp. 1)

Wir finden die Zahl 40% im Artikel „Das Ozon-Drama“ in der folgenden Passage:

(46) „Seit 1966 beobachten dort Meteorologen des British Antarctic Survey von den Stationen Argentine Islands und Halley Bay aus ein immer größer werdendes Loch im stratosphärischen Ozon-Schirm. Es öffnet sich für ungefähr einen Monat jeweils im September/Oktober, während des antarktischen Frühlings. Bis heute hat dort das Ozon insgesamt um über 40% abgenommen.“ (Ewe (1986, S. 49); analysiert auf Seite 176)

Die Passage erscheint nun als eine Mixtur aus dem falschen Datum („1966“), der falschen Gegenstandskonstitution („ein immer größer werdendes Loch“), einer ungenauen Zeitangabe („ungefähr einen Monat im September/Oktober“), einer nicht vorgenommenen Unterscheidung (Ozonminimum – Ozonmaximum), damit die Prozentzahl „40%“ überhaupt zugeordnet werden kann. Außerdem wird bei Ewe (1986) dies als Transfer von Farman et al. (1985) ausgegeben, während es sich offensichtlich um eine Übernahme von Stolarski et al. (1986) handelt. Der Ausgangssatz bei Stolarski et al. (1986) erscheint dagegen unmittelbar einleuchtend, verständlich, klar und präzise, auch wenn der Laie zu diesem Zeitpunkt die Differenzierung zwischen Ozonminimum und Ozonmaximum noch nicht nachvollziehen kann.

Auch in diesem Fall wird man von „Transfer“ nicht mehr sprechen wollen.

Haupttext

Bevor der Haupttext[73] in seinem Verlauf analysiert wird, müssen einige Bemerkungen dazu gemacht werden, wie eine so außerordentlich lange

[73] Der Haupttext beginnt mit einigen detaillierten Ausführungen zum Messinstrument, möglichen Messfehlern und Gründen, warum diese Messfehler ausgeschlossen werden können. Diese Passage soll hier zu Gunsten einer ausführlichen Analyse der Realitätsdeskription nicht eigens kommentiert werden.

Messreihe in einem relativ kurzen Fachtext dargestellt werden kann. Die tägliche Aufzeichnung der Messwerte von 1970-1985 erbringt nämlich eine so große Datenmenge, dass diese in ihrer Totalität nicht ohne weiteres dargestellt werden kann. Deshalb zeigt und beschreibt die Datendeskription des Haupttextes daraus Teil-Messwertreihen in verschiedenen „Sichten“: Es handelt sich dabei um die folgenden Teil-Messreihen:

1. Messwertreihe mehrerer aufeinander folgender Tage (11.-12. Oktober des Jahres 1984) in einem Bereich bis zu 45° S, dargestellt als „südpolare Projektion“ (figure 1; vgl. Abbildung 7.9 auf der nächsten Seite)[74]

2. Messwertreihe der Mittel-, Maximal- und Minimalwerte für die Jahre 1970-1984 über der Südpolregion 70-80° S, dargestellt in einer Tabelle (table 1; vgl. Tabelle 7.3 auf Seite 215)

3. Messwertreihe für drei verschiedene Südpolstationen (einschließlich Halley Bay), dargestellt als Tabelle (table 2)

4. Messwertreihe der Mittelwerte für den Monat Oktober der Jahre 1979-1985, dargestellt als „südpolare Projektion“ (figure 2; vgl. 7.10 auf Seite 217)

5. Messwertreihe für den Zeitraum September 1983 bis April 1984 über Halley Bay mit der Einblendung der von Farman et al. (1985) gemessenen Messwertreihe für das Jahr 1983, dargestellt als Diagramm mit Messkurven (figure 3)

Einige dieser Teil-Messwertreihen, nämlich die Messwertreihen 1, 2 und 4, sollen nun in ihrer Darstellung und Beschreibung analysiert werden.

Die Realitätsdeskription und damit die Konstitution des Individuums Ozonverlust im engeren Sinn beginnt mit einer Kommentierung der Messwertreihe 1, d.h. der Ozonwerte mehrerer aufeinander folgender Tage des Jahres 1984 in einem Bereich bis zu 45° S.

Die Autoren betten die Beschreibung der Ozonverluste ein in eine Beschreibung der normalen Verhältnisse der Ozonverteilung in der Antarktis: Der Ozonverlust über der Antarktis ist demnach Teil eines größeren, elliptisch geformten „Minimumbereichs“, der mit einem Bereich hoher Ozonkonzentration um den Südpol rotiert:

[74] Das arktische Klima wird von ca. 60-90° S der Antarktis (bzw. ca. 60-90° N der Arktis) angenommen. Dass hier Ausschnitte gezeigt werden, die über den eigentlichen arktischen Bereich in Richtung Äquator hinausreichen, hängt damit zusammen, dass das Ozonloch bzw. die kreisenden Ozon-Maxima und -Minima z.T. weit über den antarktischen Kontinent hinausreichen.

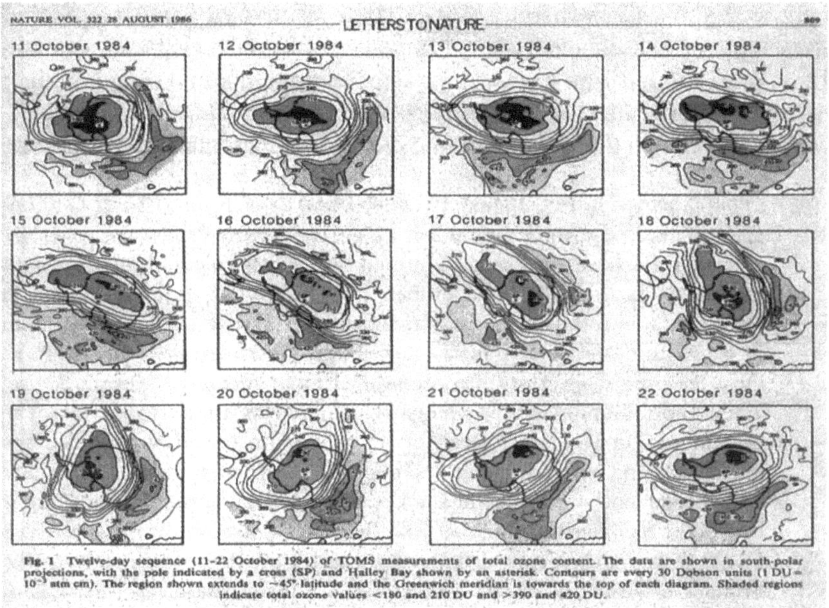

Abbildung 7.9: Gegenstandskonstitution des Ozonlochs im Fachartikel als 12-Tages-Abfolge (Stolarski et al., 1986)

(67) „Figure 1 shows a daily sequence of total ozone observations for October 1984. The low total ozone over Halley Bay (indicated by an asterisk in Fig. 1) is part of a larger, elliptically shaped minimum region extending out to ~60-70° S. This region, which rotates about the pole with an irregular period of ~7-10 days, is bounded by steep gradient where total ozone increases to values exceeding 300 Dobson units (1 DU = 10^{-3} atm cm). At 50-60° S total ozone reaches a maximum, which exhibits larger variability due to travelling planetary waves. The polar minimum and mid-latitude maximum in total ozone are features of the normal, long-term climatology of the Southern Hemisphere[7].“ (S. 808, Sp. 1)

Im Artikel von Ewe (1986) werden alle Beschreibungen der „Normalsituation“ unterlassen, dass also die klimatischen Bedingungen immer zu einem gewissen Ozonabfall im Frühling führen. Dies wird später vom Gegendiskurs als Argument verwendet werden, das Ozonloch habe es „schon immer gegeben.“

Auch wird die differenzierte raumzeitliche Charakterisierung von Ozonminimum und Ozonmaximum und ihrer Rotation um den Südpol, wie sie Stolarski et al. (1986) geben, nicht übernommen.

In „figure 1“ präsentieren Stolarski et al. (1986) dann die Messwerte von 12 aufeinander folgenden Tagen vom 11. - 22. Oktober 1984 (vgl. Abbildung 7.9 auf der vorherigen Seite). Diese Wahl wird damit begründet, dass in dieser Zeit die niedrigsten Ozonkonzentrationen gemessen wurden. Dann wird die zeitliche Entwicklung der Ozonminima und -maxima über dem Südpol Tag für Tag genau beschrieben, wie das Maximum im Uhrzeigersinn um den Südpol rotiert und das Minimum schließlich mitrotiert:

(68) „The 12 panels in Fig. 1 show 12 consecutive days, from 11 to 22 October 1984. This is the time period for which the lowest values are generally recorded. Each panel is centered about the South Pole and includes data out to 45° latitude. On 11 October, Fig. 1 shows that the minimum in total ozone is relatively symmetrical about the pole and the maximum in total ozone is located in the lower right, between ~90 and 180° E. On succeding days, the total ozone maximum region rotates clockwise, while the minimum region elongates and begins to co-rotate with the maximum. On 16 and 17 October the maximum region has reached the lower left-hand corner, beween 180 and 270° E, where it seems to dissipate and subsequently reappear in the upper right-hand corner. From there it continues to move around the pole but does not pass over Halley Bay. By 20 October the ozone distribution has returned approximately to the original situation on 11 October, giving a rotation period at this time of 9 days. The next 2 days are near repeats of 12 and 13 october.“ (S. 808, Sp. 1/2)

Dabei wird die Herstellungsweise der Darstellung in der Abbildungslegende erläutert als „Südpol-Projektionen“ („south-polar projections“):

(69) „Twelve-day sequence (11-22 October 1984) of TOMS measurements of total ozone content. The data are shown in south polar projections ...“ (Stolarski et al., 1986, S. 809 bzw. 810, Legenden zu Abb. 1 bzw. Abb. 2)

Dabei werden die Messwerte, für die ja die Raum-Zeit-Koordinaten verfügbar sind, auf eine Karte des Südpols bzw. der Südhemisphäre projiziert. Damit gelingt es, eine Darstellung zu geben, die einer Messwerttabelle äquivalent ist.

Diese Art der Darstellung besitzt darüber hinaus den Vorteil, dass die verschiedenen Messwerte nun über der als „Karte“ visualisierten südlichen Hemisphäre als räumlich-flächige Ausdehnungen visualisiert werden können. Für den Betrachter entsteht dadurch die Perspektive einer „Draufsicht“, als wenn er vom Satelliten aus die Südhalbkugel betrachten und dabei die unterschiedlichen räumlichen Bereiche gleicher Ozonmesswerte „sehen“ könnte.

In dieser Art der Konstitution des Individuums ist es allerdings eindeutig, dass es sich um ein nicht-sichtbares Individuum handelt, das in der Darstellung visualisiert wird, wobei eine eindeutige Beziehung zu einer in Zahlen dokumentierten Messwertreihe (d.h. physischer Nachweise von

Table 1 Zonal mean, local minimum and local maximum total ozone values (DU) for October at 70-80° S latitude

Year	Zonal mean	Local minimum	Local maximum
1970	306	240	484
1971	334	249	482
1972	337	237	539
1979	333	235	515
1980	270	212	467
1981	266	206	422
1982	283	186	494
1983	245	166	479
1984	240	162	448

Data from Nimbus 4 BUV (1970-72) and Nimbus 7 SBUV (1979-84)

Tabelle 7.3: Fachliche Darstellung der Zustandsänderung des Individuums Ozonschicht durch tabellarisch aufgeführte Messwertreihen (nach Stolarski et al., 1986, S. 808, Sp. 2)

Ozonkonzentrationen) mit den dazu gehörenden Raum-Zeit-Koordinaten besteht. Dadurch können die Gegenstände Zustand und Zustandsänderungen der Ozonschicht über der Antarktis eindeutig verortet werden.

Es handelt sich bei dieser Gegenstandskonstitution um ein viel elaborierteres Bild als bei Ewe (1986), bei dem das Individuum Ozonschicht homogen erscheint: Es existiert aber keine homogene Ozonschicht, sondern ein dynamisches Gebilde, bestehend aus räumlich ausgedehnten Bereichen erhöhter Ozonwerte und räumlich ausgedehnten Bereichen mit Ozonverlusten, die um den Pol kreisen. Dies wird zunächst als natürliches Phänomen ausgewiesen. Innerhalb dieses Ungleichgewichts des Ozons lässt sich feststellen, dass sowohl das Ozonminimum als auch das Ozonmaximum von Ozonverlusten gekennzeichnet sind.

Dann wird in einer Tabelle (table 1, vgl. die Rekonstruktion in Tabelle 7.3) eine Messwertreihe präsentiert, mit der gezeigt wird, dass die Ozonverluste nicht auf den engen Bereich direkt über der Station Halley Bay beschränkt sind, sondern für den gesamten Bereich dieser Breitengrade gelten:

(70) „Evidence that the long-term total ozone decrease observed at Halley Bay is not unique to Halley Bay is shown in Table 1, which lists the zonal mean, local minimum and local maximum total ozone values for 70-80° SA latitude, for October 1970-72 from BUV and October 1979-84 from SBUV.“ (S. 808, Sp. 2)

Mit dieser Messwertreihe bestätigen Stolarski et al. (1986) die Zustandsänderung der Ozonschicht über der Antarktis, wie sie bei Farman et al. (1985) beschrieben wurde, d.h. einen zunehmenden Verlust, der ab dem Jahr 1980 datiert werden kann, da 1979 noch Ozonkonzentrationen gemessen wurden, die den Werten der frühen 70er Jahre entsprechen:

(71) „Antarctic total ozone in 1979 appears comparable to that observed in the early 1970s, indicating that most of the total ozone decrease has occured since 1979, in agreement with the Halley Bay observations.“ (S. 808, Sp. 2)

Die Messwertreihen von Farman et al. (1985) werden aber auch differenziert: Da in der Gegenstandskonstitution der Ozonschicht die dynamischen Gebilde von Ozonmaximum und Ozonminimum unterschieden wurden, kann mit „Table 1“ (vgl. Tabelle 7.3 auf der vorherigen Seite) gezeigt werden, dass sich die Ozonverluste im Ozonminimum (3. Spalte „Local minimum“) konstant vergrößern, während sich die Verluste des Ozonmaximums (4. Spalte „Local maximum“), aber auch der Mittelwert (2. Spalte „Zonal mean“), lediglich in der Tendenz vergrößern, aber, wie bereits von Farman et al. (1985) gezeigt, ab 1982 relativ heterogen sind.

Zur genaueren Charakterisierung des nun allgemein ab 1980 bestätigten Ozonabfalls über der Antarktis wird eine Teil-Messwertreihe der Mittelwerte für den Monat Oktober der Jahre 1979-1985 herangezogen, die wiederum als „Südpol-Projektion“ (figure 2; vgl. Abbildung 7.10 auf der nächsten Seite) dargestellt ist:

(72) „The nature of the decrease is shown more clearly in Fig. 2, which shows October monthly mean TOMS total ozone maps from the Southern Hemisphere in each of the seven years from 1979 to 1985.“ (S. 809, Sp. 1)

Diese Darstellung besteht zunächst aus einem gestrichelten Kreis, der die Südhalbkugel repräsentieren soll (der Südpol ist mit einem Kreuz markiert, die Station Halley Bay durch ein Sternchen). Bereiche gleicher Ozonkonzentration sind als geschlossene Flächen dargestellt. Der Bereich minimaler Werte ist mit Punkten gefüllt, der Bereich maximaler Werte ist schraffiert. Der Greenwich Meridian ist jeweils an der Spitze der jeweiligen Kreise anzusetzen. Wie in der vorhergehenden Südpol-Projektion besteht auch hier eine eindeutige Beziehung zwischen Messwerten und Raumkoordinaten. Im Gegensatz zur Tag-für-Tag-Darstellung wurden hier die Tageswerte *als Monatswert gemittelt.* Man sieht hier also *nicht wie bei der ersten Projektion die individuellen Tageswerte, sondern den monatlichen Mittelwert.*

Diese Darstellung wurde später mit Falschfarben dargestellt, d.h. jedem Einheitenabschnitt der Messskala wird eine bestimmte Farbe zugewiesen und die Bereiche, die eine bestimmte Ozonkonzentration bedeuten, werden in der entsprechenden Farbe dargestellt. In dieser Form ist die

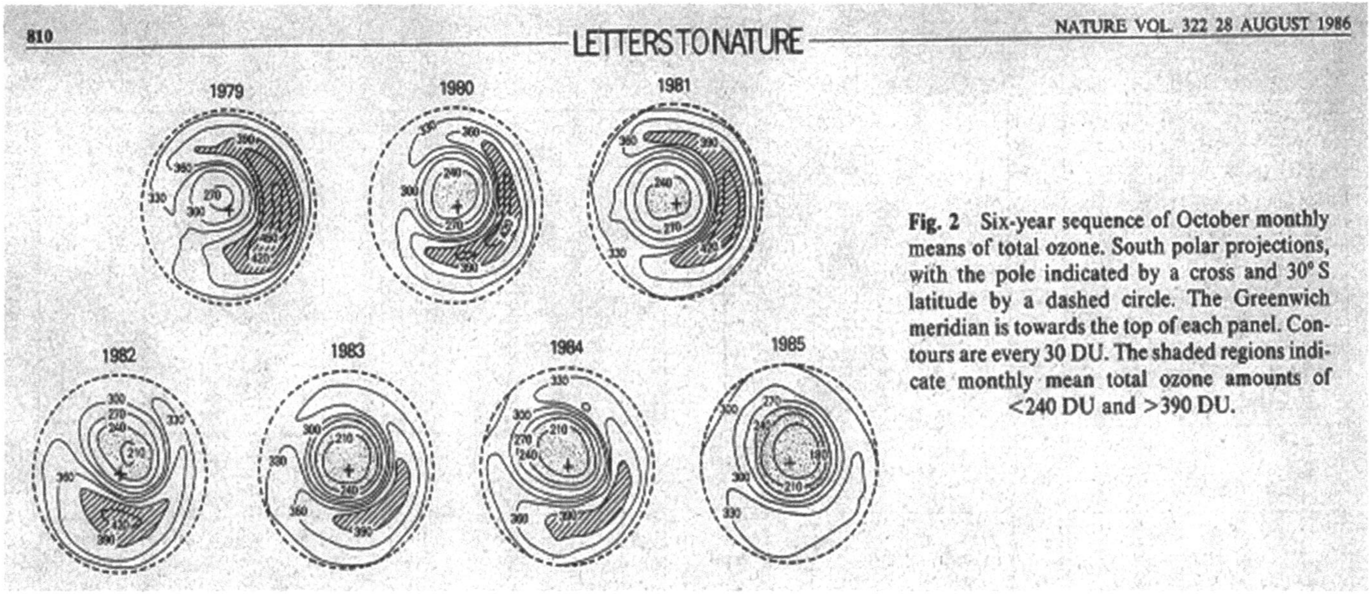

810 LETTERS TO NATURE NATURE VOL. 322 28 AUGUST 1986

Fig. 2 Six-year sequence of October monthly means of total ozone. South polar projections, with the pole indicated by a cross and 30° S latitude by a dashed circle. The Greenwich meridian is towards the top of each panel. Contours are every 30 DU. The shaded regions indicate monthly mean total ozone amounts of <240 DU and >390 DU.

Abbildung 7.10: Gegenstandskonstitution des Ozonlochs im Fachartikel als 6-Jahres-Abfolge (Stolarski et al., 1986)

Südpol-Projektion in den öffentlichen Diskurs als Darstellung des Ozonlochs eingegangen und wird auch noch heute von der NASA bzw. anderen Organisationen, die über Messsatelliten verfügen, verbreitet.

Dann werden in einer Tabelle nicht nur die Werte über der Forschungsstation Halley Bay, sondern auch die Messwertreihen anderer antarktischer Forschungsstationen aufgelistet, die wiederum eine Bestätigung der von Farman et al. (1985) gemessenen Ozonverluste darstellen:

(73) „Table 2 lists the October monthly means over three stations. (Halley Bay, Syowa and Amundsen-Scott), as well as the minimum and maximum values of the monthly mean. The monthly mean values in the minimum region decrease from 259 DU in 1979 to 152 DU in 1985. The total ozone values for Halley Bay agree closely with those reported by Farman *et al.*[1]." (S. 809, Sp. 1, Herv. im Orig.)

Nachdem kurz auf die Temperaturwerte eingegangen wird[75], wird nun die Zustandsänderung der Ozonschicht über der Antarktis Jahr für Jahr beschrieben. Zunächst wird auf das Maximum eingegangen:

(74) „The phase of the maximum in the October monthly mean total ozone at ~60° S latitude (Fig. 2) shifts from year to year, ranging from ~90 to 180° E. In 1979 the maximum monthly mean total ozone value exceeds 450 DU. By 1985 the maximum also seems to be a biennial modulation of the decrease in both the maximum and minimum." (S. 809, Sp. 2)

Dann[76] folgt eine genaue Beschreibung der Veränderung der Werte des Minimums über der Antarktis, die typisch für den Beginn der jährlichen Entstehung des Ozonlochs sind. Der Zustand wird dabei vor allem temporal und quantitativ chrarakterisiert:

(75) „Throughout the month of September and the first week in October, a rapid decline is observed in total ozone by both SBUV and TOMS, until the previously mentioned low values are obtained. Figure 3 shows this pattern in data from SBUV instrument for late August 1983 to April 1984." (S. 810, Sp. 1)

In der Abbildung 3, auf die hier verwiesen wird, wird für den Messzeitraum September 1983 bis April 1984 eine Kurve mit Messwerten für das Minimum und das Maximum über Halley Bay in Abhängigkeit von der Zeit (Monatsintervalle) gezeigt. Dabei werden die von Farman et al. (1985) gemessenen Werte für das Jahr 1983 in die Messkurve eingeblendet,

[75] Diese beiden Sätze handeln nur davon, dass der Datensatz hierzu nicht ausreichend ist. Dies ist für die folgenden Überlegungen irrelevant.

[76] Es wird hier eine Passage ausgelassen, in der leicht unterschiedliche Messungen der Werte direkt vor und nach der Polarnacht behandelt werden.

so dass man eine hohe Übereinstimmung, insbesondere beim Abfall der Ozonwerte im September/Oktober, sehen kann.

Im November lässt sich dann wieder ein Ansteigen der Ozonwerte registrieren:

(76) „Near the end of November the low values have disappeared completely and the minimum curve attains its largest values. The jump in total ozone occurs several weeks after the final warming in the Southern Hemisphere, and marks the switch from winter to summer circulation.“ (S. 810, Sp. 1)

Nachdem die Zustandsänderung der Ozonschicht über der Antarktis in ihrem zeitlichen Verlauf beschrieben wurde[77], wird mit dem Satz

(77) „Our data place significant constraints on possible mechanisms for explaining the decrease.“ (S. 810, Sp. 2)

in den Teil „Interpretation der beschriebenen Daten“ übergeleitet. Es wird nun aber *kein* eigenes Ursache-Wirkungsmodell etabliert. Vielmehr werden allgemeine Rahmenbedingungen für mögliche Ursache-Wirkungsmodelle aufgestellt und die Dateninterpretationen anderer Ansätze kritisch bewertet.

Im Rahmen der Dateninterpretation werden Zusammenfassungen der Ergebnisse der Datendeskription geleistet. Im ersten Satz wird dabei der Ausdruck „hole“ eingeführt. Wie vorher ausgeführt, wird der Ausdruck „Ozonloch“ („ozone hole“) im weiteren Verlauf des Fachdiskurses mehrfach aufgegriffen. Dabei wird der Ausdruck „hole“ hier appositiv eingeführt:

(78) „The deep minimum, or hole, follows the polar vortex, and its position is well correlated with the temperature minimum in the lower stratosphere.“ (S. 810, Sp. 2)

Das Ozonloch muss also im Zusammenhang mit den Koordinaten des Polarwirbels („polar vortex“) betrachtet werden. Außerdem besteht eine Korrelation zwischen Ozonminimum und Temperaturminimum in der unteren Stratosphäre.

Nachdem weitere Rahmenbedingungen genannt worden sind[78], wird auch auf bisherige Dateninterpretationen eingegangen:

(79) „Various ideas have been proposed, involving combinations of chlorine chemistry, heterogeneous chemistry taking place in polar stratospheric clouds, bromine chemistry and dynamical elevation of the polar stratosphere[1,13–15].“ (S. 810, Sp. 2)

---

77 Ausgelassen und deshalb nicht analysiert wurde hier eine kurze Passage, die die Verhältnisse auf der nördlichen Hemisphäre und die leichten Veränderungen der Werte im antarktischen Sommer betrifft.

78 Diese werden hier nicht im Einzelnen aufgeführt.

Das entsprechende Muster URSACHE-WIRKUNGSMODELLE DISKUTIEREN$_2$ ist im Handlungsmusterschema 7.38 dargestellt.[79]

URSACHE – WIRKUNGSMODELLE DISKUTIEREN$_2$ →

EINFÜHREN(pos_{fckw}, pos_{psw}, pos_b, pos_{dyn}) → AUFZÄHLEN(URSACHEN) ||
VERWEISEN(AUF PUBLIKATIONEN pos_{fckw}, pos_{psw}, pos_b, pos_{dyn})
| CHARAKTERISIEREN(pos_{fckw}) ||
↓ KRITISIEREN(pos_{fckw}) ⇓
⋮
↓ IDENTIFIZIEREN(PUBLIKATIONEN pos_{fckw}, pos_{psw}, pos_b, pos_{dyn}) → ⋯ ⇓

Legende:
$pos_{fckw}:_{def}$ Diskursposition „Ozonverlust durch FCKW“
$pos_{psw}:_{def}$ Diskursposition „Ozonverlust durch polare stratosphärische Wolken“
$pos_b:_{def}$ Diskursposition „Ozonverlust durch Bromverbindungen“
$pos_{dyn}:_{def}$ Diskursposition „Ozonverlust durch Atmosphärendynamik“

Handlungsmusterschema 7.38: URSACHE-WIRKUNGSMODELLE DISKUTIEREN (2)

Mit dem Ausdruck „dynamical elevation of the polar stratosphere“ beziehen sich Stolarski et al. (1986) auf die Diskursposition „Dynamische Ozonschicht“, die in einem Aufsatz von Tung et al. (1986) im unmittelbaren Anschluss an den Artikel publiziert wird. Diese Diskursposition ist eng verwandt mit der Position „stabile Ozonschicht“ bzw. „Ozonverlust durch natürliche Ursachen“ (vgl. Abschnitt 7.4.4 auf Seite 207):

Diskursposition „Ozonverlust durch Atmosphärendynamik“

1. Im antarktischen Frühling wird ozonarme Luft aus unteren Luftschichten in die Stratosphäre transportiert.

2. Diese Atmosphärendynamik ist die Ursache dafür, dass in einigen Jahren Ozonverluste gemessen wurden.

Schlussregel: Wenn die Ursache der gemessenen Ozonverluste in der Atmosphärendynamik liegt, dann waren die gemessenen starken Ozonverluste lediglich Extremwerte einer natürlichen Variation der Ozonkonzentration.

Schlussfolgerung/Hypothese Das Ozonloch müsste unabhängig von der Menge der FCKWs in den folgenden Messjahren wieder kleiner werden.

Dies ist nun insofern bemerkenswert, als auch bei Stolarski et al. (1986) diese Diskursposition als ernst zu nehmende, fachliche Diskursposition behandelt wird, nicht als „Sprüche“ wie bei Ewe (1986). Aus den Verweisen

[79] Vgl. auch das Handlungsmusterschema 7.37 auf Seite 208.

sieht man auch, dass diese Diskursposition durchaus „aktiv“ ist, zum damaligen Zeitpunkt sogar nicht nur ein ernst zu nehmender Konkurrent war, sondern zu diesem Zeitpunkt sogar die besseren Argumente hatte.

Es zeigt sich hier zum wiederholten Male, dass bei Ewe (1986) gerade Handlungen nach dem Muster FACHARGUMENTATION REKONSTRUIEREN (vgl. Handlungsmusterschema 3.20 auf Seite 76) unterlassen werden, d.h. es wird unterlassen, die Fachdiskurspositionen und den Stand der Argumentation darzustellen, die Argumentationsmuster zu erläutern sowie den Sicherheitsgrad der Aussagen über den Erkenntnisgegenstand wiederzugeben.

Dieses Handlungsmuster stellt eine Erzeugung dar aus der Wissensvermittlungskomponente[80] der Handlungskompetenz eines Vermittlers V_i.[81]

Wie bereits ausgeführt, führen diese Unterlassungen dazu, dass der Eindruck einer einheitlichen Wissenschaft entsteht. Wiederum kann hier kaum von „Transfer“ gesprochen werden, denn *die Ursache* für das Ozonloch konnte im Fachdiskurs damals nicht ausgemacht werden, es wurden *Ursachen* diskutiert, die sich aus Ursache-Wirkungsmodellen ergaben, die aus der Sicht bestimmter Positionen im Fachdiskurs erstellt worden waren. Wenn man die Vermittlungshandlungen von Ewe (1986) charakterisieren will, so sind dies eher Transformationen als Transferhandlungen: Wissen wird transformiert, indem eine Vielfalt von Diskurspositionen im Fachdiskurs nicht dargestellt werden und stattdessen eine, hier die FCKW-Hypothese, als einzige ausgegeben wird.

Dies wird insbesondere deutlich, wenn Stolarski et al. (1986) die fachliche Diskursposition „Ozonverlust durch FCKW“ behandeln, eben diejenige, die bei Ewe (1986) als einzige Fachdiskursposition hingestellt wird.

Stolarski et al. (1986) argumentieren, dass eine Schwierigkeit dieses Ursache-Wirkungsmodells der pos_{fckw} darin liege, dass, um die gemessenen Ozonverluste zu erzielen, nahezu alles in der dortigen Atmosphäre befindliche, aus FCKW-Umwandlungen stammende Chlor aktiviert sein müsste:

(80) „We estimate that in order for chlorine chemistry at 1983 concentrations to cause the 0.6% per day decline in September, virtually all of the chlorine must be in its active state (...).“ (S. 810, Sp. 2)

Daraus wird die folgende Bedingung an die Diskursposition „Ozonverlust durch FCKW“ abgeleitet:

(81) „Therefore any proposed chlorine mechanism must be able to remove most of the chlorine from both the HCL and $ClONO_2$ reservoirs and to tie

[80] Vgl. Handlungsmusterschema 4.1 auf Seite 94.

[81] Vgl. Handlungsmusterschema 4.3 auf Seite 97.

up NO_x probably as HNO_3. Such a mechanism could involve the cold temperatures and/or polar stratospheric clouds that form within the polar vortex[6].“ (S. 811, Sp. 1)

Dann wird ausdrücklich und mit strikter Modalität eine Aussetzung des Ursache-Wirkungsmodells der fachlichen Diskursposition „Ozonverlust durch FCKW“ gefordert, bis ein Ursache-Wirkungsmodell formuliert wird, das die genannten Bedingungen erfüllt, und bis weitere Beobachtungen der Ozonschicht über der Antarktis die Beständigkeit der Zustandsänderung bestätigen:[82]

(82) „Any conclusions concerning the implications of the observed Antarctic decreases in total ozone for predictions of the effects of chlorine from chlorofluorocarbons must await a proven mechanism and continued observations to verify the persistence of the phenomenon. Only then will we be able to evaluate clearly the relative roles of chemistry, radiation and dynamics in contributing to the observed decrease.“ (S. 811, Sp. 1)

Wenn hier gefordert wird, man müsse warten, bis sich die Dauerhaftigkeit des Phänomens verifizieren lasse, so wird damit die Existenz des Ozonlochs als eigenständiges Individuum wieder in Frage gestellt. Damit werden zwar die Messungen von Farman et al. (1985) bestätigt, gleichzeitig wird aber davor gewarnt,

- das Ozonloch vorschnell als dauerhaftes Phänomen anzunehmen
- FCKWs bereits jetzt als Ursache für das Ozonloch darzustellen.

Die Position „Ozonverlust durch FCKW“ wird also nicht nur als eine unter vielen Diskurspositionen diskutiert, sie wird auch kritisiert, indem Problempunkte benannt werden, indem gefordert wird zu erklären, wie das gesamte Chlor in der Atmosphäre über dem Südpol aktiviert werden kann und indem sogar eine Art Warnung ausgegeben wird, diese Position zum damaligen Zeitpunkt eben nicht zu vertreten.

Von all dem findet sich nichts, wenn Ewe (1986) uns erzählt:

(83) „Heute liegen Satellitenbild-Auswertungen des amerikanischen Wissenschaftlers Richard Stolarski vor, vom Godard Space Flight Center der NASA in Greenbelt, Maryland.“

Wenn er dann lediglich die Südpol-Projektionen präsentiert, so hat er nicht nur die Co-Autoren des Artikels unterschlagen, sondern eigentlich alles, was in irgendeiner Weise differenzierend, kommentierend und kritisch

[82] Ein solches Modell wurde im Aufsatz von Crutzen und Arnold (1986) präsentiert und hat sich mit einigen Veränderungen letztlich durchgesetzt.

zum Gegenstand und zu möglichen Erklärungen, insbesondere zur Problematik der FCKW-Hypothese, gesagt wird. Die regelrechte Warnung, die FCKW-Hypothese zu vertreten, bis weitere Ergebnisse vorliegen, hätte den Artikel von Ewe (1986) sicherlich so nicht entstehen lassen. Denn aus den genannten Fachartikeln ergibt sich kein Anlass, Alarm zu schlagen oder ein Ende der Menschheit in unmittelbare Nähe zu rücken.

Die Evidenz für die Menschheitskatastrophe wurde denn auch nicht aus dem Fachdiskurs bezogen, sondern von den öffentlichen Experten. Hier wurden insbesondere Modellrechnugen von Christoph Brühl präsentiert, die allerdings, wie mehrfach ausgeführt, keine Bestandteile des Fachdiskurses waren, und deshalb als Inszenierung von Wissenschaft, nicht als Vermittlung von Wissenschaft zu betrachten sind.

7.5 Ergebnisse

Was zu Beginn der Analyse angesprochen wurde, hat sich im Verlauf der Untersuchung bestätigt: Es kann nicht von einem Transfer von Wissen gesprochen werden, sondern von Transformationen, die einerseits das Ausblenden ganzer Zusammenhänge wie etwa fachlicher Argumentationslinien, aber auch das Einführen von Gegenständen enthalten, die nur im öffentlichen Diskurs existieren (z.B. öffentliche Experten, „Umbau der Atmosphäre").

Diese Transformationen wurden an verschiedenen Stellen aufgezeigt. Sie sollen nun noch einmal aufgeführt, kommentiert und zusammengefasst werden.

7.5.1 Transformationen des Fachterminus „Ozonloch"

Bei Farman et al. (1985) wird nicht von „Ozonloch", sondern von „großen Ozonverlusten" („large losses of total ozone") gesprochen. Es wird auch nicht von „Ozonschicht" („ozone layer"), sondern von „stratosphärischem Ozon" gesprochen („stratospheric ozone"; vgl. Abschnitt 7.4.3 auf Seite 193).

Diese Bezeichnung fokussiert die Vielheit der Ozonmoleküle, die einen bestimmten Abschnitt der Atmosphäre konstituieren. In dieser Sichtweise kann es kein „Loch" geben. Eine Bildung wie „ein Loch im stratosphärischen Ozon" wäre kaum möglich, da „Loch" ein relativer Begriff ist, der eine Präpositionalergänzung fordert („Loch *in* etwas" oder „Loch *durch* etwas"). Ein Loch setzt einen soliden Hintergrund voraus, der durchgängig oder bis zu einer bestimmten Tiefe ausgehöhlt ist.

In den Texten von Stolarski et al. (1985) und Stolarski et al. (1986) wird der Ausdruck „ozone hole" bzw. „hole" in den Fachdiskurs eingeführt. Betrachtet man das Kompositum *Ozonloch*, so ließe sich dies paraphrasieren als *Bereich der Ozonschicht, in der kaum oder kein Ozon mehr vorhanden ist.* Diese Paraphrase macht deutlich, dass der Begriff Ozonloch den Begriff der Ozonschicht voraussetzt.[83] Der Begriff der Schicht ist Teil der alten Stockwerksmetapher „Die Atmosphäre ist ein Haus mit Stockwerken“[84], die bereits die Idealisierung einer Solidität enthält.

Betrachtet man die unterschiedlichen Zugänge der Forscher zur Konstitution des Individuums – einmal Messwertreihen, gewonnen durch das Aufsteigenlassen von mit Messgeräten bestückten Wetterballons in die Atmosphäre bei Farman et al. (1985), dann die Südpol-Projektionen mit einer genauen räumlichen Umgrenzung von Bereichen von Ozonkonzentrationen –, so bietet sich vor allem die zweite Perspektive an, den als umgrenzte Region visualisierten niedrigsten Ozonkonzentrationsbereich als „Loch“ zu bezeichnen, da Farman et al. (1985) ja immer nur Ozonkonzentrationen „an einem Punkt“[85] gemessen hatten.

Hinzu kommt, dass die projizierten Satellitendaten die Umrisse der Ozonverluste deutlich lokalisierbar machen, somit die Forderung an ein „Loch“, einen Hintergrund auszuweisen, erfüllen. Zeichnet man aus der Perspektive des Satelliten Nimbus 7 die Karte der Südhalbkugel der Erde und projiziert darauf die Ozonschicht als eine Menge von Bereichen unterschiedlicher Ozonkonzentrationen, so kann man dieses Loch „sehen“, und man kann davon sprechen, dass das Ozonloch tief ist, wenn man nämlich die Dicke der Ozonschicht berücksichtigt und bestimmte Höhen ausmacht, in denen in besonderer Weise Ozon abgebaut wird.

Auch wenn sich nicht bis ins Letzte rekonstruieren lässt, ob der Ausdruck „Ozonloch“ (bzw. „ozone hole“) aus dem öffentlichen Diskurs in den Fachdiskurs gelangt ist, oder ob er im Fachdiskurs selbst kreiert wurde, in jedem Fall ist er bereits ein halbes Jahr nach der Publikation des Initialartikels von Farman et al. (1985) fester Bestandteil des Fachdiskurses.

Zunächst steht er in Konkurrenz zu den aus Stoffnamen gebildeten Ausdrücken, bis er sich schließlich durchsetzt. Nachdem der Ausdruck „Ozonloch“ für andere Stellen in der Atmosphäre mit Ozonverlusten angewendet wurde, erhält er sogar den Charakter eines Gattungsnamens.

Deshalb ist die Kennzeichnung des Ausdrucks „Ozonloch“ im Deutschen Universalwörterbuch (Duden, 1996) als „Jargon“ eindeutig falsch. Der Ausdruck „Ozonloch“ muss als Fachterminus gekennzeichnet werden.

Er ist allerdings ein Fachterminus besonderer Art, denn er ist zugleich ein sehr populärer Ausdruck, der aufgrund seiner festen Verankerung in

---

[83] Dieser Begriff lässt sich, wie bereits erwähnt, schon 1934 bei Erich Regner nachweisen (vgl. Lemmerich, 1990, S. 104).

[84] Vgl. dazu die Analyse in den Abschnitten 7.3.6 und 7.4.3 (S. 168 bzw. 201) sowie Abbildung 7.8 auf S. 203.

[85] Es wurde ja immer nur die Ozonkonzentration über der jeweiligen Forschungsstation gemessen.

der Alltagssprache das Modell für eine Reihe von Metaphorisierungen gebildet hat (vgl. etwa Liebert, 2000a).[86]

Nach der Alltagssemantik des Ausdrucks „Loch“ kann in einer Schicht natürlich ein Loch sein, ein Loch kann verschieden „tief“ sein bzw. die Schicht kann auch „durchlöchert“ sein. In gleicher Weise enthält auch die Bedeutung der Metaphern, die in Vermittlungstexten genannt werden, wie (Schutz-)Mantel oder (Schutz-)Schild, die Möglichkeit von „Löchern“ und damit einem Funktionsverlust. Der Ausdruck „Ozonloch“ kann also vielfältigen Metaphorisierungsprozessen im öffentlichen Diskurs unterworfen werden, mit denen sowohl die Funktion der Ozonschicht für die Menschen (Schutz) als auch ein bestimmter Gefühlswert (Bedrohung) kommuniziert werden kann.

Auch können Schockeffekte durch hyperbolische Phrasen wie *Loch im Himmel*, *Wunde im Himmel*, *Der Ozonschild bricht* etc. erzielt werden (vgl. dazu die folgenden Abschnitte).

Schließlich wurde zum Ausdruck „Ozonloch“ durch die Transformation der Visualisierung von Messwerten auch zugleich das (vermeintliche) Abbild des Individuums geliefert, so dass man scheinbar – wie bei einem Foto – auf das Individuumssubstitut zeigen konnte. Welche Vereinfachungen dadurch in Kauf genommen wurden, hat die Analyse gezeigt.

7.5.2 Transformation fachlicher Argumentationslinien

Alternative Diskurspositionen

Als essenzielles Merkmal des Fachdiskurses wurde im theoretischen Teil herausgestellt und auch anhand der fachlichen Bezugstexte gezeigt, dass es immer um *alternative Diskurspositionen* geht, auf die in den Fachtexten argumentierend Bezug genommen wird. Dabei erhalten die verschiedenen Aussagen einen unterschiedlichen Grad der Abgesichertheit. Es muss differenziert werden in Bereiche, in denen im Fach Konsens und Dissens herrschen. Fachlicher Konsens und Dissens können sich in differenzierter Weise auf unterschiedliche Bereiche, z.B. Datendeskription und/oder Dateninterpretation beziehen.

So wurde gezeigt, dass Farman et al. (1985) als erste die Ozonverluste über der Antarktis entdeckten und ein Ursache-Wirkungsmodell aufstellten, das sich an die Diskursposition „Ozonverlust durch FCKW“ an-

[86] Der Ausdruck „Ozonloch“, bestehend aus einer fachsprachlichen Komponente („Ozon“) und einer alltagssprachlichen Komponente („Loch“), steht also in einer Reihe mit anderen alltagssprachlich motivierbaren Termini, die im Kern einer wissenschaftlichen Theorie angesiedelt sind. Diese Termini besitzen, wie Pörksen (1986) etwa für die Terminologie Freuds und Darwins gezeigt hat, die besten Voraussetzungen für eine Popularisierung, was aber mit einer Reihe von Gefahren verbunden ist. So hat gerade die fachsprachliche Komponente „Ozon“ seit dessen Entdeckung bereits mehrere öffentliche „Karrieren“ hinter sich (vgl. Lemmerich, 1990).

schließt. Stolarski et al. (1986) bestätigten die Ozonverluste und ermöglichten eine genaue raumzeitliche Identifizierung der Ozonverluste durch Satellitenmessdaten für die gesamte südliche Hemisphäre sowie die Einbeziehung der Messdaten anderer Forschungsstationen. Durch die genaue Identifizierbarkeit in Zeit und Raum konnte das Individuum nun als Bereiche bestimmter Ozonkonzentrationen innerhalb bestimmter Raumkoordinaten auf eine „Karte“ projiziert werden. Dadurch konnten die Ozonkonzentrationen, insbesondere das Ozonloch als Bereich minimaler Ozonkonzentration, visuell wahrgenommen und in den Bezugsrahmen übernommen werden. Gleichzeitig stellten Stolarski et al. (1986) aber das Ursache-Wirkungsmodell von Farman et al. (1985) in Frage und nannten alternative Ursache-Wirkungsmodelle. Stolarski et al. (1986) sprachen sogar eine Warnung aus, das Ursache-Wirkungsmodell als gültig anzunehmen, solange das Modell keinen Mechanismus zur Freisetzung einer großen Menge Chlor aus der Stratosphäre enthält. Ein solches Modell wird ein halbes Jahr nach dem Erscheinen des *Bild der Wissenschaft*-Artikels von Crutzen und Arnold (1986) in *Nature* publiziert. Zum Zeitpunkt der Veröffentlichung des Artikels „Das Ozon-Drama“ war der Fachartikel von Crutzen und Arnold (1986) allerdings noch nicht einmal eingereicht. Dieser Artikel stellte im Rahmen des Fachdiskurses auch zunächst einen Vorschlag dar: „We propose here a chemical mechanism for the formation of the ozone hole.“ (Crutzen und Arnold, 1986, S. 651).

Im populärwissenschaftlichen Text von Ewe (1986) werden keine anderen fachlichen Diskursposition beschrieben (zu *nichtfachlichen* Diskurspositionen vgl. den nächsten Abschnitt). Es muss dem Laien deshalb so erscheinen, als gebe es *eine* einheitliche wissenschaftliche Haltung, für die als Erklärung für das Ozonloch einzig und allein die FCKW-Hypothese in Frage komme, dass also die Diskursposition „Ozonverlust durch FCKW“ die einzige fachliche Diskursposition sei. Durch diese Harmonisierungstransformation kommt es zu einem verzerrten, weil nicht-diskursiven Bild der Wissenschaft, die als homogene Einheit Tatsachen herausfindet und erklärt. Die bei Ewe (1986) durchscheinende „Harmonie“ der Naturwissenschaft ist ein Medienartefakt, denn der Fachdiskurs ist nicht harmonisch.

Aus dieser Analyse sollte nun nicht, wie dies Collins und Pinch (1999, 2000) tun, gefolgert werden, man müsse diese „Harmonie“ dekonstruieren, indem man etwa nach fehlerhaften Versuchsaufbauten, schlampigen Labors oder persönlichen Machtkämpfen oder Intrigen fahndet und darüber berichtet. Aus referenzsemantischer Sicht ist der Dissens im persönlichen Bereich der Wissenschaftler oder auch einzelner fehlerhafter Versuchsaufbauten für die Vermittlung des Wissens und die Erreichung der diskutierten Vermittlungsziele irrelevant. Relevant ist allerdings der Dissens im Bereich der fachlichen Argumentation, speziell der Gegenstandskonstitution. Vermittlung in dem Sinne, wie der Begriff hier verwendet wird, ist also nur möglich, wenn Sachverhalte in ihrem *fachlichen Dissens* dargestellt werden.[87]

Konstitution nichtfachlicher Gegensätze

Im fachlichen Aufsatz-Diskurs der hier analysierten Bezugstexte werden ausschließlich fachliche Diskurspositionen herangezogen, etwa die fachliche Diskursposition „stabile Ozonschicht". In der Reportage „Das Ozon-Drama" werden dagegen auch nichtfachliche Diskurspositionen thematisiert und gegen fachliche Diskurspositionen gesetzt. Insbesondere die Diskursposition „stabile Ozonschicht" wird nicht als *fachliche*, sondern – nichtidentifizierbar, mit abwertenden Andeutungen versehen – als *politisch-wirtschaftliche*, von industriellen Profitinteressen gesteuerte Diskursposition ausgewiesen. Dadurch erhält die Ozondiskussion einen Gegensatz zwischen politisch-wirtschaftlichen und wissenschaftlich-ökologischen Interessen, der in den fachlichen Bezugstexten keine Rolle spielt.

Die Darstellung von politischen und/oder wirtschaftlichen Akteuren kann durchaus sinnvoll sein, insbesondere wenn man sich das Ziel setzt, politische Entscheidungen vorzubereiten. Hier wird jedoch auf der einen Seite eine fachliche Diskursposition („Stabile Ozonschicht") unterschlagen und auf der anderen Seite eine politisch-wirtschaftliche eingeführt, die inhaltlich der unterschlagenen fachlichen Diskursposition entspricht. Die politisch-wirtschaftliche Position wird nicht näher bestimmt – und erst hier beginnt das Problem, denn auch gesellschaftliche Diskurspositionen müssen identifiziert und charakterisiert werden, sonst bleibt es beim Spiel mit dem „großen Unbekannten".

Suggestive Argumentation und Topoi

Im Gegensatz zu den fachlichen Bezugstexten finden sich im populärwissenschaftlichen Text von Ewe (1986) suggestive Argumentationsformen, etwa der Einsatz rhetorischer Fragen (vgl. Abschnitt 7.3.6 auf Seite 173). Diese dienen dazu, fehlendes fachliches Wissen bzw. fehlende wissenschaftliche Experimente zu überspielen und Schätzungen von öffentlichen Experten plausibel zu machen, hier eine 4%ige jährliche Steigerung der FCKW-Produktion.

An Stellen, an denen globale Bewertungen und Zusammenfassungen gegeben werden, lassen sich auch bestimmte Topoi, beispielsweise der Lemminge- oder Hybris-Topos, zeigen, die im weiteren Sinn einem Topos vom „verderbten Charakter des Menschen" zugeordnet werden können. Suggestive Argumentation oder „Philosophieren" über menschliche Grundzüge spielen in den fachlichen Bezugstexten keine Rolle.

[87] Natürlich nur, *falls* ein fachlicher Dissens besteht.

7.5.3 Transformation fachlicher Quellen

Forscher und Forschergruppen

Im Gegensatz zum Fachtext sind Fachautoren im Vermittlungstext nur mit Mühe identifizierbar, teilweise werden Forschergruppen als eine Person dargestellt (z.B. Stolarski, Krueger, Schoeberl, McPeters, Newman und Alpert als eine Person Stolarski). Dies wird später noch ausführlicher diskutiert werden.

Öffentliche Experten

Im Text von Ewe (1986) werden öffentliche Experten zu Rate gezogen, in den fachlichen Bezugstexten nicht. Dabei wird aber die Vorläufigkeit und fachliche Enthobenheit der Aussagen der öffentlichen Experten nicht deutlich gemacht. Das Heranziehen von Darstellungsformen aus dem Fachdiskurs, deren Inhalte aber nicht Teil des Fachdiskurses sind, machen deutlich, dass es sich hier um inszenierte Wissenschaft handelt. Im Artikel von Ewe (1986) besteht deshalb ein großer Teil der Argumentation nicht aus einer Übermittlung des Standes der Wissenschaft, sondern aus inszenierter Wissenschaft.

Den Inszenierungscharakter kann man auch daran ablesen, dass die öffentlichen Experten Situationen einschätzen und bewerten, indem sie Gefühle äußern oder über den Charakter des Menschen philosophieren. Ein bei Ewe (1986) zu beobachtendes Muster war, dass die Gefühlsäußerungen des Experten zitiert werden und der Experte zugleich aufgewertet wird, indem gehäuft Titel und Funktionen des Experten genannt werden.

7.5.4 Transformation der Gegenstandskonstitution

Transformation der raumzeitlichen Konstitution des Ozonlochs

Im Fachdiskurs wird zwischen Ozonminima, Ozonmaxima und Mittelwerten unterschieden, im populärwissenschaftlichen Text von Ewe (1986) nicht. Während das Ozonloch im *Bild der Wissenschaft*-Artikel als eine undifferenzierte Größe konzeptualisiert wird, die kontinuierlich größer wird, wird im Fachdiskurs eine kontinuierliche Vergrößerung lediglich für das Minimum festgestellt; 1982 wurden im Vergleich zu 1980 für das Maximum und die Mittelwerte höhere Werte gemessen. Eine elaborierte Sichtweise des Ozonlochs, wie sie im Fachdiskurs herrscht, die etwa die Messergebnisse unterschiedlicher Antarktisstationen oder Tag-für-Tag-Messungen einschließt, wird nicht gegeben.

Transformation von Messwertreihen

Eng mit der teils widersprüchlichen und teils falschen Darstellung der Entdeckungschronologie hängt der reduzierte Transfer der Messwertreihen, insbesondere der Messwertreihen von Farman et al. (1985), zusammen.

Während sich bei Farman et al. (1985) Messwertreihen von 1957-1984 finden, werden im Artikel „Das Ozon-Drama“ von Ewe (1986) lediglich die visuellen Messwertprojektionen der Jahre 1979-1985 abgebildet.

Wären die Messwertreihen von Farman et al. (1985) vermittelt worden, wäre es unmöglich gewesen, von einem sich ständig ausweitenden Ozonloch zu sprechen. Man wäre dann zu einer differenzierten Darstellung genötigt gewesen, die gezeigt hätte, dass sich das Ozonloch zwar vergrößert, aber eben diskontinuierlich und nicht Jahr für Jahr.

Da damit unterlassen wurde, den Gegenstand differenziert darzustellen, ergeben sich Angriffspunkte für den später einsetzenden Gegendiskurs, der nun bei jeder Diskontinuität (als beipielsweise 1988 das Ozonloch kleiner ausfiel als 1987) behaupten kann, „die“ Wissenschaft habe sich „geirrt“.

Transformation der Entdeckungschronologie

Die Darstellung der Entdeckungsgeschichte des Ozonlochs wurde an verschiedenen Stellen analysiert. Es wurde gezeigt, dass im populärwissenschaftlichen Artikel „Das Ozon-Drama“ drei verschiedene Abfolgen desselben Ereignisses (Entdeckung des Ozonlochs) festgestellt werden können. Dabei werden auch unterschiedliche Daten der Entdeckung des Ozonlochs angegeben. Allen präsentierten Entdeckungsgeschichten ist gemeinsam, dass sie genau so wie die Daten der Entdeckung nicht mit den fachlichen Bezugstexten übereinstimmen, also chronologisch falsch sind.

In der weiteren Analyse zeigte sich, dass weitere, andere Entdeckungsgeschichten (etwa die von Weiner (1995) oder die von Luhmann (1999)) in Umlauf sind, zu denen bereits Gegendarstellungen (Sparling, 1999) existieren.[88]

Die personalisierte Entdeckungsgeschichte wurde als unwesentlich und hinderlich für die Vermittlung (im definierten Sinn als Erweiterung des Bezugsrahmens) betrachtet. Insofern kann von der größeren Unterhaltsamkeit und der auch für Laien leichteren Lesbarkeit des populärwissenschaftlichen Artikels *nicht* auf eine bessere Vermittlung geschlossen werden. Denn durch die leichtere Lesbarkeit wird auch ein unkritisches Aufnehmen von Fehlinformationen gefördert, da das Erlebnis, etwas verstanden zu haben, zumeist mit einem Fürwahrhalten des Verstandenen einhergeht.

So kann durch das zunehmende „Verständnis“ im Vertrauen auf die Glaubwürdigkeit des Vermittlungstextes eine „Welt der Halbwahrheiten“ aufgebaut werden. Dieses „Wissen“ ist allerdings äußerst anfällig für Gegenargumente und Widersprüche.

[88] Vgl. die Ausführungen in Abschnitt 8.2.5, S. 295ff.

Das Erkennen, dass durch einen Text wie „Das Ozon-Drama" Widersprüche und Fehlinformationen aufgebaut wurden, kann die Glaubwürdigkeit von Wissenschaftlern und Vermittlern in grundsätzlicher Weise erschüttern und in eine generelle Haltung der Skepsis und des Misstrauens münden. Später werden wir sehen, dass sich in so einem Fall die Vermittler an die „Spitze der Bewegung" der Wissenschaftskritik setzen, obwohl sie durch ihre Vereinfachungen überhaupt erst die Grundlage für die Missverständnisse gelegt haben. Dies spielt insbesondere bei der Etablierung von Gegendiskursen eine Rolle, da den Wissenschaftlern und Vermittlern nun eigennützige oder politische Motive unterstellt werden können (vgl. Abschnitt 9 auf Seite 303).

Aus der Analyse wurde nicht gefolgert, *generell* auf eine Darstellung der Entdeckung zu verzichten. Gerade die Berücksichtigung der Überlegung von Wimmer (1979) zeigte, dass die Rekonstruktion der Einführungssituation eines Terminus das Verständnis eines Vermittlungstextes durchaus erleichtern kann, falls die Modalitäts-Maxime der korrekten Reihenfolge nicht verletzt wird und die Entdeckung als Teil der fachlichen Argumentation beschrieben wird.

Transformation visueller Messwertprojektionen

Im fachlichen Bezugstext von Stolarski et al. (1986) ist über die Bezeichnungen „satellite measurements" sowie „south-polar projections" klar, dass es sich bei den Visualisierungen des Ozonlochs um eine Visualisierung eines nicht direkt beobachtbaren und vor allem nicht-sichtbaren Individuums handelt: Blickt man vom Weltraum im antarktischen Frühling auf die Südhemisphäre, so sieht man *kein Ozonloch.* Die Messgeräte an Bord des Satelliten Nimbus 7 messen Ozonkonzentrationen an bestimmten Raumkoordinaten zu bestimmten Zeitpunkten. Diese Messwerte werden auf eine einfache Karte der südlichen Hemisphäre projiziert.

Im Artikel „Das Ozon-Drama" von Ewe (1986) kann die Bezeichnung „Satellitenbilder" dazu verleiten, diese Visualisierungen als eine Art Fotografie, die von einem Satelliten gemacht wurde, fehlzuinterpretieren. In diesem Fall hätte man es tatsächlich mit verschiedenen Gegenständen zu tun (vgl. Abschnitt 7.3.4 (S. 159ff.)).

Transformation bewertender Komponenten von Fachtexten

In keinem der analysierten fachlichen Bezugstexte wird ein apokalyptischer Ton angeschlagen oder ein Weltuntergangsszenario im Sinne von „Der Anfang vom Ende" auch nur angedeutet. Im Gegenteil: Es wird ausdrücklich davor gewarnt, die FCKW-Hypothese vorzeitig zu favorisieren.

Im *Bild der Wissenschaft*-Artikel wird aus dem Fachartikel von Farman et al. (1985) der bewertende Ausdruck „dramatic" aufgegriffen und zu einem komplexen Metaphernmodell elaboriert (vgl. Abbildung 7.8 auf Seite 203).

Wie in Abschnitt 7.4.3 auf Seite 201 gezeigt wurde, wird der Ausdruck „dramatic“ bei Farman et al. (1985) auf die Ozonverluste im antarktischen Frühling bezogen, während im Artikel „Das Ozon-Drama“ die Ausdrücke „dramatisch“ bzw. die Elaborierung „Drama“ auf einen „Umbau der Atmosphäre“ bezogen werden, ein Gegenstand, der in keinem der fachlichen Bezugstexte konstituiert wird. Es handelt sich hierbei also um einen erst im Vermittlungstext konstruierten Gegenstand.

Narrative Elemente dienen an verschiedenen Stellen im Text dazu, fachliche Inhalte zu emotionalisieren. Dabei werden auch Stilelemente des Horrorgenres eingesetzt, um Angst auszulösen (vgl. Abschnitt 7.3.5, S. 165ff.).

7.5.5 Transformation des Geltungsanspruchs von Wissen

Wird im Fachaufsatz sorgfältig abgewogen, ob beispielsweise Fehler im Messinstrument die Ursache von Störungen sein können, von welchem sicheren Wissen ausgegangen werden kann, was Vermutungen und Vorschläge sind oder als wie wahrscheinlich bestimmte Interpretationen angesehen werden können, so sind die Abtönungen, die im Vermittlungstext vorgenommen werden, weitgehend unsystematisch und scheinen eher eine Vorsichtsmaßnahme denn eine Transformation des Geltungsanspruchs darzustellen. So erfährt der Leser nicht, dass das Ozonloch als raumzeitliches Individuum absolut unstrittig ist, die Ursache-Wirkungsmodelle allerdings von Beginn an umstritten sind.

7.6 Zusammenfassung

Die vergleichende Analyse des Vermittlungstexts „Das Ozon-Drama“ und seiner fachlichen Bezugstexte (Farman et al., 1985; Stolarski et al., 1985, 1986) hat gezeigt, dass die dort konstituierten Handlungsmuster in wesentlichen Punkten von den Handlungsmustern des Vermittlungsmodells (Kapitel 4 (S. 93ff.)) abweichen: Das Ozonloch im Fachdiskurs ist ein anderes als das Ozonloch im Artikel „Das Ozon-Drama“. Im Vermittlungstext wurden auch Gegenstände konstruiert („Umbau der Atmosphäre“), die im Fachdiskurs überhaupt keinen Bezug haben etc. Man kann nun fragen: Wenn es dem profiliertesten populärwissenschaftlichen Magazin Deutschlands unter Beteiligung einer internationalen Forschungskapazität nicht gelingt, widerspruchsfrei die aktuelle Forschungslage (im definierten Sinn als Identifikation der Forschungsobjekte und Forscher, Vermittlung der „Kunst des Sehens“ nicht direkt beobachtbarer Forschungsobjekte, Darstellung bestehender Argumentationslinien und alternativer Diskurspositionen, Unterscheidung von sicherem und unsicherem Wissen) zu vermitteln, wie sieht die Informationsqualität dann in den nichtspezialisierten Medien aus? Was passiert, wenn die vermittelten Widersprüche evident werden? Was passiert, wenn im Fachdiskurs eine der alternativen Diskurspositionen an Plausibilität gewinnt? Wie wird dies in *Bild der Wissenschaft* verarbeitet, wie in anderen Medien? Wird dann nicht die Glaubwürdigkeit der Wissenschaft in Frage gestellt werden, je mehr der alternativen Diskurspositionen im Verlauf der Entwicklung diskutiert werden?

Wir können aus der Adäquatheitsanalyse also die Prognose wagen: *Die hier aufgedeckten Defizite werden im Verlauf der Diskussion zu einer Reihe von Kommunikations- und Glaubwürdigkeitskrisen führen, nämlich immer genau dann, wenn eine der defizitären Transformationen durch neuere wissenschaftliche Entdeckungen nicht mehr haltbar ist.*

Um zu zeigen, dass sich aus den analysierten Defiziten die prognostizierten Kommunikationskrisen ergeben, sollen nun die Vermittlungstexte über das Ozonloch in *Bild der Wissenschaft* 1986-1998 und einige Artikel der Wochenzeitschrift *DIE ZEIT* aus dem Zeitraum 1985-1988 analysiert werden. Schließlich wird der ab den 90er Jahren aufkommende Gegendiskurs, dessen Position mit „Naturwunder Ozonloch“ bezeichnet werden soll, analysiert werden, der sich als Folge einer tief greifenden Glaubwürdigkeitskrise etabliert.

8 Transformationen, Deformationen, Zusammenbrüche – ein kleiner Ausschnitt des öffentlichen Diskurses um das Ozonloch

Die Analyse der Transformationen von Ewe (1986) hat gezeigt, dass insbesondere alternative Diskurspositionen, die von Anfang an Bestandteil des Fachdiskurses waren[1], im populärwissenschaftlichen Artikel ausgeblendet wurden.

Auch waren die beteiligten Wissenschaftler und die Texte, mit denen sie ihre Argumente in den Fachdiskurs eingebracht haben, nicht identifizierbar. Ebensowenig konnte erkannt werden, welche der getroffenen Aussagen im Fachdiskurs als gesichert oder umstritten gelten. Die Zustandsänderung des Erkenntnisgegenstands (Ozonschicht bzw. Ozonloch) wurde idealisiert als kontinuierliche Abnahme bzw. ständige Vergrößerung.

Die Fragwürdigkeit, die die Diskursposition „Ozonverlust durch FCKW" damals im Fachdiskurs besaß, wurde nicht einmal angesprochen. Sie wurde vielmehr als einzige fachliche Diskursposition dargestellt.

Was aus dem Textvergleich bisher nicht abgeleitet werden konnte, ist, wie die weiteren Artikel im selben Publikationsorgan, z.B. in *Bild der Wissenschaft*, auf die bereits publizierten Artikel aufbauen.[2]

Diese artikelübergreifende Kohärenz soll mit dem Begriff der „diachronen Kohärenz" gefasst werden. Dieser Begriff kann definiert werden als Kohärenz, die sich aus der Sicht eines fiktiven Lesers einstellt, der alle Artikel eines Publikationsorgans zu einem bestimmten Thema über einen (spezifizierbaren) längeren Zeitraum rezipiert und versucht, aus den einzelnen Artikeln einheitliches, widerspruchsfreies Wissen aufzubauen.

Diachron inkohärente Artikelfolgen im selben Publikationsorgan sind besonders interessant, da hier rückblickend die eigenen Artikel metakommunikativ kommentierend korrigiert werden könnten. Solche Reparaturmaßnahmen gingen über die im journalistischen Qualitätsdiskurs[3] geforderten Korrigenda von Einzelfakten hinaus, da sie die artikelübergreifende Kohärenz wieder herstellten, und so einem Leser, der eine Artikelabfolge zu einem Thema rezipiert, gestatteten, Widersprüche und unangemessene Vereinfachungen zu erkennen und sein Wissen entsprechend zu modifizieren.

---

[1] Vgl. etwa Stolarski et al. (1985, 1986) oder Tung et al. (1986).

[2] In Analogie zu von Stutterheim (1997) könnte man auch von „artikelübergreifender referenzieller Bewegung" sprechen.

[3] Vgl. dazu Ruß-Mohl (2000); Held und Ruß-Mohl (2000).

Anhand einiger, kleinerer Längsschnitte des öffentlichen Diskurses um das Ozonloch soll nun anhand des erwähnten Korpus (*Bild der Wissenschaft* (1986 – 1998), *DIE ZEIT* (1985 – 1988), Gegendiskurs „Naturwunder Ozonloch“) die weitere Entwicklung untersucht werden. Das Ziel kann hierbei nicht darin bestehen, eine „Geschichte des Diskurses um das Ozonloch“ zu schreiben; es geht mir vielmehr darum, an Einzelbeispielen zu zeigen, dass sich die Kommunikationskrisen, die nach der Analyse der Abweichungen vom Vermittlungsmodell als erwartbar formuliert wurden, tatsächlich auch eingetreten sind.

8.1 *Bild der Wissenschaft* (1986 – 1998)

Mit einer genauen handlungssemantischen Analyse aller Artikel in diesem Zeitraum würde man eine Fülle von Abweichungen vom Vermittlungsmodell zeigen können. Für die Zwecke meiner Untersuchung ist eine solch detaillierte Analyse allerdings nicht notwendig. Es sollen vielmehr Problemkomplexe herausgestellt werden, die sich in der weiteren Vermittlungskommunikation in *Bild der Wissenschaft* herauskristallisieren. Dazu werden einzelne Passagen einiger Artikel aus dem Untersuchungszeitraum genauer analysiert. Alle Artikel der Untersuchungsperiode sind im Anhang mit Angaben zur Rubrik aufgelistet (vgl. Anhang, S. 409ff.).

8.1.1 Artikelübergreifende Inkohärenz

Denkt man noch einmal an die Berichterstattung im Initialartikel von Ewe (1986) zurück, so wurde dort ein großes Forschungsprogramm, das auch aufwertend als „Mission“ bezeichnet wurde, angekündigt: EUROPICA.

In einer diachron kohärenten Berichterstattung würde nun über den Fortgang des von Ewe (1986) in den Vordergrund gestellten Forschungsprogramms EUROPICA weiter berichtet.

Tatsächlich findet sich in der gesamten Untersuchungsperiode *kein einziger Artikel* mehr über EUROPICA, etwa, ob das Programm in der vorgestellten Form angenommen oder modifiziert wurde. Dagegen werden in späteren Ausgaben andere Akronyme für Forschungsprogramme genannt, z.B. das europäische Programm „EASOE“. Diese Forschungsprogramme werden aber nicht zu EUROPICA in Beziehung gesetzt, sondern tauchen „aus dem Nichts“ auf, das Programm EASOE wird etwa in der Vorstellung eines Interviewpartners eingeführt:

(1) „Bild der Wissenschaft sprach mit dem Atmosphären-Chemiker im nordschwedischen Kiruna, dem Stützpunkt der Europäischen Ozonforschungskampagne EASOE.“ (Schmidt, 1992, S. 21)

Es wird im beobachteten Längsschnitt auch nicht über die Gesamtstrategie der europäischen Forscher berichtet, sondern es werden lediglich

Globaleinschätzungen mitgeteilt. Im Zentrum stehen immer wieder einzelne Forscher, z.B. in Interviews mit dem Leiter von EASOE oder in der Reportage über den Chemiker Arnold bei einer Messung in der Antarktis.

Wie die Forschung *insgesamt* im Diskursprozess vieler Diskurspositionen voranschreitet (oder auf der Stelle tritt), wie die einzelnen Ergebnisse der Ozonforschung innerhalb der europäischen Gesamtstrategie zu verstehen sind, wird nicht berichtet.

Die Rolle des öffentlichen Experten wird im Verlauf der Jahre immer dominanter.

Waren bei Ewe (1986) noch immerhin drei fachliche Bezugstexte identifizierbar, so ist für die folgenden Artikel in *Bild der Wissenschaft* kein einziger fachlicher Bezugstext mehr identifizierbar.

Ein Einbetten von Forschungsergebnissen in aktuelle fachliche Argumentationen des internationalen naturwissenschaftlichen Zeitschriftendiskurses findet so gut wie nicht statt.

Dagegen finden sich häufig personalisierende Elemente, die das „harte Leben" der Ozonforscher in Arktis und Antarktis beschreiben (z.B. Zintz, 1987; Frese, 1988).

Die Analyse des Artikels von Ewe (1986) hat gezeigt, dass dort die „Kunst des Sehens", d.h. die Beschreibung, wie nicht direkt wahrnehmbare Gegenstände beobachtet werden können, nicht vermittelt wurde. So wurde die Darstellung der Messergebnisse mittels Wetterballons ganz ausgelassen, die Konstruktion der Südpol-Projektionen als „Satellitenbilder vom Ozonloch" ausgegeben. Dies ist - bis auf zwei Ausnahmen[4] - ein wesentliches Kennzeichen aller untersuchten Artikel. Dazu soll abschließend ein Beispiel betrachtet werden.

Im Artikel von Zintz (1987) geht es u.a. darum, dass nun neben Wetterballons und Satelliten auch Flugzeuge als Träger von Messgeräten eingesetzt werden. Es wird aber nicht vermittelt, wie Atmosphärenforscher mittels Messinstrumenten das nicht direkt beobachtbare Individuum Ozonloch „wahrnehmen". Daher können die verschiedenen Messmethoden auch nicht hinsichtlich ihrer Rolle für die fachliche Argumentation unterschieden werden. Es wird also nicht gefragt, inwiefern die Messungen der Ozonkonzentrationen mittels Messgeräten an Bord von Satelliten oder Wetter-

[4] Es gibt zwei Ausnahmen: Eine Ausnahme ist ein Textblock, in dem ein neu entwickeltes Spektrometer vorgestellt wird (Fischer, 1993, S. 49, separater Textblock von Jan Lublinksi). Die Qualität der dabei geleisteten Erklärung soll hier nicht zur Debatte stehen, sie setzt jedenfalls einige Kenntnisse der Spektralanalyse voraus. Wichtig ist, dass die Rolle dieses oder anderer Messinstrumente für die fachliche Argumentation nirgends eingebracht wird. Die andere Ausnahme sind zwei kurze Absätze im Verlauf einer Reportage vom Leben in einer Antarktis-Forschungsstation (Frese, 1988, S. 54). Diese beiden Absätze enthalten die Beschreibung eines so genannten LIDAR-Messgeräts.

ballons in Frage gestellt sind, und welche qualitative Änderung durch Messinstrumente an Bord von Flugzeugen bewirkt werden. Um den Sinn des Einsatzes von Flugzeugen zur Messung von Ozonkonzentrationen zu erläutern, wird der involvierte Wissenschaftler als O-Ton[5] wiedergegeben:

(2) „Dr. Owen Toon vom Ames Forschungszentrum der NASA in Kalifornien beschreibt die Situation anschaulich: ‚Das ist wie bei der alten Geschichte, wo Fachleute um einen Tisch herumsitzen und leidenschaftlich diskutieren, wieviel Zähne das Gebiß eines Pferdes hat. Als Lösung kamen sie auf die rettende Idee, hinaus auf die Weide zu gehen und zu zählen.‘ Hilfsmittel für die ‚Zählung‘ sind zwei Flugzeuge: eine vergrößerte Version des hochfliegenden Spionageflugzeugs U 2, sowie ein kommerzielles Düsenflugzeug vom Typ DC 8. Während die Flüge im Düsenjet von der Basis-Station in Südchile über die Antarktis nach Neuseeland und zurück keine Schwierigkeiten bereiten dürften, ist die Mission der U 2 nicht ungefährlich für den Piloten. Owen Toon: ‚Dies sind sehr schwierige, einmotorige, extrem leichte Flugzeuge, mit einer Menge Probleme, vor allem bei der Landung. Auf Eis können sie gleich gar nicht landen.‘“ (Zintz, 1987, S. 17, Sp. 3)

Im Sinne der Kohärenzstiftung wären Fragen erwartbar wie: Waren die Messungen, die mit Hilfe von Messgeräten an Bord von Wetterballons und Satelliten durchgeführt wurden, nicht richtig? Oder ungenau? Oder kann man damit Ozonkonzentrationen überhaupt messen? Was leisten dagegen Messungen mit Hilfe von Flugzeugen?

Da auch hier nicht der Schritt getan wird, die Messmethoden einzuführen und zu erläutern, führt dies zu einer etwas gewollt anmutenden Allegorie, die eher in die Kategorie „mystifizierend“ (vgl. Liebert, 1999) einzuordnen wäre. Die Details über die Art der Flugzeuge sind außer in Bezug auf unterhaltende Zielsetzungen irrelevant und vermitteln hier keine Informationen, sondern das Bild des Atmosphärenchemikers als Abenteurer, ein Bild, das in verschiedenen Varianten immer wieder auftaucht.[6]

8.1.2 Die Vermittlung anderer fachlicher Diskurspositionen

Wir hatten in den fachlichen Bezugstexten eine differenzierte Behandlung alternativer fachlicher Diskurspositionen feststellen können, die im Vermittlungstext von Ewe (1986) nicht aufgeführt waren. Wir hatten prognostiziert, dass die Dynamik des Fachdiskurses sich so auswirken wird, dass bald die eine, bald die andere Diskursposition die besseren Argumente vorweisen kann oder aber ein Argument der anderen Diskursposition

[5] Dieses Vorgehen liegt genau auf der Linie Göpferts, der O-Töne von Wissenschaftlern, d.h. mündliche oder schriftliche Zitate, als „menschelnde“ Randbemerkungen einsetzen will (vgl. Interviewauszug 1 (S. 473 im Anhang)).

[6] Vgl. etwa Frese (1988) oder die Analyse der Artikel der Wochenzeitung *DIE ZEIT* in Abschnitt 8.2 auf Seite 265.

nachhaltig in Zweifel gezogen wird. Dieser fachliche Dissens wurde als der normale Verlauf des naturwissenschaftlichen Fachdiskurses charakterisiert.

Für die auf dem initialen Vermittlungstext aufbauenden weiteren Vermittlungstexte bedeutet dies, dass entweder „Reparaturhandlungen“ notwendig werden oder es zu artikelübergreifenden Inkohärenzen und/oder Glaubwürdigkeitskrisen führen muss.

Die Vermittlung der fachlichen Diskursposition „Ozonverlust durch Atmosphärendynamik“

Bereits im ersten Artikel über das Ozonloch (Zintz, 1987), der etwa ein Jahr nach dem Bericht von Ewe (1986) in *Bild der Wissenschaft* publiziert wird, entstehen Probleme dieser Art.

Aus der Diskursposition „Ozonverlust durch Atmosphärendynamik“, die im Fachdiskurs bereits von Anfang an vertreten war (vgl. dazu Abschnitt 7.4.5 auf Seite 220), waren mittlerweile einige Einwände gegen die Diskursposition „Ozonverlust durch FCKW“ erhoben worden, wodurch deren Plausibilität geschwächt wurde.

Da im Artikel von Ewe (1986) ausschließlich die Position „Ozonverlust durch FCKW“ vertreten wurde, und als einzige Ursache des Ozonlochs somit der chemische Abbau des Ozons durch FCKW dargestellt wurde, kann Zintz (1987) die alternative Diskursposition „Ozonverlust durch Atmosphärendynamik“ nun nicht unter Bezugnahme auf den vorhergehenden Artikel mit einem Satz wie „eine Position in der fachlichen Ozondiskussion war von Anfang an die dynamische Hypothese...“ einführen. Die Frage ist nun: Stellt der Autor eine diachrone Kohärenz her? Wie geht er damit um, dass nun eine alternative Diskursposition auftaucht und somit ein Widerspruch zum vorhergehenden Artikel von Ewe (1986) besteht?

Der Autor löst hier dieses Problem, indem er die Position wie „aus dem Nichts“ neu auftauchen lässt. Dabei wird durch die Äußerung von „weiterhin“ so getan, als sei es *schon immer* strittig gewesen, welche Ursache das Ozonloch habe:

(3) „Die Ursache für das höchst beunruhigende Ozonloch in der Atmosphäre über dem Südpol ist weiterhin unklar.“ (Zintz, 1987, S. 17)

Gegen Ende des Artikels, nach der personalisierenden Abschweifung (2), wird schließlich das entscheidende Argument der Diskursposition „Ozonverlust durch Atmosphärendynamik“ gegen die FCKW-Hypothese genannt:

(4) „So gibt es keine Erklärung für die Beobachtung, daß die Ozon-Gehalte nach jahrelanger Abnahme 1985 erstmals größer waren als im Jahr zuvor, also 1984. 1986 waren sie dann wieder auf das Niveau von 1984 abgefallen. Die weltweite Produktion von Fluor-Chlor-Kohlenwasserstoffen dagegen hat in den letzten Jahren zugenommen.“ (Zintz, 1987, S. 17, Sp. 3)

Diskursposition „Ozonverlust durch FCKWs“	**Diskursposition „Ozonverlust durch Atmosphärendynamik“**
1. FCKWs verursachen das Ozonloch 2. Es werden immer mehr FCKWs produziert. *Schlussregel: Je mehr FCKWs produziert werden, desto größer wird das Ozonloch.*	1. Der Transport ozonarmer Luft aus unteren Luftschichten in die Stratosphäre verursacht das Ozonloch. *Schlussregel: Bei einem atmosphärendynamischen Phänomen variieren die Ozonkonzentrationen von Jahr zu Jahr.*
Schlussfolgerung/Hypothese: Das Ozonloch wird jedes Jahr größer werden.	**Schlussfolgerung/Hypothese:** Ozonloch wird jedes Jahr verschieden groß ausfallen.

Tabelle 8.1: Gegenüberstellung der Diskurspositionen „Ozonverlust durch FCKW“ und „Ozonverlust durch Atmosphärendynamik“

Dieser Überlegung liegen die Schlussmuster der unterschiedlichen Diskurspositionen „Ozonverlust durch FCKW“ und „Ozonverlust durch Atmosphärendynamik“ zu Grunde, die in Tabelle 8.1 gegenübergestellt werden (zur genaueren Darstellung vgl. Abschnitt 7.4.4 (S. 207ff.) und Abschnitt 7.4.5 (S. 220ff.)).

Das Argument war schlagkräftig, denn das kleinere Ozonloch 1985 plausibilisiert eindeutig die Diskursposition „Ozonverlust durch Atmosphärendynamik“ und schwächt zugleich die Position „Ozonverlust durch FCKW“.

Erstaunlicherweise wird in *Bild der Wissenschaft* in den nächsten Berichten über das Ozonloch (vgl. Schaefer, 1988; Frese, 1988; Vieser, 1989, und die folgenden Beiträge) die Position „Ozonverlust durch FCKW“ wieder als einzige Diskursposition vertreten. Die fachliche Diskursposition „Ozonverlust durch Atmosphärendynamik“ bzw. die von dort aus vorgetragenen Argumente werden dagegen in keinem der Hefte der folgenden Jahre mehr erwähnt. Fragen, die sich hier auftun wie „Was wurde aus dem Experiment? Welche Auswirkungen hat es auf das Ursache-Wirkungsmodell zur Entstehung des Ozonlochs?“ werden in den folgenden Heften nicht beantwortet. Später werden wir sehen, dass die damals vorgetragenen Argumente der Position „Ozonverlust durch Atmosphärendynamik“ eine Einstiegsstelle für den Gegendiskurs bilden (vgl. Kapitel 9, S. 303ff.).

Die Vermittlung der fachlichen Diskursposition „Ozonverlust durch Vulkanausbrüche“

Einen anderen Verlauf nimmt die Berichterstattung über die im Fachdiskurs von Beginn an vertretene[7], in *Bild der Wissenschaft* dagegen nicht ge-

[7] Vgl. Stolarski et al. (1985).

nannte Diskursposition „Ozonverlust durch Vulkanausbrüche". Diese fachliche Position gewann 1991, als der philippinische Vulkan Pinatubo ausbrach, wieder an Plausibilität.

Die Diskursposition „Ozonverlust durch Vulkanausbrüche" ist eine Variante der Position „Ozonverlust durch Naturereignisse" (vgl. Abschnitt 7.4.4, S. 207ff.). Sie kann folgendermaßen charakterisiert werden:

Diskursposition „Ozonverlust durch Vulkanausbrüche"

1. Vulkanausbrüche bringen einmalig mehr Chlor in die Stratosphäre, auch in die Stratosphäre über der Antarktis.

2. Nach einem Abbau dieses Chlors ist wieder weniger Chlor in der Stratosphäre.

Schlussregel: Je weniger Chlor in der Stratosphäre ist, desto weniger stratosphärisches Ozon wird zerstört.

Schlussfolgerung/Hypothese Wenn die Ursache ein Vulkanausbruch war, dann müsste das Ozonloch wieder kleiner werden, sobald das durch den Vulkan emittierte Chlor verbraucht wurde.

Die erste Einführung der Diskursposition „Ozonverlust durch Vulkanausbrüche" in *Bild der Wissenschaft* stellt diese nicht als wissenschaftliche, sondern als *politische* dar. Aus einer wissenschaftlichen Auseinandersetzung wird dadurch eine politische gemacht.

Nun ist es durchaus möglich, dass bestimmte wissenschaftliche Ergebnisse und Positionen für bestimmte Interessen instrumentalisiert werden. Zweifellos gibt es unterschiedliche Versuche, als wissenschaftliche Institutionen getarnte Firmen aufzubauen, die gezielt die politische Willensbildung und öffentliche Meinung beeinflussen sollen.[8] Die Grundlage ist hier allerdings eine wissenschaftliche Auseinandersetzung, die *von Anfang an* (vgl. Stolarski et al., 1985, 1986) im Zentrum der Diskussion stand.

Dieses Aufbauen von politischen Gegensätzen, wo wissenschaftliche Gegensätze vorhanden waren, war schon ein Kennzeichen des Artikels von Ewe (1986), der den fachlichen Disput ausblendete und einer bestimmten wissenschaftlichen Position („Ozonverlust durch FCKW") nicht die entsprechende alternative wissenschaftliche Position („Stabile Ozonschicht") gegenüberstellte, sondern eine politisch-wirtschaftlich motivierte nichtwissenschaftliche Position („beruhigende Sprüche").

Im Editorial mit der Überschrift „Heilige und Florian" geht Korbmann (1992a, S. 3) auf die These vom Einfluss von Vulkanausbrüchen auf den Abbau der Ozonschicht ein:

[8] Vgl. die entsprechende Passage im Interview mit W. Göpfert im Anhang auf S. 452.

(5) „Auch Heilige haben ihre Konjunktur. Derzeit gehört wohl der Schutzpatron der Feuerwehr, St. Florian, zu den meistbeschäftigten Bewohnern des Himmels.“

(6) „Denn wenn es um den Schutz der Umwelt geht, wird er besonders häufig angefleht: ‚Schütz' unser Haus, zünd' andere an‘.“

(7) „Wie sich die Muster gleichen – ob es um das Ozonloch geht, um das Treibhausklima, um Altlasten in den neuen Bundesländern oder um die Verpackungslawine. Frühe Warnungen werden als haltlose Spekulationen abgeschmettert.“

(8) „Die ersten wissenschaftlichen Überlegungen gelten dann als Theorien, die durch nichts belegt sind.“

(9) „Kommen konkrete Resultate, banalisiert man sie als Einzelergebnisse, und wird das Netz so dicht, daß kaum vernünftige Zweifel bestehen, dann fehlt angeblich der Beweis.“

(10) „Wenn der Gesetzgeber mit Restriktionen droht, sind schließlich Arbeitsplätze und die Wettbewerbsfähigkeit der Wirtschaft in Gefahr.“

(11) „Nur nicht ernst nehmen, nur nicht betroffen sein.“

(12) „Eindrucksvolles Beispiel für dieses Verfahren sind immer wieder die Fluorchlorkohlenwasserstoffe (FCKW) und das Ozonloch.“

(13) „Es ist jetzt 18 Jahre her, daß die Amerikaner Rowland und Molina das erste Mal vor der Zerstörung des Ozonschilds warnten.“

(14) „Inzwischen haben Forscher wohl alles an Resultaten gesammelt, was überhaupt nachweisbar erscheint.“

(15) „Dennoch werden wieder Stimmen laut, der harmlos rauchende Vulkan Mount Erebus sei für das Ozonloch über dem sechsten Kontinent verantwortlich.“

(16) „Diese Ausflüchte werden ernst genommen – und sei es auch nur, um sich dahinter zu verstecken.“

(17) „Dabei sollte heute die Diskussion eigentlich darum gehen, wie der Schaden zu begrenzen ist.“

(18) „Statt dessen posieren Politiker und Interessenvertreter in der Rolle des Musterknaben.“

(19) „Ganz frühzeitig habe doch die deutsche Industrie die FCKW aus den Spraydosen verbannt.“

(20) „Und der Ausstieg Deutschlands aus der FCKW-Produktion wird rasch ein paar Monate vorgezogen.“

(21) „Das sind Maßnahmen, mit denen sie glänzen und gleichzeitig den Schwarzen Peter weiterschieben können."

(22) „Die Zerstörung des Ozonschilds wird dadurch nicht aufgehalten."

Mit (5) - (14) wird eine einheitlich vorgehende Wissenschaft aufgebaut, die seit 18 Jahren[9] eine bestimmte These, die These vom Ozonabbau durch FCKW, nahezu vollständig bewiesen hat – und dies im Widerstand zu einem nicht klar definierten Gegenpart, der die Warnungen nicht ernst nimmt, der aber nicht aus der Wissenschaft stammt, denn diese hat offensichtlich alle Ergebnisse beisammen, um ein eindeutiges Urteil fällen zu können. Insbesondere in (14) wird *eine* Diskursposition (Ozonverlust durch FCKW) als *die* Wissenschaft ausgegeben. Gleichzeitig wird die gesamte Rekonstruktion der Fachargumentation, wie sie im Vermittlungsmodell erarbeitet wurde (vgl. Handlungsmusterschema 3.20, S. 76 sowie Abschnitt 7.4.5, S. 221ff.), unterlassen. Dieses Handlungsmuster soll HARMONISIEREN genannt werden (vgl. Handlungsmusterschema 8.1):

HARMONISIEREN →

[–FACHARG. → | –FACHDISKURSPOSITIONEN DARSTELLEN
–STAND DER ARGUMENTATION DARSTELLEN
–ARGUMENTATIONSMUSTER ERLÄUTERN
–SICHERHEITSGRAD DER AUSSAGEN ÜBER X WIEDERGEBEN ||
pos_{fckw} ALS POSITION ALLER WISSENSCHAFTLER AUSGEBEN]

Legende:
FACHARG.:$_{def}$ FACHARGUMENTATION REKONSTRUIEREN
pos_{fckw}:$_{def}$ Diskursposition „Ozonverlust durch FCKW"

Handlungsmusterschema 8.1: HARMONISIEREN

Wenn wir Satz (14) noch einmal betrachten, so erkennen wir dort ein Handlungsmuster wieder, das uns schon bei Ewe (1986) begegnet war: Es wird von der Proposition her betrachtet eine relativ starke Aussage gemacht, die aber durch mehrfache Modalisierung in ihrer Geltung abgeschwächt wird. Es handelt sich dabei *nicht* um die Angabe, ob hier sicheres oder umstrittenes Wissen vorliegt, da in diesem Fall die Art der Unsicherheit hätte präzisiert werden können. Man kann dies eher als Absicherungsmuster verstehen: Man macht eine starke Behauptung, braucht sich aber, wenn das Behauptete sich nicht bewahrheitet, nicht darauf festlegen zu lassen. Falls es sich also erweisen sollte, dass doch nicht „alle Resultate gesammelt" wurden und die hier vorgetragene Haltung revidiert werden muss, kann man immer auf die Einschränkungen verweisen,

[9] Die hier angegebene Zeitspanne errechnet sich aus dem Erscheinungsjahr der Publikation des Artikels von Molina und Rowland (1974), in dem die These aufgestellt wurde, dass die Menge der industriell hergestellten FCKWs zu einer drastischen Reduzierung des stratosphärischen Ozons führen werde.

die man mit den Abschwächungen vorgenommen hat. Es handelt sich also um Pro-Forma-Modifikationen, die lediglich dem „Haftungsausschluss" dienen. Handlungen nach solchen Absicherungsmustern stellen für mich deshalb bereits keine (überprüfbaren) Behauptungen mehr dar, sondern Suggestionen.

So suggeriert der Verfasser mit (14) einen abgeschlossenen Forschungsprozess, indem er behauptet, die Forscher hätten alle Resultate gesammelt[10] und schränkt zugleich den Geltungsanspruch seiner Aussage durch die Modalpartikel „wohl" und das Verb „erscheinen" ein. Da fast alle Bezugsobjekte hintergründig sind, bleibt der Satz vage.

Diese Einschränkungen müssen natürlich so formuliert sein, dass der Leser dennoch gewillt ist, die modal eingeschränkte Aussage als vollwertiges Argument zu akzeptieren. Es ist also eine gewisse „Kunst des Suggerierens" erforderlich. Die starken politischen Appelle und Vorwürfe wären ja nur dann berechtigt, wenn es *tatsächlich* erwiesen wäre, dass FCKWs die Ursache für das Ozonloch sind. Dann und nur dann ist die deutliche Abweisung des Einwands, vulkanische Einflüsse zu berücksichtigen, berechtigt. Dies soll an einigen Beispielsätzen deutlich gemacht werden, die Variationen des Originalsatzes darstellen.

Die Sätze

1. Inzwischen haben Forscher **wohl** alles an Resultaten gesammelt, was überhaupt nachweisbar **erscheint**.

2. Inzwischen haben Forscher alles an Resultaten gesammelt, was überhaupt nachweisbar **ist**.

3. Inzwischen haben Forscher alles an Resultaten gesammelt, was überhaupt nachweisbar **ist**, um zu beweisen, dass FCKWs die Ursache für das Ozonloch darstellen.

4. Inzwischen ist es der Stand der Wissenschaft, dass Fluorchlorkohlenwasserstoffe die eindeutige Ursache für das Ozonloch darstellen. (Deshalb argumentieren diejenigen, die vulkanische Einflüsse geltend machen, nicht auf dem Stand der Wissenschaft.)

legen den Sprecher immer stärker auf einen Geltungsanspruch fest. Satz 4 löst auch die unklaren Bezüge (Resultat von welchen Experimenten, wozu, in welchem Kontext? Nachweisbar womit, von wem, wozu?) auf und

[10] Es gibt hier noch viel mehr Abschwächungen: So kann man fragen, ob ein Forschungsprozess dann abgeschlossen sein soll, wenn nur genügend Resultate gesammelt sind. Resultate wovon? Es liegt hier ein extrem komprimierter Ausdruck vor, der Prädikationen einschließt wie: Wer hat welche Experimente zu welchem Zweck mit welchem Resultat durchgeführt und wie wurden sie im Fachdiskurs publiziert und integriert? Auch wird nicht von „allen Resultaten", sondern von „alles an Resultaten" gesprochen etc.

macht deutlich, dass hier Wissenschaftlichkeit gegen Nichtwissenschaftlichkeit gesetzt werden soll, um das Argument, Vulkanausbrüche seien ein Faktor bei der Entstehung des Ozonlochs, abzuwehren. In dieser klaren Form hätte der Verfasser im Falle eines Irrtums allerdings keine Rückzugsmöglichkeit mehr, er müsste für seine klare Behauptung, der Stand der Wissenschaft sei so und nicht anders, einstehen.[11]

Auch das Handlungsmuster, das durch (15) konstituiert wird (vgl. S. 240), ist uns aus dem Artikel „Das Ozon-Drama" bekannt: Mit (15) wird die andere Diskursposition eingeführt, indem sie mit einem unbestimmten Ausdruck bezeichnet („Stimmen") und zugleich als unwissenschaftlich und als Ausflucht bewertet wird (vgl. Handlungsmusterschema 8.2):

$$\text{DISKURSPOSITION } pos_i \text{ EINFÜHREN} \rightarrow \begin{bmatrix} pos_i \text{ MIT VAGEM AUSDRUCK BEZEICHNEN} \\ pos_i \text{ ABWERTEN} \end{bmatrix}$$

Handlungsmusterschema 8.2: DISKURSPOSITION EINFÜHREN

Wenn die abgelehnten Diskurspositionen wie hier dargestellt durchgängig vage bleiben und man sich durch suggestive Sprechhandlungen nicht festlegt, bereitet es auch keine Probleme, die Position zu wechseln.

So etabliert sich unkommentiert nach und nach die Diskursposition „Ozonverlust durch Vulkanausbrüche" in *Bild der Wissenschaft*, bis sie schließlich 1994 als seit 1991 (!) fest etablierte Position dargestellt wird:

(23) „Daß Vulkaneruptionen Klima und Ozonschicht beeinflussen, ist spätestens seit dem Ausbruch des Pinatubo im Juni 1991 geläufig." (Reye, 1994a, S. 11)

Man kann diese Handlung als ein Untermuster des Handlungsmusters HEIMLICH DIE SEITEN WECHSELN verstehen. Dieses Handlungsmuster besteht darin, dass man kommentarlos die abgelehnte Diskursposition vertritt, wenn sich abzeichnet, dass sie sich durchsetzt, und es dabei unterlässt, seinen Überzeugungswechsel kund zu tun und dabei etwa auch die Gründe für die geänderte Überzeugung anzugeben. Das Handeln nach dem Muster HEIMLICH DIE SEITEN WECHSELN bewirkt wiederum eine artikelübergreifende Inkohärenz. Es mag in der Zwischenzeit viel Umdenkungs- und Überzeugungsprozesse gegeben haben; solange sie nicht expliziert sind, werden unkommentierte Wechsel der Diskursposition immer „wetterwendisch" wirken.

[11] Sicherlich würden sich bei dieser Behauptung weitere Fragen wie „Woher weißt du, was der Stand der Wissenschaft ist?" ergeben. Voraussetzung für solche Fragen ist aber eine Explizierung von (14).

HEIMLICH DIE SEITEN WECHSELN →

$$\left\downarrow\begin{array}{l} \left[\begin{array}{l}\text{VERTRETEN}(\text{pos}_i)\text{ wenn : } \text{pos}_i \text{ setzt sich durch}\\ \text{STRIKT ABLEHNEN}(\text{pos}_j)\end{array}\right] \\ \vdots \\ \left[\begin{array}{l} -\text{ÜBERZEUGUNGSWECHSEL KUNDTUN}\\ \text{VERTRETEN}(\text{pos}_j)\text{ wenn : } \text{pos}_j\text{ setzt sich durch}\end{array}\right]\end{array}\right\Downarrow$$

Handlungsmusterschema 8.3: HEIMLICH DIE SEITEN WECHSELN

Mit der Etablierung der Diskursposition „Ozonverlust durch Vulkanausbrüche“ geht auch eine andere Bewertung einher. Nicht mehr ungenannte wirtschaftliche „Mächte“ vertreten diese Position, sondern die Wissenschaft (was natürlich von Anfang an so war).

Nachdem in Heft 4/92 die Position „Ozonverlust durch Vulkanausbrüche“ noch als von politisch-wirtschaftlichen Interessen motiviert gekennzeichnet wurde, bringt im unmittelbar folgenden Heft 5/92 ein öffentlicher Experte Vulkane, speziell den Vulkanausbruch des Pinatubo, als wichtige Ursache für das Ozonloch ins Spiel (Fischer, 1992, S. 21, Herv. v. mir, W.-A.L.):

(24) „*Zellner:* (...) Wir wissen, daß es in jedem Winter zu Erhöhungen der Chlormonoxid-Konzentration kommt, aber eine solche Größenordnung haben wir nicht erwartet. **Wir sind überzeugt, daß der Ausbruch des Vulkans Pinatubo eine gewisse Rolle spielt, weil er die Atmosphäre zusätzlich mit Schwefelsäure-Aerosolen beladen hat.** Wir wissen auch, daß an diesen Aerosolen ähnliche Aktivierungsprozesse ablaufen wie an den Teilchen in polaren stratosphärischen Wolken bei sehr tiefen Temperaturen.

Bild der Wissenschaft: Ist das eine Situation, die sich wiederholen wird oder ein einmaliger Unglücksfall?

Zellner: Wenn es in diesem Winter oder Frühjahr noch zu größeren Ozonverlusten kommen sollte, so wird sich dies Ereignis mit hoher Wahrscheinlichkeit im nächsten Winter und in den darauffolgenden Wintern wiederholen. Das Chlor-Niveau wird sich nämlich auf alle Fälle innerhalb der nächsten Jahre weiter erhöhen und die Wolke des Pinatubo verweilt ebenfalls noch mehrere Jahre in der Stratosphäre. Mit anderen Worten: **Das Zusammentreffen von Chlor-Verbindungen, die der Mensch erzeugt hat, mit der Wolke des Pinatubo ist eine unglückliche Konstellation, die mehrere Jahre erhalten bleiben wird. Das könnte bedeuten, daß wir stärkere Ozonverluste in den folgenden Wintern und als Folge davon natürlich auch Ozonverluste in den Sommermonaten haben werden.** Ein Teil des Ozons wird ja in den Sommermonaten gebraucht, um die Winterverluste wieder aufzufüllen. Damit hätten wir eine Situation, wie sie sich seit Jahren in der

Südhemisphäre beobachten läßt: Der Effekt des Ozonlochs wirkt sich auch in den Sommermonaten über Australien und Neuseeland aus."

Im selben Jahr (1992) spricht *Bild der Wissenschaft* von einem „kaum quantifizierbaren" Beitrag:

(25) „**Die in der Atmosphäre schwebenden Staubwolken vom Ausbruch des Vulkans Pinatubo leisteten ebenfalls einen – wenn auch kaum quantifizierbaren – Beitrag**: Die Eruption im Juni 1991 hatte den Gehalt an Aerosolen in der Atmosphäre gegenüber früheren Jahren nahezu verzehnfacht. Vulkanische Aerosole aktivieren nicht nur zerstörerisches Chlor, sie machen auch die Stickoxide in der Stratosphäre unwirksam, die das Ozon schützen. **Wie groß der Pinatubo-Einfluß ist und sein wird, kann bisher niemand sagen.**" (Bild der Wissenschaft, 1992, S. 83, Herv. v. mir, W.-A.L.)

Zwei Ausgaben später werden Vulkanausbrüche von Fischer (1993, S. 51, Herv. v. mir, W.-A.L.) bereits als bedeutender Faktor dargestellt:

(26) „Der Ausbruch des Pinatubo hat den Forschern gezeigt, wie unsicher langfristige Prognosen sind. **‚Noch zwei oder drei Pinatubo-Ausbrüche in den nächsten fünf Jahren, und die ganzen Prognosen werden über den Haufen geworfen'**, weiß Prof. Wolfgang Seiler. An seinem Garmischer Fraunhofer-Institut wurde - wie auch vom Forschungszentrum in Geesthacht (GKSS) - die Ankunft der Pinatubo-Wolke mit dem Laser-Meßsystem LIDAR verfolgt."

In Heft 8/93 wird dann von einem „Expertenstreit um das Ozonloch" gesprochen.[12] Dabei wird die Diskursposition „Ozonverlust durch Vulkanausbrüche" nun als echte Alternativposition dargestellt.

Dieser Artikel soll etwas ausführlicher betrachtet werden, da es zunächst so aussieht, als kämen unterschiedliche Diskurspositionen zum Ausdruck. Es stellt sich aber bald heraus, dass die unterschiedlichen Positionen nicht als Ausdruck des normalen Prozesses des Fachdiskurses dargestellt werden, sondern als „Streit", der „derzeit" herrsche. Der Artikel beginnt folgendermaßen:

(27) „Im Juni 1991 schleuderte der Pinatubo in einer gewaltigen Explosion Millionen Tonnen von Schwefeldioxid und Chlorwasserstoff in die Atmosphäre."

(28) „Sein Auswurf verteilte sich rund um den Globus."

(29) „Seither nimmt die Ozonschicht über der Nordhalbkugel der Erde stärker ab, als die Wissenschaftler zuvor berechnet hatten."

---

[12] Vgl. auch die Bezugnahme im Jahresrückblick 1993 (Bild der Wissenschaft, 1993, S. 97).

(30) „Die amerikanische Raumfahrtbehörde NASA stellte in diesem Winter neue Rekordverluste fest."

(31) „Das erhärtet den Verdacht, daß Vulkanausbrüche den durch Fluor-Chlor-Kohlenwasserstoffe (FCKW) eingeleiteten Abbau der Ozonschicht noch verstärken."

(32) „Um Beweise für diesen Zusammenhang zu finden, schickten Heidelberger Max-Planck-Forscher vor kurzem einen Meßballon genau in den Dunst der Vulkanwolke."

(33) „‚Unsere Messungen', so Prof. Frank Arnold, ‚sowie die Befunde amerikanischer Labors zeigen, daß der Vulkanausbruch des Pinatubo den Katalysatoreffekt des Chlors verstärkt hat – und damit auch den Ozonabbau'."

(34) „Doch welchen Anteil der Pinatubo am Schwinden der Ozonschicht hat, wagt Arnold noch nicht zu sagen."

(35) „Sicher ist, daß der NASA-Satellit Nimbus-7 im März dieses Jahres um 14 Prozent niedrigere Ozonkonzentrationen als normal über Nordamerika und Europa gemessen hat."

(36) „‚Wir sehen niedrigere Gesamt-Ozonwerte als je zuvor', sagt Dr. James F. Gleason von der NASA rückblickend auf die dreizehnjährigen Messungen."

(37) „Nach einer Mitteilung des Bundesforschungsministeriums betrug der Ozonverlust über Europa sogar zeitweilig dreißig Prozent."

(38) „Ursache war, laut Prof. Reinhard Zellner vom Institut für physikalische Chemie der Universität Essen, zum überwiegenden Teil die Zufuhr ozonarmer Luftmassen aus den Tropen. Der südliche Rand der ozonarmen Luftmassen reichte im Frühjahr schon bis Nordgriechenland."

Es folgen Ausführungen zu den chemischen Reaktionen nach dem Modell von Arnold, die hier nicht wiedergegeben werden sollen, sondern die folgende Passage bis zum Schluss des Artikels, wo nun unterschiedliche „Diskurspositionen" zur Sprache gebracht werden:

(39) „Der Max-Planck-Forscher Dr. Dieter Perner aus Mainz steht den Interpretationen Arnolds allerdings skeptisch gegenüber."

(40) „Zwar haben auch Mainzer Atmosphärenchemiker bei ihren Grönland-Messungen im Winter innerhalb des arktischen Polarwirbels einen stärkeren Ozonabbau als im Vorjahr festgestellt, dennoch trauen sie den neuen Erkenntnissen nicht so recht.

(41) Der Grund: Der Ozonschwund ist weitergegangen, obwohl die Pinatubo-Schicht gegenüber dem Vorjahr um ein Drittel dünner geworden ist."

(42) „‚Möglicherweise', so Perner, ‚ist die Pinatubo-Wolke in höhere Schichten der Atmosphäre aufgestiegen, wo sie weit mehr Schaden anrichten kann'."

(43) „Viel wahrscheinlicher sei allerdings, daß eine Zunahme des Chlors in der Stratosphäre die Ursache des unerwartet hohen Ozonabbaus ist."

(44) „Nach seiner Erkenntnis nimmt die Menge an Chlor jährlich um ein bis zwei Prozent zu."

(45) „Schuld an der Zunahme sind nach Perners Ansicht die vom Menschen in die Luft gepusteten FCKW."

(46) „Selbst ein sofortiger weltweiter Ausstieg aus der FCKW-Produktion würde daran vorerst nichts ändern, da die Ozonkiller Jahre benötigen, bis sie die Stratosphäre erreicht haben."

(47) „Unstimmigkeiten herrschen derzeit nicht nur zwischen deutschen Atmosphärenforschern."

(48) „In der amerikanischen Wissenschaftszeitschrift Nature schrieb Richard Turco, ein Atmosphärenchemiker der University of California in Los Angeles, daß flüchtiger Chlorwasserstoff aus Vulkanausbrüchen den Chlorgehalt in der Stratosphäre nicht bedeutend beeinflußt."

(49) „Hierbei stützt er sich auf thermodynamische Berechnungen eines Computermodells."

(50) „Sein Kontrahent Bill Mankin vom Nationalen Institut für Atmosphärenforschung dagegen hatte gleich nach dem Vulkanausbruch des El Chichon in Mexiko 1982 eine ungefähr vierzigprozentige Erhöhung der Chlorwasserstoff-Konzentration in den stratosphärischen Wolken gemessen."

(51) „Er schloß daraus auf eine globale Erhöhung des gesamten stratosphärischen Chlorgehaltes um zehn Prozent."

(52) „Dieser natürliche Chloreintrag in die Atmosphäre allein wäre aber zu gering, um die Ozonschicht, die das Leben auf der Erde vor den harten UV-Strahlen der Sonne schützt, dauerhaft zu durchlöchern."

(53) „Das ist, in diesem Punkt sind sich die meisten Wissenschaftler einig, eine Folge der vom Menschen produzierten FCKW."

Allgemein kann zum gesamten Text gesagt werden, dass hier kein fachlicher Streit „transferiert" wird, in dem Sinne, dass fachlich dissensuale Argumentationspositionen und -muster vermittelt werden. Es werden keine klaren Fachdiskurspositionen aufgebaut, denen bestimmte, identifizierbare Fachartikel zugeordnet werden, in denen an den laufenden Fachdiskurs angeknüpft, methodisch reflektiert Messergebnisse dargestellt und interpretiert werden.

Es werden vielmehr Meinungsäußerungen öffentlicher Experten zitiert und in (48) ein Fachartikel genannt, der nicht identifizierbar ist. Diese Unterlassung des Identifizierens von Fachartikeln ist uns mittlerweile als Muster bekannt (vgl. Handlungsmusterschema 7.27 auf Seite 176).

Insgesamt geht es um die Frage, ob Vulkanasche einen substanziellen Beitrag zum Ozonabbau liefert.

Wir wollen die zu Grunde liegende Proposition

Die Vulkanasche des Pinatubo hat seit 1991 einen Beitrag zum Ozonabbau geleistet.

mit p_v bezeichnen.

p_v kann als Ergebnis eines Schlussmusters der Diskursposition „Ozonverlust durch Vulkanausbrüche“ verstanden werden, also genau der Position, die zu Beginn der Berichterstattung in *Bild der Wissenschaft* als unwissenschaftlich und politisch/wirtschaftlich motiviert dargestellt wurde (vgl. Abschnitt 8.1.2 (S. 239ff.)).[13]

Sie wird mit (27) - (31) konstituiert und kann folgendermaßen charakterisiert werden:

Diskursposition „Ozonverlust durch Vulkanausbrüche“

1. Die Diskursposition pos_{fckw} hat berechnet, wie groß der Ozonabbau auf Grund der FCKW-Produktion sein wird.

2. Der Ozonabbau war stärker als berechnet.

Schlussregel: Wenn der Ozonabbau stärker ist, als er auf Grund der FCKW-Produktion berechnet wird, dann muss es eine weitere Ursache geben.

Schlussfolgerung: Es gibt eine weitere Ursache.

1. Vulkanasche des Pinatubo ist 1991 in die Atmosphäre gelangt.

2. Aus Vulkanasche entsteht Chlor.

Schlussregel: Was den Chloranteil in der Atmosphäre erhöht, liefert einen Beitrag zum Ozonabbau.

Schlussfolgerung p_v: Die Vulkanasche des Pinatubo hat seit 1991 einen Beitrag zum Ozonabbau geleistet.

[13] Vgl. auch die Position „Ozonverlust durch Naturereignisse“ (vgl. Abschnitt 7.4.4, S. 207ff.).

Mit (31) wird diese Diskursposition „Ozonverlust durch Vulkanausbrüche" in unbestimmter Weise genannt. Sie bleibt unbestimmt, da unterlassen wird mitzuteilen, wer den Verdacht hatte und wie lange der Verdacht bereits besteht. Eine Explizierung des letzten Punkts hätte freilich dazu geführt, dass man hätte berichten müssen, dass pos_{Vulkan}[14] sich bereits zu Beginn des Fachdiskurses etabliert hat.

Die quantitative und die temporale Bestimmung des Gegenstands „Ozonverlust" bzw. „unerwartet hoher Ozonverlust" wird völlig unterlassen: Man erfährt nicht genau, welche Werte von wem in welchen Messwertreihen gemessen wurden und wo diese publiziert wurden.

Es werden dafür mehrere Personen/Institutionen genannt, die unterschiedliche Einschätzungen und Werte des Ozonverlusts angeben:

In (29) wird behauptet, die Ozonschicht nehme „stärker ab als die Wissenschaftler zuvor berechnet hatten". Gleichzeitig wird unterlassen zu berichten:

- welche Wissenschaftler dies berechnet hatten
- um welche Werte es sich handelte
- wie die Werte jetzt sind
- wie groß folglich der Unterschied ist.

In (30) und (36) werden die Ozonverluste mit der Berufung auf die NASA als erheblich eingeschätzt („neue Rekordverluste" bzw. „niedrigere Gesamt-Ozonwerte als je zuvor"), während in (37) unter Berufung auf den Mainzer Atmosphärenchemiker Perner mitgeteilt wird, es gebe nur einen „stärkeren Ozonabbau als im Vorjahr".

In (35) wird behauptet, die NASA habe „im März dieses Jahres um 14 Prozent niedrigere Ozonkonzentrationen als normal über Nordamerika und Europa gemessen".

Dann wird eine andere Prozentzahl angegeben: Mit (37) wird behauptet, das Bundesforschungsministerium habe mitgeteilt, dass „der Ozonverlust über Europa sogar zeitweilig dreißig Prozent" betragen habe.

Durch den Gebrauch der Partikel „sogar" wird deutlich, dass es hier gar nicht um Gegenstandskonstitution geht. Denn auf der Ebene der Gegenstandskonstitution liegt hier zunächst ein Widerspruch vor:

Die NASA teilt mit, es seien 14% weniger Ozon als normal gemessen worden, das Bundesforschungsministerium sagt, es seien 30% gewesen.

---

[14] Zu dieser abkürzenden Schreibweise für *Diskursposition „Ozonverlust durch Vulkanausbrüche"* vgl. Abschnitt 3.3.3 auf Seite 74.

Der Widerspruch hätte aufgelöst werden können, indem der Gegenstand temporal bestimmt worden wäre. Dies hätte geschehen können, indem man die Angabe „zeitweilig“ erklärt hätte. Und diese Angabe hätte man erklären können, indem man entsprechende Messwertreihen dargestellt hätte. Da dies alles nicht getan wird, ergibt sich eine Kette von erzeugten Unterlassungen (vgl. Handlungsmusterschema 8.4).

–WIDERSPRUCH AUFLÖSEN → –GEGENSTAND TEMPORAL BESTIMMEN →
–ERKLÄREN(*zeitweilig*) → –MESSWERTREIHEN DARSTELLEN

Handlungsmusterschema 8.4: Die Unterlassung, den Widerspruch aufzulösen, als Kette von Erzeugungen von Unterlassungen

Die Folge von (35) – (37) konstituiert also eher den Versuch, die aktuelle Situation als bedrohlich darzustellen.

In diese Konstitution des Gegenstands Ozonverlust wird die Diskursposition pos_{vulkan} „eingeschoben“. Mit (32) und (33) wird ein Beweis für p_v geführt, der bemerkenswert ist:

In (32) wird mitgeteilt, dass eine Forschergruppe einen Messballon „in den Dunst der Vulkanwolke“ aufsteigen ließ. Dann wird in (33) einer der Wissenschaftler (Arnold) zitiert, der behauptet, dass diese Messungen und „Befunde amerikanischer Labors“ gezeigt hätten, dass p_v der Fall sei. Die Messungen werden nicht erläutert, es fehlt eine Begründung für p_v.

BEWEISEN(p_v) →	BEH(Messungen haben ergeben, dass p_v) BEH(Befunde amerikanischer Labors haben ergeben, dass p_v) –MESSUNGEN ERLÄUTERN –BEGRÜNDEN(p_v)

Handlungsmusterschema 8.5: BEWEISEN (ad auctoritatem)

In kryptischer Form wird dann mit (38) eine weitere (im Fachdiskurs altbekannte) Diskursposition „Ozonverlust durch Atmosphärendynamik“ eingeführt.[15]

Diese Position soll hier nicht im Einzelnen analysiert werden (es handelt sich wiederum um eine Ad-Auctoritatem-Variante). Zentral ist, dass die Argumente nicht gegeneinander ins Feld geführt werden, indem etwa gezeigt wird, wo welche Position welche Schwachstellen der anderen Position aufdeckt, sondern dass diese Position hier einfach „dazwischen geklemmt“ wird.

Schließlich wird mit (39) – (46) die Diskursposition „Ozonverlust durch FCKW“ aufgebaut.

[15] Die Beschreibung dieser Position findet sich in Abschnitt 7.4.5 auf Seite 220.

In dieser Position wird der stärkere Ozonrückgang auf die erhöhte Produktion von FCKWs zurückgeführt.

Hier wird mit (39) nun ein Argument gegen p_v angeführt.

Dieses Argument haben wir bereits bei der ersten Behandlung von pos_{vulkan} in Abschnitt 8.1.2 (S. 239ff.) kennen gelernt:[16]

Wenn Vulkanasche einen wesentlichen Beitrag zu den Ozonverlusten leistet, dann müssen die Ozonverluste nach einem großen Vulkanausbruch wieder zurückgehen, sie dürfen jedenfalls nicht größer werden. Da der Gegenstand Ozonverlust aber nach wie vor temporal unbestimmt ist, kann diese Argumentation nicht nachvollzogen werden.

Was folgt, sind Argumente ad personam: die Erwägungen, Vermutungen und Ansichten eines Forschers P_1 in der Rolle eines öffentlichen Experten (vgl. Handlungsmusterschema 8.6).

WIEDERGEBEN(ERKLÄREN(OZONVERLUST)) →

↓ WIEDERGEBEN(P_1 ERWÄGT(q_1)) ⇓
WIEDERGEBEN(P_1 VERMUTET(q_2))
WIEDERGEBEN(P_1 HAT ERKENNTNIS(q_3))
WIEDERGEBEN(P_1 HAT ANSICHT(q_4))

Legende:
$P_1 :_{def}$ Der Atmosphärenchemiker Perner in der Rolle eines öffentlichen Experten
$q_1 :_{def}$ Vulkanasche ist in höhere Schichten der Atmosphäre aufgestiegen.
$q_2 :_{def}$ Zunahme des Chlors ist die Ursache für den Ozonabbau.
$q_3 :_{def}$ Chlor nimmt jährlich um ein bis zwei Prozent zu.
$q_4 :_{def}$ FCKWs sind die Ursache für den erhöhten Ozonabbau.

Handlungsmusterschema 8.6: ERKLÄREN(OZONVERLUST)

In (47) und (48) wird nun nach einem Handlungsmuster gehandelt, in dem der Fachdiskurs nationalisiert wird in einen deutschen und einen amerikanischen Fachdiskurs.

FACHDISKURS NATIONALISIEREN →

↓ EINFÜHREN(DEUTSCHER FACHDISKURS) → ÄUS(47) ⇓
EINFÜHREN(AMERIKANISCHER FACHDISKURS) → ÄUS(48)

Handlungsmusterschema 8.7: FACHDISKURS NATIONALISIEREN

Dies zeigt wiederum, dass hier nicht ein im Fachdiskurs existierender Dissens transferiert wird, denn eine Position in einem naturwissenschaftlichen Fachdiskurs ist natürlich nicht an Nationalitäten gebunden.

Die Darstellung der Diskurspositionen und Argumentationsmuster des „amerikanischen Fachdiskurses“ ist wiederum bemerkenswert, denn mit (48) wird die Behauptung eines Wissenschaftlers (Turco) wiedergegeben,

---

[16] Vgl. Abschnitt 7.4.4 (S. 207ff.).

nach der Vulkanausbrüche keinen wesentlichen Einfluss auf Ozonverluste haben. Dies können wir als BEH($\neg p_v$) schreiben.

Die Behauptung $\neg p_v$ wird nun mit einer Stützung „auf thermodynamische Berechnungen eines Computermodells" begründet (49), ohne dass erläutert würde, was „thermodynamische Berechnungen eines Computermodells" sein sollen und was in diesem Zusammenhang „stützen" heißen soll.

Wir finden hier also wiederum das Muster einer Argumentation ad auctoritatem (vgl. Handlungsmusterschema 8.8).

ARGUMENTIEREN →

BEH($\neg p_v$)
BEG($\neg p_v$) → STÜTZEN AUF(BERECHNUNGEN EINES COMPUTERMODELLS)
-ERLÄUTERN(BERECHNUNGEN EINES COMPUTERMODELLS)

Legende:
BEH:$_{def}$ BEHAUPTEN
BEG:$_{def}$ BEGRÜNDEN

Handlungsmusterschema 8.8: ARGUMENTIEREN (ad auctoritatem)

Turco hat in seinem *Nature*-Artikel natürlich nicht auf diese Weise argumentiert, diese Argumentation ad auctoritatem entsteht durch die Transformation von Linsmeier (1993).

Durch die Einführung der von der Diskursposition „Ozonverlust durch Vulkanausbrüche" eingebrachten Hypothese p_v durch (50) (vgl. S. 247) wird das gesamte bislang aufgebaute zeitliche Gefüge des Fachdiskurses brüchig: Es handelt sich offensichtlich um eine Untersuchung, die 1982, also über zehn Jahre vor Erscheinen des Artikels von Linsmeier (1993), durchgeführt wurde. Es wird jedoch unterlassen mitzuteilen, welche Relevanz diese Untersuchung für die Gegenwart hat und wie sich dieser Dissens bis heute weiterentwickelt hat. Es werden hier auch keine Fachdiskurspositionen im eigentlichen Sinne eingeführt, sondern Personen, die um individuelle Meinungen kämpfen: Dies zeigt sich etwa in der Kennzeichnung eines Forschers als „Sein Kontrahent Bill Mankin vom Nationalen Institut für Atmosphärenforschung" (50). Datendeskription (51) und Dateninterpretation (52) können wiederum als Argument ad auctoritatem charakterisiert werden, denn es sind Behauptungen, bei denen nur das Jahr 1982 bestimmt ist. Wie der Forscher mit welchen Methoden, wo was in welchem Umfang gemessen hatte, wird nicht mitgeteilt.

Fazit

Im Umgang mit der Diskursposition „Ozonverlust durch Vulkanausbrüche" vollzieht *Bild der Wissenschaft* einen HEIMLICHEN SEITENWECHSEL: Obwohl diese Diskursposition von Anfang an im Fachdiskurs vorhanden war, wurde sie zunächst als wirtschaftlich und politisch motiviert abgelehnt und dann Zug um Zug als wissenschaftliche Position etabliert, ohne dass diese veränderte Haltung kenntlich gemacht wurde.

Als aus der Diskursposition „Ozonverlust durch Vulkanausbrüche“ nach dem Ausbruch des Pinatubo 1991 gute Argumente für die Erklärung der damals verstärkten Ozonverluste vorgebracht wurden, wurde dies nicht als ein natürlicher Fortgang des Fachdiskurses, sondern als plötzlich auftretender „Streit“ oder „Unstimmigkeiten“ dargestellt.

Es wurde nicht der fachliche Dissens der Positionen „transferiert“, sondern ein Streit von Personen inszeniert.

Verschiedene Diskurspositionen werden eingeführt und nebeneinander gesetzt. Die Haupttransformation ist die von einer fachlichen Argumentation in eine Argumentation ad auctoritatem. Dies zeigt sich darin, dass Begründungen nicht gegeben werden oder durch Meinungsäußerungen, Spekulationen und „Ansichten“ von öffentlichen Experten ersetzt werden, ohne diese an den Fachdiskurs anzubinden. Auch wenn ein Modell[17] expliziert wird, wird es nicht argumentativ gegen andere ins Feld geführt, sondern als „in der Wissenschaft gegeben“ vorausgesetzt.

Weite Bereiche der Gegenstände blieben unbestimmt; dies betraf hier vor allem die temporale Bestimmtheit des Ozonverlusts, aber selbst die Nennung von Prozentzahlen diente eher einer Situationsbewertung denn der Gegenstandskonstitution.

8.1.3 Widersprüchliche Gegenstandskonstitution

In der Fachtextanalyse wurde herausgestellt, dass aus den Messreihen von Farman et al. (1985) ersichtlich ist, dass die Ozonkonzentrationen Jahr für Jahr im Oktober nicht konstant abfallen, sondern durchaus auch wieder steigende Werte registriert wurden.

Zintz (1987, S. 17) hat ebenso berichtet, dass 1985 geringere Ozonverluste gemessen wurden (vgl. Satz 4 auf Seite 237 dieser Analyse) – allerdings behauptet er im selben Artikel auf derselben Seite das Gegenteil, dass nämlich das Ozonloch Jahr für Jahr um 4% wachse:

(54) „Die Ausdehnung des Ozonloches nimmt jährlich um 4% zu und hat die Fläche Amerikas erreicht.“

Wir haben hier ein ähnliches Muster wie bei Ewe (1986) vorliegen: Vereinfachen, indem man Messwertreihen idealisiert, indem man eine Trendaussage als absolute Aussage behauptet. Wir können diese Transformation nun mit Handlungsmusterschema 8.9 auf der nächsten Seite beschreiben.

Nach diesem Handlungsmuster wird dann auch in den nächsten Ausgaben gehandelt, etwa im Artikel von Schaefer (1988, S. 39/40):

---

[17] Es handelt sich um das bereits mehrfach erwähnte Modell von Arnold.

VEREINFACHEN → MESSREIHEN IDEALISIEREN → BEH(TRENDAUSSAGEN ALS ABSOLUTE AUSSAGEN) → ÄUS(54)

Handlungsmusterschema 8.9: Die Wissenstransformation VEREINFACHEN → MESSREIHEN IDEALISIEREN

(55) „Das Ozonloch wird immer größer."

(56) „Das ist das Unheimlichste am Ozonloch: Es wird Jahr für Jahr immer tiefer und weiter."

1988 war ein interessantes Jahr, weil das Ozonloch fast auf „normale" Werte zurückging (Sonnemann, 1992, S. 214), während die FCKW-Produktion nahezu konstant geblieben war. Dies führte zu einer Reihe kritischer Fragen,[18] auf die in *Bild der Wissenschaft* allerdings nicht eingegangen wurde. In (57) wird der Rückgang des Ozonlochs zwar angesprochen, aber nicht weiter kommentiert. Vielmehr werden Variablen herangezogen (polarer Wirbel, Temperaturschwankungen im Zwei-Jahresrhythmus), die weder hier noch zuvor eingeführt wurden:

(57) „1988 war der Wirbel über dem Südpol nur relativ kurz stabil, das Ozon-Loch hatte einen geringeren Umfang. Da die Temperaturen jedoch in der Antarktis in einem Zwei-Jahresgang schwanken, rechnen die Wissenschaftler 1989 wieder mit einer deutlichen Zunahme des Ozon-Lochs." (Vieser, 1989, S. 13)

In späteren Ausgaben wird auf diese zweijährigen Temperaturschwankungen nicht mehr eingegangen, sondern wiederum die Trendaussage herangezogen:

(58) „Über der Antarktis läuft dieser Mechanismus vermutlich seit fast zwanzig Jahren ab. Jahr für Jahr mit größeren Ausmaßen." (Fischer, 1993, S. 48, Sp. 2)[19]

Zusammenfassend lässt sich sagen, dass die Idealisierungstransformation zu Widersprüchen und artikelübergreifender Inkohärenz führt. In Tabelle 8.2 auf der nächsten Seite werden die so entstandenen Widersprüche und Inkohärenzen bis 1993 aufgeführt. Ab Mitte der neunziger Jahre wird das Ozonloch tatsächlich Jahr für Jahr größer, so dass es sich bei einer Aussage wie „Das Ozonloch wird jedes Jahr größer" zwar um eine vage Beschreibung, nicht aber um die Idealisierung einer Trendaussage zu einer Absolutaussage handelt. Es bleibt natürlich der Widerspruch zur Aussage, nach der das Ozonloch nur alle zwei Jahre größer wird (Vieser, 1989).

[18] Vgl. etwa den *Mannheimer Morgen* vom 10.10.1989.

[19] Hier haben wir, nebenbei bemerkt, wieder eine andere Jahreszahl für die Entdeckung des Ozonlochs: 1973.

Artikel	**Aussagen über die Größenänderung des Ozonlochs**
Ewe (1986)	Ozonloch wird kontinuierlich größer, 1985 größer als 1984.
Zintz (1987)	Ozonloch wird kontinuierlich größer, 1985 kleiner als 1984 *(sic!)*.
Schaefer (1988)	Ozonloch wird kontinuierlich größer.
Vieser (1989)	Ozonloch wird nur alle zwei Jahre größer, 1988 kleiner als 1987.
Fischer (1993)	Ozonloch wird kontinuierlich größer.

Tabelle 8.2: Widersprüchliche Gegenstandskonstitution im Vermittlungstext. Durch die idealisierende Vereinfachung wissenschaftlicher Messwertreihen (vgl. etwa Farman et al., 1985) entstehen Widersprüche und artikelübergreifende Inkohärenz.

8.1.4 Metaphern und Emotionen als Mittel der Situationseinschätzung

Alle *Bild der Wissenschaft*-Artikel eint eine Einbeziehung der emotiven Ebene. In vielen Texten erhält man den Eindruck, als stünde eine Katastrophe kurz bevor. Wir haben den Ausdruck von Gefühlen dabei in erster Linie der Konstitution der Situation, nicht der Konstitution des Gegenstands zugerechnet. In Tabelle 8.3 auf der nächsten Seite sind betont emotive Überschriften aufgelistet. Betrachten wir diese Überschriften genauer, so können wir unterschiedliche Handlungen feststellen, mit denen die Situation eingeschätzt wird, nämlich durch

- emotionale Metaphern, also Metaphern, deren Lexem des Herkunftsbereichs ein sprechergruppenunabhängiger Gefühlswert[20] der Gefahr zukommt („Drama", „Sterbehilfe", „Abgrund", „Damoklesschwert", „(Der) -schild bricht", „Teufelskreis", „verhängnisvoll")
- die Herstellung von Gefahrennähe („Das Ozonloch erreicht bewohnte Regionen", „Ozonloch bedroht Lurchi"[21])
- das Zitieren eines verblüfften Wissenschaftlers („So etwas haben wir noch nicht gesehen.")
- das Rückgängigmachen einer Entwarnung („Voreilige Entwarnung").

[20] Zum Konzept des Gefühlswerts vgl. Liebert (2000a).

[21] „Lurchi" kann auch als „Gefühlswort mit sprechergruppenabhängigem Gefühlswert" bezeichnet werden. In dieser Überschrift wird davon ausgegangen, dass „Lurchi" bei den meisten Lesern emotional positiv besetzt ist. Peter von Polenz (1974, S. 105ff., S. 109ff.) spricht hierbei von der „sozialen Symptomfunktion".

Artikel	**Überschrift**
Ewe (1986)	Ü1: Das Ozon-Drama
Schaefer (1988)	Ü2: Sterbehilfe für Ozon?
Ewe (1990)	Ü3: Gefahr für Millionen. Das Ozonloch erreicht bewohnte Regionen
Korbmann (1992b)	Ü4: Ozon am Abgrund
Fischer (1992)	Ü5: Damoklesschwert
Schmidt (1992)	Ü6: „So etwas haben wir noch nicht gesehen."
Bild der Wissenschaft (1992)	Ü7: Voreilige Entwarnung
Fischer (1993)	Ü8: Der Ozonschild bricht
Reye (1994a)	Ü9: Der Teufelskreis
Bild der Wissenschaft (1994)	Ü10: Ozonloch bedroht Lurchi
Reye (1994b)	Ü11: Die verhängnisvolle Schaukel

Tabelle 8.3: Überschriften in *Bild der Wissenschaft* im Verlauf der Berichterstattung über das Ozonloch

Wir können diese Möglichkeiten als Handlungsmuster GEFAHRENSITUATION EINSCHÄTZEN beschreiben (vgl. Schema 8.10).

GEFAHRENSITUATION EINSCHÄTZEN →

{
EMOTIONALE METAPHER GEBRAUCHEN → { ÄUS(Ü1) ÄUS(Ü2) ÄUS(Ü4) ÄUS(Ü5) ÄUS(Ü8) ÄUS(Ü9) ÄUS(Ü11) }
GEFAHRENNÄHE HERSTELLEN → { ÄUS(Ü3) GEFÜHLSWÖRTER GEBR. → ÄUS(Ü10) }
VERBLÜFFTEN WISSENSCHAFTLER ZITIEREN → ÄUS(Ü6)
ENTWARNUNG RÜCKGÄNGIG MACHEN → ÄUS(Ü7)
}

Legende: GEBR.:$_{def}$ GEBRAUCHEN

Handlungsmusterschema 8.10: GEFAHRENSITUATION EINSCHÄTZEN

Metaphern spielen auch in den Artikeln selbst eine wichtige Rolle bei der Einschätzung der Gefahrensituation. Häufig wird dabei eine Kampf- und/oder Militärmetaphorik gewählt, wenn etwa von FCKWs oder Chloratomen als von „Ozonkillern" (Vieser, 1989; Fischer, 1992; Linsmeier, 1993; Bild der Wissenschaft, 1993, 1994) geredet wird. Oder wenn Linsmeier (1993, S. 55) von der Entstehung der Chlorkonzentration in der Stratosphäre über der Antarktis sagt, es werde „gewissermaßen eine Bombe geschärft" und gleich darauf: „Wie auf einen Zündfunken hin, geht dann die

,Bombe' hoch" (vgl. auch den Ausdruck „Chlorbombe" Linsmeier, 1993, S. 97). Diese Metapher wird von Bild der Wissenschaft (1993) aufgegriffen und expandiert:

(59) „Inwieweit die Aerosol-Wolke aus dem Ausbruch des Pinatubo-Vulkans den aggressiven Ozonkiller Chlor neu bewaffnet, ist unter den Wissenschaftlern noch umstritten."

Auch Titel, die einfache Aussagen wie „Das Ozonloch wird immer größer" (Schaefer, 1988) enthalten, werden im Text durch Metaphern emotionalisiert:[22]

(60) „Alle Jahre wieder sind wir einen Monat lang Zeugen eines bedrückenden Schauspiels."

(61) „Die Bühne ist der Luftraum über der Antarktis."

(62) „Dort klafft am Ende der Polarnacht ein tiefes Loch in der Schutzhülle der Erde – in der Ozonschicht, die bislang alles Leben vor dem Bombardement der UV-Strahlung bewahrt."

(63) „Menschengemachte Gase sind es wohl, die diese Wunde in den Himmel reißen."

(64) „Die Atmosphären-Chemiker fragen sich: Kommt dieser Prozeß jemals zum Stehen?" (Schaefer, 1988, S. 39)

Schließlich finden wir ein Handlungsmuster wieder, das uns auch bei Ewe (1986) begegnet war: das Zitieren von Gefühlsäußerungen eines öffentlichen Experten. Beispiele dafür sind (65) und (66):

(65) „Nahezu unbemerkt blieb das antarktische Ozonloch in den Massenmedien. Was so regelmäßig Jahr für Jahr kommt, und nach ein paar Wochen wieder verschwindet, verliert seinen Schrecken – zumal, wenn die Gefahr weit entfernt lauert. Doch ein ähnliches Drama bahnt sich vor unserer Haustür an. ,Im Norden geht es jetzt erst richtig los', warnt Brühl." (Jacob, 1997, S. 30)

(66) „Nachdem auf den Philippinen der Vulkan Pinatubo Megatonnen von Aerosol in die Stratosphäre geschleudert hatte, wuchs das antarktische Loch in den Jahren 1992 und 1993 auf Rekordmaße. ,Ein stärkerer Ausbruch', fürchtet Atmosphärenchemiker Christoph Brühl, ,hätte bei den heute höheren Chlorwerten dramatische Folgen.'"(Jacob, 1997, S. 34)

(65) und (66) werden von Schaefer (1988) als WARNEN bzw. FÜRCHTEN interpretiert. Sowohl durch die Äußerung von (65) als auch durch

SITUATION ALS GEFÄHRLICH BEWERTEN →
GEFÜHLSÄUSSERUNG VON WISSENSCHAFTLER ZITIEREN

Handlungsmusterschema 8.11: SITUATION ALS GEFÄHRLICH BEWERTEN

die Äußerung von (66) wird die aktuelle Situation als gefährlich bewertet. In beiden Fällen wird die Drama-Metapher aufgegriffen.

Durch (66) wird ein Untermuster des Handlungsmusters GEFÜHLE ÄUSSERN konstituiert. Wir wollen es als Handlungsmuster DRÄUENDEN WISSENSCHAFTLER ZITIEREN bezeichnen. Dieses Handlungsmuster ist ebenfalls eine Erzeugung aus dem Handlungsmuster SITUATION ALS GEFÄHRLICH BEWERTEN (vgl. Handlungsmusterschema 8.12):

SITUATION ALS GEFÄHRLICH BEWERTEN →
DRÄUENDEN WISSENSCHAFTLER ZITIEREN

Handlungsmusterschema 8.12: DRÄUENDEN WISSENSCHAFTLER ZITIEREN

Dabei wird nach dem Handlungsmuster DRÄUEN gehandelt, indem Furcht vor einer Gefahr ausgedrückt wird. Und diese Furcht wird ausgedrückt, indem in kontrafaktischer Modalität eine Katastrophe angedeutet wird. Die Gefahr wird dabei nicht näher charakterisiert (vgl. Handlungsmusterschema 8.13):

DRÄUEN → [FURCHT VOR GEFAHR AUSDRÜCKEN
−GEFAHR CHARAKTERISIEREN]

FURCHT VOR GEFAHR AUSDRÜCKEN →

[KATASTROPHE ANDEUTEN → DRAMA – METAPHER GEBRAUCHEN
KONTRAFAKTISCHE MODALITÄT WÄHLEN]

Handlungsmusterschema 8.13: DRÄUEN

8.1.5 Probleme durch die konsensuale Darstellung naturwissenschaftlicher Argumentationsprozesse

1992 wurde im Editorial „Ozon am Abgrund" von Korbmann (1992b, S. 3) über die Glaubwürdigkeit der Wissenschaft räsonniert. Bei Glaubwürdigkeitsdiskussionen steht die Konstitution der Beziehungsebene im Vordergrund. Dabei werden Modelle über Wissenschaft und Wissenschaftler expliziert, aber auch, was Journalisten glauben, was Wissenschaftler über sie selbst, die Journalisten, denken. Die Analyse dieser im Text explizierten Hypothesen erlaubt es wiederum, Rückschlüsse hinsichtlich der Ursachen

[22] Im folgenden Beispiel wird auch die Drama-Metapher von Ewe (1986) wieder aufgenommen (vgl. Abbildung 7.8 auf Seite 203).

der Glaubwürdigkeitskrise zu ziehen. Wir werden in den folgenden Ausführungen *eine* Ursache der Glaubwürdigkeitskrise in der vereinfachend-konsensualen Darstellung naturwissenschaftlicher Argumentationsprozesse in Vermittlungstexten ausmachen.

Ausgangspunkt der Glaubwürdigkeitskrise im Jahr 1992 war eine Pressemitteilung der NASA, wonach über Europa und Nordamerika eine besonders hohe Konzentration an Kohlenmonoxid gemessen wurde, aus der geschlossen wurde, dass die Gefahr eines Ozonlochs über der Nordhalbkugel drohe. Die Folge waren Berichte über ein „Ozonloch über Europa", das sich dann nicht einstellte. Die NASA-Wissenschaftler haben in ihrer Erklärung offensichtlich nicht nach dem Muster ALARM SCHLAGEN gehandelt, sondern eine differenzierte Warnung gegeben. Dies wird in der folgenden ironischen Redewiedergabe deutlich:

(67) „Natürlich sollten die Journalisten wieder einmal an dieser Falschmeldung des Jahres schuld sein."

(68) „Denn die Pressekonferenz wurde ja unter dem [sic.] Vorbehalt einberufen, normalerweise wären die Wissenschaftler nicht so früh an die Öffentlichkeit gegangen."

(69) „Hatten sie nicht deutlich genug gesagt, daß es von Temperaturen und Windstärken abhängt, ob Chlormonoxid schließlich zur Ozonstörung führt?"

(70) „Denn sicher könne man natürlich erst sein, wenn das Ozonloch durch die hohersteigende Sonne aufgerissen wird."

Es soll hier nicht rekonstruiert werden, wie diese Pressekonferenz abgelaufen ist. Die Zitate (67) – (70) machen aber deutlich, dass die NASA eine Reihe von Bedingungen feststellte, unter denen die Gefahr eines Ozonlochs über Europa überhaupt erst entsteht (Temperatur, Wetterverhältnisse etc.). Es kann also genau so gut sein, dass die NASA differenziert gewarnt und nicht blind Alarm geschlagen hat. In diesem Fall wäre im Zuge der Weitergabe der Warnung deren Dringlichkeit und Alarmcharakter durch mediale Akteure zunehmend verstärkt worden, während die einschränkenden Bedingungen mehr und mehr weggelassen worden wären. Dies wären die nun schon bekannten Wissenstransformationen, bei denen die Bedrohlichkeit der Gefahrensituation verstärkt und die Darstellung, welches Wissen im Fachdiskurs sicher, welches unsicher oder umstritten ist, unterlassen wird.

Es wurde oben gesagt, dass bei einer Diskussion über die Glaubwürdigkeit von Gesprächspartnern in erster Linie die Beziehungsebene konstituiert wird. Dies ist auch hier der Fall. Mit (71) wird die Hypothese, die Wissenschaftler von Journalisten haben sollen, insbesondere durch den abwertenden Ausdruck „Pressefritzen", karikiert:[23]

(71) „Aber wieder einmal haben es die Pressefritzen versäumt, all diese Vorbehalte in ihre kurzen Schlagzeilen zu packen."

Durch diese Karikierung der (hypothetischen!) abwertenden Vorwürfe der Wissenschaftler an die Adresse der Journalisten, werden die Journalisten von der Schuld frei gesprochen. Korbmann beschäftigt sich keine Sekunde ernsthaft damit, welche Defizite tatsächlich durch die Medien erzeugt wurden.

(72) „Doch Ironie beiseite: Zu ernst ist das Bubenstück, das sich die NASA-Wissenschaftler geleistet haben."

Mit (72) wechselt Korbmann die Modalität („Doch Ironie beiseite") und erhebt dann schwere Vorwürfe, indem er die Warnung der NASA-Wissenschaftler als Bubenstück bezeichnet. Die Wahl des veralteten Ausdrucks „Bubenstück" – statt etwa „Gaunerei" oder „Delikt" – bietet hier die subtile Möglichkeit, die Warnung der NASA einmal als verachtenswerte Tat zu bewerten, aber auch, um sie in die Nähe einer kriminellen Handlung zu rücken, ohne sie tatsächlich als kriminell einzustufen.

(73) „Wollten sie damit Geld lockermachen oder politische Initiativen vorantreiben? Wollten sie von den Managementproblemen der NASA ablenken oder einfach ihren europäischen Kollegen die Show stehlen, die startbereit waren, um den Ozonschwund direkt zu verfolgen? Es darf spekuliert werden."

Mit (73) werden schwere Vorwürfe gegen die NASA-Wissenschaftler erhoben, die die Warnung ausgesprochen hatten, indem ihnen mit einer Reihe von rhetorischen Fragen niedere Motive unterstellt werden.

(74) „Das Schlimmste aber ist, daß die Glaubwürdigkeit der Wissenschaft einen Eckpfeiler verloren hat. Wenn Forscher einer seriösen Institution bei einem Problem mit so weitreichender Bedeutung derart leichtfertig mit ihren Daten umgehen – wem kann die Gesellschaft denn dann noch vertrauen?"

Was schon durch die karikierten Rechtfertigungen der Wissenschaftler und die massiven Vorwürfe zum Ausdruck kam, wird nun mit (74) auf den Punkt gebracht: der Verlust der „Glaubwürdigkeit der Wissenschaft".[24]

Die Glaubwürdigkeitskrise von 1992 macht ein Modell von Wissenschaft deutlich, dem wir nun schon mehrfach begegnet sind. Danach gibt es

[23] Es handelt sich hierbei natürlich insgesamt um die Hypothese von Korbmann.

[24] Die semantische Konstruktion von (74), nach der „Glaubwürdigkeit (...) einen Eckpfeiler verloren hat", soll einmal so hingenommen werden.

keinen natürlichen fachlichen Dissens, sondern eine als einheitlich verstandene Wissenschaft führt Versuche durch und kommt zu von allen akzeptierten Ergebnissen. Statt einer kontinuierlichen dissensualen Vermittlung wird fachlicher Dissens deshalb nur vereinzelt und dann als Ereignis inszeniert, ohne dass damit die tatsächlichen fachlichen Argumentationsmuster deutlich gemacht werden. Dem hier eingetretenen Glaubwürdigkeits- und Vertrauensverlust liegt offensichtlich eine Vorstellung von Wissenschaft zu Grunde, der man „vertraut", ähnlich wie man einem Arzt vertraut. So lassen sich auch die in vielen Fällen vorgetragenen Argumentationen ad auctoritatem verstehen: Wenn man „der" Wissenschaft vertraut, kann auch nach einem Argumentationsmuster BEWEISEN → BEHAUPTUNG EINES WISSENSCHAFTLERS ZITIEREN gehandelt werden, ein im Alltag durchaus funktionierendes Handlungsmuster[25] – das wissenschaftliche BEWEISEN ist hier allerings nur noch als Karikatur erkennbar.

Wir begegnen hier auch dem Mandeville-Dilemma (vgl. S. 172) wieder, das ebenfalls im Sinne einer unkritischen Lesestrategie gelöst wurde: Man muss den Zitaten öffentlicher Experten einfach vertrauen.

Das Bild einer einheitlichen Wissenschaft, die wie ein guter Arzt Diagnosen stellt und Therapiekonzepte verordnet, ist durch Irrtümer und/oder Missverständnisse immer wieder Krisen unterworfen. Dann werden Vorwürfe erhoben, „die" Wissenschaftler handelten aus niederen Motiven heraus, und es werden Ratschläge erteilt, was „die" Wissenschaftler in Zukunft anders zu machen haben.

Bei der folgenden Passage im Editorial „Ganz sicher unsicher" von Korbmann (1995, S. 3) handelt es sich um eine kleinere Glaubwürdigkeitskrise anlässlich einer falschen Bodenozonvorhersage:

(75) „Wissenschaftler lieben es, mit ihren Erfolgen zu glänzen. Das ist verständlich, aber gefährlich. Denn darüber geht oft das Bewußtsein für die Risiken ihrer Arbeit verloren, die zwangsläufig mit Forschung verbunden sind. Die Öffentlichkeit versteht nur schwer, weshalb es erlaubt sein muß, daß ein Experiment schiefgeht. Und daß die Erkenntnis aus dem Fehlschlag oft genauso viel wert ist, als wäre der Versuch gelungen."

Mit (75) wird ein stereotypes Modell „der" Wissenschaftler entworfen – und nicht der spezifischen Wissenschaftler, die sich geirrt hatten, obwohl diese selbstverständlich mitgemeint werden. In diesem Modell sind Wissenschaftler wesensmäßig von der Motivation getragen, „mit ihren Erfolgen

[25] Gerade in der Arzt-Patienten-Kommunikation kann der Arzt etwas „beweisen", indem er es einfach behauptet, da er von vielen Menschen als Verkörperung des Stands der medizinischen Wissenschaft betrachtet wird. Dieses Handlungsmuster ist hier allerdings ähnlich anfällig für Glaubwürdigkeitskrisen wie in der Vermittlung von Wissenschaft, denn wenn der Patient einen anderen Arzt aufsucht und er einen anderen, widersprechenden „Behauptungsbeweis" erhält, kann er natürlich nicht einschätzen, wie es um ihn steht.

zu glänzen". Wie in der vorhergehenden Passage zeigt sich der Glaubwürdigkeitsverlust auch wieder in der Unterstellung niederer Motive, hier der Eitelkeit. Diese Eitelkeit ist demnach die Ursache dafür, dass „die" Wissenschaftler die Öffentlichkeit nicht darüber aufklären, dass Experimente auch scheitern können.

Dann wird mit (77) gegenüber „den" Wissenschaftlern der Vorwurf erhoben, sie seien dafür verantwortlich, dass die Öffentlichkeit an den „allmächtigen Fortschritt" glaube:

(76) „Diese scheinbaren Widersprüche zu schildern, das hat die Wissenschaft seit langem versäumt. So entstand das Bild vom allmächtigen Fortschritt, durch den alles möglich ist: auf dem Mond zu landen, Geheimnisse des Lebens zu entschlüsseln, künstliche Intelligenz zu schaffen, kompliziertestе Systeme zu beherrschen, schier Undenkbares vorauszuberechnen."

Schließlich wird „die" Wissenschaft belehrt, welche Defizite dadurch entstanden sind:

(77) „Was dabei unterging, war der suchende Geist, der hinter jedem Forscher steckt."

Was auch immer „die" Wissenshaft versäumt haben mag – die bisherigen Analysen haben deutlich gezeigt, dass es das Emotionalisieren von Fachinhalten, die vereinfachende Gegenstandskonstitution, das Unterlassen der Darstellung der Fachargumentation, das ständige Heranziehen öffentlicher Experten und Argumentationsmuster ad auctoritatem *der Vermittler*, gerade auch der Autoren von *Bild der Wissenschaft*, sind, die das Bild einer einheitlich-konsensualen Wissenschaft und der damit verbundenen Heilsvorstellungen maßgeblich erzeugen.

8.1.6 Zusammenfassung

Wie bereits geschildert, muss der Fachdiskurs im Sinne Bourdieus trotz aller Hagiobardien als argumentative Diskussion, die sich über einen längeren Zeitraum erstrecken kann, verstanden werden. Im Verlauf dieser Diskussion entsteht sowohl gesichertes Wissen („Wahrheit") als auch ungesichertes Wissen, umstrittene Hypothesen etc. Gerade das ungesicherte Wissen und die umstrittenen Hypothesen werden von verschiedenen Diskurspositionen mit unterschiedlichen Argumenten plausibilisiert. Es ist deshalb völlig natürlich, wenn im Verlauf der Fachdiskussion bald die eine, bald die andere Diskursposition plausibler erscheint, sich Diskurspositionen verbinden oder bestimmte Diskurspositionen ganz wegfallen.

Erst wenn man das Bild einer homogenen Wissenschaft besitzt, in der ein Forscher durch ein bestimmtes Experiment oder eine bestimmte Entdeckung eine „Wahrheit" herausfindet, auf die dann der nächste Wissenschaftler aufbaut, entstehen eine Reihe von Problemen. Die Probleme entstehen dann, wenn im Fachdiskurs alternative Diskurspositionen plausibel werden, die – nach dem im populärwissenschaftlichen Blatt aus Vereinfachungserwägungen heraus aufgebauten Modell – gar nicht existieren *können.* Dann scheint die Wissenschaft in der populärwissenschaftlichen Darstellung „sich selbst" zu widersprechen, es herrschen auf einmal „Unstimmigkeiten" oder „Expertenstreit", wo doch nur die diskursive Auseinandersetzung seit langem bestehender, alternativer Fachpositionen sichtbar wird.

Ein weiteres Problem entsteht, wenn im Fachdiskurs Daten publiziert werden, die den bisherigen Annahmen widersprechen. In der populärwissenschaftlichen Darstellung erscheint dies dann so, als hätte sich die Wissenschaft geirrt, wo man doch lediglich, wenn auch nur für einen Moment, Zeuge des andauernden wissenschaftlichen Erkenntnisprozesses wird, der zwar irgendwann seinen Abschluss finden wird, aber momentan eben noch nicht abgeschlossen ist.

Weiterhin können die im populärwissenschaftlichen Vermittlungstext vorgenommenen Idealisierungen „auffliegen", wenn sich beispielsweise im Verlauf der Fachdiskussion zeigt, dass sich die Abweichungen, die im nichtidealisierten Zustand herrschen, als persistent erweisen. Dann können in folgenden Vermittlungstexten etwa „Irrtümer der Wissenschaft" aufgedeckt werden oder es werden Ad-hoc-Erklärungen eingeführt, von denen unklar ist, ob sie auf Fachdiskursinformationen beruhen oder auf Schlussfolgerungen, die lediglich auf der populärwissenschaftlichen Ebene vollzogen wurden. Im Sinne der artikelübergreifenden Kohärenz haben wir dies als „widersprüchliche Gegenstandskonstitution" bezeichnet.

Schließlich entstehen dadurch Probleme, dass öffentliche Experten eingeführt werden, also Wissenschaftler, die nicht im Kontext der Fachdiskussion mit anderen Fachwissenschaftlern eingeführt werden, sondern quasi als Sprecher der Wissenschaft insgesamt. In dieser Eigenschaft werden sie aufgefordert, für den öffentlichen Diskurs bestimmte Informationen zu liefern oder Fragen zu beantworten oder sie dienen als Illustrationen einer spezifischen wissenschaftlichen Lebensform (z.B. Atmosphärenchemiker während einer Ballonmessung in der Arktis). Im populärwissenschaftlichen Text kommt es häufig zu einer Mischung aus öffentlichen Experten und der Transformation echter Fachinformation, wobei Letzteres immer seltener wird. Häufig wird Fachliteratur nur noch (unidentifizierbar) angeführt, wenn in einem Aufsatz *eine* bestimmte Entdeckung oder Erfindung bekannt gegeben wird.

Der Trend geht eindeutig dahin, sich auf öffentliche Experten zu verlassen. Dabei kann es zu einer *Expertenikonisierung* kommen, d.h. es werden zu bestimmten Themen *immer die gleichen* Personen als Experten zitiert, wodurch die monolithische nichtdiskursive Konzeption von Wissenschaft verstärkt wird, indem nun eine einzelne *und nur diese Person* P_i Experte für eine gesamte Wissenschaftsdisziplin w_i ist. Dadurch wird die metonymische Schlussfolgerung nahegelegt, dass die Aussagen, die P_i in seiner Rolle als ikonisierter öffentlicher Experte im öffentlichen Diskurs macht, Aussagen darstellen, *die bekanntermaßen glaubwürdig und zugleich repräsentativ für die gesamte Wissenschaft* w_i *sind*, für die P_i als Experte gilt. Dieses Verhältnis ist natürlich überhaupt nicht gegeben. Diese Fehleinschätzung kann dazu führen, dass öffentliche Experten von Fachwissenschaftlern im öffentlichen Diskurs[26] in ihrer Expertenrolle angezweifelt werden.

Über einen solchen Konflikt, hier zwischen Paul Crutzen, einer Expertenikone zum Thema Ozonloch, und der World Meteorological Organization (WMO), wird im *Mannheimer Morgen* vom 29.11.1995 berichtet:

> „Am Vortag hatte der Ozonforscher und Chemienobelpreisträger Paul Crutzen in einem Zeitungsinterview noch erklärt, das Ozonloch werde in diesem Jahr kleiner bleiben. Dagegen sagte WMO-Sprecherin Eirah Gorre-Dale, Crutzen verfüge nicht über die Daten, um solche Aussagen machen zu können: ‚Die WMO beobachtet seit 1957 die Ozonschicht. Es gibt auch nur eine Quelle für Beobachtungen, das ist unser weltweites Überwachungssystem. Wir stehen zu unserer Erklärung, daß der Rückgang der Ozonschicht weiter anhält. Nur wenn sich die Staaten strikt an die Abmachungen aus dem Montrealer Protokoll halten, wird sich die Ozonschicht ab Mitte des nächsten Jahrhunderts wieder zu erholen beginnen'."

In der Öffentlichkeit ist diese Art der Auseinandersetzung dann kaum noch zu vermitteln, da sich hier ja offensichtlich „die Wissenschaft" uneins ist. Die Ursache liegt aber nicht in einer Uneinigkeit der Wissenschaft, sondern im Verzicht auf die Darstellung von Wissenschaft als andauerndem, argumentativen Erkenntnisprozess unterschiedlicher fachlicher Diskurspositionen.

Das zunehmende Heranziehen öffentlicher Experten kann auch als eine Form der Personalisierung aufgefasst werden: Fachliches wird als Person, nicht als Position eingeführt. So wird in dem Zitat aus dem *Mannheimer Morgen* natürlich in keiner Weise klar, welche fachlichen Diskurspositionen sich hinter diesen Äußerungen verbergen und wie der Stand der Fachargumentation deshalb im Moment einzuschätzen ist.

Ein populärwissenschaftliches Blatt kann verschiedene Verhaltensformen entwickeln, um diese Probleme zu bewältigen. Dies kann direkt und offen geschehen („Die Wissenschaft hat sich geirrt" etc.) oder durch verschiedene Reparaturmechanismen, die aber weitere diskursive Defekte nach sich ziehen. Diese Probleme können aber auch zu kommunikativen „Zusammenbrüchen" der Vermittlungskommunikation führen, in denen die Glaubwürdigkeit „der" Wissenschaft in Frage gestellt wird.

---

[26] Damit werden sie natürlich selbst öffentliche Experten.

8.2 *DIE ZEIT* (1985 – 1988)

Im Folgenden sollen am Beispiel der Wochenzeitung *DIE ZEIT* die ersten Jahre nach dem (öffentlichen) Bekanntwerden der Entdeckung des Ozonlochs über der Antarktis etwas genauer untersucht werden.

In der *ZEIT* hat die Vermittlung von Wissenschaft schon immer eine große Rolle gespielt. Sie zählt zu den seriösen und kompetenten Medien, die in der Zeit des Untersuchungszeitraums (1985-1988) im Bereich der Wochenzeitungen keine vergleichbare Konkurrenz neben sich haben.[27]

In der Periode 1985-1988 wurden sechs Artikel gefunden, die sich mit dem Ozonloch auseinander setzen. Diese sechs gefundenen Artikel sind innerhalb eines dreiviertel Jahres nach dem Artikel „Das Ozon-Drama" von Ewe (1986) erschienen:

1. „Zerreißen wir unseren schützenden Schirm?" vom 18.7.1986 (Klingholz)
2. „Verlängerter Winter am Pol" vom 15.8.1986 (von Randow)
3. „Wer gibt schon zu, daß er nichts weiß?" vom 19.9.1986 (von Randow)
4. „Endzeit – alles nur Gerede?" vom 5.12.1986 (Hildesheimer)
5. „Der Riß im Himmel" vom 13.3.1986 (von Randow)
6. „Welche Zukunft wollen wir?" vom 24.4.1986 (Ulrich)

Diese Artikel nehmen explizit und implizit aufeinander Bezug, der Artikel von 1986 bezieht sich sogar direkt auf „Das Ozon-Drama" von Ewe (1986). Wir wollen diese Sequenz nun nicht nur daraufhin betrachten, inwieweit die Handlungsmuster, nach denen hier gehandelt wird, von denen des Vermittlungsmodells, das in Abschnitt 4 (S. 93ff.) aufgestellt wurde, abweichen. An dieser Sequenz soll auch untersucht werden, wie das Ozonloch-Konzept Eingang in den öffentlichen Wissensbestand fand, zumindest soweit dies für die Teilöffentlichkeit der *ZEIT*-Leser charakteristisch ist. Die sechs Artikel stellen dabei bestimmte „Marksteine" eines Vermittlungsprozesses der Ozonlochproblematik dar, die folgendermaßen charakterisiert werden sollen:

1. „Zerreißen wir unseren schützenden Schirm?" – eleganter Unsinn fürs Volk
2. Vulkanausbrüche – die erste Glaubwürdigkeitskrise

[27] Bei den überregionalen Tageszeitungen arbeiten die *Frankfurter Allgemeine Zeitung* und die *Süddeutsche Zeitung* auf einem ähnlich hohen Niveau.

3. Atmosphärenturbulenzen – die zweite Glaubwürdigkeitskrise

4. Die Endzeit findet doch statt – wie das Ozonloch zu einer Ikone des Schreckens wird

5. Der Neubeginn

6. Chronische Glaubwürdigkeitskrise

Die Artikel sollen nun näher betrachtet werden. Größere Textausschnitte der behandelten *ZEIT*-Artikel des Untersuchungszeitraums sind im Anhang (S. 419ff.) aufgeführt.

8.2.1 „Zerreißen wir unseren schützenden Schirm?" – eleganter Unsinn fürs Volk

In der Wochenzeitschrift *DIE ZEIT* wird über das Ozonloch zum ersten Mal am 18. 7. 1986 in der Rubrik „Umwelt" von Reiner Klingholz berichtet, also etwa $1\frac{1}{2}$ Monate nach dem Erscheinen des Artikels „Das Ozon-Drama" von Ewe (1986).

Dabei nimmt Klingholz direkt Bezug auf den Artikel in *Bild der Wissenschaft,* so dass der Artikel „Das Ozon-Drama" als Bezugstext für den Artikel in *DIE ZEIT* betrachtet werden kann.

Klingholz (1986) greift bereits in der Überschrift eine der Metaphern des *Bild der Wissenschaft*-Artikels auf, die Metapher vom „Schirm".[28] Damit deutet er wie Ewe (1986) eine Gefahr an, ohne sie näher zu bestimmen. Durch die Wahl des transitiven Verbs „zerreißen" und das Personalpronomen „wir" zeigt er an, dass er gleichfalls auf den Lemminge-Topos zurückgreift. Beide Überschriften sind ähnlich aufgebaut, nur wird im Titel des Artikels von Ewe (1986) eine Kausalität festgestellt[29], während für Klingholz (1986) diese Kausalität in Frage steht:

(1) „Zerreißen wir unseren schützenden Schirm?"

(2) „Ein Loch in der Ozonschicht über der Antarktis beunruhigt die Klimatologen."

ZERREISSEN stellt ein Untermuster von ZERSTÖREN dar:

$$\text{ZERREISSEN} \sqsubset \text{ZERSTÖREN}$$

Handlungsmusterschema 8.14: ZERREISSEN als Untermuster von ZERSTÖREN

[28] Vgl. etwa die analysierte Passage in Abschnitt 8.2.1 (S. 273ff.).

[29] „Der Mensch zerstört den Schutzschild der Erde: Das Ozon-Drama"; vgl. Satz (1), der in Abschnitt 7.3.1, S. 139ff., analysiert wurde.

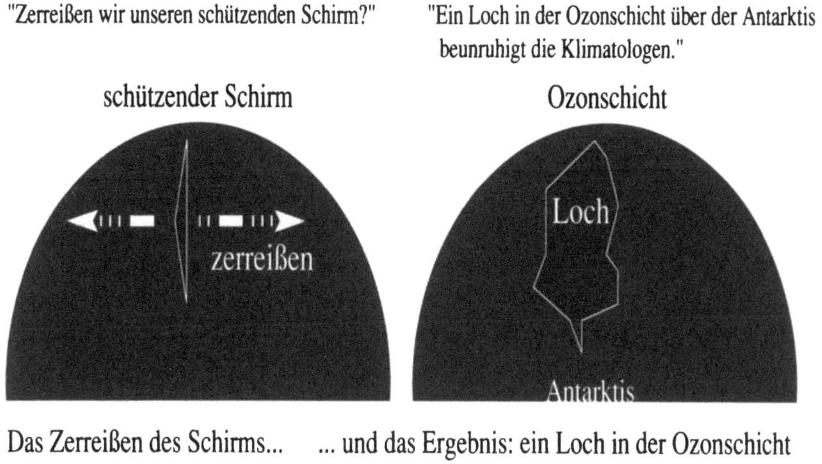

Abbildung 8.1: Das Ozonloch im Metaphernmodell „Die Ozonschicht ist ein Schutzschirm“

Dadurch wird die Aussage über die Zerstörung konkreter: Während das Muster ZERSTÖREN auch die Möglichkeit der Unbedachtheit enthält, handelt ein Agent nach dem Muster ZERREISSEN aktiv und bewusst. Zugleich wird eine Kongruenz zur Schirmmetaphorik hergestellt. Wenn in (2) von einem „Loch“ gesprochen wird, so kann dies in das mit (1) bereits aufgebaute Metaphernmodell integriert werden. Zugleich kann die Metapher „schützender Schirm“ nun rückwirkend als „Ozonschicht“ interpretiert werden. Der Gegenstand „Loch“ wird in der Ozonschicht über der Antarktis lokalisiert, ohne dass zunächst klar ist, was die Ozonschicht eigentlich ist, wovor der „Schirm“ schützt und welche Gefahr von dem „Loch“ ausgeht (vgl. Abbildung 8.1).

In (2) entdecken wir zudem das bekannte Muster, nach dem die Situation eingeschätzt wird, indem Gefühle von Wissenschaftlern behauptet werden (vgl. Handlungsmusterschema 8.15).

SITUATION EINSCHÄTZEN →
GEFÜHLE VON FORSCHERN BEHAUPTEN(Klimatologen sind beunruhigt.) → ÄUS(2)

Handlungsmusterschema 8.15: SITUATION EINSCHÄTZEN

Klingholz beginnt den Artikel in personalisierter, reportageähnlicher Form:

(3) „Vier amerikanische Expertengruppen werden in den nächsten Wochen von Christchurch in Neuseeland aus zu einer ungewöhnlichen Expedition

> aufbrechen. Die 13 Wissenschaftler wollen im tiefsten antarktischen Winter mit schweren Hercules-Transportflugzeugen zur etwa 1000 Kilometer vom Südpol entfernten McMurdo-Forschungsstation vordringen. Eine recht gefährliche Tour, denn die Piloten müssen zu dieser stockfinsteren Jahreszeit mit tagelangen Schneestürmen und Temperaturen bis zu minus 80 Grad rechnen. Der überstürzt wirkende Aufbruch der Meteorologen und Atmosphärenchemiker hat freilich einen guten Grund: Es geht – einmal mehr – um die Bedrohung der Ozonschicht, seit zwei Jahrzehnten ein Lieblingsthema der Klimaforscher."

Im Sinne der vorhergehenden Argumentation sind diese Informationen für die Vermittlung des Erkenntnisgegenstands Ozonloch völlig irrelevant. Relevant werden die hier gegebenen Informationen nur, wenn man eine Zielsetzung unterstellt, die den Leser zum Weiterlesen bewegen will, indem Spannung erzeugt wird, indem Menschen in Extremsituationen geschildert werden („schwere Hercules-Transportflugzeuge", „gefährliche Tour", „tagelange Schneestürme", „überstürzt wirkender Aufbruch"). Durch die Wahl dieses narrativen Verfahrens erhalten auch Aussagen, die in einem anderen Kontext lediglich meteorologische Informationen liefern würden, einen Gefühlswert der Gefahr: So wird aus der meteorologischen Bezeichnung „antarktischer Winter", die lediglich eine bestimmte Jahreszeit mit spezifischen Eigenschaften angibt, durch das Adjektivattribut „tiefsten" eine Nominalkonstruktion, die die Widrigkeit der Verhältnisse präsent macht. Die Angabe „Temperaturen bis zu minus 80 Grad" ist im meteorologischen Kontext nicht mehr als eine Temperaturangabe, im hier vorliegenden narrativen Kontext dient sie auch dazu, die Kälte „spürbar" zu machen.

Demgegenüber steht, dass der Text auf der Ebene der Gegenstandskonstitution zwei grundsätzliche „W-Fragen", nämlich *Wer?* und *Was?*, nicht eindeutig bzw. gar nicht beantwortet. So erhält man im Text keinerlei Informationen, *wer* diese Forscher bzw. Forschergruppen eigentlich sind, denn die Namen der Forscher bzw. Forschergruppen werden ebensowenig genannt wie die Namen der Forschungsinstitutionen, denen sie angehören. Damit ist eine Identifizierung der Personen unmöglich. Man erfährt aber auch nicht, *was* die Forscher in der Forschungsstation tun werden.

Dafür wird der Grund der Südpolreise angegeben, die „Bedrohung der Ozonschicht", die sogleich kommentiert wird durch das Rechtsattribut „seit zwei Jahrzehnten ein Lieblingsthema der Klimaforscher". Es handelt sich hierbei um einen kritischen Kommentar, der als Unterstellung einer gewissen Beliebigkeit dieser Expedition gelesen werden kann, wenn man „Lieblingsthema" versteht als „Thema, das nicht aus inhaltlicher Relevanz, sondern aus persönlicher Vorliebe gewählt wird."

Man kann (3) überspitzend folgendermaßen zusammenfassen: 13 namenlose Klimaforscher begeben sich mit schwerem Gerät zum Südpol, um dort ihr Lieblingsthema zu erforschen: die Bedrohung der Ozonschicht. In dieser Charakterisierung erhalten die Klimaforscher etwas von Extremsportlern wie Reinhold Messner, der aus persönlicher Neigung Expeditionen durchführt, um bestimmte Rekorde aufzustellen.

Wir haben eben den Begriff der faktionalen Modalität eingeführt, der in diesem Fall wieder vorliegt: Es handelt sich nicht um eine echte Reportage, sondern um eine Fiktion in der Form einer Reportage. Wie wir vorher schon die „pseudochronologische Darstellung“ eingeführt hatten, so werden wir jetzt für diese Form den Ausdruck „Pseudoreportage“ einführen.

Der Einstieg mit der Pseudoreportage dient auch dazu, nach dem Handlungsmuster EINEN BOGEN SCHLAGEN zu handeln. Das Sequenzmuster EINEN BOGEN SCHLAGEN dient in erster Linie der Textorganisation und ist ein gut beschriebenes Handlungsmuster im Journalismus und im Wissenschaftsjournalismus:

> „Mit einem Bogen kann man nochmals auf den Einstieg zurückkommen. So entsteht sowohl stilistisch als auch inhaltlich ein Kreis. Wie hat die Geschichte begonnen? (...) Vielleicht läßt sich daran anknüpfen? (...) Wichtig ist, daß die Spannung nun endgültig aufgehoben wird.“ (Bader und Göpfert, 1996, S. 106, i. Orig. mit Herv.).

Handlungstheoretisch können wir dieses textorganisierende Sequenzmuster folgendermaßen beschreiben:

EINEN BOGEN SCHLAGEN →

SPANNUNG ERZEUGEN →	ERZÄHLUNG$_i$ BEGINNEN ⇓ ERZÄHLUNG$_i$ STOPPEN
⋮	
SPANNUNG AUFLÖSEN →	ERZÄHLUNG$_i$ WIEDER AUFNEHMEN ⇓ ERZÄHLUNG$_i$ ZUM ENDE FÜHREN

Handlungsmusterschema 8.16: EINEN BOGEN SCHLAGEN

Vor der abschließenden Bewertung des Phänomens „Ozonloch“ wird die Pseudoreportage deshalb wieder aufgenommen:

(4) „Mit groß angelegten Meßprogrammen sind deshalb jetzt die drei Mannschaften in Richtung McMurdo-Station aufgebrochen. Sie wollen von dort und von der amerikanischen Amundsen-Scott-Station direkt am Pol 30 kleinere und drei große, mit Meßinstrumenten vollgepackte Wetterballons aufsteigen lassen und die Zusammensetzung der Luft in verschiedenen Schichten genau analysieren. Zusätzlich werden die Meteorologen das Ozonloch vom Boden und von Satelliten aus beobachten. ‚Die Zeit drängt‘, schreibt das Nachrichtenmagazin ‚Newsweek‘, ‚denn es ist frag-

lich, ob wir uns solch langfristige Studien ein zweites Mal erlauben können'."

Zunächst wird der Leser bemerken, dass von den vier am Textanfang aufgebrochenen Mannschaften nur noch drei übrig geblieben sind. Von diesen drei Forschergruppen erfährt man zumindest ungefähr, *was* sie eigentlich am Südpol vorhaben, dass sie nämlich die „Luft in verschiedenen Schichten genau analysieren wollen." Was genau sie aber analysieren und welche zusätzlichen Erkenntnisse man dadurch gewinnen kann, erfährt man nicht. Auch über die Messungen selbst erfährt man nichts, es herrscht vielmehr die „Rhetorik der Wichtigkeit" vor.[30] Dies trifft auch auf die Aussage zu, man wolle „30 kleinere und drei große, mit Meßinstrumenten vollgepackte Wetterballons aufsteigen lassen." Hier wird offensichtlich darauf vertraut, dass man eine Beziehung unterstellt, die lautet: Je mehr Messinstrumente eingesetzt werden, desto wichtiger ist die Messung. Eine Vermittlung der „Kunst des Sehens", d.h. wie Atmosphärenchemiker mit spezifischen Beobachtungsinstrumenten Gegenstände beobachten, die nicht unmittelbar wahrnehmbar sind, wird hier auch nicht ansatzweise versucht.

Durch eine Handlung nach dem Muster EINEN BOGEN SCHLAGEN wird man am Ende also nicht immer schlauer, wenn, wie hier geschehen, die am Bogenbeginn vage gehaltenen Handlungen am Bogenende nicht konkretisiert werden.

Schließlich erhält man eine Auskunft über den Bezugstext, dem diese „Informationen" entnommen wurden: Es handelt sich um das Nachrichtenmagazin *Newsweek*[31], das etwa dem deutschen Nachrichtenmagazin *DER SPIEGEL* vergleichbar ist. Damit wissen wir, dass die von Klingholz (1986) beschriebene Südpol-Expedition aus der Transformation von Wissen entstanden ist, das das Magazin *Newsweek* selbst wiederum aus anderem Wissen transformiert hat. Es handelt sich bei dem Artikel in der *ZEIT* also um einen Verschnitt zweier Vermittlungstexte zweiter Ordnung, dem Artikel von Ewe (1986) aus *Bild der Wissenschaft* und dem *Newsweek*-Artikel[32], zu einem Vermittlungstext dritter Ordnung. Dabei werden diese beiden Sekundär-Quellen als Expertenmeinung dargestellt und nicht etwa hinterfragt, woher das Magazin *Newsweek* das Wissen für

---

[30] Vgl. Niederhauser (1999b, S. 209ff.) und Abschnitt 7.3.5, S. 168.

[31] Allerdings kann man den Artikel nicht identifizieren, denn es fehlen Erscheinungsdatum, Titel etc.

[32] Dabei könnte der Vermittlungstext in *Newsweek* bereits einen Vermittlungstext noch höherer Ordnung darstellen, wenn er sich etwa selbst wieder auf Vermittlungstexte beziehen würde. Da nicht angegeben ist, auf *welchen* Text hier Bezug genommen wird, kann dies nicht festgestellt werden. Deshalb soll hier die niedrigste Stufe angesetzt werden.

die Behauptung, die Zeit dränge und man könne sich wahrscheinlich keine weitere langfristige Studie erlauben, bezogen hat.

Den Bogen, den Klingholz (1986) mit der „Pseudoreportage“ schlägt, können wir mit Handlungsmusterschema 8.17 darstellen:

EINEN BOGEN SCHLAGEN (PSEUDOREPORTAGE) →

SPANNUNG ERZEUGEN →
PSEUDOREPORTAGE ÜBER EXPEDITION BEGINNEN ↓
PSEUDOREPORTAGE STOPPEN ⇓ → ÄUS(3)

SPANNUNG AUFLÖSEN →
PSEUDOREPORTAGE WIEDER AUFNEHMEN ↓
PSEUDOREPORTAGE ZUM ENDE FÜHREN ⇓ → ÄUS(4)

Handlungsmusterschema 8.17: EINEN BOGEN SCHLAGEN (PSEUDOREPORTAGE)

Nachdem nun zunächst der Bogen beschrieben wurde, soll nun die Konstitution des Individuums Ozonloch analysiert werden. Die Gegenstandskonstitution des Ozonlochs wird von Klingholz (1986) in drei Schritten geleistet:

1. Aufbau und Funktion des Ozons
2. Abnahme des Ozons über der Antarktis
3. Einführung des Terminus „Ozonloch“.

Zunächst werden der Aufbau des Ozons und seine Funktion in der Stratosphäre beschrieben:

(5) „Ozon (chemisches Kürzel O_3), ein einfaches Molekül aus drei Atomen Sauerstoff, schützt uns in einer etwa 15 bis 50 Kilometer hohen Zone über der Erde – der Stratosphäre – vor den ultravioletten Strahlen aus dem All. Könnte diese Strahlung ungemindert auf unseren Planeten vordringen, wäre irdisches Leben undenkbar.“

Ozon wird als Molekül und als Substanz in der Atmosphäre zugleich eingeführt. Dabei wird der Terminus „Ozonschicht“ nicht eingeführt, so dass kein Unterschied zur Stratosphäre wahrgenommen werden kann.

Aus dem UVB-Anteil der Sonnenstrahlung, von denen im Artikel von Ewe (1986) immerhin noch als von den „lebensbedrohenden Teile[n] der Sonnenstrahlung“[33] und „dem ‚harten‘ Strahlungsanteil im Sonnenlicht“[34] gesprochen wird, werden nun „Strahlen aus dem All“. Dieser Gegenstand

[33] Vgl. den auf S. 146 analysierten Satz (9).
[34] Vgl. den auf S. 156 analysierten Satz (19).

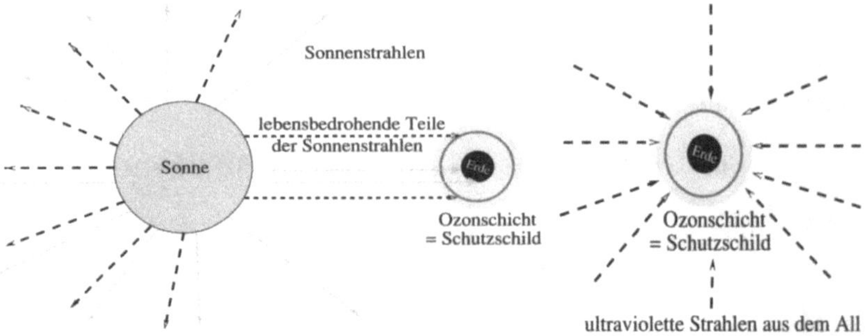

(a) „Das Ozon-Drama“ (b) „Zerreißen wir unseren schützenden Schirm?“

Abbildung 8.2: Rekonstruktion der bildschematischen Modelle der Funktion der Ozonschicht (a) in *Bild der Wissenschaft* (Ewe, 1986) und (b) in der *ZEIT* (Klingholz, 1986).
Während bei Ewe (1986) die lebensgefährlichen UVB-Strahlen einen Teil der Sonnenstrahlung bilden, kommen sie bei Klingholz (1986) „aus dem All“. Dadurch wird nicht nur ein anderer Gegenstand konstituiert, die Ausgangssituation wird auch als bedrohlicher dargestellt, da die gefährlichen Strahlen nun nicht aus einer einzigen Quelle, sondern von überall kommen.

wird dadurch so unbestimmt, dass man davon sprechen kann, dass ein ganz anderer Gegenstand konstituiert wird als im Artikel von Ewe (1986). Es wird aber nicht nur ein anderer Gegenstand konstituiert, auch die Ausgangssituation wird als bedrohlicher dargestellt, da die gefährlichen Strahlen nun nicht aus einer einzigen Quelle, sondern von überall kommen. In Abbildung 8.2 wird diese Transformation durch eine bildschematische Rekonstruktion verdeutlicht.

Mit den nächsten beiden Sätzen wird nun zum eigentlichen Gegenstand der fachlichen Diskussion, dem Ozonverlust in der Stratosphäre über der Antarktis, übergeleitet:

(6) „Über dem antarktischen Kontinent, das schrieben verschiedene Wissenschaftler in den vergangenen Wochen in den Fachblättern 'Nature' und 'Science', ist dieser Ozonschild inzwischen besorgniserregend geschrumpft: Jeweils in den ersten Wochen nach der dunklen Winterzeit verringert sich der Ozongehalt um fast 50 Prozent.“

Obwohl wir die 40%-Vereinfachungstransformation, die Ewe (1986) vorgenommen hat, auf den Seiten 211ff. schon einmal besprochen haben, möchte ich die entsprechenden Sätze, die nach und nach transformiert wurden, noch einmal zitieren, da auf diese Weise die Brüchigkeit des „Wissens", das durch die Klingholz-Transformation des Transformationsergebnisses von Ewe (1986) entsteht, deutlich hervortritt.

Wir erinnern uns zunächst an die entsprechende Stelle im Ausgangstext bei Stolarski et al. (1986, S. 808):

(66) „The decrease occurs during September as the Sun rises, reaching a minimum in mid-October. Seven years (1979-1985) of October monthly means show a 40% decrease in the ozone minimum and a 20% decrease in the surrounding ozone maximum."

Es handelte sich bei (66)[35] um eine differenzierte Gegenstandskonstitution (Ozonminimum, Ozonmaximum), die Konstitution des Verlusts wird über die räumlich und zeitlich definierten Messwertreihen genau bestimmt.

Bei Ewe (1986) war bereits eine beträchtliche Veränderung des Wissens zu verzeichnen:

(46) „Seit 1966 beobachten dort Meteorologen des British Antarctic Survey von den Stationen Argentine Islands und Halley Bay aus ein immer größer werdendes Loch im stratosphärischen Ozon-Schirm. Es öffnet sich für ungefähr einen Monat jeweils im September/Oktober, während des antarktischen Frühlings. Bis heute hat dort das Ozon insgesamt um über 40% abgenommen." (Ewe, 1986, S. 49)[36]

Die Arbeiten von Farman et al. (1985) und Stolarski et al. (1986) werden vereinfachend zusammengezogen: Die Angabe 40% stammt von Stolarski et al. (1986), die (falsche) Zeitangabe 1966 soll sich auf Farman et al. (1985) beziehen. Rechnet man vom Jahr 1966 bis zum Erscheinen des Heftes 6/1986, so ergeben sich 20 Jahre. Der 40%ige Ozonverlust wurde aber in einem Zeitraum von sieben Jahren gemessen.

Die Berechnung des (falschen) 20-jährigen Messzeitraums muss der Leser aber erst selbst vornehmen, da eine metrische Angabe fehlt. Der Text wird durch diese Transformation unbestimmt, teilweise falsch und unsinnig.

Klingholz (1986) füllt diese so entstehende Unbestimmtheit durch eigene Relationierungen, die mit dem beobachteten Phänomen nichts mehr zu tun haben: So wird aus dem siebenjährigen Beobachtungszeitraum, innerhalb dessen im Ozonminimum eine Abnahme um 40% gemessen wurde, ein „fast" 50%iger Ozonverlust, der jedes Jahr stattfindet.

Die Unbestimmtheiten und Übertreibungen haben aber einen Effekt: Die Situation wird als bedrohlicher beschrieben, als sie ist.

---

[35] Vgl. S. 66.

[36] Diese Passage wurde auch auf den Seiten 176ff. besprochen.

Wir können das Handlungsmuster zunächst so beschreiben, dass hier Wissen vermittelt wird, indem es transformiert wird, indem es vereinfacht wird (vgl. Handlungsmusterschema 8.18).

VERMITTELN → TRANSFORMIEREN → VEREINFACHEN

Handlungsmusterschema 8.18: VEREINFACHEN als Wissenstransformation

Das Handlungsmuster VEREINFACHEN, nach dem Ewe (1986) handelt, kann beschrieben werden als ein Unterlassen der Differenzierung in Ozonmaximum und Ozonminimum und ein Unterlassen der metrischen Bestimmung des Untersuchungszeitraums und eine Amalgamierung der Arbeiten von Farman et al. (1985) und Stolarski et al. (1986) (vgl. Handlungsmusterschema 8.19).

VEREINFACHEN →

(
⋮
–DIFFERENZIEREN(OZONMINIMUM, OZONMAXIMUM)
–METRISCH QUANTIFIZIEREN(ZEITRAUM FÜR OZONVERLUST)
AMALGAMIEREN(FARMAN UND STOLARSKI) ≻ FALSCHER ZEITRAUM
)

Legende:
FARMAN UND STOLARSKI:$_{def}$ DIE ARBEITEN VON Farman et al. (1985) UND Stolarski et al. (1986)

Handlungsmusterschema 8.19: Eine Zerlegung des Musters VEREINFACHEN

Das von Ewe (1986) vereinfachte Wissen wird dann von Klingholz (1986) in der beschriebenen Weise hinsichtlich des Gefahrenausmaßes übertrieben, so dass man von einer Sensationalisierung sprechen kann (vgl. Handlungsmusterschema 8.20).

TRANSFORMIEREN →

↓ ⋮
ÜBERTREIBEN(ZEITRAUM DES OZONVERLUSTS)
ÜBERTREIBEN(MENGE DES OZONVERLUSTS) ⇓

ÜBERTREIBEN(ZEITRAUM DES OZONVERLUSTS) →
INTERPRETIEREN(MEHRERE JAHRE ALS JÄHRLICH)

ÜBERTREIBEN(MENGE DES OZONVERLUSTS) →
BEZEICHNEN(40% ALS fast 50%)

Handlungsmusterschema 8.20: ÜBERTREIBEN

Erwähnt werden soll noch, dass auch die Zeitangabe in (6) „in den vergangenen Wochen“ eine unbestimmte Angabe darstellt, die trotz ihrer Unbestimmtheit als falsch erkennbar ist, denn diese Zeitangabe lässt den Fachdiskurs um das Ozonloch 1986 beginnen, statt 1985.

Wenden wir uns nun (7) zu:

(7) „Auf Satellitenphotos, die 'Bild der Wissenschaft' im Juli veröffentlichte, ist ein regelrechtes Ozonloch von der Größe der Vereinigten Staaten sichtbar."

Wie vorhin in Abschnitt 7.3.4 besprochen, wird im Artikel „Das Ozon-Drama" von Ewe (1986) die Bezeichnung „Satellitenbilder" eingeführt, die die Interpretation begünstigt, es handle sich um fotografische Aufnahmen. Genau diese Interpretation wird hier offensichtlich vorgenommen.

Das (unsichtbare) Ozonloch wird hier als sichtbares Phänomen konstituiert. Alle im Fachdiskurs genannten Verfahren und Methoden der Herstellung der visuellen Repräsentationen werden nicht mitgeteilt. Durch diese Handlungsmuster wird das Ozonloch hypostasiert. Wir können deshalb von einer Hypostasierungstransformation sprechen.

Es zeigt sich hier wiederum die Unbrauchbarkeit des Begriffs „Transfer". Es handelt sich hier um die Transformation einer Transformation, durch die letztlich ein anderer Gegenstand konstituiert wird als im Fachtext: Von den „Messergebnissen" („measurements") und „Südpolprojektionen" („south pole projections") im Fachdiskurs (Farman et al., 1985; Stolarski et al., 1985, 1986) über eine erste Vermittlungsstufe zu „Satellitenbildern" (Ewe, 1986) bis zu „Satellitenphotos", auf denen das Ozonloch „sichtbar" ist (Klingholz, 1986) (vgl. Tabelle 8.4 auf der nächsten Seite).

Der Artikel von Ewe (1986), auf den sich Klingholz (1986) bezieht, erschien am 24. Mai 1986 in der Juni-Ausgabe. Für sich genommen stellt diese Falschinformation sicherlich kein Problem dar. Im Kontext einer auf allen Ebenen stattfindenden Unbestimmtheit und Falschheit handelt es sich hier allerdings um ein weiteres Element ungewollter Desinformation, das diesen Vermittlungstext dritter Ordnung auszeichnet.

Wir wollen einige Zeilen überspringen und zu einem Abschnitt kommen, in dem über die Computersimulationen von Brühl berichtet wird:

(8) „15 Prozent des Ozons, das hat Christoph Brühl vom Mainzer Max-Planck-Institut anhand von Computermodellen berechnet, gingen auf diese Art und Weise in den vergangenen 25 Jahren verloren."

(9) „Bis im Jahr 2010 könnten es doppelt soviel sein."

(10) „Messungen an Bord des Satelliten Nimbus 7 geben dem Theoretiker recht: Binnen fünf Jahren nahm die obere Ozonschicht um zweieinhalb Prozent ab."

Diese Computermodelle, von denen in (8) die Rede ist, wurden von Brühl für *Bild der Wissenschaft* ausgearbeitet. Sie stellten zum damaligen Zeitpunkt also *keinen* Bestandteil des Fachdiskurses dar. Bei genauerem Lesen konnte Brühl bei Ewe (1986) noch in der Rolle des Vermittlers

Fachtext Stolarski et al. (1986)	**Erste Transformation** Ewe (1986)	**Zweite Transformation** Klingholz (1986)
„We report measurements from the Solar Backscatter Ultraviolet (SBUV) instrument and the Total Ozone Mapping Spectrometer (TOMS) aboard the Nimbus 7 satellite (. . .)“ (Vgl. Satz (64), S. 210.)	„Heute liegen Satellitenbild-Auswertungen (. . .) vor.“ (Vgl. Satz (27), S. 161.)	„(. . .) das Ozonloch vom Boden und von Satelliten aus beobachten.“ (Vgl. Satz (4), S. 270.)
„(. . .) Fig. 2, which shows October monthly mean TOMS total ozone maps from the Southern Hemisphere in each of the seven years from 1979 to 1985.“ (Vgl. Satz (72), S. 216.)	„(. . .) was auch im Satellitenbild der Südpolar-Region zu sehen ist.“ (Vgl. Satz (12), S. 153.)	„Auf Satellitenphotos (. . .) ist ein regelrechtes Ozonloch (. . .) sichtbar.“ (Vgl. Satz (7), S. 275.)
„south-polar projections“ (Vgl. Satz (69), S. 214.)	„Satellitenbilder vom Ozon-Loch“ (Vgl. Abschn. 7.3.4, S. 159.)	„Satellitenphotos“ (Vgl. Satz (7), S. 275.)

Tabelle 8.4: Die Hypostasierungstransformation – wie aus Ozonwertmessungen ein Satellitenfoto vom Ozonloch wird.

ausgemacht werden, die Computermodelle somit als Bestandteil des Vermittlungsdiskurses. Bei Klingholz (1986) wird der Status von Brühls Computermodellen als Produkt für den Vermittlungsdiskurs nicht expliziert; dadurch entsteht der Eindruck, Brühls Modellrechnungen seien Bestandteile des Fachdiskurses, aus dem nun zitiert wird.

Mit (9) wird nun eine Prognose gestellt, die durch „könnte" modifiziert ist. Wie diese Modifikation im Einzelnen zu verstehen ist, unter welchen Bedingungen die Prognose eintrifft (*... könnten es doppelt soviel sein, wenn ...*), wird nicht ausgeführt. Hinter der nichtexplizierten Modifikation verbirgt sich eine enorme Menge an Hintergrundwissen. Wir können die Modifikation explizieren mit: *... könnten es doppelt soviel sein, wenn die zu Grunde gelegten Parameter stimmen und die Parameterwerte sich in den nächsten 24 Jahren in der festgelegten Weise verändern.* Hier müssten nun alle Parameter genannt und begründet werden, auf denen die Modellrechnung beruht, ebenso die Veränderungen der Parameterwerte. Dies ist natürlich aufwendig – aber notwendig, wenn ein Zugang zu den Sprachspielen des Fachdiskurses angestrebt wird.

Mit (10) wird die in (9) vorgetragene Prognose bestätigt. Es fällt schwer, hier eine einfache Interpretation der Bestätigungshandlungen zu geben, denn sie erweisen sich als „zusammengestückte Widersprüche".[37] Deshalb müssen wir die einzelnen Handlungen, die durch (10) konstituiert werden, nach und nach betrachten.

Zunächst können wir hier einen „Hang zum materiellen Gegenstand" beobachten. Wir hatten ja mit Strawson (1972) argumentiert, dass materielle Körper eine zentrale Kategorie der Gegenstände und auch der Individuen darstellen. Diese Zentralität der materiellen Körper bewirkt offensichtlich bei professionellen Wissenschaftsvermittlern, dass sie möglichst materielle Körper in den Text einführen, auch wenn sie gar nicht das eigentliche Explanans darstellen. So wird mit (10) nicht das eigentliche Messgerät, das Spektrometer, sondern der Satellit in den Vordergrund gerückt, der das Messgerät ja lediglich transportiert. So kommt der skurrile Ausdruck „Messungen an Bord des Satelliten Nimbus 7" zustande (statt: Messungen, die mit dem Spektrometer, das sich an Bord des Satelliten Nimbus 7 befunden hat, durchgeführt wurden).

Im Vermittlungsmodell in Kapitel 4 wurde in Anlehnung an die referenzsemantischen Überlegungen behauptet, dass es darum gehen müsse, die nicht direkt beobachtbaren Objekte der Naturwissenschaft zu identifizieren, indem man sie auf bereits identifizierte Objekte der aktualen Situation der Laienadressaten bezieht.

[37] „Unsere Handlungen sind nichts als zusammengestückte Widersprüche." schreibt Michel de Montaigne (1998b, S. 167) im Essay *Über die Widersprüchlichkeit unseres Handelns*.

Mit (10) wird nun offensichtlich eine „Abkürzung" genommen: Man konstituiert das Individuum Ozonloch nicht, indem man die Beobachtungsverfahren[38] erläutert, sondern indem man suggeriert, das *Trägermedium* des Messinstruments (Satellit oder Wetterballon) sei das Messinstrument selbst.

Das gleiche Phänomen zeigte sich bereits bei der Darstellung eines Wetterballons statt des von ihm transportierten Spektrometers (vgl. Ewe, 1986).

Auch bei den Südpolprojektionen der Monatsmittelwerte des Ozons über der Antarktis („Satellitenphotos") war ein Hang zum sichtbaren Objekt deutlich. Man erläutert die Messwertprojektionen nicht, indem man das Verfahren beschreibt, mit dem das an sich unsichtbare Ozonloch sichtbar gemacht werden kann („Kunst des Sehens"), sondern man suggeriert, das Ozonloch sei auf einem Foto unmittelbar sichtbar.

Mit (10) wird auch die Suggestion, es handle sich bei den Computermodellrechnungen um Teile des Fachdiskurses, verstärkt, indem behauptet wird, Stolarski et al. (1986) hätten die Modellrechnungen von Brühl bestätigt.

Brühls Computermodelle tauchen allerdings im Fachdiskurs bis dato überhaupt nicht auf, konnten also gar nicht bestätigt werden. Stolarski et al. (1986) haben vielmehr die Messergebnisse von Farman et al. (1985) bestätigt.

Doch selbst wenn Brühl die Modellrechnungen im Fachdiskurs publiziert hätte und wenn Stolarski et al. (1986) diese Aussagen im Fachdiskurs aufgegriffen und bestätigt hätten, so wäre es natürlich sehr fragwürdig, dass eine Prognose darüber, dass in den nächsten 24 Jahren das Ozon um 30% abgebaut sein soll, nun durch eine Messung *der letzten fünf Jahre* bestätigt werden soll.

Selbst wenn wir unterstellen, dass auch dies alles so wäre, dann wäre eine gestützte Schlussregel erforderlich, die besagt, dass die Abbauquote des Ozons konstant bleibt. Wenn der Ozonverlust jedes Jahr mit $2\frac{1}{2}$% fortschreitet, so ergeben sich in den nächsten 24 Jahren (1986 - 2010) allerdings 12% und keine 30%. Brauchen wir vielleicht eine Schlussregel, die besagt, dass sich der Ozonverlust in nichtlinearer Weise entwickeln wird, so dass sich am Ende genau die von Brühl berechneten 30% ergeben? Wie sollte diese Schlussregel gestützt werden?

In (11) wird eine weitere Variante der Entdeckungsgeschichte des Ozonlochs erzählt:

(11) „Noch komplizierter liegen die Verhältnisse im Luftraum über der Antarktis, wo Wissenschaftler des British Antarctic Survey vor Jahren erstmals

[38] In diesem Fall müsste man die Messung mit Spektrometern erläutern.

das Ozonloch festgestellt haben. Die Meteorologen wollten ihren eigenen Messungen zunächst selbst nicht trauen. Dann tauschten sie ihre Meßgeräte aus und kamen zum gleichen Ergebnis. Heute glauben die Forscher, daß die Ozonschicht über dem Südpol während der monatelangen Winternacht generell schrumpft.“

Es handelt sich hier offensichtlich um eine Übernahme aus Ewe (1986), allerdings wird die Variante von Ewe (1986) stark ausgedünnt, indem unterlassen wird, die Gegenstände identifizierbar zu machen. So wurden weder die Namen Farman, Gardiner und Shanklin mitgeteilt, noch die Art und Weise, wie die Messgeräte funktionieren und wie damit das Ozonloch entdeckt werden kann, noch, dass langjährige Messreihen erforderlich sind etc. Alles, was im Vermittlungsmodell[39] als adäquate Vermittlungshandlungen angenommen wird, wird hier unterlassen.

Der Artikel schließt mit einer Andeutung von Diskurspositionen und dem uns bereits bekannten Muster ZITIEREN EINES DRÄUENDEN WISSENSCHAFTLERS:

(12) „‚die Zeit drängt‘, schreibt das Nachrichtenmagazin 'Newsweek', ‚denn es ist fraglich, ob wir uns solch langfristige Studien ein zweites Mal erlauben können‘. Manche Wissenschaftler geben sich weniger skeptisch. Sie halten die Ozonverdünnung in der Antarktis zwar für ein interessantes, aber global unbedeutendes wissenschaftliches Phänomen. Andere Zweifler halten die Ergebnisse gar für eine völlige Fehlinterpretation. Der Mainzer Max-Planck-Professor Paul Crutzen, Vater der Theorie vom nuklearen Winter, freilich blickt mit Sorgenfalten auf das, was sich über uns zusammenbraut: Bisher, so meint er, gebe es keinerlei Anzeichen, die für einen ‚erlösenden Irrtum‘ sprächen.“

Man kann die Andeutungen unterschiedlicher Diskurspositionen bereits als eine Reaktion auf die vereinheitlichende Darstellung „der“ Wissenschaft in *Bild der Wissenschaft* betrachten, denn aus der Unterlassung der Rekonstruktion der Fachargumentation (mit einer Darstellung der Diskurspositionen und deren Argumentationsmuster etc.[40]) hatten wir ja angenommen, dass sich in der Folgekommunikation dann Konflikte ergeben, wenn bekannt wird, dass im Fachdiskurs andere Positionen existieren und diese im Verlauf der Fachargumentation ein neues Argument einbringen, das etwa nach einem neuen Experiment zur Überprüfung einer Hypothese gewonnen wurde.

Genau diese Konflikte zeigen sich nun in den nächsten Artikeln in der *ZEIT*. Diese entwickeln sich bis zu einer echten Glaubwürdigkeitskrise „der“ Wissenschaft (vgl. von Randow, 1986b).

---

[39] Vgl. Handlungsmusterschema 3.20 auf Seite 76.
[40] Vgl. Kapitel 3, S. 49ff.

Zusammenfassend kann gesagt werden, dass der erste *ZEIT*-Artikel „Zerreißen wir unseren schützenden Schirm?“ (Klingholz, 1986) einen Verschnitt aus *Bild der Wissenschaft* und einem *Newsweek*-Artikel darstellt. Er gründet auf keinerlei Recherche im Fachdiskurs, mischt das bereits transformierte Wissen „zweiter Hand“ und transformiert es zu Wissen „dritter Hand“ – meiner Ansicht nach größtenteils Unsinn, der aber auf Grund des Mandeville-Dilemmas (vgl. S. 172) nicht als Unsinn erkennbar ist. Zentral an diesem Artikel ist, dass die Bedrohlichkeit gesteigert wird, indem sie konkretisiert wird und gleichzeitig die Gegenstände unbestimmter werden.

8.2.2 Vulkanausbrüche – die erste Glaubwürdigkeitskrise

Eine Abweichung von dem im Vermittlungsmodell[41] genannten Handlungsmuster FACHARGUMENTATION REKONSTRUIEREN führt zu Krisen, wenn im Fachdiskurs aus dieser Position plausible Argumente vorgebracht werden. Dies erscheint Vermittlern und Öffentlichkeit dann als „Irrtum der Wissenschaft“.

In der *ZEIT* passiert dies bereits knapp einen Monat nach der ersten Veröffentlichung: In der Ausgabe vom 15.8.1986 erscheint zunächst eine Meldung mit dem Titel „Verlängerter Winter am Pol. Ist Vulkanasche schuld am Ozonloch?“ von Thomas von Randow (1986a). Wie aus dem Titel bereits erschlossen werden kann, handelt es sich um ein Argument aus der Position „Ozonverlust durch Vulkanausbrüche“.

Auch in von Randows Artikel ist zu beobachten, dass keine Reflexion stattfindet, inwieweit die eigene Berichterstattung und Modellbildung Bedingung und Teil der Krise ist. Das Modell der einheitlichen Wissenschaft ist offensichtlich so fest im Denken verwurzelt, dass die anthropogenen Ursachen des Ozonlochs von von Randow (1986a) nicht nur in Frage gestellt, sondern zugleich als erledigt betrachtet werden.

Dies macht noch einmal das Dilemma der Vermittlung durch öffentliche Experten deutlich: Je nachdem, wen man fragt, wird man eine bestimmte Diskursposition hören – natürlicherweise. Es gibt immer eine Anzahl weniger Diskurspositionen, die ständig interagieren. Den aktuellen Stand dieser *Interaktion* mitzuteilen muss durch eine integrierende und orientierende Vermittlung geleistet werden.

Auch hier zeigt sich wieder die idealisierende, zu klare Ursachenzuschreibung. Während in der Überschrift

(13) „Verlängerter Winter am Pol. Ist Vulkanasche schuld am Ozonloch?“

noch durch das Fragezeichen signalisiert wird, dass der zu beschreibende Sachverhalt in Frage steht, suggeriert der folgende Text durch fehlende

[41] Vgl. Kapitel 4, S. 93ff.

Abschwächungen oder modalisierende Zusätze eine klare Position:

(14) „Vulkanausbrüche verursachen das regelmäßig gegen Ende des arktischen Winters (unseres Sommers) über dem Südpol auftretende große Loch in der 15 bis 50 Kilometer hohen Ozonschicht, die den Globus umhüllt (siehe 'Zeit' Nr. 30/86). Dies haben Untersuchungen an der Abteilung für Stratosphärenforschung im Institut für Meteorologie der Freien Universität in Berlin ergeben. Professor Karin Labitzke, Leiterin der Abteilung, hält insbesondere die Ausbrüche des nordamerikanischen Mount St. Helens im Mai 1980 und des mexikanischen El Chichon im April 1982 für die Hauptschuldigen an der drastischen Verdünnung der stratosphärischen Ozonhülle, die seit Anfang der achtziger Jahre beobachtet wird und sich zuletzt über ein Gebiet von der Größe der Vereinigten Staaten erstreckt hat."

Eine Position (pos_{vulkan}) wird in (14) als *die* Position dargestellt. Es wird eben nicht vermittelt, dass es die Positionen a, b, c etc. gibt und nun Position b die These t_1 aufstellt und mit bestimmten Argumenten begründet, es wird vielmehr so dargestellt, als gebe es *nur eine* Position, die bis gerade eben annahm, das Ozonloch werde durch FCKW verursacht und nun auf einmal annimmt, das Ozonloch werde durch Vulkanasche verursacht.

Wir wollen die Darlegung dieser Position nun nicht im Einzelnen analysieren, auch kleinere Fehler, wie etwa die Verwechslung von arktisch mit antarktisch, sollen uns an dieser Stelle nicht interessieren.

Wir wollen noch die beiden Schlusssätze charakterisieren, die in verschiedenen Hinsichten bemerkenswert sind.

So ist in (15) und (16) nicht klar, welchen Status sie haben, ob es sich dabei noch um die Erklärung von Labitzke handelt oder um Erläuterungen des Autors.

Der vorletzte Satz (15) ist auf den ersten Blick typisch für die Vermittlung von Hintergrundwissen über die Funktion der Ozonschicht:

(15) „Der Ozonschirm schützt Lebewesen vor allzu starker – unter Umständen schädlicher – UV-Bestrahlung."

Bei genauerem Betrachten entdeckt man aber, dass das Präpositionalobjekt „vor allzu starker – unter Umständen schädlicher – UV-Bestrahlung" in vielerlei Hinsicht unbestimmt ist.

Es ist zunächst gekennzeichnet durch den pseudometrischen Ausdruck „allzu starker", der nicht klar macht, ab wann das Quantum des „zu starken" überschritten ist.

Auch der attributive Einschub „– unter Umständen schädlicher –" macht modifizierende Einschränkungen, die aber nicht genau bestimmt werden. So werden keine Informationen darüber vermittelt,

- unter welchen Umständen die UV-Bestrahlung schädlich ist
- welcher Schaden entsteht
- bei welchen Lebewesen dieser Schaden entsteht.

Durch den letzten Satz

(16) „Das arktische Leben scheint davon, daß dieser Schirm regelmäßig gegen Winterende ‚einreißt', keinen Schaden zu erleiden."

wird zunächst indirekt mitgeteilt, welcher Schaden bei welchen Lebewesen entsteht – nämlich keiner.

Auf dieser Basis kann folgender Schluss gezogen werden:

Schlussmuster Antarktisches Leben durch das Ozonloch nicht in Gefahr

1. Bei Lebewesen in der Antarktis entstehen durch das Ozonloch keine Schäden.

Schlussregel: Wenn eine Gefahr durch die UV-Bestrahlung durch das Ozonloch besteht, dann entstehen bei Lebewesen in der Antarktis zuerst Schäden.

Schlussfolgerung Die Gefahr durch die UV-Bestrahlung durch das Ozonloch besteht nicht.

Nun handelt von Randow (1986a) nicht nach diesem Muster, denn er behauptet ja nicht Satz (1) des Schlussmusters. Hätte er nach diesem Schlussmuster gehandelt, wäre die Schlussfolgerung, dass keine Gefahr durch das Ozonloch bestehe, zwingend gewesen. Er behauptet aber nur, dass (1) *scheinbar* der Fall sei:

Abgesichertes Schlussmuster Antarktisches Leben durch das Ozonloch scheinbar nicht in Gefahr

1. Bei Lebewesen in der Antarktis entstehen durch das Ozonloch scheinbar keine Schäden.

Schlussregel: Wenn eine Gefahr durch die UV-Bestrahlung durch das Ozonloch besteht, dann entstehen bei Lebewesen in der Antarktis dadurch zuerst Schäden.

Schlussfolgerung Die Gefahr der UV-Bestrahlung durch das Ozonloch besteht nicht.

Logisch gesehen kann man aus Satz 1 des abgesicherten Schlussmusters gar nichts folgern, denn selbst wenn wir *scheinbar* als logischen Modaloperator interpretieren, müsste zumindest eine mögliche Welt oder zumindest ein Fall angegeben werden, in dem erwiesenermaßen bei Lebewesen in der Antarktis durch das Ozonloch bisher keine Schäden entstanden sind.

Es handelt sich hier offensichtlich auch nicht um die Vermittlung von Wissen, sondern um eine Laien-Inferenz der Art:

Schlussmuster Keine Nachricht, keine Schäden

1. Man hat noch nichts von Schäden des antarktischen Lebens gehört.

Schlussregel: Wenn das Leben in der Antarktis Schaden genommen hätte, hätte man auf die eine oder andere Art bereits davon gehört.

Schlussfolgerung Das Leben in der Antarktis hat bisher keinen Schaden genommen.

Die hier zu Grunde liegende Schlussregel ist natürlich fragwürdig, die Modifizierung der Proposition, es gebe keine Schäden des antarktischen Lebens durch den Gebrauch von „scheinbar“ ist also kein Fall kryptischer Wissensvermittlung, sondern ein Fall der Absicherung und des Andeutens. Es handelt sich hier also um keine Behauptung, sondern um eine Suggestion.

So kann man diesen Text insgesamt als Entwarnung lesen, die folgende Botschaft enthält:

Die Wissenschaft hat sich geirrt: Das Ozonloch entsteht nicht durch FCKWs, sondern durch die Vulkanausbrüche der letzten Jahre. Deshalb wird es sich von selbst wieder schließen. Eine Gefahr für das Leben besteht nicht, denn es wurden in der Antarktis bisher keine Schäden festgestellt.

Da der Artikel von von Randow (1986a) von ähnlichen Defiziten gekennzeichnet ist, wie der Artikel von Klingholz (1986), lässt die nächste Glaubwürdigkeitskrise nicht lange auf sich warten.

8.2.3 Atmosphärenturbulenzen – die zweite Glaubwürdigkeitskrise

Bereits am 19.9.1986 kommt es zur zweiten Glaubwürdigkeitskrise, die fast schon als Zusammenbruch der Vermittlungskommunikation bezeichnet werden kann. Es handelt sich um den Artikel „Wer gibt schon zu, daß er nichts weiß. Wo alles unklar ist, blüht der ideologische Weizen. Vom Treibhauseffekt und anderen Prophezeiungen, die dem Ansehen der Wissenschaft schaden“. Der Artikel ist wiederum von Thomas von Randow verfasst, der auch den eben besprochenen Artikel „Verlängerter Winter am Pol. Ist Vulkanasche schuld am Ozonloch?“ geschrieben hat. Der Autor hat offensichtlich – vielleicht durch die Bearbeitung des letzten

Artikels „stutzig" geworden – selbst in *Nature* nachgeschaut und (natürlicherweise) bemerkt, dass hier auch die Diskursposition „Ozonverlust durch Atmosphärendynamik" vertreten wird. Dies löst die zweite, tiefere Glaubwürdigkeitskrise aus, bei der die „Unklarheit der Wissenschaft" für das Aufkommen von Ideologien verantwortlich gemacht wird.

(17) „Und wie immer, wenn alles noch unklar ist, sind wir klimatologischen Laien allerlei Ideologie ausgesetzt, von den einen, die sich nichts sehnlicher wünschen, als daß ein Zusammenhang zwischen unseren Umweltsünden und einer globalen Katastrophe wissenschaftlich erwiesen würde, und den anderen, denen Hiobsbotschaften stets ein Greuel sind. So ist es mit dem Waldsterben, mit der Zerstörung der stratosphärischen Ozonschicht durch Treibgase aus den Spraydosen und der Beschädigung von Steinskulpturen durch Autoabgase. Wissenschaftlich ist von alledem nichts bewiesen und nichts widerlegt."

Dabei wird, wie auch mehrmals in *Bild der Wissenschaft* geschehen, eine Polarität zwischen gesellschaftlichen statt wissenschaftlichen Diskurspositionen konstruiert, wiederum ohne sie zu identifizieren.

Dass von Randow (1986b) die Position „Ozonverlust durch Atmosphärendynamik" jetzt erst auffällt, wird nun aber nicht reflektiert als ein Ergebnis der (Ketten-)Transformation durch die vermittelnden Printmedien.

Die Auffassung von der „einen Wissenschaft" ist offensichtlich so stark, dass alternative Diskurspositionen, auch wenn sie längst im Fachdiskurs dargelegt sind, als „Die Wissenschaft widerspricht sich selbst" bzw. „Die Wissenschaft irrt sich" wahrgenommen werden. Es handelt sich damit um eine Extremform der Harmonisierungstransformation. Wir wollen dieses zwanghafte Suchen nach der „einen Wissenschaft" als das „Highlander-Syndrom" bezeichnen: Es kann nur eine Diskursposition geben.

Nachdem von Randow (1986b) die gesamte fachliche FCKW-Diskussion als Irrtum „der" Wissenschaft dargestellt hat, kommt er auf das Ozonloch zu sprechen, das er als ein weiteres Glied in der Kette der Irrtümer „der" Wissenschaft darstellt:

(18) „Statt dessen hatte ein riesiges Loch im Ozonschirm über dem Südpol der Treibgas-Story wieder neue Nahrung gegeben. Inzwischen aber hat sich herausgestellt, daß dieses Ozonloch von jeher während des arktischen Winters über dem Pol entsteht, mal größer, mal kleiner, und aller Wahrscheinlichkeit nach nichts mit den Ausdünstungen der Zivilisation zu tun hat – wie in der neuesten Ausgabe der Wissenschaftszeitschrift Nature nachzulesen ist. (...)"

(19) „Mit jedem solchen Widerspruch verliert die Wissenschaft ein Stück Glaubwürdigkeit."

Das bislang bei den meisten Vermittlungsautoren beobachtete Handlungsmuster, Diskurspositionen undeutlich darzustellen, findet sich auch bei von Randow (1986b). So können wir nicht genau rekonstruieren, welcher Fachartikel hier gemeint ist, denn es wird hier, wie nun schon viele Male gezeigt, unterlassen, den Fachartikel zu identifizieren. Nachdem ich sämtliche *Nature*-Publikationen in diesem Zeitraum verglichen habe, kommt hier nur der Artikel von Tung, Ko, Rodriguez und Nien Dak Sze (1986) in Frage.[42] Der Hauptautor Tung wird im nächsten Artikel von von Randow auch explizit zitiert, allerdings nicht der Fachartikel von Tung et al. (1986), sondern Äußerungen Tungs in der Rolle des öffentlichen Experten!

Betrachten wir kurz den fachlichen Bezugstext (Tung et al., 1986), so stellen wir fest, dass er gleichzeitig mit dem Artikel von Stolarski et al. (1986) erschienen ist, er wird im direkten Anschluss abgedruckt. Stolarski et al. (1986) nehmen sogar direkt auf den Artikel von Tung et al. (1986) Bezug, und stufen die Diskursposition „Ozonverlust durch Atmosphärendynamik“ als gleichberechtigt ein. Wir hatten bereits festgestellt[43], dass die Darstellung dieser und anderer Diskurspositionen im Fachdiskurs, wie sie etwa bei Stolarski et al. (1985) oder Stolarski et al. (1986) zu finden sind, unterlassen wird. Der Artikel von Stolarski et al. (1986) ist von Randow (1986b) aber offensichtlich nicht aufgefallen, so dass es wiederum *ein einzelner Artikel* ist, der aus dem gesamten Fachdiskurs herausgegriffen wird und der nun (fälschlicherweise) pars pro toto als Stand „der“ Wissenschaft ausgegeben wird. So wird nun als „Stand der Wissenschaft“ behauptet: Es gibt kein anthropogen verursachtes Ozonloch.

Es handelt sich hierbei wieder um das „Highlander-Syndrom“, denn es wird auch diesmal nicht vermittelt, dass verschiedene Diskurspositionen vorliegen, sondern Wissenschaft wird weiterhin als eine einzige Diskursposition dargestellt. Dies kommt etwa in den unpersönlichen Konstruktionen wie „Inzwischen aber hat sich herausgestellt (...)“ zum Ausdruck (statt: Wissenschaftler bzw. Wissenschaftlergruppe P_i, die von der Diskursposition pos_i ausgehen, führen gegen die Behauptung B_j der Diskursposition pos_j das Argument A_i an.).

Es gibt erste Reflexionen über die Rolle der Medien, die aber eine vage Selbstanklage bleiben:

(20) „Mitschuldig daran sind zweifellos wir, die wir Wissenschaft zu popularisieren versuchen und saftigen Hiobsbotschaften nur schwer widerstehen können.“

---

[42] Es handelt sich übrigens nicht um die „neueste Ausgabe“ von *Nature* (in Bezug auf das Erscheinungsdatum des Artikels von von Randow (1986b)).

[43] Vgl. etwa Abschnitt 7.4.4 (S. 206ff.) und Abschnitt 7.4.5 (S. 208ff.).

Mit (20) gesteht von Randow eine Teilschuld der Wissenschaftsjournalisten ein. Diese rechtfertigt er im selben Atemzug mit einer Art berufsbedingter Sensationsgier („... nur schwer widerstehen können.") und einer Nahrungsmetapher („... saftigen Hiobsbotschaften..."). Bleibt man innerhalb dieser Metaphorik, so braucht man einem Wissenschaftsjournalisten offensichtlich nur eine „saftige Hiobsbotschaft" vorzusetzen, damit in ihm eine unkontrollierbare Gier entsteht und er sich die Hiobsbotschaft ungeprüft einverleibt, um sie anschließend in alle Welt zu verbreiten. Damit wird das Verhalten der Wissenschaftsjournalisten nicht nur gerechtfertigt, sondern es findet zugleich eine Selbststilisierung als Opfer von „Wissenschaftlern" statt, denen vorgeworfen wird, diese Sucht auszunutzen, denn mit „saftigen Hiobsbotschaften" wird präsupponiert, dass Wissenschaftler die Sensationsgier der Journalisten entsprechend bedienen.

Der Vorwurf, Wissenschaftler würden gezielt Vermutungen als Tatsachen darstellen, wird nun explizit vorgetragen:

(21) „Schuld aber tragen auch Gelehrte, die allzu eifrig als erwiesene Tatsachen verbreiten, was – wie sie sehr gut wissen – in Wahrheit nur Vermutungen sind. Zu sagen und zu schreiben, was die Leute gerne hören oder lesen wollen, ist eine große Verführung nicht nur für Politiker und Journalisten."

Damit wird einer nicht näher bestimmten Gruppe von Wissenschaftlern unterstellt,

- nur Vermutungen über das Ozonloch zu besitzen
- diese Vermutungen aus Eitelkeit, um „den Leuten" zu gefallen, wissentlich als Informationen zu tarnen
- die Sensationsgier der Journalisten kalkuliert auszunutzen, indem sie ihnen die als Informationen getarnten Vermutungen als „saftige Hiobsbotschaften" vorsetzen.

Es wird unterlassen, in irgendeiner Form zu konkretisieren, welche Wissenschaftler dies mit welchen Äußerungen getan haben sollen: Die Gegenstandskonstitution bleibt vage und unbestimmt. Die Glaubwürdigkeitskrise wird hier letztlich auf der Ebene von Klischees ausgetragen.

In den Fachtexten, die bis jetzt analysiert wurden, findet sich keine einzige „saftige Hiobsbotschaft"; diese konstituiert sich erst im Zusammenspiel der Medien, die öffentliche Experten befragen und die ungeprüft Texte und Zitate aus anderen Vermittlungstexten übernehmen, wobei sie diese dann, wie vorher gezeigt, in ihrer Bedrohlichkeit übertreiben und die Gegenstände, auf die referiert wird, unbestimmt machen.

So wird auch von von Randow (1986b) nicht reflektiert, dass die Krise auch eine Folge der Transformationen von *Bild der Wissenschaft* und dem *ZEIT*-Artikel von Klingholz (1986) ist.

Insgesamt kann man den Artikel als hyperbolisch und abwertend kennzeichnen. Dies drückt m.E. die Erfahrung der Enttäuschung über den Glaubwürdigkeitsverlust aus. Hyberbolisch wird aus „nicht wissen" „nichts wissen" aus „einiges unklar" „alles unklar" etc., die Abwertungen werden u.a. durch den Gebrauch bestimmter Metaphern („ideologischer Weizen") und durch die Unterstellung niederer Beweggründe für verwerfliche Handlungen (z.B. aus Eitelkeit Tatsachen vortäuschen) gemacht. Dabei sind die Vorwürfe nicht zielgerichtet, sondern richten sich wieder auf die amorphe, unbestimmte Gruppe „der" Wissenschaftler, so dass auch in diesem Dokument des Glaubwürdigkeitsverlusts die Einheitlichkeit der Wissenschaft aufrecht erhalten wird.

Der nächste Artikel in der *ZEIT*, in dem die Rede vom Ozonloch ist, ist kein wissenschaftsjournalistischer Artikel, sondern erscheint im Ressort Kultur. Er ist dennoch hochinteressant, da er relativ nah an der ersten Berichterstattung über das Ozonloch liegt und zeigt, dass die in der Vermittlung erzeugte Unbestimmtheit des Individuums Ozonloch weit reichende Fantasien auslöst, die aber vom Autor durchaus als faktivische Gegenstandskonstitution betrachtet werden. Dabei können wir vermuten, dass die vom Autor für Realität gehaltene Fantasie von einem nicht unbeträchtlichen Teil der Bevölkerung geteilt wird.

8.2.4 Die Endzeit findet doch statt – wie das Ozonloch zu einer Ikone des Schreckens wird

Drei Monate nach der zweiten Glaubwürdigkeitskrise erscheint in der *ZEIT* ein Artikel des Schriftstellers Wolfgang Hildesheimer. Es handelt sich um den am 5.12.1986 erschienenen Artikel: „Endzeit - nur ein Gerede?". Der Artikel stellt eine Erwiderung auf einen Text von Peter Handke dar, der sich gegen eine „Endzeitstimmung" und die modische Verarbeitung von Endzeitthemen in der Literatur wandte. In der Argumentation Hildesheimers, in der er sich dafür einsetzt, auch „Endzeitthemen" literarisch aufzuarbeiten, erfährt das gerade erst in den öffentlichen Diskurs in verzerrter Form eingebrachte Individuum Ozonloch eine wesentliche Veränderung: Es wird zu einer Ikone des Schreckens.

Betrachtet man die Ebene der Gegenstandskonstitution, dann hat das von Hildesheimer (1986) konstituierte Ozonloch nichts mehr mit dem Individuum über der Antarktis zu tun, es ist ein fiktiver Gegenstand geworden, der als Realität ausgegeben wird, denn Hildesheimers Text beansprucht *faktivische* Modalität. Es handelt sich also wiederum um eleganten Unsinn fürs Volk, der sich als kraftvolles Bild – ähnlich wie Fabeltiere in früheren

Zeiten – als soziale Kognition[44] etablieren kann:

(22) „Das ‚Ozonloch‘, das sich über antarktischen Regionen ausbreitet und, nordostwärts ziehend, die Erde zu verunsichern beginnt, lenkt die Phantasie auf ungewohnte Bahnen des Schreckens – da zieht es durch die Biosphäre, breitet sich aus und vertieft sich und strahlt Schäden aus.“

Das Ozonloch erscheint nun nicht mehr als ungewöhnlich hoher Ozonverlust in einer genau bestimmten Region und einer genau bestimmten Zeitspanne, sondern als selbstständig existierendes Ding, das sich von der Antarktis in Richtung Nordosten bewegt und dabei immer gefährlicher wird. Aus dem Verlust der Schutzfunktion der Ozonschicht, was eine größere Strahlungsbelastung durch UVB-Strahlen zur Folge hat, wird nun ein Individuum, das selbstständig „Schäden ausstrahlt“. Diese Hypostasierung hat natürlich nichts mehr mit dem im Fachdiskurs konstituierten Individuum Ozonloch zu tun (vgl. den Abschnitt 7.4, S. 184ff.). Aus der Sicht einer fachlichen Diskursposition wird von Hildesheimer mit dem Ausdruck „Ozonloch“ auf einen fiktionalen Gegenstand referiert. In der Sicht von Hildesheimer (1986) dagegen handelt es sich um einen realen Gegenstand und diese Sicht wird – so können wir vermuten – von einer nicht unbeträchtlichen Anzahl von Lesern geteilt werden.

Das Ozonloch, so nicht nur aller räumlichen und zeitlichen Bestimmtheit beraubt und mit neuen (falschen) Raum-Zeit-Bezügen versehen, wird auf diese Weise zu einer Ikone des Schreckens, die sich in die Galerie der anderen Katastrophen wie Waldsterben oder Klimaerwärmung einreihen lässt.

Wir finden hier also ein ähnliches Phänomen, das Mabeck und Olesen (1997) mit „Ethnomechanik“[45] bezeichnet haben, also Ursache-Wirkungsmodelle von Laien über fachlich konstituierte Gegenstände wie das Herz-Kreislauf-System, die mit der Konstitution im Fach aber nichts mehr gemein haben und aus der Sicht des Faches als Nonsensmodelle erscheinen.

8.2.5 Der Neubeginn

Am 13.3.1987 erscheint wieder ein Artikel von Thomas von Randow (1987), diesmal mit der Überschrift:

(23) „Der Riß im Himmel. Ein Loch beunruhigt die Wissenschaftler: Die Ozonschicht, die alles Leben auf der Erde schützt, wird über dem Südpol immer dünner. Experten glauben, daß wir unseren Schutzschirm mit dem Treibgas aus den Spraydosen ruinieren.“

---

[44] Als soziale Kognition wird die Etablierung überindividueller Wissensbestände bezeichnet (vgl. dazu Moscovici, 1981; Liebert, 1996a; Wagner, 1997).

[45] Mit Antos (1996) können die ethnomechanischen Modelle auch als „laienwissenschaftliche Modelle“ bezeichnet werden.

Dieser Artikel ist bemerkenswert, weil es sich um einen sehr reflektierten Artikel handelt, der aber in keinerlei Weise auf die Glaubwürdigkeitskrisen eingeht, die der Autor selbst innerhalb der letzten Monate zweimal thematisiert hatte (von Randow, 1986a,b). Im Artikel von von Randow (1987) scheint es nun so, als hätte es diese Glaubwürdigkeitskrisen nie gegeben.

Wenn wir unterstellen, dass von Randow (1987) den ersten *ZEIT*-Artikel von Klingholz (1986) und seine eigenen Berichte zum Ozonloch nicht „vergessen" hat, so handelt er natürlich auf dem Hintergrund des in diesen Artikeln vermittelten Wissens. Dabei handelt er nun - zumindest auf einer oberen Ebene der Erzeugung - nach dem in Kapitel 4[46] aufgestellten Vermittlungsmuster an genau den Stellen, die wir noch in den vorangegangenen *ZEIT*-Artikeln als Abweichungen davon analysiert hatten. In diesem Sinne kann man davon sprechen, dass er „Korrekturen" von bisher in der *ZEIT* vermittelten Informationen vornimmt.

So rekonstruiert von Randow (1987) nun

- die Problematik von Modellrechnungen
- Aufbau, Funktion und Quantität der Ozonschicht
- Messmethoden
- unterschiedliche fachliche Diskurspositionen.

Dabei ist es ein Wesensmerkmal dieses Textes, dass dem Leser vorenthalten wird, was aus den vorhergehenden Artikeln korrigiert wurde und was nicht.

Wir können dies deshalb als ein Handeln nach dem Muster HEIMLICH KORRIGIEREN verstehen, eine Sequenz, die wie das Muster KORRIGIEREN aufgebaut ist, nur mit dem Unterschied, dass es unterlassen wird,

- die Vermittlungshandlung VH zu identifizieren, mit der das fehlerhafte Wissen vermittelt wurde
- mitzuteilen, dass in VH fehlerhaftes Wissen vermittelt wurde
- die Fehler zu identifizieren.

Durch das heimliche Korrigieren scheint es einem Erstleser so, als wäre dies der erste Artikel über das Ozonloch in der *ZEIT*. Wenn wir aber im Sinne der artikelübergreifenden Kohärenz von einem Leser ausgehen, der

[46] Vgl. S. 93ff.

HEIMLICH KORRIGIEREN →

D_i – WISSEN VERMITTELN
⋮
–VERMITTLUNGSHANDLUNG VH IDENTIFIZIEREN
–MITTEILEN(dass in VH fehlerhaftes Wissen vermittelt wurde)
–FEHLER IDENTIFIZIEREN
KORRIGIERTES D_i – WISSEN VERMITTELN

Handlungsmusterschema 8.21: HEIMLICH KORRIGIEREN

alle Artikel in der *ZEIT* zu diesem Thema liest, so wird nun der Leser selbst die Glaubwürdigkeitsfrage aufwerfen, denn er muss mit einer Reihe starker Widersprüche und vielen „losen Enden" umgehen, die in den bis dahin publizierten Artikeln entstanden sind.

Neben den heimlichen Korrekturen werden nun aber andere Abweichungen vom Vermittlungsmodell sichtbar, die erneut das Gelingen der Vermittlung fraglich erscheinen lassen. Diese Abweichungen betreffen insbesondere die Darstellung der Entdeckungsgeschichte des Ozonlochs und die Unbestimmtheit der konstituierten Gegenstände.

Wir wollen nun diese Handlungen anhand einer Passage, die speziell vom Ozonloch handelt, näher betrachten, zuvor aber kurz den Artikelanfang bis zum Beginn der zu analysierenden Passage beschreiben:[47]

Der Artikel beginnt mit einer stark personalisierenden[48] Erzählung in faktionaler Modalität,[49] wie Rowland die Ozonschicht als Senke für FCKWs ausgemacht hatte und wie durch den Artikel von Molina und Rowland (1974)[50] auch eine öffentliche Debatte um die Verminderung der Ozonschicht angeregt wurde, bis verschiedene Messungen zunächst keine nennenswerten Ozonverluste gemeldet hatten.

Danach beginnt von Randow (1987) die Entdeckungsgeschichte des Ozonlochs zu erzählen, die man mit fortschreitender Analyse als populärwissenschaftliche Legendenbildung charakterisieren kann.

[47] Der weitere Textzusammenhang kann im Anhang (S. 427ff.) betrachtet werden.

[48] Die personalisierende Entdeckungsgeschichte über Rowland wurde in Abschnitt 3.4 (S. 90ff.) besprochen.

[49] Der Begriff der faktionalen Modalität, der eine Amalgamierung aus fiktionaler und faktitiver Modalität bezeichnet, wurde in Abschnitt 3.4 auf S. 91 eingeführt.

[50] Vgl. dazu das Kapitel 6 „Klimatologie für Linguisten" (S. 117ff.), in dem auch Passagen aus dem Artikel von Molina und Rowland (1974) behandelt werden (S. 123ff.).

Geschichten von der Entdeckung des Ozonlochs als populärwissenschaftliche Legenden

Zu Beginn der 80er Jahre wurden dann Ozonverluste über der Antarktis gemessen und von Farman, Gardiner und Shanklin (1985) publiziert:[51]

(24) „(...) das Ozonloch über der Antarktis. Genaugenommen war diese Überraschung eine böse Schlappe für die Stratosphärenforschung. Denn nicht ein einziges der mit viel Computeraufwand konstruierten Stratosphärenmodelle hatte vorhergesagt, daß sich über dem Südpol ein periodisch wiederkehrendes, geradezu drastisches Ausdünnen der Ozonschicht ereignen könnte. Nicht einmal eine nachträgliche Erklärung für das Entstehen des kontinentgroßen Ozonlochs vermögen die Modelle zu geben."

(25) „Bemerkenswert und sicher auch ein wenig beschämend für die Wissenschaft ist vor allem, daß Meßgeräte am Boden und an Bord von künstlichen Erdsatelliten lange schon den klaren Nachweis für diesen enormen stratosphärischen Ozonverlust geliefert hatten. Nur paßten eben diese Meßergebnisse nicht in die gängigen Theorien. Also wurden sie ignoriert."

Mit (24) und (25) wird eine neue Variante der Entdeckungsgeschichte begonnen. In dieser Variante sind die Handlungsbeteiligten nun Wissenschaftler mit ihren Messgeräten „am Boden und an Bord von Satelliten". Diese durch die Äußerungen von von Randow (1987) nicht identifizierbaren Gruppierungen können wir mit unserem Hintergrundwissen als Farman, Gardiner und Shanklin (Messgeräte am Boden)[52] und Stolarski, Krueger, Alpert, Heat und Chandra bzw. Stolarski, Krueger, Schoeberl, McPeters, Newman und Alpert (Messgeräte an Bord von Satelliten) identifizieren. Diese wissenschaftlichen Schlüsseltexte, in denen immerhin die Entdeckung bzw. Bestätigung des Ozonlochs präsentiert wurden, tauchen aber bei von Randow (1987) namentlich nicht auf.

Wenn wir das von von Randow (1987) bis hierher Gesagte paraphrasieren, so finden wir eine weitere Variante der uns bereits wohlbekannten Entdeckungsgeschichte des Ozonlochs:

Wissenschaftler mit Messgeräten am Boden und Wissenschaftler mit Messgeräten an Bord von Satelliten messen bereits lange Zeit den starken Ozonverlust über der Antarktis. Sie haben aber Theorien, die den Ozonverlust nicht vorhersagen und ignorieren deshalb die Messwerte ihrer Messinstrumente.

---

[51] Es gibt noch eine relativ unbekannte Publikation aus dem Jahr 1984 (vgl. dazu Sonnemann, 1992).

[52] Auf den Transport dieser Messgeräte in die Atmosphäre mittels Wetterballons geht von Randow (1987) hier nicht ein.

Diese Legende, die wir bereits in verschiedenen Variationen kennen gelernt haben (vgl. Tabelle 7.1 auf Seite 178), wird wiederum als Wahrheit dargestellt. Obwohl nicht einmal der Versuch gemacht wird, diese Entdeckungsgeschichte zu belegen, dient sie als Begründung für die Abwertung „der“ Wissenschaft als „beschämend“.

Zur Erinnerung, *eine* Variante der Legende von der Entdeckung des Ozonlochs lautete bei Ewe (1986): Farman, Gardiner und Shanklin entdecken ein Ozonloch (in einer der Varianten sogar bereits 18 Jahre vor der Publikation), glauben an einen Fehler im Messgerät, tauschen dies (in einer der Varianten) aus und ringen sich schließlich dazu durch, ihre Ergebnisse zu veröffentlichen.

Stolarski et al. werten regelmäßig Daten von einem Messsatelliten aus, wobei zu starke und zu schwache Werte ausgefiltert werden. Nach dem Artikel von Farman, Gardiner und Shanklin (1985) werten sie die Ergebnisse noch einmal aus, lassen den „Filter“ weg und finden tatsächlich ebenfalls ein Ozonloch (vgl. auch die ähnlichen Darstellungen bei Weiner, 1995; Luhmann, 1999).

Diese Legendenkombination finden wir auch im Weiteren[53] bei von Randow (1987).

Eine weitere Legende von der Entdeckung des Ozonlochs

Zunächst beschreibt von Randow (1987) eine weitere Variante der Entdeckungsgeschichte des Ozonlochs:

(26) „Die theoretisch errechneten Ozonverluste als Folge einer Chlorverschmutzung der Stratosphäre würden innerhalb dieser Schwankungsbreiten liegen, darum ist es kein Wunder, daß die statistische Auswertung von Dobson-Messungen aus den Jahren 1970 bis 1985 keinerlei Hinweis auf ein Ausdünnen des stratosphärischen Ozons gegeben hat.“

(27) „Eine Meßstation aber, der von britischen Meteorologen überwachte Dobson-Spektrograph in der Halley-Bucht nahe dem Südpol, tanzt seit 1977 aus der Reihe.“

Wir wissen bereits aus der Analyse des Artikels von Farman et al. (1985), dass die Messwertreihe 1957 und nicht 1970 begonnen wurde. Nach dieser Messwertreihe, die in Abbildung 7.7 auf Seite 199 wiedergegeben wurde, ist das Jahr 1977 ein Jahr mit *steigenden* Ozonwerten. Nun könnte man meinen, dass sich der Autor mit dieser Messwertreihe vielleicht auf den Artikel von Stolarski et al. (1986) bezieht, deren erste Messwertreihe ja 1970 begann (vgl. Tabelle 7.3 auf Seite 215) – doch findet sich dort unter 1977 gar kein Eintrag. Wie von Randow (1987) also ausgerechnet

[53] Eingeschoben ist an dieser Stelle noch eine kurze Erläuterung zu den Messgeräten, die hier nicht kommentiert werden soll.

auf das Jahr 1977 kommt, ist genauso rätselhaft, wie die anderen Vermittlungsautoren an die anderen (falschen) Jahreszahlen geraten sind.

Betrachten wir nun Sart (28):

(28) „Im Oktober, dem antarktischen Frühlingsanfang, war dort **Jahr für Jahr** im ersten Sonnenlicht nach der winterlichen Finsternis eine drastische Erhöhung des UV-Anteils gemessen worden, ergo **ein drastisches Absinken des stratosphärischen Ozons**. Allerdings erreichten die Meßwerte bald wieder ihr normales Niveau.“ (Herv. v. mir, W.-A.L.)

Der Autor führt hier die uns bekannte Vereinfachungstransformation durch, indem er eine Trendaussage (Das Ozonloch wird tendenziell größer) als Absolutaussage darstellt (Das Ozonloch wird jedes Jahr größer).

Die Annahme eines Fehlers des Messinstruments, der nun in (29) behauptet wird, findet sich in beinahe allen Entdeckungsgeschichten:

(29) „Offenbar hatten die Wissenschaftler diese Anomalie zunächst einem Fehler im Instrument zugeschrieben. Denn erst nach der siebten Wiederholung des Phänomens, im Dezember 1984, entschlossen sich die britischen Forscher, der Zeitschrift 'Nature' einen Bericht über ihre Beobachtungen einzureichen.“

(30) „Er wurde im Mai 1985 veröffentlicht und sprach von ‚dramatischen Veränderungen in der Ozonschicht‘.“

Wenn es sich hier nicht um eine historisch rekonstruierte und belegte Erzählung der Entdeckung des Ozonlochs handelt, was ist dann die Funktion dieser „Entdeckungsgeschichte“?

Zum einen hat diese Geschichte, in der Wissenschaftler ihren eigenen Messinstrumenten nicht glauben, etwas Skurriles und Unterhaltendes und ist deshalb gut als narrativer Stoff geeignet. Zum anderen kann damit das enorme Ausmaß der Ozonverluste verdeutlicht werden, was man paraphrasieren kann als: *Die Ozonverluste waren so groß, dass sie das Vorstellungsvermögen der Forscher überstiegen haben.* Wir können dies als ein Handeln nach dem Handlungsmuster QUANTITÄT DER OZONVERLUSTE VERDEUTLICHEN fassen.

QUANTITÄT DER OZONVERLUSTE VERDEUTLICHEN →

BEHAUPTEN(Verluste sind so enorm, dass Forscher den Messungen nicht glauben.)

Handlungsmusterschema 8.22: QUANTITÄT DER OZONVERLUSTE VERDEUTLICHEN

Es handelt sich hier natürlich nur um eine Andeutung, nicht um eine Bestimmung der Quantität: Es wird nämlich nicht versucht, die Größenänderung *metrisch* zu bestimmen.

Mit (30) wird zwar die Publikation von Farman et al. (1985) angedeutet, aber nicht identifizierbar gemacht. Es handelt sich also um eine Form des Musters UNGENAU ZITIEREN (vgl. Handlungsmusterschema 8.23).

UNGENAU ZITIEREN →	–AUTORENNAMEN NENNEN –TITEL NENNEN –PUBLIKATIONSORT NENNEN –PUBLIKATIONSJAHR NENNEN ⋮

Handlungsmusterschema 8.23: UNGENAU ZITIEREN

In dem in (30) übersetzten Zitatausschnitt (‚dramatischen Veränderungen in der Ozonschicht') wird die im Englischen und Deutschen leicht unterschiedliche Semantik (dem Englischen „dramatic" entspricht eher das deutsche „drastisch") nicht verdeutlicht. Zur Erinnerung soll der zweite Teil des auf Seite 200 bereits analysierten Satzes (57) noch einmal zitiert werden:[54]

(57) „(...) the annual variation of total O_3 at Halley Bay has undergone a dramatic change." (Farman et al., 1985, S. 207)[55]

Das Dramatische wird hier von von Randow (1987) noch betont, indem er weder die Differenzierung, dass es sich nicht um die Ozonschicht, sondern um die jährliche Variation handelt, noch das einschränkende Ortsattribut „über Halley Bay" anführt.

Eine weitere Legende von der Bestätigung der Entdeckung des Ozonlochs

Dann beschreibt von Randow (1987) eine weitere Variante der Bestätigung der Entdeckung des Ozonlochs:

(31) „Empfunden wurde die Dramatik nur in der Gemeinschaft der Atmosphärenforscher. Der Öffentlichkeit blieb diese Sensation weitgehend verborgen."

(32) „Im Goddard-Forschungszentrum, das den Forschungssatelliten ‚Nimbus 7' der Nasa betreut, erinnerten sich Wissenschaftler an ‚pathologische' Meßergebnisse, die der Kunstmond beim Südpol-Überflug zur Erde gefunkt hatte."

Mit (32) werden sowohl die Wissenschaftler („im Goddard-Forschungszentrum"), die Messergebnisse (die „pathologischen Meßergebnisse") als

[54] Vgl. die Diskussion in Abschnitt 7.4.3 ab Seite 200.

[55] Vgl. die Analyse dieses Satzes auf S. 200ff.

auch die vermeintlichen „Erinnerungen" der Wissenschaftler unbestimmt beschrieben, die Quelle für diese Behauptung wird nicht genannt. Die weitere Entdeckungsgeschichte liest sich dann wie folgt:

(33) „An Bord befindet sich ein Gerät, das die von der Erdatmosphäre reflektierte UV-Strahlung mißt."

(34) „Diese Werte lassen Rückschlüsse: nämlich auf den von der Ozonschicht verschluckten Anteil dieses unsichtbaren Lichts und also auch auf die verschluckende Ozonmenge zu."

(35) „Manchmal aber schien sie unvorstellbar gering zu sein; so unvorstellbar war sie, daß die Forscher der Bodenstation ihren Computer umprogrammierten."

(36) „Meßwerte unterhalb einer bestimmten Grenze sollte er fortan ignorieren."

(37) „Denn nach Ansicht der Fachleute konnten sie nur auf Fehler im Meßgerät des Satelliten zurückzuführen sein."

(38) „Nach dem Alarm aus der Halley-Bucht aber ließen die Nasa-Experten die alten aufgezeichneten Meßergebnisse noch einmal vom Computer auswerten, diesmal ohne Aussiebung von Niedrigwerten durch das Programm."

(39) „Ergebnis: Das dramatische Absinken der Ozonschicht über der Antarktis wurde voll und ganz bestätigt."

Während wir in den bisherigen Varianten gehört hatten, dass das Messgerät im Satelliten von vornherein unwahrscheinliche Messergebnisse ausließ, ist diese Variation noch „beschämender" für „die" Wissenschaft, denn die Messergebnisse liegen hier vor und das Messgerät wird *erst danach* daraufhin programmiert, solche Messergebnisse auszufiltern.

Wir hatten eben schon gesagt, dass sich diese Legenden nicht überprüfen lassen. Es werden keinerlei Quellen angegeben, die Personenbezeichnungen sind vage, in den Fachartikeln ist davon überhaupt nichts zu finden und die NASA hat eine Gegendarstellung zu dieser Legende veröffentlicht:

Die NASA, die für das Satellitenprogramm verantwortlich ist, hat diese Legende als Medien-Artefakt erklärt. So berichtet Sparling (1999) auf den WWW-Seiten der NASA:

„In 1974 M.J. Molina and F.S. Rowland published a laboratory study demonstrating the ability of CFC's to catalytically breakdown ozone in the presence of high frequency UV light. Further studies estimated that the ozone layer would be depleted by CFC's by about 7% within 60yrs and based on such studies the US banned CFC's in aerosol sprays in 1978. Slowly various nations agreed to ban CFC's in aerosols but industry fought the banning of valuable CFC's in other applications. A large shock was needed to motivate the world to get serious about phasing out CFC's and that shock came in a 1985 field study by Farman, Gardiner and Shanklin. Published in Nature, May 1985, the study summarized data that had been collected by the British Antartic Survey showing that ozone levels had dropped to 10% below normal January levels for Antarctica. The authors had been somewhat hesitant about publishing because Nimbus-7 satellite data had shown no such drop during the Antarctic spring. But NASA soon discovered that the spring-time ‚ozone hole' had been covered up by a computer-program designed to discard sudden, large drops in ozone concentrations as ‚errors'. The Nimbus-7 data was rerun without the filter-program and evidence of the Ozone-hole was seen as far back as 1976.

It is important to note that the description of the discovery of the ozone hole presented above is not accurate. Dr Richard D. McPeters, Principal Investigator, Earth Probe TOMS at Goddard Space Flight Center explains: ‚Ozone is derived on a FOV-FOV basis and there has never been a filter applied as described. The explanation I usually see is that we ‚threw out' the low values. This is not correct either. Our software had flags for ozone that was lower than 180 DU, a value lower than had ever been reliably reported prior to 1983. In 1984, before publication of the Farman paper, we noticed a sudden increase in low value from October of 1983. We had decided that the values were real and submitted a paper to the conference the following summer when Joe's paper came out, showing the same thing. As the first one in print, he gets full credit for discovery of the ozone hole. It makes a great story to talk about how NASA ‚missed' the ozone hole, but it isn't quite true'."

Diese Gegendarstellung ist nicht unglaubwürdig, da Stolarski, Krueger, Alpert, Heat und Chandra (1985) sich auf einen Vortrag im August 1985 beziehen, in dem bereits die Auswertungen der Satellitendaten vorgestellt wurden. Dies spricht dafür, dass die NASA fast gleichzeitig zum selben Ergebnis wie Farman, Gardiner und Shanklin, deren Artikel im Mai 1985 erschien, kam – wenn man nicht annehmen will, dass die Vortragenden erst nach der Lektüre des Aufsatzes von Farman et al. (1985) noch schnell ihren Vortrag nachmeldeten und die in den Legenden beschriebenen Operationen durchführten („Filter" entfernen, neue Auswertungen der Satellitendaten 1970 – 1984 vornehmen etc.).

Die Darstellung der Entdeckungsgeschichte, die von Randow (1987) mit (24) – (39) gibt, ist also lediglich ein weiteres Stück der populärwissenschaftlichen Legendenbildung, mit dem einerseits eine „interessante" Geschichte erzählt wird, zum anderen aber auch das eben beschriebene Muster QUANTITÄT DER OZONVERLUSTE VERDEUTLICHEN (vgl. Handlungsmusterschema 8.22 auf Seite 293) konstituiert wird.

Einführung unterschiedlicher Diskurspositionen

Wir wollen nun auf einen zentralen Punkt der Korrekturen näher eingehen, die Ausarbeitung unterschiedlicher Diskurspositionen. Dieses Handlungsmuster wurde im Vermittlungsmodell in Kapitel 4 (S. 93ff.) als zentral für das Gelingen der Vermittlung definiert. Im Gegensatz zu den bisher behandelten Vermittlungstexten, in denen nicht unterschiedliche Diskurspositionen eingeführt werden, sondern vom Streit „der" Wissenschaft oder „der" Experten gesprochen wird, führt von Randow (1987) zwei der im Fachdiskurs vertretenen Diskurspositionen explizit ein und erläutert deren Argumentationsmuster. Es handelt sich um die Fachdiskurspositionen: „Ozonverlust durch FCKW" (von von Randow (1987) als die „Chemiker" bezeichnet) und „Ozonverlust durch Atmosphärendynamik" (von von Randow (1987) als die „Dynamiker" bezeichnet):

(40) „Das Rätselraten über die Ursachen des antarktischen Phänomens spaltet seither die Gelehrten in zwei Lager, das der ‚Chemiker' und das der ‚Dynamiker'."

Zuerst wird die Position „Ozonverlust durch FCKW" eingeführt und als Weiterführung der Argumentation der frühen Arbeiten von Rowland und Molina interpretiert:

(41) „Die ‚Chemiker' sehen in der temporären Ozonverdünnung einen deutlichen Hinweis darauf, daß Vernichtungsprozesse, wie sie zuerst Rowland und Molina postuliert hatten, tatsächlich stattfinden und die Chlorfluorkohlenwasserstoffe als Hauptübeltäter daran beteiligt sind."

Die Position „Ozonverlust durch FCKW" wird dann folgendermaßen weiter charakterisiert:

(42) „Über dem Südpol sei während der sonnenlosen Zeit der Ozonschirm besonders verwundbar, erklärten sie. Die Pole seien die Achillesfersen der Atmosphäre, deshalb würden wir das gleiche Ozondesaster bald auch über dem Nordpol registrieren. Tatsächlich gibt es – allerdings noch unbestätigte – Satellitenmessungen, aus denen ein zunehmender, jedoch, verglichen mit dem Antipoden, geringer Ozonverlust während des arktischen Winters über dem Nordpol ablesbar sein soll."

Die mögliche Gefahr wird hier von von Randow (1987) ausgeweitet und zugleich näher an das Universum des Laienadressaten gerückt. Im Fachdiskurs der damaligen Zeit wurden meines Wissens keine starken Ozonverluste über dem Nordpol postuliert. Man kann dies aber nicht nachprüfen, da diese Behauptung, über dem Nordpol sei ein Ozonloch möglich, nicht zitiert wird. Die „Sprecher" sind nahezu völlig unbestimmt, denn die pronominale Referenz in „(...) erklärten sie." ist nicht auflösbar. Handelt es sich um einen anaphorischen Verweis auf „die Chemiker“ in (40) oder (41)?[56]

Dann wird die Position „Ozonverlust durch Atmosphärendynamik“ eingeführt und charakterisiert:

(43) „Die Dynamiker bezweifeln, daß chemische Reaktionsketten in der Stratosphäre rasch genug ablaufen könnten, um eine tägliche Ozonzerstörung von immerhin einem halben Prozent zu bewirken. Jerry Mahlman vom Institut für Geophysikalische Dynamik an der Princeton-Universität dazu: ‚Theorien, die Chlorfluorkohlenwasserstoffe für das Ozonloch verantwortlich machen, kommen quantitativ ins Schwimmen‘.“

(44) „Nach der chemischen Theorie müßte sich das Ozonloch von Jahr zu Jahr vergrößern, weil die Chlorfluorkohlenwasserstoffe über den Gebieten in Südpolnähe pro Jahr um fünf Prozent zunehmen. Doch das Loch von 1986 habe wieder dieselbe Größe gehabt wie zwei Jahre davor.“

Mit (43) – (44) wird das Schlussmuster konstituiert, das wir schon mehrmals besprochen haben[57] und das deshalb hier nicht noch einmal behandelt werden soll.

Mit (44) wird zugleich ein Widerspruch zu (28) aufgebaut, denn dort wurde ja behauptet, das Ozonloch werde von Jahr zu Jahr größer.

Die Diskursposition „Ozonverlust durch Atmosphärendynamik“ wird folgendermaßen weiter charakterisiert:

(45) „Mark Schoeberl und Richard Stolarski vom Goddard-Forschungszentrum verweisen darauf, daß in dem Maße, in dem das stratosphärische Ozon über dem Südpol abnimmt, eine Zunahme des Gases in benachbarten Gebieten zu verzeichnen ist, weshalb die gesamte Ozonmenge in der Region zwischen Pol und dem 44. südlichen Breitengrad von August bis Ende November ungefähr gleich bleibe.“

Von von Randow (1987) werden hier zwei der Autoren des Fachaufsatzes von Stolarski, Krueger, Schoeberl, McPeters, Newman und Alpert (1986) genannt. Warum nur zwei der beteiligten Forscher genannt werden, ist nicht klar. Es ist letztlich nicht einmal klar, ob er sich mit (45) überhaupt auf den Aufsatz von Stolarski et al. (1986) bezieht. Wenn ja, dann würde es sich um eine Transformation der auf Seite 213 behandelten Textpassage (67) handeln, in der die genaue raumzeitliche Gestalt der Ozonkonfiguration über der Antarktis konstituiert wird (Ozonmaximum und Ozonminimum).[58]

[56] „Die Chemiker“ ist keine Eigenbezeichnung irgendeiner Wissenschaftlergruppe; sie wird von von Randow (1987) eingeführt.

[57] Vgl. etwa Abschnitt 7.4.5 (S. 220ff.), Abschnitt 8.1.2 (S. 237ff.), Tabelle 8.1 auf Seite 238 sowie Abschnitt 8.2.3 (S. 283ff.).

[58] Vgl. Abbildung 7.9 (S. 213) und Abschnitt 7.4.5 (S. 212).

Mit der nächsten Passage erweitert von Randow (1987) die Charakterisierung, indem er nun auch die Rolle von Vulkanausbrüchen berücksichtigt:

(46) „,Chemische Effekte', sagte dazu Strömungsforscher Ka-Kit Tung von der Clarkson-Universität in Potsdam (Bundesstaat New York), ,können das nicht erklären, sie spielen sich lokal ab. Vielmehr deutet alles darauf hin, daß das antarktische Ozon zeitweilig in benachbarte Gebiete verschoben wird'. Dynamiker wie Tung und Schoeberl favorisieren dieses Modell: Wenn die Sonne nach dem antarktischen Winter wieder auf die inzwischen stark abgekühlte Stratosphäre zu scheinen beginnt, werden Ozon, Aerosole vulkanischen Ursprungs und polare stratosphärische Wolken aufgeheizt. Dieser Energiezuwachs von etwa fünf Grad Kelvin pro Tag vollzieht sich so schnell, daß diese Stoffe die aufgenommene Wärme nicht vollständig abstrahlen können. Folglich steigen sie aus der tieferen Stratosphäre auf und fließen zu den mittleren Breiten ab. Dies würde auch erklären, warum der stärkste Ozonverlust über dem Südpol im Jahr 1982 stattfand, als nämlich die vulkanische Aerosolwolke vom letzten großen Ausbruch des mexikanischen El Chichon die Stratosphäre erreicht hatte."

Betrachtet man die Messwertreihen von Farman et al. (1985)[59] und Stolarski et al. (1986)[60], so zeichnet sich das Jahr 1982 gerade durch einen *geringen* Ozonverlust aus.

Wir haben hier wieder den Fall einer einfachen Fehlinformation, die auf Grund der temporalen Unbestimmtheit des Individuums Ozonloch nicht erkannt werden kann. Diese Unbestimmtheit hätte entsprechend dem Vermittlungsmodell leicht durch eine dem Fachdiskurs nachempfundene Gegenstandskonstitution, d.h. durch eine Vermittlung der Messwertreihen, vermieden werden können. Dann wäre die eben genannte Fehlinformation auch unmittelbar aufgefallen und hätte korrigiert werden können.

Die von von Randow (1986b) früher eingebrachte Position „Ozonverlust durch Vulkanausbrüche" spielt hier als Diskursposition keine Rolle mehr. Von von Randow (1986b) wurde ja noch behauptet, die Forschungen der Meteorologin Labitzke hätten die Ursachen für das Ozonloch geklärt: Vulkanausbrüche.

Dann wird die Diskursposition „Ozonverlust durch FCKW" dargestellt:

(47) „Da sind die ,Chemiker' ganz anderer Ansicht. Einer, dem die Wissenschaft von der Stratosphären-Chemie eine Reihe wichtiger Erkenntnisse verdankt, Paul J. Crutzen vom Mainzer Max-Planck-Institut für Chemie, ist fest davon überzeugt, daß das Ozonloch ,im wesentlichen anthropogene Ursachen' hat, das Übel also von uns Menschen herrührt, von Stoffen

[59] Vgl. Abbildung 7.7 auf Seite 199.
[60] Vgl. Tabelle 7.3 auf Seite 215.

nämlich, die wir produzieren und an die Luft abgeben. Gemeinsam mit Dr. Frank Arnold vom Heidelberger Max-Planck-Institut für Kernphysik hat der Professor eine Theorie entworfen, die, wie die Pressestelle der Forschungsgesellschaft allen Medien mitgeteilt hat, ‚das Entstehen des Ozonlochs schlüssig begründet'. ‚Tatsächlich durfte man bis vor kurzem noch annehmen, daß der Ozon-Abbau durch die CFKs (Chlorfluorkohlenwasserstoffe) nicht sonderlich rasch ablaufen würde', erklärt der Gelehrte; ‚denn Chlor und Chlormonoxid, die durch ultraviolettes Licht aus dem CFKs entstehen, reagieren nur zu einem geringen Teil mit dem Ozon. Der Großteil dieser Substanzen wird durch Reaktionen mit dem Spurengas Methan aus dem Verkehr gezogen. Dabei entsteht gasförmige Salzsäure, die das Ozon nicht angreift'. Crutzen und Arnold aber fanden in einer neuen Modellrechnung heraus, daß diese ‚Methan-Bremse' unter bestimmten Bedingungen versagt, so daß Chlor und Chlormonoxid ungehindert ihr zerstörerisches Werk am Ozon ausüben können (...)."[61]

Um die Wissenstransformationen, die mit (47) gemacht werden, zu untersuchen, müsste hier eine genaue Analyse der Bezugstexte des Zeitschriftendiskurses – ausgehend vom Schlüsseltext von Crutzen und Arnold (1986) – und des institutionellen Vermittlungsdiskurses (Pressemitteilung des Max-Planck-Instituts) durchgeführt werden. Dies erscheint mir hier nicht sinnvoll, denn eine Wissenstransformationsanalyse mit fachlicher Bezugstextanalyse wurde bereits ausführlich dargelegt (vgl. Kapitel 7, S. 127 – 232). An dieser Stelle kommt es mir darauf an zu zeigen, *dass* verschiedene Diskurspositionen eingeführt werden. Charakteristisch war, dass hier nicht auf die im Fachdiskurs identifizierbaren Positionen Bezug genommen wurde, sondern Wissenschaftler als öffentliche Experten auftraten.

Zusammenfassung

Insgesamt gesehen wurde die raumzeitliche Konstitution des Individuums Ozonloch (etwa durch eine Vermittlung der Messwertreihen von Farman et al. (1985)[62] und Stolarski et al. (1986)[63]) nicht geleistet. Damit werden verschiedene Fehler und Widersprüche nicht erkennbar – das Mandeville-Dilemma entsteht.

Durch die personalisierende Entdeckungsgeschichte wurde eine weitere unbelegte Variante in die Welt gesetzt, die als populärwissenschaftliche Legendenbildung charakterisiert wurde.

Nach den Glaubwürdigkeitskrisen der Jahre 1986, 1986a und 1986b[64], die davon bestimmt waren, dass beim Aufkommen oder Bekanntwerden

[61] Hier folgt eine längere Passage, in der dieses Modell erklärt wird (vgl. Anhang, S. 435ff.).
[62] Vgl. Abbildung 7.7 auf Seite 199.
[63] Vgl. Tabelle 7.3 auf Seite 215.
[64] Vgl. die eben durchgeführten Analysen.

einer anderen fachlichen Diskursposition die Glaubwürdigkeit der Wissenschaft als Ganzes in Frage gestellt wurde, werden nun zwei verschiedene Diskurspositionen eingeführt, so dass das harmonisierende Wissenschaftsmodell hier zum ersten Mal differenziert wird. Allerdings sind die Positionen zum Teil unbestimmt, es werden keine Fachartikel zitiert, sondern Wissenschaftler als öffentliche Experten, ohne dass klar wäre, aus welchem Kontext diese Äußerungen zitiert werden.

8.2.6 Chronischer Glaubwürdigkeitsverlust – ein Ausblick

Obwohl sich der Artikel von von Randow (1987) durch besondere Reflektiertheit auszeichnet und einen Versuch darstellt, den Stand der Wissenschaft nicht als Output einer Erkenntnismaschinerie, sondern als Stand der wissenschaftlichen Argumentation zu charakterisieren, zeigt der letzte *ZEIT*-Artikel im gewählten Untersuchungszeitraum, dass das Ozonloch und die damit verbundenen Gefahren bereits kurze Zeit danach als umstrittenes Konzept repräsentiert werden: Noch kein Jahr später erscheint in der ZEIT der Artikel „Welche Zukunft wollen wir? Es mangelt an Wissen über die ökologischen und sozialen Kosten gesellschaftlichen Handelns" von Otto Ulrich (1987). Bei Ulrich (1987) gilt das Ozonloch nun als eine Art Standardbeispiel für angezweifelte Katastrophen wie der Klimakatastrophe oder dem Waldsterben, somit als Beleg für einen chronischen Glaubwürdigkeitsverlust der Wissenschaft, denn der fachliche Dissens ist hier als Streit von Meinungslobbys angekommen:

(48) „(...) Tschernobyl war aber nicht der Auftakt. Vorher gab es die Challenger-Explosion und später den Giftmord an Vater Rhein: 1986 war ein Jahr der technischen Katastrophen. Wieso nur 1986? Von der Titanic bis zur Todesfähre vor Zeebrugge läßt sich eine Linie ziehen. Wir leben nun mal in einer von Großtechnik gestützten Gesellschaft, und die technischen Risiken für Mensch und Mitwelt werden immer größer, eben: Risiko-Gesellschaft. Selbst die ‚schleichenden' Krisen haben längst ihre Meinungslobby: Waldsterben, Klimaaufheizung, Ozonloch, Verwüstung des Nordseegrundes durch Säureeintrag."

Damit kann die Vermittlung der Gefahren, die durch das Ozonloch entstehen, zumindest bis zu diesem Zeitpunkt als gescheitert betrachtet werden.

9 Gegendiskurse

„Wenn aber die meisten Leute Modelle oder Geschichten brauchen, um die Welt zu erklären, und den Medien nicht mehr glauben, wem können sie dann trauen? Niemandem."
Aus dem *Lexikon der Verschwörungstheorien* von Robert Anton Wilson (2000, S. 19)

9.1 Was sind Gegendiskurse?

In einigen Fällen werden Erkenntnisse aus bestimmten wissenschaftlichen Disziplinen von gesellschaftlichen Gruppen als Chancen oder Gefahren für die Gesellschaft gedeutet und lassen damit bestimmte Handlungsschritte zur Nutzung der Chance bzw. zur Abwendung der Gefahr sinnvoll erscheinen.[1] Wenn diese Handlungsschritte dann in politisches Handeln umgesetzt und als Politik – im Sinne einer Veränderung der sozialen Realität – in der Gesellschaft implementiert werden sollen, ändert sich der Grundcharakter der Wissenschaftsvermittlung entsprechend der Zielsetzung der Vermittlung:[2] Wissenschaftsnachrichten finden sich dann vermehrt in den Ressorts Politik und Wirtschaft (Kiese, 1997), bestimmte gesellschaftliche Gruppen merken, dass sie von diesen Implementierungen betroffen sind und beginnen sich mit dem Thema zu beschäftigen – es wird ernst.

Dabei stellen etwa entstandene Wissensklüfte bekanntermaßen kein besonderes Hindernis dar: Auch wenn bis dahin eine Wissenskluft bestanden haben sollte, überwinden viele Laien diese Kluft im Falle einer persönlichen Betroffenheit schnell, wie die Untersuchung von Grunig (1980) gezeigt hat. Aus Laien werden Novizen, die über eine Menge Wissen verfügen, Gutachten in Auftrag geben und sich in den politischen Entscheidungsprozess einmischen (vgl. Epstein, 1995, 1996; Liebert, 1996a; Biere und Liebert, 1997a). Dabei entstehen je nach Thema kleine oder große gesellschaftliche Diskussionen, die sich wie im Falle der Kernenergiedebatte zu langjährigen gesellschaftlichen Auseinandersetzungen entwickeln können (vgl. Jung, 1994, 1995). Gegendiskurse können sehr mächtig werden und den etablierten Hauptdiskurs in seiner Leitfunktion ersetzen. Aufsehen hat etwa die Äußerung des südafrikanischen Präsidenten Mbeki, HIV verursache kein Aids, erregt, denn aus dieser Annahme folgt eine von den meisten Staaten völlig verschiedene Gesundheitspolitik.[3] Peter M. Hejl

[1] Häufig herrscht in der gesellschaftlichen Diskussion bereits keine Einigkeit darüber, welches die Chancen und Gefahren *sind*.

[2] Vgl. dazu Tabelle 3.1 auf Seite 84.

[3] Mbeki stützt sich vor allem auf den zweiten Aids-Gegendiskurs, der maßgeblich

(1982) hat diesen Prozess als den Kampf um die zentrale gesellschaftliche Beobachterposition beschrieben. Es handelt sich dabei um diejenige Position, deren Akteure von bestimmten Realitätsdefinitionen ausgehen, darauf basierend gesellschaftliche Wirklichkeit in bestimmter Weise interpretieren, davon entsprechendes politisches Handeln ableiten und diese Politik auch *real implementieren.*

Der Diskurs, der der zentralen gesellschaftlichen Beobachterposition entspricht, soll im Folgenden *Leitdiskurs* genannt werden. Diskurse, die etablierten Leitdiskursen die zentrale gesellschaftliche Beobachterposition streitig machen wollen, sollen *Gegendiskurse* genannt werden. Gegendiskurse setzen somit einen Leitdiskurs, gegen den sie opponieren, voraus.

Zu beinahe jedem der großen gesellschaftlichen Brennpunktthemen sind Gegendiskurse entstanden. Allein für den Bereich der Konflikte, bei denen es um naturwissenschaftliche Themen geht, können genannt werden:

- Aids-Gegendiskurse
  - Gegendiskurs zur Nichtherausgabe von AZT (James, 1986)
  - Gegendiskurs zur HIV-Aids-Kausalität und zur Herausgabe von AZT (Ehlers, 1990)
- Gegendiskurs zur These vom Waldsterben (Müller-Ullrich, 1996a,b; Schütze, 1996)[4]
- Gegendiskurs gegen die Annahme eines anthropogenen Treibhauseffekts (Weber, 1992; Emsley, 1996; Calder, 1997)
- Gegendiskurs gegen die Annahme vom anthropogen verursachten Ozonloch (Maduro und Schauerhammer, 1992)
- Gegendiskurs gegen den so genannten „Ökologismus", der u.a. auch Position gegen die These vom anthropogen verursachten Ozonloch bezieht (Schauerhammer, 1990; Weber, 1992; Calder, 1997; Maxeiner und Miersch, 1998)

Hinsichtlich ihrer Geschichte, der Motive ihrer Protagonisten, der Kommunikationsformen und vieler anderer Aspekte sind Gegendiskurse sehr heterogen. Man muss jeden Gegendiskurs deshalb gesondert behandeln. So

von dem Virologen Duesberg initiiert wurde (vgl. die Diskussion unter `http://www.rethinkingaids.de`). Dieser Gegendiskurs wird gleich noch etwas näher betrachtet werden.

[4] Eine interessante Position nimmt die Arbeit von Holzberger (1995) ein, denn es handelt sich hier um eine philologische Analyse der Diskussion um das Waldsterben, die selbst zum Bestandteil des Gegendiskurses wurde.

ist der Kernenergiekonflikt sicherlich anders zu untersuchen als die „Entlarvungsdiskurse“, die in den letzten Jahren zu den großen ökologischen Themen entstanden sind.

Bei den Entlarvungsdiskursen gibt es aber auch einige Gemeinsamkeiten: Ein solcher Gegendiskurs entsteht, weil verschiedene Sachverhalte, die vom Leitdiskurs behauptet und als erwiesen angesehen werden, in Frage gestellt werden; es findet also in jedem Fall eine inhaltliche Diskussion auf der Ebene der Sachverhaltskonstitution statt. Häufig findet sich in Gegendiskursen auch eine Zentrum-Satelliten-Struktur: In den meist wenigen Zentraltexten wird noch stark inhaltlich und fachbezogen, zum Teil auch mit Zitaten aus Fachtexten argumentiert, um im Fachdiskurs aufgestellte Modelle zu widerlegen. Zentraltexte sind beispielsweise im Aids-Gegendiskurs die Arbeiten von Duesberg (vgl. die diversen Artikel in Ehlers, 1990), im Gegendiskurs zur Klimakatastrophe die Bücher von Emsley (1996) und Calder (1997); im Ozon-Gegendiskurs das Buch „Ozonloch – das mißbrauchte Naturwunder“ von Maduro und Schauerhammer (1992), das gleich ausführlicher behandelt werden soll. Die Autoren von Zentraltexten betrachten sich Autoren von Fachtexten gegenüber meist als ebenbürtig und nehmen für sich in Anspruch, mit ihren Argumenten bestimmte Ergebnisse der Forschung revidiert zu haben.

Zentraltexte zeichnen sich dabei nicht unbedingt durch Fehlerfreiheit aus, obwohl deren Autoren meist mit einem besserwisserischen Gestus auftreten. Als Beispiel dafür kann das Buch „Die launische Sonne – widerlegt Klimatheorien“ von Nigel Calder dienen, das von den Autoren des „Lexikons der Öko-Irrtümer“ charakterisiert wird als „Ein kompetentes Buch über den Einfluß der Sonne auf das Klima – und eine Abrechnung mit der Klima-Hysterie.“ (Maxeiner und Miersch, 1998, S. 403).

Bei Calder heißt es:

> „Keine Bange, auch das Ozonloch gab es schon immer. Aber eine überraschende Entdeckung um 1985 gab der übernationalen Umweltpolitik plötzlich eine andere Richtung. Man hatte festgestellt, daß sich die Ozonschicht hoch über der Antarktis auf seltsame Weise änderte. Diese Entdeckung ging auf den britischen Wissenschaftler Halley Bay [sic!] zurück und wurde dann vom amerikanischen Satelliten Nimbus 7 bestätigt. Schuld daran gab man sogleich den sogenannten FCKWs, die in Kühlschränken und Spraydosen verwendet wurden.“ (Calder, 1997, S. 41)

Mit dem „britischen Wissenschaftler Halley Bay“ sind offensichtlich die Arbeit von Farman, Gardiner und Shanklin (1985) bzw. ihre Forschungsstation Halley Bay gemeint. Krasse Fehlinformation, Unidentifizierbarkeit der Quellen sind hier gemischt mit apodiktischen, unbegründeten Behauptungen („Keine Bange, auch das Ozonloch gab es schon immer.“).

Die Satellitentexte erheben im Gegensatz zu den Zentraltexten keinen Anspruch, als Fachtext anerkannt zu werden. Sie beziehen sich häufig auf die „Ergebnisse“, die in den Zentraltexten behauptet werden. Dabei übernehmen sie die Argumente der Zentraltexte, wobei die Argumentation den bekannten Transformationen unterzogen wird, was häufig Nonsensmodelle zur Folge hat. Einige dieser Nonsensmodelle werden später diskutiert werden.

Eine weitere gemeinsame Eigenschaft von Gegendiskursen, insbesondere den Entlarvungsdiskursen, lässt sie auch von gesellschaftlichen Konflikten, in denen es um einen konkreten Interessenausgleich geht, etwa Tarifkonflikte, abgrenzen: Es ist das Vorgeben einer abstrakten Idee oder eines hohen Ideals, die die Akteure scheinbar ohne eigene Partikularinteressen handeln lassen. Die Ideen, in deren „Dienst“ sich die Akteure eines Gegendiskurses stellen, sind sehr vielfältig. Dazu zählen u.a. die Menschlichkeit, die Wahrheit oder die Wissenschaft, bzw. die Unmenschlichkeit, die Unwahrheit oder die Unwissenschaftlichkeit der Protagonisten des Leitdiskurses, die von den Vertretern des Gegendiskurses „entlarvt“ werden.

Bei der Legitimierung ihrer Opposition führen die Vertreter von Gegendiskursen aber nicht nur einen „Verrat“ einer (oder mehrerer) dieser Ideen an (meist eines Verrats des Ideals für egoistische Einzelinteressen) und prognostizieren, dass durch die Politikimplementation der Akteure des Leitdiskurses bestimmte soziale Gruppen (die bis zur ganzen Menschheit reichen können) einen großen Schaden erleiden werden.

Wenn also nicht nur über wissenschaftlich gestützte Annahmen diskutiert wird, sondern es absehbar wird, dass die soziale Realität verändert werden soll und die Akteure auch die Ressourcen zur Veränderung der sozialen Realität besitzen, dann ist der Zeitpunkt für die Etablierung eines Gegendiskurses oder verschiedener Gegendiskurse gekommen.

Man kann allgemein für die Kommunikation, auch für die Kommunikation zwischen Vertretern von Leit- und Gegendiskursen, folgende Regel ansetzen: Je höher das vermeintlich verletzte Ideal bewertet und der vermutete Schaden eingeschätzt werden, der aus Sicht der Vertreter des Gegendiskurses durch die Politik des Leitdiskurses entsteht, desto negativer ist die Hypothese über die Vertreter des Leitdiskurses, die diesen hohen Schaden in Kauf nehmen bzw. dieses hohe Ideal verletzen. Dabei verstärken sich die Größen *Partnerbewertung* und *Bewertung der Handlungen des Partners* wechselseitig, denn wenn man einmal annimmt, dass das Gegenüber tatsächlich die vermuteten, für bestimmte soziale Gruppen schädlichen Interessen verfolgt, dann wird man auch die folgenden Handlungen der Vertreter der Gegenposition negativer bewerten, was wiederum die negative Hypothese verstärkt etc.

Eine hervorstechende Eigenschaft von Gegendiskursen ist es deshalb, dass der Konstitution der *Beziehungsebene* eine zentrale Rolle in der Auseinandersetzung mit dem Leitdiskurs zukommt. Dies kann insbesondere bei fortschreitendem Konflikt zu extremen, einseitigen oder wechselseitigen Herabwürdigungen der Vertreter des Leit- bzw. Gegendiskurses führen. Dabei ist dies nicht einfach als eine Art „Ausdrucksfunktion", etwa als eine Art emotionaler Entlastung oder eines unspezifischen Gefühlsausdrucks, zu betrachten. Die Konstitution der Beziehungsebene, gerade wenn Einzelpersonen oder Institutionen herabgewürdigt werden, hat auch einen wichtigen argumentativen Wert. Wenn es nämlich gelingt, den anderen als Person oder als Institution zu diskreditieren, werden alle Argumente dieser Person/Institution in Zweifel gezogen, selbst wenn es sich um vernünftige Argumente handeln sollte; dadurch erspart sich die Position, die den Gegner erfolgreich diskreditiert hat, eine Menge an argumentativer Arbeit auf der inhaltlichen Ebene der Sachverhaltskonstitution. Man hat das Handlungsmuster DISKREDITIEREN deshalb als Art der Argumentation zu Recht als uninteger bezeichnet (vgl. etwa Groeben, Christmann und Mischo, 1996, S. 11ff.). Dennoch ist das Handlungsmuster DISKREDITIEREN ein gängiges Mittel, das nicht nur bei Diskussionen um naturwissenschaftliche Projekte eingesetzt wird, sondern auch in Debatten, bei denen die Sozial- oder Geisteswissenschaften beteiligt sind. Gerade weil die Geisteswissenschaften über ein weniger hohes gesellschaftliches Ansehen als die Naturwissenschaften verfügen und sie nicht wie die naturwissenschaftlichen Diskurse „hermeneutisch abgeriegelt" sind, führt dies bei gesellschaftlichen Konflikten zu einer raschen „Expertenvermehrung", bei denen die frisch gebackenen Laien-Experten die Fachwissenschaftler auf der persönlichen Ebene zu diskreditieren versuchen. Dies war auch bei der Diskussion um die Rechtschreibreform der Fall: Abbildung 9.1 auf der nächsten Seite zeigt einen Teil aus einer Anzeige des Gegendiskurses zur Rechtschreibreform (Ahrens et al., 2000).

Von einer respektvollen Behandlung der anderen Diskursposition ist in solch einem Fall nichts mehr zu bemerken, es handelt sich um eine reine Diskreditierung: Die Rechtschreibkommission und das Institut für deutsche Sprache werden herabgewürdigt, indem weder der staatliche Auftrag an die Kommission bzw. das Institut für deutsche Sprache, noch inhaltliche Argumente genannt, die Vorschläge dafür pauschal als „mißratenes Produkt" abgewertet werden. Lehrer und Eltern, die über positive Erfahrungen mit der Rechtschreibung berichten, werden zu „Helfern" der Kultusminister. Es wird vage von „bestimmten Verbänden" gesprochen, die nicht die Interessen ihrer Mitglieder vertreten. Wer keiner dieser Gruppen zugeordnet werden kann und dennoch das ein oder andere Argument für die offizielle Rechtschreibung vorbringt, wird der Gruppe der „Übereifrigen" zugeschlagen, so dass in der Darstellung von Ahrens et al. (2000) kein Individuum existiert, das ein Argument vorbringen kann, ohne zugleich in eine Kategorie der abgewerteten Personengruppen zu fallen. Schließlich

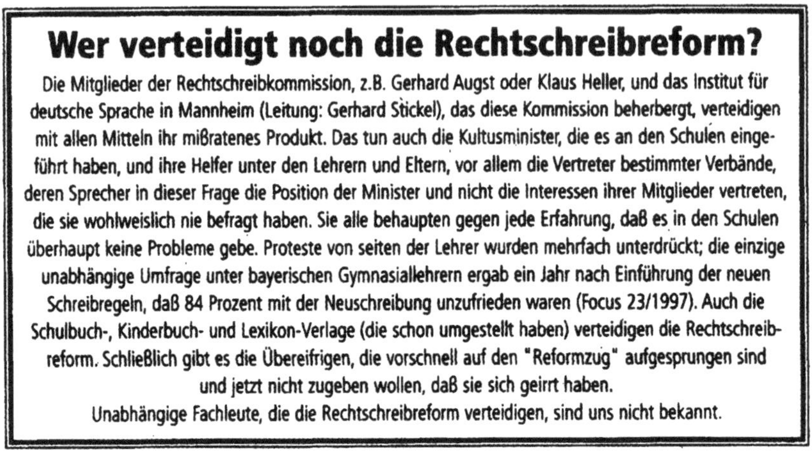

Wer verteidigt noch die Rechtschreibreform?

Die Mitglieder der Rechtschreibkommission, z.B. Gerhard Augst oder Klaus Heller, und das Institut für deutsche Sprache in Mannheim (Leitung: Gerhard Stickel), das diese Kommission beherbergt, verteidigen mit allen Mitteln ihr mißratenes Produkt. Das tun auch die Kultusminister, die es an den Schulen eingeführt haben, und ihre Helfer unter den Lehrern und Eltern, vor allem die Vertreter bestimmter Verbände, deren Sprecher in dieser Frage die Position der Minister und nicht die Interessen ihrer Mitglieder vertreten, die sie wohlweislich nie befragt haben. Sie alle behaupten gegen jede Erfahrung, daß es in den Schulen überhaupt keine Probleme gebe. Proteste von seiten der Lehrer wurden mehrfach unterdrückt; die einzige unabhängige Umfrage unter bayerischen Gymnasiallehrern ergab ein Jahr nach Einführung der neuen Schreibregeln, daß 84 Prozent mit der Neuschreibung unzufrieden waren (Focus 23/1997). Auch die Schulbuch-, Kinderbuch- und Lexikon-Verlage (die schon umgestellt haben) verteidigen die Rechtschreibreform. Schließlich gibt es die Übereifrigen, die vorschnell auf den "Reformzug" aufgesprungen sind und jetzt nicht zugeben wollen, daß sie sich geirrt haben.

Unabhängige Fachleute, die die Rechtschreibreform verteidigen, sind uns nicht bekannt.

Abbildung 9.1: PROTAGONISTEN DES LEITDISKURSES ABWERTEN am Beispiel einer Anzeige gegen die offizielle Rechtschreibung
Der Ausschnitt ist Teil einer einseitigen Anzeige in der *Süddeutschen Zeitung* vom 19./20. August 2000, die von Ahrens, Ahrens, Denk und Dräger geschaltet wurde.

wird den an den Reformvorschlägen beteiligten Sprachwissenschaftlern und allen anderen, die Argumente für die Rechtschreibreform vortragen, die Kompetenz als unabhängige Experten abgesprochen: „Unabhängige Fachleute, die die Rechtschreibreform verteidigen, sind uns nicht bekannt."

Die eigene Position als unabhängig und die Position des Gegners pauschal als abhängig von bestimmten, meist nicht oder nur allgemein bezeichneten Akteuren zu definieren, kann auch „zum Programm" werden. Ein Beispiel hierfür wurde wiederum dem zweiten Aids-Gegendiskurs entnommen. Es handelt sich um die Selbstdarstellung der Zeitschrift „raum & zeit", die die wichtigste deutschsprachige Plattform für den zweiten Aids-Gegendiskurs darstellt.

> „raum & zeit ist die einzige unabhängige medizinisch-physikalische Fachzeitschrift im deutschsprachigen Europa. Sie pflegt die konstruktiv-kritische Auseinandersetzung mit der orthodoxen Medizin und orthodoxen Physik.
>
> Die orthodoxe Medizin – gestützt durch die Pharma-Riesen und die Hersteller teurer medizinischer Geräte – ist schon aus Kostengründen dringend reformbedürftig. Außerdem wird sie immer mehr zum Gesundheitsrisiko.
>
> Die orthodoxe Physik – bei der noch immer die Relativisten tonangebend sind – ist dialogunfähig geworden. Neue Denkansätze, insbesondere auf dem Gebiet sanfter Energien, werden ignoriert. Hier gilt es, verkrustete Strukturen des Denkens und des Forschens aufzubrechen und vor allem die ungute

Abhängigkeit von der Wirtschaft zu beenden. Das heutige Weltbild der Physik ist in weiten Bereichen schlicht falsch, weil zu matrialistisch [sic.].“ (aus: Ehlers, 1990, S. 6)

Wenn ein Protagonist des Gegendiskurses mit dieser Hypothese in den Dialog mit Medizinern oder Physikern tritt, ist es für diese unmöglich, ein Argument aus der eigenen Diskursposition vorzubringen, ohne damit zugleich als dialogunfähig oder abhängig von den Interessen der „Pharma-Riesen“ oder „der“ Wirtschaft kategorisiert zu werden. Es wird hier eine Immunisierungstendenz deutlich (in diesem Fall abhängig von der Partnerhypothese), die ein Kennzeichen von Ideologien bzw. ideologieähnlichen Konstrukten ist und einen wesentlichen Teil von Verschwörungstheorien bildet. Wie wir später sehen werden, haben Gegendiskurse, insbesondere, wenn sie „entlarven“ wollen, eine Verschwörungstheorie „eingebaut“.

Die eigene Position wird häufig aufgewertet, indem entweder Autoritäten genannt werden, die auf der Seite des Gegendiskurses stehen, oder indem aufwertende Persönlichkeitscharakterisierungen, die der oder die Protagonisten des Gegendiskurses besitzen sollen, vorgenommen werden.

Die Beispiele in Abbildung 9.2 auf der nächsten Seite stammen aus dem zweiten Aids-Gegendiskurs und aus dem Klima-Gegendiskurs.

Wir finden als Legende zu den seriös gemeinten Fotos eine Aufzählung positiver, Glaubwürdigkeit konstituierender Eigenschaften, die bis ins Fantastische reichen können, etwa, wenn die maximale Aktualität und Autorität von Calders Quellen behauptet werden, da er Revolutionen beschreibe „noch während sie geschehen“, oder dass er bei wissenschaftlich-politischen Diskussionen auf die einzig verlässliche Quelle, „die Natur“, höre, zu der er offensichtlich einen exklusiven Zugang hat.

Die Aufwertung der Vertreter der eigenen und die Abwertung der Vertreter der anderen Position können auch kombiniert werden. Das folgende Zitat zeigt solch einen direkten Vergleich zweier Hauptprotagonisten.

„Prof. Dr. Duesberg ist der führende Virologe der Welt. Er hat das Virus-Analyse-Verfahren entwickelt und ist u.a. Mitglied der Nationalen Akademie der Wissenschaften, USA.

Die Qualität, die Ehrlichkeit und das Niveau seiner wissenschaftlichen Arbeiten stehen weit über denen eines Prof. Gallo. Peter Duersberg ist also nicht irgendwer, sondern der eigentliche ‚Virus-Papst‘, auch wenn er sich selbst niemals so nennen würde.“ (Ehlers, 1990, S. 18, im Orig. als Kasten mit Herv.)

Das Handlungsmuster ist hier derart, dass Duesberg nur Eigenschaften der Glaubwürdigkeit zugeschrieben werden, während Gallo, einem der Entdecker des HIV und Duesbergs Gegenspieler aus dem Leitdiskurs, nur diskreditierende Eigenschaften zugesprochen werden. Die Kategorie „Hochstapler“ wird dabei nicht durch eine Recherche nachgewiesen und durch eine Strafanzeige bekräftigt, sondern lediglich behauptet. Dass diese pla-

(a) Protagonist des Aids-Gegendiskurses

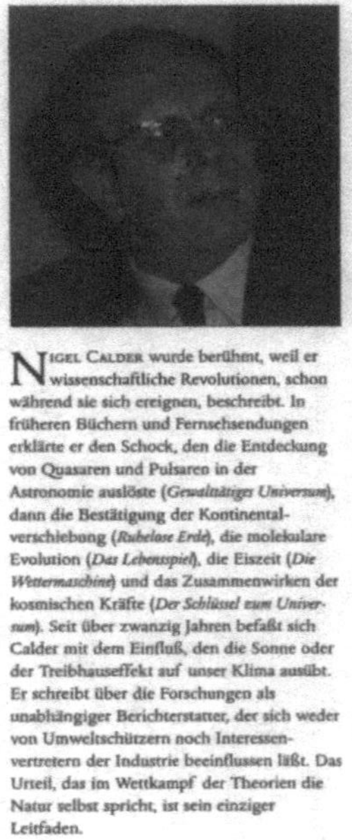

(b) Protagonist des Klima-Gegendiskurses

Abbildung 9.2: EIGENE PROTAGONISTEN AUFWERTEN
Der Ausschnitt (a) zeigt Peter Duesberg, den Protagonisten des zweiten Aids-Gegendiskurses (Ehlers, 1990, S. 145), Ausschnitt (b) zeigt Nigel Calder, einen der Protagonisten des Gegendiskurses zur These von der anthropogenen Verstärkung des Treibhauseffekts (Calder, 1997, hinterer Klappentext)

kative Schwarzweißmalerei überhaupt funktionieren kann, kann mit der generellen Hypothese des Programms dieses Gegendiskurses erklärt werden, wonach Vertretern der medizinischen bzw. naturwissenschaftlichen Leitdiskurse generell Unglaubwürdigkeit unterstellt wird.

Diese Kombination von Auf- und Abwertung werden wir später auch im Ozon-Gegendiskurs wiederfinden.

Häufig werden von den Vertretern des Gegendiskurses keine konkreten Individuen und/oder Institutionen im Leitdiskurs identifiziert, die autorisiert sind, Politik auch wirklich zu implementieren, sondern stattdessen nichtidentifizierte und/oder nichtidentifizierbare soziale Gruppen, die im Geheimen kooperieren. Als Protagonisten des Leitdiskurses werden dann nicht Individuen oder Institutionen genannt, sondern „die" Wissenschaft oder ein Konglomerat aus verschiedenen Teilen der Wissenschaft, der Industrie und/oder der Politik und/oder nichtidentifizierbarer, meist fiktiver sozialer Gruppen. Die geheime Kooperation, die diesen nichtidentifizierbaren Gruppierungen unterstellt wird, wird dann vom Gegendiskurs „entlarvt". In diesem Fall werden wir davon sprechen, dass der Gegendiskurs *Elemente einer Verschwörungstheorie* enthält.

Ein Grundproblem entsteht dadurch, dass die Implementation einer bestimmten Politik meist zu einem Zeitpunkt stattfindet, zu dem der Forschungsprozess noch nicht abgeschlossen ist, also in einer Situation, die von einem *Entscheidungsdilemma* gekennzeichnet ist.

Zu einem Entscheidungsdilemma kommt es, wenn aus dem Fachdiskurs Gefahren oder Chancen gedeutet werden, über deren Ursachen und Konsequenzen aber noch keine definitiven Aussagen gemacht werden können, da der Forschungsprozess dazu noch nicht abgeschlossen ist. Dennoch entsteht dann ein Zwang zum Handeln, wenn der Zeitpunkt der genügenden Erforschung einer Gefahr[5] und ihrer Ursachen nach dem Zeitpunkt liegt, an dem der mit der Gefahr verbundene Schaden eintritt. Es entsteht also eine Notlage. Die einzige Möglichkeit besteht dann darin, einen oder mehrere Sachverhalte als wahr zu unterstellen und das weitere Handeln daraufhin aufzubauen, kurz: Man geht von einer Arbeitshypothese aus. Diese Arbeitshypothese muss natürlich plausibel sein, d.h. es muss gute Gründe für die Annahme geben, dass sich der unterstellte Sachverhalt später auch tatsächlich als wahr erweist. Diese Plausibilisierung kann insbesondere durch andere, als wahr feststehende Sachverhalte vorgenommen werden. Da die Entscheidungsbasis Unsicherheiten enthält, müssen die Konsequenzen des Handelns und des Nichthandelns gleichermaßen berücksichtigt werden. Deshalb muss vor der Entscheidung eine Chancen-Risiken-Abwägung vorgenommen werden.

---

[5] Die folgenden Ausführungen beziehen sich lediglich auf den Umgang mit Gefahren. Analoges gilt aber auch für das Chancenmanagement.

In diesem Dilemma erheben sich Fragen der folgenden Art: Soll man eine Warnung aussprechen, obwohl auch Fakten dagegen sprechen? Soll man einen Kausalzusammenhang als Arbeitshypothese annehmen, obwohl er noch nicht als gesichertes Wissen gelten kann?

Gerd Sonnemann beschreibt das Entscheidungsdilemma für die Ozonlochdiskussion folgendermaßen:

> „Prinzipiell steht die Frage, handelt es sich um ein natürliches oder anthropogenes Phänomen? Wird die Erscheinung anthropogen verursacht, dann kann sie aus der Erhöhung der Stoffbelastung durch potentiell reaktive Spezies resultieren oder durch radiativ wirkende Konstituenten hervorgerufen sein, die wie CO_2 zur Strahlungskühlung beitragen. Bei einem natürlichen Phänomen, gleich ob es sich um eine Störung oder einen regulär variierenden Prozeß handelt, muß irgendwann wieder ein Zustand erreicht werden, wie er vor der starken Ausprägung des Ozonloches bestand. Es kann natürlich auch sein, daß die Periode vor dem Ozonloch eine Anomalie darstellt, die es zu erklären gelte. Klimatische Fluktuationen können gewiß eine größere Zeitskala als nur wenige Jahre oder ein oder zwei Jahrzehnte annehmen. Auf ihr Ende zu warten, geht wohl schlecht an." (Sonnemann, 1992, S. 224/225)

Dabei kann das politische Handeln von wissenschaftlichen Institutionen zwar angeregt oder auch legitimiert werden, die Implementation wird aber von politischen Institutionen wie den gesetzgebenden bzw. -ausführenden Instanzen eines politischen Systems vorgenommen. So kann mit der Arbeitshypothese, FCKWs seien die Ursache des Ozonlochs, zwar eine Politik legitimiert werden, die FCKWs verbietet. Das tatsächliche Verbot kann aber – zumindest in Demokratien – nur von einem Parlament verabschiedet und von einer Regierung umgesetzt werden.[6]

Unabhängig davon, wie man sich im Entscheidungsdilemma letztlich verhält, ist es in jedem Fall ratsam, die Art der Entscheidungsgrundlagen, d.h. vor allem den Status der Arbeitshypothese, möglichst genau zu explizieren. Keinesfalls sollte im Entscheidungsdilemma von den Vermittlern, gerade wenn es sich um Wissenschaftler handelt, der Versuch unternommen werden, einen Konsens als Wahrheit auszugeben, um „das Vertrauen der Laien in die Wahrhaftigkeit der Anschauungen" (Sonnemann, 1992, S. 225) zu erhöhen. Wendet man nämlich die beschriebenen Wissenstransformationen auf Aussagen, die nicht als Arbeitshypothesen gekennzeichnet sind, an, dann entwickeln sich die im Entscheidungsdilemma getroffenen Idealisierungen und Vereinfachungen im Falle des Misserfolgs oder Nichteintreffens von Prognosen praktisch automatisch zur Glaubwürdigkeitskrise. Da eine der Transformationen, die Harmonisierungstransformation, darin besteht, aus einem Netzwerk unterschiedlicher fachlicher Diskurs-

[6] Die neuere Debatte um die Stammzellenforschung zeigt allerdings, dass wissenschaftliche Institutionen durchaus auch politischen Entscheidungsprozessen vorgreifen.

positionen „die Wissenschaft“ zu machen, genügt auch die Falschmeldung einer einzelnen Wissenschaftsorganisation, um eine Glaubwürdigkeitskrise auszulösen.

Vom Gegendiskurs kann das Entscheidungsdilemma ausgenutzt werden, indem der Status der Arbeitshypothese als faktivischer Status behauptet wird. Dies gelingt insbesondere dann leicht, wenn im Leitdiskurs die Modalität des unterstellten Sachverhalts als Arbeitshypothese nicht klar expliziert wurde (sondern etwa – wie eben angesprochen – als „Konsens“).

Das Handlungsmuster für die Argumentation im Gegendiskurs können wir deshalb vorläufig folgendermaßen beschreiben:

$$
\text{ARGUMENTIEREN} \rightarrow
\left(\begin{array}{l}
\text{BEZIEHUNG KONST.} \rightarrow \left(\begin{array}{l} \text{FREMDPOSITION ABWERTEN} \\ \text{EIGENPOSITION AUFWERTEN} \\ \vdots \end{array} \right) \\
\text{SACHVERHALT KONST.} \rightarrow \cdots \\
\text{MODALITÄT KONST.} \rightarrow \text{UNTERSTELLEN(ARBEITSHYP. ALS FAKTIVISCH)} \\
\vdots
\end{array} \right)
$$

Legende:
KONST.:$_{def}$ KONSTITUIEREN
ARBEITSHYP.:$_{def}$ ARBEITSHYPOTHESE

Handlungsmusterschema 9.1: ARGUMENTIEREN im Gegendiskurs

9.2 Analyse des Gegendiskurses „Naturwunder Ozonloch“

9.2.1 Fragestellung und Materialbasis

Wenn nun der Gegendiskurs zur These vom anthropogen verursachten Ozonloch untersucht werden soll, so soll von folgenden Fragen ausgegangen werden:

- Beziehungskonstitution: Wie werden die Handlungsbeteiligten des Leitdiskurses konzeptualisiert?
- Sachverhalts- und Gegenstandskonstitution: Wie wird an die fachliche Argumentation angeknüpft? Welche Wissenstransformationen können nachgewiesen werden?
- Wie wird die Arbeitshypothese modalisiert?
- An welchen Punkten des Leitdiskurses setzt der Gegendiskurs an?

Bei meiner Analyse des Gegendiskurses stütze ich mich im Wesentlichen auf die Untersuchung des Buches „Ozonloch – das mißbrauchte Naturwunder“ von Maduro und Schauerhammer (1992). Da der Titel zugleich die These enthält, wonach das Ozonloch nicht anthropogen verursacht, sondern ein „Naturwunder“ darstellt, soll der Gegendiskurs „Naturwunder Ozonloch“ genannt und mit $pos_{naturwunder}$ abgekürzt werden.

Auch wenn die folgenden Textstellen vielleicht teilweise etwas skurril erscheinen mögen, so ist es doch berechtigt, gerade dieses Buch auszuwählen. Das Buch wurde immerhin in drei Auflagen mit einer Auflagenstärke von 30 000 gedruckt und stellt einen Zentraltext für diesen Gegendiskurs dar. Die dort vorgetragenen Argumente haben sich so weit verbreitet, dass im Lehrbuch „Chemie der Atmosphäre“ von Graedel und Crutzen (1994) ausführlich auf sie eingegangen wird.

Das Buch „Ozonloch – das mißbrauchte Naturwunder“ von Maduro und Schauerhammer (1992) wurde von der Dr. Böttiger-Verlags-GmbH publiziert; ein Verlag, der ausschließlich Bücher gegen den so genannten „Ökologismus“ publiziert[7] (vgl. etwa Schauerhammer, 1990; Weber, 1992; Calder, 1997).[8] „Ökologismus“ ist ein vager Begriff, der im folgenden Exkurs etwas deutlicher werden wird.

9.2.2 Exkurs: Wissenschaftskritik in Irrtumslexika

Gegen den „Ökologismus“ wenden sich in jüngster Zeit auch Maxeiner und Miersch (1998) in ihrem „Lexikon der Öko-Irrtümer“. Den Begriff verstehen sie als Analogiebildung zu „Faschismus“ und „Kommunismus“:

> „Es ist kein Zufall, daß angesehene Vordenker der grünen Bewegung die westliche Demokratie für zu schwach halten und angesichts der Umweltgefahren mit autoritären Lösungen liebäugeln.“ (Maxeiner und Miersch, 1998, S. 11)

Wir finden auch bei Maxeiner und Miersch (1998) das bekannte Muster des Abwertens:

> „Diejenigen, die einst mit phantasievollem Protest angetreten sind, wurden genau das, was sie niemals werden wollten: typisch deutsch, pathetisch und von missionarischem Eifer beseelt. Die Rolle der Anstandstante, die in den sechziger Jahren dem Pastor und dem Kirchenkränzchen zukam, wird heute begeistert von einer heimatlosen Linken übernommen, der als letzte Utopie die Klimakatastrophe geblieben ist. ‚Intellektuelle wurden Priester‘, schreibt der Schriftsteller Dietrich Schwanitz, ‚gegen die Heiterkeit des Gesellschaftsspiels setzen sie das Recht auf Unglück durch Identifikation mit verfolgten

[7] Auch der Gegendiskurs gegen die Annahme, HIV sei die Ursache für Aids, wird im deutschsprachigen Raum im Wesentlichen von einem Verlag, dem Ehlers-Verlag, getragen (vgl. Ehlers, 1990).

[8] Es sei hier lediglich angemerkt, dass im Hintergrund dieses und vieler anderer Bücher der Dr. Böttiger-Verlags-GmbH die „Theorie“ von Lyndon LaRouche steht, die hier aber nicht weiter vorgestellt werden soll, da diese für die weitere Analyse unerheblich ist. (Weiteres dazu findet sich bei Wilson, 2000).

> Völkern und bedrohten Tierarten.' Der Glaube, dabei einer progressiven und verfolgten Minderheit anzugehören, verhindert erfolgreich, daß man mit Veränderungen bei sich selbst anfängt. Und da sie alle nicht jünger geworden sind, haben wir es heute mit einem bemerkenswerten Fundamentalismus erfolgreicher Senioren zu tun, die sich in der Pose moralischer Punktrichter gefallen." (Maxeiner und Miersch, 1998, S. 14)

Das Grundmuster des Öko-Irrtum-Aufdeckens ist es, eine übertriebene These, die in dieser Form niemand behauptet, zu „widerlegen", etwa „Alle Ursachen des Ozonlochs sind bekannt" (Maxeiner und Miersch, 1998, S. 306ff.). Ob man jemals alle Ursachen eines Phänomens kennt, weiß man natürlich nie genau. Zum jetzigen Zeitpunkt kann allerdings davon gesprochen werden, dass der grundlegende Mechanismus der Entstehung des Ozonlochs verstanden wird. In diesem Sinne wäre der Satz „Die Ursachen des Ozonlochs sind bekannt" durchaus vertretbar.

Die „Richtigstellungen" stellen dann Verschnitte aus Primär-, Sekundär- und Tertiärquellen dar, die im Stile eines Lehrbuchs vorgetragen werden und eine naive Mediengläubigkeit erkennen lassen. So halten sie dem „Ökologismus" vor:

> „Es muß doch einfach zu denken geben: 1975 waren amerikanische Meteorologen dem Magazin ‚Newsweek' zufolge *fast einstimmig* der Ansicht, daß eine Abkühlung der Erde die landwirtschaftliche Produktivität für den Rest des Jahrhunderts verringern werden. Heute behauptet der amerikanische Vizepräsident Gore von der gleichen Forschergilde, sie sei *fast einstimmig* der Meinung, daß die menschengemachte Erwärmung real und bereits unterwegs sei." (Maxeiner und Miersch, 1998, S. 10/11, Herv. im Orig.)

Abgesehen davon, dass wir die Quellen nicht identifzieren können, ist es natürlich komisch, dass ausgerechnet die sich als „kritische" Journalisten gebenden Maxeiner und Miersch hier Um-Drei-Ecken-Gehörtes als Fakten ausgeben. Außerdem erliegen sie einer Transfer-Täuschung, da sie offensichtlich glauben, wenn *Newsweek* schreibt, dass „die" Meteorologen eine bestimmte Ansicht haben, dass dies dann auch so *ist* – und wenn Al Gore von „Meteorologen" spricht[9], dass er dann *die gleichen Forscher* meint, die der Autor von *Newsweek* 1975 gemeint hat.

Zu ihrer Recherchemethode sagen sie Folgendes:

> „Unsere Quellen sind – neben eigener Recherche – Vorträge, Fachzeitschriften und Sachbücher, aber häufig auch die ganz normale Tageszeitung. Dieses Buch ist keine wissenschaftliche Abhandlung. Alle Fakten und Argumente, die wir zusammengetragen haben, sind allgemein zugänglich und standen häufig schlicht in der Zeitung. Dort prangten sie freilich nicht auf den Titelseiten, sondern fanden sich weiter hinten, versteckt unter ‚Wissenschaft' oder ‚Vermischtem'." (Maxeiner und Miersch, 1998, S. 7)

[9] Wir wissen ja nicht, was er wirklich gesagt hat, können es auch nicht nachprüfen.

Von einer Vermittlung dissensualer Fachdiskursinformation kann hier natürlich nicht gesprochen werden. Die Wissenschaftsvermittlung dritter, vierter oder fünfter Ordnung, die hier stattfindet, erzeugt zwangsläufig Nonsensmodelle. Wenn Maxeiner und Miersch (1998, S. 308) zur Erforschung des Ozonlochs etwa schreiben:

> „Die Berechnungen der Computer weichen um den Faktor 2 – in die eine wie in die andere Richtung – von den beobachteten Daten ab. Dies deutet auf einen grundsätzlichen, konzeptionellen Fehler im Verständnis der photochemischen Vorgänge in der Atmosphäre hin."

so fragt man sich natürlich, was der ominöse „Faktor 2" darstellt und was der grundsätzliche Fehler „im Verständnis der photochemischen Vorgänge in der Atmosphäre" wohl sein mag – im Text erfährt man darüber nichts. Es handelt sich hier offensichtlich um „eleganten Unsinn für Konservative", um den Titel von Sokal und Bricmont (1999) noch einmal abzuwandeln.

Die Verbreitung von Nonsensmodellen scheint typisch für die Irrtumsbücher zu sein. So räumen Krämer, Trenkler und Krämer (2000), die Autoren des „neuen Lexikons der populären Irrtümer" unter dem Eintrag „Ozonloch" mit dem Vorurteil (Missverständnis? Denkfehler?) auf, „Das weltweit größte Ozonloch gibt es über der Antarktis" und berufen sich auf auf einen drei Jahre alten Artikel der *Welt*, der sich auf eine Meldung in einer Moskauer Zeitung berufen hat. Dieser Mehrfachtransformation, die keinerlei substanzielle Informationen enthält, folgt jedoch ein drastisches Gefahrenszenario:

> „‚Bereits ganz Sibirien ist eine Gefahrenzone, das ganze Gebiet zwischen Ural und Fernem Osten', warnen Klimaforscher. Aber auch über Murmansk und St. Petersburg sei die Ozonschicht schon um ein Viertel zurückgegangen, das Loch dehne sich pulsierend immer weiter aus, es bedrohe auch schon Norwegen und bald vielleicht Zentraleuropa." (Krämer et al., 2000, S. 250/251)

Wenn wir einmal von einigen Kardinalfehlern absehen, die die Autoren begangen haben und doch anderen so gerne vorhalten (Welche Klimaforscher? Um ein Viertel – von was? Welche Messstationen? Welche Messmethoden? etc.), dann wurde auch hier der Bereich der Nonsensmodelle betreten: Ähnlich wie im Text von Hildesheimer (1986) entwickelt das Ozonloch ein Eigenleben, das jenseits der Fakten zum reinen „Monstermodell" wird.

Ähnliche Monstermodelle hat auch Bell (1993, S. 240) bei repräsentativen Befragungen der neuseeländischen Bevölkerung beobachtet. Bell (1993) konnte sich dies nicht erklären, da in der parallel analysierten Tagespresse kein solches Monstermodell gefunden wurde. Neben der Untersuchung von explizit wissenschaftsvermittelnden Texten müsste man also auch feuilletonistische Texte und Texte wie „Irrtumslexika" einbeziehen, um zu erklären, dass bestimmte Bevölkerungsteile bei Befragungen bestimmte Typen von Nonsensmodellen reproduzieren, die sich durch die Berichterstattung in den wissenschaftsbezogenen Nachrichten nicht erklären lassen.

Exkurs Ende

9.2.3 Wissenschaft als lächerliches Medienspektakel – Handlungsmuster der Situationskonstitution

Gleich zu Beginn des Buches „Ozonloch – das mißbrauchte Naturwunder“ von Maduro und Schauerhammer (1992, S. 7) finden wir eine Situationsdefinition, die die Kategorisierung wichtiger Größen wie die der Handlungsbeteiligten, aber auch der Handlungen einschließt. Das vorhin beschriebene Handlungsmuster ARGUMENTIEREN des Gegendiskurses (vgl. Handlungsmusterschema 9.1 auf Seite 313) muss also um die Situationskonstitution erweitert werden.

Diese Rahmung der Grundsituation soll zunächst behandelt werden, bevor auf die anderen Punkte (Beziehungskonstitution, Sachverhaltskonstitution, Modalitätskonstitution) eingegangen wird.

Gleich im ersten Satz:

(1) „Erinnern Sie sich noch an den ‚nuklearen Winter‘? Einst lieferte er täglich neue Schlagzeilen, heute hört man kaum noch etwas von ihm. Er hat ausgedient.“

werden die Gefahren, die von der Naturwissenschaft thematisiert werden, als Modeerscheinungen charakterisiert, die den „Gesetzen der Unterhaltung“ unterworfen sind. Die gesamte Kommunikationssituation wird dabei gerahmt, indem Metaphern aus der Theater- und Filmwelt eingeführt und im Folgenden zu einem Metaphernszenario ausgebaut werden:

(2) „Wie ein alternder Star fristet er ein Schattendasein. Die Bühne internationaler Konferenzen beherrschen heute attraktivere Erscheinungen. Dabei ist es erst sechs Jahre her, daß der ‚nukleare Winter‘ seine Sternstunde hatte.“

Innerhalb dieser Rahmung wird nun das Thema eingeführt:

(3) „Heute erstrahlt ein anderer Stern am Medienhimmel: die Ozonschicht. Wir werden uns damit beschäftigen. Wir werden uns die Rolle genauer betrachten, die die Ozonschicht in der Politik, in den Medien und in der Wirklichkeit spielt.“

Mit (3) wird bereits die Glaubwürdigkeit von Politik und Medien in Frage gestellt, indem durch den Aufbau des Gegensatzes „und in der Wirklichkeit“ angedeutet wird, dass die Informationen, die in den Medien und der Politik verbreitet werden, nicht mit der Wirklichkeit übereinstimmen; mit (4) wird dies noch gesteigert:

(4) „Am wirksamsten agierte die Ozonschicht bisher in der Rolle der bemitleidenswerten Heldin, welche in der Stratosphäre ausharrt und sich verzweifelt gegen die chlorierten Bösewichte wehrt, die aus den menschengemachten FCKWs auf sie einstürmen und ihr mit endgültiger Vernichtung drohen."

Hier wird die Pro-Position lächerlich gemacht, indem die Film-/Theatermetaphorik personifizierend auf Naturgegenstände wie die Ozonschicht und Chlormoleküle ausgedehnt wird.

Diese – inzwischen lächerlich wirkende – Metaphorik wird nun auf die Realebene der Wissenschaft und Politik ausgedehnt:

(5) „Ein mächtiger Kampf tobt auf wissenschaftlichen Seminaren und politischen Konferenzen."

(6) „Schon naht der Ozonschicht Hilfe. Einige Sheriffs haben sich ihre Rettung zum Ziel gesetzt und ziehen landauf, landab mit ihren akademischen Rössern zu Feld, daß der Medienstaub nur so emporwirbelt."

(7) „Wer am Ende auf der Strecke bleiben muß, ist heute noch nicht abzusehen: Hoffentlich nicht die Wahrheit!"

Mit (6) werden nun einige Analogiebeziehungen etabliert, indem beispielsweise Wissenschaftler, die vor einer Gefahr durch das Ozonloch warnen, als „Sheriffs" konzeptualisiert werden, die innerhalb des bislang aufgebauten Szenarios der Lächerlichkeit nun keine ernst zu nehmenden Kommunikationspartner mehr sind, sondern Figuren der medialen Inszenierung. Mit (7) wird bereits ein Ideal angedeutet, welches scheinbar durch die Vertreter des Leitdiskurses verletzt wird, „die Wahrheit".

Zusammenfassende Bewertung

Es ist sicherlich kein Zufall, dass die situative Rahmung gleich zu Beginn vorgenommen wird. Denn damit können über die Film-/Theatermetaphorik grundlegende Größen für den weiteren Fortgang in einer unterhaltenden Art und Weise definiert werden.

Der Leitdiskurs wird hier aber nicht eindeutig identifiziert. Er erscheint vage als eine Verbindung von Politik und Medien, die nicht berichten, was „wirklich" der Fall ist, und schließlich Wissenschaftlern, die dies aus hier noch nicht genannten Motiven mittragen.

Die in diesem Metaphernszenario festgelegten und teilweise auch nur angedeuteten Beziehungen werden in den folgenden Texten nach und nach ausgebaut. Dabei wird die hier angelegte Metaphorik weiter expandiert.

Das zentrale Muster ist somit, die Situation als mediale Inszenierung zu definieren, in der die Handlungsbeteiligten des Leitdiskurses und ihre

Vorstellungen durch die Einführung und Expansion der Film-/Theatermetaphorik lächerlich gemacht werden (vgl. Handlungsmusterschema 9.2).[10]

SITUATION KONSTITUIEREN →

(LEITDISKURS LÄCHERLICH MACHEN → FILMMETAPHER GEBRAUCHEN
⋮)

Handlungsmusterschema 9.2: SITUATION KONSTITUIEREN im Gegendiskurs

9.2.4 Diskreditieren von Vertretern des Leitdiskurses als zentrales Muster der Beziehungskonstitution

Im Text von Maduro und Schauerhammer (1992) ist die Beziehungskonstitution besonders stark ausgeprägt. Im Folgenden sollen einige Muster des Diskreditierens vorgestellt und diskutiert werden.

Ein Handlungsmuster, das wir bereits im Zusammenhang mit dem Aids-Gegendiskurs kennen gelernt haben, ist die Kombination aus dem Aufwerten der Vertreter der eigenen Position und dem Abwerten der Vertreter der Fremdposition.

Dieses Muster wird mit (8) – (12) (Maduro und Schauerhammer, 1992, S. 143) konstituiert:

(8) „Nehmen wir einmal an, die größten Geister der Vergangenheit versammelten sich und blickten auf die Erde herab. Da sitzen zum Beispiel der ehrwürdige Plato, Nikolaus von Kues, Johannes Kepler, Gottfried Wilhelm Leibniz und Benjamin Franklin zusammen und blicken durch das Ozonloch auf die Erde herab. Was sähen sie da? Natürlich nicht nur das Eis der Antarktis oder Pinguine. Nein, diese Geister blicken tiefer und dringen zum Wesentlichen vor. Nackt und erbärmlich stünde vor ihren Augen die heutige Wissenschaft in ihrem Zustand. ‚Welch ein Jammer!'. Und nichts sehnte die Versammlung mehr herbei als den Monat November, in dem sich das Ozonloch jedes Jahr wieder schließt."

(9) „Warum sollten die genialen Denker der Vergangenheit den Zustand der

[10] Eine ähnliche Konzeptualisierung nehmen auch die Autoren des „Lexikons der Öko-Irrtümer" vor (Maxeiner und Miersch, 1998, S. 13):

„Man hat sich heimlich, still und leise zum Thema verabschiedet und ist intellektuell ‚nicht mehr so engagiert'. Die einstigen Akteure sind längst auf einen anderen Katastrophenzug gesprungen. So war es beim Thema ‚die nächste Eiszeit', so ist es derzeit beim Thema ‚Bevölkerungsexplosion'. Und so wird es auch beim Thema ‚Klimakatastrophe' sein (gerade ist die ‚Globalisierungsfalle' schwer im Kommen)."

heutigen Wissenschaft so beurteilen, wo wir doch tonnenweise Fachzeitschriften, Conference-Proceedings und Artikel hervorbringen?"

(10) „Die genialen Denker der Vergangenheit würden dennoch die Qualität unserer Wissenschaft geringschätzen und feststellen, daß der Ökologismus einen Wendepunkt markiert, an dem die Wissenschaft endgültig durch Sophisterei und Mystik zerstört wurde."

(11) „Wir modernen Erdenmenschen halten diese Behauptung wahrscheinlich für reichlich übertrieben."

(12) „Aber so einfach beiseiteschieben sollten wir die Meinung der Versammlung hoch über dem Ozonloch nicht."

Dieses Muster findet sich auch an anderen Stellen.[11]

Maduro und Schauerhammer identifizieren hier die Position des Gegendiskurses mit kulturell hoch bewerteten historischen Figuren wie Plato oder Kepler, die in einem fiktional-narrativen Szenario die „heutige Wissenschaft" begutachten und zu einem vernichtenden Urteil kommen.

Dabei spielen die Autoren mit der Modalität. Zum einen ist klar, dass es sich um ein fiktionales Szenario handelt, es werden aber auch immer wieder faktivische „Anleihen" gemacht, wenn mit (9) etwa nach den Gründen für das harte Urteil der „größten Geister der Vergangenheit" gefragt wird, oder wenn in (11) von einer Behauptung gesprochen wird, für die mit (12) ein Ernstnehmen eingefordert wird. Mit (8) – (12) wird die Wissenschaft auch in eine als positiv bewertete Gruppierung und eine als negativ bewertete Gruppierung differenziert. Zu der negativ bewerteten Gruppierung gehört der mit (10) eingeführte so genannte „Ökologismus", dessen Vertreter sich nach Ansicht der Autoren zum Ziel gesetzt haben, „die" Wissenschaft zu „zerstören". Dabei scheint die Wissenschaft relativ instabil zu sein, da sie den „Waffen" des Ökologismus offensichtlich schutzlos gegenübersteht.

Diese Schutzlosigkeit kommt auch in der Rehmetapher zum Ausdruck (Maduro und Schauerhammer, 1992, S. 147/148):

(13) „Die Existenz und der Fortschritt der Menschheit basieren allein auf der einzigartigen schöpferischen Fähigkeit des Menschen und darauf, wie effektiv adäquates Wissen sich durch den technologischen Fortschritt materialisieren läßt. Wer der Menschheit die schöpferische Wissenschaft nimmt,

[11] Vgl. etwa die folgende Passage:

„In den Augen der großen Erfinder und Entdecker der Vergangenheit stoßen gerade die ‚Wissenschaftler', die sich selbst gern mit dem Attribut ‚verantwortlich' schmücken, der Wissenschaft den Dolch ins Herz. Oberflächlich denkende Menschen, denen die Vorurteile dieser ‚Wissenschaftler' durch die Massenmedien tagtäglich vorgebetet werden, halten diese Sichtweise vielleicht für übertrieben. Ganz zu unrecht!" (Maduro und Schauerhammer, 1992, S. 147).

der tut in bezug auf die Überlebensfähigkeit des Menschen – im ‚allgemeinen Überlebenskampf der Arten‘, wie wir seit Darwin zu sagen gewohnt sind – genau das gleiche, als wenn er dem Löwen die Fangzähne nähme oder dem Reh den Instinkt, bei Gefahr zu fliehen. Wobei man weniger Sorge haben muß, daß den Löwen und Rehen dieses Schicksal drohen könnte, denn davor stehen heute die einflußreichen Tierschutzverbände. Aber wer schützt das scheue Wild Wissenschaft vor den ‚verantwortlichen‘ Wissenschaftlern?“

Mit (13) wird der so genannte Ökologismus auch etwas klarer als „verantwortliche Wissenschaftler“[12] bestimmt, die diese „Richtung“ nach Meinung der Autoren in der Wissenschaft vertreten.[13]

Um zu erklären, warum der angeblich „wissenschaftsfeindliche Ökologismus“ die Wissenschaft infiltriert, obwohl er doch auf Grund seiner Wissenschaftsfeindlichkeit keinen Anlass dazu hätte, wird die Parasitenmetapher eingeführt:

(14) „Da er [der Ökologismus, W.-A.L.] aber gleichzeitig einer wissenschaftlichen Rechtfertigung bedarf, geht er mit ihr [der Wissenschaft, W.-A.L.] eine eigenartige ‚Symbiose‘ ein, dabei pervertiert und zerstört er die Wissenschaft wie ein Schmarotzer.“ (Maduro und Schauerhammer, 1992, S. 143)

Mit der Computervirenmetaphorik, einer Instanz der Parasitenmetaphorik wird „erklärt“, wie der Ökologismus „die“ Wissenschaft infiltrieren kann (Maduro und Schauerhammer, 1992, S. 156):

(15) „Gerade weil sich der Ökologismus wissenschaftlich legitimieren muß, stürzt er sich auf die Wissenschaft und versucht sie zum Opfer dieser Irrationalität zu machen. Natürlich kann man gestandene Wissenschaftler nicht plötzlich zu irrationalen Mystikern machen. Deshalb kommt die Irrationalität der Ökologisten zumeist in rationaler Verkleidung daher. Sie verbirgt sich hinter formallogischen Paradoxen und Fragen, welche geeignet sind, die sokratische Methode der Hypothesenbildung aus dem Zentrum

[12] Eine ähnliche Auffasung findet sich bei den Autoren des „Lexikons der Öko-Irrtümer“ (Maxeiner und Miersch, 1998, S. 13):

„Man reklamiert die Moral für sich und läßt dem Gegner nur die Unmoral, womit der Konflikt oft unlösbar wird. Politisch engagierte Chemiker nennen sich in Deutschland ‚kritische Chemiker‘. Sie degradieren ihre Kollegen damit nebenbei zu unkritischen Subjekten. Es gibt aber keine kritische Chemie, sondern allenfalls richtige und falsche Messungen und Analysen. Solche ‚kritischen‘ Wissenschaftler übernehmen immer öfter das Beschaffungswesen für den ‚Schadstoff der Woche‘ und finden immer neue Unentbehrlichkeitsbeweise.“

[13] Nach Meinung der Autoren beeinflusst der Ökologismus alle Lebensbereiche.

der Wissenschaft zu vertreiben und nur als eine Methode unter vielen hinzustellen. Die Wirkung dieser Paradoxe ist wie die von Computerviren. ‚Epistemologie-Viren' befallen das Hirn durch formallogische Paradoxe und ‚interessante' Scheinprobleme."

Bei dieser abstrusen Vorstellung, wie der Ökologismus angeblich die Wissenschaft infiltriert, stellt sich natürlich die Frage, wer solche Aussagen überhaupt für bare Münze nimmt. Es ist nämlich nicht einfach zu erklären, warum die Vertreter einer bestimmten wissenschaftlichen Disziplin eine solche parasitäre Unterwanderung dulden bzw. „formallogische Paradoxe" nicht erkennen sollten.

Eine Erklärung liefern Maduro und Schauerhammer (1992, S. 144) mit folgender Passage:

(16) „Es erhebt sich die Frage: Wieso lassen sich die bekanntesten Wissenschaftler solche Übertreibungen zuschulden kommen? Wieso werden ihre Lügen und Übertreibungen von den Kollegen nicht konsequent aufgedeckt? Wissenschaft ist doch geprägt von der kompromißlosen Suche nach der Wahrheit. Müssen wir deshalb nicht annehmen, daß das höchste Ziel aller wirklichen Wissenschaftler die Wahrheit und nichts als die Wahrheit ist? Müssen wir das nicht allen Wissenschaftlern zugute halten? Leider nein."

Hier kommen wir auf einen zentralen Vorwurf des Gegendiskurses: „Die" Wissenschaftler haben das Gruppenideal der Wahrheit verraten. In einer anderen Passage wird ausgeführt, wofür „die" Wissenschaftler dieses Ideal verraten haben. Maduro und Schauerhammer (1992, S. 153/154) meinen,

(17) „daß für die Forschung immer mehr Mittel bewilligt und gerechtfertigt werden müssen. In der Praxis läuft das heute zunehmend darauf hinaus, daß Wissenschaftler mit spektakulären Ergebnissen aufwarten müssen. ‚Das Streben der meisten Wissenschaftler gilt nicht mehr der Wahrheit und neuem Wissen, sondern Regierungsverträgen für Forschungsmittel', bemerkt ein amerikanischer Klimatologe. Am nächsten an den Fördermitteln sitzt natürlich derjenige, der das Thema erforscht, das nicht in die Medien gebracht werden muß, weil es ohnehin Dauerthema der Medien ist: Umweltschutz. Hinter vorgehaltener Hand räumen Wissenschaftler ein, daß man heute, wenn man gute Forschung machen will, unbedingt irgendeinen ‚umweltrelevanten' Aspekt der Arbeiten finden und in den Vordergrund stellen müsse, nur so könne man überhaupt auf einen grünen Zweig kommen."

Mit (17) wird in der für diesen Gegendiskurs typisch unbestimmten Weise („bemerkt ein amerikanischer Klimatologe", „Hinter vorgehaltener Hand räumen Wissenschaftler ein") der Vorwurf erhoben, der sich durch das gesamte Buch zieht: „Die" Wissenschaftler haben das Gruppenideal der Wahrheit für das Eigeninteresse „Fördermittel“ verraten. Und da die „Ökologisten“ in Politik, Wissenschaft und Medien offensichtlich in der Lage sind, Umweltthemen künstlich zum „Dauerthema“ zu machen, werden eben umweltrelevante Themen erforscht.

Der „Ökologismus“ verfügt aber noch über andere Mittel (Maduro und Schauerhammer, 1992, S. 154/155):

(18) „Doch diese öffentlichen Äußerungen lassen nur erahnen, wie erbarmungslos die wissenschaftliche Inquisition der Treibhauslobby in der Klimatologie zuschlägt. Forscher, die es wagen, Arbeiten zu veröffentlichen, die dem ‚Konsens‘ widersprechen oder die grundlegenden Behauptungen der Klimakatastrophe in Frage stellen, haben danach Schwierigkeiten, Forschungsmittel zu erhalten. Beweisen läßt sich das natürlich nicht, und deshalb spricht man auch nicht öffentlich darüber. In Forscherkreisen glaubt man fest an diesen völlig unbeweisbaren [sic!] Zusammenhang zwischen Konsensfähigkeit und Mittelvergabe. Dieser Glaube reicht aus. Mittlerweile hat sich der ‚Konsens‘ sogar schon etabliert, so daß die hohen Priester der Treibhausthese Personen, die es wagen, zu vehement ihre wissenschaftlichen Gegenargumente vorzubringen, einfach für verrückt erklären und drohen, man müsse sie ins Irrenhaus stecken.“

Mit (18) wird behauptet, dass Wissenschaftler von der „Treibhauslobby“ durch die Drohung, Fördermittel zu entziehen bzw. sie für verrückt zu erklären, so eingeschüchtert werden, dass sie wider besseren Wissens die These vom anthropogen verursachten Treibhauseffekt vertreten.

Durch den Vergleich mit der Ketzerverfolgung („die wissenschaftliche Inquisition der Treibhauslobby“, die „erbarmungslos (...) zuschlägt“, „die hohen Priester der Treibhausthese“) werden eindeutige Täter-Opfer-Rollen verteilt. Die Priester-/Inquisitionsmetapher findet sich häufig neben anderen Verfolgungsmodellen, etwa dem Nazivergleich, den wir später behandeln werden, oder dem Orwell-Modell. Solche Metaphernmodelle finden sich auch im Rechtschreibungsgegendiskurs, im Aids-Gegendiskurs (Ehlers, 1990) und bei den Autoren des „Lexikons der Öko-Irrtümer“ (Maxeiner und Miersch, 1998).[14]

[14] Vgl. etwa die folgende Passage:

„(...) für Journalisten sollten Fakten zählen und nicht ‚Botschaften‘. Schließlich wurden die größten Schweinereien der letzten Jahrhunderte stets im Namen einer guten Sache begangen. Wahrheit darf niemals zur strategischen Verfügungsmasse werden. Manche Wissenschaftler, die sich darauf einlassen, werden dies eines Tages bereuen. Im Dienste der guten Sache stempeln sie heute skeptische Stimmen zu den Treibhaus-Prophezeiungen der offiziellen Klimaforschung sofort als ‚Außenseiter‘ ab. So argumentiert eine Zunft, die immer wieder von Außenseitern vorangebracht wurde (und nicht von politisch korrekten Mehrheitsforschern). Und dies praktiziert eine Umweltbewegung, die erstaunlich schnell vergessen hat, daß sie selbst einmal als verlachte

(18) macht deutlich, dass in diesem Gegendiskurs nicht nur Elemente einer Verschwörung enthalten sind, sondern eine ausgearbeitete Verschwörungstheorie.

So wird nach einer Darstellung der negativen Folgen eines FCKW-Verbots die Frage gestellt (Maduro und Schauerhammer, 1992, S. 201):

(19) „Das FCKW-Verbot wird jährlich zwischen 3 und 5 Billionen Dollar an Kosten verursachen. Direkt und indirekt durch die wirtschaftlichen Auswirkungen dieser Fehlinvestitionen werden dem überflüssigen Verbot wahrscheinlich 20-40 Millionen Menschen zum Opfer fallen. Angesichts dieser Auswirkungen muß man sich doch fragen: Wem nützt das alles? Darauf gibt es zwei grundlegende Antworten. Erstens gibt es Leute, die sich an dem FCKW-Verbot eine goldene Nase verdienen wollen, und zweitens gibt es Leute, die Umweltverbote und deren internationale Durchsetzung als Mittel benutzen wollen, um die Kontrolle über die Weltwirtschaft zu erlangen."

Wenn im Gegendiskurs behauptet wird, dass eine nichtidentifizierbare Gruppe im Geheimen kooperiert, „um die Kontrolle über die Weltwirtschaft zu erlangen", dann sind die Grundpfeiler der Verschwörungstheorie gesetzt. „Drahtzieher" sind die „Ökologisten", die in der folgenden Passage als „Nullwachstümler" und „Malthusianer" bezeichnet werden.[15] Die Wissenschaft sei den Zielen der „Malthusianer" völlig unterworfen (Maduro und Schauerhammer, 1992, S. 149):

(20) „Zuerst waren da politische Ziele der Malthusianer und Nullwachstümler, und erst dann wurde erkannt, daß die ‚Bedrohung der Menschheit' durch die ‚Zerstörung der Atmosphäre' ein geeignetes Vehikel zur ‚Durchsetzung' dieser Politik ist, wenn diese ‚Bedrohung' nur glaubhaft gemacht werden kann. In der ersten Hälfte der siebziger Jahre argumentierten Malthusianer mit der Verknappung der Ressourcen. ‚Unser Planet wird geplündert' hieß es damals. Dann entdeckte man ein viel geeigneteres Mittel mit größerem Angstpotential, welches die globalen Gefahren und Auswirkungen der ‚Bevölkerungsexplosion' eindrucksvoller symbolisieren kann: Das Klima, dem alle Menschen gleichermaßen ausgeliefert sind. Und erst dann begann die ‚wissenschaftliche' Karriere der ‚Klimakatastrophe'."

Die Klimakatastrophe erscheint in dieser Sichtweise als ein von einer Verschwörergruppe inszeniertes Machwerk, wobei es den Verschwörern gelungen ist, „die" Wissenschaft zu unterwandern. Dabei werden auch

---

Minderheit anfing." (Maxeiner und Miersch, 1998, S. 10)

Die Berufung auf George Orwell findet sich auf den Seiten 7 und 9, die Priestermetapher findet sich auf Seite 11.

[15] Dies geschieht in Anlehnung an den Volkswirtschaftler Thomas Robert Malthus, der Ende des 18. Jahrhunderts eine Theorie der Übervölkerung entworfen hatte.

zentrale Gestalten der modernen Geistesgeschichte genannt (Maduro und Schauerhammer, 1992, S. 149):

(21) „Vor allem war dort [auf einer Kima-Konferenz, W.-A.L.] aber auch die Anthropologin Margret Mead. Mead war die Frau des Misanthropen Gregory Bateson, der im Rahmen des berüchtigten MK-Ultra-Projekts dafür sorgte, daß die ‚Blumenkinder' der Gegenkulturbewegung in den sechziger Jahren mit psychotropen Drogen versorgt wurden."

In diesem Fall wird Margret Mead deshalb der Verschwörung zugerechnet, weil sie mit Gregory Bateson verheiratet war, der selbst als eine Art Drogenhändler konzeptualisiert wird.

9.2.5 Gegenstandskonstitution und Schlussmuster

Wenn im Folgenden die Gegenstandskonstitution im Vordergund stehen soll, so ist dazu vorab zu bemerken, dass diese im Gegendiskurs „Naturwunder Ozonloch" kaum von der Beziehungskonstitution zu trennen ist, da ständig abwertende Bemerkungen gegenüber den Vertretern des Leitdiskurses gemacht werden. Auch sind sachliche Aussagen meist in ironische Kommentierungen eingebettet. Diese Aspekte sollen in diesem Abschnitt in den Hintergrund rücken, da untersucht werden soll, an welchen Stellen der Gegendiskurs eigentlich *inhaltlich* angreift und welche Schlussmuster dadurch konstituiert werden.

Aus der Argumentation der fachlichen Diskursposition „Ozonverlust durch FCKW" folgen eine Reihe von Möglichkeiten der Gefahrenabwehr, denn wenn das Ozonloch als Gefahr erkannt wird und FCKWs als Ursache des Ozonlochs ausgemacht werden, dann besteht die einfachste Möglichkeit in einem Stoppen der FCKW-Produktion, etwa indem ein Verbot ausgesprochen wird. Dieses Verbot kann natürlich nicht vom Fachdiskurs ausgesprochen werden, sondern nur von politischen Instanzen. Die *Voraussetzung* politischen Handelns ist aber die Schlüssigkeit der fachlichen Argumentation.

Die inhaltliche Argumentation des Gegendiskurses setzt deshalb genau an den folgenden zentralen Prämissen an (vgl. Tabelle 9.1 auf der nächsten Seite):

- Das Ozonloch stellt eine Gefahr für die Menschheit dar.
- FCKWs sind die Ursache des Ozonlochs.

Die Gegenüberstellung macht deutlich, dass es für eine Widerlegung der Folgerung aus Schlussmuster 2 (pos_{fckw}) genügt hätte, die Schlussfolgerung des Schlussmusters 1 ($\text{pos}_{\text{naturwunder}}$) zu beweisen, denn wenn das Ozonloch keinerlei Gefahr darstellt, ist es unerheblich, ob FCKWs die Ursache dafür sind oder nicht.

Diskursposition „Ozonverlust durch FCKW“	Gegendiskursposition „Naturwunder Ozonloch“
Schlussmuster 1 (pos_{fckw})	**Schlussmuster 1 ($pos_{naturwunder}$)**
Schlussregel: Wenn etwas eine Gefahr darstellt, dann muss dieses Etwas abgewehrt werden. 1. Das Ozonloch stellt eine Gefahr für die Menschheit dar.	*Schlussregel: Wenn etwas eine Gefahr darstellt, dann muss dieses Etwas abgewehrt werden.* 1. Das Ozonloch stellt keine Gefahr für die Menschheit dar.
Schlussfolgerung: Die Gefahr durch das Ozonloch muss abgewehrt werden.	Schlussfolgerung: Gegen das Ozonloch muss nichts unternommen werden.
Schlussmuster 2 (pos_{fckw})	**Schlussmuster 2 ($pos_{naturwunder}$)**
Schlussregel: Wenn FCKWs die Ursache des Ozonlochs sind, muss die FCKW-Produktion gestoppt werden. 1. FCKWs sind die Ursache des Ozonlochs.	*Schlussregel: Wenn FCKWs nicht die Ursache des Ozonlochs sind, muss die FCKW-Produktion nicht gestoppt werden.* 1. FCKWs sind nicht die Ursache des Ozonlochs.
Schlussfolgerung: Die FCKW-Produktion muss gestoppt werden.	Schlussfolgerung: Die FCKW-Produktion muss nicht gestoppt werden.

Tabelle 9.1: Gegenüberstellung der Diskursposition „Ozonverlust durch FCKW“ und der Gegendiskursposition „Naturwunder Ozonloch“

Diese Doppelung wird uns noch häufiger begegnen: Es wird im Gegendiskurs sozusagen alles widerlegt, was möglich ist, auch wenn man damit in Widerspruch zu den eigenen, bereits in früheren Widerlegungen gewonnenen Schlussfolgerungen gerät.

Im Folgenden sollen vor allem die Angriffe auf die Prämisse „FCKWs sind die Ursache des Ozonlochs“ untersucht werden.[16] Dies ist besonders interessant, da es zum Zeitpunkt der Publikation des Buches von Maduro und Schauerhammer (1992) als Lehrbuchwissen[17] galt, dass FCKWs unter UV-Bestrahlung Chlor-Atome freisetzen, die katalytisch Ozon abbauen. Auch der chemische Mechanismus zur Erklärung der Entstehung des Ozonlochs, der diese Reaktionskette enthält, ist bereits zwei Jahre danach Teil des Lehrbuchwissens (Graedel und Crutzen, 1994).

Aufgreifen der im Vermittlungsdiskurs nicht genannten Diskurspositionen

In den vorangegangen Analysen konnte gezeigt werden, dass in den Vermittlungstexten in *Bild der Wissenschaft* und der *ZEIT* aus der Vielfalt der im Fachdiskurs diskutierten Ursache-Wirkungsmodelle eine einzelne Position (pos_{fckw}) herausgegriffen und als einzige dargestellt wurde.

Dann kamen nach und nach die anderen Fachdiskurspositionen zum Vorschein, was in der *ZEIT* zu mehreren Glaubwürdigkeitskrisen geführt hat und in *Bild der Wissenschaft* als Expertenstreit um das Ozonloch diskutiert wurde.

Hier liegt nun genau ein Ansatzpunkt für die Vertreter des Gegendiskurses.

Sie behaupten nämlich nun, „die“ Wissenschaft habe bestimmte Fachdiskurspositionen unterdrückt und präsentiert nun die alternativen Diskurspositionen. Dabei zitieren die Autoren durchaus direkt aus Fachartikeln, ohne auf den Widerspruch hinzuweisen, wie die unterdrückten Positionen denn zu Publikationen im Fachdiskurs werden konnten, da dieser doch eigentlich von der „Treibhauslobby“ o.Ä. beherrscht wird.

Im Gegendiskurs „Naturwunder Ozonloch“ werden insbesondere die uns bekannten Diskurspositionen „Ozonverlust durch Vulkanausbrüche“ und „Ozonverlust durch Atmosphärendynamik“ herangezogen.

Zunächst soll das Aufgreifen der Diskursposition „Ozonverlust durch Vulkanausbrüche“ untersucht werden.

---

[16] Diese Prämisse wird auch noch durch das Bestreiten des Zusammenhangs von wachsendem Ozonloch und wachsender Hautkrebsgefahr angegriffen (vgl. dazu Maduro und Schauerhammer, 1992, S. 68ff.). Diese Argumentation soll hier aber nicht weiter untersucht werden.

[17] Den Stand der Forschung, der zum Zeitpunkt des Erscheinens des Buches von Maduro und Schauerhammer (1992) herrschte, ist etwa in Sonnemann (1992) dokumentiert.

Aufgreifen der Diskursposition „Ozonverlust durch Vulkanausbrüche“

Die Diskursposition „Ozonverlust durch Vulkanausbrüche“ taucht in zwei verschiedenen Argumentationszusammenhängen auf. Einmal im Zusammenhang mit der künstlichen Position[18] „Natürliche Chlorquellen“, um zu beweisen, dass das durch Vulkanausbrüche freigesetzte Chlor zusammen mit anderen natürlichen Chlorfreisetzungen eine größere Menge Chlor ergibt als das durch FCKW freigesetzte Chlor, woraus dann geschlossen wird, dass FCKWs nicht die Ursache für das Ozonloch sein können.

Diese Position hat zwar keine Entsprechung im Fachdiskurs; bei der Darlegung der Chlormengen, die durch Vulkanausbrüche entstehen, werden aber immer wieder Fachartikel der Fachdiskursposition „Ozonverlust durch Vulkanausbrüche“ herangezogen.[19]

Schließlich wird die Diskursposition „Ozonverlust durch Vulkanausbrüche“ dazu herangezogen, um die starken Ozonverluste durch bestimmte Vulkanausbrüche zu erklären. Dieses Argumentationsmuster entspricht genau dem Muster, das wir bei der Diskussion der Fachtexte und der Artikel in *Bild der Wissenschaft* und in der *ZEIT* kennen gelernt haben. Maduro und Schauerhammer greifen damit die Prämisse „FCKWs sind die Ursache des Ozonlochs“ an.

Vulkanausbrüche als Teil der natürlichen Chlorquellen

Maduro und Schauerhammer (1992, S. 25/26) behaupten, die Menge des aus Meerwasserverdunstung, Vulkanausbrüchen und anderen natürlichen Quellen entstandenen Chlors sei viel größer als die Chlormenge, die durch den FCKW-Zerfall entstehe.

Ziel der Argumentation ist es zu beweisen, dass Chlor „die Ozonschicht“ nicht zerstören kann, damit also auch das aus den FCKWs freigesetzte Chlor die Ozonschicht nicht gefährden kann:

(22) „Versuchen wir die Sache ins rechte Verhältnis zu setzen. Wäre es wahr, daß Chlor die Ozonschicht vernichtete, dann hätte ‚Mutter Natur‘ sich

---

[18] „Künstlich“ soll hier heißen, dass dieser Position keine Position im Fachdiskurs entspricht.

[19] Diese Position wird auch im „Lexikon der Öko-Irrtümer“ vertreten, allerdings wird dies hier als *etabliertes Fachwissen* ausgegeben:

„Der Stoff [hier werden fälschlicherweise FCKWs bzw. Methylbromid angenommen, W.-A.L.] wird allerdings auch in großen Mengen von der Natur freigesetzt, so durch Seetang, Algen, Waldbrände oder Vulkanausbrüche. Das gleiche gilt für Jodverbindungen, die aus den Weltmeeren aufsteigen und die für beobachtete Ozonverluste auch außerhalb der Polarbereiche verantwortlich sein könnten.“ (Maxeiner und Miersch, 1998, S. 307)

Es handelt sich hier um ein weiteres Beispiel für ein Nonsensmodell, denn genau zu diesem vom Gegendiskurs eingeschleusten Argument gibt es eine der wenigen Gegendarstellungen aus dem Fachdiskurs (vgl. Anhang, S. 441ff.).

längst selbst umgebracht. Die natürlich in der Atmosphäre vorkommenden Mengen an Chlor sind nämlich sehr viel größer als die Mengen, die der Mensch durch ‚seine Industrieproduktion‘ in FCKWs hineinsteckt. Ja, die natürlichen Chlorvorkommen in der Atmosphäre lassen die potentiell durch FCKWs freigesetzten Mengen an Chlor als winzig klein erscheinen. Die Jahresproduktion von FCKWs wird derzeit auf etwa 1,1 Millionen Tonnen geschätzt. Darin sind etwa 750 000 Tonnen Chlor enthalten. Nun vergleichen Sie bitte diese Zahlen mit den natürlichen Chlorgasvorkommen. Mehr als 600 Millionen Tonnen Chlor werden jährlich durch Meerwasserverdunstung an die Atmosphäre abgegeben. Meerwasser enthält Salz, das ist bekanntlich die Chlorverbindung Natriumchlorid. Obwohl Natriumchlorid leicht aus der Luft ausgewaschen und auf diese Weise im allgemeinen schnell zur Erde zurückgeführt wird, können beträchtliche Mengen dieses Chlorsalzes durch die Sogwirkung von Gewittern, Orkanen, Taifunen und andere Arten von Wirbelstürmen in die Stratosphäre gelangen. Dort können die Chloratome wieder freigesetzt werden.“

In diesem Zusammenhang wird insbesondere die Rolle des Vulkans Mt. Erebus hervorgehoben, wobei angedeutet wird, dass die von „den“ Klimatologen gemessenen Chlorwerte nicht aus FCKWs, sondern aus den vulkanischen Gasen des Mt. Erebus herstammen (Maduro und Schauerhammer, 1992, S. 27):

(23) „Was dem starr in die antarktische Stratosphäre gerichteten Blick der Ozontheoretiker entgeht, ist lediglich der riesige, aktive Vulkan Erebus, der nur 15 Kilometer entfernt von der Beobachtungsstation im McMurdo-Sund – das ist der Ort, von dem aus die berühmten Messungen der Chlorkonzentration in der Atmosphäre der Antarktis vorgenommen werden – breit und fett auf dem Boden sitzt. Dort sitzt also dieser treue Sohn der Mutter Gaia und ist seit rund 140 Jahren, als wir Menschen ihn entdeckten, ununterbrochen aktiv. Während andere Vulkane nach jedem Ausbruch eine längere Ruhepause einlegen, speit der Mt. Erebus ununterbrochen. Deshalb liegt die Lava bei ihm auch nicht tief in einem Krater, sondern direkt unter der Erdoberfläche. William Rose von der Technischen Universität Michigan hat sich diesen Vulkan 1983 näher angesehen und herausgefunden, daß er täglich – wohlgemerkt täglich! – etwas mehr als 1000 Tonnen Chlor in die Atmosphäre pafft. Das ergibt im Jahr runde 370 000 Tonnen, was 1983 guten zwei Dritteln der Weltproduktion an FCKWs entsprach. Der Vulkan entwickelt ständig große Wolken, die Chlor und andere vulkanische Gase enthalten; diese werden vom Wind erfaßt und geradewegs Richtung McMurdo-Sund getragen, wo sie die Wissenschaftler mit sehr teuren Geräten messen, die vom Boden aus nach oben peilen oder in Ballons aufsteigen. Es gibt also unwiderlegbare und ganz naheliegende Beweise dafür, daß die in der Antarktis gemessene hohe Chlorkonzentration nur aus den vom Menschen freigesetzten FCKWs kommen können. Nicht wahr?“

Dies wird an anderer Stelle noch durch Fachartikel gestützt.[20] Damit ergibt sich das folgende Schlussmuster:

Schlussmuster „Natürliche Chlorquellen“

Schlussregel: Wenn durch natürliche Quellen mehr Chlor in die Stratosphäre gelangt als durch FCKWs und wenn Chlor Ozon zerstört, dann müsste die Ozonschicht bereits zerstört sein.

1. Aus natürlichen Quellen gelangt mehr Chlor in die Stratosphäre als durch FCKWs.

2. Die Ozonschicht ist noch nicht zerstört.

Schlussfolgerung: Chlor zerstört kein Ozon.

Die Schlussregel, die Maduro und Schauerhammer (1992, S. 32) formulieren, ist dagegen deutlich komplexer:

(24) „Wenn die Theorie der Ozonzerstörung durch Chlor wahr wäre, hätte solch ein katastrophaler Ausstoß von Chlor die Ozonschicht vollständig vernichtet, und die Erde wäre dann von den ‚krebserzeugenden‘ UV-B-Strahlen überflutet worden.“

(25) „Jeder Mann, jede Frau und jedes Kind hätte Hautkrebs bekommen.“

(26) „Aber es gibt die Menschheit noch, und es gab zu Beginn des 19. Jahrhunderts keinen markanten Anstieg der Todesrate bei Tieren und Pflanzen.“

Die Implikationsreihe wird hier fortgeschrieben bis zu einer Proposition, die von allen Lesern ad oculos auf ihre Wahrheit/Falschheit hin beurteilt werden kann: „Jeder Mann, jede Frau und jedes Kind hätte Hautkrebs bekommen“. Dieses Urteil fällen die Autoren mit (26) auch sogleich: „Aber es gibt die Menschheit noch (...)“.

---

[20] So wird auf S. 141 ein „Artikel in den Geophysical Research Letters (November 1990)“ von Philip Kyle, Kimberley Meeker und David Finnegan herangezogen. Hieraus wird zitiert:

> „Der Mt. Erebus muß als eine wichtige potentielle Quelle von Aerosolen erkannt werden, die für die im Schnee und Eis der Zentralantarktis gefundenen anorganischen Chlorverbindungen verantwortlich sein kann.“

Mit diesem Zitat wird offensichtlich vorausgesetzt, dass der Leser naiv genug ist, eine Schlussfolgerung nach einer Regel der folgenden Art zu ziehen: *Wenn der Mt. Erebus von diesen Forschern für die Chlorverbindungen in Schnee und Eis verantwortlich gemacht wird, werden sie ihn auch für das Chlor in der Stratosphäre verantwortlich machen.*

Die lange Implikationskette (24) – (26) verbirgt natürlich eher als die im Schlussmuster „Natürliche Chlorquellen“ angeführte Schlussregel, dass das gesamte Schlussmuster von der Prämisse abhängt, dass aus natürlichen Quellen tatsächlich mehr Chlor in die Stratosphäre gelangt als durch FCKWs.

Das entscheidende Gegenargument, das später von Graedel und Crutzen (1994) vorgetragen wird, besteht deshalb darin zu zeigen, dass die Prämisse „Aus natürlichen Quellen gelangt mehr Chlor in die Stratosphäre als durch FCKWs“ falsch ist.[21]

Argumentieren mit der Fachdiskursposition „Ozonverlust durch Vulkanausbrüche“

Die pos_{Vulkan} nimmt in der Argumentation des Gegendiskurses noch eine zweite wichtige Funktion ein, denn mit dem bei Vulkanausbrüchen freigesetzten Chlor werden die Ozonverluste vergangener Jahre erklärt. So zitieren Maduro und Schauerhammer (1992, S. 131/132) zwei französische Forscher, die wiederum eine andere Untersuchung zitieren:

(27) „‚Es ist bekannt, daß in den letzten Jahren solche Ausbrüche 1980 am St. Helens und 1982 am El Chichon stattfanden, aber auch 1956, zwei Jahre vor den Messungen in Dumont d'Urville, fand am Bezymianny ein Ausbruch statt. Die Verwirbelungen dieser Aerosolschicht könnten daher das Ozonloch teilweise erklären, z.B. durch unbekannte heterogene chemische Reaktionen oder eine Änderung der Lichtverhältnisse im Dämmerlicht und einer daraus folgenden Veränderung der Rate der Photodissoziation dieser Spezies.‘ Das ‚Ozonloch‘ ist demnach eine Folge von Vulkanausbrüchen, durch die entweder die chemische Zusammensetzung des polaren Luftwirbels oder aber die Wellenlänge des Lichts verändert wird, das in einem schiefen Winkel die Erdatmosphäre durchläuft, bevor es die Antarktis erreicht. Rigaud und Liroy schließen daraus: ‚Die Überprüfung der spektrographischen Ozonwerte, die 1958 in Dumont d'Urville gefunden wurden, zeigen, daß das ‚Ozonloch‘ schon im September jenes Jahres existierte. Obwohl 1958 die Produktion von Fluorchlorkohlenwasserstoffen schon im Steigen begriffen war, lag die vorhandene Menge noch weit unter den heutigen Konzentrationen. Deshalb legt die Existenz eines antarktischen Ozonabbaus über Dumont d'Urville im September 1958 nahe, daß natürliche Phänomene wie z. B. Vulkanausbrüche auch zum Ozonabbau beitragen.‘ “

Die fachliche und auch medial vermittelte Argumentation aus dieser Position und ihre Schlussmuster wurden bereits mehrfach dargestellt. Es sei deshalb auf diese Stellen verwiesen.[22] Zentral für uns war es hier zu

---

[21] Vgl. die Entgegnung, die im Anhang auf S. 441ff. abgedruckt ist.

[22] Vgl. etwa Abschnitt 7.4.4, S. 206ff.; Abschnitt 7.4.5, S. 208ff., und Abschnitt 8.1.2, S. 238ff.

zeigen, dass der Gegendiskurs die im Vermittlungsdiskurs zu Gunsten der einheitlichen Wissenschaftsdarstellung unterschlagenen Diskurspositionen wieder hervorholt und als „neue“ Argumente ins Feld führt.

Argumentieren mit der Fachdiskursposition „Ozonverlust durch Atmosphärendynamik“

Auch die fachliche Position „Ozonverlust durch Atmosphärendynamik“ wird vom Gegendiskurs ans Licht der Öffentlichkeit geholt. Maduro und Schauerhammer (1992, S. 136):

(28) „Zwei Wissenschaftler des Nationalen Instituts für Polarforschung in Tokio haben überzeugende Beweise dafür erbracht, dass das ‚Ozonloch‘ nicht durch chemische Reaktionen, sondern durch die natürliche Dynamik der Atmosphäre zustandekommt. Sie publizierten im Januar 1990 einen ausgezeichneten Artikel, der das Ozonloch ganz ohne Rückgriff auf irgendwelche chemischen ‚Killeratome‘ erklärt. Hiroshi Kanzawa und Sadao Kawaguchi schreiben in den Geophysical Research Letters: ‚Die Daten zeigen, daß die Dynamik eine entscheidende Rolle bei vielen Aspekten des antarktischen Phänomens des Ozonlochs spielt.‘ “

Auch diese Fachdiskursposition und ihre mediale Vermittlung wurde bereits mehrfach dargestellt.[23] Es kommt hier darauf an, dass das Zitieren solcher im Fachdiskurs üblichen Positionen, die auch von Beginn an gleichrangig diskutiert wurden, nun von den Autoren des Gegendiskurses gegen eine andere Fachdiskursposition (hier: pos_{fckw}) ausgespielt werden. Für Maduro und Schauerhammer (1992) stellt das zitierende Darstellen einer Fachdiskursposition wie „Ozonverlust durch Vulkanausbrüche“ oder „Ozonverlust durch Atmosphärendynamik“ einen eindeutigen Beweis dafür da, dass die „Ökologisten“ andere wissenschaftliche Ansätze unterdrücken und Ansätze, die von einer zentralen Rolle der FCKWs bei der Ozonlochbildung ausgehen, lediglich geschickte, politisch und medial koordinierte Machenschaften sind, die jeder wissenschaftlichen Grundlage entbehren.

Dass Gegendiskursautoren die Teilöffentlichkeit, die sie erreichen, mit alternativen Fachdiskurspositionen überraschen können, hat verschiedene Voraussetzungen und Gründe.

Eine Voraussetzung ist, dass ihnen diese Positionen bislang nicht bekannt waren, oder dass sie von einem fachlich konsensualen Bild der Naturwissenschaft ausgingen, das nun gestört wird durch den „Expertenstreit“.[24]

---

[23] Vgl. etwa Abschnitt 7.4.4, S. 206ff.; Abschnitt 7.4.5, S. 208ff., und Abschnitt 8.1.2, S. 237ff. sowie Tabelle 8.1 auf Seite 238.

[24] Dieser Ausdruck entstammt der Überschrift eines Artikels in *Bild der Wissenschaft*. Der so genannte „Expertenstreit um das Ozonloch“ wurde in Abschnitt 8.1.2 (S. 245ff.) analysiert.

Eine weitere Voraussetzung ist, dass die Messreihen von Farman et al. (1985) und Stolarski et al. (1986) nicht bekannt sind. Dies kann auch vorausgesetzt werden, denn wir hatten ja gesehen, dass es in den Vermittlungstexten höchst widersprüchliche Messperiodenbeschreibungen sowie Amalgamierungen verschiedener Fachdiskurspositionen gibt, und dass die für die Gegenstandskonstitution so wichtigen Langzeitmessreihen im Vermittlungsdiskurs nie veröffentlicht wurden.

Diese Messreihen müssen vom Gegendiskurs natürlich ebenfalls unterschlagen werden, denn wenn Maduro und Schauerhammer (1992) die Messwertreihen von Farman et al. (1985) veröffentlicht hätten, wäre ihre Argumentation, das Ozonloch habe schon immer bestanden, sofort zusammengebrochen.

Ein letzter Punkt, warum das Vortragen unterschiedlicher Fachdiskurspositionen als „Überraschung" wirken kann, ist, dass bereits ein politisches Handeln eingesetzt hat, das sich auf eine Arbeitshypothese stützt (in diesem Fall die Position „Ozonverlust durch FCKW") und dass durch eine unklare Modalisierung seitens der Vermittler der Eindruck entsteht, es handle sich bei dem unterstellten Sachverhalt um einen als wahr bewiesenen Sachverhalt. Dies werden wir ausfürlich in Abschnitt 9.2.6 auf Seite 337 besprechen.

Zunächst aber soll analysiert werden, wie im Gegendiskurs die Fachdiskursposition „Ozonverlust durch FCKW" beschrieben wird.

Die Fachdiskursposition „Ozonverlust durch FCKW"

Bisher wurde versucht, die inhaltlichen Angriffspunkte von den insgesamt abwertenden Äußerungen zu isolieren. Dies ist bei der Analyse der Beschreibung der Position „Ozonverlust durch FCKW" nicht mehr möglich, da sie mit der Entdeckungsgeschichte des Ozonlochs vermengt und in ironische Kommentierungen eingebettet wird:

(29) „Die Zeit war reif für zwei neue Akteure: Vorhang auf für F. Sherwood Rowland! (...) In Europa traf Rowland auf Paul Crutzen, und es entstand aus den beiden ein Team, von dem man bald wußte, daß es immer für eine originelle These gut war, wenn es darum ging herauszufinden, auf welche Weise der Mensch schon wieder die Ozonschicht zerstört." (Maduro und Schauerhammer, 1992, S. 19/20)

(30) „Nachdem Spraydosen 1978 in den Vereinigten Staaten verboten worden waren, schlief die FCKW-Debatte für einige Jahre ein. Mit einem Medien-Paukenschlag wurde sie jedoch 1985 wieder zum Leben erweckt. Joseph Farman vom British Antarctic Survey gab nämlich etwas ‚ganz Neues' bekannt. Ein gähnendes ‚Loch in der Ozonschicht' war über der Antarktis entdeckt worden! Für jeden ‚völlig überraschend', und die Medien wußten zu berichten, daß sich das Ozonloch bald auf ein Gebiet ‚größer als die Fläche der USA' ausweiten und zu einer Bedrohung für die ganze Welt

werde. Die Theoretiker des Ozonabbaus traten in Aktion. Es spielte dabei keine Rolle, daß die Theorie von Rowland und Molina über den Abbau des Ozons das ‚Ozonloch' weder vorhergesehen hatte noch hinreichend erklären konnte. Das ‚antarktische Ozonloch' wurde triumphierend als Beweis für ihre Theorie angeführt und die ‚Ozonzerstörung durch FCKWs' war von nun an ein ‚allgemein anerkanntes Faktum'." (Maduro und Schauerhammer, 1992, S. 126)

Die Fachdiskursposition „Ozonverlust durch FCKW" wird also im Zusammenhang mit der Entdeckung des Ozonlochs beschrieben, allerdings wird die inhaltliche Argumentation nicht rekonstruiert. Die Vertreter dieser Fachdiskursposition werden als Personen dargestellt, die das Ozonloch letztlich zur Befriedigung persönlicher Interessen erfunden und geschickt in den Medien lanciert haben. So ist nach Meinung der Gegendiskurs-Autoren die Position „Ozonverlust durch FCKW" lediglich durch die mediale Vermittlung ein „allgemein anerkanntes Faktum" geworden, dem in der Realität nichts entspricht. Dass die Position „Ozonverlust durch FCKW" eine echte Fachdiskursposition darstellt, wird nicht vermittelt. Diese Unterlassung ist auch notwendig, um die Argumentation des Gegendiskurses aufrecht erhalten zu können.[25]

An dieser Stelle kann auch der Qualitätsunterschied in den Satellitentexten des Gegendiskurses gezeigt werden. So beschreibt Schauerhammer (1990, S. 13/14) die Entdeckung des Ozonlochs folgendermaßen:

(31) „Da plötzlich geschah es! Ende 1985 entdeckte eine von Robert Watson geleitete Forschergruppe in der Antarktis das ‚Ozonloch'."

(32) „Man hatte dort von einer Forschungsstation aus mit optischen Geräten Messungen des Ozongehalts der Atmosphäre gemacht und diese mit Ergebnissen des Forschungssatelliten Nimbus-7 abgestimmt."

(33) „Und was hatte man festgestellt? Nach dem antarktischen Winter, also im September und Oktober, sank der Ozongehalt um etwa ein Viertel ab, um dann wieder anzusteigen. Das Ergebnis wurde als große Überraschung dargestellt und erhielt den Namen ‚Ozonloch'."

Es ist unerklärlich, wie Schauerhammer in (31) auf den Namen „Robert Watson" als Entdecker des Ozonlochs kommt. Es handelt sich jedenfalls um eine Fehlinformation.

Mit (32) werden die Arbeiten von Farman et al. (1985) und Stolarski et al. (1986) (freilich ohne diese Arbeiten zu nennen!) zu einer Position amalgamiert. Es entsteht ein Nonsensmodell, denn die Informationen aus

[25] Ein ähnliches Argumentationsmuster findet sich auch im zweiten Aids-Gegendiskurs, bei dem etwa behauptet wird, Wissenschaftler hätten Aids erfunden, um sich ihren Arbeitsplatz zu erhalten. „Die schreckliche Wahrheit. Virologen erfanden ‚AIDS' um selbst zu überleben" lautet etwa eine programmatische Überschrift bei Ehlers (1990).

den unterschiedlichen Arbeiten sind so zu einem vage bestimmten Ablauf verschmolzen, dass man diesem „Modell" nicht mit einer einfachen Bewertung wahr – falsch gerecht werden kann.

Hier zeigt sich, dass der Gegendiskurs auf Grund des Mandeville-Dilemmas[26] leichtes Spiel hat, denn ebensowenig wie der Leser von Zeitschriften wie *Bild der Wissenschaft* die durch die Transformationen hervorgerufenen Defizite beurteilen kann, kann der Leser der Texte des Gegendiskurses ein Urteil über die Art der Wissenstransformation geben, d.h. er kann auch dieses Nonsensmodell nicht auf Anhieb durchschauen.

Als einzige Lösung für den Leser hatten wir die Aneigungsstrategie des kritischen Lesers herausgestellt[27], mit der ein Leser also in jedem Fall dafür optiert, die Informationen von Vermittlungstexten nachzuprüfen. Wir hatten allerdings auch vermutet, dass es sich hierbei nicht um das häufigste Leseverhalten handeln wird. Wenn der Leser den Autoren eine gewisse Glaubwürdigkeit zugesteht, wird das häufigere Aneignungsmuster darin bestehen, dieses Nonsensmodell in das eigene Sinnsystem zu integrieren und dadurch noch weiter zu deformieren.

Ansatzpunkt Idealisierung von Messreihen

Als letzter Ansatzpunkt auf der Ebene der Gegenstandskonstitution soll die Kritik des Gegendiskurses untersucht werden, die die Idealisierung von Messreihen im Vermittlungsdiskurs voraussetzt.

So argumentieren Maduro und Schauerhammer (1992, S. 129), dass das Ozonloch nicht kontinuierlich größer geworden sei und führen insbesondere das Jahr 1988 an, an dem die Ozonverluste tatsächlich geringer als 1987 waren:

(34) „Doch anstatt diese Tatsache selbstkritisch zur Kenntnis zu nehmen, flüchten sie [die Vertreter der pos_{fckw}, W.-A.L.] sich in die abenteuerliche Behauptung, ihre Entdeckung beziehe sich nicht auf die ‚Existenz' des Ozonlochs, sondern darauf, daß es – durch die FCKWs natürlich – ‚größer' geworden sei. Auch das ist falsch. Zwar wurde im ‚Katastrophenjahr' 1987 ein Minimum von 150 Dobson gemessen, während der Wert für den gleichen Monat 1956 bei 250 Dobson lag, doch 1988 war das Minimum 250 Dobson, genau wie im Entdeckungsjahr 1956."

Wir haben bereits bei der Diskussion des Artikels „Das Ozon-Drama" gesehen, dass die Idealisierungstransformation darin bestand, aus einer

[26] Wie es für den durchschnittlichen Leser mittelalterlicher Reiseromane praktisch unmöglich war, aus eigener Erfahrung heraus zu entscheiden, was an den Reisebeschreibungen wahr oder falsch war, so ist es für die heutigen Leser kaum möglich, die Qualität vermittelter Wissenschaftsinformation zu beurteilen. Das Mandeville-Dilemma wird in Abschnitt 7.3.6 auf Seite 172 eingeführt und beschrieben. Vgl. auch die Bemerkungen dazu auf S. 174 und das Handlungsmusterschema 7.26 auf Seite 175, in dem Handlungen beschrieben werden, die das Mandeville-Dilemma verstärken.

[27] Diese Aneignungsstrategien werden in Abschnitt 7.3.6 (S. 172ff.) eingeführt.

Trendaussage (Das Ozonloch wird tendenziell größer.), die aus den Messwertreihen von Farman et al. (1985) und Stolarski et al. (1986) abgeleitet werden kann, eine Absolutaussage (Das Ozonloch wird jedes Jahr größer.) zu machen, die aus den Messreihen nicht abgeleitet werden kann.[28]

Obwohl Maduro und Schauerhammer (1992) nun eine direkte Kritik der Fachwissenschaftler vornehmen, setzt ihre Kritik nicht an Fachdiskursinformationen (eben den Messreihen, die lediglich eine Trendaussage erlauben) an, sondern an der *medial transformierten Fachinformation*, der Absolutaussage. Sie behaupten damit also implizit, die Absolutaussage sei ein *im Fachdiskurs* vorgetragenes Argument.

Eine zusätzliche Bedingung für einen „Erfolg" dieser Argumentation ist allerdings, die Messwertreihen von Farman et al. (1985) und Stolarski et al. (1986) im Gegendiskurs nicht zu veröffentlichen, denn sonst hätten Maduro und Schauerhammer (1992) diese Kritik nicht vorbringen können.

Im Satellitentext „Sackgasse Ökostaat" argumentiert Schauerhammer (1990, S. 14) ähnlich:

(35) „Auf die naheliegende Frage, ob man nicht nur ein Phänomen erstmals bewußt sah, welches schon seit langem existiert, wurde keine Zeit verschwendet. Sie paßte auch gar nicht in das Bild des ‚vom Menschen erzeugten Ozonlochs', denn das mußte ja genauso neu und einmalig sein wie die es verursachenden FCKWs. Außerdem tat das ‚Ozonloch' den Vertretern dieser These bis zum Jahr 1987 den Gefallen und wuchs von Jahr zu Jahr. Dann wurde es um das ‚Ozonloch' in den Medien plötzlich etwas stiller, denn es nahm wieder ab und drohte 1989 ganz zu verschwinden. Genau das war von einer normalen klimatischen Schwankung in unserer Atmosphäre auch zu erwarten, aber im Rahmen der simplistischen FCKW-These ist das ganz unerklärlich. Vor lauter Entdeckungseifer unterliefen einige Fehler, die jedem ernsthaften Forscher die Schamröte ins Gesicht treiben würden."

Mit (35) widerlegt Schauerhammer die Aussage

Behauptung „Das Ozonloch wird jedes Jahr größer."

indem er anführt, dass das Ozonloch 1988 kleiner als 1987 gewesen sei. Daraus leitet er die Unhaltbarkeit der Position pos_{fckw} ab. Auch diese Widerlegung setzt, wie eben erläutert, die Transformation „Idealisierung von Messwertreihen" voraus. Denn nur, wenn es sich bei der Behauptung

[28] Die Idealisierungs-Transformation wird in der Bezugstextanalyse in Abschnitt 8.1.3 (S. 253ff.) ausgeführt. Tabelle 8.2 auf Seite 255 zeigt, dass daraus langfristig eine widersprüchliche Gegenstandskonstitution entsteht. Das entsprechende Handlungsmuster wird in Schema 8.9 auf Seite 254 wiedergegeben. Weitere Analysen der Idealisierung von Messwertreihen finden sich in Abschnitt 8.2.5 (S. 293ff.) und Abschnitt 8.1.6 (S. 263ff.).

„Das Ozonloch wird jedes Jahr größer.“ um eine Absolutaussage handelte, wäre der Messwert aus dem Jahre 1988 als Widerlegung von Bedeutung. Es handelte sich nicht um eine Widerlegung, wenn die Behauptung klar als Trendaussage formuliert worden wäre („Das Ozonloch wird tendenziell über die Jahre größer.“). Unterschlagen muss Schauerhammer freilich auch die großen Ozonverluste, die ab 1989 gemessen wurden.

9.2.6 Die Ausnutzung des Entscheidungsdilemmas

Das Entscheidungsdilemma wurde in Abschnitt 9.1 auf Seite 311 charakterisiert als das Dilemma, das dadurch entsteht, dass eine Gefahr oder eine Chance akut wird, bevor der Forschungsprozess dazu abgeschlossen ist. Gefahren oder Chancen „warten“ nicht, bis die Betroffenen sie hinreichend erforscht haben. Wenn man die Gefahr oder Chance ernst nimmt, muss man auf Grund plausibler Arbeitshypothesen handeln. Die Arbeitshypothese hat den Status eines oder mehrerer als wahr unterstellter Sachverhalte, von denen zum Zeitpunkt des Handelns notwendigerweise weder feststeht, dass sie wahr, noch, dass sie falsch sind. Diese Sachverhalte müssen aber prinzipiell wahrheitsfähig sein, so dass sie sich im Verlauf des Handelns als wahr oder falsch erweisen können. Die Entscheidung, nach einer Arbeitshypothese zu handeln, wird in der Regel von einer Chancen-Risiken-Abwägung abhängig gemacht werden.

Ein Beispiel soll dies noch einmal verdeutlichen:

Als ich vor einigen Jahren mit einer Lungenentzündung unbekannter Ursache in ein Krankenhaus eingeliefert wurde, half keines der bekannten Antibiotika. Durch meinen USA-Besuch kam der Verdacht auf, es könne sich um eine Legionelleninfektion handeln.

Die Zeit, bis ein Labor zweifelsfrei herausfinden kann, ob eine Legionelleninfektion vorliegt, dauert ca. zehn Tage. Meine noch verbleibende Lebensspanne wurde aber kürzer geschätzt.

In dieser Situation musste auf der Grundlage einer Arbeitshypothese gehandelt werden, d.h. es wurde unterstellt, ich hätte eine Legionelleninfektion, auch wenn dies zu diesem Zeitpunkt nicht bewiesen war. Das Abwarten des Beweises hätte voraussichtlich meinen Tod zur Folge gehabt.

Da das Legionellenantibiotikum anschlug, war ich natürlich erleichtert; der als Arbeitshypothese unterstellte Sachverhalt war allerdings noch immer nicht bewiesen. Da ich zunehmend gesundete, bestand auch gar keine Notwendigkeit mehr, die Arbeitshypothese zu beweisen, so dass die Laboruntersuchung vor dem Erbringen des endgültigen Beweises abgebrochen wurde, um Kosten zu sparen. In anderen Fällen wird man sicherlich die Arbeitshypothese beweisen wollen, auch wenn sich die Gefahr verflüchtigt hat. Dies ist jedoch eine Frage des jeweiligen Erkenntnisinteresses und der Ressourcen, die dafür zur Verfügung stehen.

Das Beispiel macht auch deutlich, dass das Handeln auf der Grundlage einer Arbeitshypothese notwendigerweise bedeutet, dass der unterstellte Sachverhalt sich im Verlauf des Handelns (oder auch danach) als falsch erweisen kann. Bei der Abschätzung, welche Arbeitshypothese so plausibel ist, dass sie zur Grundlage des Handelns gemacht werden kann, sind deshalb auch Größen wie die Erfahrung von Experten der entsprechenden Fachdisziplin wichtig. Bei der Plausibilitätsbewertung einer Arbeitshypothese sind einschätzende Äußerungen von Experten deshalb durchaus sinnvoll. Das in Vermittlungstexten häufig zu findende Handlungsmuster DRÄUEN ist für diesen Zweck eher problematisch, denn gerade für die zentrale Handlung der Arbeitshypothesenfestlegung ist eine möglichst differenzierte, abwägende Einschätzung sinnvoll.

Das Handeln auf Grund von Arbeitshypothesen ist also situativ notwendiges, kalkuliertes Handeln auf der Basis unsicherer Information. Es bildet einen essenziellen Bestandteil unseres sozialen Handelns in Wissenschaft und Alltag.

Im Gegendiskurs „Naturwunder Ozonloch“ wird dies nun bestritten. Es wird nicht von einer „Arbeitshypothese“ gesprochen, sondern von „unbewiesenen Behauptungen“. Wie die bisherigen Ausführungen gezeigt haben, *muss* eine Arbeitshypothese natürlich eine unbewiesene Behauptung sein, sie ist ja gerade die Hilfskonstruktion im Entscheidungsdilemma. Diese Situation des Entscheidungsdilemmas wird nun ausgenutzt, um den nach der Arbeitshypothese Handelnden zu unterstellen, sie handelten auf Grund nicht bewiesener Sachverhalte, um bestimmte politische Veränderungen durchzusetzen. Wird der als wahr unterstellte Sachverhalt nämlich als faktivische Modalität und nicht als Arbeitshypothese betrachtet, kann man auch von einer „Lüge“ sprechen, denn man behauptet ja p, obwohl man weiß, dass p zu diesem Zeitpunkt nicht der Fall ist!

Es handelt sich hierbei natürlich um eine unintegre Argumentation, die nur dann funktioniert, wenn der Kommunikationspartner den Status der Arbeitshypothese, ihre Notwendigkeit und die Folgen des Nichthandelns nicht durchschaut. Hierauf können Maduro und Schauerhammer (1992) in ihrer Argumentation auch vertrauen, denn wir hatten ja als ein Kennzeichen der Fachtexte eine klare Modalisierung, als Kennzeichen der Vermittlungstexte jedoch eine willkürliche Modalisierung ausgemacht, so dass nur sehr wenige Leser von Vermittlungstexten zum Thema Ozonloch darüber Bescheid wissen dürften, welches Wissen sicher, unsicher oder umstritten ist und welche Arbeitshypothese zur Grundlage des politischen Handelns gemacht wurde.

So schreiben Maduro und Schauerhammer (1992):

(36) „Meistens verquicken sie dabei ihre merkwürdige Vorstellung von der begrenzten Pflicht des Wissenschaftlers zur Wahrheit mit Behauptungen

über die ‚politische Verantwortung des Wissenschaftlers'. Ein typisches Beispiel hierfür ist auch Paul Crutzen, der sehr verantwortlich tat, als er vor einigen Jahren ein Phantom namens ‚nuklearer Winter' herbeizitierte und selbst den Papst mit diesem Gespenst konfrontierte. Als das Phantom bald darauf im Lichte der Treibhausthese zum nuklearen Herbst zerschmolz, fand Crutzen, der übrigens ein ehemaliger Student des Präsidenten des IPCC (International Panel on Climate Change), Bert Bolin, ist, sofort hinreichenden Ersatz. Die FCKW-These und natürlich den Treibhauseffekt. Er erklärt, daß ‚wir nicht alles über den Treibhauseffekt wissen, was man darüber wissen kann', um dann sofort nach Taten zu rufen. ‚Wenn wir jetzt nicht handeln, dann bleibt nur eine Hoffnung – die Hoffnung, daß wir Wissenschaftler den falschen Baum angebellt haben. Darüberhinaus, was ist falsch am Energiesparen?'" (Maduro und Schauerhammer, 1992, S. 146)

Wir wollen hier einmal die vielen Seitenhiebe und Abwertungen beiseite lassen, um uns auf den inhaltlichen Kern konzentrieren zu können. Mit (36) wird die Chancen-Risiken-Abwägung von Crutzen wiedergegeben: Bei einem Irrtum im Falle des FCKW-Verbots hat man schlimmstenfalls Energie gespart, was bei einem Irrtum im Falle des Nichthandelns (kein FCKW-Verbot) geschieht, wird in dieser Wiedergabe nicht ausgeführt.

Dann wird die Chancen-Risiken-Abwägung Crutzens als nichtwissenschaftlich bewertet:

(37) „Dieses Argument des ‚politisch engagierten Wissenschaftlers' ist eine klare Absage an die Wissenschaft als Grundlage praktischen Handelns der Menschen."

Die folgende Kritik

(38) „In paradoxer Weise wird gerade aus der Unwissenheit und aus fehlenden wissenschaftlichen Beweisen politisches Handeln abgeleitet, weil es sonst ‚zu spät' sei oder man ‚ohnehin das richtige tue'." (Maduro und Schauerhammer, 1992, S. 146)

unterstellt, dass Arbeitshypothesen prinzipiell nicht möglich sind. Damit plädieren die Autoren implizit dafür, dass unabhängig von Chancen und Gefahrengrad in jedem Fall der Forschungsprozess abgeschlossen sein muss, bevor politisch gehandelt wird. Aus der oben beschriebenen Notwendigkeit der Arbeitshypothese im Entscheidungsdilemma ist es natürlich gerade die Auffassung, nur nach abgeschlossenem Forschungsprozess zu handeln, die nichtrationales Handeln hervorbringt.

Die Darstellung der Arbeitshypothese als ein „paradoxes" Ableiten politischen Handelns „aus der Unwissenheit und aus fehlenden wissenschaftlichen Beweisen" dient hier offensichtlich auch nicht der Gefahrenabwägung, sondern dazu, eine Einzelperson an den Pranger zu stellen:

(39) „Die Grundlage des Handelns ist dabei offensichtlich kein wissenschaftliches Urteil, sondern ein Vorurteil. Die verheerenden Folgen, die eine solche Vorgehensweise, die ihre Vorurteile selbst rechtfertigt, haben kann, können sich die meisten Menschen nicht vorstellen. Würden Wissenschaftler dieses Argument auch nachvollzogen haben, wenn in den dreißiger Jahren ein arischer Rassenhygieniker ihnen erklärt hätte, der letzte wissenschaftliche Beweis dafür, daß die jüdische Rasse minderwertig sei, könne zwar noch nicht vorgelegt werden, aber man tue in der Zwischenzeit ohnehin das richtige, wenn man gegen die Juden vorgehe? Das Argument ist genau das gleiche, allein das Vorurteil ist ausgetauscht. Daß am Energiesparen nichts falsch sein kann, ist eben ein Vorurteil; und ein gefährliches obendrein. Daß dieses Vorurteil von vielen Menschen geteilt wird, erhöht seinen Wahrheitsgehalt um keinen Deut: Es ist und bleibt ein Vorurteil. In der konkreten wirtschaftlichen Situation, in der sich die Welt heute befindet, werden die massiven ‚Energieeinsparungen', die ‚zur Lösung der Klimakatastrophe' auf internationalen Konferenzen diskutiert werden, Hunderten von Millionen Menschen jede Chance auf Entwicklung nehmen und für Millionen Menschen werden sie Unterernährung, Krankheit und Tod bedeuten. Ist da wirklich ‚nichts falsch' daran, Herr Crutzen? Oder werden Sie später sagen, von diesen Konsequenzen hätten Sie nichts gewußt?" (Maduro und Schauerhammer, 1992, S. 146/147)

Mit (39) wird das Handeln nach einer Arbeitshypothese pauschal als Nazimethode konzeptualisiert. Der Nazivergleich, der hier zur Abwertung der Personen des Leitdiskurses und zur Rahmung der Situation gebraucht wird, scheint ein beliebtes Mittel des Gegendiskurses zu sein, den man beispielsweise auch in einigen Artikeln bei Ehlers (1990), als Andeutung auch im „Lexikon der Öko-Irrtümer" (Maxeiner und Miersch, 1998) findet.[29]

9.3 Angriffspunkte des Gegendiskurses und Entgegnung aus dem Fachdiskurs

Der Ozon-Gegendiskurs spitzt die verschiedenen Glaubwürdigkeitskrisen, die im Verlauf der Diskussion um das Ozonloch entstanden sind, zu. Die Vorwürfe gipfeln auf der fachlichen Sachebene in den generellen Angriffen gegen zentrale wissenschaftliche Erkenntnisse und auf der Beziehungsebene in einem Herausgreifen und Herabwürdigen einzelner anerkannter Fachwissenschaftler. Die wichtigsten Angriffspunkte, die die Glaubwürdigkeit der Wissenschaftler bzw. der Wissenschaft betreffen, werden noch einmal in Abbildung 9.3 auf Seite 342 und Abbildung 9.4 auf Seite 343 dargestellt.

[29] Vgl. das Zitat, das wir in der Fußnote auf Seite 323 diskutiert haben, wo Maxeiner und Miersch (1998) davon sprechen, dass „die größten Schweinereien der letzten Jahrhunderte stets im Namen einer guten Sache" begangen worden seien.

Diese Aggressivität in der Ozondebatte hat schließlich dazu geführt, dass Vertreter des Fachdiskurses in einem Lehrbuch auf Argumente des Gegendiskurses eingehen und diese widerlegen. Es handelt sich dabei um das Lehrbuch „Chemie der Atmosphäre“ von Graedel und Crutzen (1994), in dem unter der Überschrift „Gegendarstellung zu den sogenannten Ozonmythen“ die vom Gegendiskurs „Naturwunder Ozonloch“ vorgetragenen Argumente aufgegriffen und diskutiert werden. Diese Entgegnung wurde im Anhang auf Seite 441ff. abgedruckt.

Der Text von Maduro und Schauerhammer (1992) wird hier nicht explizit genannt. Die Liste der hier entkräfteten Argumente entspricht allerdings genau den Argumenten, die wir bei Maduro und Schauerhammer (1992) gefunden und analysiert haben. Auch wenn man diese Entgegnung nun wiederum nach den Kriterien des Vermittlungsmodells analysieren und sicherlich auch einige Abweichungen feststellen könnte[30], ist dies doch eine sinnvolle Maßnahme, denn der (relative) Laie hat auf Anhieb ja keine Möglichkeit zu entscheiden, ob es sich im Gegendiskurs um echte Argumente oder Nonsens handelt. Deshalb ist es notwendig, dass sich Vertreter des Leitdiskurses mit den Argumenten des Gegendiskurses auseinander setzen oder Fehlinformationen, die durch mediale Wissenstransformationen entstanden sind, korrigieren.[31] Eine stärkere Partizipation der Bevölkerung an wissenschaftspolitischen Entscheidungsprozessen kann damit selbstverständlich nicht erreicht werden. In Kapitel 11 werden deshalb andere Möglichkeiten diskutiert werden, welche Wege hin zu einer echten Partizipation denkbar wären.

[30] Wir wollen an dieser Stelle inhaltlich nicht weiter auf die Argumente eingehen. Es sei lediglich angemerkt, dass man hier natürlich mit gleicher Berechtigung Einspruch gegen die ausgedehnte Diskussion um den Einfluss der Vulkane, wie sie in *Bild der Wissenschaft* 1992-1997 geführt wird (vgl. Abschnitt 8.1.2 (S. 238 - 253)), erheben müsste.

[31] Vgl. etwa den Beitrag von Ernst-Ludwig Winnacker (2000).

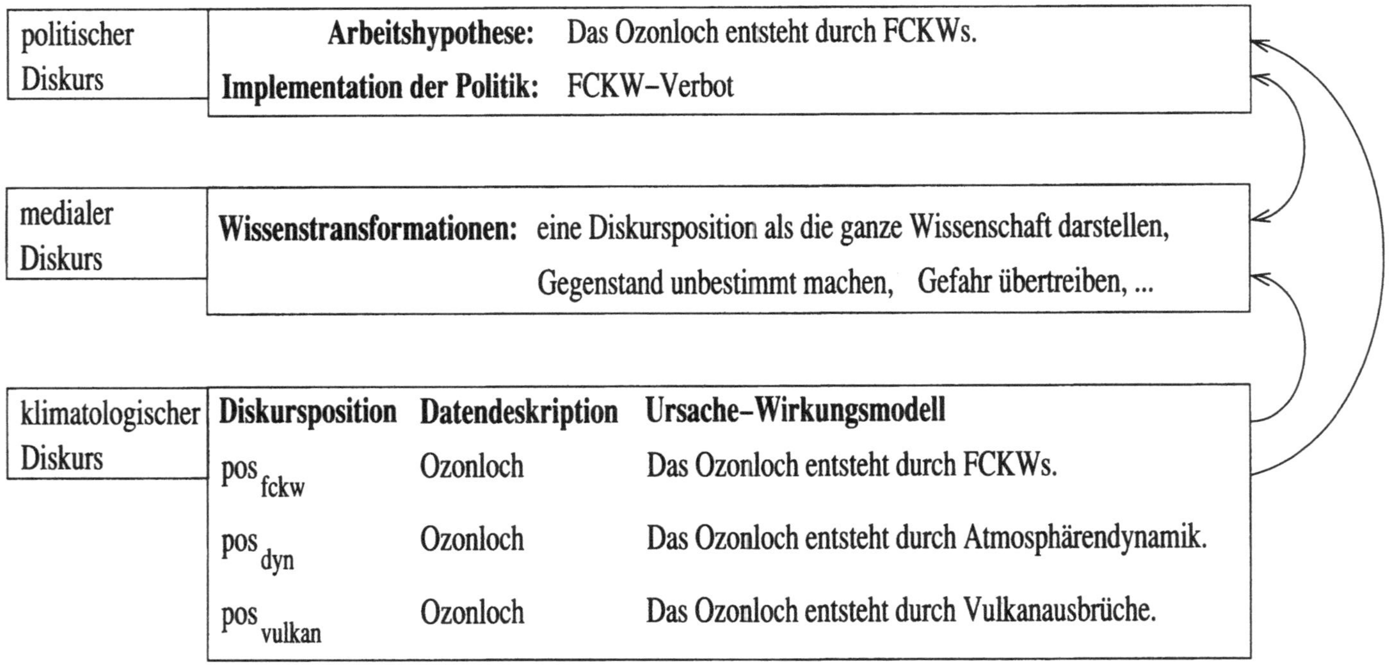

Abbildung 9.3: Diskursbeziehungen.
Politischer und medialer Diskurs sind aus Gründen der Übersichtlichkeit vereinfacht dargestellt. Es sind nicht alle Übergänge zwischen den Diskursen möglich. So wird im wissenschaftlichen Diskurs entstandenes Wissen über die medialen Wissenstransformationen in veränderter Form Bestandteil des medialen Diskurses; umgekehrt wird aber kein mediales Wissen in den klimatologischen Aufsatzdiskurs übernommen.

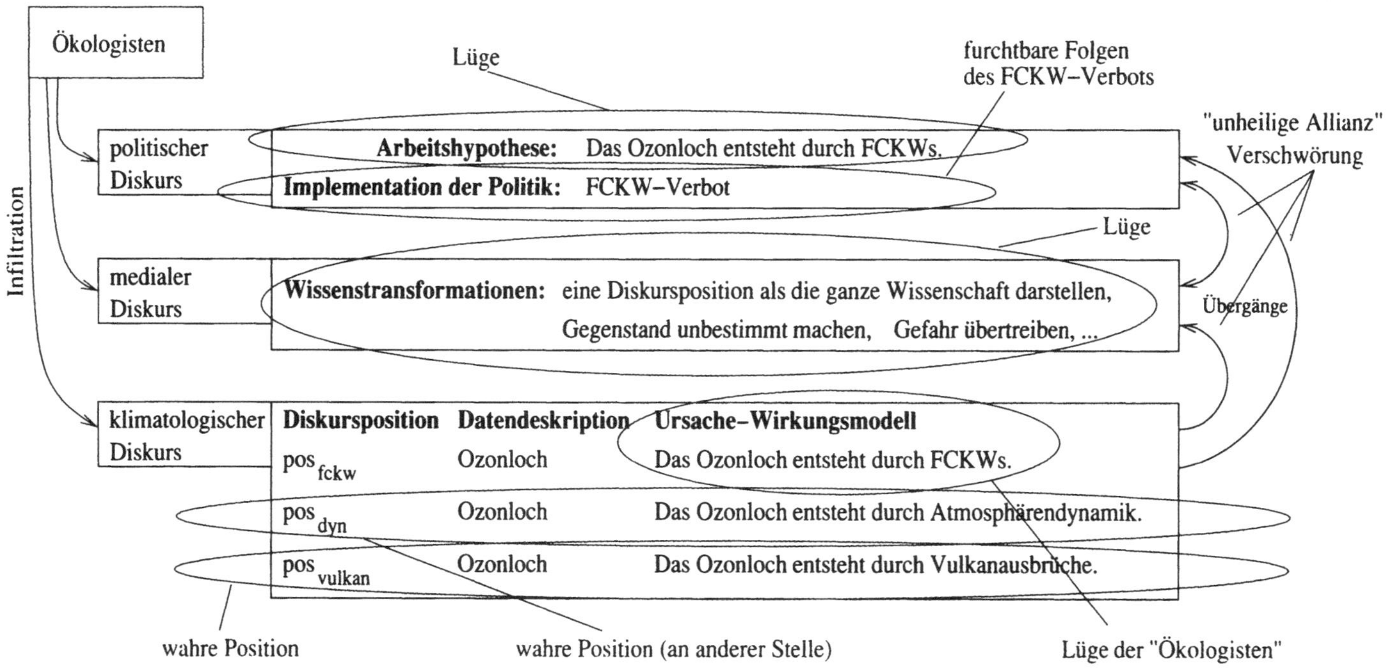

Abbildung 9.4: Angriffspunkte des Gegendiskurses.

Die Akteure des Gegendiskurses „Naturwunder Ozonloch“ greifen an unterschiedlichen Punkten des Leitdiskurses an. Es wurden nur die wichtigsten Angriffspunkte aufgeführt. Zentral ist die Behauptung der Faktizität der Arbeitshypothese, die Inanspruchnahme alternativer Fachdiskurspositionen als „wahr“ und das Aufbauen eines Akteurs im Hintergrund, die so genannten „Ökologisten“.

Teil III

Schlussfolgerungen

10 Strukturelle Gründe für das Scheitern der massenmedialen Wissenschaftsvermittlung

Es gibt mittlerweile eine Reihe von Untersuchungen, die gezeigt haben, dass der Wissenschaftsjournalismus defizitär arbeitet.[1] Diese Untersuchungen waren allerdings auf den Tagesjournalismus gerichtet, so dass die Defizite häufig mit Zeitnot, unzureichender Ausbildung[2] oder Falschinformation durch Politiker und Wissenschaftler[3] gerechtfertigt wurden.

Mit dem Artikel „Das Ozon-Drama" von Ewe (1986) liegt nun aber ein Artikel des in Deutschland seriösesten populärwissenschaftlichen Magazins vor. Der Hauptautor ist selbst Diplom-Chemiker und Wissenschaftsjournalist. Er war damals Ressortleiter bei *Bild der Wissenschaft.* Der Co-Autor, Paul J. Crutzen, war damals Direktor der Abteilung Luftchemie am Max-Planck-Institut für Chemie in Mainz. Er hat selbst wesentliche Beiträge zur Atmosphärenchemie und zur Aufdeckung des Mechanismus der Bildung des Ozonlochs geleistet, wofür er 1995 den Nobelpreis bekam.[4] Eine gründliche, professionelle Recherche kann also vorausgesetzt werden, ebenso die fachliche Absicherung durch den wissenschaftlichen Co-Autor.

Auch die anderen Autoren der analysierten Artikel sind spezialisierte Journalisten mit hoher Sach- und Schreibkompetenz. Ebenso zählt *DIE ZEIT* zu den seriösen, hochwertigen Zeitungen, insbesondere auch im Bereich der Berichterstattung über Wissenschaft.

Beide Zeitschriften haben ein akademisch gebildetes, kritisches Zielpublikum, das mit Sensationsjournalismus nicht zu „bedienen" ist.

Dennoch wurden eine Reihe von Transformationen in der Berichterstattung über das Ozonloch analysiert, die weit über bloße Stilfragen hinausgehende Veränderungen der Gegenstandskonstitution zur Folge hatten. In einigen Fällen konnte nicht mehr davon gesprochen werden, dass hier noch von den gleichen Gegenständen wie im wissenschaftlichen Diskurs die Rede ist. Durch die Einbeziehung von Artikelsequenzen konnten auch die Widersprüche und Inkohärenzen innerhalb eines Publikationsorgans über einen längeren Zeitraum deutlich gemacht werden. Dabei konn-

---

[1] Vgl. Schanne (1996).

[2] Vgl. Haller (1987) oder Peters (1994, S. 337).

[3] Vgl. Kiese (1997, S. 94/95).

[4] Crutzen teilte sich den Preis mit Molina und Rowland; in vielen Berichten wurden sie dabei als „Entdecker des Ozonlochs" gewürdigt (etwa im *Mannheimer Morgen* vom 12. Oktober 1995). Während der *Mannheimer Morgen* eine HEIMLICHE KORREKTUR vornahm (vgl. den *Mannheimer Morgen* vom 30. Juni 1998), ist Crutzen für *Bild am Sonntag* bis heute der Entdecker des Ozonlochs (vgl. Gessulat, 2000, S. 30).

ten Abweichungen vom Vermittlungsmodell gezeigt werden, aus denen dann Hypothesen über das Auftreten krisenhafter Ereignisse im folgenden Vermittlungsdiskurs abgeleitet wurden. Die dokumentierten Glaubwürdigkeitskrisen konnten als Resultate der analysierten Transformationen interpretiert werden. Weiterhin konnte gezeigt werden, dass bestimmte Typen von Transformationen, etwa das Handlungsmuster HARMONISIEREN, die Entstehung von Gegendiskursen, speziell Entlarvungsdiskursen, begünstigen, in denen versucht wird, einzelne Wissenschaftler oder auch ganze Wissenschaftszweige zu diskreditieren.

Die Frage, die sich nun stellt, lautet: Warum werden diese Transformationen auch in hochwertigen, seriösen Zeitschriften immer wieder vorgenommen? Warum werden etwa immer wieder unterschiedliche Diskurspositionen unterschlagen bzw. erst nach mehreren Glaubwürdigkeitskrisen „nachgeliefert“?

Aus der eben vorgenommenen Charakterisierung der Autoren und der Zeitschriften können Ursachen im Bereich der Qualifikation der Autoren oder der Seriosität des Blattes ausgeschlossen werden.

Für die zum Teil drastischen Unterschiede in der Gegenstandskonstitution müssen andere Ursachen gesucht werden.

Wenn man die ganzen Diskussionen und Untersuchungen über den Wissenschaftsjournalismus der letzten Jahrzehnte zusammennimmt, die für den Tagesjournalismus schon immer Defizite ergeben haben, und die sich nun auch in den hochwertigen Vermittlungstexten zeigen lassen, so kann ausgeschlossen werden, dass es sich um Ursachen wie Zeitnot, mangelnde Kompetenz etc. handelt. Es muss sich vielmehr um strukturelle Ursachen handeln.

Meine These lautet deshalb, *dass es strukturelle Eigenschaften des gegenwärtigen Mediensystems sind, die diese Transformationen hervorbringen.*

Diese These soll nun gestützt werden, indem ein einfaches Erklärungsmodell entwickelt wird, in dem drei Kofaktoren abgenommen werden, die die bisher beschriebenen Transformationen als sinnvolles Handeln erscheinen lassen:

1. Stereotype Hypothesen von Wissenschaftsjournalisten über Wissenschaftler und Laien

2. Tradierte journalistische Erzählmuster

3. Dynamik des gegenwärtigen Mediensystems.

Dazu sollen zunächst stereotype Hypothesen über Wissenschaftler und Laienpublikum untersucht werden, aus denen dann die Problematik tradierter journalistischer Erzählmuster entwickelt werden kann. Schließlich soll die Dynamik des gegenwärtigen Mediensystems als Kofaktor einbezogen werden.

10.1 Stereotype Hypothesen über Wissenschaftler und Laien im Wissenschaftsjournalismus

10.1.1 Analyse von Partnerhypothesen

Untersuchungen der Sprachproduktionsforschung zeigen, dass die Partnerhypothese einen der zentralen Faktoren bei der Textorganisation, speziell auch bei der Wissensvermittlung in der Experten-Laien-Kommunikation (vgl. Wintermantel, 1990), darstellt:

> „Variationen dieser Einflußgröße im Experiment haben ergeben, daß das Hörermodell als globaler Faktor in die Textplanung eingeht; eine Korrektur dieser Annahmen im Verlauf der Textproduktion ist nicht leicht möglich. Wirksam wird dieser Faktor sowohl auf globaler Ebene, beispielsweise bei der Wahl der Perspektive oder des Granularitätsniveaus, aber auch auf lokaler Ebene, wenn der Sprecher die für die Versprachlichung vorgesehenen Elemente auswählt.“ (von Stutterheim, 1997, S. 259)

Die Hypothese über den anderen, sein Wissen, seine soziale Herkunft usw., steuert also in großem Maße, welches Wissen wie in welchem Auflösungsgrad vermittelt wird. Wir haben bereits Ziele, die allgemein für die Vermittlungskommunikation angenommen werden können, diskutiert (vgl. etwa Tabelle 3.1).

Wenn man nun versuchen will herauszufinden, welche Hypothesen eine bestimmte soziale Gruppe über eine andere soziale Gruppe hat, so besteht eine Möglichkeit darin, Äußerungen über die jeweils andere Gruppe auszuwerten, die spontan gemacht oder elizitiert wurden. Im Folgenden sollen deshalb Hypothesen, die Wissenschaftsjournalisten über Wissenschaftler und Laien besitzen, herausgearbeitet werden, indem Interviews, Lehrbücher und Aufsätze bekannter Wissenschaftsjournalisten ausgewertet werden. Im Einzelnen handelt es sich hierbei um die folgenden Texte:

- Interview mit dem Wissenschaftsjournalisten und Professor für Wissenschaftsjournalismus Wilfried Göpfert
- Interview mit der SDR2-Wissenschaftsredaktion[5]
- Lehrbuch „Wissenschaftsjournalismus“ (Göpfert und Ruß-Mohl, 1996)
- Wissenschaftsjournalistische Positionsbestimmung im Aufsatz „Verständigungskonflikte zwischen Wissenschaftlern und Wissenschaftsjournalisten“ (Göpfert, 1997).

[5] Der Sender SDR2 heißt heute SWR2.

Die beiden Interviews wurden im Rahmen des Teilprojekts C7 „Verständigungshandeln und Verständnissicherung in der Vermittlung von Wissenschaftsinformationen“ im Sonderforschungsbereich 245 *Sprache und Situation* Heidelberg/Mannheim durchgeführt.[6] Das Lehrbuch stellt das im deutschsprachigen Raum zurzeit erfolgreichste Lehrbuch zum Wissenschaftsjournalismus dar und im Artikel von Göpfert (1997) wird eine reflektierte Positionsbestimmung des gegenwärtigen Wissenschaftsjournalismus vorgenommen.

10.1.2 Stereotype Hypothesen über Wissenschaftler

Am prägnantesten lassen sich Stereotypisierungen von Wissenschaftlern bei Göpfert (1997) zeigen. Wilfried Göpfert ist ein prominenter Vertreter des Wissenschaftsjournalismus. Er ist Inhaber des derzeit einzigen Lehrstuhls für Wissenschaftsjournalismus an der FU Berlin, ist Mitautor des genannten Lehrbuchs (Göpfert und Ruß-Mohl, 1996) und war lange Zeit Fernsehmoderator, vor allem für Gesundheitsthemen. Dabei steht er den neueren Entwicklungen der Boulevardisierung[7] in der massenmedialen Vermittlung von Wissenschaft reflektiert und kritisch gegenüber. Es ist daher eine Selbstverständlichkeit, dass die folgende Analyse nicht als Kritik ad personam missverstanden werden darf, sondern als Analyse einer von vielen Wissenschaftsjournalisten geteilten Haltung, die sich nicht nur bei Göpfert (1997) ausdrückt.

Die Hauptthese Göpferts lautet:

> „Wissenschaftler und Journalisten entstammen sehr unterschiedlichen Kommunikationskulturen und verfolgen recht unterschiedliche Kommunikationsziele.“ (Göpfert, 1997, S. 70)

Diese beiden Kommunikationskulturen werden dann von Göpfert (1997) näher charakterisiert. Dabei treten stereotype Züge von Journalisten und Wissenschaftlern hervor.

Zunächst sollen die Äußerungen über Journalisten zusammenstellend zitiert werden:

> „Journalisten (...) sind am Einzelfall, am Ungewöhnlichen interessiert. Sie wollen klare Ergebnisse ohne Einschränkungen oder schwer interpretierbare Wahrscheinlichkeitsformeln. Sie suchen geradezu die Sensation oder den gesellschaftlichen ‚Nutzen‘, das persönlich Interessante, und sie gestatten sich auch, eine ganze Wissenschaftsrichtung etwa aus politisch-gesellschaftlichen Gründen zu hinterfragen, ohne dabei von der Sache allzuviel verstehen zu

---

[6] Das Projekt wurde von Bernd Ulrich Biere und mir, ab 1.4.1996 von Werner Kallmeyer und mir geleitet. Die Interviews wurden zur Analyse des Metapherngebrauchs von Wissenschaftsjournalisten konzipiert. Interviewerin war unsere damalige Projektmitarbeiterin Katrin Bischl. Die Interviews werden hier zum ersten Mal veröffentlicht (vgl. Anhang, S. 443ff.).

[7] Vgl. dazu die Arbeit von Biere (1998a).

Wissenschaftler	Journalisten
Regularität	Abnormität, Neuigkeit
Objektivität	Einzelfall, Sensation
Distanz	Nähe, Betroffenheit
langfristig	kurzfristig
Erkenntniswert	Nutzwert
Suche nach „Wahrheit“	Bezug zur Alltagswelt
Vorläufigkeit	Eindeutigkeit
Wahrscheinlichkeit	Sicherheit
Wissenschaft/Methode	kritische Hinterfragung

Tabelle 10.1: Die Zwei-Kulturen-These: Interessen von Wissenschaftlern und Journalisten (nach Göpfert, 1997, S. 71)

> müssen. (...) Journalisten sind darauf vorbereitet, Geschichten zu erzählen, und das möglichst schnell, kurz und interessant. Außerdem wird von ihnen erwartet, daß sie schwierige Zusammenhänge anschaulich wiedergeben können. Sie sollen (...) sich nicht allzu lange mit komplizierten, ‚langatmigen‘ Erklärungen aufhalten.“ (Göpfert, 1997, S. 70/71)

Davon wird die Gruppe der Wissenschaftler scharf abgegrenzt. Die Äußerungen werden hier wieder zusammengefasst zitiert:

> „Wissenschaftler kommunizieren und denken anders als Journalisten. Sie arbeiten mit festgelegten Methoden, um aus der nüchternen Distanz zum Gegenstand allgemeingültige Erkenntnisse zu gewinnen. Doch meist haben ihre Ergebnisse nur vorläufigen Charakter und müssen in langwierigen Versuchsreihen wiederholt und verifiziert werden. Wissenschaftler operieren oft mit Wahrscheinlichkeiten, ihre Ergebnisse sind häufig abstrakt und nicht selten sind sie nur an der wissenschaftlichen Erkenntnis an sich interessiert. (...) Sie meiden Vereinfachungen, weil sie oft verfälschend sind und legen im Gegenteil Wert darauf, Details, Einschränkungen und Unsicherheiten in Methode und Ergebnissen ausführlich darzulegen. (...) Erst ganz zum Schluß werden die Ergebnisse präsentiert und interpretiert, wobei gleich wieder Einschränkungen und Randbedingungen benannt werden. “ (Göpfert, 1997, S. 70)

Göpfert fasst diese Unterschiede in einem Schema zusammen, das in Tabelle 10.1 dargestellt ist.

Als Winfried Göpfert dieses Schema während eines Vortrags auf unserem SFB-Kolloquium[8] auflegte, löste dies kontroverse Diskussionen darüber aus, ob Wissenschaft tatsächlich so charakterisiert werden könne. Diese Charakterisierung unterscheidet sich auch deutlich von der Beschreibung des Fachdiskurses in Kapitel 3 (S. 49ff.).

[8] Vgl. Biere und Liebert (1997a).

Man kann an Göpferts Schema etwa kritisieren, dass Wissenschaftler, wie Pierre Bourdieu (1998b) sagen würde, „idealisierend" dargestellt werden und die Seite des Eigennutzes ausgeblendet wird (vgl. die Diskussion in Abschnitt 3.3.3 (S. 69ff.)). Für den Allgemeinheitsgrad der Bestimmung von Wissenschaft, die Göpfert (1997) hier ansetzt, ist dies auch sicher zutreffend. Man könnte aber auch argumentieren, dass man gerade an der rational-argumentierenden Seite der Wissenschaft interessiert sei. Dann wäre es legitim, sich *aus analytischen Gründen* auf diese Dimension zu beschränken. Doch auch dann fallen alle bislang als charakteristisch erachteten diskursiven Elemente des Aufsatzdiskurses heraus wie Diskurspositionen, Argumentationsmuster etc. Das hier vorgestellte Bild des Wissenschaftlers enthält zwar einige zutreffende Eigenschaften, ist aber insgesamt ein Stereotyp. Eigenschaften wie fachlicher Dissens, komplexere Verhältnisse, wie das Handeln im Entscheidungsdilemma sind darin nicht vorgesehen.

Wenn wir auch nicht sagen können, dass das Modell die Realität abbildet, so kann es doch als diejenige Hypothese betrachtet werden, die viele Journalisten und Wissenschaftsjournalisten über Wissenschaftler besitzen.

Wir wollen also im Folgenden das Göpfert-Schema – vorläufig als Gedankenexperiment – als eine Partnerhypothese von Wissenschaftsjournalisten über Wissenschaftler betrachten und überlegen, was daraus folgt.

Es wurde bereits gesagt, dass jegliche diskursive Elemente fehlen. Wenn jemand also diese Hypothese teilt, dann liegen fachlicher Dissens und unterschiedliche Diskurspositionen gerade im „blinden Fleck" der Hypothese. Dafür enthält die Hypothese die Annahme, der Wissenschaftler biete objektive „allgemein gültige Erkenntnisse". Jemand, der diese Hypothese teilt, wird also wahrscheinlich[9] die Transformation HARMONISIEREN durchführen, d.h. aus verschiedenen Positionen eine objektive Wissenschaft herstellen. Wenn dann eine objektive Wissenschaft konstruiert wurde, dann können die Experten, die zu einem Thema befragt werden, Repräsentanten „der" Wissenschaft darstellen. Und es etabliert sich das, was auf Seite 284 das Highlander-Syndrom genannt wurde: Es kann nur eine Diskursposition geben.

Die Interviews mit Wissenschaftsjournalisten wurden nach Hypothesen über Wissenschaftler und Laien ausgewertet und die entsprechenden Textstellen zusammengestellt.[10] Betrachtet man die Interviewauszüge, die

[9] Der Ausdruck „wahrscheinlich" soll deutlich machen, dass es sich bei diesem Satz um eine Hypothese handelt, die sich durch ähnliche Experimente überprüfen ließe, wie sie etwa Wintermantel (1990) oder von Stutterheim (1997) durchgeführt haben.

[10] Zum Interview mit Winfried Göpfert vgl. die Auszüge (1) – (9) im Anhang auf den Seiten 473 – 475; zum Interview mit der SDR2-Wissenschaftsredaktion vgl. die Auszüge (1) – (9) im Anhang auf den Seiten 477 – 479.

nach Hypothesen über Wissenschaftler ausgewertet wurden, so wird man keinerlei diskursive Elemente der Wissenschaft finden. In allen Auszügen geht es um Einzelwissenschaftler; dass diese in einen argumentativen Diskurs eingebunden sind, den es zu rekonstruieren gilt, um die vorgebrachten Argumente verstehen zu können, wird nicht thematisiert.

Die durch die Hypothese über Wissenschaftler induzierte „Diskursentbundenheit" wird durch eine Tendenz des Mediensystems zur kurzen Berichterstattung über Wissenschaft verstärkt, unterhaltenden Elementen großes Gewicht beizumessen. Die inhaltliche Vermittlung besteht dann häufig nur noch aus kurzen „Erklärstücken". Für diese relativ neue Form der medialen Wissenschaftsvermittlung wurde deshalb auch der Begriff „Infotainment" verwendet (Göpfert, 1997, S. 79).

> „Denn offensichtlich wird zunehmend weniger an die Kompetenz des Lesers, Hörers oder Zuschauers geglaubt, dem das notwendige Wissen zur eigenen Entscheidungsfindung an die Hand gegeben werden müßte. Statt dessen erlangt der Experte eine höhere Kompetenz. Der Laie wird nur noch über Tatsachen oder Probleme informiert, das System Wissenschaft wird in irgendeiner, nicht weiter erklärten Weise tätig, die Bewertung übernimmt der ‚Experte'. Er ist mit allen Insignien der Glaubwürdigkeit ausgestattet, denn er wird als ‚Wissenschaftler' präsentiert. Wissenschaft wird im Sinne der ‚Systemtheorie' als ‚black box' behandelt. Es ist nicht erforderlich zu verstehen, was im Inneren vor sich geht. Wichtig sind nur die Randbedingungen und die erzielten Ergebnisse. Wissenschaft wird dabei zunehmend selbst zur Metapher, und das Abbild des Wissenschaftlers (im weißen Kittel, vor dem Mikroskop, vor der Bücherwand) wird zur Ikone." (Göpfert, 1997, S. 79)

Wissenschaft wird durch diese Entwicklung dabei, beinahe karrikierend, auf die autoritative Verkündigung von Ergebnissen und Urteilen durch nach Medienkriterien selektierte „Experten" reduziert. Die Einschätzung Göpferts wird durch die Ergebnisse der Analyse der Artikel von *Bild der Wissenschaft* (1986 – 1998) bestätigt, da auch hier eine zunehmende Dominanz der öffentlichen Experten festgestellt werden konnte (vgl. Abschnitt 8.1, S. 234ff.).

Betrachten wir die Hypothese über Wissenschaftler im folgenden Zitat:

> „Wissenschaftler lassen sich ungern auf ein herausgegriffenes Einzelergebnis ihrer Tätigkeit reduzieren. Ihnen liegt viel daran, die Rahmenbedingungen zu erläutern, die Unsicherheiten der speziellen Methode oder beispielsweise die Mitarbeit anderer Institute zu erwähnen. " (Göpfert, 1997, S. 74)

Hier könnte man meinen, es handle sich um eine Art „Schrulle" oder „Vorliebe" („Ihnen liegt viel daran ..."), wenn Wissenschaftler Randbedingungen und Methoden mit ihren Unsicherheiten mitvermitteln wollen. Die referenzsemantische Diskussion in Kapitel 3 (S. 49ff.) hat dagegen gezeigt, dass die Methodendiskussion ein essenzieller Bestandteil der Gegenstandskonstitution naturwissenschaftlicher Forschung ist, der auch in der Vermittlung nicht ausgelassen werden darf, wenn man nicht bestimmte Probleme in Kauf nehmen will. In den untersuchten Vermittlungstexten, die es unterließen, die Methode zu vermitteln, konnte eine Tendenz zur Verdinglichung ausgemacht werden, die so weit ging, dass Ozonmessergebnisse bereits nach zwei Vermittlungsschritten als „Satellitenphotos“ vom Ozonloch präsentiert wurden (vgl. Klingholz, 1986).

Insbesondere die nicht direkt beobachtbaren Gegenstände und die Notwendigkeit, die Beobachtungsmethoden zu explizieren („Kunst des Sehens“), fallen deshalb aus der Perspektive dieser Hypothese. Es ist deshalb nicht verwunderlich, dass in den Interviews, aber auch im Lehrbuch von Göpfert und Ruß-Mohl (1996), die Spezifik der Gegenstände der Naturwissenschaft keine Rolle spielt.

10.1.3 Stereotype Hypothesen über Laien

Wenn wir die zweite Spalte des Göpfert-Schemas in Tabelle 10.1 auf Seite 351 betrachten, die Interessen der Journalisten, so muten diese Interessen bzw. Ziele zunächst etwas seltsam an, denn warum sollte es jemandes Ziel sein, nach dem Abnormen, Sensationellen, Kurzfristigen zu suchen? Es kann sich hier sicherlich nicht um intrinsisch motivierte Ziele handeln, auch wenn es einem gängigen Klischee entspricht, wonach Journalisten „von Natur aus“ sensationsgierig sein sollen. Die von Göpfert (1997, S. 71) für die Journalisten genannten Ziele und Interessen können aber auf einfache Weise als rationales Handeln verstanden werden, wenn man nämlich annimmt, dass es sich hierbei um Hypothesen von Journalisten über ihr Zielpublikum handelt, d.h. Journalisten suchen das Sensationelle etc., weil sie glauben, dass ihr Zielpublikum das Sensationelle eher liest als das Unspektakuläre etc.

Somit lässt sich nicht nur die linke Spalte, sondern das ganze Göpfert-Schema uminterpretieren als stereotype Hypothese von Journalisten über die Interessen der Wissenschaft und der Laienöffentlichkeit, wobei Öffentlichkeit hier diejenige Teilöffentlichkeit darstellen soll, die der Zielgruppe des Artikels bzw. der Auftrag gebenden Medieninstitution entspricht (vgl. Tabelle 10.2 auf der nächsten Seite).

Auch als Hypothese über die Laienöffentlichkeit sind diese Charakteristika kritisch zu hinterfragen, denn es ist nicht ausgemacht, ob die Hypothese von Journalisten über die Laienöffentlichkeit sich mit der tatsächlichen Einstellung der Laien deckt.

So wurde in der Studie von Grunig (1980) über Konzepte und Einstellungen gegenüber psychischen Krankheiten nachgewiesen, dass zwischen dem Laienpublikum und den Experten (Psychiatern) keine wesentlichen Unterschiede hinsichtlich der Charakterisierung psychisch Kranker bzw. psychischer Krankheiten bestanden. Bei einer Inhaltsanalyse von Zeitschriften und Fernsehsendungen wurde aber gezeigt, dass hier vor allem

stereotype Hypothesen von Journalisten über das Interesse von	
Wissenschaftlern	**Laienöffentlichkeit**
Regularität	Abnormität, Neuigkeit
Objektivität	Einzelfall, Sensation
Distanz	Nähe, Betroffenheit
langfristig	kurzfristig
Erkenntniswert	Nutzwert
Suche nach „Wahrheit“	Bezug zur Alltagswelt
Vorläufigkeit	Eindeutigkeit
Wahrscheinlichkeit	Sicherheit
Wissenschaft/Methode	kritische Hinterfragung

Tabelle 10.2: Umdeutung der Zwei-Kulturen-These als stereotype Hypothesen von Journalisten über die Interessen von Wissenschaftlern und Öffentlichkeit

die „bizarren“ Aspekte psychischer Krankheiten herausgestellt wurden, obwohl sie für die befragten Laien und Psychiater keine Rolle spielten.

Daraufhin wurde eine Befragung der Verantwortlichen in den Medien durchgeführt, die folgendes Ergebnis hatte:

> „interview with key media personnel showed that they wrote about mental health in this way because they thought the bizarre slant would be similar to the attitudes and knowledge of the public. Journalists, in other words, sensationalized science because they thought, inaccurateley, that that was what the audience wanted.“ (Grunig, 1980, S. 201)

Diese Untersuchung zeigt, dass die stereotype journalistische Hypothese von „sensationsinteressierten“ Laien sich direkt in der Textproduktion auswirkt, auch wenn die stereotypen Hypothesen nicht mit den tatsächlichen Einstellungen der Laien übereinstimmen.

Damit erscheint auch die Theorie der Nachrichtenwerte in neuem Licht. Die Theorie der Nachrichtenwerte („news factors“), wie sie von Galtung und Ruge (1965) eingeführt wurde[11], geht von zwölf Faktoren aus[12], nach denen ein Ereignis als Nachricht selektiert und hinsichtlich des oder der Auswahlfaktoren auch akzentuiert wird.[13]

---

[11] Ein verwandtes Konzept stellt Warren bereits 1934 vor, sein Modell verfügt allerdings über keinen Mechanismus, wie Nachrichtenwerte zusammenspielen.

[12] Zur Weiterentwicklung vgl. Bell (1993, S. 155ff.), der von „news values“ spricht.

[13] Diese zwölf „news factors“ sind (untergeordnete Faktoren sind in Klammern gesetzt): frequency, threshold (absolute intensity, intensity increase), unambiguity, meaningfulness (cultural proximity, relevance), consonance (predictability, demand), unexpectedness (unpredictability, scarcity), continuity, composition, reference to elite na-

Als Konsequenz aus den Untersuchungen von Grunig (1980) muss man Nachrichtenwerte jedoch ebenfalls als stereotype Hypothesen von Journalisten über die Bedürfnisse des Zielpublikums einstufen[14], denn sonst unterstellt man vorschnell, dass Nachrichtenwerte wie „Unerwartetes“ als Wert bei Journalisten und Rezipienten universell verankert sind.

Die Modellierung von Nachrichtenwerten als stereotype Hypothesen macht diesen Ansatz auch der Handlungsmusteranalyse zugänglich. So kann der Nachrichtenwert „Konsonanz“, d.h. die Auswahl und Akzentuierung eines Ereignisses in Übereinstimmung mit der Mentalität der Zielgruppe, verstanden werden als Hypothese von Journalisten, die glauben, die Zielgruppe wolle, dass in Konsonanz mit ihrer Mentalität berichtet werde (vgl. Handlungsmusterschema 10.1).

$$\text{KONSONANZ HERSTELLEN} \rightarrow \begin{pmatrix} D_i - \text{WISSEN VERMITTELN} \\ \vdots \end{pmatrix}$$

Handlungsmusterschema 10.1: KONSONANZ HERSTELLEN

In Handlungsmusterschema 10.1 ist dargestellt, wie nach dem Handlungsmuster KONSONANZ HERSTELLEN gehandelt werden kann, indem Wissen der Disziplin(en) D_i vermittelt wird. Dies kann auch mit unterhaltenden Elementen verbunden werden, wie Abbildung 10.1 auf der nächsten Seite zeigt. Einen Artikel wie den in Abbildung 10.1 auf der nächsten Seite gezeigten kann man deshalb mit einem Untermuster des Konsonanzmusters beschreiben, das auf der Seite der Wissenschaftsvermittlung im Wesentlichen aus Unterlassungen besteht.

$$\begin{bmatrix} \text{UNTERHALTEN} \\ \text{KLISCHEE BEDIENEN} \end{bmatrix} \rightarrow \text{HIRNFORSCHUNG VERMITTELN} \rightarrow$$

$$\begin{pmatrix} \text{VAGE BEZEICHNUNG EINFÜHREN} \\ - \begin{bmatrix} \text{IDENTITÄT VON X FESTSTELLEN} \\ \text{X CHARAKTERISIEREN} \end{bmatrix} \\ -\text{BEZUGSRAHMEN ERWEITERN} \\ -\text{FACHARGUMENTATION REKONSTRUIEREN} \end{pmatrix}$$

Handlungsmusterschema 10.2: UNTERHALTEN $\sqcap$ KLISCHEE BEDIENEN

Am Ende ihrer Arbeit rufen Galtung und Ruge (1965, S. 84/85) Journalisten dazu auf, konträr zu diesen Nachrichtenwerten zu schreiben, was

---

tions, reference to elite people, reference to persons, reference to something negative (vgl. Galtung und Ruge, 1965, S. 70/71). Die hier sichtbaren Widersprüche, z.B. zwischen „predictability“ und „unpredictability“, lösen sich bei der Darstellung des Zusammenspiels der Faktoren auf.

[14] Eine ähnliche Kritik trägt Ruhrmann (1994, S. 240/241) vor.

NA SO WAS

Italiener können kein Englisch

ROM. (dpa) Forscher haben herausgefunden, warum Italiener oft Probleme haben, Englisch zu lernen. Grund ist, dass viele englische Wörter anders gesprochen als geschrieben werden. Beim Englisch sprechen würden zwei Gehirnregionen aktiviert. Im Italienischen dagegen könne man von der geschrieben leicht auf die gesprochene Sprache schließen. Nur eine Gehirnzone wird benötigt.

Abbildung 10.1: Die Vermittlung von Wissenschaft zur unterhaltsamen Bedienung von Klischees (Trierischer Volksfreund, 2000a)

meiner Ansicht nach darauf hindeutet, dass die Interpretation von Nachrichtenwerten als stereotype Hypothesen nicht in Widerspruch zur Auffassung von Galtung und Ruge stehen dürfte.

10.1.4 Tradierte journalistische Textmuster, Nachrichtenwerte und stereotype Hypothesen

Nimmt man die Beobachtung von Allan Bell (1993, S. 148ff.) hinzu, dass die journalistische „Story" eine Variation des narrativen Musters von Alltagserzählungen mit den Elementen Konstellation, Relevanzpunkt, und Auflösung/Bewertung darstellt (vgl. Tabelle 10.3 auf der nächsten Seite), dann können wir das journalistische Handeln wie in Handlungsmusterschema 10.3 charakterisieren.

STORY KONSTRUIEREN →

| X SELEKTIEREN wenn : X kongruiert mit Nachrichtenwerten $N_1 - N_{12}$.
| wenn : X kann als Erzählung präsentiert werden.
| [ARTIKEL NACH DEM MUSTER EINER ALLTAGSERZÄHLUNG FORMULIEREN]
↓ [X MIT N_i, N_j AKZENTUIEREN wenn : N_i, N_j waren selektierende Nachrichtenwerte.] ⇓

Handlungsmusterschema 10.3: STORY KONSTRUIEREN

Es handelt sich hier natürlich um eine spielerische Spekulation. Man müsste sicherlich jeden Nachrichtenwert für sich kritisch überprüfen.[15]

[15] Vgl. Merten (1973); neuere Ansätze werden in den Arbeiten von Bell (1993, S. 155ff.) und Ruhrmann (1994) vorgestellt.

Erzählung	**Zeitungsartikel**
Abstract (optional)	Lead (obligatorisch)
Konstellation	W-Fragen
Relevanzpunkt gegen Ende	Relevanzpunkt im Lead und verteilt im Artikel
Handlungssequenz: reale temporale Reihenfolge	häufig verschobene Zeitabfolge
Folgen/Auflösung am Ende	Folgen/Auflösung im Lead
Coda	keine Coda

Tabelle 10.3: Zeitungsartikel als Alltagserzählungen (nach Bell (1993, S. 148ff.) und Hoffmann (1997, S. 123ff.)). Die Gemeinsamkeit besteht insbesondere darin, dass beide Muster auf eine Pointe, den Relevanzpunkt („so what?"), ausgerichtet sind.

Man kann sich aber doch fragen, ob das journalistische Muster des Geschichtenerzählens vom Wissenschaftsjournalismus überhaupt hintergehbar ist, ohne dass der wissenschaftsjournalistische Artikel seinen Grundcharakter verliert. Es ist zu fragen, ob es nicht auch für den Wissenschaftsjournalismus essenziell ist, das Geschehen auf eine Geschichtenstruktur abzubilden, die sich durch Aktualität, Konsonanz etc. auszeichnet und die Geschichte auch nach diesen Nachrichtenwerten zu akzentuieren (d.h. „leicht zu übertreiben").

Genügt nicht schon das im journalistischen Handlungsmuster verankerte Erzählmuster mit der eingebauten leichten Übertreibung selektierter Nachrichtenwerte, um dieses Handlungsmuster für die Vermittlung von Wissenschaft zum Aufbau wissenschaftspolitischer Entscheidungskompetenz großer Bevölkerungsteile unbrauchbar zu machen? Sicherlich – es gibt noch andere Textsorten im Journalismus wie das Interview oder den Kommentar. Der Artikel ist aber die essenzielle Textsorte. Wenn die mit Artikeln konstituierten Handlungsmuster defizitäre Ergebnisse nach sich ziehen, können diese von anderen journalistischen Textsorten nicht kompensiert werden.

Die Interpretation von Nachrichtenwerten als stereotype Hypothesen über die Bedürfnisse der Zielgruppe und ihre Verbindung zur Handlungstheorie sollen hier nicht weiter ausgeführt werden. Überlegungen, wie die Theorie der Nachrichtenwerte mit der Handlungssemantik verbunden werden kann, wären aber sicherlich ein sinnvolles Zukunftsprojekt für die linguistische Analyse von Medientexten.

10.1.5 Stereotype Hypothesen als Grundlage für Wissenstransformationen

Wenn jemand die eben explizierten stereotypen Hypothesen teilt, wird er zwangsläufig eine ganze Reihe der besprochenen Wissenstransformationen durchführen, nicht weil er vereinfachen will, sondern weil er der festen Überzeugung ist, dass er die „unbrauchbare" Information „der" Wissenschaftler in Informationen verwandelt, die die Zielgruppe gebrauchen kann. Dass dabei die Ausgangsinformation verändert, häufig sogar zerstört oder stark verfremdet wird, wurde in den vorangegangenen Kapiteln mehrfach gezeigt. Die besprochenen Wissenstransformationen, die zu den verschiedenen Fällen defizitärer Wissenschaftsvermittlung geführt haben, stellen also nicht das Fehlverhalten einzelner Journalisten dar, das nun sozusagen durch Aufklärung oder Weiterbildung behoben werden könnte.[16] Die Wissenstransformationen sind struktureller Bestandteil des Systems Journalismus. Die Vermittlung naturwissenschaftlicher Inhalte an das jeweilige Zielpublikum der journalistischen Vermittler ist also *strukturell* defizitär.

Von diesem Standpunkt aus lassen sich auch verschiedene Konflikttypen in der Kommunikation zwischen Wissenschaftlern und Journalisten anders betrachten.

Wenn Wissenschaftler sich wie im Zitat oben auf Seite 351 beschrieben, verhalten, d.h. sich gegen Vereinfachungen zur Wehr setzen, weil diese „oft verfälschend" seien und Wert darauf legen, „Details, Einschränkungen und Unsicherheiten in Methode und Ergebnissen ausführlich darzulegen", so erscheint dieses Verhalten einem Wissenschaftsjournalisten als *Problem*, das durch einen „Aushandlungsprozess" gelöst werden muss, wie im folgenden Interviewauszug deutlich wird:[17]

> „In aller Regel aber, gerade wenn man versucht, Dinge zu erklären, um sicherzugehen, daß man sie richtig verstanden hat, nochmal mit dem **Wissenschaftler** abklären und unter Umständen dann auch handeln darum. Weil mitunter sind es Spitzfindigkeiten, die wiederum der **Wissenschaftler** nicht übersieht, und wo ich als Journalist sagen muß: 'Ja diese Finesse kriegt sowieso keiner mit, also das ist mir Wurscht, das sollte Ihnen auch Wurscht sein'. Dann hat eine Seite immer mal mehr Bauchschmerzen (...)" (Interviewauszug Nr. 6, Anhang, S. 474)

Im folgenden Zitat wird als Konflikt verursachendes Verhalten angenommen, Wissenschaftler hätten kein Verständnis für die Arbeitsweise und -bedingungen der Wissenschaftsjournalisten. Deshalb beharrten sie dar-

[16] Deshalb hat auch die originelle Idee von Haller (1987), Wissenschaftsjournalisten in abduktivem Denken auszubilden, keinen Erfolg gehabt.

[17] Mit Fettsatz wurden die Treffer der Suchoperation gekennzeichnet (vgl. dazu die Erläuterungen im Anhang, S. 443ff.).

auf, übergenaue Darstellungen zu verlangen und wollten zeigen, dass sie bestimmte Fachpublikationen kennen. Wissenschaftsjournalisten bestehen nach Göpfert in diesen Fällen darauf, diese Passagen herauszunehmen, argumentativ oder am Schneidetisch:

> „Das Spannungsfeld ist deswegen da, weil die **Wissenschaftler** in aller Regel wenig Verständnis haben für das, was wir tun. Und ich meine, andere versuchen, auch in öffentlichen Kommunikationsprozessen ihre Sichtweisen durchzusetzen. Aber teils ist die Materie leichter, wenn ein Wirtschaftsfachmann über Arbeitslosigkeit berichtet, kann er sich leichter vorstellen, wie denkt der Laie darüber. Und **Wissenschaftler** denken immer, nicht immer, häufig, es müßte genau sein, es müßten die Arbeitsgruppen erwähnt werden, die da mitgemacht haben, legen sie großen Wert darauf, und als Journalist hat man oft dann die Schwierigkeit zu sagen: 'Überlegen Sie doch mal, wen das interessiert', 'Jaja, aber das muß aber hinein, sonst tu ich den Kollegen unrecht, wenn die Arbeitsgruppe in Ohio nicht miterwähnt wird, oder in Bielefeld'. Und wir haben dann viel Mühe klarzumachen, daß wir für 99,9% Laien senden, und nur 0,01% vielleicht Fachleute dabei sind, die auf solche Feinheiten Wert legen. Oder daß man klar macht, daß der **Wissenschaftler** klarmachen möchte, daß er auch die Arbeiten von da und da kennt und also eher eine Antwort gibt und sagt: 'Wie der und der schon festgestellt hat und der und der schon festgestellt hat' und wir schneiden das dann nachher raus, da gibt's dann böse Zerwürfnisse. Also diese Fähigkeit umzudenken, sich in Laien reinzudenken, ist bei **Wissenschaftlern** seltener ausgeprägt als bei anderen Leuten, die auch irgendwie ein bestimmtes Fachgebiet haben.“ (Interviewauszug Nr. 9, Anhang, S. 475)

Blickt man noch einmal auf einige der in Abschnitt 4[18] analysierten Voraussetzungen für die Vermittlungskommunikation zurück, so konnten u.a. die folgenden Handlungsmuster gewonnen werden:

- Darstellen der Ausgangsfragestellung des Fachdiskurses und des argumentativen Gangs der Fachdiskursgeschichte bis zur Entdeckung
- Darstellen alternativer Fachdiskurspositionen
- Differenzieren nach sicherem, unsicherem und umstrittenem Wissen
- Spezifizieren der Art des unsicheren Wissens
- Zuordnen des umstrittenen Wissens zu den entsprechenden Fachdiskurspositionen
- Darstellen der Relevanz innerhalb und außerhalb der Wissenschaft.

Betrachtet man das von den Wissenschaftsjournalisten dargestellte Verhalten der Wissenschaftler im Lichte dieser Kriterien, so kann man ihr

[18] Vgl. S. 93ff.

Verhalten auch so interpretieren, als versuchten sich viele Wissenschaftler genau an die Handlungsmuster des Vermittlungsmodells zu halten, indem sie etwa versuchen, Fachdiskurspositionen identifizierbar zu machen. Denn was vom Wissenschaftsjournalisten hier als „Feinheiten" bezeichnet wird, stellt sich offensichtlich für viele Wissenschaftler als referenzsemantisches Problem dar. Göpfert argumentiert auch gar nicht auf der inhaltlichen Ebene, etwa der Art, dass die Identifizierbarkeit ja gewährleistet bliebe, sondern mit dem (vermeintlichen) *Interesse des Laienpublikums.* Wenn wir das Göpfert-Schema als kognitives Schema der Realitätsorganisation betrachten, so wirkt es wie eine Art Filter. Mit diesem „Filter" verwundert es nicht, wenn aus einer Arbeitsgruppe wie Stolarski, Krueger, Schoeberl, McPeters, Newman und Alpert (1986) bei Ewe (1986, S. 41) lediglich eine Person übrig bleibt, die Person des „amerikanischen Wissenschaftlers Richard Stolarski (...) vom Godard Space Flight Center der NASA in Greenbelt, Maryland".[19]

Wenn Göpfert im eben besprochenen Interviewauszug (9) das Beharren eines Wissenschaftlers auf der Nennung von anderen Fachpublikationen kritisiert, lässt sich das Verhalten des Wissenschaftlers nach dem bisher Gesagten anders deuten, nämlich als Versuch, Wissenschaft *als Diskurs* wieder in das Bewusstsein der Öffentlichkeit zu heben, die Diskurshaftigkeit zu vermitteln, die durch die Wissenstransformationen vollständig verloren gegangen ist und erst in Zeiten der Glaubwürdigkeitskrise als „Expertenstreit" dargestellt wird.

In den Äußerungen reflektierter Wissenschaftsjournalisten kommt die Unauflösbarkeit des Zwangs zur Vereinfachung zum Ausdruck. So sagt Frank Niess von der SDR2-Wissenschaftsredaktion im Interview:

> „Aber es ist natürlich im Prinzip ne Gradwanderung. Aus einem ganz einfachen Grunde, weil man genau abstecken muß ungefähr, wie weit man vereinfachen kann, ohne zu simplifizieren. Das ist das Hauptproblem bei der ganzen Geschichte, ne. Und der Vorwurf, daß wir als Wissenschaftsjournalisten simplifizieren, der kommt natürlich entweder unausgesprochen oder direkt von sehr vielen **Wissenschaftlern**. Die sehen unseren Beruf so an, als daß wir solche terrible simplificateurs sind, die also alles irgendwie auf einen ganz einfachen, primitiven Nenner bringen und damit im Grunde die Komplexität des wissenschaftlichen Sachverhalts reduzieren und letztlich auch an der Sache dann vorbeigehen, natürlich zum Teil zwangsläufig. Also den Vorwurf kriegt man eigentlich immer wieder so indirekt, also gerade von etwas hochnäsigeren **Wissenschaftlern** oder unfähigeren, zur Kommunikation unfähigeren **Wissenschaftlern** zu hören." (Interviewauszug Nr. 7, Anhang, S. 479)

Dieser Konflikt wird hier klar formuliert, allerdings nicht als strukturelles Problem der medialen Vermittlung, sondern als Problem moralischer und

[19] Vgl. dazu Abschnitt 7.3.4, Satz (27) auf Seite 161 und die folgende Diskussion.

kommunikativer Defizite jener Wissenschaftler, die Vereinfachungen im Wissenschaftsjournalismus kritisieren.[20]

Betrachten wir nun paarweise einige Hypothesen über Wissenschaftler und Laienöffentlichkeit gemäß dem abgewandelten Göpfert-Schema in Tabelle 10.2 auf Seite 355, zunächst das Paar Vorläufigkeit – Eindeutigkeit.

Dieses Hypothesenpaar kann antonymisch weiter aufgegliedert werden in:

- Vorläufigkeit – Endgültigkeit
- Uneindeutigkeit – Eindeutigkeit

Wir wollen nun überlegen, wie jemand handeln kann, der beide Hypothesen zugleich besitzt.

Vorläufiges wird endgültig

Was macht jemand, der vorläufige Ergebnisse vorfindet, aber denkt, nur Endgültiges berichten zu dürfen?

In jedem Fall wird er es unterlassen, die Vorläufigkeit weiter zu explizieren, denn dies ist ja seinem Interesse genau entgegengesetzt. Dann bleiben ihm noch zwei Möglichkeiten, er kann die Vermittlung aufgeben oder er kann die vorläufigen Ergebnisse als endgültige beschreiben. In Handlungsmusterschema 10.4 sind diese Möglichkeiten dargestellt.

VORLÄUFIGE ERGEBNISSE VERMITTELN →

$$\left[\begin{array}{l} -\text{ART DER VORLÄUFIGKEIT EXPLIZIEREN} \\ \left\{\begin{array}{l} \text{VERMITTLUNG AUFGEBEN} \\ \text{ERGEBNISSE ALS ENDGÜLTIGE DARSTELLEN} \end{array}\right\} \end{array}\right]$$

Handlungsmusterschema 10.4: VORLÄUFIGE ERGEBNISSE VERMITTELN

Die letzte Option, vorläufige Ergebnisse als endgültige darzustellen, wird durchaus nicht selten genutzt. So konnte in den vorangegangenen Analysen etwa gezeigt werden, dass die Vorläufigkeit, die im Fachartikel von Stolarski et al. (1986) bezüglich der Diskursposition „Ozonverlust durch FCKW“ formuliert wurde, überhaupt keinen Niederschlag im Vermittlungstext fand und dass es genau die unterstellte Endgültigkeit der FCKW-Kausalhypothese war, an der der Gegendiskurs „Naturwunder Ozonloch“ ansetzte.

---

[20] Dies scheint ein gängiges Rechtfertigungsmuster vieler Wissenschaftsjournalisten zu sein, wie die defensive Argumentation der journalismuskritischen Studie von Haller (1987) zeigt (vgl. auch Kiese, 1997, S. 94/95).

Uneindeutiges wird eindeutig

Was macht jemand, der uneindeutige Ergebnisse vorfindet, aber denkt, nur Eindeutiges berichten zu dürfen?

Diese Frage kann analog zur eben gestellten Frage beantwortet werden: Er wird es in jedem Fall unterlassen, die Uneindeutigkeit zu explizieren, da diese nicht in seinem Interessenbereich liegt, so dass die Vermittlung abgebrochen wird oder die uneindeutigen Ergebnisse als eindeutige dargestellt werden (vgl. Handlungsmusterschema 10.5).

UNEINDEUTIGE ERGEBNISSE VERMITTELN →

[–ART DER UNEINDEUTIGKEIT EXPLIZIEREN
{ VERMITTLUNG AUFGEBEN
ERGEBNISSE ALS EINDEUTIGE DARSTELLEN }]

Handlungsmusterschema 10.5: UNEINDEUTIGE ERGEBNISSE VERMITTELN

Wir haben diese Handlungsmuster als IDEALISIEREN VON MESSWERTREIHEN kennen gelernt, als etwa die Größenänderung des Ozonlochs als Jahr für Jahr größer werdend beschrieben wurde, während in den Messwertreihen nur ein Trend zum Größerwerden erkennbar war. Auch dieses so transformierte Wissen konnte vom Gegendiskurs ausgenutzt werden als das Ozonloch 1988 kleiner als 1987 war und das FCKW-Kausalmodell als „Lüge“ bezeichnet wurde.

Wahrscheinliches wird sicher

Was macht jemand, der unsichere oder wahrscheinliche Ergebnisse vorfindet, aber denkt, nur Sicheres berichten zu dürfen?

Auch das letzte Hypothesenpaar Wahrscheinlichkeit – Sicherheit kann analog behandelt werden: Die Wahrscheinlichkeit wird nicht expliziert, die Vermittlung wird entweder abgebrochen oder aber die Wahrscheinlichkeiten werden als sicheres Wissen dargestellt (vgl. Handlungsmusterschema 10.6).

WAHRSCHEINLICHKEITEN VERMITTELN →

[–WAHRSCHEINLICHKEIT EXPLIZIEREN
{ VERMITTLUNG AUFGEBEN
WAHRSCHEINLICHKEITEN ALS SICHERES WISSEN DARSTELLEN }]

Handlungsmusterschema 10.6: WAHRSCHEINLICHKEITEN VERMITTELN

In seiner Studie zur Klimaänderung hat Allan Bell ein ähnliches Handlungsmuster insbesondere bei der Darstellung von Abbildungen von Szenarien zur Klimaänderung nachgewiesen. Es handelt sich um das

> „problem of news stories presenting figures as certainties rather than scenarios of possibilities." (Bell, 1993, S. 244)

Bell hat insbesondere dieses Handlungsmuster dafür verantwortlich gemacht, dass die neuseeländische Bevölkerung, die er mit einen Fragebogen befragte, sich sicher war, die Klimakatastrophe stünde kurz bevor:

> „Our survey showed that the public seem quite sure climate change is going to happen - probably surer than the scientists themselves." (Bell, 1993, S. 244)

In der vorangegangenen Analyse konnte gezeigt werden, dass die klare Modalisierung in den Fachtexten durch eine arbiträre Modalisierung ersetzt wurde, die auch als Absicherungsmuster charakterisiert wurde.[21]

10.2 Die Dynamik des gegenwärtigen Mediensystems

Mit der Annahme von stereotypen Hypothesen konnten also die meisten Wissenstransformationen erklärt werden.

Diese stereotypen Hypothesen werden durch die Dynamik des gegenwärtigen journalistischen Systems bzw. Feldes (Bourdieu, 1998a,b) immer weniger hintergehbar. Die zunehmenden kommerziellen Zwänge, die auf Journalisten lasten, lassen befürchten, dass immer weniger Freiraum bleibt, auch „gegen" die Nachrichtenwerte zu schreiben, wie Galtung und Ruge (1965, S. 84/85) dies vorschlagen. Die Dynamik des gegenwärtigen Mediensystems geht sogar in eine Richtung, in der sich zunehmend seriöse Medienanbieter gezwungen sehen, auch wider besseren Wissens, manchmal auch entgegen der eigenen Einstellung, das Sensationelle, Abnorme zu betonen. Das folgende Zitat aus dem Interview mit Winfried Göpfert zeigt deutlich, dass sich reflektierte Wissenschaftsjournalisten durchaus im Klaren darüber sind, dass Defizite in der Vermittlung herrschen, die nicht durch einfache Maßnahmen beseitigt werden können. Auch der Pres-

---

[21] Zu diesem Problemkreis gibt es im Lehrbuch von Göpfert und Ruß-Mohl (1996) immerhin zwei Artikel. Es handelt sich um den Artikel „Zahlenspiele" von Rager und Weber (1996) und „Risiken der Statistik" von Bellach (1996). Insbesondere der Artikel von Bellach (1996) muss allerdings kritisch gelesen werden. Folgende Passage ist typisch für den gesamten Text:

> „So führt der Grad der Betroffenheit zu einer unterschiedlichen Risikobewertung: Risiken, die unmittelbar vor der eigenen Haustür lauern, werden für größer erachtet als weiter entfernte. Eine Umfrage in Santa Monica ergab, daß Ölbohrungen an weiter entfernt liegenden Küsten für absolut harmlos gehalten wurden, während Bohrungen vor der eigenen Küste ein hohes Risiko darstellten." (Bellach, 1996, S. 134)

Bellach (1996) handelt hier und an vielen anderen Stellen nach Handlungsmustern, die es nicht möglich machen, die Aussagen in irgendeinem Fachdiskurs zu verorten. Fast alles, was den angehenden Wissenschaftsjournalisten im vorangegagenen Artikel als „Sünde" der Journalisten Rager und Weber (1996, S. 127) vorgeführt wurde, wird im Artikel von Bellach (1996) tatsächlich begangen (Unvollständigkeit der Angaben, Quelle einer Zahl, ...).

sekodex stellt hier keine Möglichkeit der Schaffung neuer Standards dar:

> „Im Pressekodex gibt es einen Artikel, der sich speziell mit der Medizinberichterstattung auseinandersetzt, und im wesentlichen sagt man, die Darstellung muß so vorsichtig sein, daß weder unerfüllbare Hoffnungen geweckt werden, noch Sensationen, Übertreibungen oder Untertreibungen stattfinden. Also die Sensationspresse ist eigentlich damit angesprochen. Wenn man den Artikel im Pressekodex liest und die tägliche Zeitung aufschlägt, stellt man fest, daß pausenlos eigentlich dagegen widersprochen wird und nicht so gehandelt wird. Und im Moment erleben wir ja sowieso bei dem ungeheuren Konkurrenzdruck der Medien untereinander, miteinander, daß die Aufbauschungen, Sensationalisierungen überhand nehmen. Allein das letzte Beispiel mit dem Flugzeugunglück aus der Dominikanischen Republik kommend, da war dann vom Blitzeinschlag die Rede, von schlecht gewarteten Maschinen, alles Dinge, die man nachher wieder mühsam hat zurücknehmen müssen. Vergleichbar auch mit dem Brand in dem Asylantenheim in Lübeck, wo es auch sehr schnell um Tatverdächtige geht, und gleich war es in den Medien ein politisch motivierter Anschlag, ehe man sich mühsam wieder auf andere oder letzten Endes auf Nichtwissen zurückgezogen hat. Die Ehrlichkeit, am Anfang zu sagen: 'Wir wissen es nicht, wir wissen nur, es hat hier gebrannt', mag keiner mehr machen, weil er nicht mehr abgedruckt wird.“ (Interview mit Winfried Göpfert, Anhang, S. 451)

Analoges kann für die Berichterstattung über Wissenschaft gesagt werden. Eine Meldung über das Ozonloch der Art

> *Es gibt einige Messreihen der Ozonwerte über der Antarktis, die zeigen, dass es starke Ozonverluste gibt. Es gibt zurzeit mindestens fünf wissenschaftliche Positionen, die das Phänomen unterschiedlich erklären.*

hätte nicht zu dieser groß angelegten Berichterstattung geführt.

Göpfert beschreibt dann, wie sich im gegenwärtigen Mediensystem eine Dynamik entfaltet, in der die als defizitär beschriebenen Muster immer größeres Gewicht bekommen: Dieser Mechanismus des Mediensystems wird gerade im Bereich der Wissenschaftsberichterstattung verstärkt:

> „Die Kollegen bei der dpa haben den Eindruck, zum Beispiel aus der Wissenschaftsredaktion der dpa, daß sie häufig in der angemessenen Weise berichten über einen Kongress medizinischer Art beispielsweise, aber Kollegen von AP und Reuters stärker aufbauschend berichten mit dem Effekt, daß am nächsten Tag die Abdruckrate der Kollegen, die über denselben Kongress berichtet haben, höher ist. Und sie kommen dann zurück nach Hamburg in die Zentrale und müssen sich dann anhören: 'Warum seid ihr nicht so häufig gedruckt worden?' Also das sind alles Tendenzen, die gerade bei der Medizin, wo es also um Hoffnungen geht, Aufbauschung, Sensationalisierung, die Besonderheit dieses Themenfeldes aus der Wissenschaftsberichterstattung herausheben, weil es halt tatsächlich um Hoffnung (...). 'Endlich der Krebs besiegt', so oft stand das schon in den Zeitungen, 'Ein neuer Impfstoff gegen AIDS steht unmittelbar bevor', wie oft hat man das schon gelesen, 'Endlich der Durchbruch

in der AIDS-Forschung', war meines Wissens sogar neulich ein Titelbild auf dem 'Spiegel'." (Interview mit Winfried Göpfert, Anhang, S. 451)

Dass auch die dpa mittlerweile in die Dynamik der Sensationalisierung geraten ist, zeigt der Fall, als eine dpa-Meldung durch die Zeitungen ging, die besagte, es sei „Kein Eis mehr am Nordpol" (Abbildung 10.2 auf der nächsten Seite). Die von dpa dazu verschickte Abbildung zeigt das Bild zweier Polarforscher, die im Eis Bohrungen vornehmen. Zusammen mit der Überschrift und dem Lead wird so suggeriert, dass diese Personen Wissenschaftler sind, die bei ihrer wissenschaftlichen Tätigkeit das Loch im Nordpoleis entdeckt haben. Somit scheint der Artikel Ergebnisse der Polarforschung bzw. der Klimatologie vorzutragen.

Im Artikel selber stellt sich zunächst heraus, dass es sich bei der Meldung um eine Übernahme aus der britischen Zeitung *The Observer* handelt, die offensichtlich für eine seriöse Nachrichtenquelle gehalten wird. Vielleicht hat die Unterstellung der Seriosität dazu geführt, das keinerlei Nachforschungen mehr angestellt wurden und die Meldung eben „möglichst schnell" publiziert werden sollte, um sie als erste herauszugeben und sich damit die hohe Abdruckquote zu sichern.

Die Passagen im Text lassen aber schnell erkennen, dass es sich hier nicht um die Vermittlung von Forschungsergebnissen handelt: Die „Wissenschaftler" entpuppen sich als Museumsdirektoren, die als Privatpersonen mit vielen andern zusammen auf einer Kreuzfahrt zum Nordpol unterwegs waren und als Höhepunkt einen Spaziergang auf dem Nordpoleis unternehmen wollten – nur war an dieser Stelle das Eis geschmolzen.

Es handelt sich also um Personen, die in Bezug auf Klimatologie oder Glaziologie relative Laien sind, die hier aber als öffentliche Experten der Klimaforschung präsentiert werden. Die Aussagen von Kreuzfahrttouristen werden im Text als wissenschaftliche Erkenntnisse inszeniert („nach Angaben von Forschern", „von Wissenschaftlern entdeckt"). Die Inszenierungshandlungen bestehen aber auch im Abbilden von Polarforschern, die de facto mit der Geschichte nichts zu tun haben. Ein Bild einer lustigen Kreuzfahrt oder einiger Privatpersonen, die vom Schiff auf das Wasser blicken – *irgendetwas*, das die reale Situation wiedergegeben hätte, hätte die Story „kaputt gemacht". Auch die Bildlegende „Forscher schlagen Alarm: Nach ihren Messungen schwindet das Polareis Jahr für Jahr" suggeriert, dass es sich nicht um die privaten Meinungen von Kreuzfahrttouristen, sondern um Forschungsergebnisse handelt, von denen hier berichtet wird.

Das Fatale daran ist, dass das Nordpoleis durch die globale Erwärmung tatsächlich schmilzt, allerdings so langsam, dass es eben nicht sichtbar ist. Wenn auf solche Berichte dann Kommunikationskrisen folgen, dann wird, dies haben die bisherigen Analysen gezeigt, die Frage nach der Glaub-

KLIMA

Kein Eis mehr am Nordpol

Kappe ist „erstmals seit Jahrmillionen“ abgetaut

LONDON. (dpa) Zum ersten Mal seit 50 Millionen Jahren ist nach Angaben von Forschern in diesem Sommer die Eiskappe über dem Nordpol an einer Stelle geschmolzen.

Wie die britische Zeitung „The Observer“ am Sonntag berichtete, wurde die knapp zwei Kilometer große eisfreie Wasserfläche zufällig von Wissenschaftlern entdeckt, die an Bord des russischen Eisbrechers „Yamal“ eine Touristen-Kreuzfahrt zum Nordpol begleiteten. „Ich weiß nicht, ob schon mal ein Mensch zum Nordpol gekommen ist, um da Wasser statt Eis vorzufinden“, sagte Malcolm McKenna vom American Museum of Natural History. „Einige Leute, die die Klimaerwärmung noch immer als übertrieben abtun, dürften vielleicht aufwachen, wenn jetzt sogar der Pol zu schmelzen beginnt.“

James McCarthy, Direktor des Museums für vergleichende Zoologie an der Harvard University, sagte: „Für uns war die weltweite Klimaerwärmung plötzlich sehr konkret.“ Das Eis, durch das die „Yamal“ auf dem Weg zum Pol fuhr, war demnach so dünn, dass das Sonnenlicht hindurchschien. Als das Schiff den Pol erreichte, war das Eis ganz verschwunden. Der Kapitän musste noch elf Kilometer weiter fahren, bevor das Eis so dick und damit tragfähig war, dass die Touristen aussteigen konnten.

Forscher schlagen Alarm: Nach ihren Messungen schwindet das Polareis Jahr für Jahr. Foto: dpa

Abbildung 10.2: Abdruck der dpa-Meldung von der angeblich geschmolzenen Nordpolkappe (Trierischer Volksfreund, 2000b)

würdigkeit „der“ Wissenschaft gestellt. Die tatsächlich zu Grunde liegende Gefahr, die langsam voranschreitende, globale Erwärmung, hat dann kaum noch eine Chance, Gehör zu finden.

10.3 Wissenschaftsvermittlung jenseits des Journalismus

Was hätte es eigentlich für Konsequenzen, wenn wir annehmen würden, dass eine Information der Bevölkerung durch das journalistische System aus strukturellen Gründen nicht möglich ist?

Nun, zunächst könnte man die wechselseitigen Vorwürfe von Wissenschaftlern an Journalisten und umgekehrt einstellen, denn wenn allen Beteiligten klar ist, dass eine Information der Bevölkerung durch das gegenwärtige System nicht möglich ist, ist es auch sinnlos, einzelnen Journalisten oder „den“ Journalisten Vorwürfe zu machen: Die Vermittlung scheitert nicht aus moralischen, sondern aus strukturellen Gründen.[22]

Umfrageergebnisse, die vom National Science Board (2000) vorgelegt wurden, zeigen, dass Wissenschaftler praktisch kein Vertrauen in die Vermittlungskompetenz der Medien setzen (vgl. National Science Board, 2000, S. 8 - 28).

Könnte man dies noch als erwartbar bezeichnen, so scheint es auf den ersten Blick überraschend, dass Journalisten kaum anderer Ansicht sind (National Science Board, 2000, S. 8 - 29).[23]

---

[22] Deshalb ist es auch kein Wunder, wenn der moralisch angelegte Pressekodex ständig verletzt wird.

[23] Das Design der Studie kann hier nicht im Einzelnen vorgestellt werden. Einige Fragen und die Antwortverteilung der Journalisten sind in folgender Aufstellung wiedergegeben (vgl. National Science Board, 2000, S. 8 - 29):

- Few members of the news media understand the nature of science and technology, such as the tentativeness of most scientific discovery and the complexities of results. Agree 77% Disagree 19%.
- The top managers of the news media are more interested in selling newspapers or increasing viewership than in telling the public what it needs to know. Agree 37% Disagree 56%.
- Members of the news media who cover science and technology concentrate far too much on trendy discoveries rather than on basic research and development. Agree 67% Disagree 19%.
- Most members of the news media are more interested in sensationalism than in scientific truth. Agree 22% Disagree 69%.
- The news media do not cover science because they are interested in instant answers and short-term results. Agree 52% Disagree 36%.
- Most members of the news media have no understanding of the process of scientific investigation. Agree 46% Disagree 42%.
- The news media have overblown the risks of consuming many substances or partaking in many activities, unduly alarming the public. Agree 48% Disagree 35%.

In der hier dargelegten Perspektive ist dies jedoch kaum überraschend: Es spricht einfach für eine realistische Einschätzung der Journalisten, dass Wissenschaftsvermittlung durch die Medien nur mit weniger großen Verzerrungen und Verfälschungen möglich ist.

Die Autoren der vom National Science Board (2000) vorgelegten Studie gehen allerdings davon aus, dass Wissenschaftsvermittlung durch die Medien möglich sei, folgern darum, dass man die Zusammenarbeit verbessern müsse, etwa indem man Weiterbildungsprogramme für Wissenschaftler oder Journalisten auflegt oder eine Qualitätsdiskussion anregt.[24]

Auch wenn berichtet wird, dass viele Bürger bei der gegenwärtigen medialen Wissenschaftsinszenierung nicht mehr zwischen Faktum und Fiktion unterscheiden können, wird darum gefolgert (und gefordert), die Medien müssten anders über Wissenschaft berichten:

> „Most Americans rely on television and newspapers as their major sources of information. Although the media can be commended for providing more access to more information than ever before, there is some concern that the press with more cooperation from the science and engineering community could do a better job of informing the public about science and technology and their contribution to economic prosperity, national security, and the health and well-being of society. In addition, the increase in information has led to ‚information pollution‘ or the presentation of fiction as fact in a growing number of television shows. The fact that many Americans are having trouble distinguishing between the two has caught the attention of the science – and science policy – community, where concern about the state of scientific literacy has never been higher.“ (National Science Board, 2000, S. 8-3)

Wenn man dagegen die Auffassung teilt, dass die Information großer Bevölkerungsgruppen weder im Auftrag noch in den Möglichkeiten der Medien liegt, dann wird man diese Untersuchungsergebnisse anders beurteilen. Aus den genannten strukturellen Gründen muss man sagen: Die Medien werden *nie* im Sinne des National Science Board, der DFG oder einer anderen Wissenschaftsinstitution über Wissenschaft berichten.

Es kann auch nicht das Ziel sein, Wissenschaftler sozusagen alle zu Minijournalisten zu machen, denn dann würde sich die defizitäre Berichterstattung nur vervielfachen, da die Wissenschaftler-Journalisten dann denselben Zwängen, den Abdruckquoten und Nachrichtenwerten etc. unterworfen wären wie die Journalisten auch.

Wenn man eine nachhaltige Vermittlung von Wissen zur Partizipation der Bevölkerung an gesellschaftlichen Entscheidungen erreichen will, dann

- Most reporters have no idea how to interpret scientific results. Agree 45% Disagree 43%.

[24] Vgl. Held und Ruß-Mohl (2000); Ruß-Mohl (2000). Zweifellos können Qualitätssicherungsmaßnahmen bestimmte Übel abstellen, z.B. die diachrone Inkohärenz, sie können aber zu keiner grundlegenden Veränderung des Mediensystems führen.

muss man ein eigenes System der Wissenschaftsvermittlung etablieren, das eine eigene Öffentlichkeit schafft.

Dann wären auch die Journalisten entlastet, da sie ihre Berichte über Wissenschaft so schreiben könnten, wie sie sie immer schon geschrieben haben und müssten sich keine Gedanken mehr darüber machen – wenn sie es nicht selbst wollten. Schließlich werden sie nicht dafür bezahlt, die Bevölkerung zu informieren und sie auf große gesellschaftliche Entscheidungen vorzubereiten, sondern dafür, je nach Auftrag und Zielgruppe, ihren „Job“ zu machen.

Aber wer informiert dann die Bevölkerung? — Diese Frage soll im nächsten Kapitel beantwortet werden.

11 Eine Utopie der Wissenschaftsinformation

Utopia or Oblivion!
R. Buckminster Fuller
(1974)

11.1 Das utopische Szenario

24. Februar 2002, 20.00 Uhr.

Herr Gnu sieht die *Tagesschau*. In der *Tagesschau* wird berichtet, dass Forschungsergebnisse der soeben beendeten europäischen Ozonexpedition veröffentlicht wurden, wonach auch über der Nordhemisphäre das Ozon immer weiter abgebaut wird und man „fast schon von einem Ozonloch" sprechen kann. Es werden einige O-Töne von Forschern eingespielt - ... *gefährlich ... ja vielleicht ... in jedem Fall eincremen ... nicht so lang in der Sonne bleiben.* Im Hintergrund folgen Animationen und Bilder vom Nordpol in schnellen Schnitten aufeinander, die Textbeiträge sind formatgerecht auf ein Minimum geschrumpft worden.

Gnu: „Das Ozonloch, war das nicht über dem Südpol? Sollte das nicht wieder zugehen?"

Er schaltet den Computer an, geht ins Internet zur ENZYKLOPÄDIE DER WISSENSCHAFTEN und wählt den Brennpunkt Ozonloch. Zunächst bemerkt er, dass die Informationen gerade erst aktualisiert wurden. Er findet gleich eine Seite mit Informationen über das Ozonloch über dem Nordpol. Er sieht eine Projektion der Ozonverluste über der Nordhemisphäre der letzten Jahre, die er wie ein Daumenkino vor und zurück blättern kann. Rechts daneben ist eine Tabelle mit den Werten der letzten Jahrzehnte.

Gnu: „Das ist ja gar kein Loch! Das sind ja lauter Arme! Das geht ja über ganz Europa!"

Tatsächlich sehen die Ozonverluste überhaupt nicht wie ein Loch aus. Daneben sieht er einen Text, der einen Link enthält: MAN KANN OZONVERLUSTE, AUCH DAS OZONLOCH, NICHT SEHEN. WIE MAN OZONVERLUSTE UND OZONLOCH DENNOCH BEOBACHTEN KANN, UND WIE DIESE KARTE DARAUS GEMACHT WURDE, ERFAHREN SIE [HIER].

Gnu: „Ich will aber gleich wissen, ob das jetzt gefährlich ist!"

Gnu geht dem Link nicht nach, sondern liest weiter, dass es bei der Einschätzung der Gefährlichkeit unterschiedliche

Positionen gibt, die ihre Gründe darlegen. Er liest aber auch, dass es unstrittig ist, wann das Ozonloch auftaucht.

Gnu: „Moment mal, im März und April? Da leg ich mich doch sowieso noch nicht raus in die Sonne! Ich dachte, die Gefahr wäre im Sommer? Stimmt das jetzt? Ist im Sommer gar keine Gefahr? Muss man denn jetzt bei Sonne bestimmte Vorsichtsmaßnahmen treffen oder nicht? Und wie ist es eigentlich, wenn es bewölkt ist, ist man dann sicher?"

Er schaut nach, ob eine seiner Fragen bei der Top-Ten-Liste dabei ist: Ja, da steht die Antwort zu den Vorsichtsmaßnahmen.

Gnu: „Aber wie ist das mit den Wolken?"

Da sieht er, dass anlässlich der Veröffentlichung der Ergebnisse der Ozonexpedition ein Chatroom eingerichtet wurde, in dem einige Forscher, die den Bericht geschrieben haben, Fragen beantworten. Er stellt seine Frage und erhält unmittelbar eine Antwort. Dann geht der Chat zu Ende.

Gnu: „Warum ist eigentlich bei uns ein Ozonloch entstanden, wenn wir doch die ganzen FCKWs verboten haben?"

Da der Chat vorbei ist, schickt er seine Frage als Email an die ENZYKLOPÄDIE DER WISSENSCHAFTEN und erhält prompt Antwort. Nun ist ihm klar, dass die Reduktion der FCKW-Produktion allein nicht genügt, sondern dass auch das CO_2 reduziert werden muss, damit sich die Schwaden ozonarmer Luft über Europa nicht zu Löchern auswachsen. Gnu ist zufrieden. Er selbst hatte vor Jahren mit daran gearbeitet, dass die Ozonverluste über Nordeuropa in den Brennpunkt der ENZYKLOPÄDIE DER WISSENSCHAFTEN aufgenommen werden. Jetzt kann er auch die kurzfristigen Ereignisse verstehen und weiß, dass die gefährlichen Ozonverluste erst wieder verschwinden werden, wenn auch der weltweite CO_2-Ausstoß reduziert wird.

Besäßen wir heute ein solches Informations- bzw. Mediationssystem, dann wären die meisten Probleme, die bisher besprochen wurden, gelöst.

Das dynamische System, von dem hier angenommen wurde, es sei im Internet implementiert worden, stellt eine Mischung aus Hypertext, Hypermedia, moderierter Newsgroup, Archiv, Email, Zeitschrift, Enzyklopädie, Chat-Room, Wörterbuch und Call-Center dar, das auf Grund seiner Aktualität obendrein noch die Funktion einer kostenlosen, riesigen Wissenschafts-Presseagentur hat. Dieses komplexe System wurde deshalb lediglich aus nostalgischen Gründen „Enzyklopädie" genannt.[1]

[1] Es ist ein Problem vieler neuerer interaktiver Enzyklopädien, auch wenn sie viele Neuerungen einführen, dass sie zu sehr der Metapher der Enzyklopädie verhaftet sind (vgl. etwa Schmidt, 1999). Einen reflektierten Metapherngebrauch weisen die Projekte auf, über die Wolf Lepenies (2000) berichtet.

Dieses System weist einige Eigenschaften auf, die eine Vermittlung entsprechend dem Vermittlungsmodell möglich machen und die nun diskutiert werden sollen.

Akkurates Wissen

Da die Texte von Wissenschaftlern unterschiedlicher Diskurspositionen ständig aktualisiert werden, handelt es sich Wissen aus erster Hand, das kontinuierlich fortgeschrieben wird. Es werden dadurch automatisch unterschiedliche Diskurspositionen benannt (falls vorhanden) und der „Stand der Forschung" als der Stand der Argumentation unterschiedicher Diskurspositionen beschrieben. Dadurch wird klar, welches Wissen sicher, welches unsicher und welches umstritten ist. Arbeitshypothesen werden explizit dargelegt und plausibilisiert.

Damit ist auch klar, dass es hier nicht darum gehen kann zu behaupten, dass das, was in der Enzyklopädie der Wissenschaften beschrieben wird, nicht auch anders hätte konzeptualisiert werden können, etwa von nichtwissenschaftlichen Traditionen (vgl. Feyerabend, 1981). Es ist aber schon viel gewonnen, wenn man weiß, dass die Vermittlungstexte auch tatsächlich einen Zugang zu den naturwissenschaftlichen Sprachspielen ermöglichen.

Demokratisierung des Wissens

In der hier vorgeschlagenen Enzyklopädie wird Wissen nicht per se vermittelt, um etwa ein allgemeines „Verständnis der Bevölkerung" zu erreichen.

Diese scheinbar zweckfreie Popularisierung von Wissenschaft ist ein zentrales Problem der PUSH-Initiative („Public Understanding of Science and Humanities")[2] des Stifterverbands für die deutsche Wissenschaft (1999), wie Dieter Simon (2000) gezeigt hat.

So heißt es in der Präambel des vom Stifterverband (1999) herausgegebenen Memorandums:

> „Neue Kommunikationsstrukturen sind ein wesentliches Instrument, den als immer dringlicher empfundenen Vermittlungsprozess in die Gesellschaft voranzutreiben."

Die Frage, wozu denn der Vermittlungsprozess „vorangetrieben" werden soll, wird allerdings nicht dahingehend beantwortet, dass die Bürger/innen kompetent in wissenschaftspolitischen Entscheidungsprozessen mitreden, Gefahren einschätzen oder Forschungsthemen in die Wissenschaft einbringen sollen, sondern dass die wissenschaftlichen Erkenntnisse gleichsam wie eine Dividende über die Bevölkerung ausgeschüttet werden:

---

[2] Das Programm hatte von Beginn an verschiedene Titel, darunter auch PUS („Public Understanding of Science"), „Dialog Wissenschaft und Gesellschaft", später auch „Dialog der Wissenschaften".

> „Je abhängiger unsere Gesellschaft vom ‚Kapital' des Wissens wird, desto dringlicher stellt sich die Frage nach der öffentlichen Teilhabe im Sinne des demokratischen Prozesses."

Es ist die Frage, was hier unter „Teilhabe im Sinne des demokratischen Prozesses" heißen soll, denn Demokratie heißt nicht Teilhabe an irgendeinem Kapital, auch nicht am „Kapital des Wissens", sondern Volksherrschaft über alle politischen und eben auch wissenschaftspolitischen Entscheidungen – direkt oder über gewählte Vertreter.

Schließlich zeigt sich im Verlauf des Textes, dass es letztlich um Wissenschafts-PR geht:

> „Den gesellschaftlichen Stellenwert der Wissenschaften und der Technik deutlich zu machen, bedarf es öffentlicher Überzeugung mit Hilfe einer intensiven, gezielten und professionell koordinierten Kommunikation."

Dabei kann es durchaus sinnvoll sein, PR-Kampagnen für die Wissenschaften – hier nach britischem Vorbild – zu inszenieren, man sollte sich jedoch nicht der Illusion hingeben, dass hier in irgendeiner Weise „die Bevölkerung Wissenschaft verstehen" wird, denn zum einen bleibt nach dem Festival ja wieder alles beim Alten und zum zweiten perpetuiert die Übernahme der Inszenierungstechniken aus dem Bereich Public Relations und des Journalismus genau die Defizite der Wissenschaftsvermittlung, die in den vorangegangenen Kapiteln besprochen wurden. Wenn der Stifterverband auf bestimmte Inszenierungstechniken vertraut, birgt dies deshalb auch einige Risiken. Wenn nämlich PR-Aktionen wie den Wissenschaftsfestivals keine substanzielle Veränderung der Kommunikationsstrukuren zwischen Wissenschaft und Öffentlichkeit folgen, dann wird mit der nächsten zwangsläufig folgenden Kommunikationskrise, wenn es nicht mehr um Spielereien, sondern um „handfeste" Dinge wie ökologische oder gesundheitliche Gefahren geht, wieder eine ereignisgetriebene, sensationalisierende Berichterstattung in den Medien stattfinden. Wenn dann das immergleiche Medienritual der *einen* Wissenschaft aufgeführt wird, der die Szene der sich widersprechenden Experten auf dem Fuße folgt, werden der Öffentlichkeit rationale Entscheidungen über die anstehenden Probleme zum wiederholten Male schwer fallen. Dann ist die Fallhöhe von einem mit viel Geld inszenierten Wissenschaftsspektakel und der Unmöglichkeit, solide Informationen über dringende gesellschaftliche Fragen zu erhalten, noch viel größer, als sie ohne PR-Aktionen gewesen wäre – und entsprechend größer werden auch die Glaubwürdigkeitskrisen „der" Wissenschaft sein.

In der utopischen „Enzyklopädie der Wissenschaften" wird Wissen dagegen langfristig, kontinuierlich und zielgerichtet an den Brennpunktthemen und der inhaltlichen Struktur der Laienanfragen ausgerichtet.

Da für die Brennpunktthemen von den Wissenschaftlern *auch* Zielwissen vorgeschlagen wird, d.h. das Wissen, was als notwendig für eine gesellschaftliche Entscheidung betrachtet wird, kann es natürlich zu Konflikten mit dem von der Laienöffentlichkeit formulierten Wunschwissen kommen. Diese Konflikte müssen moderiert werden. Wie dies im Einzelnen geschehen soll, kann ich nicht sagen. Zentral ist aber, *beiden* Perspektiven – dem Wunschwissen aus der Sicht der Laienöffentlichkeit und dem aus der Sicht der Scientific Community für das Verständnis des Phänomens notwendigen Zielwissen – Raum zu verschaffen, damit das System weder zur Verkündigungsmaschine noch zur reinen Dienstleistung degeneriert.

Schließlich kommt in der kleinen Szene mit Herrn Gnu auch zum Ausdruck, dass das ganze System kostenlos sein muss.

Nichtkommerzialität, d.h. insbesondere uneingeschränkter[3] Zugang zur „Enzyklopädie der Wissenschaften" ist eine notwendige Voraussetzung, um frei für das Schreiben von Vermittlungstexten jenseits einer Textoptimierung nach Kriterien der Gewinnmaximierung zu sein.

Das schließt aber nicht aus, dass Personen diese Enzyklopädie nutzen, um Bücher oder Artikel zu schreiben und im kommerziellen Rahmen zu verwerten. Nach dem Vorbild des Open-Source-Modells (vgl. O'Reilly, 1999; DiBona et al., 1999) könnte man hier ein Analogon zur General Public License (GPL) einführen (vgl. Müller (1999), DiBona et al. (1999, S. 253ff.)), die es u.a. erlauben würde, Texte zu übernehmen, zu verändern und zu verkaufen mit der Verpflichtung, die so produzierten Texte selbst wieder der GPL zu unterstellen und damit das Wissen für alle frei zugänglich und weiter verwertbar zu halten.

In Abbildung 11.1 auf Seite 377 habe ich die Konzeption für eine solche Enzyklopädie der Wissenschaften dargestellt. Diesen Entwurf möchte ich nun noch etwas weiter erläutern.

11.2 Die Enzyklopädie der Wissenschaften

Allgemeiner Aufbau

Wie man Abbildung 11.1 auf Seite 377 entnehmen kann, ist die Enzyklopädie der Wissenschaften von Anfang an mehrsprachig bzw. international angelegt.

Die Internationalität ergibt sich aus den Gegebenheiten des Fachdiskurses, der bei den meisten Wissenschaften eben international ist. Die Sprache ist in der Regel Englisch. Man hätte hier schon einen gewissen Mehrwert gegenüber den herkömmlichen Medien, da auch Wissenschaftsjournalisten in qualitativ hochstehenden Wissenschaftsredaktionen

[3] „Uneingeschränkt" heißt hier zunächst, dass keine Beschränkungen auferlegt werden sollen. Es besteht natürlich das Problem, dass nur derjenige die „Enzyklopädie der Wissenschaften" nutzen kann, der Zugang zu einem Computer mit Netzanschluss hat. Hier müssten noch Möglichkeiten gefunden werden, dass möglichst viele diesen Zugang auch tatsächlich haben. Das Internet ist allerdings eine notwendige Rahmenstruktur, da es bislang die einzige nichtkommerzielle Möglichkeit darstellt, eine größere Öffentlichkeit mit aktuellen Wissenschaftsinformationen zu versorgen.

selten den internationalen Fachdiskurs berücksichtigen (vgl. Kiese, 1997, S. 80/81). Neben dem internationalen Fachdiskurs gibt es aber auch einen deutschsprachigen Teil, d.h. es gibt deutsche Akteure, z.B. Forschungseinrichtungen wie die DFG, aber auch deutsche Fachzeitschriften, Kongresse, Sammelbände etc. Dieser deutschsprachige Teil ist aber nicht vom internationalen Fachdiskurs getrennt. Deshalb können nationale Wissenschaftsakteure auch Einfluss auf den englischen Teil der Enzyklopädie nehmen.

Die gestrichelten Elemente bedeuten, dass die Enzyklopädie natürlich von der Anlage her nicht auf Deutsch und Englisch beschränkt sein darf.

Laienakteure

Die Rolle der Laienakteure[4] ist es zunächst, das Wunschwissen zu formulieren, d.h. das Wissen, das sie benötigen, um Gefahren abzuschätzen, ihren Horizont zu erweitern, oder an einer gesellschaftlichen Entscheidung partizipieren zu können. Dies kann über Abstimmungen über Brennpunktthemen geschehen, als deren Ergebnis etwa ein Thema wie das Ozonloch bzw. die Gefahren, die durch das Ozonloch entstehen, bearbeitet werden könnte.

Da in den Hintergrund des Laieninteresses geratene Brennpunktprobleme kontinuierlich weiter bearbeitet werden, können die Laienakteure die Archive der Enzyklopädie bei einem Informationsbedarf auch später noch nutzen. Die Anfragen der Laienakteure (bzw. die Auswertung der inhaltlichen Schwerpunkte der Anfragen) sollten indirekte Steuerungshandlungen darstellen, die mittelfristig dazu führen, die Inhalte der Enzyklopädie anzupassen.

Wissenschaftliche Akteure

Die Aufgabe der wissenschaftlichen Akteure unterschiedlicher Diskurspositionen ist es, das Zielwissen für Brennpunktthemen vorzuschlagen und in die Diskussion einzubringen. Weiterhin müssen sie in relativ kurzen Abständen eine Akkuratheitsprüfung der Enzyklopädie bzw. der Teile, die ihr Fachgebiet betreffen, durchführen. Dadurch können neue Ergebnisse aufgenommen, neue Argumente zu den einzelnen Diskurspositionen hinzugefügt werden. Da die Akkuratheitsprüfung von vielen Akteuren des über die ganze Welt verstreuten internationalen Fachdiskurses durchgeführt wird, enthalten die Vermittlungstexte fachlich akkurates und aktuelles Wissen.

Wissenschaftsjournalisten/Journalisten

Die Wissenschaftsjournalisten und Journalisten spielen innerhalb dieses Szenarios eigentlich keine neue Rolle, außer dass sie nun keine Verant-

[4] Es sei noch einmal betont, dass hier vom Begriff des *relativen Laien* (vgl. Liebert, 1996a; Biere und Liebert, 1997a) ausgegangen wird, also von einer Person, die in Bezug auf eine wissenschaftliche Disziplin oder Teildisziplin Laie ist und die in sie betreffenden Situationen schnell einen expertenähnlichen Status erlangen kann.

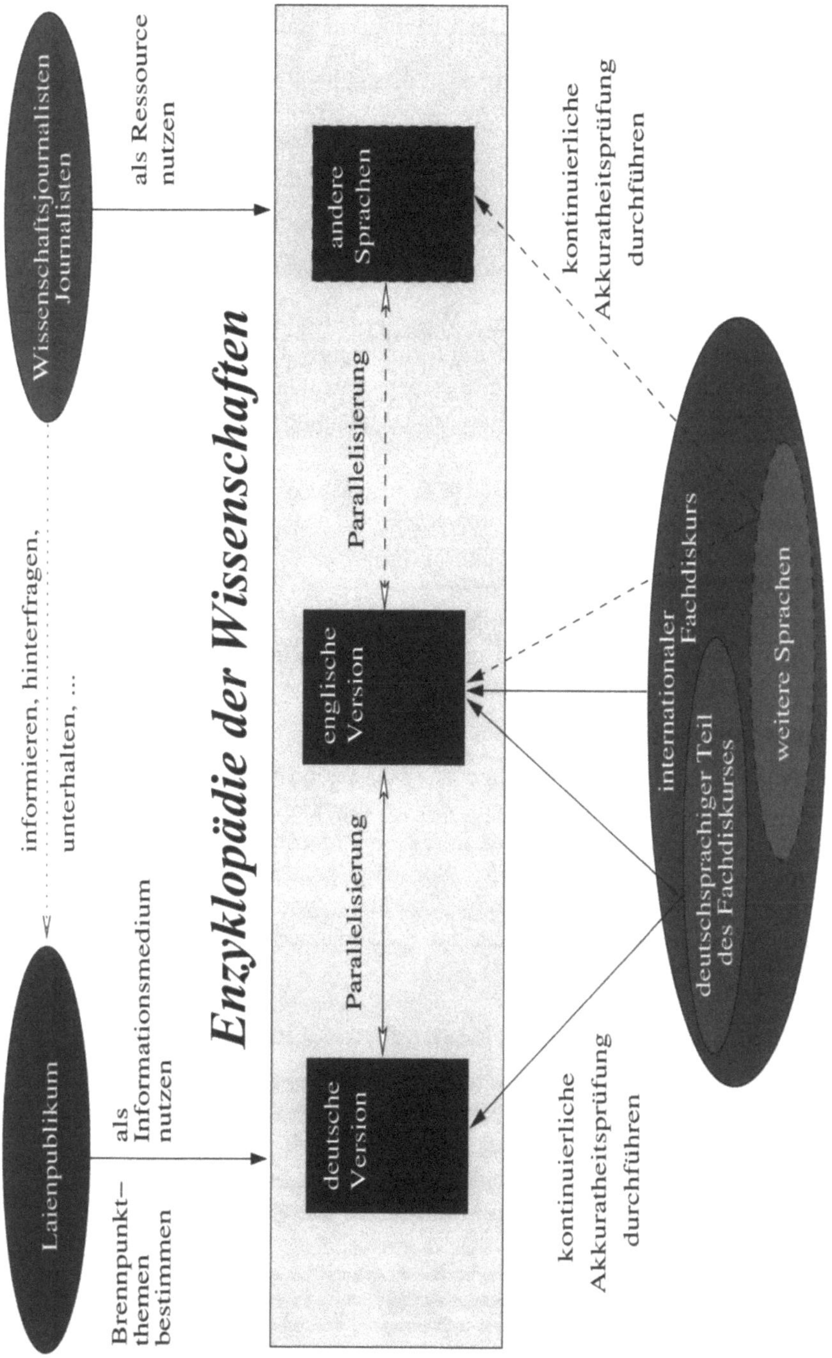

Abbildung 11.1: Konzeption einer Enzyklopädie der Wissenschaften

wortung mehr für eine generelle Information der Bevölkerung über wissenschaftliche Themen tragen. Die Enzylopädie kann weder die Zeitung, noch irgendein anderes journalistisches Produkt ersetzen. Vorhin wurde herausgestellt, dass das Handlungsmuster einer journalistischen Story für die langfristige, kontinuierliche und diskursive Wissenschaftsvermittlung ungeeignet ist. Das Textmuster eines Enyklopädieartikels ist hier angemessener.[5] Enzyklopädieartikel sind aber keine Textsorte, die in den journalistischen Medien von Bedeutung wäre. Insofern kann diese Enzyklopädie gar keine Konkurrenz, sondern lediglich eine (notwendige) Ergänzung zu den bisherigen Medienprodukten sein.

Dabei haben Journalisten und Wissenschaftsjournalisten noch einen Zusatznutzen, denn sie können das Informationssystem als Ressource nutzen. Wenn Kiese (1997, S. 94, Fn. 3) einen Journalisten im Rückblick auf die Berichterstattung über die Reaktorkatastrophe von Tschernobyl ausrufen lässt

> „Um sich hier ‚durchzufinden', hätte es in jenen Wochen eines Stabes von unabhängigen Wissenschaftlern und Experten in den Redaktionen bedurft. Aber welche Zeitung kann sich heute ein solches wissenschaftliches Team oder einen Kernenergiespezialisten leisten?"

so könnte man mit einer Enzyklopädie der Wissenschaften sagen: *Jede* Zeitung kann sich ein solches wissenschaftliches Team leisten, die Redakteure müssen nur den Computer einschalten.

Die Sprachversionen

Die verschiedenen Sprachversionen der Enzyklopädie müssen permanent parallelisiert werden, ein Problem, das in den EU-Institutionen bestens bekannt ist. Die englische Version könnte als Masterversion benutzt werden, insbesondere dann, wenn viele Sprachen dazu kommen sollten. Man müsste sich auch ein Konzept dafür überlegen, wie man einmal angelegte Bild- und Animationsressourcen für die verschiedenen Sprachversionen wieder verwenden kann.

11.3 Veränderung der Kommunikationsstruktur

Wenn ein Informations- und Mediationssystem wie die „Enzyklopädie der Wissenschaften" eingerichtet wird, verändern sich die Kommunikationsstrukturen zwischen Wissenschaft und Gesellschaft.

In Abbildung 11.2a ist die bisherige Kommunikationsstruktur dargestellt. Relevante Informationsflüsse laufen hier nur über die Medien. Hier-

---

[5] Enzyklopädieartikel weisen häufig ebenfalls die Harmonisierungstransformation auf. Im Gegensatz zu einem journalistischen Artikel ist es in einem Artikel einer Enzyklopädie zumindest möglich, diskursive Elemente, wie weit verzweigte Argumentationen, aufzunehmen.

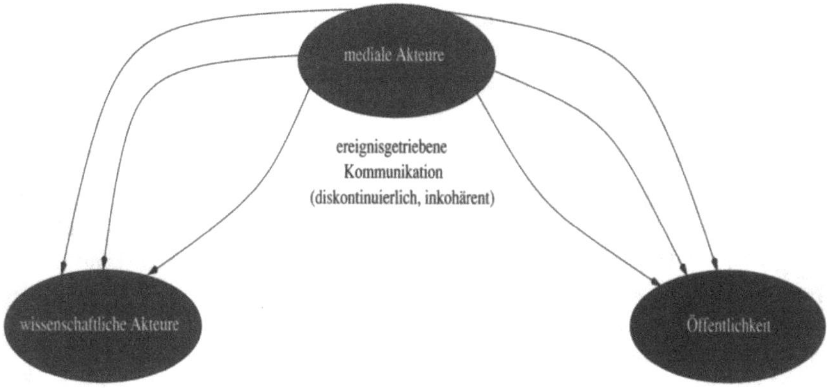

(a) Gegenwärtige Wissenschaftsvermittlung

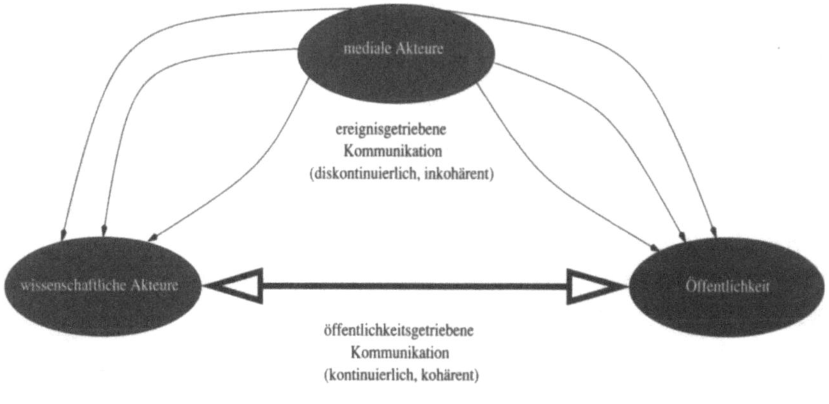

(b) Direkte Kommunikation zwischen Wissenschaft und Öffentlichkeit

Abbildung 11.2: Veränderung von Kommunikationsstrukturen zwischen Wissenschaft und Gesellschaft.
In (a) ist die gegenwärtige Kommunikationsstruktur dargestellt, in der relevante Informationsflüsse ausschließlich über die Medien laufen. In (b) ist die utopische Kommunikationsstruktur dargestellt, in der zusätzlich zum Informationsfluss über die Medien eine direkte Verbindung zwischen Wissenschaft und Öffentlichkeit besteht.

bei werden die bisher besprochenen Defizite strukturell, d.h. nicht behebbar, erzeugt. Wenn die wissenschaftlichen Akteure selbst eine Öffentlichkeit schaffen, etwa über ein Informations- und Mediationssystem im Internet, verändert sich die Kommunikationsstruktur, da nun ein direkter Informationsfluss existiert, der von beiden Seiten unabhängig von den Gegebenheiten und Interessen der medialen Akteure gestaltet werden kann (vgl. Abbildung 11.2b).

Schlussbemerkung

In den vorangegangenen Kapiteln wurde ein Modell der Wissenschaftsvermittlung entwickelt, das es ermöglichte, bestimmte Vermittlungsmuster als problematisch zu identifizieren. Die Problematik dieser Handlungsmuster konnte anhand umfangreicher Analysen von Vermittlungstexten aufgezeigt werden.

Schließlich wurden Argumente dafür vorgebracht, dass das gegenwärtige Mediensystem, so wie es ist und wie es sich entwickelt, aus strukturellen Gründen nicht in der Lage ist, größere Teile der Bevölkerung so zu informieren, dass sie bei wichtigen wissenschaftspolitischen Entscheidungen kompetent mitsprechen können. Betrachtet man dies jedoch als wichtiges politisches Ziel in Demokratien, in denen Wissenschaft eine zentrale Rolle spielt, dann müssen andere Wege gefunden werden, dieses Ziel zu erreichen. Ein solcher Weg wurde am Ende vorgeschlagen: die „Enzyklopädie der Wissenschaften".

Die „Enzyklopädie der Wissenschaften" ist ein utopisches Projekt, bei dem sich Wissenschaft und Gesellschaft global vernetzen. Dabei entsteht gemeinsames Wissen, das von allen kostenlos genutzt und weiter verwertet werden kann.

Ob dieses Projekt erfolgreich sein kann, ist ungewiss. Es zu beginnen, wäre für Wissenschaft und Gesellschaft ein Wagnis.

★

Sapere aude!

Literaturverzeichnis

Quellen

AHRENS, Gabriele; AHRENS, Carsten; DENK, Friedrich und DRÄGER, Matthias (2000): Soll die Rechtschreibreform zurückgenommen werden? Einseitige Anzeige in der Süddeutschen Zeitung vom 19./20. August, Teil einer größeren Anzeigenkampagne.

BILD DER WISSENSCHAFT (1986): Ozon: Alarm statt Entwarnung. *Bild der Wissenschaft* 23(5): S. 184, Rubrik: Im nächsten Heft.

BILD DER WISSENSCHAFT (1992): Voreilige Entwarnung? *Bild der Wissenschaft* (12): S. 83.

BILD DER WISSENSCHAFT (1993): Dünnhäutig. *Bild der Wissenschaft* (12): S. 97.

BILD DER WISSENSCHAFT (1994): Natürliche Ozonkiller. *Bild der Wissenschaft* (4): S. 11.

BRÜHL, Christoph und CRUTZEN, Paul J. (1988): Scenarios of possible changes in atmospheric temperatures and ozone concentrations due to man's activities, estimated with a one-dimensional coupled photochemical climate model. *Climate dynamics* (2): S. 172–203.

CALDER, Nigel (1997): *Die launische Sonne – widerlegt Klimatheorien.* Wiesbaden: Dr. Böttiger.

CRUTZEN, Paul J. (1972): SST's – a threat to the earth's ozone shield. *Ambio* (1): S. 41–51.

CRUTZEN, Paul J. und ARNOLD, Frank (1986): Nitric acid cloud formation in the cold Antarctic stratosphere: a major cause for the springtime 'ozone hole'. *Nature* 324(18): S. 651–655.

DEUTSCHER BÜCHERBUND (Hg.) (1972): *Der große Knaur,* Artikel Atmosphäre. (=Der große Knaur in vier Bänden; 1), Stuttgart, Hamburg, München: Deutscher Bücherbund, 2., durchgesehene und ergänzte Aufl., Redaktion: Hans-Joachim Störig.

DUDEN (1996): *Deutsches Universalwörterbuch.* Mannheim, Leipzig, Wien, Zürich: Dudenverlag, 3., völlig neu bearb. und erw. Aufl.

EHLERS, Hans-Joachim (Hg.) (1990): *„AIDS". Die Krankheit, die es gar nicht gibt. Eine Dokumentation aus dem EHLERS-Verlag.* (=raum & zeit special; 4), Sauerlach: Ehlers-Verlag, 3. Aufl.

EMSLEY, John (1996): *The Global Warming Debate. The Report of the European Science and Environment Forum.* Bournemouth, Dorsey: Bourne Press.

EWE, Thorwald (1986): Das Ozon-Drama. *Bild der Wissenschaft* 23(6): S. 38–57.

EWE, Thorwald (1990): Wir brauchen mehr Forscher und mehr Wissen. Droht ein Ozonloch über dem Äquator? Interview mit Paul Crutzen. *Bild der Wissenschaft* (1): S. 76–78.

FARMAN, J. C.; GARDINER, B. G. und SHANKLIN, J. D. (1985): Large losses of total ozone in Antarctica reveal seasonal ClO_x/NO_x interaction. *Nature* 315: S. 207–210.

FARMAN, J. C.; GARDINER, B. G. und SHANKLIN, J. D. (1988): How deep is an 'ozone hole'? *Nature* 336: S. 198.

FISCHER, Axel (1992): Damoklesschwert. Die Ozonschicht über Europa schwindet – die Forscher sind ratlos. *Bild der Wissenschaft* (5): S. 16–20.

FISCHER, Axel (1993): Der Ozonschild bricht. *Bild der Wissenschaft* (2): S. 46–51.

FRESE, Walter (1988): Auf der Suche nach dem zweiten Ozonloch. Forschung am Polarkreis. *Bild der Wissenschaft* (11): S. 44–59, Fotos von Ulrich Baatz.

GESSULAT, Petra (2000): „In 40 Jahren ist das Ozonloch verschwunden". *Bild am Sonntag* 40: S. 30/31, Ausgabe vom 8. Oktober.

GRAEDEL, Thomas E. und CRUTZEN, Paul J. (1994): *Chemie der Atmosphäre. Bedeutung für Klima und Umwelt.* Heidelberg, Berlin, Oxford: Spektrum Akademischer Verlag, aus dem Englischen übersetzt von Florian Kläger und Paul J. Crutzen unter der Mithilfe von Christoph Brühl, Uta Biermann, Jens-Uwe Grooß, Ralf Hein, Thomas Koop, Rolf Müller, Rolf Sander, Benedikt Steil, Dorothea Trapp, Frank Wienhold und Thomas Zenker.

HAUCHLER, Ingomar; MESSNER, Dirk und NUSCHELER, Franz (Hg.) (1999): *Globale Trends 2000. Fakten, Analysen, Prognosen.* Frankfurt/Main: Fischer, Stiftung Entwicklung und Frieden.

HILDESHEIMER, Wolfgang (1986): Endzeit – nur ein Gerede? *DIE ZEIT* (50): S. 51, Ausgabe vom 5. Dezember.

JACOB, Klaus (1997): Das Ozonloch. Irrtümer, Fakten und Prognosen. *Bild der Wissenschaft* (9): S. 30–34.

JAMES, John S. (1986): What's Wrong With AIDS Treatment Research? *AIDS Treatment News* (3).

JUNG, Wolfgang (1999): Umwelt. In: VON BARATTA, Mario (Hg.), *Der Fischer Weltalmanach 2000. Zahlen, Daten, Fakten*, Frankfurt/Main: Fischer, Spalten 1255-1302.

KLINGHOLZ, Reiner (1986): Zerreißen wir unseren schützenden Schirm? *DIE ZEIT* (30): S. 52, Ausgabe vom 18. Juli.

KLUSSMANN, Uwe (2000): Die Hörner von Ulan-Ude. *DER SPIEGEL* (4): S. 138.

KORBMANN, Reiner (1992a): Heilige und Florian. *Bild der Wissenschaft* (4): S. 3.

KORBMANN, Reiner (1992b): Ozon am Abgrund. *Bild der Wissenschaft* (5): S. 3.

KORBMANN, Reiner (1995): Ganz sicher unsicher. *Bild der Wissenschaft* (3): S. 3.

KRÄMER, Walter; TRENKLER, Götz und KRÄMER, Denis (2000): *Das neue Lexikon der populären Irrtümer. Weitere Vorurteile, Mißverständnisse und Denkfehler von Advent bis Zyniker.* München, Zürich: Piper.

LATSCH, Gunther und THIELKE, Thilo (2000): Wurstwagen umgefallen. *DER SPIEGEL* (24): S. 111, Ausgabe vom 12. Juni.

LEMMERICH, Jost (1990): *Die Entdeckung des Ozons und die ersten 100 Jahre der Ozonforschung.* (=Berliner Beiträge zur Geschichte der Naturwissenschaften und der Technik; 10), Berlin: Sigma.

LESER, Hartmut (Hg.) (1997): *Diercke Wörterbuch Allgemeine Geographie.* München/Braunschweig: dtv/Westermann.

LINSMEIER, Klaus-Dieter (1993): Expertenstreit um das Ozonloch. *Bild der Wissenschaft* (8): S. 96–99.

LUHMANN, Hans-Jochen (1999): Zur Entdeckung des Ozonlochs – Der heilsame Umgang mit dem Unbekannten. Vortrag in SWR2 Aula, Sonntag, 28.11.1999, 8.30-9.00 Uhr, Manuskript erhältlich beim Südwestrundfunk, Baden-Baden.

MADURO, Roger A. und SCHAUERHAMMER, Ralf (1992): *Ozonloch – das mißbrauchte Naturwunder.* Wiesbaden: Dr. Böttiger, 3. Aufl.

MANNHEIMER MORGEN (1995): Chemie-Nobelpreis nach Mainz. *Mannheimer Morgen,* Ausgabe vom 12. Oktober.

MANNHEIMER MORGEN (1998): Wissen ist kein Ruhekissen. *Mannheimer Morgen,* Ausgabe vom 30. Juni.

MAXEINER, Dirk und MIERSCH, Michael (1998): *Lexikon der Öko-Irrtümer. Überraschende Fakten zu Energie, Gentechnik, Gesundheit, Klima, Ozon, Wald und vielen anderen Umweltthemen.* Frankfurt/Main: Eichborn, 5. Aufl.

MOLINA, Mario J. und ROWLAND, F. S. (1974): Stratospheric sink for chlorofluoromethans: chlorine atom catalysed destruction of ozone. *Nature* (28): S. 810–812.

MÜLLER-ULLRICH, Burkhard (1996a): Holzwege und andere Irrtümer. Stirbt der Wald wirklich? Eine polemische Bestandsaufnahme des Umgangs mit einem aufregenden Thema. *Süddeutsche Zeitung, SZ am Wochenende* (207): S. 1, Feuillcton Beilage der Süddeutschen Zeitung vom 7./8. September.

MÜLLER-ULLRICH, Burkhard (1996b): *Medienmärchen. Gesinnungstäter im Journalismus.* München: Karl Blessing Verlag.

VON RANDOW, Thomas (1986a): Verlängerter Winter am Pol. *DIE ZEIT* (34): S. 46, Ausgabe vom 15. August.

VON RANDOW, Thomas (1986b): Wer gibt schon zu, daß er nichts weiß? *DIE ZEIT* (39): S. 80, Ausgabe vom 19. September.

VON RANDOW, Thomas (1987): Der Riß im Himmel. *DIE ZEIT* (12): S. 41, Ausgabe vom 13. März.

REYE, Barbara (1994a): Der Teufelskreis. *Bild der Wissenschaft* (2): S. 66–71.

REYE, Barbara (1994b): Die verhängnisvolle Schaukel. *Bild der Wissenschaft* (12): S. 54.

SCHAEFER, Christine (1988): Das Ozonloch wird immer größer. *Bild der Wissenschaft* (2): S. 38–45.

SCHAUERHAMMER, Ralf (1990): *Sackgasse Ökostaat: kein Platz für Menschen.* Wiesbaden: Dr. Böttiger.

SCHMIDT, Hans (1992): „So etwas haben wir noch nicht gesehen". *Bild der Wissenschaft* (5): S. 21–22.

SCHÜTZE, Christian (1996): Wunderheiler und andere Grünschnäbel. Warnung vor der Entwarnung: Warum es töricht wäre, nicht mehr vom Waldsterben zu reden. *Süddeutsche Zeitung, SZ am Wochenende* (213): S. 1, Feuilleton-Beilage der Süddeutschen Zeitung vom 14./15. September.

SONNEMANN, Gerd (1992): *Ozon. Natürliche Schwankungen und anthropogene Einflüsse.* Berlin: Akademie Verlag.

SPARLING, Brien (1999): Stratospheric Ozone Depletion, Kap. Ozone History. http://www.nas.nasa.gov/Services/Education/Resources/TeacherWork/Ozone/Ozone_History.html, Teil der NASA-WWW-Präsentation (http://www.nas.nasa.gov).

SPEKTRUM DER WISSENSCHAFT (Hg.) (1990): *Atmosphäre, Klima, Umwelt.* (=Verständliche Forschung), Heidelberg: Spektrum der Wissenschaft.

STOLARSKI, R. S.; KRUEGER, A. J.; ALPERT, J. C.; HEAT, D. F. und CHANDRA, S. (1985): TOMS Antarctic Ozone Data for October – November 1985. *EOS* 66(46): S. 838.

STOLARSKI, R. S.; KRUEGER, A. J.; SCHOEBERL, M. R.; MCPETERS, R. D.; NEWMAN, P. A. und ALPERT, J. C. (1986): Nimbus 7 satellite measurements of the springtime Antarctic ozone decrease. *Nature* 322: S. 808–811.

TRIERISCHER VOLKSFREUND (2000a): Italiener können kein Englisch. *Trierischer Volksfreund* (55): S. 1, Ausgabe vom 6. März.

TRIERISCHER VOLKSFREUND (2000b): Kein Eis mehr am Nordpol. Kappe ist „erstmals seit Jahrmillionen" abgetaut. *Trierischer Volksfreund* (193): S. 32, Ausgabe vom 23. August.

TUNG, Ka-Kit; KO, Malkolm K. W.; RODRIGUEZ, Jos˜eM. und SZE, Nien Dak (1986): Are Antarctic ozone variations a manifestation of dynamics or chemistry? *Nature* 322: S. 811–814.

ULRICH, Otto (1987): Welche Zukunft wollen wir? *DIE ZEIT* (18): S. 40, Ausgabe vom 24. April 1987.

VIESER, Helmut (1989): Der Beweis: So entsteht das Ozonloch. *Bild der Wissenschaft* (8): S. 11–13.

WEBER, Gerd R. (1992): *Treibhauseffekt. Klimakatastrophe oder Medienpsychose.* Wiesbaden: Dr. Böttiger, 2. Aufl.

WEINER, Jonathan (1995): *Die Klimakatastrophe. Wie der Treibhauseffekt unser Leben verändern wird.* München: Goldmann.

WINNACKER, Ernst-Ludwig (2000): Das dicke Ende. Was Zellen zum Altern bringt. *Frankfurter Allgemeine Zeitung* (110): S. 46, Ausgabe vom 12. Mai 2000.

ZINTZ, Klaus (1987): Aufschlußreicher Flug durchs Ozonloch. *Bild der Wissenschaft* (7): S. 17.

Sekundärliteratur

ANTOS, Gerd (1996): *Laien-Linguistik. Studien zu Sprach- und Kommunikationsproblemen im Alltag. Am Beispiel von Sprachratgebern und Kommunikationstrainings.* (=Reihe Germanistische Linguistik; 146), Tübingen: Niemeyer.

ANTOS, Gerd (1999): Transferwissenschaft, Vortrag auf dem Kolloquium „Wissenstransfer“ an der Universität Göttingen, September 1999.

ARMER, Alan A. (1997): *Lehrbuch der Film- und Fernsehregie.* Frankfurt/Main: Zweitausendeins.

AUGST, Gerhard; SIMON, Hartmut und WEGNER, Immo (1985): *Wissenschaft im Fernsehen - verständlich? Produktion und Rezeption der Wissenschaftssendung ‚Fortschritt der Technik - Rückschritt der Menschen?‘.* (=Theorie und Vermittlung der Sprache; 3), Frankfurt/Main, Bern u.a.: Lang.

BADER, Renate und GÖPFERT, Wilfried (1996): Eine Geschichte „bauen“. In: Göpfert und Ruß-Mohl (1996), S. 98–107.

BALLSTAEDT, Steffen-Peter (1997): *Wissensvermittlung. Die Gestaltung von Lernmaterial.* Weinheim: Beltz, PsychologieVerlagsUnion.

BAUMANN, Klaus-Dieter (1998): Fachsprachliche Phänomene in den verschiedenen Sorten von populärwissenschaftlichen Vermittlungstexten. In: Hoffmann et al. (1998), S. 728–735.

BELL, Allan (1991): Hot Air: Media, Miscommunication, and the Climate Change Issue. In: COUPLAND, Nikolas; GILES, Howard und WIEMANN, John M. (Hg.), *„Miscommunication“ and Problematic Talk*, Newbury Park, London, New Delhi: Sage Publications, S. 259–282.

BELL, Allan (1993): *The Language of News Media.* (=Language in Society; 17), Oxford, Cambridge/Mass.: Blackwell.

BELLACH, Bärbel-Maria (1996): Risiken der Statistik. In: Göpfert und Ruß-Mohl (1996), S. 130–142.

BIERE, Bernd Ulrich (1989): *Verständlich-Machen. Hermeneutische Tradition – Historische Praxis – Sprachtheoretische Begründung.* Tübingen: Niemeyer.

BIERE, Bernd Ulrich (1998a): Boulevardisierungstendenzen in der Wissenschaftsberichterstattung? Ein Annäherungsversuch. In: Holly und Biere (1998), S. 49–61.

BIERE, Bernd Ulrich (1998b): Verständlichkeit beim Gebrauch von Fachsprachen. In: Hoffmann et al. (1998), S. 402–407.

BIERE, Bernd Ulrich und LIEBERT, Wolf-Andreas (1996): Taxi im Dschungel – Oder: Kann Wissenschaftsberichterstattung unterhaltsam sein? *Sprachreport. Informationen und Meinungen zur deutschen Sprache* (1): S. 16–18.

BIERE, Bernd Ulrich und LIEBERT, Wolf-Andreas (1997a): Metaphern in Wissenschaft und Wissenschaftsvermittlung. In: Biere und Liebert (1997b), S. 11–22.

BIERE, Bernd Ulrich und LIEBERT, Wolf-Andreas (Hg.) (1997b): *Metaphern, Medien, Wissenschaft. Zur Vermittlung der AIDS-Forschung in Presse und Rundfunk.* Opladen: Westdeutscher Verlag.

BLUM, Joachim und BUCHER, Hans-Jürgen (1994-1996): Textdesign in der Tageszeitung (9-teilige Artikelserie). *Sage & Schreibe* (7/94 - 1/96).

BOCK, Herbert (1997): Zur sprachlichen Darstellung von AIDS in Printmedien. In: Biere und Liebert (1997b), S. 81–101.

BÖHME, Gernot (1999): Verwissenschaftlichung und Technisierung aller Lebensbereiche? In: MAGERL, Gottfried; PETERLIK, Meinrad und RUMPLER, Helmut (Hg.), *Die Wissenschaft und ihre Lehre,* Wien, Köln, Weimar: Böhlau, (=Wissenschaft, Bildung, Politik; 3), S. 25–41.

BOURDIEU, Pierre (1998a): *Über das Fernsehen.* (=edition suhrkamp; 2054), Frankfurt/Main: Suhrkamp.

BOURDIEU, Pierre (1998b): *Vom Gebrauch der Wissenschaft. Für eine klinische Soziologie des wissenschaftlichen Feldes.* (=édition discours; 12), Konstanz: UVK, Universitätsverlag Konstanz.

BRINKER, Klaus (1992): *Linguistische Textanalyse. Eine Einführung in Grundbegriffe und Methoden.* (=Grundlagen der Germanistik; 28), Berlin: Erich Schmidt, 5. Aufl.

BRINKER, Klaus; ANTOS, Gerd; HEINEMANN, Wolfgang und SAGER, Sven (Hg.) (2000): *Text- und Gesprächslinguistik. Linguistics of Text and Conversation. Ein internationales Handbuch zeitgenössischer Forschung. An International Handbook of Contemporary Research.* (=Handbücher zur Sprach- und Kommunikationswissenschaft; 16.1), Berlin, New York: de Gruyter.

BRODDE, Kerstin (1992): *Wer hat Angst vor DNS? Die Karriere des Themas Gentechnik in der deutschen Tagespresse von 1973 - 1989.* (=Sprache in der Gesellschaft; Beiträge zur Sprachwissenschaft; 20), Frankfurt/Main, Bern u.a.: Lang.

BRÜNNER, Gisela und GÜLICH, Elisabeth (1997): Verfahren der Veranschaulichung in der Experten-Laien-Kommunikation, Vortrag auf der Jahrestagung der Gesellschaft für Angewandte Linguistik (GAL), unv. Ms., September 1997.

BUCHER, Hans-Jürgen (1998): Vom Textdesign zum Hypertext. In: Holly und Biere (1998), S. 63–102.

BÜHLER, Karl (1934/1982): *Sprachtheorie. Die Darstellungsfunktion der Sprache.* (=Uni-Taschenbücher; 1159), Stuttgart, New York: Fischer, 3. Aufl., mit einem Geleitwort von Friedrich Kainz. Ungekürzter Nachdruck der Ausgabe von 1934 im Gustav Fischer-Verlag (Jena).

BUSCH, Albert (1999): Semantische Vertikalitätstypik und diskursive Grundkonzepte in der Gesundheitskommunikation. In: Niederhauser und Adamzik (1999), S. 103–122.

BUSCH, Albert (2000): Wissenstransfer und Kommunikation in Gesundheitszirkeln, unv. Ms., Universität Göttingen.

BUSSE, Dietrich (1992): *Textinterpretation. Sprachtheoretische Grundlagen einer explikativen Semantik.* Opladen: Westdeutscher Verlag.

BUSSE, Dietrich und TEUBERT, Wolfgang (1994): Ist Diskurs ein sprachwissenschaftliches Objekt? Zur Methodenfrage der historischen Semantik. In: BUSSE, Dietrich; HERMANNS, Fritz und TEUBERT, Wolfgang (Hg.), *Begriffsgeschichte und Diskursgeschichte. Methodenfragen und Forschungsergebnisse der historischen Semantik*, Opladen: Westdeutscher Verlag, S. 10–28.

CHERUBIM, Dieter (1982): Wissenschaftliche und populärwissenshaftliche Texte im Kontrast: Beispielanalysen. Rehburg-Loccum: Ev. Akademie Loccum, (=Loccumer Protokolle; 6).

CHRISTMANN, Ursula und GROEBEN, Norbert (1996): Textverstehen, Textverständlichkeit – ein Forschungsüberblick unter Anwenderperspektive. Tübingen: Narr, (=Forum für Fachsprachen-Forschung; 32), S. 129–189.

COLLINS, Harry und PINCH, Trevor (1999): *Der Golem der Forschung. Wie unsere Wissenschaft die Natur erfindet.* Berlin: Berlin Verlag, Orig.: The Golem. What you should know about science, Cambridge: Cambridge University Press, 2nd ed. 1998, Erstaufl. 1993.

COLLINS, Harry und PINCH, Trevor (2000): *Der Golem der Technologie. Wie unsere Wissenschaft die Wirklichkeit konstruiert.* Berlin: Berlin Verlag, Orig.: The Golem at Large. What you should know about technology, Cambridge: Cambridge University Press, 1998.

CRISMORE, Avon und FARNSWORTH, Rodney (1990): Metadiscourse in Popular and Professional Science Discourse. In: NASH, Walther (Hg.), *The Writing Scholar. Studies in Academic Discourse*, Newbury Park, London, New Delhi: Sage Publications, (=Written Communication Annual; 3), S. 118–136.

CZADA, Roland (1997): Medien im Transfer zwischen Wissenschaft und Praxis. *Forum Public Health* 16: S. 5–6.

DIBONA, Chris; OCKMAN, Sam und STONE, Mark (Hg.) (1999): *Open Sources. Voices from the Open Source Revolution.* Beijing, Cambridge, Köln u.a.: O'Reilly.

DIETRICH, Rainer und PETER, Kerstin (1996): Zum Aufbau von argumentativen Texten. *Linguistische Berichte* 161: S. 3–36.

DOBROVOL'SKIJ, Dmitrij (1997): Metaphernmodelle und Idiome in mündlichen Fach- und Vermittlungstexten. Eine exemplarische Analyse zum Thema AIDS. In: Biere und Liebert (1997b), S. 148–179.

DUBOIS, Betty Lou (1986): From *NEW ENGLAND JOURNAL OF MEDICINE* and *JOURNAL OF THE AMERICAN MEDICAL ASSOCIATION* Through the *ASSOCIATED PRESS* to Local Newspaper: Scientific Translation for the Laity. In: BUNGARTEN, Theo (Hg.), *Wissenschaftssprache und Gesellschaft. Aspekte der wissenschaftlichen Kommunikation des Wissenstransfers in der heutigen Zeit*, Hamburg: Edition Akademium, S. 243–253.

EHLICH, Konrad (1983): Text und sprachliches Handeln. Die Entstehung von Texten aus dem Bedürfnis nach Überlieferung. In: ASSMANN, Aleida; ASSMANN, Jan und HARDMEIER, Christof (Hg.), *Schrift und Gedächtnis*, München: Fink, S. 24–43.

EHLICH, Konrad (1984): Sprechhandlungsanalyse. In: HAFT, Henning und KORDES, Hagen (Hg.), *Methoden der Erziehungs- und Bildungsforschung*, Stuttgart: Klett-Cotta, (=Enzyklopädie Erziehungswissenschaft; 2), S. 526–538.

EHLICH, Konrad (1989): Zur Genese von Textformen. In: ANTOS, Gerd und KRINGS, Hans Peter (Hg.), *Textproduktion. Ein interdisziplinärer Forschungsüberblick*, Tübingen: Niemeyer, S. 84–99.

EHLICH, Konrad (1991): Funktional-pragmatische Kommunikationsanalyse. In: FLADER, Dieter (Hg.), *Verbale Interaktion. Studien zur Empirie und Methodologie der Pragmatik*, Stuttgart: Metzler, S. 127–143.

EHLICH, Konrad (1992): Language in the Professions: Text and Discourse. In: GRINDSTED, Annette und WAGNER, Johannes (Hg.), *Communication for Specific Purposes. Fachsprachliche Kommunikation*, Tübingen: Narr, (=Kommunikation und Institution; 21), S. 9–29.

EHLICH, Konrad (1994): Verweisungen und Kohärenz in Bedienungsanleitungen. Einige Aspekte der Verständlichkeit von Texten. In: EHLICH, Konrad; NOACK, Claus und SCHEITER, Susanne (Hg.), *Instruktion durch Text und Diskurs. Zur Linguistik ‚Technischer Texte'*, Opladen: Westdeutscher Verlag, S. 116–149.

EHLICH, Konrad und REHBEIN, Jochen (1979): Sprachliche Handlungsmuster. In: SOEFFNER, Hans-Georg (Hg.), *Interpretative Verfahren in den Sozial- und Textwissenschaften*, Stuttgart: Metzler, S. 243–274.

EICHBORN-VERLAG (Hg.) (1998): *Michel der Montaigne: Essais.* (=Die Andere Bibliothek), Frankfurt/Main: Eichborn, Orig.: 1580ff., übersetzt von Hans Stilett.

ENZENSBERGER, Hans Magnus (1973): Muß Wissenschaft Abrakadabra sein? In: KLUTE, Wilfried (Hg.), *Fachsprache und Gemeinsprache. Texte zum Problem der Kommunikation in der arbeitsteiligen Gesellschaft*, Frankfurt/Main, Berlin, München: Diesterweg, (=Sprache/Kommunikation; 6253), S. 85–91.

EPSTEIN, Steven (1995): The Construction of Lay Expertise: AIDS, Activism and the Forging of Credability in the Reform of Clinical Trials. *Science Technology & Human Values* (20): S. 408–443.

EPSTEIN, Steven (1996): *Impure Science: AIDS, Activism and the Politics of Knowledge.* (=Medicine and Society; 7), Berkeley, Los Angeles, London: University of California Press.

FABER, Marlene (1994): *Stilisierung und Collage: sprachpragmatische Untersuchung zum Werk von Botho Strauß.* (=Europäische Hochschulschriften: Reihe 1, Deutsche Sprache und Literatur; 1482), Frankfurt/Main, Bern u.a.: Lang, zugl.: Diss., Univ. Trier, 1992.

FELT, Ulrike; NOWOTNY, Helga und TASCHWER, Klaus (1995): *Wissenschaftsforschung. Eine Einführung.* (=Campus Studium; 1086), Frankfurt/Main, New York: Campus.

FEYERABEND, Paul (1981): *Erkenntnis für freie Menschen.* (=edition suhrkamp; 1011), Frankfurt/Main: Suhrkamp, 2. Aufl.

FEYERABEND, Paul K. (1991): *Wider den Methodenzwang. Umrisse einer anarchistischen Erkenntnistheorie.* (=suhrkamp taschenbuch wissenschaft; 597), Frankfurt/Main: Suhrkamp, 3. Aufl.

FIEHLER, Reinhard (1980): *Kommunikation und Kooperation. Theoretische und empirische Untersuchungen zur kommunikativen Organisation kooperativer Prozesse.* (=Reihe Linguistik; 4), Berlin: Einhorn-Verlag, zugl. Diss., Univ. Osnabrück, 1979.

FIEHLER, Reinhard (1990): *Kommunikation und Emotion. Theoretische und empirische Untersuchungen zur Rolle von Emotionen in der verbalen Interaktion.* Berlin, New York: de Gruyter.

FILLMORE, Charles (1985): Frames and the semantics of understanding. *Quaderni di semantica* 6(2): S. 222–254.

FISCHER, Hans Rudi (Hg.) (1998): *Die Wirklichkeit des Konstruktivismus.* Heidelberg: Carl-Auer-Systeme, 2. Aufl.

FISCHER, Hans Rudi und SCHMIDT, Siegfried J. (Hg.) (2000): *Wirklichkeit und Welterzeugung. In memoriam Nelson Goodman.* Heidelberg: Carl-Auer-Systeme.

FLUSSER, Vilém (1998): *Kommunikologie.* Frankfurt/Main: Fischer.

VON FOERSTER, Heinz (1999): *Sicht und Einsicht. Versuche zu einer operativen Erkenntnistheorie.* Heidelberg: Carl-Auer-Systeme, autorisierte deutsche Fassung von Wolfram K. Köck.

FULLER, R. Buckminster (1974): *Konkrete Utopie. Die Krise der Menschheit und ihre Chance zu überleben.* Düsseldorf, Wien: Econ, Orig.: Utopia or Oblivion: The prospects for humanity. Toronto, New York, London: Bantam, 1969.

GALTUNG, Johan und RUGE, Mari Holmboe (1965): The structure of foreign news. The presentation of the Congo, Cuba and Cyprius Crises in four Norwegian newspapers. *Journal of Peace research* 2(1): S. 64–91.

GEISSNER, Helmut (1981): *Sprechwissenschaft. Theorie der mündlichen Kommunikation.* (=Monographien: Sprache + Literatur + Didaktik; 26), Königstein/Taunus: Scriptor.

GLÄSER, Rosemarie (1990): *Fachtextsorten im Englischen.* (=Forum für Fachsprachen-Forschung; 13), Tübingen: Narr.

GLEDHILL, Chris (1995): Collocation and Genre Analysis. The phraseology of grammatical items in cancer research abstracts and articles. *ZAA. Zeitschrift für Anglistik und Amerikanistik* 53(1): S. 11–29.

GOEPFERICH, Susanne (1995): *Textsorten in Naturwissenschaft und Technik. Pragmatische Typologie – Kontrastierung – Translation.* (=Forum für Fachsprachenforschung; 27), Tübingen: Narr.

GÖPFERT, Wilfried (1996): Beispiele, Vergleiche und Metaphern. In: Göpfert und Ruß-Mohl (1996), S. 107–121.

GÖPFERT, Wilfried (1997): Verständigungskonflikte zwischen Wissenschaftlern und Wissenschaftsjournalisten. In: Biere und Liebert (1997b), S. 70–80.

GÖPFERT, Wilfried und RUSS-MOHL, Stephan (Hg.) (1996): *Wissenschaftsjournalismus. Ein Handbuch für Ausbildung und Praxis.* München, Leipzig: List, 3. Aufl.

GOLDMANN, Alwin I. (1970): *A Theory of Human Action.* Princeton: Princeton University Press.

GRAEFEN, Gabriele (1997): *Der Wissenschaftliche Artikel – Textart und Textorganisation.* (=Arbeiten zur Sprachanalyse; 27), Frankfurt/Main, Bern u.a.: Lang.

GROEBEN, Norbert; CHRISTMANN, Ursula und MISCHO, Christoph (1996): *Argumentationsintegrität (XXII): Die Entwicklung eines Trainings zum Umgang mit unintegrem Argumentieren.* Arbeiten aus dem Sonderforschungsbereich 245 „Sprache und Situation" Nr. 105, SFB 245 „Sprache und Situation", Heidelberg, Mannheim.

GRUNIG, James E. (1980): Communication of Scientific Information to Nonscientists. In: DERVIN, Brenda und VOIGT, Melvin J. (Hg.), *Progress in Communication Sciences, Vol. 2*, Norwood, New Jersey: Ablex Publishing, S. 167–214.

HALLER, Michael (1987): Wie wissenschaftlich ist Wissenschaftsjournalismus? Zum Problem wissenschaftsbezogener Arbeitsmethoden im tagesaktuellen Journalismus. *Publizistik* 32(3): S. 305–319.

HEINEMANN, Wolfgang und VIEHWEGER, Dieter (1991): *Textlinguistik. Eine Einführung.* (=Reihe Germanistische Linguistik; 115), Tübingen: Niemeyer.

HEJL, Peter M. (1982): *Sozialwissenschaft als Theorie selbstreferentieller Systeme.* Frankfurt/Main, New York: Campus.

HEJL, Peter M. (1987): Konstruktion der sozialen Konstruktion: Grundlinien einer konstruktivistischen Sozialtheorie. In: Schmidt (1987), S. 303–339.

HELD, Barbara und RUSS-MOHL, Stephan (Hg.) (2000): *Qualität durch Kommunikation sichern. Vom Qualitätsmanagement zur Qualitätskultur. Erfahrungsberichte aus Industrie, Dienstleistung und Medienwirtschaft.* Frankfurt/Main: FAZ-Institut für Management, Markt- und Medieninformationen.

HENNE, Helmut und REHBOCK, Helmut (1995): *Einführung in die Gesprächsanalyse.* (=Sammlung Göschen; 2212), Berlin, New York: de Gruyter, 3., durchgesehene und um einen bibliographischen Anhang erweiterte Aufl.

HEPP, Andreas (1998): *Fernsehaneignung und Alltagsgespräche. Fernsehnutzung aus der Perspektive der Cultural Studies.* Opladen, Wiesbaden: Westdeutscher Verlag.

HERINGER, Hans Jürgen (1974): *Praktische Semantik.* Stuttgart: Klett.

HERINGER, Hans Jürgen (1979): Verständlichkeit – ein genuiner Forschungsbereich der Linguistik? *Zeitschrift für Germanistische Linguistik* 7: S. 255–278.

HERINGER, Hans Jürgen (1983): Criteria of understanding and understandability. In: RICKHEIT, Gerd und BOCK, Michael (Hg.), *Psycholinguistic Studies in Language Processing*, Berlin, New York: de Gruyter, S. 259–265.

HERINGER, Hans Jürgen (1984): Textverständlichkeit: Leitsätze und Leitfragen. *Zeitschrift für Literaturwissenschaft und Linguistik* 55: S. 57–70.

HERINGER, Hans Jürgen (1990): Verstehen – eine wahrhaft interdisziplinäre Angelegenheit. *Sprache und Literatur in Wissenschaft und Unterricht* 21(2): S. 47–61.

HERINGER, Hans Jürgen; ÖHLSCHLÄGER, Günther; STRECKER, Bruno und WIMMER, Rainer (1977): *Einführung in die Praktische Semantik.* (=Uni-Taschenbücher; 716), Heidelberg: Quelle und Meyer.

HESSE-HONEGGER, Cornelia (1998): *Heteroptera.* Frankfurt/Main: Zweitausendeins.

HICKETHIER, Knut (1986): Das Sachbuch. In: FISCHER, Ludwig (Hg.), *Literatur in der Bundesrepublik Deutschland bis 1967*, München, Wien: Hanser, (=Hansers Sozialgeschichte der deutschen Literatur vom 16. Jahrhundert bis zur Gegenwart; 10), S. 564–573.

HOFFMANN, Lothar; KALVERKÄMPER, Hartwig und WIEGAND, Herbert Ernst (Hg.) (1998): *Fachsprache. Languages for Special Purposes. Ein internationales Handbuch zur Fachsprachenforschung und Terminologiewissenschaft. An International Handbook for Special-Language and Terminology Research.* (=Handbücher zur Sprach- und Kommunikationswissenschaft; 14.1), Berlin, New York: de Gruyter.

HOFFMANN, Ludger (1997): *Zur Grammatik von Text und Diskurs.* In: Zifonun et al. (1997), S. 98–591.

HOLLY, Werner (1979): *Imagearbeit in Gesprächen.* (=Reihe Germanistische Linguistik; 18), Tübingen: Niemeyer.

HOLLY, Werner (1990): *Politikersprache. Inszenierungen und Rollenkonflikte im informellen Sprachhandeln eines Bundestagsabgeordneten.* Berlin, New York: de Gruyter, zugl.: Habil.-Schr., Univ. Trier, 1988.

HOLLY, Werner und BIERE, Bernd Ulrich (Hg.) (1998): *Medien im Wandel.* Opladen: Westdeutscher Verlag.

HOLLY, Werner; KÜHN, Peter und PÜSCHEL, Ulrich (1984): Für einen 'sinnvollen' Handlungsbegriff in der linguistischen Pragmatik. *Zeitschrift für Germanistische Linguistik* (12): S. 275–312.

HOLLY, Werner; KÜHN, Peter und PÜSCHEL, Ulrich (1986): *Politische Fernsehdiskussionen. Zur medienspezifischen Inszenierung von Propaganda als Diskussion.* (=Medien in Forschung + Unterricht, Serie A; 18), Tübingen: Niemeyer.

HOLLY, Werner und PÜSCHEL, Ulrich (Hg.) (1993): *Medienrezeption als Aneignung.* Opladen: Westdeutscher Verlag.

HOLZBERGER, Rudi (1995): *Das sogenannte Waldsterben. Zur Karriere eines Klischees: Das Thema Wald im journalistischen Diskurs.* (=Schriftenreihe der Medien-Akademie Weingarten; 1), Bergatreute: Verlag Wilfried Eppe.

HÖRMANN, Hans (1994): *Meinen und Verstehen. Grundzüge einer psychologischen Semantik.* (=suhrkamp taschenbuch wissenschaft; 230), Frankfurt/Main: Suhrkamp, 4. Aufl.

HUELZER, Heike (1987): *Die Metapher. Kommunikationssemantische Überlegungen zu einer rhetorischen Kategorie.* Münster: Nodus.

ICKLER, Theodor (1993): Zur Funktion der Metapher, besonders in Fachtexten. *Fachsprache* (15): S. 94–110.

JÄGER, Ludwig (1994): Angstsemantik. Die Bedeutung von „Technik" und „Angst" in der Medienöffentlichkeit. In: KERNER, Max (Hg.), *Technik und Angst. Zur Zukunft der industriellen Zivilisation*, Aachen: Verlag der Augustinus Buchhandlung, S. 37–45.

JÄKEL, Olaf (1997): *Metaphern in abstrakten Diskurs-Domänen. Eine kognitiv-linguistische Untersuchung anhand der Bereiche Geistestätigkeit, Wirtschaft und Wissenschaft.* (=Duisburger Arbeiten zur Sprach- und Kulturwissenschaft; 30), Frankfurt/Main, Bern u.a.: Lang.

JAKOBSON, Roman (1960/1993): Linguistik und Poetik. In: HOLENSTEIN, Elmar und SCHELBERT, Tarcisius (Hg.), *Roman Jakobson: Poetik. Aufsätze 1921-1971*, Frankfurt/Main: Suhrkamp, (=suhrkamp taschenbuch wissenschaft, 262), dritte Aufl., S. 83–121.

JOHNSON, Mark (1987): *The Body in the Mind.* Chicago, London: Chicago University Press.

JUNG, Matthias (1994): *Öffentlichkeit und Sprachwandel. Zur Geschichte des Diskurses über die Atomenergie.* Opladen: Westdeutscher Verlag.

JUNG, Matthias (1995): Umweltstörfälle. Fachsprache und Expertentum in der öffentlichen Diskussion. In: Stötzel und Wengeler (1995), S. 619–679.

KALLMEYER, Werner (1985): Handlungskonstitution im Gespräch. In: GÜLICH, Elisabeth und KOTSCHI, Thomas (Hg.), *Grammatik, Konversation, Interaktion*, Tübingen: Niemeyer, S. 81–123.

KALS, Elisabeth (1999): Der Mensch nur ein zweckrationaler Entscheider? *Zeitschrift für Politische Psychologie* 7(4): S. 267–293.

KALS, Elisabeth; PLATZ, Norbert und WIMMER, Rainer (2000): *Emotionen in der Umweltdiskussion.* Wiesbaden: Deutscher Universitäts-Verlag.

KALVERKÄMPER, Hartwig (1990): Gemeinsprache und Fachsprachen – Plädoyer für eine integrierende Sichtweise. In: STICKEL, Gerhard (Hg.), *Deutsche Gegenwartssprache. Tendenzen und Perspektiven. Jahrbuch 1989 des Instituts für deutsche Sprache*, Berlin, New York: de Gruyter, S. 88–133.

KALVERKÄMPER, Hartwig und BAUMANN, Klaus-Dieter (Hg.) (1996): *Fachliche Textsorten. Komponenten – Relationen – Strategien.* (=Forum für Fachsprachen-Forschung; 25), Tübingen: Narr.

KANNGIESSER, Siegfried (1978): Modalitäten des Sprachprozesses I. In: HABEL, Christopher und KANNGIESSER, Siegfried (Hg.), *Sprachdynamik und Sprachstruktur*, Tübingen: Niemeyer, S. 81–139.

KELLER, Rudi (1977): Kollokutionäre Akte. *Germanistische Linguistik* (1-2): S. 1–50.

KELLER, Rudi (1987): Kooperation und Eigennutz. In: KELLER, Rudi und LIEDTKE, Frank (Hg.), *Kommunikation und Kooperation*, Tübingen: Niemeyer, (=Linguistische Arbeiten; 189), S. 3–14.

KELLER, Rudi (1990): *Sprachwandel. Von der unsichtbaren Hand in der Sprache.* (Uni-Taschenbücher; 1567), Tübingen: Francke.

KHAZAELI, Cyrus Dominik (1998): *Multimedia mit Director. Projektplanung und Interfacedesign.* Reinbek bei Hamburg: Rowohlt.

KIESE, Christoph (1997): *Wissenschaft als Nachricht. Eine Fallstudie zur Behandlung der Ozonproblematik in der Frankfurter Allgemeinen Zeitung.* (=Vistascript; 11), Berlin: Vistas.

KLEIN, Josef und MEISSNER, Iris (1999): *Wirtschaft im Kopf. Begriffskompetenz und Einstellungen junger Erwachsener bei Wirtschaftsthemen im Medienkontext.* Frankfurt/Main, Bern u.a.: Lang.

KNUDSEN, Sanne (1996): *By the Grace of Gods – and Years and Years of Evolution. Analysis of the Development of Metaphors in Scientific Discourse.* Dissertation, Universität Roskilde, Roskilde, Dänemark.

KREIBICH, Rolf (1986): *Die Wissenschaftsgesellschaft. Von Galilei zur High-Tech-Revolution.* Frankfurt/Main: Suhrkamp.

KRETZENBACHER, Heinz L. und THURMAIR, Maria (1994): „... sicherlich von Interesse, wenngleich ...“. In: Kretzenbacher und Weinrich (1994), S. 175–215.

KRETZENBACHER, Heinz L. und WEINRICH, Harald (Hg.) (1994): *Linguistik der Wissenschaftssprache.* (=Forschungsberichte der Akademie der Wissenschaften zu Berlin; 10), Berlin, New York: de Gruyter.

KÜHN, Peter (1992): Adressaten und Adressatenkarussell in der öffentlich-politischen Auseinandersetzung. In: DYCK, Joachim; JENS, Walter und UEDING, Gerd (Hg.), *Rhetorik. Ein internationales Jahrbuch,* Tübingen: Niemeyer, S. 51–66.

KÜHN, Peter (1995): *Mehrfachadressierung.* (=Reihe Germanistische Linguistik; 154), Tübingen: Niemeyer.

LAKOFF, George (1987): *Women, Fire, and Dangerous Things. What Categories Reveal about the Mind.* Chicago, London: The University of Chicago Press.

LAKOFF, George und JOHNSON, Mark (1980): *Metaphors We Live By.* Chicago, London: The University of Chicago Press.

VON LAROCHE, Walther (1995): *Einführung in den praktischen Journalismus. Mit genauer Beschreibung aller Ausbildungswege Deutschland, Österreich, Schweiz.* München: List, 14. Aufl.

LASZLO, Pierre (1993): *La Vulgarisation Scientifique.* (=Que sais-je?; 2722), Paris: Presses Universitaires de France.

LENZ, Friedrich (1989): *Organisationsprinzipien in mündlicher Fachkommunikation. Zur Gesprächsorganisation von Technical Meetings.* (=Duisburger Arbeiten zur Sprach- und Kulturwissenschaft; 7), Frankfurt/Main, Bern u.a.: Lang, zugl.: Diss., TH Darmstadt, 1989.

LEPENIES, Wolf (2000): Gutenbergs Reisen. Über die fortdauernde Faszination des Buches in den Zeiten des Internets. *Süddeutsche Zeitung, SZ am Wochenende* (208): S. 1, Feuilleton-Beilage der Süddeutschen Zeitung vom 9./10. September.

LIEBERT, Kai-Holger (1993): *Pädagogik im Netzwerk computergestützter Lernsysteme.* Dissertation, Universität Heidelberg.

LIEBERT, Wolf-Andreas (1992): *Metaphernbereiche der deutschen Alltagssprache. Kognitive Linguistik und die Perspektiven einer Kognitiven Lexikographie.* (=Europäische Hochschulschriften, Reihe 1: Deutsche Sprache und Literatur; 1355), Frankfurt/Main, Bern u.a.: Lang, zugl.: Diss., Univ. Heidelberg, 1991.

LIEBERT, Wolf-Andreas (1994): Fremdagens, Eindringlinge, Piraten und unsichtbare Killer. Metaphernmodelle als Übergangsphänomene zwischen Theorietexten, fachlichen PR-Texten und populärwissenschaftlichen Texten zum Thema AIDS- und HIV-Forschung. In: SPILLNER, B. (Hg.), *Fachkommunikation. Kongreßbeiträge zur 24. Jahrestagung der Gesellschaft für Angewandte Linguistik*, Frankfurt/Main, Bern u.a.: Lang, (=forum Angewandte Linguistik; 27), S. 85–87.

LIEBERT, Wolf-Andreas (1995a): Metaphernbereiche der virologischen Aidsforschung. *Lexicology* 1(1): S. 142–182.

LIEBERT, Wolf-Andreas (1995b): *Metaphernreflexion in der Virologie. Das theoriesprachliche Lexikon der Metaphern-Modelle als Sprachreflexionsmittel im Forschungsprozeß (TLMSF). Eine exemplarische Studie am Beispiel der AIDS-Forschung. Abschlußbericht zum DFG-Postdoktorandenstipendium Li 560 1-1, 1-2 vom 1.3.92 - 31.12.94.* Techn. Ber., Institut für deutsche Sprache, Deutsche Forschungsgemeinschaft, Mannheim, Bonn.

LIEBERT, Wolf-Andreas (1996a): Die transdiskursive Vorstellungswelt zum Aidsvirus. Heterogenität und Einheit von Textsorten im Übergang von Fachlichkeit und Nichtfachlichkeit. In: Kalverkämper und Baumann (1996), S. 789–811.

LIEBERT, Wolf-Andreas (1996b): Hypertextdesign in der Kognitiven Lexikographie. In: WIEGAND, Herbert Ernst (Hg.), *Wörterbücher in der Diskussion II*, Tübingen: Niemeyer, S. 103–139.

LIEBERT, Wolf-Andreas (1997): Interaktion und Kognition. Die Herausbildung metaphorischer Denkmodelle in Gesprächen zwischen Wissenschaftlern und Wissenschaftsjournalisten. In: Biere und Liebert (1997b), S. 180–209.

LIEBERT, Wolf-Andreas (1999): Erhellende und mystifizierende Metaphern im Wissenschaftsjournalismus. In: Niederhauser und Adamzik (1999), S. 173–191.

LIEBERT, Wolf-Andreas (2000a): Öko-Metaphorik. Mentale Modelle, Sprache, Emotion. In: Kals et al. (2000), S. 59–88.

LIEBERT, Wolf-Andreas (2000b): Text-Lebenszyklen. *Fachsprache. International Journal of LSP. Internationale Zeitschrift für Fachsprachen-Forschung, Didaktik, Terminologie* 22(1-2): S. 26–47.

LIEBERT, Wolf-Andreas und KALLMEYER, Werner (1996): *Teilprojekt C7 „Wissenschaftsinformation"*. Abschlussbericht, Sonderforschungsbereich 245: Sprache und Situation, Heidelberg, Mannheim, S. 191-194.

LIEDTKE, Frank (Hg.) (1995): *Implikaturen. Grammatische und pragmatische Analysen.* (=Linguistische Arbeiten, 343), Tübingen: Niemeyer.

LIEDTKE, Frank (1998): *Grammatik der Illokution. Über Sprechhandlungen und ihre Realisierungsformen im Deutschen.* (=Tübinger Beiträge zur Linguistik; 436), Tübingen: Narr.

LINKE, Angelika; NUSSBAUMER, Markus und PORTMANN, Paul R. (1992): *Studienbuch Linguistik.* (=Reihe Germanistische Linguistik; 121), Tübingen: Niemeyer, 2. Aufl.

LÖNING, Petra und REHBEIN, Jochen (Hg.) (1993): *Arzt-Patienten-Kommunikation. Analysen zu einem interdisziplinären Problem.* Berlin, New York: de Gruyter.

LUTZ, Benedikt (1989): Fachtermini in Rundfunknachrichten – verständlich für die Allgemeinheit? Wien: Österreichischer Bundesverlag, S. 67–78.

MABECK, Carl und OLESEN, Finn (1997): Metaphorically transmitted deseases. How do patients embody medical explanations? *Family Practice* 14(4): S. 271–278.

MALLOVE, Eugene F. (1991): *Fire From Ice: Searching for the Truth Behind the Cold Fusion Furore.* (=Wiley science editions), New York: Wiley.

MERTEN, Klaus (1973): Aktualität und Publizität, Zur Kritik der Publizistikwissenschaft. *Publizistik* (18): S. 216–235.

MERTEN, Klaus; SCHMIDT, Siegfried J. und WEISCHENBERG, Siegfried (Hg.) (1994): *Die Wirklichkeit der Medien. Eine Einführung in die Kommunikationswissenschaft.* Opladen: Westdeutscher Verlag.

DE MONTAIGNE, Michel (1998a): Über die Erfahrung. In: Eichborn-Verlag (1998), S. 537–566, Orig.: 1580ff., übersetzt von Hans Stilett.

DE MONTAIGNE, Michel (1998b): Über die Wechselhaftigkeit unseres Handelns. In: Eichborn-Verlag (1998), S. 165–168, Orig.: 1580ff., übersetzt von Hans Stilett.

MOSCOVICI, Serge (1981): On social representation. In: FORGAS, J. P. (Hg.), *Social Cognition. Perspectives on Everyday Understanding*, New York: Academic Press, S. 181–209.

MUDERSBACH, Klaus (1984): *Kommunikation über Glaubensinhalte. Grundlagen der epistemistischen Linguistik*. Berlin, New York: de Gruyter.

MÜLLER, Martin (1999): Open Source – Standortbestimmung. In: O'Reilly (1999), S. 7–19.

NATIONAL SCIENCE BOARD (2000): *Science & Engineering Indicators – 2000*. Techn. Ber., National Science Foundation, Arlington, VA.

NIEDERHAUSER, Jürg (1999a): Wissenschaftler-Stereotypen, Vortrag auf dem Symposium „Wissenstransfer" an der Universität Göttingen, September 1999.

NIEDERHAUSER, Jürg (1999b): *Wissenschaftssprache und populärwissenschaftliche Vermittlung*. (=Forum für Fachsprachen-Forschung; 53), Tübingen: Narr.

NIEDERHAUSER, Jürg und ADAMZIK, Kirsten (Hg.) (1999): *Wissenschaftssprache und Umgangssprache im Kontakt*. (=Germanistische Arbeiten zu Sprache und Kulturgeschichte; 38), Frankfurt/Main, Bern u.a.: Lang.

NOORDMAN, Leo G. M.; VONK, Wietske und SIMONS, Wim H. G. (2000): Knowledge representation in the domain of economics. In: LUNDQUIST, Lita und JARVELLA, Robert J. (Hg.), *Language, Text, and Knowledge. Mental Models of Expert Communication*, Berlin, New York: Mouton de Gruyter, (=Text, Translation, Computational Processing; 2), S. 235–260.

NOTHDURFT, Werner (1996): *Teilprojekt C5 „Bedeutungskonstitution"*. Abschlussbericht, Sonderforschungsbereich 245: Sprache und Situation, Heidelberg, Mannheim.

NÜSE, Ralf; GROEBEN, Norbert; FREITAG, Burkhard und SCHREIER, Margrit (1991): *Über die Erfindung/en des Radikalen Konstruktivismus. Kritische Gegenargumente aus psychologischer Sicht*. Weinheim: Deutscher Studien Verlag.

O'REILLY (Hg.) (1999): *Open Source*. Beijing, Cambridge, Köln u.a.: O'Reilly.

PETERS, Hans Peter (1994): Risikokommunikation in den Medien. In: Merten et al. (1994), S. 329–351.

PÖRKSEN, Uwe (1986): *Deutsche Naturwissenschaftssprachen.* (=Forum für Fachsprachen-Forschung. Historische und kritische Studien; 2), Tübingen: Narr.

PÖRKSEN, Uwe (1994): *Wissenschaftssprache und Sprachkritik. Untersuchungen zu Geschichte und Gegenwart.* (=Forum für Fachsprachen-Forschung; 22), Tübingen: Narr.

VON POLENZ, Peter (1974): Ideolektale und soziolektale Funktionen von Sprache. *Leuvense Bijdragen* 32: S. 97–112.

VON POLENZ, Peter (1985): *Deutsche Satzsemantik. Grundbegriffe des Zwischen-den-Zeilen-Lesens.* (=Sammlung Göschen; 2226), Berlin, New York: de Gruyter.

PÜSCHEL, Ulrich (1995): Stilpragmatik – Vom praktischen Umgang mit Stil. Jahrbuch 1994 des Instituts für deutsche Sprache. In: STICKEL, Gerhard (Hg.), *Stilfragen*, Berlin, New York: de Gruyter, S. 303–328.

PÜSCHEL, Ulrich (1997): Puzzle-Texte. Textverknüpfungen und Textverschränkungen in Zeitungen und Zeitschriften. In: ANTOS, Gerd und TIETZ, Heike (Hg.), *Die Zukunft der Textlinguistik. Traditionen, Transformationen, Trends*, Tübingen: Niemeyer, (=Reihe Germanistische Linguistik; 188), S. 27–41.

PÜSCHEL, Ulrich (2000): Text und Stil. Beitrag 45. In: Brinker et al. (2000), S. 473–489.

RAGER, Günther und WEBER, Bernd (1996): Zahlenspiele. In: Göpfert und Ruß-Mohl (1996), S. 121–130.

REHBEIN, Jochen (1977): *Komplexes Handeln. Elemente zur Handlungstheorie der Sprache.* Stuttgart: Metzler.

REHBEIN, Jochen (1988): Ausgewählte Aspekte der Pragmatik. In: AMMON, Ulrich; DITTMAR, Norbert und MATTHEIER, Klaus J. (Hg.), *Soziolinguistik. Sociolinguistics. Ein internationales Handbuch zur Wissenschaft von Sprache und Gesellschaft*, Berlin, New York: de Gruyter, (=Handbücher zur Sprach- und Kommunikationswissenschaft, 3.2), S. 1181–1195.

ROELCKE, Thorsten (1999): *Fachsprachen.* (=Grundlagen der Germanistik; 37), Berlin: Erich Schmidt.

ROHR, W. Günther (1998): Überlegungen zur geistesgeschichtlichen Bedeutung Johanns von Mandeville. *Bulletin linguistique et ethnologique* (28): S. 23–36.

RUSS-MOHL, Stephan (2000): Und was lernen wir daraus? Welche Strategien gewählt werden müssen, um journalistische Qualität in Deutschland besser zu sichern als bisher. *DIE ZEIT* (24): S. 39, Ausgabe vom 8. Juni.

RUHRMANN, Georg (1994): Ereignis, Nachricht und Rezipient. In: Merten et al. (1994), S. 237–256.

SCHANNE, Michael (1996): „Theorie" für die „Praxis". Eine kommentierte Bibliographie. In: Göpfert und Ruß-Mohl (1996), S. 262–275.

SCHENDERA, Christian F. G. (2000): Die Erforschung der Verständlichkeit von normativen Texten. *Zeitschrift für Sprachwissenschaft* 19(1): S. 3–33.

SCHMIDT, Arthur P. (1999): *Der Wissensnavigator: Das Lexikon der Zukunft.* Stuttgart: Deutsche Verlags-Anstalt.

SCHMIDT, Siegfrid J. (Hg.) (1987): *Der Diskurs des Radikalen Konstruktivismus.* (=suhrkamp taschenbuch wissenschaft; 636), Frankfurt/Main: Suhrkamp.

SCHMITT, Reinhold (1993): Kontextualisierung und Konversationsanalyse. *Deutsche Sprache* (4): S. 326–354.

SCHNOTZ, Wolfgang (1994): *Aufbau von Wissensstrukturen. Untersuchungen zur Kohärenzbildung beim Wissenserwerb mit Texten.* (=Fortschritte der psychologischen Forschung; 20), Weinheim: Beltz.

SCHWARZ, Monika (1992): *Einführung in die Kognitive Linguistik.* (=Uni-Taschenbücher; 1636), Tübingen: Francke.

SEARLE, John R. (1969): *Speech Acts. An Essay in the Philosophy of Language.* Cambridge/Mass.: Cambridge University Press.

SIMON, Dieter (2000): Demokratisiert die Wissenschaft! *DIE ZEIT* (38): S. 41–42, Ausgabe vom 14. September.

SOKAL, Alan und BRICMONT, Jean (1999): *Eleganter Unsinn. Wie die Denker der Postmoderne die Wissenschaften mißbrauchen.* München: Beck.

SOMMER, Carlo Michael; RETTIG, Heike; KIEFER, Lydia und FRANKENHAUSER, Dieter (1995): „Germany will be one single block ...". Point of View and Reference to Topic Aspects in Adversarial Discussions on Immigration. *Journal of Social Psychology* 14(1-2): S. 124–143.

SPRANZ-FOGASY, Thomas (1992): *Bezugspunkte der Kontextualisierung sprachlicher Ausdrücke in der Interaktion. Ein Konzept zur analytischen Konstitution von Schlüsselwörtern.* Arbeiten aus dem Sonderforschungsbereich 245 „Sprache und Situation“ Nr. 50, SFB 245 „Sprache und Situation“, Heidelberg, Mannheim.

STEGER, Hugo (1991): Alltagssprache. Zur Frage nach ihrem besonderen Status in medialer und semantischer Hinsicht. In: RAIBLE, Wolfgang (Hg.), *Symbolische Formen – Medien – Identität. Jahrbuch 1989/90 des Sonderforschungsbereichs „Übergänge und Spannungsfelder zwischen Mündlichkeit und Schriftlichkeit“*, Tübingen: Narr, (=ScriptOralia; 37), S. 55–112.

STIFTERVERBAND FÜR DIE DEUTSCHE WISSENSCHAFT (1999): Memorandum: Dialog Wissenschaft und Gesellschaft. Online-Publikation, *http://stifterverband.de*.

STÖTZEL, Georg und WENGELER, Martin (Hg.) (1995): *Kontroverse Begriffe. Geschichte des öffentlichen Sprachgebrauchs in der Bundesrepublik Deutschland.* (=Sprache, Politik, Öffentlichkeit; 4), Berlin, New York: de Gruyter.

STRAWSON, Peter Frederick (1972): *Einzelding und logisches Subjekt. Ein Beitrag zur deskriptiven Metaphysik.* Stuttgart: Reclam, Orig.: Individuals. An Essay in Descriptive Metaphysics, Routledge: London, 1959.

VON STUTTERHEIM, Christiane (1997): *Einige Prinzipien des Textaufbaus.* Tübingen: Niemeyer.

THIMM, Caja und KRUSE, Lenelies (1993): *Sprachliche Effekte von Partnerhypothesen in dyadischen Interaktionen.* Arbeiten aus dem Sonderforschungsbereich 245 „Sprache und Situation“ Nr. 40, SFB 245 „Sprache und Situation“, Heidelberg, Mannheim.

THOMAS, William Isaac und THOMAS, Dorothy Swaine (1928/1970): *The Child in America.* New York: Johnson, Reprint von 1928.

THURMAIR, Maria (1994): Doppelterminologie im Text oder: hydrophob ist wasserscheu. In: Kretzenbacher und Weinrich (1994).

TOULMIN, Stephen E. (1958): *The Uses of Argument.* Cambridge: Cambridge University Press.

TURNER, Mark und FAUCONNIER, Gilles (1995): Conceptual integration and formal expression. *Metaphor and Symbolic Activity* (10): S. 183–204.

WAGNER, Frank (1997): Metapher und soziale Repräsentation. In: Biere und Liebert (1997b), S. 210–224.

WARREN, Carl Nelson (1934): *Modern News Reporting.* New York, London: Harper & Brothers.

WATZLAWICK, Paul; BEAVIN, Janet H. und JACKSON, Don D. (1980): *Menschliche Kommunikation. Formen, Störungen, Paradoxien.* Bern, Stuttgart, Wien: Huber, 5. Aufl., Orig.: Pragmatics of Human Communication. A Study of Interactional Patterns, Pathologies, and Paradoxes, New York: W.W. Norton & Company, Inc., 1967.

WEINGARTEN, Rüdiger (1994): Zur Stilistik der Wissenschaftssprache. Objektivitäts- und Handlungsstil. In: BRÜNNER, Gisela und GRAEFEN, Gabriele (Hg.), *Texte und Diskurse. Methoden und Forschungsergebnisse der Funktionalen Pragmatik*, Opladen: Westdeutscher Verlag, S. 115–135.

WEINRICH, Harald (1994): Wissenschaftssprache, Sprachkultur und die Einheit der Wissenschaften. In: Kretzenbacher und Weinrich (1994), S. 155–174.

WICHTER, Sigurd (1991): *Zur Computerwortschatz-Ausbreitung in die Gemeinsprache. Elemente der vertikalen Sprachgeschichte einer Sache.* (=Germanistische Arbeiten zu Sprache und Kulturgeschichte; 17), Frankfurt/Main, Bern u.a.: Lang.

WICHTER, Sigurd (1994): *Experten- und Laienwortschätze. Umriß einer Lexikologie der Vertikalität.* (=Reihe Germanistische Linguistik; 144), Tübingen: Niemeyer.

WICHTER, Sigurd (1999): Experten- und Laiensemantik. In: Niederhauser und Adamzik (1999), S. 81–101.

WILSON, Robert Anton (2000): *Das Lexikon der Verschwörungstheorien.* Franfurt/Main: Eichborn.

WIMMER, Rainer (1979): *Referenzsemantik. Untersuchungen zur Festlegung von Bezeichnungsfunktionen sprachlicher Ausdrücke am Beispiel des Deutschen.* (=Reihe Germanistische Linguistik; 19, Tübingen: Niemeyer.

WIMMER, Rainer (1985): Chancen der Sprachkritik. In: STÖTZEL, Georg (Hg.), *Germanistik – Forschungsstand und Perspektiven. Vorträge des Deutschen Germanistentages 1984. 1. Teil: Germanistische Sprachwissenschaft, Didaktik der Deutschen Sprache und Literatur*, Berlin, New York: de Gruyter, S. 253–263.

WINTERMANTEL, Margret (1990): *Dialogue between expert and novice: On differences in knowledge and means to reduce them.* Arbeiten aus dem Sonderforschungsbereich 245 „Sprache und Situation" Nr. 19, SFB 245 „Sprache und Situation", Heidelberg, Mannheim.

WITTGENSTEIN, Ludwig (1969a): *Schriften. Band 1: Logisch-philosophische Abhandlung. Tractatus logico-philosophicus*, Frankfurt/Main: Suhrkamp. S. 7–85.

WITTGENSTEIN, Ludwig (1969b): *Schriften. Band 1: Philosophische Untersuchungen*, Frankfurt/Main: Suhrkamp. S. 279–544.

WYNNE, Brian (1989): Sheepfarming after Chernobyl: A Case Study in Communicating Scientific Information. *Environment* (31): S. 10–15 u. 33–39.

WYNNE, Brian (1996): Misunderstood Misunderstandings: Social Identities and Public Uptake of Science. In: IRWIN, Alan und WYNNE, Brian (Hg.), *Misunderstanding Science? The Public Reconstruction of Science and Technology*, Cambridge: Cambridge University Press, S. 19–46.

ZELL, Rolf A. (1986): Vom Professor zum Publikum – Übersetzungsschritte. München, Leipzig: List, S. 112–119.

ZIFONUN, Gisela (1997): *Der Modus kommunikativer Minimaleinheiten.* In: Zifonun et al. (1997), S. 605–675.

ZIFONUN, Gisela; HOFFMANN, Ludger; STRECKER, Bruno; BALLWEG, Joachim; BRAUSSE, Ursula; BREINDL, Eva; ENGEL, Ulrich; FROSCH, Helmut; HOBERG, Ursula und VORDERWÜLBECKE, Klaus (1997): *Grammatik der deutschen Sprache.* (=Schriften des Instituts für deutsche Sprache; 7.1 – 7.3), Berlin, New York: de Gruyter.

Anhang

Artikel zum Ozonloch in *Bild der Wissenschaft* (1986-1998)

Jahr-Heft	Seite	Rubrik	Titel	Autor
86-06	38	Hauptartikel	Das Ozon-Drama. Ein Loch über dem Südpol: Anfang vom Ende?	Thorwald Ewe
87-07	17	Akzent	Aufschlußreicher Flug durchs Ozonloch	Redaktion
88-02	3	Editorial	Sterbehilfe für Ozon?	Wolfram Huncke
88-02	38	Hauptartikel	Das Ozonloch wird immer größer	Christine Schaefer
88-11	44	Hauptartikel	Auf der Suche nach dem zweiten Ozonloch	Walter Frese und Ulrich Baatz
89-03	16	Akzent	Minimale Verluste	Egon Schmidt
89-08	12	Akzent	Der Beweis: So entsteht das Ozonloch	Helmut Vieser
89-09	32	Innovation	Am Leuchten verrät sich das Ozon	Wolfram Knapp
89-09	137	Bücher	Ozon-Abbau durch Flugverkehr: „Unheil über unseren Köpfen" hrsg. v. Martin Pfeiffer und Manfred Fischer	Irmhild Günher
89-11	30	Innovation	Wieviel Spurengas ist in der Atmosphäre?	Ernst-Karl Aschmoneit
90-01	76	Interview	Wir brauchen mehr Forscher und mehr Wissen. Droht ein Ozonloch über dem Äquator?	Thorwald Ewe und Paul J. Crutzen
90-01	124	Prisma	Gefahr für Millionen. Das Ozonloch erreicht bewohnte Regionen	John Fasham und Jürgen Stahl
90-11	10	Aktuell	Ozon-Abbau auch über dem Nordpol	Redaktion
91-01	121	Umwelt-Index	Klima-Debatte in den Schlagzeilen. Ozon-Killer wieder Top-Thema	Eva Hofner
91-06	10	Aktuell	Biofilm entlarvt Ozonloch	Redaktion
91-07	9	Aktuell	Ozonloch weitet sich aus	Redaktion
91-10	12	Aktuell	FCKW-Ersatz unter Verdacht	Redaktion

Jahr-Heft	Seite	Rubrik	Titel	Autor
92-01	10	Aktuell	Ozonloch mit neuem Rekord	Redaktion
92-02	10	Aktuell	Laser auf der Suche nach Ozon	Redaktion
92-04	3	Editorial	Heilige und Florian	Reiner Korbmann
92-05	3	Editorial	Ozon am Abgrund	Reiner Korbmann
92-05	16	Hauptartikel	Damoklesschwert	Axel Fischer
92-05	21	Interview	„So etwas haben wir noch nicht gesehen"	Hans Schmidt und Reinhard Zellner
92-12	83	Prisma	Das war 1992: Voreilige Entwarnung?	Axel Fischer
93-01	91	Wirtschaft u. Wissenschaft	Hartnäckige FCKW	Redaktion
93-02	46	Hauptartikel	Der Ozonschild bricht	Axel Fischer
93-02	54	Hauptartikel	Schwarze Zeichen	Fritz Schnitger
93-02	57	Hauptartikel	Die Sonne lockt	Thiagar Devendran
93-02	58	Hauptartikel	Giftige Bohnen	Michael Simm
93-04	66	Bücher	„Das blöde Ozonloch" v. Christiane Grefe, Ilona Jerger-Bachmann	Helmut Vieser
93-08	96	Prisma	Expertenstreit um das Ozonloch	Barbara Reye
93-12	97	Rückblick 1993	Dünnhäutig	Barbara Reye
94-01	11	Aktuell	Ozonloch über der Antarktis	Redaktion
94-02	66	Hauptartikel	Der Teufelskreis	Barbara Reye
94-04	11	Aktuell	Natürliche Ozonkiller	Redaktion
94-04	110	Wirtschaft u. Wissenschaft	Fruchtschalen gegen Ozonloch	Hans-Dieter Heck
94-05	14	Aktuell	Ozonloch bedroht Lurchi	Redaktion
94-10	14	Aktuell	Das simulierte Ozonloch	Redaktion
94-12	50	Jahres-rückblick	Springprozession der EU	Christian Speicher
94-12	54	Jahres-rückblick	Die verhängnisvolle Schaukel	Barbara Reye
95-01	14	Aktuell	An der langen Leine	Redaktion
95-04	10	Aktuell	Schmutziger Verkehr	Redaktion
95-07	51	Hauptartikel	Der Ozon-Report	Barbara Reye et al.
95-07	52	Hauptartikel	Reizende Aussichten	Barbara Reye
95-07	62	Hauptartikel	Gut fürs Geschäft	Klaus Jopp
95-07	64	Hauptartikel	Der falsche Feind	Rainer Dierkesmann und Thorwald Ewe
96-05	10	Aktuell	Mini-Ozonloch über Grönland und Nordeuropa	Redaktion
96-07	113	Wirtschaft u. Wissenschaft	Ozon-Atlas	Hans-Dieter Heck

Jahr-Heft	Seite	Rubrik	Titel	Autor
96-09	113	Bild des Monats	Bild des Monats	Barbara Reye
97-01	78	Jahres-rückblick	Forschung '96: Ozon-Abbau über Nordeuropa	Redaktion
97-09	30	Hauptartikel	Das Ozonloch - Irrtümer, Fakten und Prognosen	Klaus Jacob
98-11	9	Aktuell	Ozonloch in Rekordgröße	Redaktion

KWIC-Konkordanz zum Thema „Ozonloch“ (1985-1998)

Ausgewertet wurden die frei zugänglichen Korpora geschriebener Sprache des Instituts für deutsche Sprache (COSMAS Version R.2.4-15; vgl. `http:/corpora.ids-mannheim.de/~cosmas`). Diese Korpora enthalten insbesondere das so genannte Handbuchkorpus mit Artikeln der Wochenzeitschrift *DIE ZEIT* und des *Mannheimer Morgen.* Darüber hinaus sind in einem Monitorkorpus viele Ausgaben des *Mannheimer Morgen* bis zur Gegenwart enthalten. Die Tabelle „Maschinell erfasste Ausgaben des *Mannheimer Morgen*“ gibt einen Überblick über erfasste und nicht erfasste Jahrgänge. Dabei sind einige Jahrgänge, 1990, 1992 und 1993, nicht erfasst. Dies hat vor allem technische Gründe:

> „Fehlende Jahrgänge und größere Abweichungen in der Anzahl der Texte und Wortformen von Jahrgang zu Jahrgang sind einerseits darin begründet, dass nur die Zeitungsartikel aufgenommen wurden, die zu Beginn der Datenübernahme per Modem (Anfang 1995) im Verlagshaus in vollautomatisch verarbeitbarer Datenform vorhanden waren. Andererseits verursachte die im Verlagshaus 1997 vorgenommene Umstellung der Computertechnik weitere Lücken im ansonsten großzügig auch für externe Nutzer zur Verfügung gestellten Bestand. Zu beachten ist, dass das im Quellennachweis eines Artikels enthaltene Datum das Datum der Zeitungsausgabe ist, für die der jeweilige Artikel vorgesehen war. Tatsächlich jedoch kann er in einer anderen Ausgabe, also zu einem anderem Datum, erschienen sein.“ (IDS-Information vom 5.5.2000, `http:/corpora.ids-mannheim.de/~cosmas`)

Jahrgang		Anzahl Artikel	Anzahl laufendeWortformen (ca.)
M89	1989	45 771	10,35 Mill.
M91	1991	12 775	2,79 Mill.
M94	1994	12 551	2,48 Mill.
M95	1995	35 054	6,46 Mill.
M96	1996	28 140	5,04 Mill.
M97	1997	6 820	1,72 Mill.
M98	1998	81 968	20,43 Mill.

Maschinell erfasste Ausgaben des *Mannheimer Morgen*

1997 wurden die Daten des *Mannheimer Morgen* aus verlagstechnischen Gründen (Umstellung des EDV-Systems) nicht vollständig erfasst.

Nummern, Jahrgänge und Seitenzahlen sind größtenteils nicht erfasst.

Das gesamte abgefragte Korpus hat folgende Eigenschaften:

Korpus Größe: 80,99 Mio Wortformen

Anzahl Dokumente: 459

Anzahl Texte: 291 511

Anzahl Textwörter: 97 593 477 (davon 16 603 430 nicht als Wortform identifiziert)

Anzahl Indexeinträge: 111 186 850

Anzahl Sätze: 4 719 565 (2 Dokumente ohne Satzgliederung)

Anzahl Absätze: 1 479 130 (237 Dokumente ohne Absatzgliederung)

Anzahl Zeichen: 586 163 616

Durchschnittliche Dokumentlänge: 1 277 044 Zeichen

Durchschnittliche Textlänge: 2010 Zeichen

Durchschnittliche Satzlänge: 20,7 Textwörter

Durchschnittliche Textwortlänge: 5,0 Zeichen

Durchschnittliche Wortlänge: 5,8 Zeichen

Die Korpusabfrage hatte folgendes Profil:

Abfragedatum: 5. Mai 2000

Suchanfrage: &Ozonloch

Suchoptionen:

- Lemmatisierung: Wortzusammensetzung auflösen, sonstige Wortbildungsformen auflösen
    - Klein-/Großschreibung ignorieren
    - Weggelassener Verknüpfungsoperator bedeutet Wortabstand "/+w1"
    - Expansionslisten mit Häufigkeiten nicht anzeigen
    - Suchergebnisse durch Zufallsauswahl auf 10 000 Treffer beschränken
    - Vorerst nur die ersten 160 Treffer anzeigen

Das Zeichen „&“ ist ein Operator, der auch flektierte Formen sowie Wortzusammensetzungen suchen lässt. Es wurden 6 Wortformen zu Ozonloch gefunden (Anzahl in Klammer):

1. Ozonloch (132)
2. Ozonloch-Forschung (1)
3. Ozonlöcher (1)
4. Ozonloches (2)
5. Ozonlochs (17)
6. Rekord-Ozonlöcher (1)

Diese Wortformen und Komposita wurden in „Suchbegriff-Expansionslisten“ übernommen, mit denen die Abfrage dann durchgeführt wurde.

Im Folgenden wird die KWIC-Konkordanz für die Suchanfrage „&Ozonloch“ aufgelistet. Mit u+ ... +u sind Überschriften, mit v+ ... +v Verfasser eingeklammert, typografische Eigenheiten wurden nicht verändert.

1986

H86 u+ deutsche Laseranlage soll das "Ozonloch" untersuchen +u. München. v+
H86 Untersuchungen, bei denen das "Ozonloch" entdeckt wurde , seien Messun
H86 Meeresstränden der Nordsee. das "Ozonloch", das sich über antarktischen
H86 hat sich herausgestellt, daß dieses Ozonloch von jeher während des arktische
H86 zu sagen, wie das beängstigende Ozonloch ausgerechnet über der Antarktis
H86 u+ Vulkanausbrüche am Ozonloch beteiligt +u. als wichtige Ursa
H86 80er Jahre plötzlich aufgetretene Ozonloch über dem Südpol vermutet die Be
H86 Wissenschaftler befürchten, das Ozonloch in der Stratosphäre - etwa 15
H86 el Chichon im April 1982 für das Ozonloch verantwortlich. nach Auskunft
H86 öffentlichte, ist ein regelrechtes Ozonloch von der Größe der Vereinigten
H86 ctic Survey vor Jahren erstmals das Ozonloch festgestellt haben. die Meteoro
H86 ätzlich werden die Meteorologen das Ozonloch vom Boden und von Satelliten
H86 u+ ist Vulkanasche schuld am Ozonloch ? +u. Vulkanausbrüche verursach

1987

H87 örter des Jahres folgen Nullösung, Ozonloch, Molkepulver, Lagertheorie,
H87 -Szenario, von Tschernobyl bis zum Ozonloch, vom Atomkrieg bis zum Waldste
H87 logische Entdeckung zur Hilfe : das Ozonloch über der Antarktis. genaugenomm
H87 das Entstehen des kontinentgroßen Ozonlochs vermögen die Modelle zu geben.
H87 obales Programm zur Erforschung des Ozonlochs, das im Herbst 1985 zu einer
H87 hlorfluorkohlenwasserstoffe für das Ozonloch verantwortlich machen, kommen
H87 chemischen Theorie müßte sich das Ozonloch von Jahr zu Jahr vergrößern,
H87 sie nichts mit dem antarktischen Ozonloch zu tun" . da sind die "Chemik
H87 ist fest davon überzeugt, daß das Ozonloch "im wesentlichen anthropogene
H87 itgeteilt hat, "das Entstehen des Ozonlochs schlüssig begründet ".
H87 st ungeklärt, ob das beunruhigende Ozonloch über dem Südpol damit im Zusamm
H87 ber über der Antarktis ein riesiges Ozonloch beobachtet. man befürchtet, da
H87 achtet. man befürchtet, daß dieses Ozonloch auch über dem Nordpol und den
H87 Waldsterben, Klimaaufheizung, Ozonloch, Verwüstung des Nordseegrundes
H87 mmen hat. Politik heißt heute, das Ozonloch am Himmel zu "sehen" . wer ei

1988

H88 zerstört. auch das vieldiskutierte Ozonloch über der Antarktis ist "in ers
H88 uftreinhaltungsgesetz". gegen das Ozonloch wird in den USA auch bereits

1989

M89 it zu spüren sein. Die Rede ist vom Ozonloch in der Erdatmosphäre, das berei
M89 Es war nicht das Ozonloch und auch nicht der Kondensstrei
M89 ders anschaulichen Vortrag über das Ozonloch ein wesentlich sensibleres Umwe
M89 weltprobleme wie Luftverschmutzung, Ozonloch und Klimaveränderung diskutiert
M89 14.00 Uhr: Das Ozonloch und die Folgen (Sören Manthey
M89 ntwortlichen für die Entstehung des Ozonloches. Wie Greenpeace am Mittwoch
M89 H-FCKW. Nach seinen Angaben ist das Ozonloch über der Antarktis inzwischen
M89 in der Atmosphäre - das sogenannte Ozonloch - durch FCKW-Treibgase und die
M89 sowie ein bundesweiter Aktionstag "Ozonloch". Um ihren zukünftigen Betätigu
M89 Biotopkartierung in Heidelberg, das Ozonloch und die Folgen, Gefährdung des
M89 Natur so schwierige Themen wie das Ozonloch zu erklären. Es bleibt sehr zu
M89 Stellung nahmen, dann ist nach dem Ozonloch die Klimakatastrophe durch Vern
M89 auf der Friesenheimer Insel - das Ozonloch vergrößert sich mit affenartige
M89 Welt ist das. Am Südpol klafft das Ozonloch und bei uns gibt es im Moment
M89 im Bürgerhof, "Wie wirkt sich das Ozonloch aus?". Referent: Alfred Taubitz
M89 ltzerstörung durch Brandrodung, das Ozonloch und das weltweite Artensterben
M89 erstoffe und anderen Unrat, der das Ozonloch vergrößern könnte. Meine beiden
M89 weiß sich gegen schlechte Luft und Ozonloch zu schützen, doch zu welchem Pr
M89 aus-Effekt, das Waldsterben oder das Ozonloch immer mehr Bedeutung. Infolge
M89 bensterben, Hochseemüllverbrennung, Ozonloch - im Vorsetzen 53 ist trotz Spc
M89 Verbindung gebracht wird, mit dem "Ozonloch" und dem Abfall in Großbritanni
M89 ergiequellen werden dagegen für das Ozonloch und damit zu erwartende Klimave
M89 en Tschernobyl, ein Jappe gegen das Ozonloch, ein Böhmler gegen das Sterben
M89 sationellen Bildern Schlagworte wie Ozonloch oder Treibhauseffekt veranschau
M89 ten, daß es dem Handel obliege, das Ozonloch zu schließen oder unsere Meere
M89 mittlerweile verantwortlich für das Ozonloch", kritisierte Heereman. Es gebe
M89 und das Ozonloch +u
M89 iner Kuh werden heute schon für das Ozonloch verantwortlich gemacht." Mit de
M89 Kohl wolle erreichen, daß diese das Ozonloch vergrößernden Treibgase möglich
M89 mittlerweile verantwortlich für das Ozonloch", kritisierte Heereman. Es sei
M89 hädlichen Sonnenstrahlung durch das Ozonloch läßt endlich auch wieder den De
M89 itergeht!" (mit der Erweiterung des Ozonlochs, mit der Abholzung der Wälder,
M89 u+ Ozonloch bis
M89 Boston. (rtr) Das Ozonloch über der Antarktis weitet sich
M89 ern; immer mehr Hautkrebs wegen des Ozonlochs; Waldbrände in Südfrankreich;
M89 richten über Luftverschmutzung, das Ozonloch, die Gefahr nuklearer Verseuchu
M89 u+ Ozonloch-Forschungmit Bazillus-Hilfe +u
M89 Antarktis die negativen Folgen des Ozonlochs für das Leben auf der Erde erf
M89 Käfertaler Str. 162, Diavortrag "Ozonloch und Klimakatastrophe".
M89 (rau. - Eigener Bericht) Wenn das Ozonloch schon größer wird, dann nutzt
M89 Ozonloch auch im antarktischen Winter ge
M89 lienische Wissenschaftler haben ein Ozonloch über dem Südpol auch im antarkt
M89 Antarktis entdeckt. Bisher war das Ozonloch ab September zu Beginn des Somm
M89 erstörung von Ozon stattfindet. Die Ozonloch genannten Ausdünnungen der Ozon
M89 hr auch in der Presse zu lesen, das Ozonloch sei 1988 wieder etwas kleiner
M89 u+ Vom FCKW bis zum Ozonloch +u
M89 schien paradox: Während das Ozonloch in der Erdatmosphäre zum Schade
M89 Ozonloch und Treibhauseffekt

M89 Rekordgröße beim Ozonloch
M89 Das Ozonloch über der Antarktis hat in diese
M89 ren Akzent zu setzen. Ausgehend vom Ozonloch, dessen Ursache das Autoren-Tea
M89 u+ 50-Millionen-Pflaster auf das Ozonloch +u
M89 Zur Erforschung des Ozonlochs und des Treibhauseffektes der
M89 Waldsterben, Umweltverschmutzung Ozonloch und Treibhauseffekt müsse jedem
M89 hmidbauers "Spezialität" sind dabei Ozonloch, Treibhauseffekt und die damit
M89 rren wir in das von uns geschaffene Ozonloch. Schon am Ende des neuen Jahrze
WKB gen liegt der Zusammenhang zwischen Ozonloch bzw. Treibhauseffekt und nicht
WKB ings anders aussieht: Es ist das Ozonloch. Auch dieses Symbol spricht ein
WKB es Symbol spricht eine Sprache. das Ozonloch läßt sich nicht überwinden,
WKB ganz heilen. zum Entstehen dieses Ozonlochs hat die Produktionsweise und
WKB das von Frau Vollmer angesprochene Ozonloch sind gewissermaßen irreparabel.

1990

WKD am Treibhauseffekt und auch am Ozonloch ist die DDR auf Grund ihrer
WKD ein Beweis dafür schien, daß das Ozonloch, wenn überhaupt vorhanden

1991

M91 raftwerk Sonne"; 19.30 Uhr Vortrag "Ozonloch und Hautschäden" (Ref.: Prof. D
M91 u+ Thema "Ozonloch"
M91 nnenden Dia-Vortrag über das Thema "Ozonloch und Hautschäden" sollten alle
M91 ker physikalische Erläuterungen zum Ozonloch gibt. -o-
M91 u+ Noch kein Ozonloch +u
M91 über dem Nordpol ist bis jetzt kein Ozonloch entstanden. Das ergab die erste
M91 uren in Luft, Wasser und Boden, das Ozonloch über dem Südpol, der Treibhause
M91 dahin noch weitere Ursachen für das Ozonloch entdeckt werden. Rudi Kilgus
M91 ufheizung der Erdatmosphäre und das Ozonloch rücken immer mehr in den Vorder
M91 Waldzerstörung, Artenschwund und Ozonloch; auch in Neuseeland gibt es Umw
M91 zu gehen. Der Grund dafür ist das Ozonloch: Die ultraviolette Strahlung is
M91 auch mit schlechtem Gewissen wegen Ozonlochs und Energierechnung in die war

1994

M94 hat es keiner. - Rücksicht auf das Ozonloch?
M94 u+ Ozonloch wird kleiner +u
M94 sich die Atmosphäre erholt und das Ozonloch allmählich wieder kleiner werde
M94 er den Kosmos, Himmel und Erde, das Ozonloch, Umgehungsstraßen, die Frauenbe

1995

M95 ßeren Luftschichten fehlenden Ozon (Ozonloch!) verwechselt werden - entsteht
M95 "Klimakatastrophe" und "Ozonloch" sind Begriffe, die uns die Abh
M95 u+ Ozonloch bereits
M95 Genf. (AP) Das Ozonloch in der Erdatmosphäre ist nach
M95 mitteilte, hat sich die Größe des Ozonlochs über der Antarktis im vergange
M95 Sinne in Besitz nehmen zu können. Ozonloch und Verkehrskollaps dürfen spät
M95 tarktis registriert worden sei. Das Ozonloch über dieser Region ist so groß
M95 orden. Ansätze sehe er auch für das Ozonloch. Beispielsweise seien Kupferkab
M95 u+u+ Entdecker des Ozonlochs geehrt/ Physikpreis in die USA
M95 ainz. (dpa) Die drei Entdecker des Ozonlochs, darunter der in Mainz forsche
M95 ick auf das "zutiefst beunruhigende Ozonloch" regte Kohl eine weltumspannend
M95 u+ Ozonloch größer denn je +u
M95 Ozonkonferenz in Wien begonnen: Das Ozonloch über der Antarktis erreichte in
M95 ging im November weiter zurück, das Ozonloch hielt somit länger denn je, tei
M95 vember an, so daß das Phänomen des Ozonlochs 1995 am längsten andauerte",

M95 Zeitungsinterview noch erklärt, das Ozonloch werde in diesem Jahr kleiner bl
M95 Anfang Oktober hatte das Ozonloch über der Antarktis eine maximal
M95 teorologie mitgeteilt, daß sich das Ozonloch über der Antarktis mit noch nie
M95 preis hatten die drei Entdecker des Ozonlochs erhalten: der am Mainzer Max-P
M95 ber Erdbeben, Luftverschmutzung und Ozonloch. Stationsleiter Dr. Johannes Lo

1996

M96 Zahnpasta?" und "Wie kann man das Ozonloch stopfen?" bis zu Rätseln wie
M96 rfach wiederholt. Ob Golfkrieg oder Ozonloch - kein Thema ist der Maus-Redak
M96 waren insbesondere über dem Südpol "Rekord-Ozonlöcher" gemessen worden
M96 dustrieabgase - aber auch, weil das Ozonloch hier bereits größer ist als auf

1998

M98 u+z+ Neues Ozonloch über Europa +z+u
M98 haftler haben über Europa ein neues Ozonloch entdeckt. Auf Satellitenaufnahm
M98 ersät werden. Doch es ist weder das Ozonloch, noch das Wetterphänomen "El Ni
M98 ür Arbeiten über die Entstehung des Ozonlochs erhalten.
M98 12.00 heute mittag. 12.15 Buffet. Ozonloch. 13.00 Mittagsmagazin. 14.00
M98 weit ausgedünnt, daß man von einem "Ozonloch" spricht. Die damit verbundene
M98 zusammenbrechen. Dann haben wir ein Ozonloch." Eine generelle Zunahme der
M98 u+z+ Ozonloch so groß wie nie +z+u
M98 Das Ozonloch über der Antarktis war im Augus
M98 geben werde und daß angesichts von Ozonloch und Atombomben die "Erde nicht
M98 angas aus, was zur Vergrößerung des Ozonloches beiträgt. Würde man der Kuh
M98 er Paul Crutzen, der Erforscher des Ozonlochs, feiert seinen 65. Geburtstag
M98 Sein Beitrag zur Erforschung des Ozonlochs über dem Atlantik brachte dem
M98 konnten nur 200 erfaßt werden. Das Ozonloch über der Antarktis gebe weiter

Ausschnitte aus Artikeln zum Thema „Ozonloch“ aus der *ZEIT* (1985-1988)

H86/UZ4.51087, ZEIT (1986, Umwelt), 18.07.86, S. 52, Zerreißen wir unseren schützenden Schirm?

u+ Zerreißen wir unseren schützenden Schirm ? +u. u+ Ein Loch in der Ozonschicht über der Antarktis beunruhigt die Klimatologen +u. v+ Von Reiner Klingholz +v.

Vier amerikanische Expertengruppen werden in den nächsten Wochen von Christchurch in Neuseeland aus zu einer ungewöhnlichen Expedition aufbrechen. Die 13 Wissenschaftler wollen im tiefsten antarktischen Winter mit schweren Hercules-Transportflugzeugen zur etwa 1000 Kilometer vom Südpol entfernten McMurdo-Forschungsstation vordringen. Eine recht gefährliche Tour, denn die Piloten müssen zu dieser stockfinsteren Jahreszeit mit tagelangen Schneestürmen und Temperaturen bis zu minus 80 Grad rechnen. Der überstürzt wirkende Aufbruch der Metereologen [sic.] und Atmosphärenchemiker hat freilich einen guten Grund: Es geht - einmal mehr - um die Bedrohung der Ozonschicht, seit zwei Jahrzehnten ein Lieblingsthema der Klimaforscher. Ozon (chemisches Kürzel O3), ein einfaches Molekül aus drei Atomen Sauerstoff, schützt uns in einer etwa 15 bis 50 Kilometer hohen Zone über der Erde - der Stratosphäre - vor den ultravioletten Strahlen aus dem All. Könnte diese Strahlung ungemindert auf unseren Planeten vordringen, wäre irdisches Leben undenkbar. Über dem antarktischen Kontinent, das schrieben verschiedene Wissenschaftler in den vergangenen Wochen in den Fachblättern 'Nature' und 'Science', ist dieser Ozonschild inzwischen besorgniserregend geschrumpft: Jeweils in den ersten Wochen nach der dunklen Winterzeit verringert sich der Ozongehalt um fast 50 Prozent. Auf Satellitenphotos, die 'Bild der Wissenschaft' im Juli veröffentlichte, ist ein regelrechtes Ozonloch von der Größe der Vereinigten Staaten sichtbar. Und, was die Wissenschaftler besonders beunruhigt, dieses Loch scheint Jahr für Jahr größer zu werden: "Wir wissen nicht so recht, wie diese schleichende Veränderung zustandekommt", räumt Donald Heath von der amerikanischen Raumfahrtbehörde Nasa ein. Für die Klimaforscher muß das eine kleine Sensation sein: Denn seit 20 Jahren warnen sie vor einer Zerstörung der Ozonschicht durch sogenannte Chlorfluorkohlenwasserstoffe, ohne daß sich die düsteren Prognosen bisher verwirklicht hätten. "Sollten die Wissenschaftler recht behalten", spekulierte auch der Wissenschaftsredakteur der 'Zeit' im Dezember 1975, würden wir binnen zehn Jahren alle die Ozonzerstörung hautnah zu spüren bekommen. Die Hautkrebsrate würde dramatisch anwachsen, die Meeresflora dem Tod durch UV-Strahlung erliegen. Chlorfluorkohlenwasserstoffe, extrem stabile Verbindungen, die mit anderen Stoffen praktisch keine chemischen Reaktionen eingehen, geben Sprühdosen den nötigen Druck, dienen in Kühlschränken als Kühlmittel oder machen aus Polyurethanen widerstandsfähige Kunststoffschäume. Da Wissenschaftler schon lange vermuteten, diese Substanzen könnten das Ozon angreifen, verboten die Behörden in den Vereinigten Staaten zumindest die Verwendung der Treibgase in Sprühdosen. Kanada, Norwegen und Schweden folgten diesem Beispiel. Doch da Techniker immer neue Verwendungsmöglichkeiten für diese flüchtigen Verbindungen entdeckten, stieg ihr Verbrauch weltweit stetig an. 700000 Tonnen strömen jährlich ungehindert in die Atmosphäre. So kommt es, daß sich in den letzten zehn Jahren der Gehalt an Chlorfluorwasserstoffen in den oberen Teilen der Atmosphäre mehr als verdoppelt hat. Und trotzdem - wider allen wissenschaftlichen Prognosen und Rechenmodellen - blieb der Ozonhimmel über uns insgesamt wie er war. Was war geschehen? Die warnenden Forscher hatten sich schlichtweg geirrt - und doch scheinen sie recht behalten zu haben: Zum einen lassen sich ihre ursprünglichen Vermutungen heute durch verbesserte Meßmethoden erhärten, wenngleich nicht beweisen. Zum anderen aber haben zusätzliche - ebenfalls durch die Luftverschmutzung verursachte - Reaktionen zu einer Ozonzunahme in der Troposphäre geführt, jener erdnahen, zwölf bis 15 Kilometer dicken Atmosphärenschicht, in der sich das Wettergeschehen abspielt. Waren Klimatologen in den siebziger Jahren noch von einem Schrumpfen der Gesamtozonschicht um bis zu 17 Prozent bis Ende dieses Jahrhunderts ausgegangen, so können sie heute sogar eine geringfügige Zunahme messen. Die Fähigkeit des Ozons, UV-Strahlen zu schlucken, mag so unterm Strich in etwa gleich sein. Und die Pufferkapazität der Atmosphäre erwies sich offenbar stärker als zunächst erwartet. Das freilich, meint Paul Crutzen, Chef des Max-Planck-Instituts für Chemie in Mainz, sei noch lange kein Grund zur Entwarnung. Denn beide Effekte - Ozonzunahme in den unteren Atmosphärenschichten und eine Abnahme weiter oben - könnten unabhängig voneinander katastrophale Folgen nach sich ziehen. Die Chlorfluorkohlenwasserstoffe - so stabil sie auf Erden sind - werden, sofern sich die gängige Theorie als richtig erweist, in der oberen Stratosphäre nach und nach durch die harte UV-Strahlung geknackt. Dabei entstehen aus den vorher reaktionsunfähigen Gasen plötzlich äußerst reaktive Chloratome, die sich mit Ozon zu gewöhnlichem Sauerstoff und Chlormonoxid (chemisches Kürzel ClO) umwandeln. Das alles wäre halb so schlimm, wenn aus dem Chlormonoxid nicht sofort wieder ein Chloratom frei würde, das erneut ein Ozonteilchen zerstören kann. Eine fast endlose Kettenreaktion beginnt, bei der ein einziges Chloratom letztlich mehr als zehntausend Ozonmoleküle aus der UV-Schutzschicht der Erde reißt. 15 Prozent des Ozons, das hat Christoph Brühl vom Mainzer Max-Planck-Institut anhand von Computermodellen berechnet, gingen auf diese Art und Weise in den vergangenen 25 Jahren verloren. Bis im Jahr 2010 könnten es doppelt soviel sein. Messungen an Bord des Satelliten Nimbus 7 geben dem Theoretiker recht: Binnen fünf Jahren nahm die obere Ozonschicht um zweieinhalb Prozent ab. Weiter unten, in der Troposphäre, spielen sich völlig andere photochemische Reaktionen ab - ausgelöst durch Substanzen wie Stickoxide, Kohlenmonoxid, Methan oder andere Kohlenwasserstoffe. Diese im Gegensatz zu den Chlorfluorkohlenwasserstoffen natürlich vorkommenden Gase, haben seit Beginn des Industriezeitalters erheblich zugenommen. Sie können den Treibhauseffekt des Kohlendioxids verstärken, das beim Verfeuern von fossilen Brennstoffen aus den Schornsteinen und Auspufftöpfen quillt. Diese Gase lassen das sichtbare Licht der Sonne ungehindert bis zur Erdoberfläche durch, halten aber - ähnlich wie die Scheiben eines Gewächshauses - die reflektierten Wärmestrahlen zurück. Viele Meteorologen glauben, daß es deshalb in den nächsten Jahrzehnten zu einer globalen Erwärmung kommen könnte, zu einem Abschmelzen der Polarkreiskappen und letztlich zu weltweiten Überschwemmungen. Andere bezweifeln dies allerdings und halten eher eine Abnahme der Temperatur für wahrscheinlich. Für nicht minder gefährlich halten die Atmosphärenchemiker die aus der Balance geratenden photochemischen Reaktionen der Spurengase untereinander. Jahrmillionenlang bestand in der Troposphäre ein Gleichgewicht zwischen Ozon, Kohlenmonoxid, Methan und den Stickoxiden. Doch seit wir diese Gase im Übermaß in die Luft blasen, entsteht in einer komplizierten Reaktionskette unter dem Einfluß von UV-Licht immer mehr Ozon. In einer Höhe von 15 bis 50 Kilometern wäre es lebensnotwendig, doch in den tieferen Schichten, wo es jetzt zusätzlich entsteht, kann das extrem starke Gift großen Schaden anrichten: Pflanzen reagieren auf Ozon mit vermindertem Wachstum, und Forstwissenschaftler führen die Waldschäden in höheren Regionen - den sogenannten Reinluftgebieten - zum Teil auf das Ozon zurück. Noch komplizierter liegen die Verhältnisse im Luftraum über der Antarktis, wo Wissenschaftler des British Antarctic Survey vor Jahren erstmals das Ozonloch festgestellt haben. Die Meteorologen wollten ihren eigenen Messungen zunächst selbst nicht trauen. Dann tauschten sie ihre Meßgeräte aus und kamen zum gleichen Ergebnis. Heute glauben die Forscher, daß die Ozonschicht über dem Südpol während der monatelangen Winternacht generell schrumpft. Denn im Dunkeln kommt die natürliche Ozonbildung durch UV-Strahlen vorübergehend zum Erliegen. Sobald gegen Ende September das Licht wieder stärker auf den antarktischen Kontinent fällt, bildet sich wieder neues Ozon. Doch in den vergangenen zehn Jahren, das zeigen Messungen des Institutes für Atmosphärenforschung im amerikanischen Bundesstaat Oregon, nahmen einzelne der menschgemachten Chlorfluorkohlenwasserstoffe in der Südpol-Atmosphäre um über 100 Prozent zu. Mit dem ersten Sonnenlicht gegen Ende der Polarnacht beginnt das Unheil: Die UV-Strahlen setzen aus den Chlorfluorkohlenwasserstoffen schnell die aggressiven Chloratome frei. Diese zerstören, wahrscheinlich in Kooperation mit Stickoxiden, einen Teil des verbliebenen Ozons, und zwar mehr und mehr mit jedem Jahr. Bislang dauert der Ozonschwund lediglich ein paar Wochen. Dann wird die Sonneneinstrahlung stark genug, und die Ozonbildung aus Sauerstoff gewinnt die Überhand. In anderen Regionen der Erde - so am weniger kalten Nordpol - konnten Meteorologen bisher keine derartigen Effekte beobachten. Offensichtlich begünstigen die winzigen Eiskristalle der stratosphärischen Wolken über dem Südpol und die extrem tiefen Temperaturen die chemischen Reaktionen, die zum Ozonabbau führen. Noch können die Antarktisforscher nicht sagen, welchen Einfluß diese rätselhaften Vorgänge auf die globale Ozonschicht haben. Mit groß angelegten Meßprogrammen sind deshalb jetzt die drei Mannschaften in Richtung McMurdo-Station aufgebrochen. Sie wollen von dort und von der amerikanischen Amundsen-Scott-Station direkt am Pol 30 kleinere und drei große, mit Meßinstrumenten vollgepackte Wetterballons aufsteigen lassen und die Zusammensetzung der Luft in verschiedenen Schichten genau analysieren. Zusätzlich werden die Meteorologen das Ozonloch vom Boden und von Satelliten aus beobachten. "Die Zeit drängt", schreibt das Nachrichtenmagazin 'Newsweek', "denn es ist fraglich, ob wir uns solch langfristige Studien ein zweites Mal erlauben können". Manche Wissenschaftler geben sich weniger skeptisch. Sie halten die Ozonverdünnung in der Antarktis zwar für ein interessantes, aber global unbedeutendes wissenschaftliches Phänomen. Andere Zweifler halten die Ergebnisse gar für eine völlige Fehlinterpretation. Der Mainzer Max-Planck-Professor Paul Crutzen, Vater der Theorie vom nuklearen Winter, freilich blickt mit Sorgenfalten auf das, was sich über uns zusammenbraut: Bisher, so meint er, gebe es keinerlei Anzeichen, die für einen "erlösenden Irrtum" sprächen.

H86/UZ4.51324, ZEIT (1986, Umwelt), 15.08.86, S. 46, Verlängerter Winter am Pol

u+ Verlängerter Winter am Pol +u. u+ Ist Vulkanasche schuld am Ozonloch ? +u.

Vulkanausbrüche verursachen das regelmäßig gegen Ende des arktischen Winters (unseres Sommers) über dem Südpol auftretende große Loch in der 15 bis 50 Kilometer hohen Ozonschicht, die den Globus umhüllt (siehe 'Zeit' Nr. 30/86). Dies haben Untersuchungen an der Abteilung für Stratosphärenforschung im Institut für Meteorologie der Freien Universität in Berlin ergeben. Professor Karin Labitzke, Leiterin der Abteilung, hält insbesondere die Ausbrüche des nordamerikanischen Mount St. Helens im Mai 1980 und des mexikanischen El Chichon im April 1982 für die Hauptschuldigen an der drastischen Verdünnung der stratosphärischen Ozonhülle, die seit Anfang der achtziger Jahre beobachtet wird und sich zuletzt über ein Gebiet von der Größe der Vereinigten Staaten erstreckt hat. Bei vulkanischen Eruptionen schießt ein Aerosol, bestehend aus Asche, Wasserdampf, Schwefelgasen und Schwefelsäure in die Höhe; es sammelt sich im Laufe der Zeit vor allem über den Erdpolen. Das in der Luft feinverteilte Stoffgemisch verstärkt den in jedem Winter in der Antarktis entstehenden Polarwirbel - eine Art stratosphärisches Sturmtief - und kühlt ihn überdies ab. Dies verzögert die Umstellung vom Winter auf den Sommer, erklärt Frau Labitzke, ein Phänomen, das in den letzten Jahren deutlich registriert worden ist. Entsprechend verzögert sich die Neubildung des Ozons. Das stratosphärische Ozon muß ständig "nachgefüllt" werden. Dafür sorgt ein komplizierter photochemischer Prozeß, der von der ultravioletten Sonnenstrahlung in Gang gehalten wird. Er kommt während des sonnenlosen Polarwinters zum Stillstand. In dieser Zeit "bohrt" der Polarwirbel das Loch in den Ozonschirm. Erst mit dem UV-Licht der Sonne kann die Ozonproduktion wieder anlaufen. Das ist aber erst möglich, wenn sich der Polarwirbel "beruhigt" hat. Just dies tritt seit etwa fünf Jahren verspätet ein. Der Ozonschirm schützt Lebewesen vor allzu starker - unter Umständen schädlicher - UV-Bestrahlung. Das arktische Leben scheint davon, daß dieser Schirm regelmäßig gegen Winterende "einreißt", keinen Schaden zu erleiden.

H86/OZ4.51451, ZEIT (1986, Sonstiges), 19.09.86, S. 80, Wer gibt schon zu, daß er nichts weiß

u+ Wer gibt schon zu, daß er nichts weiß +u. u+ Wo alles unklar ist, blüht der ideologische Weizen +u. u+ Vom Treibhauseffekt und andere Prophezeihungen [sic.], die dem Ansehen der Wissenschaft schaden +u. v+ Von Th. v. Randow +v.

Es steht zu befürchten, daß sich das Klima zu unseren Ungunsten ändert - sagen die einen, die meinen, ein Treibhauseffekt, bedingt durch das Kohlendioxid, das wir in zunehmendem Maße produzieren, heize die Atmosphäre beständig auf. Andere halten dies für unbewiesen oder für Unsinn, manche glauben gar, daß der umgekehrte Effekt eintreten werde, das Klima also immer frostiger würde. Klimatologen, die sich an solchen Spekulationen nicht beteiligen, räumen unumwunden ein, daß bis jetzt noch niemand nachweisen kann, ob sich das globale Klima in den kommenden Jahrhunderten oder Jahrtausenden überhaupt ändern wird oder nicht. Die Schwierigkeit liegt darin, daß gewaltige Mengen von Meßdaten fehlen, die in das Programm eines Super-Computers gesteckt werden müßten, damit er Zentennien oder Milennien der Klimaentwicklung durchspielen kann. Vor allem ist noch weitgehend unbekannt, wie die Ozeane mit dem Kohlendioxid fertig werden. Denn auf die Weltmeere kommt es beim Klima vor allem an. Sie machen den größten Teil der Erdoberfläche aus, ihre Eigenschaften bestimmen in erster Linie, klimatische Stabilität und klimatischen Wandel. Doch gerade diese wichtigsten Gebiete sind noch wenig erforscht, vor allem fehlt es dort an Meßstellen, von denen es mindestens eine pro hundert Quadratkilometer geben müßte. Das ist beileibe nicht die einzige große Unbekannte. Wenig wissen die Klimaforscher bis jetzt noch darüber, welche Rolle die Wolken in diesem Zusammenhang spielen. Sie regeln immerhin, wieviel Sonnenenergie die Erdoberfläche erreicht und wieviel davon wieder in den Weltraum reflektiert wird. Einige Forscher meinen, daß die mit einer Zunahme des Kohlendioxids und anderer Gase einhergehende Verdichtung der irdischen Wolkendecke die Atmosphäre abkühlen und so einem Treibhauseffet entgegenwirken würde. Aber auch hier fehlen Meßdaten, die über den Effekt der Wolken auf die Strahlungsbilanz der solaren Energie hinreichend verläßliche Auskunft geben könnten. Aus diesem Grund hat die amerikanische Weltraumbehörde NASA im Oktober 1984 mit dem Earth Radiation Budget Experiment (ERBE) begonnen. Zwei Satelliten messen die Bilanz zwischen eingestrahlter und reflektierter Sonnenenergie. Ihre Ergebnisse aus den ersten Monaten des Experiments: Wolken reflektieren mehr Sonnenstrahlung als sie zurückhalten, was der Erdatmosphäre immerhin an die dreißig Watt Energie pro Quadratmeter erspart, die sie andernfalls absorbieren müßte. Dies spricht eher für eine Abkühlung der Atmosphäre auf lange Sicht, meint Bruce Barkstrom, der am Langley Forschungszentrum in Hampton (US-Staat Virginia) das Experiment leitet. Um ein noch klareres Profil der Strahlungsbilanz zu erhalten, soll in diesen Tagen ein weiterer ERBE-Satellit gestartet werden. Wie es in der ferneren Zukunft mit dem Erdklima sein wird, ob und wenn ja, wie es sich verändern wird, vor allem, ob die Eingriffe der Menschheit in die Natur irgend etwas damit zu tun haben, steht noch in den Sternen. Und wie immer, wenn alles noch unklar ist, sind wir klimatologischen Laien allerlei Ideologie ausgesetzt, von den einen, die sich nichts sehnlicher wünschen, als daß ein Zusammenhang zwischen unseren Umweltsünden und einer globalen Katastrophe wissenschaftlich erwiesen würde, und den anderen, denen Hiobsbotschaften stets ein Greuel sind. So ist es mit dem Waldsterben, mit der Zerstörung der stratosphärischen Ozonschicht durch Treibgase aus den Spraydosen und der Beschädigung von Steinskulpturen durch Autoabgase. Wissenschaftlich ist von alledem nichts bewiesen und nichts widerlegt. Freilich gibt uns die Unwissenheit der Wissenschaftler keineswegs etwa das moralische Recht, unsere Umwelt nach Belieben mit dem Dreck der Zivilisation zu belasten. Denn ausgeschlossen ist es ja nicht, daß er einmal die Ursache für eine irreversible Störung des Gleichgewichts der Natur werden könnte. Im Zweifel sollten wir uns nach der abgewandelten Juristenformel richten: In dubio pro humanitate; und das heißt: gegen unnötige Eingriffe in das Gleichgewicht der Natur, von dem die Existenz unserer Spezies nun einmal abhängt. Wir könnten ja einfach so tun, als sei wissenschaftlich erwiesen, daß der Wald an den Abgasen erstickt und mit jedem Verbrennungsprozeß (bei dem Kohlendioxid frei wird) und jedem Druck auf die Sprühdose das Gleichgewicht der Atmosphäre unseres Planeten ein bißchen mehr ins Wanken gerät, - wenn es nur die Leute davon abhält, unvernünftig zu sein. Doch diese, gegenwärtig allgemein und nicht zuletzt von Wissenschaftlern selbst bevorzugte pragmatische Haltung ist sicher das Unvernünftigste von allem. Seit mindestens vier Jahren schon müßten die meisten Menschen vorzeitig am Hautkrebs gestorben, müßte das Leben auf der Erde erheblich dezimiert sein. Denn Wissenschaftler hatten uns 1972 allenfalls noch zehn Jahre Frist gegeben; dann sollte die große, von den Sprays und den Kältemitteln der Kühlanlagen hervorgerufene Katastrophe eintreten, die Vernichtung unseres vor ultravioletter Sonnenstrahlung schützenden Ozonschirms. Damals wurde diese "wissenschaftlich begründete" Voraussage von allen Medien in großer Aufmachung verbreitet. Als sich dann aber herausstellte, daß ein Rechenfehler in der Prophetie gesteckt hatte, ja, daß sie insgesamt fragwürdig ist, blieb der Öffentlichkeit diese erleichternde Botschaft vorenthalten. Statt dessen hatte ein riesiges Loch im Ozonschirm über dem Südpol der Treibgas-Story wieder neue Nahrung gegeben. Inzwischen aber hat sich herausgestellt, daß dieses Ozonloch von jeher während des arktischen Winters über dem Pol entsteht, mal größer, mal kleiner, und aller Wahrscheinlichkeit nach nichts mit den Ausdünstungen der Zivilisation zu tun hat - wie in der neuesten Ausgabe der Wissenschaftszeitschrift Nature nachzulesen ist. Ähnlich ist es mit allerlei Substanzen gewesen, die einmal in den Verdacht geraten waren, Krebs oder andere Krankheiten hervorzurufen. Als der Irrtum erkannt war, wurde er uns schamhaft verschwiegen, aber unter der Hand sprach sich halt doch einiges davon herum. Nitrate zum Beispiel sind, wie wohl jedermann zu "wissen" glaubt, krebserzeugend, weshalb Arbeiter in einer Düngemittelfabrik, die viel mit Nitraten in Berührung kommen, besonders krebsgefährdet sein müßten. Das aber sind sie offenbar gar nicht, wie eine Studie des Londoner Imperial Cancer Research Fund herausgefunden hat. Die Krankengeschichten von 1300 Personen, die in der Zeit zwischen 1946 und 1981 in einer Düngemittelfabrik gearbeitet hatten, ergaben zwar, daß in den Speichelproben dieser Menschen etwa doppelt soviel Nitrat enthalten war als bei Vergleichspersonen aus dem gleichen Wohnort, was die erhöhte Nitrat-Exposition unzweifelhaft macht. Doch Magenkrebs, Speiseröhrenkrebs, Blasenkrebs, oder Leberkrebs waren entgegen aller Erwartung in der Untersuchungsgruppe nicht mit größerer Häufigkeit aufgetreten als beim Bevölkerungsdurchschnitt. Mit jedem solchen Widerspruch verliert die Wissenschaft ein Stück Glaubwürdigkeit. Mitschuldig daran sind zweifellos wir, die wir Wissenschaft zu popularisieren versuchen und saftigen Hiobsbotschaften nur schwer widerstehen können. Schuld aber tragen auch Gelehrte, die allzu eifrig als erwiesene Tatsachen verbreiten, was - wie sie sehr gut wissen - in Wahrheit nur Vermutungen sind. Zu sagen und zu schreiben, was die Leute gerne hören oder lesen wollen, ist eine große Verführung nicht nur für Politiker und Journalisten. "Ich weiß, daß ich nichts weiß" soll Sokrates gesagt haben - nicht einmal das wissen wir genau. Der alte Philosoph mag mit dem Eingeständnis bei seinen Zeitgenossen Erstaunen hervorgerufen haben, doch es sieht ganz so aus, als ertrügen wir Heutigen unsere Unwissenheit schwerer als unsere Vorfahren. Darum greifen wir nach angeblich wissenschaftlich bewiesenen Gerüchten wie der Ertrinkende nach dem Strohhalm. Etwas Falsches zu "wissen" ist uns immer noch weitaus lieber als eingestehen zu müssen, daß wir von den meisten Ursachen unserer Mißhelligkeiten oder Leiden nicht die geringste Ahnung haben. Wer wissen möchte, ob uns die Eiszeit oder das Leben in einem Treibhaus droht, muß sich in Geduld fassen. Erst wenn die Klimatologen ihr gigantisches Datensammlungswerk und Datenverarbeitungswerk vollbracht haben, ist diese Frage - vielleicht - zu beantworten. Ob dies noch in unserem Jahrhundert geschehen wird - auch das gehört zu den vielen Dingen, die wir nicht wissen.

H86/KZ4.51631, ZEIT (1986, Kultur), 05.12.86, S. 51, Endzeit - nur ein Gerede?

u+ Endzeit - nur ein Gerede? +u. u+ Zu einem Satz Peter Handkes +u. u+ Der Künstler lebt nah an den Quellen des Verderbens +u. v+ Von Wolfgang Hildesheimer +v.

Dies ist keine Polemik, sondern Kritik an einem Satz. "Sicheres Zeichen, daß einer kein Künstler ist: wenn er das Gerede von der 'Endzeit' mitmacht." Dieses Notat steht als selbständiger Block in dem Buch "Phantasien der Wiederholung" von Peter Handke, unverankert, ohne Beweisführung, ein hingeworfenes Apodiktum, in dem allerdings Sinn und Wortlaut einander nicht völlig decken. Handke hat das Verdienst, manches Wort und manche Redensart aus dem Abseits des Verrufes aufgelesen und aufgewertet zu haben. So gibt er auch dem Wort "Künstler" wieder die Bedeutung, die ihm, trotz moderner Anfechtungen, seit der Romantik gebührt: weniger Beruf als Berufung. "Er ist Künstler" meint etwas anderes als "er ist ein Künstler". Obgleich "Gerede mitmachen" nicht notwendig das Handwerk des Künstlers abwertet, gehört es gewiß nicht zu seinen primären Eigenschaften, auch darin mag Handke recht haben. Doch hier gehen Wort und Bedeutung dieser Behauptung auseinander. Es liegt Handke daran, seine Verachtung zu artikulieren, und so meint er weniger das Mitmachen als die tendenzbedingte Wahl des Themas selbst, und die Beharrlichkeit, mit der es die privaten und die künstlerischen Äußerungen dieses "Nichtkünstlers" beherrscht.

Darin ist der Satz unreflektiert, unqualifiziert und affektgebunden. Es gehört zum Wesen des Künstlers, daß er die, seine Existenz berührenden, Strömungen und Phänomene seismographisch aufnimmt. Daß er ihr Walten erfaßt und ihre Bedeutung früher erahnt als andere. Daß er daher auch das Bedrohliche an den Veränderungen der Natur erkennt, wenn nicht gar physisch erlebt, und, bewußt oder unbewußt, mit all seinen Sinnen verarbeitet. Künstler ist nicht nur, wer sich mitteilt, sondern auch der, dem es sich mitteilt. Für ihn also sind die Symptome der "Endzeit" evident und untrüglich, vor allem für den bildenden Künstler, der sich einer, mitunter schon im Duktus erkennbaren, Bildersprache bedient. Sie offenbart seine Erkenntnis der Einschränkung seiner vegetativen Ruhe, seine Verstörung. aber auch den Künstlern anderer Disziplinen kann es nicht entgehen, daß die Natur begonnen hat, sich zu versagen. Die schweren menschlichen Eingriffe machen sie zunehmend zu unserer Feindin. "Waldsterben" ist nicht ausschließlich "Gerede", nicht nur ad nauseam strapazierter Topos der Optimisten oder willkommener Rückschlag der ubiquitären Verdränger, deren frivoler Hohn die spotbillige Qualität ihrer Bewußtseinslage verrät, sondern auch, wie jedermann bestätigen wird, der einen toten oder sterbenden Wald gesehen hat, ein Zeichen, dessen Deutung sich jedem aufdrängt und sich dem Künstler, sofern er fähig ist, sich dieser Zeugenschaft auszusetzen, alpdruckhaft aufzwingen muß. Denn gerade ihm teilt sich jede Ahnung als Geschehen mit, dessen übertragende Verarbeitung ihn nicht prägt und zum Maßstab seiner Qualität wird. Und doch ist er kaum der Einzige, der durch einen noch lebenden Wald geht, ohne sich zu fragen: Wie lange noch? In der Tat, wer in den Nadelwäldern die "Angsttriebe" sieht, dieses Wachstum als Todeszeichen, dem erschließt sich eine ungeahnte Variante materiegewordener Poetik. Der Trost, den wir bisher aus der uns umgebenden Natur geschöpft haben, wird zu Untröstlichkeit angesichts der systematischen Zerstörung, der Einengung der Entwürdigung, die ihr überall zuteil wird. In den jahreszeitlichen Wandlungen treten ominöse Verschiebungen auf, sie erschüttern die Gewißheit der ewigen zyklischen Wiederkehr. Dieses Symptom und ihr anwachsendes Programm an Katastrophen erreichen wohl inzwischen jedermann, aber es ist der Künstler, der dieses Geschehen ins Kreative überträgt und es, zu irgendeiner Form sublimiert, wiederkehren läßt, und sei es auch nur als unhörbarer Orgelpunkt einer darüberliegenden Handlung. Er tut es selbst dann, wenn seine Sensibilität gegenüber seiner Umwelt abgestumpft ist, und sich ihm daher nur die sekundären Symptome mitteilen, die Zeichen der Ausbeutung und Abnutzung, die kahlen Rodungen, die Müllhalden, die kloakenartigen Gewässer, die glitschigen Abfälle, angetrieben an den teerverfärbten Meeresstränden der Nordsee. das "Ozonloch", das sich über antarktischen Regionen ausbreitet und, nordostwärts ziehend, die Erde zu verunsichern beginnt, lenkt die Phantasie auf ungewohnte Bahnen des Schreckens - da zieht es durch die Biosphäre, breitet sich aus und vertieft sich und strahlt Schäden aus: eine apokalyptische Vision. Mag sein, daß wer sie, als Teil seines Zukunftsbildes artikuliert, kein Künstler ist. Aber soll der Künstler ausschließlich der sein, der es nicht zur Kenntnis nimmt? Niemand behauptet, daß diese Symptome Stoff eines Kunstwerkes sein können. Sie sind aber Stoff zur Erweiterung des künstlerischen Bewußtseins. Warum sollte dieses Bewußtsein es sich versagen, seine

Erfahrung und seine Ängste im Gespräch weiterzugeben! Handkes Satz ist unverständlich. Aber Unverständlichkeit ist keine qualitative Wertung und, weil immer nur relativ, kein künstlerisches Kriterium (außer vielleicht bei den sogenannten Realisten und ihren Anhängern). Subaltern und vulgär wird es erst dort, wo die professionellen Optimisten mit der Bravoura von Entertainern von der "Lust am Untergang" reden - oder von "düsterer Schwarzseherei" oder von den "Propheten der Katastrophe" - und behaupten, all dies sei "schon einmal dagewesen", sich also nicht scheuen, pessimistische Moden zum Vergleich herbeizuziehen, ohne auch nur den Anflug der Erkenntnis, daß unsere Zeit keiner vergangenen vergleichbar ist; daß wir Tag für Tag mit irreversiblen Veränderungen konfrontiert werden, was ihnen jeder Wissenschaftler - denen ich aber hiermit nicht das Wort reden möchte! - bestätigen kann. Daß es eher diese, über die Gemeindeplätze der

H87/OZ5.50219, ZEIT (1987, Sonstiges), 13.03.87, S. 41, Der Riß im Himmel

u+ Der Riß im Himmel +u. v+ Von Thomas von Randow +v.

Ein Loch beunruhigt die Wissenschaftler: Die Ozonschicht, die alles Leben auf der Erde schützt, wird über dem Südpol immer dünner. Experten glauben, daß wir unseren Schutzschirm mit dem Treibgas aus den Spraydosen ruinieren. Jeden Morgen, wenn Sherwood Rowland den Rasierschaum aus der Spraydose in seine linke Hand spritzen ließ, kam dem kalifornischen Chemieprofessor der gleiche Gedanke in den Sinn: Man müsse einmal abschätzen, wieviel von dem Gas, das seinen wohlriechenden Schaum und tausend andere Substanzen aus Metallgefäßen treibt, jeden Tag in die Atmosphäre versprüht wird. Rowland war überzeugt, daß es mehr als tausend Tonnen Treibgas täglich sein müßten, weshalb die Frage, was mit diesen Chlorfluorkohlenwasserstoffen geschieht, nachdem sie ihre Schuldigkeit getan haben, durchaus erforschenswert wäre. Doch der Gelehrte hatte genug mit seinen wissenschaftlichen Aufgaben an der Universität von Kalifornien in Irving zu tun; so blieb es nur bei der allmorgendlichen Meditation beim Rasieren - bis Sherwood Rowland im Winter des Jahres 1972 eher beiläufig von einer Entdeckung am oberen Rand der Troposphäre - der vom Erdboden bis in etwa zwölf Kilometer Höhe reichenden Atmosphärenschicht - erfuhr. In Flughöhen von Düsenmaschinen fanden sich zum Erstaunen der Fachleute zwei der Chlorfluorkohlenwasserstoffe, Trichlorfluormethan (internationales Kürzel CFC-11) und Dichlorodifluormethan (CFC-12), in unerwartet hoher Konzentration. Diese beiden Stoffe wurden erstmals im Jahre 1928 von Chemikern des amerikanischen Automobilkonzerns General Motors synthetisiert und erwiesen sich als ideale, weil ungiftige und nicht brennbare Kühlmittel. Seither zirkuliert das Dichlorofluormethan in allen elektrischen Kühlschränken der Welt - und verdampft aus ihnen, wenn sie verschrottet werden. Das Trichlorodifluormethan trat Anfang der fünfziger Jahre seinen Weg in die Umwelt an, als es verschiedene Chemiewerke mit Dichlorodifluormethan zum rasch unentbehrlich gewordenen Treibgas vermischten. Fortan sprühte es den Leim, der das Damenhaar zu kunstvollen Architekturen verklebt, den Lack zum Übertünchen von Kratzern am Auto, die Aluminiumverbindung gegen den Schweiß in den Achselhöhlen, Parfüms, Öle, Farben, Schuhpolitur, Klebstoffe, Isolierstoffe, Riechstoffe, Insektizide, Silberputzmittel ... unzählige, chemisch höchst verschiedene Substanzen. Daß dies möglich ist, verdanken die Treibgase ihrer außergewöhnlichen Verträglichkeit. Sie sind nahezu "inert", daß [sic.] heißt, sie gehen mit den meisten anderen Stoffen keine chemische Verbindung ein. Welche Substanz das Treibgas aus der Dose drückt, ficht es selbst nicht an. Also kann es auch in der Umwelt keinen Schaden anrichten, wähnten die Hersteller, die große Fabrikanlagen errichten mußten, um den in den sechziger Jahren emporschnellenden Bedarf an Spraygasen befriedigen zu können. Professor Rowland beunruhigte der Befund in zehn bis zwölf Kilometern Höhe. Wenn die Chlorfluorkohlenwasserstoffe dorthin gelangt sind, schloß er, würden sie in noch höhere Schichten diffundieren und schließlich in der Stratosphäre ankommen, wo sie - in etwa 35 Kilometer Höhe - enormer Bestrahlung mit kurzwelligem ultraviolettem (UV-)Licht ausgesetzt sind. Wie alle molekularen Gase vermögen auch die Chlorfluorkohlenwasserstoffe diesen unsichtbaren Sonnenstrahlen nicht zu widerstehen. Diese zerspalten die Moleküle, und was dann passiert - just das wollte Sherwood Rowland nun herausbekommen. Er gewann seinen Institutskollegen Mario Molina für diesen Plan, und brachte bis zum Frühherbst 1973 das Geld zusammen, um das Projekt in Angriff zu nehmen. Knapp ein Jahr später, im Sommer 1974, veröffentlichte das Forscherpaar eine Theorie im britischen Wissenschaftsblatt Nature, die weltweit Aufsehen erregte. Die von Menschen und Fabriken in Tagesmengen von über 2000 Tonnen in die Luft geblasenen Chlorfluorkohlenwasserstoffe, so hieß es da, steigen langsam zwar, doch unaufhaltsam in die Stratosphäre auf. Dort würden ihre Moleküle in einem photochemischen Prozeß zertrümmert und die dabei entstehenden Bruchteile brächten als Katalysatoren eine lange, komplizierte Kette chemischer Reaktionen in Gang, an deren Ende die Zerstörung des in jenen Höhen befindlichen Ozons stünde. Ozon - chemische Formel O3, weil seine Moleküle aus drei Sauerstoffatomen bestehen - ist ein äußerst giftiges, sehr reaktionsfreudiges, bläuliches, stechend riechendes Gas, das Bakterien tötet, aber auch menschliche Körperzellen schädigt, Plastikmaterial und - sehr zum Ärger der Chemiker - die Gummischläuche im Labor zersetzt, Farben bleicht, lichtempfindliche Pflanzen und Bäume sterben läßt. Dieser Aggressivität wegen ist Ozon in unserer unmittelbaren Umgebung alles andere als willkommen. Am Rande der irdischen Lufthülle jedoch erfüllt es eine für Pflanzen, Mensch und Tier lebenserhaltende Funktion. Denn es reagiert photochemisch mit der UVB-Strahlung der Sonne, und das bedeutet, daß es dem lebensfeindlichsten Anteil (B) des ultravioletten Lichts Energie entzieht, es gewissermaßen verschluckt. Ozon wirkt darum wie ein UVB-Filter, das nur soviel dieser Strahlung auf die Erdoberfläche läßt, wie gerade noch organischem Leben zuträglich ist. Es ist kaum zu glauben, daß diese für das irdische Leben so wichtige Funktion von einem Gas ausgeübt wird, das in der Erdatmosphäre den verschwindend geringen Anteil von 0,00006 Prozent hat. In der Schicht zwischen zehn und fünfzig Kilometern Höhe, wo sich mehr als 90 Prozent des Ozons befinden, sind dessen Moleküle sehr weit verteilt. Würde die gesamte stratosphärische Ozonmenge die Erde unmittelbar über ihrer Oberfläche, also bei normalem Luftdruck umgeben, so wäre diese Hülle nur zwei bis drei Millimeter stark, so dick etwa wie ein 'Zeitmagazin'. Verringerte sich der Ozongehalt der Stratosphäre um ein Prozent, dann hätte dies zur Folge, daß sich der UVB-Anteil des uns erreichenden Sonnenlichts um zwei Prozent verstärkt. Dies läge noch innerhalb der natürlichen Strahlungsschwankungen. Sollte aber die Erdoberfläche permanent einer wesentlich größeren UVB-Bestrahlung ausgesetzt sein, dann hätte dies nach Ansicht vieler Wissenschaftler verheerende Konsequenzen. Lichtempfindliche Pflanzen, Algen zum Beispiel, gingen ein; damit verlöre die Wasserfauna ihre wichtigste Nahrungsquelle, Flüsse, Seen und Meere wären bald ohne Leben; und bei den Menschen, vor allem den hellhäutigen, würde wahrscheinlich die Hautkrebsrate emporschnellen. Just diese Katastrophe werde eintreten, rechneten Rowland und Molina aus, wenn wir nicht sofort und global die Produktion der Chlorfluorkohlenwasserstoffe drastisch einschränken. Ohnehin befände sich schon zuviel dieser Substanzen auf dem Weg in die Stratosphäre, so daß wir selbst bei einem sofortigen Produktionsstopp nicht mehr schadlos davonkämen. Die düstere Prognose hatte selbstverständlich ein starkes Echo in den Medien gefunden und in einigen Ländern sogar Regierungen veranlaßt, den Gebrauch von Treibgasen einzuschränken - freilich wieder einmal nicht in der Bundesrepublik Deutschland. Der "Tod aus der Spraydose" avancierte zum Ökothema Nummer eins. Beim "Ersten Chemischen Kongreß des nordamerikanischen Kontinents" im September 1975 überboten sich die gelehrten Teilnehmer geradezu mit Horrorvisionen. Zwei Nasa-Wissenschaftler, Donald Philipps und Richard Rafenetti, hatten errechnet, daß der erste, vor allem von den Haushaltssprays und Industriesprays herrührende große Chlorfluorwasserstoff-Schub im Jahr 1985 den Rand der irdischen Gashülle erreicht habe und sein Zerstörungswerk mit deutlich spürbaren Folgen für die Natur beginnen würde. Das Jahr 1985 liegt nun schon hinter uns, aber nicht Algenmangel, sondern ihr allzu üppiges Wachstum sind unser Problem, an Hautkrebs sterben heute im Verhältnis erheblich weniger Menschen als vor zwölf Jahren, und der Ultraviolett-Anteil der Sonnenstrahlung ist in allen bewohnten Breiten des Erdballs konstant geblieben. Sind wir einem Fehlalarm aufgesessen? Die schlichte Wahrheit ist: Niemand weiß bislang, ob Chlorfluorkohlenwasserstoffe in der Stratosphäre unserem schützenden Ozonschirm Schaden zufügen oder nicht. Fachleute halten es gar für möglich, daß sie - im Zusammenspiel mit dem weitgehend von der menschlichen Zivilisation beigesteuerten Gas Methan - eher zur Ozonanreicherung in der Stratosphäre führen können. Der Grund für diese Unsicherheit liegt darin, daß sich die Verhältnisse, wie sie in den Höhenschichten herrschen, auf der Erde experimentell nicht herstellen lassen. Eine Voraussetzung dafür wäre zum Beispiel, daß sich die photochemische Regeneration des äußerst fein verteilten Ozons im Nahezu-Vakuum so, wie sie in jenen Höhenschichten stattfindet, nachahmen ließe. Dies scheitert allein schon daran, daß die äußerst intensive UV-Strahlung der Sonne - dank des Ozonschirms übrigens - im Labor nicht herstellbar ist. Auch der theoretischen Ergründung der Reaktionsabläufe sind enge Grenzen gezogen. Schuld daran ist die enorme Komplexität der vermuteten chemischen Vorgänge, von denen einige in extrem kurzer Zeit ablaufen. Nicht einmal die genaue Anzahl der einzelnen Glieder in solchen Reaktionsketten - ungefähr 160 mögen es sein - und der daran beteiligten reaktiven Substanzen

- etwa drei Dutzend - ist erkannt. Aber nur ein einziges, nicht berücksichtigtes Kettenglied oder Zwischenprodukt mag die ganze Theorie über den Haufen werfen. Erschwerend kommt dies hinzu: Von den in die hohen Schichten vordringenden Gasen wirken sich mit Sicherheit einige hemmend auf den vermuteten Prozeß aus. Methan ist nur ein Beispiel. Und noch dies: Falls die Chlorfluorkohlenwasserstoffe tatsächlich den Ozonschirm ausdünnen, könnte das nunmehr vermehrt eindringende UV-Licht ein wenig tiefer just den Prozeß auslösen, der das stratosphärische Ozon entstehen läßt. Der Schutzschild würde vielleicht nur etwas nach unten verlegt. Um sich in dieser hoffnungslosen Problemlage dennoch ein Bild von den möglichen Vorgängen verschaffen zu können, bedienen sich die Forscher der Computersimulation. Wie seinerzeit für die Club-of-Rome-Studie "Grenzen des Wachstums" werden bekannte und vermutete Elementarprozesse als mathematische Funktionen in ein Rechenprogramm geschrieben, das die - zum Teil bekannten, teils nur vermuteten - Wechselwirkungen zwischen diesen Prozessen nachahmt. Entscheidend ist bei solchen Computersimulationen, welche Einflußgrößen berücksichtigt werden und welche nicht. Hier ist die Auswahl groß, die Menge jedoch, die verarbeitet werden kann, leider arg begrenzt. Denn ein Programm, das alle denkbaren Möglichkeiten einkalkulierte, wäre unvorstellbar groß, langsam und teuer; vor allem wächst das Fehlerrisiko mit der Länge eines Programms steil an. Zu beantworten sind, unter vielen anderen, Fragen wie diese: Soll die sehr unterschiedliche Ozondichte über den verschiedenen Breiten der Erde und zu verschiedenen Jahreszeiten berücksichtigt oder nur ein globaler Mittelwert angenommen werden? Die gleiche Frage stellt sich für die ebenfalls höchst unterschiedliche vertikale Ozonverteilung. Welche Spurengase und Schwebstoffe sollen einbezogen, welche Annahmen über ihre Verteilung gemacht werden? Ist die fraglos einflußreiche, schwankende Aktivität der Sonne in das Modell einzubeziehen? Allein schon aus jeder Entscheidung über diese wenigen Alternativen resultiert jeweils ein völlig anderes Szenario. Dies und die notwendige Beschränkung auf nur wenige, mehr oder weniger gut bekannte Elementarprozesse machen Computersimulationen unsicher. Das war die Crux bei den inzwischen fast vergessenen "Weltmodellen" - und das mindert eben auch die Aussagekraft aller Prognosen über das Schicksal unseres Ozonschirms. Wo immer Wissenschaft von solcher Schwäche ihrer Zuverlässigkeit geplagt ist, gibt sie Raum für ideologische und politische Kontroversen. An ihnen hat es in der jetzt vierzehnjährigen, wechselvollen Geschichte der Ozonschirm-Theorien nicht gefehlt. Die Presseberichte über den 'Nature'-Artikel von Rowland und Molina lösten eine Flut von Briefen besorgter Amerikaner an ihre Kongreßabgeordneten aus, wie es sie seit dem Vietnam-Krieg nicht mehr gegeben hatte. Die Bürger verlangten von der Regierung einen Verkaufsstopp für Sprühdosen, und solange es den nicht gab, verzichteten viele freiwillig auf Sprays. Die Industrie bekam es zu spüren, und ehe die US-Umweltbehörde EPA (Environmental Protection Agency) im September 1976 "jede vermeidbare Anwendung von Chlorfluorkohlenwasserstoffen untersagte", hatte sich ein großer Teil der Kosmetik-Hersteller und Haushaltschemikalien-Hersteller längst auf Handpumpen umgestellt. Werbefirmen gaben der alten Mechanik aus Großmutters Zeiten ein Lifting: "Neu" stand auf der Haarspraybüchse, "und umweltschonend". Einem freilich mißfiel die Entwicklung, dem aus der Schweiz stammenden Freund Richard Nixons, Robert Abplanalp. Er hatte an seiner Erfindung des handlichen Sprayventils Millionen verdient. Im Herbst 1978 durften in den Vereinigten Staaten und Kanada keine Chlorfluorkohlenwasserstoffe mehr für Treibgase hergestellt werden. Für die amerikanische Öffentlichkeit war damit das Problem erledigt; die Regierung hatte getan, was zu tun war. Daß außerhalb der Vereinigten Staaten auch Spraydosen benutzt wurden, kam niemandem in den Sinn. Auch die Tatsache, daß die Beschränkung nur die Hälfte der Chlorfluorkohlenwasserstoff-Produktion betraf, die Verwendung der Chemikalien in Kühlsystemen oder als Aufschäumer in der Kunststoffindustrie jedoch weiterhin erlaubt blieb, störte kaum jemanden. Der Ozonschirm war in Amerika kein Thema mehr, also verschwand er auch aus den europäischen Medien. Mithin fühlten sich die Umweltministerien und Wissenschaftsministerien der Alten Welt von dem Problem entlastet. Nur Schweden und Norwegen schränkten den Treibgasgebrauch von Chlorfluorkohlenstoffen ein. Für die Wissenschaft blieb das Thema heiß, zumal die US-Regierung die Erforschung der Treibgaswirkung auf den Ozonschirm mit einigen Hundertmillionen Dollar unterstützte. Was dabei herauskam, war ein Auf und Ab der geschätzten Ozonverluste in der Stratosphäre. Die allgemeine Tendenz war fallend. Sagte die amerikanische Nationale Akademie der Wissenschaften im Jahr 1979 noch eine Ozonreduzierung von 18 Prozent voraus, so war in ihrem Report von 1982 nur noch von fünf bis neun Prozent die Rede, und 1984 wollte die gelehrte Gesellschaft allenfalls noch zwei bis vier Prozent gelten lassen. Für wahrscheinlicher hielten es die Verfasser des Berichts, daß der Ozongehalt nicht abnehmen, sondern zunehmen werde, um etwa ein Prozent in zehn Jahren. Neue Erkenntnisse machten ältere Computermodelle absolut irrelevant. So ließen 1977 Experimente erkennen, daß eine für die Geschwindigkeit des Ozonabbaus entscheidende Reaktion vierzigmal schneller abläuft, als in früheren Modellen angenommen worden war. Ein Jahr später mußte erneut eine bis dahin für gültig gehaltene Einflußgröße revidiert werden, weil eine andere Reaktion in stratosphärischen Temperaturen sechsmal rascher vonstatten geht, als zunächst vermutet worden war. Die Reaktionsgeschwindigkeiten spielen bei den - katalytischen - Reaktionsketten eine entscheidende Rolle. Rowland und Molina hatten selbst eine Korrektur ihrer Prognose aus dem Jahr 1974 nach unten vorgenommen. Die Kettenreaktion von Ozon mit dem bei der UV-Bestrahlung der Chlorfluorkohlenwasserstoffe freigesetzten Chlor würde von einer anderen Reaktionskette, der zwischen Ozon und natürlich vorkommenden Stickstoffoxiden, beeinflußt. Bei diesem Zusammenspiel entstünde Chlornitrat, das den Ablauf beider Reaktionsketten aufhalten und auf diese Weise das Verschwinden von Ozon erheblich verlangsamen könne. Allmählich setzte sich auch bei Wissenschaftlern die Überzeugung durch, die beiden Chemiker aus Kalifornien hätten zwar auf ein überaus wichtiges Problem in der Hochatmosphäre aufmerksam gemacht; doch drohe nicht wirklich die Gefahr, daß der Ozonschirm einreißen würde. Er habe in 400 Millionen Jahren seiner Existenz weitaus stärkeren Belastungen, etwa durch gewaltige Ärosolmengen aus Vulkanausbrüchen oder Strahlungen von Sternexplosionen in der Nähe des Sonnensystems, standgehalten und eine enorme Selbstheilungskraft bewiesen. Überdies wurden Zweifel an der These laut, das [sic] verstärkte UV-Bestrahlung das Hautkrebsrisiko erhöhe. Jedenfalls hatten statistische Untersuchungen keine klare Bestätigung dafür erbracht. Berühmt wurde das Colorado-Paradoxon. Colorado ist einer der sonnenscheinreichsten Staaten der USA und seiner Höhenlage wegen - im Schnitt 2100 Meter über dem Meeresspiegel - das ganze Jahr über einer besonders starken UV-Einstrahlung ausgesetzt. Ihre Intensität ist hier um 125 Prozent größer als im Gesamtgebiet der Vereinigten Staaten. Die Bewohner von Colorado erhalten mithin schon von jeher eine ultraviolette Strahlungsdosis, wie sie nach den pessimistischsten Schätzungen über die Ozoneinbuße in der Stratosphäre weltweit im Jahr 2000 zu erwarten wäre. Aber eine Statistik der Krebsforschungsgesellschaft "American Cancer Society" weist aus, daß Colorado zu den Staaten mit der niedrigsten Haut-Krebs-Sterberate gehört - 1,69 Fälle auf 100000 Einwohner; der US-Durchschnitt liegt bei 2,4 pro 100000. Entwarnung schien also angesagt. Stimmungsbarometer waren die Produktionszahlen für Chlorfluorkohlenwasserstoffe. Nach 1974 waren sie zunächst deutlich zurückgegangen, doch Anfang der achtziger Jahre näherte sich die Kurve trotz aufrechterhaltener Spraydosen-Verbote in Amerika und Skandinavien wieder dem alten Niveau. Zugenommen hatte insbesondere der Bedarf an Chlorfluorkohlenwasserstoffe für Kühlmittel in Klimaanlagen, insbesondere in Autos, und als Reinigungsflüssigkeit in der Chip-Industrie. Die Konstrukteure der Stratosphärenmodelle verfolgten diese Entwicklung mit Sorge und taten sie bei jeder sich bietenden Gelegenheit kund. Das Echo blieb dürftig: "Wir sind nur noch Rufer in der Wüste", klagte Sherwood Rowland. Doch den Rufern kam im Frühjahr 1985 eine meteorologische Entdeckung zur Hilfe: das Ozonloch über der Antarktis. Genaugenommen war diese Überraschung eine böse Schlappe für die Stratosphärenforschung. Denn nicht ein einziges der mit viel Computeraufwand konstruierten Stratosphärenmodelle hatte vorhergesagt, daß sich über dem Südpol ein periodisch wiederkehrendes, geradezu drastisches Ausdünnen der Ozonschicht ereignen könnte. Nicht einmal eine nachträgliche Erklärung für das Entstehen des kontinentgroßen Ozonlochs vermögen die Modelle zu geben. Bemerkenswert und sicher auch ein wenig beschämend für die Wissenschaft ist vor allem, daß Meßgeräte am Boden und an Bord von künstlichen Erdsatelliten lange schon den klaren Nachweis für diesen enormen stratosphärischen Ozonverlust geliefert hatten. Nur paßten eben diese Meßergebnisse nicht in die gängigen Theorien. Also wurden sie ignoriert. Wieviel Ozon sich über einem bestimmten Gebiet der Erde befindet, verrät der Dobson-Spektrograph. Dieses Gerät mißt die Intensität der am Meßort ankommenden UV-Strahlung verschiedener Wellenlängen und ermittelt auf diese Weise, wieviel dieser Strahlung auf dem Weg zur Erdoberfläche ausgefiltert wurde. Da Ozon für diese Filterung verantwortlich ist, ergibt sich so indirekt, wieviel Ozon der Lichtstrahl auf dem Weg von der Sonne zum Meßgerät zu durchfliegen hatte. Ein - freilich immer noch allzu weitmaschiges - weltumspannendes Netz von etwa 40 Dobson-Spektrographen hat sich im vergangenen Vierteljahrhundert vor allem bei der Erforschung der Sonnenzyklen als zuverlässiger Ozon-Indikator bewährt. Von den Dobson-Messungen wissen wir auch, daß die Dichte des stratosphärischen Ozonschirms sowohl mit der geographischen Lage als auch im Jahreszyklus erheblich variiert. Die theoretisch errechneten Ozonverluste als Folge einer Chlorverschmutzung der Stratosphäre würden innerhalb dieser Schwankungsbreiten liegen, darum ist es kein Wunder, daß die statistische Auswertung von Dobson-Messungen aus den Jahren 1970 bis 1985 keinerlei Hinweis auf ein Ausdünnen des stratosphärischen Ozons gegeben hat. Eine Meßstation aber, der von britischen Meteorologen überwachte Dobson-Spektrograph in der Halley-Bucht nahe dem Südpol, tanzt seit 1977 aus der Reihe. Im Oktober, dem antarktischen Frühlingsanfang, war dort Jahr für Jahr im ersten Sonnenlicht nach der winterlichen Finsternis eine drastische Erhöhung des UV-Anteils gemessen worden, ergo ein drastisches Absinken des stratosphärischen Ozons. Allerdings erreichten die Meßwerte bald wieder ihr normales Niveau. Offenbar hatten die Wissenschaftler diese Anomalie zunächst einem Fehler im Instrument zugeschrieben. Denn erst nach der siebten Wiederholung des Phänomens, im Dezember 1984, entschlossen sich die britischen Forscher, der Zeitschrift 'Nature' einen Bericht über ihre Beobachtungen einzureichen. Er wurde im Mai 1985 veröffentlicht und sprach von "dramatischen Veränderungen in der Ozonschicht". Empfunden wurde die Dramatik nur in der Gemeinschaft der Atmosphärenforscher. Der Öffentlichkeit blieb diese Sensation weitgehend verborgen. Im Goddard-Forschungszentrum, das den Forschungssatelliten "Nimbus 7" der Nasa betreut, erinnerten sich Wissenschaftler an "pathologische" Meßergebnisse, die der Kunstmond beim Südpol-Überflug zur Erde gefunkt hatte. An Bord befindet sich ein Gerät, daß die von der Erdatmosphäre reflektierte UV-Strahlung mißt. Diese Werte lassen Rückschlüsse: nämlich auf den von der Ozonschicht verschluckten Anteil dieses unsichtbaren Lichts und also auch auf die verschluckende Ozonmenge zu. Manchmal aber schien sie unvorstellbar gering zu sein; so unvorstellbar war sie, daß die Forscher der Bodenstation ihren Computer umprogrammierten. Meßwerte unterhalb einer bestimmten Grenze sollte er fortan ignorieren. Denn nach Ansicht der Fachleute konnten sie nur auf Fehler im Meßgerät des Satelliten zurückzuführen sein. Nach dem Alarm aus der Halley-Bucht aber ließen die Nasa-Experten die alten aufgezeichneten Meßergebnisse noch einmal vom Computer auswerten, diesmal ohne Aussiebung von Niedrigwerten durch das Programm. Ergebnis: Das dramatische Absinken der Ozonschicht über der Antarktis wurde voll und ganz bestätigt. Meteorologen aus aller Welt einigten sich rasch auf ein globales Programm zur Erforschung des Ozonlochs, das im Herbst 1985 zu einer Größe angewachsen war, die der Landfläche der Vereinigten Staaten entsprach. Das Rätselraten über die Ursachen des antarktischen Phänomens spaltet seither die Gelehrten in zwei Lager, das der "Chemiker" und das der "Dynamiker". Die "Chemiker" sehen in der temporären Ozonverdünnung einen deutlichen Hinweis darauf, daß Vernichtungsprozesse, wie sie zuerst Rowland und Molina postuliert hatten, tatsächlich stattfinden und die Chlorfluorkohlenwasserstoffe als Hauptübeltäter daran beteiligt sind. Über dem Südpol sei während der sonnenlosen Zeit der Ozonschirm besonders verwundbar, erklärten sie. Die Pole seien die Achillesfersen der Atmosphäre, deshalb würden wir das gleiche Ozondesaster bald auch über dem Nordpol registrieren. Tatsächlich gibt es - allerdings noch unbestätigte - Satellitenmessungen, aus denen ein zunehmender, jedoch verglichen mit dem Antipoden, geringer Ozonverlust während des arktischen Winters über dem Nordpol ablesbar sein soll. Die Dynamiker bezweifeln, daß chemische Reaktionsketten in der Stratosphäre rasch genug ablaufen könnten, um eine tägliche Ozonzerstörung von immerhin einem halben Prozent zu bewirken. Jerry Mahlman vom Institut für Geophysikalische Dynamik an der Princeton-Universität dazu: "Theorien, die Chlorfluorkohlenwasserstoffe für das Ozonloch verantwortlich machen, kommen quantitativ ins Schwimmen". Nach der chemischen Theorie müßte sich das Ozonloch von Jahr zu Jahr vergrößern, weil die Chlorfluorkohlenwasserstoffe über den Gebieten in Südpolnähe pro Jahr um fünf Prozent zunehmen. Doch das Loch von 1986 habe wieder dieselbe Größe gehabt wie zwei Jahre davor. Mark Schoeberl und Richard Stolarski vom Goddard-Forschungszentrum verweisen darauf, daß in dem Maße, in dem das stratosphärische Ozon über dem Südpol abnimmt, eine Zunahme des Gases in benachbarten Gebieten zu verzeichnen ist, weshalb die gesamte Ozonmenge in der Region zwischen Pol und dem 44. südlichen Breitengrad von August bis Ende November ungefähr gleich bleibe. "Chemische Effekte", sagte dazu Strömungsforscher Ka-Kit Tung von der Clarkson-Universität in Potsdam (Bundesstaat New York), "können das nicht erklären, sie spielen sich lokal ab. Vielmehr deutet alles darauf hin, daß das antarktische Ozon zeitweilig in benachbarte Gebiete verschoben wird". Dynamiker wie Tung und Schoeberl favorisieren dieses Modell: Wenn die Sonne nach dem antarktischen Winter wieder auf die inzwischen stark abgekühlte Stratosphäre zu scheinen beginnt, werden Ozon, Aerosole vulkanischen Ursprungs und polare stratosphärische Wolken aufgeheizt. Dieser Energiezuwachs von etwa fünf Grad Kelvin pro Tag vollzieht sich so schnell, daß diese Stoffe die aufgenommene Wärme nicht vollständig abstrahlen können. Fsteigen [sic.] sie aus der tieferen Stratosphäre auf und fließen zu den mittleren Breiten ab. Dies würde auch erklären, warum der stärkste Ozonverlust über dem Südpol im Jahr 1982 stattfand, als nämlich die vulkanische Aerosolwolke vom letzten großen Ausbruch des mexikanischen El Chichon die Stratosphäre erreicht hatte. Schwierigkeiten bereitet den Dynamikern das wirklich beunruhigende Phänomen: Die Satellitendaten lassen erkennen, daß seit Beginn der Beobachtung der Wiederaufbau des Ozonschirms über der Antarktis stets hinter dessen Zerstörung zurückbleibt, also ein Nettoverlust eintritt. Professor Mahlman erklärt es sich so: Unter normalen Bedingungen wirken der Abkühlung der Stratosphäre im antarktischen Winter die atmosphärischen Wellen entgegen. Diese Wellen steigen in niedrigen Breiten aus der Troposphäre auf und senken sich wieder über dem Pol, wobei sich die Luft aufwärmt und vor allem auch Ozon in die niedrigen Schichten gelangt. Wenn die Wellen aus irgendeinem Grund schwächer werden, verringert sich entsprechend auch ihre Wirkung auf die polare Atmosphäre. Weniger Ozon werde dann in die untere Stratosphäre gedrückt. "Falls der Stöpsel im Jahr 1979 plötzlich gezogen worden ist, wird sich das Ozon noch für weitere drei bis vier Jahre verringern", prophezeit Mahlman, "wurde aber der Abfluß allmählich geöffnet, ist mit einer viel längeren Ozonaufnahme zu rechnen". Eine Abschwächung der atmosphärischen Wellen müßte auch zur Folge haben, daß die stratosphärischen Temperaturen während des polaren Winters deutlich unter die normalen Werte abfallen. Just das ist eingetreten. Parallel mit der Ozonverdünnung in dem Loch über dem Südpol während der letzten sieben Jahre fielen die Temperaturen in der polaren Stratosphäre um nicht weniger als 18 Grad Celsius. "Unsere dynamischen Theorien gelten nun für das polare Phänomen", erläutert Mahlman. "Sie besagen keineswegs etwa, daß die Chlorfluorkohlenwasserstoffe, die wir in gewaltigen Mengen an die Luft abgeben, eine ernste Gefahr für unseren Ozon-Schutzschild darstellen. Nur haben sie nichts mit dem antarktischen Ozonloch zu tun". Da sind die "Chemiker" ganz anderer Ansicht. Einer, dem die Wissenschaft von der Stratosphären-Chemie eine Reihe wichtiger Erkenntnisse verdankt, Paul J. Crutzen vom Mainzer Max-Planck-Institut für Chemie, ist fest davon überzeugt, daß das Ozonloch "im wesentlichen anthropogene Ursachen" hat, das Übel also von uns Menschen herrührt, von Stoffen nämlich, die wir produzieren und an die Luft abgeben. Gemeinsam mit Dr. Frank Arnold vom Heidelberger Max-Planck-Institut für Kernphysik hat der Professor eine Theorie entworfen, die, wie die Pressestelle der Forschungsgesellschaft allen Medien mitgeteilt hat, "das Entstehen des Ozonlochs schlüssig begründet". "Tatsächlich durfte man bis vor kurzem noch annehmen, daß der Ozon-Abbau durch die CFKs (Chlorfluorkohlenwasserstoffe) nicht sonderlich rasch ablaufen würde", erklärt der Gelehrte; "denn Chlor und Chlormonoxid, die durch ultraviolettes Licht aus dem CFKs entstehen, reagieren nur zu einem geringen Teil mit dem Ozon. Der Großteil dieser Substanzen wird durch Reaktionen mit dem Spurengas Methan aus dem Verkehr gezogen. Dabei entsteht gasförmige Salzsäure, die das Ozon nicht angreift". Crutzen und Arnold aber fanden in einer neuen Modellrechnung heraus, daß diese "Methan-Bremse" unter bestimmten Bedingungen versagt, so daß Chlor und Chlormonoxid ungehindert ihr zerstörerisches Werk am Ozon ausüben können. Diese Bedingungen werden durch die tiefen Temperaturen geschaffen, die besonders im antarktischen Frühjahr auftreten. Denn die Schlüsselprozesse, die am Ende in einen rapiden Ozon-Abbau münden, setzen bei Temperaturen unter minus 70 Grad Celsius ein. Auch Crutzen führt den deutlichen Temperaturrückgang in der südpolaren Stratosphäre während der letzten sieben Jahre an. Für ihn aber ist diese Abkühlung nicht Beleg für eine dynamische Theorie. Sie schafft erst die Bedingungen für den Ablauf der chemischen Prozesse in seinem Modell. Bei Temperaturen unter minus 70 Grad entsteht nach dem Arnold-Crutzen-Modell aus Stickoxiden in der Luft vermehrt Salpetersäure, die mit Wasserdampf zu einem feinen Dunst aus festen, gefrorenen Partikeln sublimiert. Auf diese Weise werden der Luft sowohl Stickoxide als auch Salpetersäure als gasförmige Bestandteile entzogen, weshalb die Konzentration eines anderen Spurengases ansteigt, des überaus reaktionsfreudigen Hydroxyls OH. In kurzer Frist erreicht es das Hundertfache seiner normalen Konzentration. Es baut die gasförmige Salzsäure ab und setzt aus ihr reaktive Chlorverbindungen frei, die in katalytischen Reaktionsketten das Ozon aufzehren. Demnächst sollen Messungen in Nordschweden zeigen, inwieweit das neue Modell mit der Realität übereinstimmt. Wissenschaftler der beiden Max-Planck-Institute werden dort vom Boden, von Flugzeugen, Ballons und Raketen aus den Gashaushalt der Stratosphäre analysieren, und vor allem versuchen, den Schlüsselprozeß, auf dem die ganze Theorie beruht, das "Ausfrieren" der Salpetersäure, nachzuweisen. Noch sind alle Fragen offen, die sich um die Treibgase aus den Spraydosen und um unseren UV-Schutz durch das Ozon der Stratosphäre drehen. Noch ist ungeklärt, ob das beunruhigende Ozonloch über dem Südpol damit im Zusammenhang steht oder nicht. Die Fläche, auf die sich nicht nur allerlei wissenschaftliche, sondern auch ideologische und politische Theorien und Modelle projizieren lassen, ist riesengroß. Grundsätzlich entscheidbar ist freilich die Frage, wann bei einem Verdacht auf eine irreversible Zerstörung der Lebensbedingungen auf der Erde, und sei er noch so vage, politische Vernunft einzusetzen hat. Die Frage lautet: Sollen wir abwarten, bis bewiesen ist, daß Chlorfluorkohlenwasserstoffe den Ozonschirm zerreißen, oder vorsichtshalber deren Produktion soweit wie eben zumutbar drosseln? Der Beweis mag noch Jahre - oder Jahrzehnte - auf sich warten lassen. Inzwischen diffundieren jeden Tag mehr als zweitausend Tonnen der Gase in die Stratosphäre. Wehe, wenn sich der Verdacht, den immerhin gestandene Wissenschaftler geäußert haben, als begründet herausstellen sollte. Für eine völlige Reparatur des Ozonschirms wäre es heute schon zu spät. Vergeblich haben die amerikanischen Vertreter bei der Uno-Konferenz in Wien vor zwei Wochen die europäischen Umweltminister angefleht, doch wenigstens das zu tun, was in den USA schon vor elf Jahren getan worden ist, jeden vermeidbaren Gebrauch der Treibgase zu verbieten. Nur einer hat sich davon beeindrucken lassen, der bundesdeutsche Umweltminister Walter Wallmann. Angekündigt hat er einen Alleingang zum Treibgasverbot. Mit einem "Alleingang" in Sachen Umweltschutz hat schon einmal ein deutscher Minister den Mund zu voll genommen: Friedrich Zimmermann mit dem Katalysator. Diesmal ist dic Lage unvergleichlich kritischer, da sollte sich gerade das europäische Land mit der größten Treibgasproduktion über EG-Rücksichten hinwegsetzen - falls die geäußerten Umweltsorgen wirklich ernst gemeint sind. Falls sich dann später herausstellt, daß alle Vorsicht unnötig war - je nun, was wäre schon dabei.

H87/UZ5.50381, ZEIT (1987, Umwelt), 24.04.87, S. 40, Welche Zukunft wollen wir?

u+ Welche Zukunft wollen wir? +u. u+ Es mangelt an Wissen über die ökologischen und sozialen Kosten gesellschaftlichen Handelns +u. v+ Von Otto Ulrich +v.

Ist da was schiefgelaufen? Die "Grünen" loben Kohl. Womit hat der Bundeskanzler das verdient? "Jetzt kommt es darauf an, daß wir alle aus den Erfahrungen der letzten Tage lernen", hatte der vierzehn Tage nach dem Beinahe-GAU des Atomreaktors in Tschernobyl gesagt. Nicht irgendwo, sondern vor dem Deutschen Bundestag wurde dieser regierungsamtliche Wille zur Lernfähigkeit dokumentiert. Das Protokoll verzeichnet demonstrative Zustimmung durch die "Grünen". Tschernobyl war aber nicht der Auftakt. Vorher gab es die Challenger-Explosion und später den Giftmord an Vater Rhein: 1986 war ein Jahr der technischen Katastrophen. Wieso nur 1986? Von der Titanic bis zur Todesfähre vor Zeebrugge läßt sich eine Linie ziehen. Wir leben nun mal in einer von Großtechnik gestützten Gesellschaft, und die technischen Risiken für Mensch und Mitwelt werden immer größer, eben: Risiko-Gesellschaft. Selbst die "schleichenden" Krisen haben längst ihre Meinungslobby: Waldsterben, Klimaaufheizung, Ozonloch, Verwüstung des Nordseegrundes durch Säureeintrag. Wir sind umstellt: Zur äußerlichen Unabhängigkeit von den bislang nicht kalkulierbaren Folgen der Technik kommt eine innere Verkümmerung durch abstraktes, bildloses Denken - wie die Diskussion über die Folgen des immer stärkeren Einsatzes von Computern zeigt. Wissen wir eigentlich, worauf wir uns eingelassen haben? Wohl kaum. Wir hören viel Wende-Gerede, aber nichts darüber, wohin gewendet werden soll. Die Notwendigkeit zur Förderung neuer Technologien, die weitere Verwissenschaftlichung und Technisierung unseres Alltags wird als unausweichlich hingestellt. Öffnen sich vielleicht Perspektiven, wenn die technologische Herausforderung nicht im industriepolitischen Wettlauf mit Japan und den Vereinigten Staaten gesehen wird? Liegt im Erlernen eines ethisch verantwortbaren Umgangs mit Technik die eigentliche, nämlich eine menschengemäße Perspektive? Über die Akzeptanz der Technikfolgen - für die niemand verantwortlich zeichnen will - hören wir nichts. Längst ist der Verlust authentischer Menschlichkeit unter dem unbewältigten Ansturm der neuen Technologien und ihrer Folgen zum Thema in Kirchen und Akademien geworden; Wissenschaft und Technik dagegen erstarren und versteinern weiter unter dem brüchig gewordenen Schirm eines nur quantitativen Fortschritts. Der Angstdruck, die Leidensfähigkeit und die Sorge vor der nächsten Katastrophe finden in der großen Politik keine Resonanz über den Tag hinaus. Erst wenn Tschernobyl in die Luft geflogen ist, wird Kompetenz demonstriert und der Wille zur Lernfähigkeit postuliert. Aber das bleibt hohl. Die Bundesregierung hat die Lektion des Katastrophenjahres 1986 nur unzureichend gelernt. Die Regierungserklärung vom 18. März 1987 brachte es an den Tag. Des Kanzlers neue Kleider, geschneidert für die 11. Wahlperiode aus einem Stoff von gestern - Marke "weiter so, Deutschland" -, zeigt Blößen dort, wo Sachkompetenz, Orientierung und Sensibilität für ein neues Verständnis im Umgang mit der verwissenschaftlichten Technik und ihren Folgen erwartet wurden. "Wir müssen unsere Entscheidungen frei von Routine und eingefahrenen Betrachtungen treffen können" (Helmut Kohl, am 18.3.87 vor dem Parlament). Warum steckt dann aber die Bundesregierung - als Beispiel - Millionen in die Förderung der Informationstechniken und Kommunikationstechniken, jedoch weiterhin keine müde Mark in die Abschätzung der Verträglichkeit der Computerisierung der Gesellschaft mit den Zielen des Grundgesetzes? Weil kein Folgewissen erarbeitet wird, wird die Chance zur Gestaltung der Zukunft vertan, es bleibt bei der Routine des Handelns nach Maßstäben von gestern. Weiterhin orientiert sich der technologiepolitische Entscheidungsprozeß an Kriterien des handwerklichen Mittelalters, wie Machbarkeit und Funktionalität. Sozialverträglichkeit und Humanverträglichkeit, die Umweltfreundlichkeit neuer Technologien werden weitgehend auf dem Altar des Profits geopfert. Eine "geistig-moralische Wende" müßte her, um das Menschliche und sein Denken zu retten vor den Folgen, daß der Mensch - mit Hilfe der Gentechnik und der "Künstlichen Intelligenz" - die Bedingungen der Naturgeschichte jetzt tendenziell selbst bestimmen kann. Um die Zukunft für den Menschen offenzuhalten, müßte konservative Politik, die die Identität des Menschen bewahren will, frühzeitig die möglichen Folgen einer Durchformung der Gesellschaft nach formalen Mustern berücksichtigen. Effizienzdenken dominiert dort, wo verantwortliche Politik als Anwalt des Menschlichen auftreten müßte.

Es wird an Symptomen kuriert, die wirklichen Probleme werden vergessen, verdrängt, verleugnet. In der Regel wird nur das Gegenstand der Politik, was aus der Perspektive traditioneller Problemwahrnehmung, im Rahmen konventioneller Politik als lösbar betrachtet wird. "Querschnittliche" Probleme, wie Umwelt, Energie oder eben auch Technikfolgen werden weiterhin nach klassischen Ritualen angegangen. Was dabei vielfach herauskommt, sind Ersatzhandlungen, ist eine Politik der Symbole, wie beispielsweise der Aufbau von Radioaktivitäts-Meßnetzen. Noch sind die Mechanismen der Politikformulierung abgeschottet für neue Wege, Ideen und Perspektiven, auch den Wust der Folgen politischer Entscheidungen vorbeugend mit in das Kalkül der Abwägungen einzubringen. Die Kontraproduktivität unseres Industrieunternehmens entzieht sich der konventionellen ökonomischen Denkweise. Daß wir im wahrsten Sinne des Wortes auf Kosten der Natur leben, ist nichts Neues, bislang blieb dies aber eher folgenlos. Tschernobyl hat die Gitterstäbe der großen Maschinen sichtbar gemacht, hat den Mythos von Wissenschaft und Technik einmal mehr entschleiert. Schon 1913 beklagte Walter Rathenau einen "Zug von Spezialisierung und Abstraktion, gewollte Zwangsläufigkeit, zweckhaftes, rezeptmäßiges Denken, fehlende Überraschungen, fehlenden Humor, eine komplizierte Gleichförmigkeit". Sind wir heute im Zeichen des Computers eigentlich weiter? Eine Bestandsaufnahme - ein Jahr nach Tschernobyl - fällt mager aus. Über Ansätze und Absichtserklärungen zum "Umdenken", zum Verlassen alter Trampelpfade, ist kaum jemand hinausgekommen. Beispiel Bundesregierung: Wie dünn der Boden ihres Wissens über die Folgen gesellschaftlicher Aktivitäten ist, die sie selbst mit vorantreibt, mußte sie in der letzten Wahlperiode mehrfach indirekt zugeben. In großen Anfragen, etwa nach den "sozialen Kosten des Automobilverkehrs" oder nach den "ökologischen und sozialen Folgekosten der Industriegesellschaft", mußte sie vielfach passen. Es ist kein methodisches Rüstzeug, kein Folgewissen vorhanden. Die Aneinanderreihung von Daten der Vergangenheit liefert höchstens Status-quo-Berichte. Die Heerscharen von Wissenschaftlern, Forschungsstätten, das geballte Know-how der "Wissenschaftsgemeinde", die die Bundesregierung berät, fällt aus, wenn es um die Frage geht: "Welche Zukunft wollen wir, welche Zukunft können wir verantworten?" (Zimmerli). Beispiel Wissenschaft: Kann nicht im Abbild der zerstörten Natur die finstere Kehrseite einer naturwissenschaftlichen Rationalität gesehen werden? Treibt nicht der moderne Geist, hinter der Maske des Fortschritts, die mechanistische Interpretation von Natur und Gesellschaft - jetzt mit Hilfe des Computers - weiter? Der Präsident des Wissenschaftszentrums Berlin, Meinolf Dierkes, mahnt, das Zusammenstellen des jeweiligen Wissensstandes, der Daten und Informationen reiche allein nicht aus, den notwendigen Verknüpfungsschritt zu leisten und zu einer dringend benötigten Abschätzung und Bewertung der potentiellen Folgen unseres Tuns zu kommen. Solche Ergebnisse sind mehr und mehr erforderlich. Es gibt sie nur in Ansätzen, sie sind nicht in Büchern nachzulesen, auf Disketten gespeichert, von Experten abzurufen. Sie müssen hart erarbeitet werden. Aber sind unsere ausdifferenzierten Forschungsstrukturen dazu geeignet? Das Konzept der Interdisziplinarität ist gescheitert. Auch Spezialisten aus unterschiedlichen Disziplinen, die guten Willens sind, können nicht die Barrieren des "Kannitverstan" überwinden. Die

Spezialisierung im Wissenschaftssystem, der Alleinvertretungsanspruch über die Produktion von "wissenschaftlichem Wissen" hat Grenzen. Die einseitige Orientierung am Materiellen, also am Meßbaren, müßte aufgegeben werden, um "soziales Wissen", am Lebendigen gefundene primäre Erfahrungen, wieder nutzbar zu machen für die Suche nach "Ganzheiten", die verlorengegangen sind. Wir brauchen ein "Studium Integrale". In Braunschweig und Darmstadt gibt es Ansätze, die Naturwissenschaft und Geisteswissenschaft zusammenbringen. Eine neue wissenschaftliche Disziplin, die Technikfolgenforschung, dämmert herauf. Sicher wird eine auf politische Gestaltungsansätze abzielende Abschätzung der Technikfolgen irgendwann mal mit dem Verfassungspostulat zur "Freiheit der Forschung" kollidieren. Aber müßte nicht der Abschätzung der Technikfolgen eigentlich eine Abschätzung der Wissenschaftsfolgen vorausgehen? Hier zeichnen sich spannende Diskussionsfelder der neunziger Jahre ab. Beispiel Industrie: Es gibt erste Stellenausschreibungen, gesucht wird der Technikfolgen-Abschätzer. Der Spezialist für die Fragen jenseits des Tellerrandes scheint Zukunft zu haben. "Wie können wir den wirtschaftlich notwendigen und wünschenswerten Einsatz der Technik mit den Ansprüchen vereinbaren, die uns Politik und Gesellschaft im Umgang mit der Technik stellen?" fragt Werner Breitschwerdt, der Vorstandsvorsitzende von Daimler-Benz und kommt, nur konsequent, zur Forderung an die Unternehmenskollegen "nicht nur die wirtschaftlichen, sondern auch die gesellschaftlichen und ökologischen Folgen in unsere Entscheidungen miteinzubeziehen". Niemand zweifelt allerdings daran, daß vorausdenkende Unternehmen längst über die Machbarkeit technischer Entwicklungslinien hinaus sehen. Noch aber wird das Monopol der Gestaltung des technischen Fortschritts allein bei der Gemeinde der Wissenschaftler und Techniker gesehen. Die Gewerkschaften und die Politik dürfen sich mit der Gestaltung der Rahmenbedingungen abgeben. Aber es zeichnen sich Veränderungen ab. Noch einmal Breitschwerdt: "Die deutsche Wirtschaft sollte sich Bestrebungen, ähnlich wie in den USA, die Technikfolgen-Abschätzung im politischen Raum, im Deutschen Bundestag zu institutionalisieren, nicht verweigern". Das Parlament als Beispiel - wie denn das? Vordenker im Parlament -, zumal wenn es nicht wie bisher allein um die Technikförderung, sondern auch um die Bewertung der Folgen dieser Förderung geht? Bislang ist der Deutsche Bundestag nur durch fehlende parlamentarische Kompetenz bei der Behandlung von technikbezogenen Fragen aufgefallen. Der 10. Deutsche Bundestag hatte den Mut, eine 14 Jahre währende, ergebnislose Debatte einen Schritt weiterzutragen. Eine Enquete-Kommission "Technikfolgen-Abschätzung" legte einen konkreten Vorschlag "zur Institutionalisierung von Technikfolgen-Abschätzung und Technikfolgen-Bewertung beim Deutschen Bundestag" auf den Tisch des Hohen Hauses. Wie es aussieht, war es das dann aber auch wohl schon. Zwar sagt jeder verantwortlich denkende Parlamentarier spontan: "Eigentlich brauchen wir so etwas längst im Parlament". Der jetzige elfte Deutsche Bundestag hat auch die Chance, etwas auf die Beine zu stellen. Doch müßte er vor allem erst einmal die Mechanismen der Fraktionsdisziplin überwinden. Handeln durch Unterlassen ist aber auch eine moralisch zuortbare Handlung. Niemals selbstbewußt und konsequent hat sich das Parlament auf die Suche nach demokratischen Antworten auf die Anforderungen neuer Technologien gemacht. Eine Befreiung von den Eierschalen obrigkeitsstaatlicher Strukturen - gerade bei Technikfragen - ist gefordert. Hilflos stehen die Parlamentarier den Heerscharen von Experten aus Wissenschaft und Ministerien als Kontrolleure gegenüber. Es ist eine wirkliche Farce. Frau Hamm-Brücher sagt, "eine Parlamentarisierung des Parlaments tut Not". Jawohl, das Parlament hätte die Chance, jetzt nach Tschernobyl, Glaubwürdigkeit und Lernwilligkeit dort zu zeigen, wo Helmut Kohl zu früh den Beifall der "Grünen" kassierte. Die demonstrative Zustimmung würde dem Parlament gehören, wenn es sich darum kümmern würde, endlich seine Verantwortung wahrzunehmen, nämlich die technische Entwicklung wieder zum sozialen Fortschritt zu machen. Fazit: War Tschernobyl nur ein Medienereignis? Mindestens die Ängste besorgter Mütter vor radioaktiver Strahlung sprechen dagegen. aber die Wucht des Katastrophenjahres 1986 hat nicht ausgereicht, das aufkommende Gerede über die Notwendigkeit zum "Umdenken" so mit neuen Inhalten zu füllen, daß diejenigen, die das "unter den Teppich kehren" besorgen, mal einen Moment zurückgedrängt würden, um wie der Bundeskanzler sagt "den Entscheidungen frei von Routine und eingefahrenen Betrachtungsweisen" eine historische Chance zu geben.

Argumentation in einem Lehrbuch der Atmosphärenchemie gegen die „Ozonmythen" des Gegendiskurses „Naturwunder Ozonloch"

„Gegendarstellung zu den sogenannten Ozonmythen

In letzter Zeit werden wir zunehmend mit folgenden Behauptungen konfrontiert:

- Das Ozonloch ist nur eine Fiktion bzw. hat schon immer existiert.
- Natürliche Prozesse transportieren weit mehr Chlor in die Stratosphäre als die FCKWs, die deshalb gar nicht für das Ozonloch verantwortlich sein können.

Obwohl in diesem Buch schon ausführlich die chemischen und physikalischen Vorgänge, die zu Ozonabbau und Ozonloch führen, behandelt wurden, möchten wir zusammenfassend noch kurz die oben erwähnten Behauptungen entkräften:

1. Das Ozonloch hat es nicht schon immer gegeben. In Abbildung 4.9 zeigten wir die ozonal gemittelte breiten- und zeitabhängige Verteilung des Gesamtozons, wie sie 1975 der amerikanische Wissenschaftler Prof. Julius London von der Universität von Colorado in Boulder anhand der bis dahin durchgeführten Messungen zusammenstellte. Diese Messungen ergaben eindeutig Gesamtozonsäulen von etwa 300 Dobson-Einheiten im antarktischen Gebiet. Sie stimmen weitgehend auch mit denen des Ozonpionierforschers G.M. Dobson von der Universität Oxford aus den fünfziger Jahren überein. Im Vergleich zu den in Abbildung 4.9 dargestellten Werten misst man heute, wie in Abbildung 1.1 gezeigt, im antarktischen Bereich Gesamtozonsäulendichten von maximal 100 Dobson-Einheiten, das ist nur ein Drittel der früher gemessenen, natürlichen Werte. Wie die gleiche Abbildung zeigt, hat sich nach seiner Entdeckung im Jahre 1985 das Ozonloch noch weiter ‚vertieft', wie es mit der Zunahme des stratosphärischen Chlorgehalts als Folge der fortgesetzten FCKW-Emission in Übereinstimmung mit den wissenschaftlichen Kenntnissen auch zu erwarten war. Ein Vergleich der natürlichen Gesamtozonwerte im antarktischen Bereich mit denen im arktischen zu den entsprechenden Jahreszeiten (Abb. 4.9) deutet auf eine Asymmetrie hin mit höheren Werten in der Nordhemisphäre als in der Südhemisphäre und außerdem auf eine Verschiebung des Ozonmaximums auf der Südhalbkugel in Richtung mittlerer Breiten. Diese Unterschiede werden durch unterschiedliche Transportvorgänge in der unteren Stratosphäre hervorgerufen. Die geringeren Werte im Südpolargebiet gegenüber denen im Nordpolargebiet werden öfter fälschlicherweise als Beweis für das Vorhandensein eines natürlichen Ozonlochs in der Antarktis herangezogen. Dies hat aber nichts mit dem oben erläuterten, durch die Emission von FCKW-Gasen verursachten Ozonloch im antarktischen Gebiet zu tun.
2. Es ist sicher richtig, daß chlorhalte Verbindungen, z.B. Meersalz (NaCI), in viel höheren Mengen an der Erdoberfläche in die Atmosphäre emittiert werden als in den FCKWs enthalten ist. Im Gegensatz zu den FCKWs löst sich Meersalz aber sehr effektiv in Wasser, und Meersalzteilchen dienen sogar als sehr effektive Kondensationskerne bei der Wolkenbildung. Sie werden deshalb sehr effizient aus der Atmosphäre entfernt und können die Stratosphäre nicht erreichen. Dies weiß man mit Sicherheit, das sonst ähnliche Konzentrationen von Natrium (Na) wie von Chlor in der Stratosphäre vorhanden sein müßten.

Die Natrium-Konzentrationen sind aber viel geringer und hauptsächlich meteoritischen Ursprungs. Das wichtigste natürlich vorkommende chlorhaltige Gas, das die Stratosphäre durchdringen kann, ist Methylchlorid (CH_3Cl). Es gelangt durch Meeresalgen und die Verbrennung von Pflanzenmaterial in die Atmosphäre. Im Gegensatz zu den FCKW-Gasen wird CH_3Cl schon zum größten Teil durch Reaktionen mit HO-Radikalen in der Troposphäre entfernt, und nur ein Bruchteil erreicht die Stratosphäre, wo dieses Gas mit etwa 0,6 ppbv zum stratosphärischen Chlorgehalt beiträgt. Der Beitrag der FCKW- und anderer anthropogener Chlorgase in der Stratospähre beläuft sich aber auf über 3 ppbv, ist also fünfmal höher als der von CH_3Cl. Das ist durch zahlreiche Messungen mit Ballons und Satelliten belegt worden. Diese Messungen zeigen auch, daß die FCKW-Gase nicht zu schwer sind, um in die Stratosphäre zu gelangen (eine weitere Fehlbehauptung, die man häufig zu lesen bekommt). Tatsächlich ist die meteorologisch bedingte Vermischung der Gase in der Atmosphäre, die alle Gase gleichermaßen beeinflußt, bis in Höhen von fast 100 km weitaus bedeutsamer als die molekulare Diffusion, so daß die Atmosphäre unterhalb 100 km gar nicht ‚weiß', ob ein Gas schwer oder leicht ist.

3. Vulkanische Eruptionen transportieren nicht viel mehr Chlor in die Stratosphäre als die FCKW-Gase. Bei den letzten beiden großen vulkanischen Eruptionen des El Chichon in Mexiko im Jahre 1982 und die Pinatubo auf den Philippinen im Jahre 1991 wurde allein beim El-Chichon-Ausbruch nur mit Mühe eine geringe Erhöhung in der HCI-Säule wahrgenommen. Selbst wenn die eingebrachten Chlormengen groß wären, könnte sich das vulkanische Material nur zwei bis drei Jahre in der Stratospähe aufhalten, bevor sie durch atmosphärische Strömungen wieder aus der Stratosphäre und danach durch Niederschläge aus der Troposphäre entfernt würden. Die FCKW-Gase werden nur sehr langsam (über Zeiträume von 60 bis 120 Jahre) durch die UV-Strahlung in der Stratosphäre aus der Atmosphäre entfernt; in dieser Zeitspanne liefern sie ständig Chlorgase nach, die zum Abbau des Ozons führen. Ob in der Vergangenheit bei noch stärkeren Vulkanausbrüchen als den oben erwähnten mehr Chlor, insbesondere HCI, in der Stratosphäre gelangt ist, entzieht sich unserer Kenntnis, da hierfür keine Messungen vorliegen. Da HCI aber sehr gut wasserlöslich ist und durch Vulkanausbrüche auch viel Wasser in die Atmosphäre gelangt, wird der Transport größerer Mengen HCI durch die Vulkanwolken sehr gehemmt. Außerdem gilt auch hier, daß die Auswirkungen vulkanischer Eruptionen auf die Atmosphäre nur über wenige Jahre nachweisbar sind. Schließlich liest man auch manchmal die Behauptung, daß der Vulkan Erebus in der Antarktis jedes Jahr fast genau so viel Chlor wie die FCKW-Gase in die Atmosphäre bringt. Dies ist eindeutig falsch. Messungen von Zreda-Gostynska und Mitarbeitern des New Mexico Institute of Mining and Technology, publiziert im Jahre 1993 (*Geophysical Research Letter* 20, 1959-1962), zeigen Emissionen von etwa 10000 Tonnen Chlor pro Jahr, dies entspricht nur einigen Prozenten der durchschnittlichen jährlichen FCKW-Ausstöße der letzten Dekaden. Auch hier ist zusätzlich zu berücksichtigen, daß der Großteil dieser Ausstöße die Stratosphäre gar nicht erreichen wird.

Wir hoffen mit dieser Darstellung einige der vielfach von nichtwissenschaftlicher Seite in die Diskussion eingebrachten ‚Argumente' zu widerlegen, und würden uns freuen, wenn die Leser dieses Buches aktiv helfen, diese Gerüchte aus der Welt zu räumen."

Quelle: Graedel und Crutzen (1994, S. 409 - 411)

Interviews mit Wissenschaftsjournalisten

Die folgenden Interviews wurden im Rahmen des Teilprojekts C7 „Verständigungshandeln und Verständnissicherung in der Vermittlung von Wissenschaftsinformationen" im Sonderforschungsbereich 245 *Sprache und Situation* Heidelberg/Mannheim durchgeführt, das von Bernd Ulrich Biere und mir, ab 1.4.1996 von Werner Kallmeyer und mir geleitet wurde. Die Interviews wurden zur Analyse des Metapherngebrauchs von Wissenschaftsjournalisten konzipiert. Interviewerin war unsere damalige Projektmitarbeiterin Katrin Bischl. Die Interviews werden hier zum ersten Mal veröffentlicht, die alte Rechtschreibung wurde beibehalten, unverständliche Passagen wurden als Auslassung (...) gekennzeichnet.

Winfried Göpfert

Interview vom 14.2.1996 mit Winfried Göpfert, Professor für Wissenschaftsjournalismus an der FU Berlin

Bischl: Gut, also die erste Frage bezieht sich auf den Bereich Wissenschaftsjournalismus, und zwar interessiert mich die Abgrenzung Wissenschaftsjournalismus in Bezug zum generellen Journalismus.

Goepfert: Kann man sagen drei unterschiedliche Felder: der klassische Wissenschaftsjournalismus, der sich also im Ressort 'Wissenschaft' in der Wissenschaftsredaktion abspielt, klassischerweise auf Sonderseiten, Spezialseiten, auf denen auch irgendwie 'Wissenschaft' drübersteht, erscheint, in der FAZ die Mittwochsbeilage, in der Süddeutschen die Donnerstagsbeilage, im Rundfunk das Wissenschaftsmagazin 'Wissenschaft im Gespräch', die 'Wissenschaftsdokumentation', wie auch immer die Sendungen heißen, die sich aber erklärtermaßen als eine Wissenschaftssendung zu erkennen geben. Und typischerweise oft auch eher aus der Wissenschaft berichten, Einquellenberichte. 'Nature' am vergangenen Mittwoch, äh am vergangenen Montag hat berichtet über..., nich? Das sind so klassische Felder des klassischen ressortgebundenen Wissenschaftsjournalismus. Darüber hinaus gibt es Wissenschaft in allen anderen Ressorts auch, also das ist dann thematisch definiert. Ein journalistischer Bericht, der aber mit über wissenschaftliche Themen handelt, in der Politik, in der Wirtschaft, im Sport, im Feuilleton. Meistens steht ein anderes Thema oder ein Aspekt des Themas im Vordergrund, der die Leute packen soll oder packt, oder es geht um Katastrophen und als Hintergrundberichterstattung, als Hintergrunderläuterung fragt man dann eben: 'Warum lassen sich Erdbeben noch nicht... ' – 'Wir fragten Herrn Sowieso vom Institut für... ', und dann kommt plötzlich Wissenschaft. Das wird teils von Leuten gemacht, die sich spezialisiert haben auf Wissenschaft, aber eigentlich nicht sich Wissenschaftsjournalisten nennen würden, sondern sie sind Politikjournalist, sie sind Wirtschaftsjournalist oder sie sind einfach Journalisten, die sich wie irgendein

Anderer sich mehr auf Theater, Film, Kino oder was spezialisiert haben, dann eben auch auf Medizin oder auf Wissenschaft spezialisiert haben oder auch nicht. Es sind eben dann oft auch Allerweltsjournalisten, die sich dann eben hineinknien müssen. Und dann gibt es noch das dritte Feld, das sind sozusagen die special interest-Felder, zum Teil ja auch special interest-Zeitschriften, wo es halt nur um Computertechnologie oder nur um das Segeln geht, insofern da wissenschaftliche Technologien auch mit angesprochen sind. Oder nur um Gesundheit, nur um Medizin, nur um Ernährung geht. Oder nur um 'Geo', die weite Welt, 'Das Bild unserer Erde'. Das sind spezialisierte Felder, die dann schon eher in den Fachjournalismus hineinragen, obwohl Fachjournalismus dann wiederum ein weites Feld ist, wozu dann Wissenschaft als Fachgebiet oder spezielle Wissenschaftsfelder nur als Sondergebiete gehören würden.

Bischl: Und jetzt mal zurück auf diesen ersten Bereich des Wissenschaftsjournalismus, also dieser engere Bereich des Wissenschaftsjournalismus. Welche Fähigkeiten oder welche Fertigkeiten muß ein Journalist haben, der in diesem Bereich dann tätig ist?

Goepfert: Ja. Der klassische Unterschied wäre der: Ein Normaljournalist soll jetzt etwas machen, weil es gerade akut ist, die Grippe, etwas über die Grippeimpfung machen. Der Normaljournalist wird sich kaum in eine Fachzeitschrift hineinquälen, wird kaum verstehen, was ihm der Fachmann darüber erzählt, und sagt dann, das Mikrophon dem Wissenschaftler unter die Nase haltend: 'Erklären Sie mal möglichst knackig und kurz, wie funktioniert eigentlich die Impfung?' Und dann ist der Wissenschaftler entweder gut oder schlecht. Und dann wird es gekürzt und verwendet oder nicht verwendet, und den Rest drumherum macht der Journalist. Der Wissenschaftsjournalist könnte, macht er auch nicht immer, eher sagen: 'Also das mit der Impfung und wie das alles funktioniert, das lasse ich mir zwar von dem Wissenschaftler nochmal bestätigen, aber das schreibe ich lieber selber, weil ich kann Bilder verwenden, kann Metaphern verwenden, ich muß nicht auf das Fachvokabular zurückgreifen, was mir eben auch nicht auf der Zunge liegt, wie dem Wissenschaftler und erklär das lieber selber, und lasse den Wissenschaftler höchstens etwas drumherum erzählen: 'Wann ist der Impfstoff verfügbar, für welche Gruppen kommt er in Frage', also das Menschliche.' Anekdoten vielleicht sogar, Geschichtchen, 'Wann haben Sie's festgestellt, daß dieses neue Virus aus Sibirien kommt, und wieso muß das immer so früh sein', also solche Randgeschichten eher, um einen O-Ton zu haben. Das wäre so der Unterschied, wenn beides richtig funktioniert. Oft läuft's ja auch umgekehrt. Aber das wäre ein Entscheidungskriterium.

Bischl: Das heißt also, die erklärenden Teile würden Sie dann lieber selbst machen als Wissenschaftsjournalist?

Goepfert: Ja, weil das der Wissenschaftler meistens nicht kann. Und wenn er's gut kann, umso besser, dann handele ich mit ihm aus und bespreche mit ihm, in welcher Kürze, in welcher Länge, in welcher Ausführlichkeit, in welchem Detailreichtum und mit welchen Bildern eventuell gearbeitet werden kann.

Bischl: Sie hatten jetzt schon angesprochen, auch gerade diese Problematik mit Fachbegriffen oder eben Fremdwörtern. Wie verfahren Sie damit?

Goepfert: Ja, Grundregel ist in den Massenmedien, es gibt ja nun auch Spezialzeitschriften, die sich vielleicht an Ärzte wenden, die sind ja auch journalistisch gemacht, da ist schon ein anderes Niveau für die Zielgruppe angesprochen, für die Massenmedien...

Bischl: Ich meine jetzt eher für die Massen, auch gerade im Rundfunk (...)

Goepfert: Ja, gilt die Regel: keine Fremdwörter verwenden. Und entweder die Wissenschaftler schaffen das – speziell Ärzte sind ja gewöhnt, ihre Fachbegriffe zu verwenden, sogar, wenn sie sich Laien mitteilen – und es ist sehr, sehr schwierig, die Leute dann dazu zu bringen, es nicht zu sagen, grundsätzlich ist es verboten. Wenn's mal durchrutscht, sollen sie's erläutern. Also, wenn sie dann irgendwann von 'Makrophagen' sprechen, die 'Fresszellen im Abwehrsystem' dann nachschieben. Wenn sie's können, ist es gut, wenn sie's nicht können, muß man es im Hörfunk schneiden und in der Zeitung redigieren. In der Zeitung ist es ja leicht, da werden die Fremdworte ja dann einfach ersetzt.

Bischl: Und jetzt wie machen Sie das, gerade mit diesem Fremdwortersetzen, das ist ja was Typisches für wissenschaftliche Themen, nach was für Strategien machen Sie das dann? Also Sie als Wissenschaftsjournalist? Also gibt's da Strategien, daß man sagt, das sind so Tricks, die wendet man einfach an, um eben zu sagen: Das ist eine gute Möglichkeit, um so ein Fremdwort zu vermeiden?

Goepfert: Ja, es gibt in ein paar Gebieten naheliegende Allegorien oder Metaphern, die man verwenden kann. Das ist also gerade beim Immunabwehrsystem die Metapher von 'Truppen' und von 'Agenten', von 'Schulungen', von 'Tarnkappen' undsoweiter. Das fällt alles aus dem Bildnis. Das ist ja auch naheliegend, weil das Abwehrsystem ja auch ähnliche Funktionen in der Tat wahrnimmt. Weiteres Beispiel ist in der Genetik das Beispiel mit der Schrift, daß man sagt, die DNS oder DNA ist also eine Vierbuchstabenschrift, in der die Erbinformation wie in einer Schrift niedergelegt ist, und man kann das richtig buchstabieren durch die vier Basenpaare. Mit dieser Schriftanalogie kann man dann auch spielen und kann, ein berühmter Wissenschaftsjournalist hat das mal gemacht, dieses Kauderwelsch, was sich im Erbalphabet findet auf der DNS, bestimmte Strecken sind sinnvolle Informationen und andere kann man nicht entziffern, weiß man nicht, wofür die gut sind. Und um das zu erläutern, hat er einen Text verfaßt, in dem er immer (Göpfert spricht Unverständliches) zwischendurch gemacht hat und sagt dieser (Göpfert spricht wieder Unverständliches) Text kommt ihnen sicher 'rbllblblbib' merkwürdig vor als Buchstabenfolge, ?mlbrkraurxy', womit keiner was anfangen kann, um einfach durch die Analogie im Schriftbild deutlich zu machen. Also das sind so Analogien. Andere Beispiele sind, daß man versucht, etwas klarzumachen, indem man auf Beispiele der Mechanik zurückgreift. Man schildert zum Beispiel einen Effekt, den der Wissenschaftler nennen würde: 'die Strahlenmaterie in Interaktion beim Laserstrahl'. Würde man sagen, das ist wie ein Preßlufthammer, der auf einen Stein losgelassen wird, so wirkt der Laserstrahl auf der obersten Molekülschicht und löst einzelne Atome heraus. Und man verwendet dann das mechanische Bild, um irgendeine Vorstellung zu erzeugen.

Bischl: Und jetzt diese sprachlichen Bilder, also einerseits diese Abwehrtruppen zum Beispiel, das ist ja jetzt inzwischen schon ein eher älteres Bild, was ja eigentlich durch alle Medien schon gegangen ist. Weiß man da, oder wissen Sie da eigentlich noch, wo dieses Bild hergekommen ist? Also, ist das jetzt ein Bild, das von den Wissenschaftlern herkam, oder war das ein Bild, was sich ein Journalist mal überlegt hat?

Goepfert: Also, präzise festmachen, das wird sicherlich sehr schwierig sein. Es gibt viele Bilder, die bei Wissenschaftlern entstanden sind, bei denjenigen, es gibt ja viele oder etliche unter den Wissenschaftlern, die ja auch ein Sendungsbewußtsein haben und sich ja auch plausibel und verständlich darstellen können, und das auch immer als ihre Aufgabe mitempfunden haben, Richard Feynman zum Beispiel, aber auch Max Planck oder Albert Einstein, die sich bemüht haben, recht komplizierte Dinge einfach auszudrücken und dann am ehesten in der Lage waren, auch Metaphern und Bilder zu finden. Und umgekehrt gibt es auch viele Beispiele, wo wir zusammengesessen haben in der Redaktion und überlegt haben: 'Mensch, wie können wir denn das anders ausdrücken?' Oder auch der einzelne Journalist 'grübel, grübel, grübel' am Schreibtisch sitzt und sich überlegt, 'wie kann ich das jetzt machen', 'wie kann ich ein Bild finden' und 'steht mir der Platz zur Verfügung, das auch auszuweiten oder muß ich's einfach nur umschreiben?'

Bischl: Und wenn jetzt so sprachliche Bilder gefunden werden, wird dann nochmal Rücksprache gehalten mit dem Wissenschaftler, ob das Bild auch trifft, oder...?

Goepfert: In aller Regel, ja.

Bischl: Weil es ist ja dann irgendwie eine Veränderung natürlich, sag ich mal.

Goepfert: Ja, ja. Also in aller Regel, ja. Wissenschaftsberichte haben ja meistens keine brisanten Themen, es sei denn, sie gehen in die politische Anwendung von wissenschaftlichen Themen, Atomenergie beispielsweise. Da würde ich dann auch Bauchschmerzen haben, wie das (...) Aber man kann die Passagen, die knifflig sind, oder wo man was erklärt, auch telefonisch oder ausschnittweise abklären. In aller Regel aber, gerade wenn man versucht, Dinge zu erklären, um sicherzugehen, daß man sie richtig verstanden hat, nochmal mit dem Wissenschaftler abklären und unter Umständen dann auch handeln darum. Weil mitunter sind es Spitzfindigkeiten, die wiederum der Wissenschaftler nicht übersieht, und wo ich als Journalist sagen muß: 'Ja diese Finesse kriegt sowieso keiner mit, also das ist mir Wurscht, das sollte Ihnen auch Wurscht sein'. Dann hat eine Seite immer mal mehr Bauchschmerzen, manchmal muß man auf Bilder auch verzichten, wenn man feststellt, das ist mir auch oft so gegangen, daß dann ein Wissenschaftler hinterher gesagt hat: 'Das haben Sie einfach falsch verstanden', nicht? Sie verwenden dann ein völlig falsches Bild, das trifft es gar nicht, ne? Und manchmal hat er recht, manchmal hat er nicht recht, oder ich handele das dann aus.

Bischl: Und was ist für Sie ein gutes sprachliches Bild, also eine gute Metapher? Weil Metaphern, ich hab jetzt auch gerade in der Fachliteratur schon mal ein bißchen so gelesen, es gibt ja auch so Praktiker, die sagen, 'Naja, eine Metapher kann natürlich auch falsch sein'. Also, eine Metapher ist ja nicht unbedingt, daß man sagt, das ist jetzt die Lösung aller sprachlichen Probleme im Journalismus, die Metapher.

Goepfert: Ja, all diese Metaphern, die nicht richtig treffen. Es gibt dieses hübsche Beispiel von der Erläuterung, wie eigentlich ein Laserstrahl sich von einem normalen Lichtstrahl unterscheidet. Da gibt es bestimmte Merkmale, die man dem Laserstrahl anhängen kann. Daß er also monochrom, einfarbig ist, aber er ist besonders einfarbig, schwingt wirklich nur in einer Wellenlänge, während eine grüne Taschenlampe ein Mischmasch von verschiedenen Grüns hat. Das Zweite ist, er ist sehr stark gebündelt, ich kann auch eine Taschenlampe sehr stark bündeln, er ist noch mehr gebündelt. Und er ist sehr energiereich, ja gut, ich kann aber auch durch vieles Hintereinanderschalten von Batterien auch ein sehr energiereiches Licht machen. Was unterscheidet ihn jetzt wirklich? Es ist alles etwas Besonderes, etwas mehr. Gut, was will man da machen, dann hat einer das mal verglichen mit Bogenschützen, die zusammen im Feld irgendwo stehen und auf ein Ziel ihre Pfeile abschießen. Und die machen das alle so nacheinander und dann trifft immermal ein Pfeil auf, aber der Gegenstand, der getroffen werden soll, wird natürlich viel vehementer erwischt, wenn alle Bogenschützen zum gleichen Zeitpunkt abschießen und zum gleichen Zeitpunkt die Pfeile auftreffen. Und das macht der Laser, daß er eben kohärent schwingt, wie es in der Fachsprache heißt, schwer zu übersetzen, was das kohärente Licht ist, was die

Kohärenz ausmacht. Das Schwingen im gleichen Schwingungstakt. Und dadurch wird diese hohe Energiedichte auf so ganz kleinem Raum erzielt, nicht, und das ist das Entscheidende. Das gibt jetzt so eine bestimmte Vorstellung, aber es liegt ziemlich auch daneben. Es ist ein Strahl, der nichts mit auftreffenden, einmalig auftreffenden, sondern er hat ja eine kontinuierliche Energie. Also es trifft's nicht ganz, und ich könnte mir gut vorstellen, daß der eine Wissenschaftler sagt: 'Können Sie so sagen, gibt noch eine zusätzliche Information', der andere Wissenschaftler würde sagen: 'Um Gottes Willen, sowas von daneben'. Und ich halte es auch nicht für sehr geglückt, das Bild.

Bischl: Wenn jetzt, Sie sind ja einerseits aus der Praxis, aber Sie unterrichten ja hier auch, also Sie verbinden ja beide Bereiche, welche sprachlichen Fertigkeiten oder Fähigkeiten muß ein Wissenschaftsjournalist mitbringen? Jetzt gerade auch im Hinblick, wenn Sie überlegen, Sie haben hier junge Leute, die Sie ausbilden. Auf was für eine Schiene wollen Sie die bringen, also welche Fähigkeiten erwarten Sie von einem guten Wissenschaftsjournalisten, jetzt gerade im sprachlichen Bereich?

Goepfert: Es fängt mit dem Denken an. Man muß auf der einen Seite verstehen erstmal, was die Wissenschaftler sagen, man muß dazu einen Zugang haben. Wer das nicht packt, ist in dem Feld schlecht, ne? Das ganze Gebiet 'Wissenschaft', es kann ja auch ein Spezialgebiet sein, kann die Medizin, Psychiatrie, kann auch eine Sozialwissenschaft sein, aber das muß ihm irgendwo liegen, das muß er einigermaßen verstehen, muß wissenschaftliche Methodik verstehen und mit dem Apparat umgehen können, also nachschlagen können, wissen, wie man an die Literatur rankommt, wie man auch mit Wissenschaftlern umgeht. Das ebenso Wichtige ist nach der anderen Seite, oder nach oben, unten, ich weiß nicht, wie man das nennen will, 'oben' und 'unten' hat immer so eine Hierarchie, auf der anderen Seite der Bandbreite muß er sich eben eindenken, einfühlen können in die Denkweise von Laien. Er muß immer diesen jungfräulichen Blick des Nichtwissenden haben können. Und die Schwierigkeit, wenn er selber vom Fach kommt, ist eben immer die, daß er so viele Fachbegriffe, Denkmuster, ganze Welten von Erfahrungsschätzen, von Basisexperimenten im Kopf hat, und sich gar nicht mehr diese naive Frische des Laien vorstellen kann, der von Tuten und Blasen keine Ahnung hat, aber eine Welt des Denkens ja auch mitbringt. Und die Kunst besteht eher darin, sich in diese verschiedenen Welten einzudenken und von daher jetzt einen Berichtsgegenstand aufzublättern und zu erklären. Es gibt ja bestimmte Felder der Wissenschaft, die überhaupt nicht mehr vermittelt werden können. Quantenphysik beispielsweise kann kein Mensch mehr verstehen. Hab ich auch als einer, der das mal studiert hatte, damals schon meine Schwierigkeiten gehabt. Das ist eine Axiomatik, die dermaßen komplex und schwierig ist. Da gibt es tausend Felder, von denen ich jetzt überhaupt nichts weiß, die mehr oder weniger interessant wären, aber das kann man gar nicht mehr. Da gibt es auch keine Bilder mehr, die man verwenden kann. Und bei wichtigen Dingen, also gerade dann, wenn es um viel Geld geht, CERN zum Beispiel, Untersuchungen in der Materie mit kleinsten Bausteinen, mit den Quarks und das Quarkgluonenplasma, auch sehr schwierig, gibt's dann schon wieder ein paar Bilder. Also manchmal fällt's dann auch wiederum leichter, weil man dann schon allein die Metapher des Bausteins, der Materie verwenden kann, und immer kleinere Kügelchen sich irgendwie vorstellt. Aber viele theoretische Gebiete sind überhaupt nicht mehr vermittelbar. Ja, wenn wir zurückkapitulieren, die Frage, also was zeichnet den aus? Die Fähigkeit, sich hineinzudenken, ist sicherlich entscheidender zunächst mal, um überhaupt das Niveau des Denkens zu finden und sprachlich nicht so sehr jetzt Dinge zu übersetzen im wortwörtlichen Sinne, nach dem dictionary, sondern kreativ zu sein und Bilder und Vorstellungswelten zu aktivieren, die ich beim Laien voraussetzen kann, um überhaupt das einordnen zu können. Durch Beispiele, durch Anwendungen, wofür ist das gut, was kann man damit machen, hilft das in der Medizin vielleicht. Das ist ja ein oft gebrauchtes Vehikel, um überhaupt dann einzusteigen und dann zu sagen: 'So, und jetzt will ich Dir erklären, wie das eigentlich funktioniert mit dem und jenem.'

Bischl: Ja, also würden Sie sich eigentlich gegen diesen reinen Begriff 'der Wissenschaftsjournalist übersetzt' eher dagegen wehren, kann man nicht eher sagen, er überträgt Erkenntnisse in Bilder, oder eher eine Art von Übertragen als Übersetzen?

Goepfert: Ja. Also beides natürlich. Plump übersetzen muß man auch, wenn der Arzt sagt: 'Jaja, das ist hier beim Diabetes-Typ 2 so', dann muß man sagen: 'Aha, das ist der altersbedingte Diabetes, den man bekommt und den man durch Ernährungsumstellung sogar bekämpfen kann.' Gegenüber dem andern Diabetes, hab ich jetzt auch schon gesagt, das ist die Alterszuckerkrankheit, das ist die Zuckerkrankheit, die man typischerweise im Alter erwirbt. Also das kann man dann übersetzen, Diabetes gleich Zuckerkrankheit.

Bischl: Aber dann abhängig von der Thematik oder vom Gegenstand, über den man eben berichtet?

Goepfert: Ja.

Bischl: Aus denen muß ich jetzt oder kann ich jetzt eine reine Wortübersetzung nehmen, oder muß ich weiter ausholen und muß den gesamten Zusammenhang erklären?

Goepfert: Ja, Quark, Quarkgluonenplasma kann man nicht übersetzen. Gibt's keine deutschen Begriffe für, das sind dann schon die Fachworte. Ein pures Übersetzen ist da nicht mehr möglich, da muß man dann sagen: 'Ja, was ist das?' und umschreiben.

Bischl: Was mich noch interessieren würde, als Wissenschaftsjournalist, Sie wollen ja einerseits Ihre Information, sag ich mal, von Wissenschaftlern, wie auch immer, ob jetzt über Fachzeitschriften oder im Gespräch oder auf Kongressen, und andererseits machen Sie ja Ihre Beiträge für Nichtwissenschaftler. Fühlen Sie sich da in einem Spannungsfeld?

Goepfert: Ja. Das Spannungsfeld ist deswegen da, weil die Wissenschaftler in aller Regel wenig Verständnis haben für das, was wir tun. Und ich meine, andere versuchen auch in öffentlichen Kommunikationsprozessen ihre Sichtweisen durchzusetzen. Aber teils ist die Materie leichter, wenn ein Wirtschaftsfachmann über Arbeitslosigkeit berichtet, kann er sich leichter vorstellen, wie denkt der Laie darüber. Und Wissenschaftler denken immer, nicht immer, häufig, es müßte genau sein, es müßten die Arbeitsgruppen erwähnt werden, die da mitgemacht haben, legen sie großen Wert darauf, und als Journalist hat man oft dann die Schwierigkeit zu sagen: 'Überlegen Sie doch mal, wen das interessiert', 'Jaja, aber das muß aber hinein, sonst tu ich den Kollegen unrecht, wenn die Arbeitsgruppe in Ohio nicht miterwähnt wird, oder in Bielefeld'. Und wir haben dann viel Mühe klarzumachen, daß wir für 99,9% Laien senden, und nur 0,01% vielleicht Fachleute dabei sind, die auf solche Feinheiten Wert legen. Oder daß man klar macht, daß der Wissenschaftler klarmachen möchte, daß er auch die Arbeiten von da und da kennt und also eher eine Antwort gibt und sagt: 'Wie der und der schon festgestellt hat und der und der schon festgestellt hat' und wir schneiden das dann nachher raus, da gibt's dann böse Zerwürfnisse. Also diese Fähigkeit umzudenken, sich in Laien reinzudenken, ist bei Wissenschaftlern seltener ausgeprägt als bei anderen Leuten, die auch irgendwie ein bestimmtes Fachgebiet haben.

Bischl: Jetzt wollte ich noch eingehen auf den Bereich 'Medizinberichterstattung'. Mein Eindruck ist, daß das ja einen Großteil des Wissenschaftsjournalismus ausmacht, ist das auch Ihr Eindruck, oder?

Goepfert: Ja, also bei allen Untersuchungen, die wir ja auch gemacht haben, wie die Themenverteilung ist, ist 'Medizin', 'Gesundheit' meistens an der Spitze von Wissenschaftsberichterstattung in Zeitungen auf jeden Fall. Und alles andere folgt erst dann in einem gewissen Abstand. Das Themengebiet 'Gesundheit', 'Medizin' interessiert die Leute am meisten. Und aus den ganzen Wissenschaften kommt es deswegen häufiger als Technik, häufiger als Umwelt, häufiger als Naturgeologie oder solche Themenfelder.

Bischl: Gibt es da Besonderheiten, die man da beachten muß, weil es ja in dieser Berichterstattung 'Medien und Gesundheit' geht es ja irgendwo immer um den letzten Endes. Gibt es da Besonderheiten zu beachten, oder würden Sie sagen, das ist für Sie ein wissenschaftsjournalistisches Thema wie jedes andere auch?

Goepfert: Ja einmal muß man sagen, es ist das einzige Themenfeld, das überhaupt Erwähnung im Pressekodex findet. Im Pressekodex gibt es einen Artikel, der sich speziell mit der Medizinberichterstattung auseinandersetzt, und im wesentlichen sagt man, die Darstellung muß so vorsichtig sein, daß weder unerfüllbare Hoffnungen geweckt werden, noch Sensationen, Übertreibungen oder Untertreibungen stattfinden. Also die Sensationspresse ist eigentlich damit angesprochen. Wenn man den Artikel im Pressekodex liest und die tägliche Zeitung aufschlägt, stellt man fest, daß pausenlos eigentlich dagegen widersprochen wird und nicht so gehandelt wird. Und im Moment erleben wir ja sowieso bei dem ungeheuren Konkurrenzdruck der Medien untereinander, miteinander, daß die Aufbauschungen, Sensationalisierungen überhand nehmen. Allein das letzte Beispiel mit dem Flugzeugunglück aus der Dominikanischen Republik kommend, da war dann vom Blitzeinschlag die Rede, von schlecht gewarteten Maschinen, alles Dinge, die man nachher wieder mühsam hat zurücknehmen müssen. Vergleichbar auch mit dem Brand in dem Asylantenheim in Lübeck, wo es auch sehr schnell um Tatverdächtige geht, und gleich war es in den Medien ein politisch motivierter Anschlag, ehe man sich mühsam wieder auf andere oder letzten Endes auf Nichtwissen zurückgezogen hat. Die Ehrlichkeit, am Anfang zu sagen: 'Wir wissen es nicht, wir wissen nur, es hat hier gebrannt', mag keiner mehr machen, weil er nicht mehr abgedruckt wird. Die Kollegen bei der dpa haben den Eindruck, zum Beispiel aus der Wissenschaftsredaktion der dpa, daß sie häufig in der angemessenen Weise berichten über einen Kongress medizinischer Art beispielsweise, aber Kollegen von ap und Reuters stärker aufbauschend berichten mit dem Effekt, daß am nächsten Tag die Abdruckrate der Kollegen, die über denselben Kongress berichtet haben, höher ist. Und sie kommen dann zurück nach Hamburg in die Zentrale und müssen sich dann anhören: 'Warum seid ihr nicht so häufig gedruckt worden?' Also das sind alles Tendenzen, die gerade bei der Medizin, wo es also um Hoffnungen geht, Aufbauschung, Sensationalisierung, die Besonderheit dieses Themenfeldes aus der Wissenschaftsberichterstattung herausheben, weil es halt tatsächlich um Hoffnung (...) 'Endlich der Krebs besiegt', so oft stand das schon in den Zeitungen, 'Ein neuer Impfstoff gegen AIDS steht unmittelbar bevor', wie oft hat man das schon gelesen, 'Endlich der Durchbruch in der AIDS-Forschung', war meines Wissens sogar neulich ein Titelbild auf dem 'Spiegel'. Also das liegt sehr nahe, und die Darstellung auch mit Fallschilderung ist ja dem Medium Fernsehen, Hörfunk sehr angemessen, Presse natürlich genauso. Es hat immer mit Menschen zu tun, es betrifft auch immer sehr viele. Jeder Leser ist potentiell als Betroffener angesprochen oder im Umkreis, in der Familie kennt er jemanden, der diese oder jene Krankheit hat, also das ist ein sehr, sehr sensibles Feld. Von daher ein sehr dankbares Feld aber auch, und ich denke, das ist von der Wissenschaft, sonst würde ich eigentlich keine großen Unterschiede zur normalen Wissenschaftsberichterstattung sehen. Das sind auch die Probleme des Übersetzens, des Übertragens von Zusammenhängen. Es ist auch, wie vielleicht... das wäre noch eine Besonderheit, daß es auch Interessengruppen gibt. Da ist einmal die Pharmaindustrie, die im ganzen Bereich 'Gesundheitswesen' eine starke Rolle spielt und ihre Interessen vertritt. Und wie man in den Auseinandersetzungen mit Seehofers Strukturgesetzen, Gesundheitsstrukturgesetzen sieht, ja sehr empfindliche, drastische Einsparungspotentiale gesehen werden. Die nehmen natürlich auch Einfluß auf die Berichterstattung. Das geht ja bis hin zu Sponsoring, Bestechung, Einflußnahme. Dann sind die Ärzte als Berufsgruppe sehr, sehr stark in der Öffentlichkeitsarbeit, Pressestelle der Ärzteschaft in Bonn ist ein effektives Kommunikationsmittel. Die Pharmaindustrie, vergaß ich zu erwähnen, haben natürlich auch alle ihre Abteilungen für Öffentlichkeitsarbeit, die enorm bestückt sind und ausgestattet sind. Und dann gibt es noch einzelne Gesellschaften, die sich zum Teil dann sogar noch hervortun, daß sie Preise für Journalisten stiften, die eindeutige Interessen vertreten. Und Ligen und Vereine, die sich gebildet haben, um Information zu betreiben unter dem Deckmantel der Wissenschaft. Kommen sehr neutral daher und dahinter verbirgt sich ein Industrieverband, der sich nicht zu erkennen gibt. 'Deutsche Hochdruckliga', 'Arbeitskreis Vitamin E', sehr schön, es gibt aber Firmen, die halt Vitamin-E-Pillen besonders herstellen und die stecken dann dahinter, tun aber so, als sei es ein wissenschaftlicher Informationsdienst, geben Informationen heraus, die einen sehr wissenschaftlichen Touch haben und dahinter verbirgt sich aber eine gewisse Industriepolitik. Also das macht das Berichterstatten über Medizin noch in einem besonderen Maße schwierig, weil die Interessengruppen sehr stark im Kommunikationsprozeß mitmischen.

Bischl: Und jetzt noch eine abschließende Frage. Wir machen ja eine Untersuchung über Rundfunksprache. Was ist für Sie das Besondere 'Wissenschaftsjournalismus im Rundfunk'? Also, ich denke mir, gerade zum Beispiel bei Zeitungen, die haben ja den Vorteil oder Nachteil jeweils, die können ja noch Grafiken dazustellen. Gerade, wenn es um irgendwelche Abläufe im Körper geht, können die das ja irgendwie veranschaulichen. Fernsehen hat ja auch die Möglichkeit, mit Bildern zu arbeiten, oder muß ja mit Bildern arbeiten. Rundfunk muß ja auf diese visuellen Beigaben ja verzichten. Jetzt ist es doch aber so, daß diese wissenschaftsjournalistischen Themen ja oft sehr abstrakt und sehr schwierig sind, auch schwer vorstellbar sind. Wie kann man das auffangen in der Radiokommunikation?

Goepfert: Ja, ich denke, daß gerade Radiojournalismus auf Metaphern, auf Bilder, die im Kopf entstehen, angewiesen ist, sehr viel stärker als die beiden anderen Medien, ganz klar. Und deswegen der Sprachgebrauch, der Gebrauch, der Einsatz der Sprache, um Bilder zu erzeugen, mit Metaphern, mit Analogien, mit Vergleichen, mit Beispielen zu arbeiten, sehr, sehr viel wichtiger ist. Das Zweite ist, was generell aber die elektronischen Medien ein bißchen unterscheidet noch von der Presse, obgleich auch die Presse mit Schicksalen, mit persönlichen, personifizierten Beispielen arbeitet, aber das Fernsehen muß auf jeden Fall Menschen zeigen, wenn es um Betroffene geht, und auch im Hörfunk müssen Betroffene zu Wort kommen. Aber das gesprochene Wort ist ja ohnehin die Domäne des Hörfunks, nicht nur das geschriebene Wort, was vorgelesen wird, sondern das gesprochene Wort, der O-Ton. Und davon lebt der Hörfunk, und umso mehr kommt es eben darauf an, dort a) Gesprächspartner aus der Wissenschaft zu finden, die eine blumige, metaphernreiche Sprache haben, die sich plausibel ausdrücken können, die überhaupt auch erst einmal erzählen und sprechen können, auch das ist ja nicht immer gegeben, und b) eben auch Journalisten haben, die mit der Sprache umgehen können. Mehr noch als in der Zeitung, wo man in der Tat ja auf Grafiken zurückgreifen kann.

SDR2-Wissenschaftsredaktion

Interview vom 11.12.1995 mit den Redakteuren der SDR2-Wissenschaftsredaktion (Mannheim) Dr. Markus Bohn, Frank Niess, Jörg Tröger

Bischl: Vielleicht fangen wir damit an, daß Sie mir mal kurz schildern, wie hier im Haus der typische Ablauf ist, wie eine Sendung entsteht. Also ich hab vorhin schon kurz angesprochen, das Problem ist jetzt dann, daß Sie wahrscheinlich auch parallel an mehreren Sendungen arbeiten. Aber gibt es vielleicht trotzdem so typische Arbeitsschritte, wo Sie einfach sagen, des, diese Schritte machen wir bei allen Sendungen und so ein bißchen auf den zeitlichen Rahmen. Also wie groß ist der Zeitdruck hier bei Ihnen im Haus.

Tröger: Zeitdruck, Zeitdruck ist eigentlich immer dann, wenn, wenn irgendein aktuelles Ereignis ist. Wenn also sich irgendein neues Medikament – ob es nun gut ist oder nicht – vorgestellt hat. Oder wenn einer eine neue Therapie erfunden hat. Oder wenn ein Komet uns aufs Dach zu fallen droht.

Niess: Oder wenn ein Nobelpreisträger nominiert wird.

Tröger: Oder wenn ein Nobelpreisträger. Dann entsteht ein gewisser Zeitdruck durch die Aktualität. Aber die entsteht eigentlich weniger jetzt durch in uns/ durch unsere Sendung als dadurch, daß die Stuttgarter aktuellen Sendungen, also diese politischen Redaktionen, die halt das Aktuelle des Tages zum Vorschein bringen oder auch die Nachrichtenredaktionen mit dem Kommentar, daß die halt schnell was von uns wollen. Dann entsteht manchmal schon ein ziemlicher Zeitdruck, weil man selber das oft noch gar nicht gehört hat. Die lesen die Bildzeitung und sind durch eine Schlagzeile in der Bildzeitung oft sehr irritiert und nervös geworden und dann soll man das also irgendwie richtig stellen und möglichst gleich und/oder gestern noch. Da ist der Zeitdruck groß. Also bei uns selber, bei unseren eigenen Sendungen, weil das ja alles nach dem gleichen Rhythmus so verläuft, ist der Zeitdruck eigentlich selten groß, muß ich sagen. Es sei denn, man kriegt mal einen Partner nicht und hat aber schon sich vorgenommen, ein bestimmtes Thema an einem bestimmten Tag drin zu haben und dann hechelt man manchmal ein bißchen hinterher. Aber, aber so richtig wie man sich das vielleicht vorstellt, wenn man Journalisten im Fernsehen sieht oder im Kino sieht, die nun mit zwei Zigaretten im Mund und schweißnaß durch die Gegend rasen. So ist das bei uns eigentlich nicht.

Bischl: Also kann man sagen, daß Sie Ihre, also nicht jetzt die tagesaktuellen Sendungen, aber die Sendungen, die Sie selbst machen, daß sie die längerfristig konzipieren.

Tröger: Na ja, wir haben ja immer einen gewissen Vorlauf. Also sowohl das Forum als auch diese Aula. Das wird ja ausgedruckt. Das hat gut einen Vorlauf von so acht bis zehn Wochen, weil das in den Programmen dann ausgedruckt wird. Und so lange muß man also mit den Wissenschaftlern, die einen Vortrag halten, natürlich auch im voraus verhandeln, das ist klar. Denen kann man nicht sagen, nächste Woche will ich ne halbe Stunde von Dir. Und diese Sendung Ruf Heidelberg, Donnerstags abends, da hat jeder Mitarbeiter hat ja ein ganzes Paket von Hörerfragen, die zu beantworten sind und das geht also eigentlich auch in ziemlicher Ruhe vonstatten. Vielleicht ist die Chronik, die nun aktuelle Sachen zum Vorschein bringt, da ein bißchen mehr unter Zeitdruck.

Bohn: Also bei der Chronik sind in der Regel die Mitarbeiter, die von außen Beiträge zuliefern, unter Zeitdruck, wenn am gleichen Tag jetzt noch ne Pressekonferenz stattfindet, die abends ins Programm soll. Und bei der Moderation ist gelegentlich auch ein gewisser Zeitdruck, aber mit eigenen Beiträgen können wir uns da nicht so sehr in Zeitdruck begeben, denn wenn wir selber Sendungen machen, ist noch ein Beitrag hilfreich (...)

Bischl: Und wie hängt das jetzt eigentlich zusammen, daß die Wissenschaftsredaktion fest die Kulturchronik bedient. Also vom Namen her 'Kultur und Wissenschaft' ist ja eigentlich ein bißchen was anderes. Und wie hängt das jetzt zusammen?

Niess: Das hängt mit dieser Kooperation mit dem Südwestfunk zusammen, weil das eine Sendung des Südwestfunks ist und wir sozusagen eingereiht wurden, genau wie bei dem Forum auch. Das war auch eine Sendung des Südwestfunks.

Tröger: Heißt eigentlich auch Kulturforum ganz streng genommen.

Niess: Ja, und wo der Südwestfunk eigentlich sozusagen den Kulturteil betreut, die Kultur im engeren Sinne, und uns dann unter demselben Namen – das wurde also auch um die Stetigkeit beizubehalten und das wiedererkennbar zu halten – dieser Teil der Kulturchronik bzw. des Forums, einen Termin in der Woche des Forums gegeben.

Bischl: Das dachte ich mir fast, daß das so zusammenhängt.

Tröger: Und wir sind ja auch ein Teil der Chefredaktion Kultur.

Bischl: Ach, gehören Sie auch dahin?

Tröger: Ja, zur Chefredaktion Kultur.

Bischl: Weil es ist doch oft so, gerade bei Zeitungen fällt es mir sehr stark auf, daß da bei Wissenschaftsjournalismus eigentlich vor allem, sage ich mal, Naturwissenschaften behandelt werden, sei das jetzt Chemie, Physik, Astronomie, biologische Sachen. Und daß alles, was aus dem Bereich Geistes- und Sozialwissenschaften kommt, eigentlich eher auf diesen Kulturseiten oder auf den Feuilletonseiten eher abgehandelt wird.

Tröger: Das ist bei uns nicht anders. Das ist bei uns genauso.

Niess: Na, ein bißchen anders schon.

Tröger: Naja, Geisteswissenschaft machen wir, also das ist nicht der Schwerpunkt unserer Tätigkeit.

Niess: Nein, nicht unser Schwerpunkt, aber wir machen auch ganz viel Sozial- und Kulturwissenschaften, Hochschul- und Sprachwissenschaften. Sehr kontinuierlich also. Wir haben ja zu dem Institut für deutsche Sprache seit vielen Jahren eine sehr enge Beziehung. Nicht nur wegen der geographischen Nähe, sondern auch wegen des sachlichen Interesses. Und man kann vielleicht sagen in Größenordnungen, in Proportionen, daß angegeben wird, daß vielleicht zwei Drittel Naturwissenschaften sind und ein Drittel maximal Geisteswissenschaften.

Bischl: Wie erklären Sie sich das? Weil, daß eben dieser Schwerpunkt so auf den Naturwissenschaften liegt. Also prinzipiell ist es ja so ein Phänomen bei allen wissenschaftsjournalistischen Redaktionen, daß eigentlich vor allem Naturwissenschaften behandelt werden.

Bohn: Das würde ich bestreiten. Wenn man mal die Medizin rausnimmt, als Nichtnaturwissenschaft, das was dann Naturwissenschaft wirklich als reine Naturwissenschaft bezeichnet, ist das bestimmt nicht sehr viel mehr als das, was wir insgesamt an Geistes- und Sozialwissenschaften machen. (...) Also insgesamt ist das ein falscher Eindruck, daß die Naturwissenschaften bei uns groß (...)

Bischl: Da wollte ich jetzt auch noch drauf eingehen. Was macht bei Ihnen die Themenauswahl aus? Also, was für Kriterien bestimmen, welche Themen hier gemacht werden. Oder was jeder persönlich, weil Sie haben ja ganz verschiedene Schwerpunkte thematisch.

Bohn: Das hängt von der Sendung ab. Jeder tut seins, um eine gewisse Mischung zu erreichen. Aber trotzdem gibt's von der Sendeform abhängig gewisse Schwerpunkte.

Tröger: Dazu muß man die Leute halt auch irgendwie kennen und einen Zugang zu haben.

Niess: Also beim Forum ist es so die latente Aktualität, die eine Rolle spielt. Also jetzt, nehmen wir als Beispiel, also diese Woche mache ich BAföG, weil das jetzt im Bundeskabinett entschieden wird, und die Studenten ganz offen darüber diskutieren. Und dann eine neue Protestwelle anzurollen droht. Dann aber auch natürlich Verständlichkeit, Möglichkeiten das umzusetzen in der Form, also man kann eben in Gesprächsform – das haben wir damals auch bei den Verhandlungen mit dem Südwestfunk, als nun diese Form uns aufgetragen wurde, sozusagen zu bedenken gegeben, daß man natürlich nicht in ner Gesprächsform also höchst komplizierte, wie Teilchenphysik und solche Themen machen kann ohne weiteres. Man kann's auch, nich, aber sicherlich auch auf Kosten der Verständlichkeit, und von daher sich das Spektrum der Themen eingegrenzt auf Dinge, die einem interessierten Laienpublikum im Gespräch verständlich zu machen sind. Wo man auch Partner gewinnen kann dafür.

Tröger: Und natürlich auch das, was Mitarbeiter anbieten. Manchmal kommt man da auch auf Ideen, die man vorher nicht hatte. Wenn einer irgendwo was in Hamburg entdeckt hat, was Interessantes, auch das beeinflußt die.

Niess: Und auch der Versuch, eine einigermaßen repräsentative Mischung auch zu machen. Also wirklich alle Bereiche drankommen zu lassen. Also nicht schwergewichtig das Eine zu machen und das Andere zu lassen, sondern aus allen Wissenschaftsbereichen Themen zu nehmen.

Bischl: Sie hatten das, glaube ich, eben auch angesprochen, oder Sie hatten auch schon angesprochen, dieser Bezug zu den Leuten. Also ich habe den Eindruck, daß hier die SDR-Wissenschaftsredaktion sich bemüht, egal über welchen Themenbereich gesprochen wird, das dann irgendwie – ich sag's mal ganz bildlich – den Bogen zu schlagen zu der Alltagswelt der Leute. Ist da mein Eindruck richtig?

Tröger: Ja es gibt ja das lateinische Wort tua res agitur. Und das hat unser früherer Chef, Herr Stemmler, immer gesagt. Ihr müßt immer sehen, daß Ihr ein Thema so anbringt, daß möglichst viele Leute denken: 'Ach, das könnte mich ja mal betreffen.' Oder: 'Das betrifft mich schon.' Oder: 'Das ist einfach nur auch mal interessant für mich.' Aber man muß irgendwie – das geht längst nicht immer – aber versuchen, das irgendwie in die Alltagswelt von den Leuten so hineinzuschieben, daß sie da auch Interesse haben und nicht gleich sagen: 'Was interessiert mich das? Das geht mich überhaupt nichts an.'

Bischl: Also ist meine Beobachtung richtig, daß man sagen kann, das ist so ein Prinzip hier von der Wissenschaftsredaktion, das so (...)

Tröger/Niess: Also ich weiß nicht wie's bei Euch ist aber bei mir, ich bemühe mich schon immer, ja.

(Durcheinander)

Niess: Mit etwas verschiedenen Akzenten. Mit mehr oder weniger Nachdruck, oder Intensität.

Bischl: Liegt ja auch immer am Thema, natürlich.

Niess: Also bei einer Sendung, die Verbrauchern näher ist, wie Ruf zum Beispiel, ist der Akzent in der Beziehung sicherlich sehr viel stärker als bei einer Sendung die, wie das Forum, eben Forum sein soll, auf dem aktuelle, latent aktuelle Themen verhandelt werden. Da wollen wir ja auch uns anschließen an den Lauf der öffentlichen Diskussion. Also um nicht vom Diskurs zu reden, der da immer im Munde geführt wird. Also, sozusagen, aktuelle Diskussionen aufzunehmen und die repräsentativ nachzuvollziehen eben miteinander.

Tröger: Dies ist ja letzten Endes auch eine tua res agitur, indem Du den Leuten hilfst durch eine Hintergrund, ausführliche Hintergrundinformation das, was sie so in Schlagzeilen mehr oder weniger kurz nur äh in Zeitungen lesen, das auch besser zu verstehen.

Niess: Weniger direkt und vielleicht etwas abgehobener und vielleicht auch ein bißchen abstrakter als das bei den anderen Beiträgen der Fall sein kann. Also nehmen wir als Beispiel, wie hatten neulich über die neue Disziplin im Medizinbereich Gesundheitswissenschaft oder Gesundheitswissenschaften, die von den USA herkommt. Und das ist natürlich in der Diskussion, die erst mal methodologisch, forschungsintern, wo sich also erst mal Vertreter aus verschiedenen Richtungen unterhalten haben über das, was sie da machen eigentlich, was sie vorhaben, und was sie erreichen können damit, und wie sie sich von der Medizin abheben und Eigenständigkeit, auf Eigenständigkeit bedacht sind und so weiter. Das sind Diskussionen, die sich jetzt noch nicht so unmittelbar an die Verbraucher in dem Sinne wendet, aber Verbraucher, also sprich potentielle Patienten auch sehen können, wie nachgedacht wird über solche Probleme, wie man Qualität der Medizin sichern kann, wie man sozusagen von unabhängiger Warte aus den Fortgang der medizinischen Forschung beurteilen kann undsoweiter.

Bischl: Jetzt habe ich mir hier noch eine Frage notiert: Was ist für Sie so das Allerwichtigste am Wissenschaftsjournalismus, also gerade in Abgrenzung zum allgemeineren Journalismus-Begriff. Also, ich meine Wissenschaftsjournalismus ist ja auch ein Ressort, wie Sportberichterstattung oder Kulturberichterstattung. Was ist für Sie das Spezifische am Wissenschaftsjournalismus? Also wie ist, auch, wie Sie das in Ihrem Alltag auch erleben. Ich weiß ja nicht, ob Sie gleich mit Wissenschaftsjournalismus angefangen haben, von Anfang an. Insofern haben Sie vielleicht auch eine Vergleichsmöglichkeit.

Bohn: Ich würde sagen, Wissenschaftsjournalismus ist Journalismus wie jeder andere auch. Er hat ein spezielles Thema. Deswegen haben wir überwiegend auch mit Wissenschaftlern zu tun. Aber ansonsten, von der Herangehensweise, ist es eigentlich dasselbe. Nur ist, daß vielleicht die Kollegen vom Aktuellen, sich thematisch mit allem befassen müssen und dadurch sehr oberflächlich sein müssen. Aber wir haben halt das Privileg sozusagen, uns zu spezialisieren, verfügen über Fachwissen, das was andere Redakteure oder Journalisten halt auch eben wieder nicht so haben können.

Tröger: Kompetenz, Kompetenz. Aber man kann vielleicht an einem Beispiel den Unterschied deutlich machen. Wenn, wenn so ein Allround-Journalist ne Pressemeldung kriegt, da hat der Professor X Y gesagt, er hat ein neues Mittel gegen – was weiß ich – Bluthochdruck. Hundertprozentig, todsicher wirkt's. Und dann wird der Allround-Journalist vielleicht fragen, wer ist der Mann, ja gut, der ist Hochschullehrer, hat da ein Institut, ist Klinikdirektor und so, das ist interessant, das veröffentlichen wir. Ein Wissenschaftsjournalist, eben mit dieser Spezialisierung über die Zeit, dem wird vielleicht einfallen: 'Ach Mensch, mit dem war doch vor zwei Jahren ein Skandal?' Oder: 'Der hat irgendwie mit ner Pharmafirma ist der verbandelt' oder 'Dessen Frau hat ne Pharmafirma gegründet' oder irgendsolche Geschichten. Was eben diese langfristige Beschäftigung mit den Themen betrifft. Es fällt einem vielleicht mehr zu dem Thema ein. Man kann sagen: 'Vorsichtig, das ist eine zwielichtige Figur.' Oder: 'Das Mittel, das ist schon mal gebracht worden und hat nix gewirkt und jetzt gießen se das einfach noch mal neu auf.' Also man kann sozusagen, und dazu werden wir ja auch oft dann gerufen, bei den aktuellen Sendungen, um so was dann einzuordnen. Und nicht nur so das gleich dann weiterzugeben, was irgend jemand so von sich gegeben hat. So sehe ich da den Unterschied.

Niess: Wobei sich natürlich Politik und Wissenschaft in dem Bereich sehr weit überlappt. Und viele, fast alle wissenschaftlichen Themen oder Probleme haben auch einen politischen Aspekt. Also in der Medizin die Gesundheitspolitik ist da ganz evident. Oder, oder Forschungsstrategien, Forschungspolitik, wo setzt man Prioritäten im BMFT, mit denen haben wir ja auch viel zu tun, also wenn die eine Pressekonferenz machen über die Forschungspolitik der Bundesregierung oder der in der europäischen Gemeinschaft oder Forschungspolitik.

(Kurze Unterbrechung)

Bischl: Herr Tröger hat gerade ein schönes Beispiel gebracht, über das Besondere des Wissenschaftsjournalismus, oder wo waren wir gerade?

Niess: Ja, und da hatte ich gesagt, daß sich das sehr oft überlappt mit der Politik, und daß wir da halt dann auch ganz förmlich gewisse Ressortgrenzen beachten; zur Politik, zur Wirtschaft hin, zur Kultur, wobei bei der Kultur natürlich die Grenzen am fließendsten sind. Die verlangen, erwarten von uns auch oft Beiträge und insofern (...)

Bohn: Also, man kann sagen: Hochschulpolitik, Forschungspolitik sind eindeutig unser Ressort. Und wo es nicht so eindeutig ist, das ist gerade der Bereich Sozialpolitik und Gesundheitswesen. Weil wir haben hier auch ne Redaktion, die nennt sich Wirtschaft und Sozialpolitik. Also die machen natürlich den Bereich zum Teil auch. Aber ich meine, immer dort, wo quasi wissenschaftliche Aspekte mit reinspielen und es notwendig wird, was zu beurteilen, da sind wir zumindest daran beteiligt.

Bischl: Ah ja, jetzt wollte ich Sie noch fragen: Ihre Themen sind ja zumeist nicht gerade einfach. Auch gerade für Zuhörer. Also wenn ich jetzt über eine neue Straße berichte, im Lokalen, darunter kann sich jeder Mensch was vorstellen, und er weiß, wie es funktioniert. Aber wenn Sie jetzt so Themen haben wie irgendwas Physikalisches oder Astronomisches oder auch diese Gesundheitsgeschichten. Da ist ja oft sehr schwer für die Zuhörer, sich das vorzustellen. Jetzt haben Sie aber ein Medium, was auf Bilder verzichten muß. Sie können ja nicht irgendein Bild dazustellen, daß derjenige sich das vorstellen kann, wie das in etwa aussieht, was da besprochen wird. Wie machen Sie das jetzt? Weil es ja zum Teil wirklich theoretische oder abstrakte Themen sind, die vom Alltag der Leute doch recht weit weg sind. Wie versuchen Sie, es zu erklären oder sprachlich zu erfassen? Oder was für Strategien oder Tricks gibt es da? Irgendwie müssen Sie's ja machen, daß die Leute das verstehen, was Sie ihnen erzählen.

Bohn: Wir können eigentlich nur dann anschaulich mit Bildern arbeiten, wenn die Wissenschaftler vorher dies auch getan haben. Das heißt, wenn die Modelle aus der Wissenschaft eigentlich schon sehr exakt sind. Beispielsweise das Immunsystem. Ich meine, natürlich kann man sagen, das Immunsystem sind irgendwelche Abwehrtruppen des Körpers. Die Immunzellen sind solche Soldaten, die sozusagen das Immunsystem ins Feld schickt. Aber sobald es ins Detail geht, jetzt gerade bei der Wirkung des Aidsvirus oder die Strategien, um das Aidsvirus in Schach zu halten, da können unsere sprachlichen Bilder nicht besser sein, als die Modelle der Wissenschaftler. Und diese sind zum Teil sehr gut und an diese lehnen wir uns natürlich auch an.

Bischl: Wollte ich gerade sagen, also fragen. Lehnen Sie sich an die, an die Bilder oder Ideen an, die Ihnen die Wissenschaftler vorgeben, wenn sie Ihnen einleuchten?

Bohn: Bilder sind ja eigentlich das, was wir transportieren müssen. Die

Wissenschaft muß ja die Modelle oder die Theorien entwickeln. Wie ein Aids-Medikament wirken könnte, wo es ansetzen könnte. D.h. eigentlich die Bilder selber kommen aus der Wissenschaft. Es geht eigentlich nur noch darum, vielleicht ein bißchen plakativere Begriffe zu finden, als sie die Wissenschaftler verwenden. Oder eben mit Bildern oder Tabellen oder sonstigem optisch aufbereiten zu können, daß wir dies noch in Sprache umsetzen. Aber wir erfinden sozusagen nicht.

Niess: Beispielsweise bei Aids. Wenn solche Bilder oder Sprachbegriffe gebraucht werden, wie das Virus dockt an, an einer bestimmten Zelle oder es ist ein Schlüssel zu der Zelle usw. Also mit plastischen Begriffen, an denen man sich dann das bildlich vorstellen kann, was an sehr komplizierten Vorgängen da stattfindet.

Tröger: Man muß auch den Mut zur Vereinfachung haben. Man darf da keine Skrupel haben, bestimmte Zusammenhänge einfach beiseite zu lassen, um, um zu Punkten zu kommen, die auch verständlich zu machen sind. Und das ist also im Lauf der letzten Jahre oder fast Jahrzehnte insofern auch schwieriger geworden, als die Wissenschaftler, mit denen man zu tun hat, ganz andere sind als früher. Früher waren das welche, das waren die Fürsten, die ein Fach beherrscht haben. Wenn man mit denen gesprochen hat, die haben aus ihrem Fach einem zu allem was gesagt und waren dadurch verständlich, weil es nicht zu tief ging. Heute wird man Wissenschaftler, indem man immer kleinere Bereiche immer besser kennt. Und diese Interviewpartner können das zwar, beherrschen das phantastisch, aber können es einem fast nicht mehr erklären, weil sie die Welt vor lauter Viren oder Virusschnipseln nicht mehr sehen. Also die Generalisten, die es früher in der Wissenschaft gab, die werden immer weniger. Und die Spezialisten machen sich breit und das macht unsere Arbeit, finde ich, schon schwieriger.

Bischl: Was ich jetzt sehr interessant fand, war dieser Satz: dieser Mut zur Vereinfachung. Das müssen Sie natürlich tun, Sie können das ja nicht so speziell machen, wie die Wissenschaftler dies machen. Weil dann versteht ja kein Mensch mehr, was Sie den Hörern eigentlich erzählen. Inwiefern werden diese Sachen, also dieser Mut zur Vereinfachung, wird dies auch ausgehandelt mit den Wissenschaftlern? Also gerade wenn Sie irgendwelche Fachbereiche erklären oder einzelne Fachwörter. Wie weit können Sie dann selbst sagen: 'Das übersetze ich jetzt einfach so.' Oder: 'Das erkläre ich jetzt irgendwie allgemeinsprachlich.' Oder gehen Sie auch im Interview her und fragen den Wissenschaftler: 'Verstehe ich Sie richtig, kann man das auch so und so sagen?' Also werden Begriffe oder Erklärungen oder Umschreibungen jetzt auch so ein bissel, ich sage mal, ausgehandelt?

Tröger: Ja, im schlimmsten Fall sagt man: 'Das machen wir jetzt noch mal. Das hat keiner verstanden.' Das gibt's auch. Aber so wie Sie gesagt haben. Also entweder man ist selber der Dolmetscher, wenn's ein Interview geblieben ist und verdeutscht schnell zwei, drei Fachausdrücke, die der gebraucht hat. Trotz des Appells vorher an ihn, das nicht zu tun. Aber das geht halt nicht. Oder man macht Zwischentexte, wo man dasselbe praktisch in Redundanz noch mal sagen kann, mit anderen Worten und noch mal verständlicher und in der Hoffnung, daß dann davon was hängen bleibt. Also, da gibt es schon ne ganze Menge Möglichkeiten, um das verständlich zu machen. Zum Beispiel bei so Gesprächsrunden, wo man gar nicht später noch was machen kann, ist es dann halt schon am blödsten, wenn sich einer dann überhaupt nicht an so was hält, und das gibt's natürlich. Das sind eben die Spezialisten.

Bohn: Ja, aber wenn's jemand nicht gut erklären kann, geht man dann dazwischen. Bei einem Interview, das nicht als Interview gesendet wird, sondern als gebauter Beitrag, hab ich immer die Möglichkeit, einen O-Ton nicht zu nehmen und das selbst zu erklären und den O-Ton entsprechend kurz zu halten. Von daher eigentlich...

Niess: Aber es ist natürlich im Prinzip ne Gradwanderung. Aus einem ganz einfachen Grunde, weil man genau abstecken muß ungefähr, wie weit man vereinfachen kann, ohne zu simplifizieren. Das ist das Hauptproblem bei der ganzen Geschichte, ne. Und der Vorwurf, daß wir als Wissenschaftsjournalisten simplifizieren, der kommt natürlich entweder unausgesprochen oder direkt von sehr vielen Wissenschaftlern. Die sehen unseren Beruf so an, als daß wir solche terrible simplificateurs sind, die also alles irgendwie auf einen ganz einfachen, primitiven Nenner bringen und damit im Grunde die Komplexität des wissenschaftlichen Sachverhalts reduzieren und letztlich auch an der Sache dann vorbeigehen, natürlich zum Teil zwangsläufig. Also den Vorwurf kriegt man eigentlich immer wieder so indirekt, also gerade von etwas hochnäsigeren Wissenschaftlern oder unfähigeren, zur Kommunikation unfähigeren Wissenschaftlern zu hören.

Tröger: Ja, oder die irgendwie ein falsches Bild von Journalisten haben. Die also schlechte Erfahrungen gemacht haben mit diesen Allroundern eben, die dir dann irgendetwas aus der Nase ziehen wollen, was denen, denen jetzt gerade gefällt, was 'ne gute Schlagzeile gibt. Also die Erfahrung machen Wissenschaftler natürlich auch. Und oft sind sie dann hinterher ganz angetan und sagen, ach, das war jetzt mal ne völlig andere Art, sich zu äußern, wenn er dann mit Unsereinem zu tun hatte.

Niess: Weil also zusätzlich zu dieser Spezialisierung in der Wissenschaft in den letzten Jahrzehnten sicher noch dazu gekommen ist, daß also ein bestimmter Sprachgebrauch als wissenschaftsimmanent betrachtet wird und auch als für das Renommee für wichtig gehalten wird. Also das ist in den Sozialwissenschaften sowieso so. Da meint jeder, nur wenn er ein bestimmtes soziologisches Vokabular verwendet, ist er sozusagen auf der Höhe der Zeit. Und das ist natürlich ein Mißverständnis von Wissenschaftlichkeit zum Teil, was man also sehr schwer durch die Berichterstattung dann, bzw. durch die Kommunikation mit demjenigen korrigieren kann.

Bischl: Und wie verfahren Sie mit Fremdwörtern? Was ja auch, in jedem Wissenschaftsbereich tauchen halt Fremdwörter auf.

Tröger: Im Grunde genommen müßten wir jedes Fremdwort erklären. Das ist meine Erfahrung. Ich hab' mal, das ist jetzt schon ein bißchen länger her, ein zehn Wochen langen Kurs zum Schlankwerden gemacht und habe dann am Schluß das wissenschaftlich auswerten lassen und so ein paar Verständnisfragen gestellt. Und da kam raus, obwohl man zehn Wochen lang über wirklich ein einziges Thema gesprochen hat, daß das Wort Kalorie, der Begriff Kalorie einem beachtlichen Teil der Teilnehmer, die konnten damit nichts anfangen. Und so ist, glaube ich, die Lage draußen. Also, das ist trostloser als man denkt, was, was sozusagen die Voraussetzungen betrifft, die man antrifft. Das ist unglaublich wenig.

Niess: Wobei die verschiedenen (...)

Tröger: Insofern dürfte man eigentlich kein Fremdwort gebrauchen. Aber das geht nicht. Also, ganz so runter kann man sich dann auch nicht begeben.

Niess: Wobei die Voraussetzungen je nach Sendung ja auch verschieden sind. Bei der Rufsendung ist ein breiteres Publikum von interessierten Leuten, sagen wir mal, von denen weniger akademisch vorgebildet sind als beim Forum oder bei der Kulturchronik. Das ist eine kleine, interessierte Minderheit von hauptsächlich Akademikern, die also mal gucken wollen, hören wollen, was in ihren Nachbargebieten vor sich geht, was da geforscht wird und rauskommt. Und die insofern also auch gerüstet sind. Auch sprachlich und terminologisch, um das nachzuvollziehen.

Tröger: Im Prinzip schon. Aber ich finde, also mein Anspruch ist, es auch im Forum so zu sagen, daß auch Zuhörer aus dem ersten oder vierten Programm das verstehen. Also ich möchte schon, das was ich für wichtig halte und für wichtig halte, in die Öffentlichkeit zu bringen, jetzt nicht nur irgendwelchen Rand- oder Nebenwissenschaftlern, sondern ich möchte es schon für die Allgemeinheit machen. Allerdings sind meine Themen natürlich nun eher dazu geeignet, das ist klar. Das ist schon mein Anspruch, überall möglichst breit verstanden zu werden.

Bohn: Also, ich denke natürlich auch, wir können nicht jedes Mal bei Adam und Eva anfangen. D.h. wir müssen gewisse Dinge inhaltlich voraussetzen, und wir müssen gelegentlich auch Begriffe voraussetzen. Wenn ich vom aktuellen Kongreß in acht Minuten berichte, zwei, drei wichtige Highlights rausgreife, einfach sozusagen als ausführlichere Quellen und was passiert ist oder was sich tut, da ist es völlig unmöglich, daß man praktisch jeden Zusammenhang, oder auch jedes Fremdwort was da drin ist, grundsätzlich erklärt. Im 'Ruf' würd man wahrscheinlich sogar so weit gehen, daß man 'Infektion' vermeidet und von Ansteckung redet. Also so weit würde man im 'Forum' oder in der 'Chronik' nie gehen. Es unterscheiden sich auch die Hörer vom ersten und zweiten Programm.

Niess: Aber das ist ja zum Teil auch noch viel einfacher das Problem, oder viel simpler, daß man über Zusammenhänge aufklären muß dann, die von den Gesprächspartnern zum Beispiel im Forum als selbstverständlich vorausgesetzt werden. Das sind dann oft, wenn man also zu einem Thema eine Runde hat sind das Insiderdiskussionen, die sich da fortsetzen aus dem hochschulpoli tischen Zusammenhang raus, zum Beispiel. Also bei der Bafög-Sendung ist mir das letzte Woche so gegangen. Da spricht dann einer von HIS, da muß ich sagen: 'Das ist das Hochschulinformationssystem, ein Dienstleistungsunternehmen, was Untersuchungen macht.' Dann sagen sie: 'die 14. Sozialerhebung', von wem und wann und zu welchem Thema. HSW, DSW, Deutsches Studentenwerk. Also da kommen dann lauter solche Kürzel, im engeren Sinne, aber auch im weiteren Sinne und da muß man dann immer wieder einschreiten, muß erklären, wo das herstammt, was das für ne Bewandtnis hat.

Bohn: Aber das haben Sie im politischen Bereich im Prinzip auch. Wenn Sie sich eine politische Debatte anschauen über Vorruhestandsregelung. Das ist ein Wort, das jeder versteht, bei dem jeder weiß, worum es geht. Aber wer kennt denn die Regelung im Detail, vielleicht, da geht man genauso über Dinge hinweg oder setzt Dinge voraus, wie bei uns auch.

Niess: Oder bei der Währungsunion.

Bohn: Das ist im politischen Journalismus ganz genauso.

Niess: Bei der Währungsunion haben sie sich jetzt mal vor dem Bundestag aufgestellt und die Abgeordneten gefragt nach diesen Konvergenzkriterien, und hat keiner gewußt, was das ist.

Bischl: Was mich auch interessieren würde: Hier im Haus gibt es immer auch viele Praktikanten und junge Leute, die für Sie arbeiten, oder wenn Sie neue freie Mitarbeiter haben. Was sind so, ich sage mal, so Regeln, die vorgegeben werden. Also mit Regeln meine ich jetzt eben, wir hatten so Sachen angesprochen, wie eben Fremdwörter irgendwie übersetzen, erklären, einordnen. Was gibt es dann noch für Sachen, von denen Sie wissen, das machen junge Leute, die zum ersten Mal einen wissenschaftsjournalistischen Beitrag bauen, prinzipiell falsch. Also, was sind, ja so Handwerkszeug, was Sie einfach im Laufe Ihrer Tätigkeit gelernt haben; einfach wissen: 'Das muß ich einbauen, darauf kommt es an, damit die Hörer verstehen, was ich ihnen erklären will', also was sind das für Sachen, die Sie den jungen Leuten, die anfangen, sagen. 'Hören Sie zu oder hör zu, das und das, darauf mußt Du achten.'?

Bohn: Also, bei uns fangen eigentlich keine Leute an, die journalistisch unbeleckt sind.

Bischl: Ja, das ist klar.

Bohn: Und insofern muß man denen eigentlich nicht das Handwerkszeug beibringen. Das einzige, wo wir sprachlich auf Unterschiede aufmerksam machen müssen, ist, wenn Leute aus dem Printbereich kommen. Gedruckte Sprache ist eine andere Sprache als Sprache im Radio. Das hat aber jetzt nichts mit Wissenschaftsjournalismus zu tun. Das ist ein ganz generelles Problem, daß man halt für den Hörfunk anders schreiben muß als für 'ne Zeitung.

Bischl: Worauf muß man da achten?

Tröger: Kurze Sätze, Verb nahe ans Substantiv, Nebensätze und Absetzen. Substantiv wieder aufgreifen.

Bohn: Es gibt eine ganz einfache Regelung. (...) Man soll den Text einfach durchsehen auf die Endung -ung. Und wenn die Endung -ung auftaucht, dann soll man sie einfach rausschmeißen. Dann hat man irgendeine Hauptwortkonstruktion gemacht, die einfach sprachlich sowieso unschön ist. Aber im Radio noch viel schlimmer klingt, als wenn man sie gedruckt lesen würde. Das ist eine ganz simple Regel, aber die, man kann sagen, einfach von der Formulierung her, deckt die schon mindestens fünfzig Prozent ab.

Niess: Also keine Schachtelsätze natürlich.

Bohn: Auch Redundanz natürlich mehr als im gedruckten Beitrag. Und natürlich kommt's beim Hören, glaube ich, auch immer mehr darauf an, daß das, daß ein Beitrag wirklich logisch aufgebaut ist. Daß man nicht ständig vor und zurückspringt. Während bei nem gedruckten Beitrag kann man natürlich auch auf den Anfang des Artikels noch und so. Also das können Sie beim Radio nicht.

Niess: Also, man wundert sich nun oft, daß so ganz einfache Kompositionsprinzipien A, B, C, nicht, also Einleitung, Hauptteil, Schluß, also wie man es in der Schule gelernt hat, eigentlich in primitivster Weise, wie die nicht eingehalten werden. Wie da Kraut und Rüben durcheinander geht. Das Ende vorm Anfang kommt, folgt oder kommt. Und also insofern sind, sag´n wir mal die Grundregeln sind sogar relativ einfach. Also was die Sprache und den Aufbau betrifft.

Bischl: Wir hatten auch vorhin schon mal angesprochen die sprachlichen Bilder oder Metaphern. Das ist natürlich jetzt für uns interessant. Deswegen wollte ich noch mal darauf zurückkommen. Diese Metaphern oder so sind ja nicht bei allen Journalisten ganz unbestritten. Also es gibt ja auch diese journalistische Ratgeberliteratur auch gerade für Einsteiger. Da wird dann auch so gewarnt – ich glaub der Wolf Schneider macht's oder irgendjemand – so vor diesem falschen Bild oder, 'Achtung vor Springen im falschen Bild' oder so Sachen. Inwiefern, also Sie hatten es ja vorhin schon mal gesagt Herr Bohn, daß die Bilder, die die Wissenschaftler oder die Ideen, die die Wissenschaftler entwickeln und in Bilder packen, übernehmen Sie ja. Und wie, inwiefern versuchen oder suchen Sie auch noch selbst nach sprachlichen Bildern. Ich meine in Ihrem Alltag. Ich meine, Sie sitzen jetzt natürlich nicht da und sagen 'Welches Bild habe ich da?' aber irgendwie Sie feilen ja doch an Ihren Texten, nehme ich an. Also inwiefern versuchen Sie dann, Ideen oder Theorien zu verbildlichen oder Metaphern zu finden. Tun Sie das überhaupt? Weil mir ist aufgefallen, in ihren journalistischen Texten sind schon sehr, sehr viele Metaphern enthalten. Und gerade im Wissenschaftsjournalismus, also sowohl im Rundfunk als auch im Pressebereich, also den Fernsehbereich habe ich mir nicht angeguckt, sind doch viele Metaphern drin.

Tröger: Also, mein oberstes Prinzip ist es immer, daß ich mir überlege, kann man das verstehen so. Und wenn da irgendein Bild hilft, dann nehm ich das auch. Das fällt mir dann aber spontan ein. Also, gut man hat für bestimmte Sachverhalte sich wahrscheinlich im Laufe der Jahre ein gewisses Bildmaterial, ein Bildarchiv auch zugelegt, ganz unbewußt, das kann natürlich sein. Aber, aber wenn sich die Verständlichkeit erhöhen läßt durch ein Bild. Und wenn das Bild einem auch nicht die Schuhe auszieht. Wie war das, das, der Kampf um's goldene Kalb oder was?

Niess: Nein, also die Gefahr dabei ist, eben die der Übertreibung. Und daß man, daß mit zu vielen Bildern dann also auch in die Gefahr der Stilblüte gerät. Und das stimmt schon.

Tröger: Ja, ja, das ist klar natürlich, ja klar. Wie war das?

Niess: Das Auto steht mit dem Heck zur Wand.

Tröger: Mit dem Heck zur gesellschaftlichen Wand.

Bohn: Also wir haben schon den Ehrgeiz, nicht im Hohlspiegel aufzutauchen.

Bischl: Na gut, das ist ja ein berechtigter Ehrgeiz.

Niess: Aber, ich mein, im Prinzip ist es ja ganz natürlich, daß man versucht also, komplizierte Zusammenhänge, die relativ abstrakt sind, durch Bilder konkreter und anschaulicher zu machen. Also für jemanden, der das also so dann vielleicht besser nachvollziehen kann. Wenn er mit der Materie nicht so vertraut ist, und, und den man mit Abstraktionen überfordern würde.

Tröger: Ich glaube, wir drei hier sind auch mit deswegen in diese Posten gekommen, weil wir das irgendwie konnten oder, oder weil wir uns da irgendwie hervorgetan haben vor anderen. Also ich glaube, das Erklärenkönnen war ganz wichtig dafür, daß wir, daß wir dann genommen wurden, erst als freie Mitarbeiter und dann auch eingestellt worden sind.

Bischl: Also erklären können unter anderem eben mit sprachlichen Bildern.

Tröger: Ja.

Bischl: Also aus...

Tröger: Umgang mit Sprache überhaupt, ja.

Bischl: So ich glaub, einen Großteil hab ich jetzt schon. Also, was mich noch mal interessieren würde, wäre vielleicht, wenn Sie jetzt noch mal ganz kurz Zeit haben: die prinzipielle Konzeption vom SDR hier im Haus, also von der Wissenschaftsredaktion. Gibt es da so eine prinzipielle Konzeption, wo man sagt: 'Das sind unsere Ziele.' Oder als Redaktion: 'Das sind unsere Ziele, unsere Aufgaben, die wir verfolgen müssen.' Sind die vorgegeben, oder haben Sie sich diese vorgegeben.

Bohn: Vorgegeben sind uns zunächst mal natürlich Sendezeiten und Sendeformen. Das heißt, wir haben einen ganz konkreten Programmauftrag. Und daraus ergibt sich eigentlich schon, was wir zu tun haben, aber nicht so sehr die inhaltlichen Details und schon gar nicht sprachliche. Aber so wie bei ihm zum Beispiel im Forum vorgegeben ist, einmal pro Woche eine Stunde Diskussion. Das ist ne ganz klare Vorgabe. Und dann unser Themenbereich – Wissenschaft, Hochschule, Forschung – das ist auch klar und daraus ergibt sich natürlich in der Auffächerung der verschiedenen Sendeformen, die wir haben, auch so eine bestimmte Verteilung oder auch ein Konzept, wenn Sie so wollen. Daß wir natürlich so ne Strecke wie das Forum eher nehmen, um Themen aufzugreifen, die ja sowieso strittig sind, diskutieren können Sie ja eigentlich vornehmlich über strittige Themen, und nicht so sehr über Dinge, die sie erklären müssen, das ist klar. Während in Ruf ist die Vorgabe eigentlich nur durch die Hörerfragen da. Das heißt, die Hörer haben ein bestimmtes Interesse und der Redakteur muß halt gucken, daß er das kanalisiert, also bündelt, daß er also auch Dinge zum Vorschein bringt, die vielleicht nicht so sehr nachgefragt werden, aber trotzdem interessant sind. Daß also eine einzelne Frage nicht unter den Tisch fällt, daß möglichst alle Themengebiete vertreten sind, aber an und für sich das Konzept entwickelt sich aus den Vorgaben, die in unserem Programmauftrag enthalten sind.

Niess: Wobei man ja dazu sagen muß, daß die Formen und die Sendezeit relativ breit ist, Sendezeit ist entsprechend lang, also wir haben über vier Stunden Sendezeit pro Woche. Und dann diese verschiedenen (...)

Bischl: Ohne aktuelle und tagesaktuell...

Niess: Ohne die Beiträge, die wir zuliefern.

Tröger: Ohne das, was wir für andere machen.

Niess: Eigene Sendungen, die hier im Hause verantwortet und gemacht werden. Und dann zusätzlich noch von uns selbst und von den freien Kollegen in der Redaktion ne Menge Beiträge, Kurzbeiträge von vier, fünf Minuten, bis hin zu 20 Minuten Beiträgen, äh 40 Minuten Sendungen nach Stuttgart, für die politische Redaktion beispielsweise oder für Kultur aktuell oder wie auch immer. Und dann ja zu den Zielen, also ich glaube, da sind wir uns wohl schon immer einig gewesen, auch in früherer Besetzung, seit ich die Redaktion kenne, daß also der Ehrgeiz schon darin bestehen sollte, sagen wir mal, von einer Wissenschaftsredaktion einer größeren Öffentlichkeit in einer Zeit, in der wirklich viele Zusammenhänge sehr kompliziert sind und immer komplizierter werden, so nach dem allgemeinen Diktum, sagen wir so Orientierungshilfen zu geben, also es gibt ja von dem Jürgen Mittelstraß, dem Philologen in Konstanz, der jetzt auch bei uns öfters auftritt und Vorträge hält oder Beiträge leistet, so diese Unterscheidung eben Orientierungswissen und Verfügungswissen, und daß man also Orientierungswissen zur Verfügung stellt und als Vermittler zwischen Wissenschaft und Öffentlichkeit tätig ist.

Tröger: Und ein anderer Gesichtspunkt, der auch immer wieder spürbar ist, ist der, allerdings ohne, daß das jetzt irgendwo jemand niedergeschrieben hätte, ist der, bestimmte Entwicklungen möglichst als erste mitzukriegen. Also das beobachtet man oft, daß wir Sachen schon im Programm haben, bevor sie im allgemeinen Tagesgeschäft Schlagzeilen machen. Oft ein Jahr vorher schon. Und dann sind wir oft geneigt zu sagen: 'Och Mensch, das hatten wir doch schon.' Und dann wundern sich die Kollegen in

Stuttgart, die das natürlich erst dadurch mitkriegen, daß die deutsche Presseagentur, das mal drin hat. Da müssen wir dann immer sagen: 'Ja gut, wir hatten das zwar schon, aber es wird jetzt breiter darüber geredet als damals, wo es wirklich eine Novität war. Also müssen wir es noch mal machen.' Da muß man sich dann manchmal auch einen Ruck geben, weil man denkt: 'Wieso soll ich das noch mal machen? Hatte ich doch schon.'

Niess: Und man muß sich einen Ruck geben und (...)

Tröger: Bei Asbest war das zum Beispiel, es gibt viele Bereiche, wo wir das schon relativ breit gemacht hatten, und es kam erst ein, zwei Jahre später, wurde es wirklich ein Thema in der, in der Öffentlichkeit.

Niess: Und man muß sich nen Ruck geben oft in Fällen, wo also Ängste auftreten, was bestimmte wissenschaftliche Entwicklungen angeht, die zwar unberechtigt sind, aber die man eben mit Hilfe von verständlichen Beiträgen dann zerstreuen müßte oder beschwichtigen müßte. Also, Beispiel Stichwort Elektrosmog. Da hieß es bei uns in der Redaktion dann oft: 'Naja, da gibt es doch keine wirklich epidemiologischen, eindeutigen Erkenntnisse, also über den ursächlichen Zusammenhang zwischen Elektrosmog und bestimmten Beschwerden und Krebs schon ganz zu schweigen.' Aber da kommt's ja dann doch drauf an, auf die Ängste, die trotzdem entstehen, so diffuse Ängste in der Öffentlichkeit, auf die einzugehen, und denen die wissenschaftlichen Sachverhalte entgegenzustellen. Aufzuklären, also in diesem Sinne. Also im ursprünglichen Sinne von Aufklärung.

Bischl: Und was unterscheidet für Sie ne gute wissenschaftsjournalistische Sendung von einer schlechten?

Bohn: Die journalistischen Kriterien. Aber ich muß es noch mal sagen: Wissenschaftsjournalimus hat ein spezielles Themenfeld. Aber es ist kein irgendwie anders gearteter Journalismus. Es ist ganz normaler Journalismus.

Bischl: Also, wird immer definiert übers Thema oder das Themenfeld.

Bohn: Also, nicht nur. Also es gibt natürlich irrelevante Themen, da würde ich sagen, so was würde ich nicht in die Sendung bringen. Also, jeder von uns kriegt Angebote von externen freien Mitarbeitern, und die gelegentlich fragen, ob wir etwas haben wollen. Manchmal ist es aber kein Thema. Das ist dann aber kein schlechter Beitrag, sondern das ist dann überhaupt kein Beitrag und es kommt kein Beitrag zustande. Und wenn es ein schlechter Beitrag wäre, dann wäre es eigentlich unsere Aufgabe, ihn zu überarbeiten oder eben eventuell auch redigierend einzugreifen, wobei das ist auch sehr stark abhängig von der Sendung, um die es geht. Zum Beispiel bei der 'Aula', ganz konkret, da müssen

wird die Manuskripte richtig redigieren. Das ist dann richtige Redaktionsarbeit in dem Sinne. Während ich in der Chronik überwiegend aktuelle Beiträge krieg', wo man nur noch kürzen kann, aber nicht mehr verändern. Also nicht mehr korrigieren in dem Sinn. Das ist relativ selten. Bevor daß ein Beitrag zwei, drei Tage vorher fertig ist, krieg ich in der Regel ein Fax, und vor der Produktion kann ich noch mal mit demjenigen reden und sagen: 'Die Formulierung ist vielleicht nicht so gut oder da gehört eigentlich noch der und der Aspekt mit rein.' Aber in aller Regel, in der Chronik als einigermaßen aktuelle Sendung, bei der man am wenigsten noch wirklich am Beitrag arbeiten kann. Das heißt, da ist nichts mit feilen, sondern...

Tröger: Im Forum kannste auch nix machen, weil das eine fertige Diskussion ist.

Niess: Da kann man also vorher mit dem Moderator oder der Moderatorin sprechen, in welche Richtung die Sendung gehen soll. Und ich mach' mir – und andere machen das sicher auch – so einen roten Faden, wo ich also dann Punkte drauf hab, und Informationen, von denen ich glaube, daß sie vielleicht nicht von selbst kommen, in der Runde vorgebracht werden, um sozusagen durch'n, mit einem roten Faden durch die Sendung zu führen. Um dann wirklich auch das einigermaßen logisch aufzubauen. Was wir hassen, das sind solche Gespräche, wo man vom Hundertsten ins Tausendste kommt, wo der Moderator sich immer nur an die letzte Äußerung anhängt und sagt: 'Ach, Sie haben eben gesagt, wie verhält sich das dann.' Wo überhaupt keine Linie zu erkennen ist, wo es dann nachher auch keine Quintessenz im Grunde genommen gibt. Und dann muß man aber vertrauen auf die Fähigkeit und auf die Disziplin der Gesprächspartner, daß sie sich dann auch auf diesen roten Faden einlassen und nicht auch eben springen von einem Gesichtspunkt zu einem ganz anderen, der dann eigentlich für einen viel späteren Zeitpunkt vorgesehen war. Das ist dann einfach ein Vabanquespiel.

Bischl: Klären Sie mit Gesprächspartnern, wie in etwa die Sendung ablaufen soll, was von denen erwartet wird, sag ich jetzt mal, um was für Themen es geht, was für ne Richtung, so, wie lange sie vielleicht antworten sollen.

Tröger: Ja klar. Ja. Briefe kriegen die vorher und alles, die kriegen vorher Briefe, wo das dann möglichst genau (...)

Bischl: Ja.

Niess: Wo in Kurzform, also Stichworte genannt werden, was besprochen werden soll. Und dann macht man ein kurzes Vorgespräch vor der Aufnahme der Sendung, vielleicht eine Viertelstunde. Man darf aber auch nicht zu viel machen, weil man dann den ganzen Elan rausnimmt und den Enthusiasmus. Und dann kann's auch passieren, daß die nachher einem während der Aufnahme sagen: 'Wir haben uns ja vorhin schon darüber unterhalten.' Was ja keiner weiß, also was ja eben off the record war sozusagen vor der Aufnahme. Und das geht von der Form her zumindest nicht. Aber im Prinzip stimmt man die Leute ein auf das Thema, auf die einzelnen Aspekte, die man behandelt haben will.

Bohn: Es kommt eigentlich kaum vor, daß wir praktisch jemandem das Mikrophon hinhalten und noch gar nicht wissen, was macht der jetzt.

Bischl: Was ja im lokalen Bereich sehr viel gemacht wird.

Tröger: Ja. 'Herr Landrat', Sie haben...

Bohn: Ja. In aller Regel haben wir auch die Sendung vor Augen oder im Kopf sozusagen, wenn wir auf den Gesprächspartner zugehen. Wenn wir mit jemandem ein Interview machen, dann ist auch dem Gesprächspartner klar, daß es ein Beitrag ist, der etwa fünfzehn Minuten lang sein wird, sich an ein bestimmts Publikum richtet. Das heißt, er kann nicht zu viele Informationen unterbringen. Oder wenn sich jemand einläßt auf ne lebendige Wissenschaft, weiß er, er hat jetzt ne Viertelstunde Zeit zu einem Thema, um einen Beitrag zu machen. Also es ist wirklich so, daß sowohl der Interviewer natürlich die Sendung eigentlich schon im Sinne im Kopf hat, und der Interviewte weiß, in welcher Sendestrecke und in welcher Länge in welcher Form für welches Publikum das letztlich sein soll.

Niess: Das kann auch sogar sein, daß einem, bei Ruf-Beiträgen geht mir das manchmal so gelegentlich, daß einem der Interviewte sozusagen die Fragen vorgibt. Also wenn ich jetzt zu jemandem hingehe und Ruf-Beiträge mache mit dem Herrn Kunze über Sprachgeschichte, sprachgeschichtliche Fragen. Dann hat der sich unheimlich gut vorbereitet. Der hat dann zwei, drei DIN A 4-Seiten, Auszüge aus seinen Handbüchern und aus seinen Quellen und so weiter. Und kann mir dann erstmal im Vorgespräch ganz kurz das Thema abstecken. Und kann sagen: 'Das und das und das und das wäre interessant auf die Frage hin zu sagen und zu schildern.' Und dann kann ich mir meine Fragen überhaupt erst dann entsprechend zurechtlegen. Also so, so ist das vorbereitet von beiden Seiten her, sowohl vom Interviewer als auch vom Interviewpartner.

Bischl: Also doch zum Teil ein Zusammenarbeiten von verschiedenen Seiten aus. Über diese Sendung 'Ruf Heidelberg' haben Sie ja Kontakt mit ihren Hörern, also Sie bekommen so ein bißchen mit, was die Hörer interessiert. Haben Sie sonst überhaupt Kontakt zu den Hörern?

Tröger: Bei der 'Aula' in Form von Manuskriptanforderungen. Was manchmal enorm ist, also jetzt hatten wir gerade eins über 'Angst als Krankheit'. Ich glaub da waren also mehrere hundert Manuskriptanforderungen.

Bischl: Die schreiben dann hierher, 'Ich hab die Sendung gehört, mich interessiert das Thema.'

Tröger: Und wollen ein Manuskript haben. Fragen, ob es eins gibt.

Niess: Oder: 'Ich hab im Auto gesessen und habe nur noch den Schluß gehört.'

Bischl: Ja, was ja beim Radio oft der Fall ist, daß man mal zufällig reinhört.

Bohn: (...)

Bischl: Ja?

Tröger: Ja, ich mein, das ist ein Aspekt, den man auch nicht ganz unterschlagen sollte. Natürlich ist das, was wir machen, auch irgendwo ein bißchen Unterhaltung. Also, ich seh das so. Als Teil einer, also wenn ich bierernste Sachen hab natürlich nicht, aber irgendwo ist natürlich, auch was Unterhaltendes, sollte es jedenfalls sein. Denn Zuhören ist ja eine Beschäftigung, die auch irgendwie einen, einen Zerstreuungseffekt hat, oder einen, einen Die-Zeit-angenehm-mach-Effekt oder so irgendwie, also (...)

Niess: Nach meinen, Äußerungen oder Echo in Form von Meinungsäußerungen, die bewegen sich so zwischen den Extremen, ne? Die einen (...)

Tröger: Ja, die Sektierer gibt es natürlich auch immer wieder.

Niess: Die einen sektiererartigen, querulatorischen Charakter haben, die einem schwere Vorwürfe machen und besserwisserisch also uns verfolgen, mancheiner hat uns bis zu seinem Tod verfolgt. Mit wöchentlichen Korrekturen und (...)

Bischl: Sie hatten aber mit dem Tode nichts zu tun?

Niess: Nein, nein, nein, nein. Oder, oder, oder besonders positive, nich', die was ganz phantastisch finden. Aber was sich so mittendrin sich bewegt, also wenn Leute ne Sendung gut finden, bis sehr gut, aber im Rahmen des Üblichen, dann melden die sich nicht, es sei denn, sie haben eben Manuskriptwünsche oder spezielle Informationswünsche zu einer ganz bestimmten Adresse von einem der Interviewparter oder ein Präparat oder was auch immer.

Analyseeinheiten der Interviews mit Wissenschaftsjournalisten

Interview 1 (Göpfert)

Aussagen über Wissenschaftler

Suchwörter: **Wissenschaftler**, **Professor** (die gesuchte Zeichenkette ist fett gesetzt)

1. Ein Normaljournalist soll jetzt etwas machen, weil es gerade akut ist, die Grippe, etwas über die Grippeimpfung machen. Der Normaljournalist wird sich kaum in eine Fachzeitschrift hineinquälen, wird kaum verstehen, was ihm der Fachmann darüber erzählt, und sagt dann, das Mikrophon dem **Wissenschaftler** unter die Nase haltend: 'Erklären Sie mal möglichst knackig und kurz, wie funktioniert eigentlich die Impfung?' Und dann ist der **Wissenschaftler** entweder gut oder schlecht. Und dann wird es gekürzt und verwendet oder nicht verwendet, und den Rest drumherum macht der Journalist. Der Wissenschaftsjournalist könnte, macht er auch nicht immer, eher sagen: 'Also das mit der Impfung und wie das alles funktioniert, das lasse ich mir zwar von dem **Wissenschaftler** nochmal bestätigen, aber das schreibe ich lieber selber, weil ich kann Bilder verwenden, kann Metaphern verwenden, ich muß nicht auf das Fachvokabular zurückgreifen, was mir eben auch nicht auf der Zunge liegt, wie dem **Wissenschaftler** und erklär das lieber selber, und lasse den **Wissenschaftler** höchstens etwas drumherum erzählen: 'Wann ist der Impfstoff verfügbar, für welche Gruppen kommt er in Frage', also das Menschliche.' Anekdoten vielleicht sogar, Geschichtchen, 'Wann haben Sie's festgestellt, daß dieses neue Virus aus Sibirien kommt, und wieso muß das immer so früh sein', also solche Randgeschichten eher, um einen O-Ton zu haben.

2. Ja, weil das der **Wissenschaftler** meistens nicht kann. Und wenn er's gut kann, umso besser, dann handele ich mit ihm aus und bespreche mit ihm, in welcher Kürze, in welcher Länge, in welcher Ausführlichkeit, in welchem Detailreichtum und mit welchen Bildern eventuell gearbeitet werden kann.

3. Ja, gilt die Regel: keine Fremdwörter verwenden. Und entweder die **Wissenschaftler** schaffen das – speziell Ärzte sind ja gewöhnt, ihre Fachbegriffe zu verwenden, sogar, wenn sie sich Laien mitteilen – und es ist sehr, sehr schwierig, die Leute dann dazu zu bringen, es nicht zu sagen, grundsätzlich ist es verboten. Wenn's mal durchrutscht, sollen sie's erläutern. Also, wenn sie dann irgendwann von 'Makrophagen' sprechen, die 'Fresszellen im Abwehrsystem' dann nachschieben. Wenn sie's können, ist es gut, wenn sie's nicht können, muß man es im Hörfunk schneiden und

in der Zeitung redigieren. In der Zeitung ist es ja leicht, da werden die Fremdworte ja dann einfach ersetzt.

4. Man schildert zum Beispiel einen Effekt, den der **Wissenschaftler** nennen würde: 'die Strahlenmaterie in Interaktion beim Laserstrahl'. Würde man sagen, das ist wie ein Preßlufthammer, der auf einen Stein losgelassen wird, so wirkt der Laserstrahl auf der obersten Molekülschicht und löst einzelne Atome heraus. Und man verwendet dann das mechanische Bild, um irgendeine Vorstellung zu erzeugen.

5. Also, präzise festmachen, das wird sicherlich sehr schwierig sein. Es gibt viele Bilder, die bei **Wissenschaftlern** entstanden sind, bei denjenigen, es gibt ja viele oder etliche unter den **Wissenschaftlern**, die ja auch ein Sendungsbewußtsein haben und sich ja auch plausibel und verständlich darstellen können, und das auch immer als ihre Aufgabe mitempfunden haben, Richard Feynman zum Beispiel, aber auch Max Planck oder Albert Einstein, die sich bemüht haben, recht komplizierte Dinge einfach auszudrücken und dann am ehesten in der Lage waren, auch Metaphern und Bilder zu finden. Und umgekehrt gibt es auch viele Beispiele, wo wir zusammengesessen haben in der Redaktion und überlegt haben: 'Mensch, wie können wir denn das anders ausdrücken?' Oder auch der einzelne Journalist 'grübel, grübel, grübel' am Schreibtisch sitzt und sich überlegt, 'wie kann ich das jetzt machen', 'wie kann ich ein Bild finden' und 'steht mir der Platz zur Verfügung, das auch auszuweiten oder muß ich's einfach nur umschreiben?'

6. Also in aller Regel, ja. Wissenschaftsberichte haben ja meistens keine brisanten Themen, es sei denn, sie gehen in die politische Anwendung von wissenschaftlichen Themen, Atomenergie beispielsweise. Da würde ich dann auch Bauchschmerzen haben, wie das (...). Aber man kann die Passagen, die knifflig sind, oder wo man was erklärt, auch telefonisch oder ausschnittweise abklären. In aller Regel aber, gerade wenn man versucht, Dinge zu erklären, um sicherzugehen, daß man sie richtig verstanden hat, nochmal mit dem **Wissenschaftler** abklären und unter Umständen dann auch handeln darum. Weil mitunter sind es Spitzfindigkeiten, die wiederum der **Wissenschaftler** nicht übersieht, und wo ich als Journalist sagen muß: 'Ja diese Finesse kriegt sowieso keiner mit, also das ist mir Wurscht, das sollte Ihnen auch Wurscht sein'. Dann hat eine Seite immer mal mehr Bauchschmerzen, manchmal muß man auf Bilder auch verzichten, wenn man feststellt, das ist mir auch oft so gegangen, daß dann ein **Wissenschaftler** hinterher gesagt hat: 'Das haben Sie einfach falsch verstanden', nicht? Sie verwenden dann ein völlig falsches Bild, das trifft es gar nicht, ne? Und manchmal hat er recht, manchmal hat er nicht recht, oder ich handele das dann aus.

7. Also es trifft's nicht ganz, und ich könnte mir gut vorstellen, daß der eine **Wissenschaftler** sagt: 'Können Sie so sagen, gibt noch eine zusätzliche Information', der andere **Wissenschaftler** würde sagen: 'Um Gottes Willen, sowas von daneben'.

8. Es fängt mit dem Denken an. Man muß auf der einen Seite verstehen erstmal, was die **Wissenschaftler** sagen, man muß dazu einen Zugang haben. Wer das nicht packt, ist in dem Feld schlecht, ne? Das ganze Gebiet 'Wissenschaft', es kann ja auch ein Spezialgebiet sein, kann die Medizin, Psychiatrie, kann auch eine Sozialwissenschaft sein, aber das muß ihm irgendwo liegen, das muß er einigermaßen verstehen, muß wissenschaftliche Methodik verstehen und mit dem Apparat umgehen können, also nachschlagen können, wissen, wie man an die Literatur rankommt, wie man auch mit **Wissenschaftler**n umgeht.
9. Das Spannungsfeld ist deswegen da, weil die **Wissenschaftler** in aller Regel wenig Verständnis haben für das, was wir tun. Und ich meine, andere versuchen auch in öffentlichen Kommunikationsprozessen ihre Sichtweisen durchzusetzen. Aber teils ist die Materie leichter, wenn ein Wirtschaftsfachmann über Arbeitslosigkeit berichtet, kann er sich leichter vorstellen, wie denkt der Laie darüber. Und **Wissenschaftler** denken immer, nicht immer, häufig, es müßte genau sein, es müßten die Arbeitsgruppen erwähnt werden, die da mitgemacht haben, legen sie großen Wert darauf, und als Journalist hat man oft dann die Schwierigkeit zu sagen: 'Überlegen Sie doch mal, wen das interessiert', 'Jaja, aber das muß aber hinein, sonst tu ich den Kollegen unrecht, wenn die Arbeitsgruppe in Ohio nicht miterwähnt wird, oder in Bielefeld'. Und wir haben dann viel Mühe klarzumachen, daß wir für 99,9% Laien senden, und nur 0,01% vielleicht Fachleute dabei sind, die auf solche Feinheiten Wert legen. Oder daß man klar macht, daß der **Wissenschaftler** klarmachen möchte, daß er auch die Arbeiten von da und da kennt und also eher eine Antwort gibt und sagt: 'Wie der und der schon festgestellt hat und der und der schon festgestellt hat' und wir schneiden das dann nachher raus, da gibt's dann böse Zerwürfnisse. Also diese Fähigkeit umzudenken, sich in Laien reinzudenken, ist bei **Wissenschaftler**n seltener ausgeprägt als bei anderen Leuten, die auch irgendwie ein bestimmtes Fachgebiet haben.

Aussagen über die Adressaten

Suchwörter: **Öff**entlichkeit, **Allgemeinheit**, **Laien**, **Hör**er, **Les**er, **Leute**, **Pub**likum (die gesuchte Zeichenkette ist fett gesetzt)

1. Darüber hinaus gibt es Wissenschaft in allen anderen Ressorts auch, also das ist dann thematisch definiert. Ein journalistischer Bericht, der aber mit über wissenschaftliche Themen handelt, in der Politik, in der Wirtschaft, im Sport, im Feuilleton. Meistens steht ein anderes Thema oder ein Aspekt des Themas im Vordergrund, der die **Leute** packen soll oder packt, oder es geht um Katastrophen und als Hintergrundberichterstattung, als Hintergrunderläuterung fragt man dann eben: 'Warum lassen sich Erdbeben noch nicht...' 'wir fragten Herrn Sowieso vom Institut für...', und dann kommt plötzlich Wissenschaft.
2. Ja, gilt die Regel: keine Fremdwörter verwenden. Und entweder die Wissenschaftler schaffen das – speziell Ärzte sind ja gewöhnt, ihre Fachbegriffe zu verwenden, sogar, wenn sie sich **Laien** mitteilen

3. Das ebenso Wichtige ist nach der anderen Seite, oder nach oben, unten, ich weiß nicht, wie man das nennen will, 'oben' und 'unten' hat immer so eine Hierarchie, auf der anderen Seite der Bandbreite muß er sich eben eindenken, einfühlen können in die Denkweise von **Lai**en. Er muß immer diesen jungfräulichen Blick des Nichtwissenden haben können. Und die Schwierigkeit, wenn er selber vom Fach kommt, ist eben immer die, daß er so viele Fachbegriffe, Denkmuster, ganze Welten von Erfahrungsschätzen, von Basisexperimenten im Kopf hat, und sich gar nicht mehr diese naive Frische des **Lai**en vorstellen kann, der von Tuten und Blasen keine Ahnung hat, aber eine Welt des Denkens ja auch mitbringt. Und die Kunst besteht eher darin, sich in diese verschiedenen Welten einzudenken und von daher jetzt einen Berichtsgegenstand aufzublättern und zu erklären.
4. Ja, wenn wir zurückkapitulieren, die Frage, also was zeichnet den aus? Die Fähigkeit, sich hineinzudenken, ist sicherlich entscheidender zunächst mal, um überhaupt das Niveau des Denkens zu finden und sprachlich nicht so sehr jetzt Dinge zu übersetzen im wortwörtlichen Sinne, nach dem dictionary, sondern kreativ zu sein und Bilder und Vorstellungswelten zu aktivieren, die ich beim **Lai**en voraussetzen kann, um überhaupt das einordnen zu können. Durch Beispiele, durch Anwendungen, wofür ist das gut, was kann man damit machen, hilft das in der Medizin vielleicht. Das ist ja ein oft gebrauchtes Vehikel, um überhaupt dann einzusteigen und dann zu sagen: 'So, und jetzt will ich Dir erklären, wie das eigentlich funktioniert mit dem und jenem.'
5. Das Spannungsfeld ist deswegen da, weil die Wissenschaftler in aller Regel wenig Verständnis haben für das, was wir tun. Und ich meine, andere versuchen auch in **öff**entlichen Kommunikationsprozessen ihre Sichtweisen durchzusetzen. Aber teils ist die Materie leichter, wenn ein Wirtschaftsfachmann über Arbeitslosigkeit berichtet, kann er sich leichter vorstellen, wie denkt der **Lai**e darüber. Und Wissenschaftler denken immer, nicht immer, häufig, es müßte genau sein, es müßten die Arbeitsgruppen erwähnt werden, die da mitgemacht haben, legen sie großen Wert darauf, und als Journalist hat man oft dann die Schwierigkeit zu sagen: 'Überlegen Sie doch mal, wen das interessiert', 'Jaja, aber das muß aber hinein, sonst tu ich den Kollegen unrecht, wenn die Arbeitsgruppe in Ohio nicht miterwähnt wird, oder in Bielefeld'. Und wir haben dann viel Mühe klarzumachen, daß wir für 99,9% **Lai**en senden, und nur 0,01% vielleicht Fachleute dabei sind, die auf solche Feinheiten Wert legen. Oder daß man klar macht, daß der Wissenschaftler klarmachen möchte, daß er auch die Arbeiten von da und da kennt und also eher eine Antwort gibt und sagt: 'Wie der und der schon festgestellt hat und der und der schon festgestellt hat' und wir schneiden das dann nachher raus, da gibt's dann böse Zerwürfnisse. Also diese Fähigkeit umzudenken, sich in **Lai**en reinzudenken, ist bei Wissenschaftlern seltener ausgeprägt als bei anderen **Leute**n, die auch irgendwie ein bestimmtes Fachgebiet haben.
6. Das Themengebiet 'Gesundheit', 'Medizin' interessiert die **Leute** am meisten. Und aus den ganzen Wissenschaften kommt es deswegen häufiger als

Technik, häufiger als Umwelt, häufiger als Naturgeologie oder solche Themenfelder.

7. Es hat immer mit Menschen zu tun, es betrifft auch immer sehr viele. Jeder **Leser** ist potentiell als Betroffener angesprochen oder im Umkreis, in der Familie kennt er jemanden, der diese oder jene Krankheit hat, also das ist ein sehr, sehr sensibles Feld. Von daher ein sehr dankbares Feld aber auch, und ich denke, das ist von der Wissenschaft, sonst würde ich eigentlich keine großen Unterschiede zur normalen Wissenschaftsberichterstattung sehen.

Interview 2 (SDR2-Wissenschaftsredaktion)

Aussagen über Wissenschaftler

Suchwörter: **Wissenschaftler**, **Professor** (die gesuchte Zeichenkette ist fett gesetzt)

1. Tröger: Na ja, wir haben ja immer einen gewissen Vorlauf. Also sowohl das 'Forum' als auch diese 'Aula'. Das wird ja ausgedruckt. Das hat gut einen Vorlauf von so acht bis zehn Wochen, weil das in den Programmen dann ausgedruckt wird. Und so lange muß man also mit den **Wissenschaftlern**, die einen Vortrag halten, natürlich auch im voraus verhandeln, das ist klar. Denen kann man nicht sagen, nächste Woche will ich ne halbe Stunde von Dir. Und diese Sendung Ruf Heidelberg, Donnerstags abends, da hat jeder Mitarbeiter hat ja ein ganzes Paket von Hörerfragen, die zu beantworten sind und das geht also eigentlich auch in ziemlicher Ruhe vonstatten. Vielleicht ist die Chronik, die nun aktuelle Sachen zum Vorschein bringt, da ein bißchen mehr unter Zeitdruck.

2. Bohn: Ich würde sagen, Wissenschaftsjournalismus ist Journalismus wie jeder andere auch. Er hat ein spezielles Thema. Deswegen haben wir überwiegend auch mit **Wissenschaftlern** zu tun. Aber ansonsten, von der Herangehensweise, ist es eigentlich dasselbe. Nur ist, daß vielleicht die Kollegen vom Aktuellen, sich thematisch mit allem befassen müssen und dadurch sehr oberflächlich sein müssen. Aber wir haben halt das Privileg sozusagen, uns zu spezialisieren, verfügen über Fachwissen, das was andere Redakteure oder Journalisten halt auch eben wieder nicht so haben können.

3. Tröger: Kompetenz, Kompetenz. Aber man kann vielleicht an einem Beispiel den Unterschied deutlich machen. Wenn, wenn so ein Allround-Journalist ne Pressemeldung kriegt, da hat der **Professor** XY gesagt, er hat ein neues Mittel gegen - was weiß ich - Bluthochdruck. Hundertprozentig, todsicher wirkt's. Und dann wird der Allround-Journalist vielleicht fragen, wer ist der Mann, ja gut, der ist Hochschullehrer, hat da ein Institut, ist Klinikdirektor und so, das ist interessant, das veröffentlichen wir. Ein Wissenschaftsjournalist, eben mit dieser Spezialisierung über die Zeit, dem wird vielleicht einfallen: 'Ach Mensch, mit dem war doch vor zwei Jahren ein Skandal?' Oder: 'Der hat irgendwie mit ner Pharmafirma

ist der verbandelt' oder 'Dessen Frau hat ne Pharmafirma gegründet' oder irgendsolche Geschichten. Was eben diese langfristige Beschäftigung mit den Themen betrifft. Es fällt einem vielleicht mehr zu dem Thema ein. Man kann sagen: 'Vorsichtig, das ist eine zwielichtige Figur.' Oder: 'Das Mittel, das ist schon mal gebracht worden und hat nix gewirkt und jetzt gießen se das einfach noch mal neu auf.' Also man kann sozusagen, und dazu werden wir ja auch oft dann gerufen, bei den aktuellen Sendungen, um so was dann einzuordnen. Und nicht nur so das gleich dann weiterzugeben, was irgend jemand so von sich gegeben hat. So sehe ich da den Unterschied.

4. Bohn: Wir können eigentlich nur dann anschaulich mit Bildern arbeiten, wenn die **Wissenschaftler** vorher dies auch getan haben. Das heißt, wenn die Modelle aus der Wissenschaft eigentlich schon sehr exakt sind. Beispielsweise das Immunsystem. Ich meine, natürlich kann man sagen, das Immunsystem sind irgendwelche Abwehrtruppen des Körpers. Die Immunzellen sind solche Soldaten, die sozusagen das Immunsystem ins Feld schickt. Aber sobald es ins Detail geht, jetzt gerade bei der Wirkung des Aidsvirus oder die Strategien, um das Aidsvirus in Schach zu halten, da können unsere sprachlichen Bilder nicht besser sein, als die Modelle der **Wissenschaftler**. Und diese sind zum Teil sehr gut und an diese lehnen wir uns natürlich auch an.

5. Bohn: Bilder sind ja eigentlich das, was wir transportieren müssen. Die Wissenschaft muß ja die Modelle oder die Theorien entwickeln. Wie ein Aids-Medikament wirken könnte, wo es ansetzen könnte. D.h. eigentlich die Bilder selber kommen aus der Wissenschaft. Es geht eigentlich nur noch darum, vielleicht ein bißchen plakativere Begriffe zu finden, als sie die **Wissenschaftler** verwenden. Oder eben mit Bildern oder Tabellen oder sonstigem optisch aufbereiten zu können, daß wir dies noch in Sprache umsetzen. Aber wir erfinden sozusagen nicht.

6. Tröger: Man muß auch den Mut zur Vereinfachung haben. Man darf da keine Skrupel haben, bestimmte Zusammenhänge einfach beiseite zu lassen, um, um zu Punkten zu kommen, die auch verständlich zu machen sind. Und das ist also im Lauf der letzten Jahre oder fast Jahrzehnte insofern auch schwieriger geworden, als die **Wissenschaftler**, mit denen man zu tun hat, ganz andere sind als früher. Früher waren das welche, das waren die Fürsten, die ein Fach beherrscht haben. Wenn man mit denen gesprochen hat, die haben aus ihrem Fach einem zu allem was gesagt und waren dadurch verständlich, weil es nicht zu tief ging. Heute wird man **Wissenschaftler**, indem man immer kleinere Bereiche immer besser kennt. Und diese Interviewpartner können das zwar, beherrschen das phantastisch, aber können es einem fast nicht mehr erklären, weil sie die Welt vor lauter Viren oder Virusschnipseln nicht mehr sehen. Also die Generalisten, die es früher in der Wissenschaft gab, die werden immer weniger. Und die Spezialisten machen sich breit und das macht unsere Arbeit, finde ich, schon schwieriger.

7. Niess: Aber es ist natürlich im Prinzip ne Gradwanderung. Aus einem ganz einfachen Grunde, weil man genau abstecken muß ungefähr, wie weit man vereinfachen kann, ohne zu simplifizieren. Das ist das Hauptproblem bei der ganzen Geschichte, ne. Und der Vorwurf, daß wir als Wissenschaftsjournalisten simplifizieren, der kommt natürlich entweder unausgesprochen oder direkt von sehr vielen **Wissenschaftlern**. Die sehen unseren Beruf so an, als daß wir solche terrible simplificateurs sind, die also alles irgendwie auf einen ganz einfachen, primitiven Nenner bringen und damit im Grunde die Komplexität des wissenschaftlichen Sachverhalts reduzieren und letztlich auch an der Sache dann vorbeigehen, natürlich zum Teil zwangsläufig. Also den Vorwurf kriegt man eigentlich immer wieder so indirekt, also gerade von etwas hochnäsigeren **Wissenschaftler**n oder unfähigeren, zur Kommunikation unfähigeren **Wissenschaftler**n zu hören.
8. Tröger: Ja, oder die irgendwie ein falsches Bild von Journalisten haben. Die also schlechte Erfahrungen gemacht haben mit diesen Allroundern eben, die dir dann irgendetwas aus der Nase ziehen wollen, was denen, denen jetzt gerade gefällt, was 'ne gute Schlagzeile gibt. Also die Erfahrung machen **Wissenschaftler** natürlich auch. Und oft sind sie dann hinterher ganz angetan und sagen, ach, das war jetzt mal ne völlig andere Art, sich zu äußern, wenn er dann mit Unsereinem zu tun hatte.
9. Tröger: Im Prinzip schon. Aber ich finde, also mein Anspruch ist, es auch im Forum so zu sagen, daß auch Zuhörer aus dem ersten oder vierten Programm das verstehen. Also ich möchte schon, das was ich für wichtig halte und für wichtig halte, in die Öffentlichkeit zu bringen, jetzt nicht nur irgendwelchen Rand- oder Neben**wissenschaftler**n, sondern ich möchte es schon für die Allgemeinheit machen. Allerdings sind meine Themen natürlich nun eher dazu geeignet, das ist klar. Das ist schon mein Anspruch, überall möglichst breit verstanden zu werden.

Aussagen über die Adressaten

Suchwörter: **Öff**entlichkeit, **Allgemeinheit**, **Laien**, **Hör**er, **Leser**, **Leute**, **Pub**likum (die gesuchte Zeichenkette ist fett gesetzt)

1. Niess: Also beim Forum ist es so die latente Aktualität, die eine Rolle spielt. Also jetzt, nehmen wir als Beispiel, also diese Woche mache ich BAföG, weil das jetzt im Bundeskabinett entschieden wird, und die Studenten ganz offen darüber diskutieren. Und dann eine neue Protestwelle anzurollen droht. Dann aber auch natürlich Verständlichkeit, Möglichkeiten das umzusetzen in der Form, also man kann eben in Gesprächsform - das haben wir damals auch bei den Verhandlungen mit dem Südwestfunk, als nun diese Form uns aufgetragen wurde, sozusagen zu bedenken gegeben, daß man natürlich nicht in ner Gesprächsform also höchst komplizierte, wie Teilchenphysik und solche Themen machen kann ohne weiteres. Man kann's auch, nich, aber sicherlich auch auf Kosten der Verständlichkeit, und von daher sich das Spektrum der Themen einge-

grenzt auf Dinge, die einem interessierten **Laienpub**likum im Gespräch verständlich zu machen sind. Wo man auch Partner gewinnen kann dafür.

2. Tröger: Ja es gibt ja das lateinische Wort tua res agitur. Und das hat unser früherer Chef, Herr Stemmler, immer gesagt. Ihr müßt immer sehen, daß Ihr ein Thema so anbringt, daß möglichst viele **Leute** denken: 'Ach, das könnte mich ja mal betreffen.' Oder: 'Das betrifft mich schon.' Oder: 'Das ist einfach nur auch mal interessant für mich.' Aber man muß irgendwie – das geht längst nicht immer – aber versuchen, das irgendwie in die Alltagswelt von den **Leute**n so hineinzuschieben, daß sie da auch Interesse haben und nicht gleich sagen: 'Was interessiert mich das? Das geht mich überhaupt nichts an.'
3. Niess: Also bei einer Sendung, die Verbrauchern näher ist, wie Ruf zum Beispiel, ist der Akzent in der Beziehung sicherlich sehr viel stärker als bei einer Sendung die, wie das Forum, eben Forum sein soll, auf dem aktuelle, latent aktuelle Themen verhandelt werden. Da wollen wir ja auch uns anschließen an den Lauf der **öff**entlichen Diskussion. Also um nicht vom Diskurs zu reden, der da immer im Munde geführt wird. Also, sozusagen, aktuelle Diskussionen aufzunehmen und die repräsentativ nachzuvollziehen eben miteinander.
4. Tröger: Dies ist ja letzten Endes auch eine tua res agitur, indem Du den **Leute**n hilfst durch eine Hintergrund, ausführliche Hintergrundinformation das, was sie so in Schlagzeilen mehr oder weniger kurz nur äh in Zeitungen lesen, das auch besser zu verstehen.
5. Niess: Wobei die Voraussetzungen je nach Sendung ja auch verschieden sind. Bei der Rufsendung ist ein breiteres **Pub**likum von interessierten Leuten, sagen wir mal, von denen weniger akademisch vorgebildet sind als beim Forum oder bei der Kulturchronik. Das ist eine kleine, interessierte Minderheit von hauptsächlich Akademikern, die also mal gucken wollen, hören wollen, was in ihren Nachbargebieten vor sich geht, was da geforscht wird und rauskommt. Und die insofern also auch gerüstet sind. Auch sprachlich und terminologisch, um das nachzuvollziehen.
6. Tröger: Im Prinzip schon. Aber ich finde, also mein Anspruch ist, es auch im 'Forum' so zu sagen, daß auch Zuhörer aus dem ersten oder vierten Programm das verstehen. Also ich möchte schon, das was ich für wichtig halte und für wichtig halte, in die **Öff**entlichkeit zu bringen, jetzt nicht nur irgendwelchen Rand- oder Nebenwissenschaftlern, sondern ich möchte es schon für die **Allgemeinheit** machen. Allerdings sind meine Themen natürlich nun eher dazu geeignet, das ist klar. Das ist schon mein Anspruch, überall möglichst breit verstanden zu werden.
7. Niess: eigene Sendungen, die hier im Hause verantwortet und gemacht werden. Und dann zusätzlich noch von uns selbst und von den freien Kollegen in der Redaktion ne Menge Beiträge, Kurzbeiträge von vier, fünf Minuten, bis hin zu 20 Minuten Beiträgen, äh 40 Minuten Sendungen nach Stuttgart, für die politische Redaktion beispielsweise oder für Kultur aktuell oder wie auch immer. Und dann ja zu den Zielen, also ich

glaube, da sind wir uns wohl schon immer einig gewesen, auch in früherer Besetzung, seit ich die Redaktion kenne, daß also der Ehrgeiz schon darin bestehen sollte, sagen wir mal, von einer Wissenschaftsredaktion einer größeren **Öff**entlichkeit in einer Zeit, in der wirklich viele Zusammenhänge sehr kompliziert sind und immer komplizierter werden, so nach dem allgemeinen Diktum, sagen wir so Orientierungshilfen zu geben, also es gibt ja von dem Jürgen Mittelstraß, dem Philologen in Konstanz, der jetzt auch bei uns öfters auftritt und Vorträge hält oder Beiträge leistet, so diese Unterscheidung eben Orientierungswissen und Verfügungswissen, und daß man also Orientierungswissen zur Verfügung stellt und als Vermittler zwischen Wissenschaft und **Öff**entlichkeit tätig ist.

8. Tröger: Bei Asbest war das zum Beispiel, es gibt viele Bereiche, wo wir das schon relativ breit gemacht hatten, und es kam erst ein, zwei Jahre später, wurde es wirklich ein Thema in der, in der **Öff**entlichkeit.

9. Niess: Und man muß sich nen Ruck geben oft in Fällen, wo also Ängste auftreten, was bestimmte wissenschaftliche Entwicklungen angeht, die zwar unberechtigt sind, aber die man eben mit Hilfe von verständlichen Beiträgen dann zerstreuen müßte oder beschwichtigen müßte. Also, Beispiel Stichwort Elektrosmog. Da hieß es bei uns in der Redaktion dann oft: 'Naja, da gibt es doch keine wirklich epidemiologischen, eindeutigen Erkenntnisse, also über den ursächlichen Zusammenhang zwischen Elektrosmog und bestimmten Beschwerden und Krebs schon ganz zu schweigen.' Aber da kommt's ja dann doch drauf an, auf die Ängste, die trotzdem entstehen, so diffuse Ängste in der **Öff**entlichkeit, auf die einzugehen, und denen die wissenschaftlichen Sachverhalte entgegenzustellen. Aufzuklären, also in diesem Sinne. Also im ursprünglichen Sinne von Aufklärung.

10. Bohn: Ja. In aller Regel haben wir auch die Sendung vor Augen oder im Kopf sozusagen, wenn wir auf den Gesprächspartner zugehen. Wenn wir mit jemandem ein Interview machen, dann ist auch dem Gesprächspartner klar, daß es ein Beitrag ist, der etwa fünfzehn Minuten lang sein wird, sich an ein bestimmts **Pub**likum richtet. Das heißt, er kann nicht zu viele Informationen unterbringen. Oder wenn sich jemand einläßt auf ne Lebendige Wissenschaft, weiß er, er hat jetzt ne Viertelstunde Zeit zu einem Thema, um einen Beitrag zu machen. Also es ist wirklich so, daß sowohl der Interviewer natürlich die Sendung eigentlich schon im Sinne im Kopf hat, und der Interviewte weiß, in welcher Sendestrecke und in welcher Länge in welcher Form für welches **Pub**likum das letztlich sein soll.

Namenverzeichnis

Quellen

A

Ahrens et al. (2000), 307, 308

B

Bild der Wissenschaft (1986), 127
Bild der Wissenschaft (1992), 245, 256
Bild der Wissenschaft (1993), 245, 256, 257
Bild der Wissenschaft (1994), 256
Brühl und Crutzen (1988), 169, 173, 179, 188

C

Calder (1997), 304, 305, 310, 314
Crutzen (1972), 10, 119
Crutzen und Arnold (1986), 188, 208, 222, 226, 300

D

Deutscher Bücherbund (1972), 117, 202
Duden (1996), 224

E

Ehlers (1990), 304, 305, 309, 310, 314, 323, 334, 340
Emsley (1996), 304, 305
Ewe (1986), 10, 12, 14, 114, 127, 176, 179, 181–183, 186, 188, 189, 194, 202, 204–206, 208, 211, 213, 215, 220–223, 226–230, 233–237, 239, 241, 253, 255–258, 265, 266, 270–276, 278, 279, 292, 347, 361
Ewe (1990), 256

F

Farman et al. (1985), 11, 12, 74, 102, 114, 119, 125–127, 164, 178, 186–188, 190–192, 194, 196, 198, 199, 201, 202, 204–206, 208–212, 215, 216, 218, 222–226, 228–231, 253, 255, 273–275, 278, 279, 291, 292, 294, 296, 299, 300, 305, 333, 334, 336
Farman et al. (1988), 209
Fischer (1992), 244, 256
Fischer (1993), 235, 245, 254–256
Frese (1988), 235, 236, 238

G

Gessulat (2000), 347
Graedel und Crutzen (1994), 16, 117, 123, 124, 173, 314, 327, 331, 341, 442

H

Hauchler et al. (1999), 117
Hildesheimer (1986), 265, 287, 288, 316

J

Jacob (1997), 257
James (1986), 304
Jung (1999), 117, 180

K

Klingholz (1986), 127, 265–267, 270–277, 280, 283, 287, 289, 300, 354
Klussmann (2000), 81
Korbmann (1992a), 239
Korbmann (1992b), 256, 258, 260
Korbmann (1995), 261
Krämer et al. (2000), 316

L

Latsch und Thielke (2000), vii
Lemmerich (1990), 117, 119, 124, 198, 224, 225
Leser (1997), 117

Linsmeier (1993), 252, 256, 257
Luhmann (1999), 13, 117, 119, 121, 124, 125, 229, 292

M

Maduro und Schauerhammer (1992), 304, 305, 314, 317, 319–325, 327–336, 338–341
Mannheimer Morgen (1995), 347
Mannheimer Morgen (1998), 347
Maxeiner und Miersch (1998), 304, 305, 314–316, 319, 321, 323, 324, 328, 340
Molina und Rowland (1974), 72, 101, 117, 119, 121–126, 169, 190, 241, 290, 347
Müller-Ullrich (1996a), 304
Müller-Ullrich (1996b), 304

R

von Randow (1986a), 265, 280, 282, 283, 289, 300
von Randow (1986b), 265, 279, 283–287, 289, 299, 300, 384
von Randow (1987), 91, 120, 265, 285, 288–292, 294, 296–299, 301
Reye (1994a), 243, 256
Reye (1994b), 256

S

Schaefer (1988), 238, 253, 255–257
Schauerhammer (1990), 304, 314, 334, 336, 337
Schmidt (1992), 234, 256
Schütze (1996), 304
Sonnemann (1992), 117, 254, 291, 312, 327
Sparling (1999), 13, 229, 295
Spektrum der Wissenschaft (1990), 117
Stolarski et al. (1985), 11, 114, 127, 186–188, 190, 206–209, 223, 231, 233, 238, 239, 275, 285, 291, 296, 385
Stolarski et al. (1986), 11, 14, 114, 127, 162, 164, 178, 186–190, 196, 208–211, 213–215, 217, 220, 221, 223, 226, 228, 230, 231, 233, 239, 273–276, 278, 285, 291, 292, 298–300, 333, 334, 336, 361, 362

T

Trierischer Volksfreund (2000a), 357
Trierischer Volksfreund (2000b), 367
Tung et al. (1986), 204, 220, 233, 285

U

Ulrich (1987), 265, 301

W

Vieser (1989), 238, 254–256
Weber (1992), 304, 314
Weiner (1995), 13, 120, 124, 229, 292
Winnacker (2000), 341

Z

Zintz (1987), 235–237, 253, 255

Sekundärliteratur

A

Antos (1996), 35, 288
Antos (1999), vii
Armer (1997), 80
Augst et al. (1985), 102

B

Bader und Göpfert (1996), 13, 86, 269
Ballstaedt (1997), 39
Baumann (1998), 4
Bellach (1996), 364
Bell (1991), 2, 9, 17
Bell (1993), 2, 9, 103, 316, 355, 357, 358, 363, 364
Biere (1989), 5, 112
Biere (1998a), 350
Biere (1998b), 3

Biere und Liebert (1996), 86
Biere und Liebert (1997a), 35, 103, 303, 351, 376
Biere und Liebert (1997b), 2
Blum und Bucher (1994-1996), 129
Bock (1997), 103
Böhme (1999), 62
Bourdieu (1998a), 364
Bourdieu (1998b), 69, 70, 72, 352, 364
Brinker et al. (2000), vii
Brinker (1992), 5
Brodde (1992), 103
Brünner und Gülich (1997), 2, 102
Bucher (1998), 129, 130, 133
Bühler (1934/1982), 51, 54
Busch (1999), 102, 103
Busch (2000), 4
Busse und Teubert (1994), 5
Busse (1992), 5, 35, 111, 112

C

Cherubim (1982), 2
Christmann und Groeben (1996), 98
Collins und Pinch (1999), 106, 108–110, 226
Collins und Pinch (2000), 106, 108, 110, 226
Crismore und Farnsworth (1990), 106
Czada (1997), 4

D

DiBona et al. (1999), 375
Dietrich und Peter (1996), 71
Dobrovol'skij (1997), 102, 103
Dubois (1986), 113

E

Ehlich (1983), 22, 53, 69
Ehlich (1984), 22
Ehlich (1989), 53, 69
Ehlich (1991), 22
Ehlich (1992), 22
Ehlich (1994), 51, 154
Ehlich und Rehbein (1979), 22, 79, 81
Enzensberger (1973), 90, 92, 164
Epstein (1995), 303
Epstein (1996), 108, 303

F

Faber (1994), 25, 30, 31
Felt et al. (1995), 69
Feyerabend (1981), 373
Feyerabend (1991), 63, 74, 110
Fiehler (1980), 70
Fiehler (1990), 43, 45–47
Fillmore (1985), 38
Fischer (1998), 52
Fischer und Schmidt (2000), 52
Flusser (1998), 14
von Foerster (1999), 52
Fuller (1974), 371

G

Galtung und Ruge (1965), 355–357, 364
Geißner (1981), 21, 107
Gläser (1990), 102
Gledhill (1995), 2, 77, 107
Goepferich (1995), 105, 129
Göpfert (1996), 86, 171
Göpfert (1997), 2, 349–354
Göpfert und Ruß-Mohl (1996), 349, 350, 354, 364, 386
Goldmann (1970), 6, 24
Graefen (1997), 76, 77
Groeben et al. (1996), 307
Grunig (1980), 303, 354–356

H

Haller (1987), 2, 9, 103, 347, 359, 362
Heinemann und Viehweger (1991), 35
Hejl (1982), 303
Hejl (1987), 52
Held und Ruß-Mohl (2000), 233, 369
Henne und Rehbock (1995), 30
Hepp (1998), 16
Heringer (1974), 5, 6, 22–25, 27–32, 36, 37, 39, 51, 70, 86, 87, 111
Heringer (1979), 98

Heringer (1983), 98
Heringer (1984), 98
Heringer (1990), 98
Heringer et al. (1977), 5, 40, 41, 70
Hesse-Honegger (1998), 81
Hickethier (1986), 90
Hörmann (1994), 16
Hoffmann (1997), 22, 27, 82, 101, 183, 358
Hoffmann et al. (1998)
Holly (1979), 45
Holly (1990), 45, 65
Holly et al. (1984), 5, 22, 23, 112
Holly et al. (1986), 5, 44–46, 70, 83
Holly und Püschel (1993), 16, 31, 38
Holzberger (1995), 103, 304
Huelzer (1987), 202

I

Ickler (1993), 167

J

Jäger (1994), 2
Jäkel (1997), 38
Jakobson (1960/1993), 107
Johnson (1987), 38, 42, 43
Jung (1994), 2, 103, 303
Jung (1995), 2, 103, 303

K

Kallmeyer (1985), 45, 46
Kals (1999), 83
Kals et al. (2000), 2, 43
Kalverkämper (1990), 104
Kalverkämper und Baumann (1996), 102
Kanngießer (1978), 23
Keller (1977), 107
Keller (1987), 83
Keller (1990), 108
Khazaeli (1998), 130
Kiese (1997), 9, 105, 112, 114, 124, 125, 127, 303, 347, 362, 376, 378
Klein und Meißner (1999), 38
Knudsen (1996), 103
Kreibich (1986), 69
Kretzenbacher und Thurmair (1994), 78
Kühn (1992), 34
Kühn (1995), 34

L

Lakoff (1987), 38
Lakoff und Johnson (1980), 38
von LaRoche (1995), 87
Laszlo (1993), 86
Lenz (1989), 40
Lepenies (2000), 372
Liebert (1992), 5, 38, 43, 53, 61, 159
Liebert (1993), 130
Liebert (1994), 103
Liebert (1995a), 5, 38, 43
Liebert (1995b), 103
Liebert (1996a), 3, 35, 103–105, 288, 303, 376
Liebert (1996b), 5, 129, 130
Liebert (1997), 2, 5, 40, 86, 102
Liebert (1999), 167, 236
Liebert (2000a), 43, 201, 225, 255
Liebert (2000b), 38
Liebert und Kallmeyer (1996), 103
Liedtke (1995), 89
Liedtke (1998), 27
Linke et al. (1992), 5
Löning und Rehbein (1993), 102
Lutz (1989), 7

M

Mabeck und Olesen (1997), 110, 111, 288
Mallove (1991), 109
Merten (1973), 357
de Montaigne (1998a), 21
de Montaigne (1998b), 277
Moscovici (1981), 288
Mudersbach (1984), 22, 41
Müller (1999), 375

N

National Science Board (2000), 1, 2, 368, 369
Niederhauser (1999a), 89

Niederhauser (1999b), 2–4, 9, 11, 77, 86, 89, 103, 104, 111, 152, 168, 188, 270
Noordman et al. (2000), 68
Nothdurft (1996), 2
Nüse et al. (1991), 52

O

O'Reilly (1999), 375

P

Peters (1994), 347
Pörksen (1986), 3, 225
Pörksen (1994), 3
von Polenz (1974), 255
von Polenz (1985), 5, 23, 39, 40, 45, 46, 49, 112, 128, 158, 400
Püschel (1995), 5, 23, 111, 112
Püschel (1997), 130
Püschel (2000), 46, 140

R

Rager und Weber (1996), 364
Rehbein (1977), 22
Rehbein (1988), 22
Roelcke (1999), 102, 129
Rohr (1998), 172
Ruhrmann (1994), 356, 357
Ruß-Mohl (2000), 233, 369

S

Schanne (1996), 347
Schendera (2000), 98
Schmidt (1987), 52
Schmidt (1999), 372
Schmitt (1993), 46
Schnotz (1994), 35
Schwarz (1992), 5, 38
Searle (1969), 49
Simon (2000), 373
Sokal und Bricmont (1999), 1, 52, 316
Sommer et al. (1995), 30, 40
Spranz-Fogasy (1992), 32, 113
Steger (1991), 60
Stifterverband für die deutsche Wissenschaft (1999), 373, 403
Stötzel und Wengeler (1995), 5
Strawson (1972), 6, 49–57, 59, 277
von Stutterheim (1997), 38, 40, 41, 46, 62, 83, 233, 349, 352

T

Thimm und Kruse (1993), 40
Thomas und Thomas (1928/1970), 17
Thurmair (1994), 86
Toulmin (1958), 70
Turner und Fauconnier (1995), 202

W

Wagner (1997), 288
Warren (1934), 355
Watzlawick et al. (1980), 32, 70, 107
Weingarten (1994), 77
Weinrich (1994), 77
Wichter (1991), 103
Wichter (1994), 103
Wichter (1999), 103
Wilson (2000), 303, 314
Wimmer (1979), 2, 5, 6, 22, 23, 49, 51, 56–58, 85, 86, 111, 230
Wimmer (1985), 24
Wintermantel (1990), 40, 349, 352
Wittgenstein (1969a), 49, 56, 96
Wittgenstein (1969b), 6, 22–24, 111
Wynne (1989), 108
Wynne (1996), 108

Z

Zell (1986), 4, 13, 86, 87
Zifonun (1997), 183

Sachregister

A

Absicherungsmuster, 241, 283, 364
Absolutaussage, 253, 254, 293, 337
Ästhetisierung des Grauens, 81
Akkuratheit, 103
Allegorie, 236
Altruismus, 83
Aneignungsstrategien, 172
Anything goes, 74
Arbeitshypothese, 311
Argumentation
  A. ad auctoritatem, 162, 250, 252, 261
  A. ad oculos, 164, 330
  A. ad personam, 251
  Kunst des Suggerierens, 242
  suggestive A., 227
  unintegre A., 338
Aufgaben in der Kommunikation, 44, 115

B

besserwisserischer Gestus, 305
Beziehungskonstitution, 45, 47, 259, 306, 313
  Diskreditieren, 319–324
Bezugsrahmen, 54, 78, 152
Bildschema, *siehe* Wissen, nichtpropositionale Wissensstrukturen
Boulevardisierung, 350
Brennpunktthemen, 304, 374, 376

C

Chancen-Risiken-Abwägung, 311, 337, 339
Chancenmanagement, 311
Chemnitzer Linguistik, 31
Cluster, 130
Clustertext, 10

D

Demokratisierung der Wissenschaft, *siehe* Wissenschaft
Desinformation, 275
Diskurs
  geisteswissenschaftlicher D., 307
  Hauptdiskurs, 303
  Kampf um die gesellschaftliche Beobachterposition, 304
  Kernenergiedebatte, 303
  Leitdiskurs, 304, 309, 318
  naturwissenschaftlicher D.
    Argumentationsprozess, 70
    Grundmuster, 69–78
    hermeneutische Abriegelung, 307
  Partnerbewertung, 306
  Partnerhypothese, 309
  Satellitentext, 334, 336
Diskursposition, 208, 220, 225, 233, 235–237, 243, 249, 262, 297
Diskurssemantik, 98
Dissens, 225, 237, 261, 301

E

eleganter Unsinn
  für Konservative, 316
  fürs Volk, 1, 287
Emotion, 43
Emotionen als Mittel der Situationseinschätzung, 255–258
Emotionen und Handlung, 43
Entscheidungsdilemma, 311–313, 337–341, 352
Enzyklopädie der Wissenschaften, 375–378
Erklärstücke, 353
Ethnomechanik, 110, 288
ethnomechanische Illusion, 110

Experten
    Expertenstreit, 245, 263, 332, 361
    Expertenvermehrung, 307
    Gefühlsäußerungen von E., 228
    Ikonisierung von E., 263, 264
    nach Medienkriterien selektierte E., 353
    öffentliche E., 235, 244, 248, 251, 261, 263, 280, 300

F

fachliche Bezugstexte, 184, 189, 231
Fachnachricht, 206
Frame, 38, 40
Funktionale Pragmatik, *siehe* Handlungstheorie

G

Gebrauchstheorie, 23, 49
Gefahrenszenarien, 165, 256
Gefühle, 43
Gegendiskurs, 213, 232, 303–341
    Aids-Gegendiskurse, 304
    Entlarvungsdiskurse, 305, 348
    G. im Lehrbuch, 341
    G. zur These eines anthropogen verursachten Ozonlochs, 304
    G. zur These eines anthropogenen Treibhauseffekts, 304
    G. zur These vom Waldsterben, 304
    Satellitentexte, 305
    Zentraltexte, 305
    Zentrum-Satelliten-Struktur, 305
Gegenstandstheorie, 51
    Bestimmtheit des Gegenstands, 57, 140, 152, 189, 249
General Public License, 375
Gesprächsorganisation, 45
Gestaltlinguistik, 159
Glaubwürdigkeitskrise, 232, 237, 259–261, 279, 283, 284, 287, 289, 327, 340, 348, 361, 374
    Automatismus einer G., 312
Glaubwürdigkeitsverlust, 230, 287
    chronischer G., 301

H

Halbwahrheiten, 229
Handlungskonstitution, 45
Handlungsmuster
    initiales H., 82, 143
Handlungsmusteranalyse, 138
Handlungssemantik, 136, 234
Handlungstheorie
    Denken als H., 37
        Begleitdenken, 37
    Funktionale Pragmatik, 22
    Handlung und Emotion, 43
    Handlungskompetenz, 35
    Handlungsmuster
        Darstellung, 24
        Definition, 22
        H.-Typen, 26
        Indem-Relation, 27
        offenes Sequenzmuster, 29
        Pfeilrelation, 27
        Sequenzmuster, 28
    Handlungssemantik, 5, 22
    Interaktion, 29
    Mehrfachadressierung, 34
        Adressatenkarussell, 34
    Nichtidentität von Handlungen, 34
    Rollen, 31
        Wissenschaftler u. öff. Experte, 32
    Sprachkompetenz, 35
    Sprechakttheorie, 22
    Zwangshandlung, 37
        Denkzwang, 37
        Kratzzwang, 37
Harmonie dekonstruieren, 226
Havarie der Pallas, vii
Highlander-Syndrom, 284, 285, 352
Horrorfilm, 165
Horrorgenre, 231
Hyperbel, 225, 287
Hypertext, 372
Hörermodell, 41, 349

I

Ideologie, 309
Image Schema, *siehe* Bildschema
Individuen, 51, 78, 277
  Visualisierung nicht-sichtbarer I., 214
Infografik, 170–173
Infotainment, 353
Initialartikel, 234
Initialtext, 127, 192
Inszenierung, 179, 182, 228, 253, 318, 366, 374
  von Wissenschaft, 369
  von Horror, 165
  von Menschlichkeit, 180, 182
Irrtumslexika, 314–317
  Nonsens in I., 316

K

Katastrophenangst, 150
Katastrophenszenarien durch Computersimulationen, 180
Kohärenz
  artikelübergreifende K., 233, 254, 289
Kommunikationskrisen, 234
Konflikttypen in der Experten-Laien-Kommunikation, 359–362
Kontakt und Beziehung, 44
Kontextualisierung, 46
konzeptuelle Netze, *siehe* Netze
Kunst des Sehens, 63, 235, 278, 354

L

Laie
  Einmischung, 303
  kritischer Laie, 174
  L. und Novize, 303
  Laien-Inferenz, 283
  Laienadressat, 34, 35, 277
  Laienakteure, 376
  Laienpublikum, 348
  relativer Laie, 35, 79, 93, 376
  vermeintliche Sensationsgier, 355
Lebensform, 23
Legendenbildung
  Gegendarstellungen zu Legenden, 295
  populärwissenschaftliche, 179, 290, 292, 294, 296, 300
Legendenkombination, 292
Leitdiskurs, 313
Lesewege, 128, 130, 133, 178
  L. und Wissensniveau, 133
  Prioritäten, 134

M

Mandeville-Dilemma, 172, 174, 175, 261, 280, 300, 335
Mbeki, 303
Medienartefakt, 226
Mehrfachadressierung, *siehe* Handlungstheorie
Metapher
  Bedrohungsmetapher, 156
  Blending, 202
  chimärisches Metaphernmodell, 202
  Drama-Metapher, 201, 258
  emotive Lexemmetapher, 158
  Enzyklopädie als M., 372
  Fenster-Metapher, 161
  Gefahrenmetaphorik, 255
  Inquisitionsmetapher, 323
  Mantel-Metapher, 225
  Metaphern als ethnomechanische Illusion, 110
  Metaphernkonglomerat, 202
  Metaphernmodell, 38, 40
  Metaphernszenario, 318
  Militärmetaphorik, 256
  Nahrungsmetapher, 286
  Nazivergleich, 323
  Orwell-Modell, 323
  Parasitenmetapher, 321
  Rehmetapher, 320
  Schutzschild-Metapher, 146, 225
  Schutzschirm-Metapher, 266
  Stockwerksmetapher, 202, 224
Metaphern als Mittel der Situationseinschätzung, 255–258

Methode
der Fachtextanalyse, 102
linguistische Fachtextanalysen als Vermittlungstexte, 110
Problematik der Mythenanalyse, 106
Metonymie, 264
Misstrauen, 230
Modalität, 45, 277, 283, 287, 313, 364
faktionale M., 91, 164, 269, 290
faktivische M., 91, 338
fiktionale M., 91
kontrafaktische M., 258
M. im Fachtext, 195
mehrfache Modalisierung, 241
strikte M., 222
Unbestimmtheit der M., 170
Ununterscheidbarkeit von Faktum und Fiktion, 369
unverträgliche Handlungsmuster, 169
Modalitäts-Maxime, 89
Modalitätswechsel, 161
Modell der Vermittlungskommunikation, 93
Modelle
kognitives Modell, 38, 40
Laienmodell, 288
mentales Modell, 38
Monstermodell, 316
Nonsensmodell, 288, 306, 316, 328, 334, 335
Szenario-Modell, 40
Modellrechnungen, 173, 184
modularer Textaufbau, 130
Mythenanalyse
kalte Kernfusion, 109
als Ersatz für Textanalyse, 108
als populärwissenschaftliche Strategie, 110
Banalität der M., 106
Problematik der M., 106

N

Nachrichtenwerte, 355–358
Nazivergleich, 340
Netze
konzeptuelle N., 38, 157
semantische N., 38

O

Ökologismus, 314–317
Open-Source-Modell, 375
Orientierungstextsorten, 129
Origo-Konzept, 51, 54
ostensive Definition, 51
Ozonloch-Debatte
Methoden der Analyse, 101
Ozonloch als Ikone des Schreckens, 287, 288
Ozonloch-Konzept
Eingang des O. in den öffentlichen Wissensbestand , 265
Ozonmythen, 341
Ozonlochdebatte, 99
Klimatologisches Vorwissen, 117

P

Partizipation, 369, 380
Partnerhypothesen, 40
P. in der Wissenschaftsvermittlung, 41
Politisierung, 105
populärwissenschaftlicher Text
Problematik, 104
Pro-Forma-Modifikationen, 242
prosoziales Handeln, 83
Pseudowissen, 65
Public understanding of science, 373
Ergebnisse, 2

Q

Quaestio, 71, 83
Qualitätsdiskussion, 369

R

Rechtschreibreform, *siehe* Wissenschaftsvermittlung
Referenzsemantik, 49
Reziprozität, 45
Rhetorik der Wichtigkeit, 168, 270

Rhetorischer Wunsch, 183

S

Sachverhaltskonstitution, 45, 47, 49, 305, 313, 335
S. im Gegendiskurs, 325–337
Satellitenbilder, 184
Schlüsseltexte, 291
Schlüsselwörter, 201
Schockeffekte, 225
Segmentierungsgrad, 130
semantische Netze, *siehe* Netze
Sensationsjournalismus, 347, 366
Situationskonstitution, 47, 317
Skepsis, 230
Skript, 38
soziale Identität, 46
soziale Kognition, 288
soziale Regel, 23
soziale Situation, 46
Sprache und gesellschaftliche Praxis, 5
Sprachkritik, 24
Sprachproduktionsforschung, 349
Sprachspiel, 6–8, 23, 277
Storyboard, 130, 134, 136, 186, 190
Subjektschub, 158

T

Technisierung der Wahrnehmung, 62
Technobilder, 14
Text-Bild-Beziehung, 151, 152
Textdesign, 128, 133
textsortenkonstitutive Muster, 44
Textverbünde, 128, 130
Topoi, 227
Enkel-Topos, 174
Hybris-Topos, 169, 179, 227
Lemminge-Topos, 227, 266
Transferwissenschaft, vii
Trendaussage, 253, 254, 293, 337
Tschernobyl, 378

U

Übertreibung, 273, 286
Unbestimmtheit, 161, 165, 194, 243, 253, 273, 290
Unterhaltsamkeit, 229
Ursache-Wirkungsmodell, 150, 157, 164, 195, 220, 226, 327
Ursache-Wirkungsmodelle, 190
Utopie der Wissenschaftsvermittlung, 371–380

V

Vermittlungstexte, 106, 113, 188, 230–232, 270, 286, 333
V. dritter Ordnung, 275
Verschwörungstheorie, 309, 311
Visualisierung von Wissenschaftsinformation, 159, 214, 216, 224, 225

W

Weltuntergangsszenario, 230
Wissen, 38
Brüchigkeit des W., 273
Demokratisierung des W., 373
Geltungsbereich des W., 167
gemeinsames W., 40
historische Dimension d. W., 41
nichtpropositionale Wissensstrukturen, 42
Bildschema, 38, 42
Bildschema Blockade, 42
Bildschema Weg, 42
Proposition, 39
satzsemant. Begriff des W., 40
umstrittenes W., 231, 360
unstrittiges W., 231
W. und Lebensform, 41
Wissensrepräsentation, 38
Wunschwissen, 375, 376
Zielwissen, 374, 376
Wissenschaft
Demokratisierung der W., 373
diskursiver Charakter der W., 76
dräuender Wissenschaftler, 258, 279
Eigennutz, 69, 352
idealisierendes Bild der W., 69
Interessen der W., 69, 239

Katastropheninszenierung und Forschungsgelder, 184
monolithische Konzeption von W., 263
pluralistische Wissenschaft, 76
stereotype Vorstellungen von der W., 88, 261
Uneigennützigkeit, 69
W. als homogene Einheit, 226
W. als PR, 374
W. als Wahnsystem, 3
W. und geistiger Diebstahl, 69
W. und Medien, 69
W. und Politik, 69, 311
Implementation, 303
W. und Wirtschaft, 69, 309, 311
Wissenschaftler als Minijournalisten, 369
öffentliche Experten, 169, 173
wissenschaftliches Analphabetentum, 1
Wissenschaftsjournalismus
Entdeckungsgeschichte, 87, 91, 161, 178, 229, 290, 293
Fiktion im W., 161
Hang zum materiellen Gegenstand, 277
heimlich die Seiten wechseln, 243
heimlich korrigieren, 289, 290
Horrorgenre als Stilmittel, 166
Inszenierung, 89
Karikierung von Wissenschaftlern, 260
morbide Neugier, 80
Nationalisierung des Wissenschaftsdiskurses, 251
Personalisierung, 87, 160, 290
Problematik narrativer Verfahren, 90, 161, 164, 178, 268, 293, 358
Probleme der konsensualen Darstellung, 259
pseudochronologische Darstellung, 89, 160, 176
Pseudoreportage, 269, 271
Rolle der Emotionen, 255
Selbstanklage, 285
stereotypes Laienkonzept, 354–358
stereotypes Wissenschaftskonzept, 350–354
Unsichtbares als Sichtbares darstellen, 275, 278
Wissenschaftsvermittlung
Adäquatheit, 96
Bezug zum Laienalltag herstellen, 55, 64, 155
Bezugsrahmen erweitern, 68
Einführung von Termini, 85, 161
erfolgreiche W., 7
kommerzielle Interessen, 83
Kritik an Verständlichkeitsforschung, 98
Personalisierung, 88
Rechtschreibreform, 307
Referenzfixierung, 85
Rekonstruktion der Fachargumentation, 76, 153, 221
Scheitern der W., 7, 301, 347
W. der Geisteswissenschaften, 307
W. von Messmethoden, 198
W. während der Politikimplementation, 303
Ziele der W., 79
Zusammenbruch der W., 283
Wissensgesellschaft
Probleme der W., 1
Wissensklüfte, 303
Wissensrahmen, 40
Wissenstransfer
Transfer-Täuschung, 315
W. als problematischer Begriff, 103, 184, 194, 221
Wissenstransformationen
Harmonisierungstransformation, 226, 241, 262, 284, 312, 348, 352
Hypostasierungstransformation, 275, 288

Idealisierungstransformation, 253, 254, 263, 335–337
Sensationalisierung, 274, 366
Uneindeutiges wird eindeutig, 363
Vereinfachung, 274
Vorläufiges wird endgültig, 362
W. der Gegenstandskonstitution, 228
W. des Geltungsanspruchs von Wissen, 231
W. dritter Ordnung, 280
W. fachlicher Argumentation, 225
W. fachlicher Quellen, 228
W. von Messwertprojektionen, 230
W. von Termini, 223
W. zweiter Ordnung, 273, 280
Wahrscheinliches wird sicher, 363–364
Zusammenfassung, 10–14

Z

zerdehnte Sprechsituation, 69
Zwei-Kulturen-These, 351–352

Studia Linguistica Germanica

Jochen A. Bär

Sprachreflexion der deutschen Frühromantik

Konzepte zwischen Universalpoesie und Grammatischem Kosmopolitismus

Mit lexikographischem Anhang

1999. IX, 582 Seiten. Leinen.
• **ISBN 3-11-016372-1**
(Band 50)

Sibylle Orgeldinger

Standardisierung und Purismus bei Joachim Heinrich Campe

1999. IX, 481 Seiten. Leinen.
• **ISBN 3-11-016312-8**
(Band 51)

Ingo Warnke

Wege zur Kultursprache

Die Polyfunktionalisierung des Deutschen im juridischen Diskurs 1200-1800

1999. XV, 467 Seiten. Leinen.
• **ISBN 3-11-016429-9**
(Band 52)

Christa Dürscheid

Die verbalen Kasus des Deutschen

Untersuchungen zur Syntax, Semantik und Perspektive

1999. XII, 305 Seiten. Leinen.
• **ISBN 3-11-016492-2**
(Band 53)

Sprachgeschichte als Kulturgeschichte

Herausgeben von Andreas Gardt, Ulrike Haß-Zumkehr, Thorsten Roelcke

1999. VIII, 418 Seiten. Leinen.
• **ISBN 3-11-016373-X**
(Band 54)

Elisabeth Leiss

Artikel und Aspekt

Die grammatischen Muster von Definitheit

2000. VIII, 309 Seiten. Leinen.
• **ISBN 3-11-016718-2**
(Band 55)

Studia Linguistica Germanica

Ulrike Demske

Merkmale und Relationen

Diachrone Studien zur Nominalphrase im Deutschen

2000. XIII, 368 Seiten. Leinen.
• ISBN 3-11-016662-3
(Band 56)

Markus Hundt

„Spracharbeit" im 17. Jahrhundert

Studien zu Georg Philipp Harsdörffer, Justus Georg Schottelius und Christian Gueintz

2000. XII, 499 Seiten.
Mit 15 Abbildungen. Leinen.
• ISBN 3-11-016798-0
(Band 57)

William Jervis Jones

German Lexicography in the European Context

A descriptive bibliography of printed dictionaries and word lists containing German language (1600-1700)

2000. LX, 754 Seiten. Leinen.
• ISBN 3-11-016517-1
(Band 58)

Silke Jahr

Emotionen und Emotionsstrukturen in Sachtexten

Ein interdisziplinärer Ansatz zur quantitativen und qualitativen Beschreibung der Emotionalität von Texten

2000. VIII, 268 Seiten. Leinen.
• ISBN 3-11-016874-X
(Band 59)

Nils Langer

Linguistic purism in action

How auxiliary *tun* was stigmatized in Early New High German

2001. XI, 312 Seiten. Leinen.
• ISBN 3-11-017014-8
(Band 60)

Mechthild Habermann

Deutsche Fachtexte der frühen Neuzeit

Naturkundlich-medizinische Wissensvermittlung im Spannungsfeld von Latein und Volkssprache

2001. XVIII, 583 Seiten.
24 Abbildungen. Leinen.
• ISBN 3-11-016963-0
(Band 61)

Bei Fragen zur Produktsicherheit wenden Sie sich bitte an:
If you have any questions regarding product safety,
please contact:

Walter de Gruyter GmbH
Genthiner Straße 13
10785 Berlin
productsafety@degruyterbrill.com